机械设计手册

第6版

单行本

机械制图与机械零部件精度设计

主　编　闻邦椿
副主编　鄂中凯　张义民　陈良玉　孙志礼
宋锦春　柳洪义　巩亚东　宋桂秋

机械工业出版社

《机械设计手册》第6版 单行本共26分册，内容涵盖机械常规设计、机电一体化设计与机电控制、现代设计方法及其应用等内容，具有系统全面、信息量大、内容现代、突显创新、实用可靠、简明便查、便于携带和翻阅等特色。各分册分别为：《常用设计资料和数据》《机械制图与机械零部件精度设计》《机械零部件结构设计》《连接与紧固》《带传动和链传动 摩擦轮传动与螺旋传动》《齿轮传动》《减速器和变速器》《机构设计》《轴 弹簧》《滚动轴承》《联轴器、离合器与制动器》《起重运输机械零部件和操作件》《机架、箱体与导轨》《润滑 密封》《气压传动与控制》《机电一体化技术及设计》《机电系统控制》《机器人与机器人装备》《数控技术》《微机电系统及设计》《机械系统概念设计》《机械系统的振动设计及噪声控制》《疲劳强度设计 机械可靠性设计》《数字化设计》《工业设计与人机工程》《智能设计 仿生机械设计》。

本单行本为《机械制图与机械零部件精度设计》，主要介绍了机械制图、极限、配合与公差、几何公差表面结构等内容。

本书供从事机械设计、制造、维修及有关工程技术人员作为工具书使用，也可供大专院校的有关专业师生使用和参考。

图书在版编目（CIP）数据

机械设计手册. 机械制图与机械零部件精度设计/闻邦椿主编. —6版. —北京：机械工业出版社，2020.4（2024.1重印）
ISBN 978-7-111-64855-0

Ⅰ.①机… Ⅱ.①闻… Ⅲ.①机械设计-技术手册②机械制图-技术手册③机械元件-设计-技术手册 Ⅳ.①TH122-62②TH126-62③TH13-62

中国版本图书馆CIP数据核字（2020）第034039号

机械工业出版社（北京市百万庄大街22号 邮政编码100037）
策划编辑：曲彩云 责任编辑：曲彩云 高依楠
责任校对：徐 强 封面设计：马精明
责任印制：任维东
北京中兴印刷有限公司印刷
2024年1月第6版第2次印刷
184mm×260mm · 18.5印张 · 457千字
标准书号：ISBN 978-7-111-64855-0
定价：59.00元

电话服务 网络服务
客服电话：010-88361066 机 工 官 网：www.cmpbook.com
010-88379833 机 工 官 博：weibo.com/cmp1952
010-68326294 金 书 网：www.golden-book.com
封底无防伪标均为盗版 机工教育服务网：www.cmpedu.com

出 版 说 明

《机械设计手册》自出版以来，已经进行了5次修订，2018年第6版出版发行。截至2019年，《机械设计手册》累计发行39万套。作为国家级重点科技图书，《机械设计手册》深受广大读者的欢迎和好评，在全国具有很大的影响力。该书曾获得中国出版政府奖提名奖、中国机械工业科学技术奖一等奖、全国优秀科技图书奖二等奖、中国机械工业部科技进步奖二等奖，并多次获得全国优秀畅销书奖等奖项。《机械设计手册》已成为机械设计领域的品牌产品，是机械工程领域最具权威和影响力的大型工具书之一。

《机械设计手册》第6版共7卷55篇，是在前5版的基础上吸收并总结了国内外机械工程设计领域中的新标准、新材料、新工艺、新结构、新技术、新产品、新的设计理论与方法，并配合我国创新驱动战略的需求编写而成的。与前5版相比，第6版无论是从体系还是内容，都在传承的基础上进行了创新。重点充实了机电一体化系统设计、机电控制与信息技术、现代机械设计理论与方法等现代机械设计的最新内容，将常规设计方法与现代设计方法相融合，光、机、电设计融为一体，局部的零部件设计与系统化设计互相衔接，并努力将创新设计的理念贯穿其中。《机械设计手册》第6版体现了国内外机械设计发展的新水平，精心诠释了常规与现代机械设计的内涵、全面荟萃凝练了机械设计各专业技术的精华，它将引领现代机械设计创新潮流、成就新一代机械设计大师，为我国实现装备制造强国梦做出重大贡献。

《机械设计手册》第6版的主要特色是：体系新颖、系统全面、信息量大、内容现代、突显创新、实用可靠、简明便查。应该特别指出的是，第6版手册具有较高的科技含量和大量技术创新性的内容。手册中的许多内容都是编著者多年研究成果的科学总结。这些内容中有不少依托国家"863计划""973计划""985工程""国家科技重大专项""国家自然科学基金"重大、重点和面上项目资助项目。相关项目有不少成果曾获得国际、国家、部委、省市科技奖励、技术专利。这充分体现了手册内容的重大科学价值与创新性。如仿生机械设计、激光及其在机械工程中的应用、绿色设计与和谐设计、微机电系统及设计等前沿新技术；又如产品综合设计理论与方法是闻邦椿院士在国际上首先提出，并综合8部专著后首次编入手册，该方法已经在高铁、动车及离心压缩机等机械工程中成功应用，获得了巨大的社会效益和经济效益。

在《机械设计手册》历次修订的过程中，出版社和作者都广泛征求和听取各方面的意见，广大读者在对《机械设计手册》给予充分肯定的同时，也指出《机械设计手册》卷册厚重，不便携带，希望能出版篇幅较小、针对性强、便查便携的更加实用的单行本。为满足读者的需要，机械工业出版社于2007年首次推出了《机械设计手册》第4版单行本。该单行本出版后很快受到读者的欢迎和好评。《机械设计手册》第6版已经面市，为了使读者能按需要、有针对性地选用《机械设计手册》第6版中的相关内容并降低购书费用，机械工业出版社在总结《机械设计手册》前几版单行本经验的基础上推出了《机械设计手册》第6版单行本。

《机械设计手册》第6版单行本保持了《机械设计手册》第6版（7卷本）的优势和特色，依据机械设计的实际情况和机械设计专业的具体情况以及手册各篇内容的相关性，将原手册的7卷55篇进行精选、合并，重新整合为26个分册，分别为：《常用设计资料和数据》《机械制图与机械零部件精度设计》《机械零部件结构设计》《连接与紧固》《带传动和链传动　摩擦轮传动与螺旋传动》《齿轮传动》《减速器和变速器》《机构设计》《轴　弹簧》《滚动轴承》《联轴器、离合器与制动器》《起重运输机械零部件和操作件》《机架、箱体与导轨》《润滑　密封》《气压传动与控制》《机电一体化技术及设计》《机电系统控制》《机器人与机器人装备》《数控技术》《微机电系统及设计》《机械系统概念设计》《机械系统的振动设计及噪声控制》《疲劳强度设计　机械可靠性设计》《数字化设计》《工业设计与人机工程》《智能设计　仿生机械设计》。各分册内容针对性强、篇幅适中、查阅和携带方便，读者可根据需要灵活选用。

《机械设计手册》第6版单行本是为了助力我国制造业转型升级、经济发展从高增长迈向高质量，满足广大读者的需要而编辑出版的，它将与《机械设计手册》第6版（7卷本）一起，成为机械设计人员、工程技术人员得心应手的工具书，成为广大读者的良师益友。

由于工作量大、水平有限，难免有一些错误和不妥之处，殷切希望广大读者给予指正。

机械工业出版社

前　言

本版手册为新出版的第6版7卷本《机械设计手册》。由于科学技术的快速发展，需要我们对手册内容进行更新，增加新的科技内容，以满足广大读者的迫切需要。

《机械设计手册》自1991年面世发行以来，历经5次修订，截至2016年已累计发行38万套。作为国家级重点科技图书的《机械设计手册》，深受社会各界的重视和好评，在全国具有很大的影响力，该手册曾获得全国优秀科技图书奖二等奖（1995年）、中国机械工业部科技进步奖二等奖（1997年）、中国机械工业科学技术奖一等奖（2011年）、中国出版政府奖提名奖（2013年），并多次获得全国优秀畅销书奖等奖项。1994年，《机械设计手册》曾在我国台湾建宏出版社出版发行，并在海内外产生了广泛的影响。《机械设计手册》荣获的一系列国家和部级奖项表明，其具有很高的科学价值、实用价值和文化价值。《机械设计手册》已成为机械设计领域的一部大型品牌工具书，已成为机械工程领域权威的和影响力较大的大型工具书，长期以来，它为我国装备制造业的发展做出了巨大贡献。

第5版《机械设计手册》出版发行至今已有7年时间，这期间我国国民经济有了很大发展，国家制定了《国家创新驱动发展战略纲要》，其中把创新驱动发展作为了国家的优先战略。因此，《机械设计手册》第6版修订工作的指导思想除努力贯彻“科学性、先进性、创新性、实用性、可靠性”外，更加突出了“创新性”，以全力配合我国“创新驱动发展战略”的重大需求，为实现我国建设创新型国家和科技强国梦做出贡献。

在本版手册的修订过程中，广泛调研了厂矿企业、设计院、科研院所和高等院校等多方面的使用情况和意见。对机械设计的基础内容、经典内容和传统内容，从取材、产品及其零部件的设计方法与计算流程、设计实例等多方面进行了深入系统的整合，同时，还全面总结了当前国内外机械设计的新理论、新方法、新材料、新工艺、新结构、新产品和新技术，特别是在现代设计与创新设计理论与方法、机电一体化及机械系统控制技术等方面做了系统和全面的论述和凝练。相信本版手册会以崭新的面貌展现在广大读者面前，它将对提高我国机械产品的设计水平、推进新产品的研究与开发、老产品的改造，以及产品的引进、消化、吸收和再创新，进而促进我国由制造大国向制造强国跃升，发挥出巨大的作用。

本版手册分为7卷55篇：第1卷　机械设计基础资料；第2卷　机械零部件设计（连接、紧固与传动）；第3卷　机械零部件设计（轴系、支承与其他）；第4卷　流体传动与控制；第5卷　机电一体化与控制技术；第6卷　现代设计与创新设计（一）；第7卷　现代设计与创新设计（二）。

本版手册有以下七大特点：

一、构建新体系

构建了科学、先进、实用、适应现代机械设计创新潮流的《机械设计手册》新结构体系。该体系层次为：机械基础、常规设计、机电一体化设计与控制技术、现代设计与创新设计方法。该体系的特点是：常规设计方法与现代设计方法互相融合，光、机、电设计融为一体，局部的零部件设计与系统化设计互相衔接，并努力将创新设计的理念贯穿于常规设计与现代设计之中。

二、凸显创新性

习近平总书记在2014年6月和2016年5月召开的中国科学院、中国工程院两院院士大会上分别提出了我国科技发展的方向就是“创新、创新、再创新”，以及实现创新型国家和科技强国的三个阶段的目标和五项具体工作。为了配合我国创新驱动发展战略的重大需求，本版手册突出了机械创新设计内容的编写，主要有以下几个方面：

（1）新增第7卷，重点介绍了创新设计及与创新设计有关的内容。

该卷主要内容有：机械创新设计概论，创新设计方法论，顶层设计原理、方法与应用，创新原理、思维、方法与应用，绿色设计与和谐设计，智能设计，仿生机械设计，互联网上的合作设计，工业通信网络，面向机械工程领域的大数据、云计算与物联网技术，3D打印设计与制造技术，系统化设计理论与方法。

（2）在一些篇章编入了创新设计和多种典型机械创新设计的内容。

“第11篇　机构设计”篇新增加了“机构创新设计”一章，该章编入了机构创新设计的原理、方法及飞剪机剪切机构创新设计，大型空间折展机构创新设计等多个创新设计的案例。典型机械的创新设计有大型全断面掘进机（盾构机）仿真分析与数字化设计、机器人挖掘机的机电一体化创新设计、节能抽油机的创新设计、产品包装生产线的机构方案创新设计等。

（3）编入了一大批典型的创新机械产品。

“机械无级变速器”一章中编入了新型金属带式无级变速器，“并联机构的设计与应用”一章中编入了数十个新型的并联机床产品，“振动的利用”一章中新编入了激振器偏移式自同步振动筛、惯性共振式振动筛、振动压路机等十多个典型的创新机械产品。这些产品有的获得了国家或省部级奖励，有的是专利产品。

（4）编入了机械设计理论和设计方法论等方面的创新研究成果。

1）闻邦椿院士团队经过长期研究，在国际上首先创建了振动利用工程学科，提出了该类机械设计理论和方法。本版手册中编入了相关内容和实例。

2）根据多年的研究，提出了以非线性动力学理论为基础的深层次的动态设计理论与方法。本版手册首次编入了该方法并列举了若干应用范例。

3）首先提出了和谐设计的新概念和新内容，阐明了自然环境、社会环境（政治环境、经济环境、人文环境、国际环境、国内环境）、技术环境、资金环境、法律环境下的产品和谐设计的概念和内容的新体系，把既有的绿色设计篇拓展为绿色设计与和谐设计篇。

4）全面系统地阐述了产品系统化设计的理论和方法，提出了产品设计的总体目标、广义目标和技术目标的内涵，提出了应该用IQCTES六项设计要求来代替QCTES五项要求，详细阐明了设计的四个理想步骤，即“3I调研”“7D规划”“1+3+X实施”“5（A+C）检验”，明确提出了产品系统化设计的基本内容是主辅功能、三大性能和特殊性能要求的具体实现。

5）本版手册引入了闻邦椿院士经过长期实践总结出的独特的、科学的创新设计方法论体系和规则，用来指导产品设计，并提出了创新设计方法论的运用可向智能化方向发展，即采用专家系统来完成。

三、坚持科学性

手册的科学水平是评价手册编写质量的重要方面，因此，本版手册特别强调突出内容的科学性。

（1）本版手册努力贯彻科学发展观及科学方法论的指导思想和方法，并将其落实到手册内容的编写中，特别是在产品设计理论方法的和谐设计、深层次设计及系统化设计的编写中。

（2）本版手册中的许多内容是编著者多年研究成果的科学总结。这些内容中有不少是国家863、973计划项目，国家科技重大专项，国家自然科学基金重大、重点和面上项目资助项目的研究成果，有不少成果曾获得国际、国家、部委、省市科技奖励及技术专利，充分体现了本版手册内容的重大科学价值与创新性。

下面简要介绍本版手册编入的几方面的重要研究成果：

1）振动利用工程新学科是闻邦椿院士团队经过长期研究在国际上首先创建的。本版手册中编入了振动利用机械的设计理论、方法和范例。

2）产品系统化设计理论与方法的体系和内容是闻邦椿院士团队提出并加以完善的，编写者依据多年的研究成果和系列专著，经综合整理后首次编入本版手册。

3）仿生机械设计是一门新兴的综合性交叉学科，近年来得到了快速发展，它为机械设计的创新提供了新思路、新理论和新方法。吉林大学任露泉院士领导的工程仿生教育部重点实验室开展了大量的深入研究工作，取得了一系列创新成果且出版了专著，据此并结合国内外大量较新的文献资料，为本版手册构建了仿生机械设计的新体系，编写了“仿生机械设计”篇（第50篇）。

4）激光及其在机械工程中的应用篇是中国科学院长春光学精密机械与物理研究所王立军院士依据多年的研究成果，并参考国内外大量较新的文献资料编写而成的。

5）绿色制造工程是国家确立的五项重大工程之一，绿色设计是绿色制造工程的最重要环节，是一个新的学科。合肥工业大学刘志峰教授依据在绿色设计方面获多项国家和省部级奖励的研究成果，参考国内外大量较新的文献资料为本版手册首次构建了绿色设计新体系，编写了“绿色设计与和谐设计”篇（第48篇）。

6）微机电系统及设计是前沿的新技术。东南大学黄庆安教授领导的微电子机械系统教育部重点实验室多年来开展了大量研究工作，取得了一系列创新研究成果，本版手册的“微机电系统及设计”篇（第28篇）就是依据这些成果和国内外大量较新的文献资料编写而成的。

四、重视先进性

（1）本版手册对机械基础设计和常规设计的内容做了大规模全面修订，编入了大量新标准、新材料、新结构、新工艺、新产品、新技术、新设计理论和计算方法等。

1）编入和更新了产品设计中需要的大量国家标准，仅机械工程材料篇就更新了标准126个，如GB/T 699—2015《优质碳素结构钢》和GB/T 3077—2015《合金结构钢》等。

2）在新材料方面，充实并完善了铝及铝合金、钛及钛合金、镁及镁合金等内容。这些材料由于具有优良的力学性能、物理性能以及回收率高等优点，目前广泛应用于航空、航天、高铁、计算机、通信元件、电子产品、纺织和印刷等行业。增加了国内外粉末冶金材料的新品种，如美国、德国和日本等国家的各种粉末冶金材料。充实了国内外工程塑料及复合材料的新品种。

3）新编的“机械零部件结构设计”篇（第4篇），依据11个结构设计方面的基本要求，编写了相应的内容，并编入了结构设计的评估体系和减速器结构设计、滚动轴承部件结构设计的示例。

4）按照GB/T 3480.1～3—2013（报批稿）、GB/T 10062.1～3—2003及ISO 6336—2006等新标准，重新构建了更加完善的渐开线圆柱齿轮传动和锥齿轮传动的设计计算新体系；按照初步确定尺寸的简化计算、简化疲劳强度校核计算、一般疲劳强度校核计算，编排了三种设计计算方法，以满足不同场合、不同要求的齿轮设计。

5）在“第4卷　流体传动与控制”卷中，编入了一大批国内外知名品牌的新标准、新结构、新产品、新技术和新设计计算方法。在“液力传动”篇（第23篇）中新增加了液黏传动，它是一种新型的液力传动。

（2）“第5卷　机电一体化与控制技术”卷充实了智能控制及专家系统的内容，大篇幅增加了机器人与机器人装备的内容。

机器人是机电一体化特征最为显著的现代机械系统，机器人技术是智能制造的关键技术。由于智能制造的迅速发展，近年来机器人产业呈现出高速发展的态势。为此，本版手册大篇幅增加了“机器人与机器人装备”篇（第26篇）的内容。该篇从实用性的角度，编写了串联机器人、并联机器人、轮式机器人、机器人工装夹具及变位机；编入了机器人的驱动、控制、传感、视角和人工智能等共性技术；结合喷涂、搬运、电焊、冲压及压铸等工艺，介绍了机器人的典型应用实例；介绍了服务机器人技术的新进展。

(3) 为了配合我国创新驱动战略的重大需求，本版手册扩大了创新设计的篇数，将原第6卷扩编为两卷，即新的“现代设计与创新设计（一）”（第6卷）和“现代设计与创新设计(二)”（第7卷）。前者保留了原第6卷的主要内容，后者编入了创新设计和与创新设计有关的内容及一些前沿的技术内容。

本版手册“现代设计与创新设计（一）”卷（第6卷）的重点内容和新增内容主要有：

1）在“现代设计理论与方法综述”篇（第32篇）中，简要介绍了机械制造技术发展总趋势、在国际上有影响的主要设计理论与方法、产品研究与开发的一般过程和关键技术、现代设计理论的发展和根据不同的设计目标对设计理论与方法的选用。闻邦椿院士在国内外首次按照系统工程原理，对产品的现代设计方法做了科学分类，克服了目前产品设计方法的论述缺乏系统性的不足。

2）新编了“数字化设计”篇（第40篇）。数字化设计是智能制造的重要手段，并呈现应用日益广泛、发展更加深刻的趋势。本篇编入了数字化技术及其相关技术、计算机图形学基础、产品的数字化建模、数字化仿真与分析、逆向工程与快速原型制造、协同设计、虚拟设计等内容，并编入了大型全断面掘进机（盾构机）的数字化仿真分析和数字化设计、摩托车逆向工程设计等多个实例。

3）新编了“试验优化设计”篇（第41篇）。试验是保证产品性能与质量的重要手段。本篇以新的视觉优化设计构建了试验设计的新体系、全新内容，主要包括正交试验、试验干扰控制、正交试验的结果分析、稳健试验设计、广义试验设计、回归设计、混料回归设计、试验优化分析及试验优化设计常用软件等。

4）将手册第5版的“造型设计与人机工程”篇改编为“工业设计与人机工程”篇（第42篇），引入了工业设计的相关理论及新的理念，主要有品牌设计与产品识别系统（PIS）设计、通用设计、交互设计、系统设计、服务设计等，并编入了机器人的产品系统设计分析及自行车的人机系统设计等典型案例。

(4)“现代设计与创新设计（二）”卷（第7卷）主要编入了创新设计和与创新设计有关的内容及一些前沿技术内容，其重点内容和新编内容有：

1）新编了“机械创新设计概论”篇（第44篇）。该篇主要编入了创新是我国科技和经济发展的重要战略、创新设计的发展与现状、创新设计的指导思想与目标、创新设计的内容与方法、创新设计的未来发展战略、创新设计方法论的体系和规则等。

2）新编了“创新设计方法论”篇（第45篇）。该篇为创新设计提供了正确的指导思想和方法，主要编入了创新设计方法论的体系、规则，创新设计的目的、要求、内容、步骤、程序及科学方法，创新设计工作者或团队的四项潜能，创新设计客观因素的影响及动态因素的作用，用科学哲学思想来统领创新设计工作，创新设计方法论的应用，创新设计方法论应用的智能化及专家系统，创新设计的关键因素及制约的因素分析等内容。

3）创新设计是提高机械产品竞争力的重要手段和方法，大力发展创新设计对我国国民经济发展具有重要的战略意义。为此，编写了“创新原理、思维、方法与应用”篇（第47篇）。除编入了创新思维、原理和方法，创新设计的基本理论和创新的系统化设计方法外，还编入了29种创新思维方法、30种创新技术、40种发明创造原理，列举了大量的应用范例，为引领机械创新设计做出了示范。

4）绿色设计是实现低资源消耗、低环境污染、低碳经济的保护环境和资源合理利用的重要技术政策。本版手册中编入了“绿色设计与和谐设计”篇（第48篇）。该篇系统地论述了绿色设计的概念、理论、方法及其关键技术。编者结合多年的研究实践，并参考了大量的国内外文献及较新的研究成果，首次构建了系统实用的绿色设计的完整体系，包括绿色材料选择、拆卸回收产品设计、包装设计、节能设计、绿色设计体系与评估方法，并给出了系列典型范例，这些对推动工程绿色设计的普遍实施具有重要的指引和示范作用。

5）仿生机械设计是一门新兴的综合性交叉学科，本版手册新编入了“仿生机械设计”篇（第50篇），包括仿生机械设计的原理、方法、步骤，仿生机械设计的生物模本，仿生机械形态与结构设计，仿生机械运动学设计，仿生机构设计，并结合仿生行走、飞行、游走、运动及生机电仿生手臂，编入了多个仿生机械设计范例。

6）第55篇为“系统化设计理论与方法”篇。装备制造机械产品的大型化、复杂化、信息化程度越来越高，对设计方法的科学性、全面性、深刻性、系统性提出的要求也越来越高，为了满足我国制造强国的重大需要，亟待创建一种能统领产品设计全局的先进设计方法。该方法已经在我国许多重要机械产品（如动车、大型离心压缩机等）中成功应用，并获得重大的社会效益和经济效益。本版手册对该系统化设计方法做了系统论述并给出了大型综合应用实例，相信该系统化设计方法对我国大型、复杂、现代化机械产品的设计具有重要的指导和示范作用。

7）本版手册第7卷还编入了与创新设计有关的其他多篇现代化设计方法及前沿新技术，包括顶层设计原理、方法与应用，智能设计，互联网上的合作设计，工业通信网络，面向机械工程领域的大数据、云计算与物联网技术，3D打印设计与制造技术等。

五、突出实用性

为了方便产品设计者使用和参考，本版手册对每种机械零部件和产品均给出了具体应用，并给出了选用方法或设计方法、设计步骤及应用范例，有的给出了零部件的生产企业，以加强实际设计的指导和应用。本版手册的编排尽量采用表格化、框图化等形式来表达产品设计所需要的内容和资料，使其更加简明、便查；对各种标准采用摘编、数据合并、改排和格式统一等方法进行改编，使其更为规范和便于读者使用。

六、保证可靠性

编入本版手册的资料尽可能取自原始资料，重要的资料均注明来源，以保证其可靠性。所有数据、公式、图表力求准确可靠，方法、工艺、技术力求成熟。所有材料、零部件、产品和工艺标准均采用新公布的标准资料，并且在编入时做到认真核对以避免差错。所有计算公式、计算参数和计算方法都经过长期检验，各种算例、设计实例均来自工程实际，并经过认真的计算，以确保可靠。本版手册编入的各种通用的及标准化的产品均说明其特点及适用情况，并注明生产厂家，供设计人员全面了解情况后选用。

七、保证高质量和权威性

本版手册主编单位东北大学是国家211、985重点大学、“重大机械关键设计制造共性技术”985创新平台建设单位、2011国家钢铁共性技术协同创新中心建设单位，建有“机械设计及理论国家重点学科”和“机械工程一级学科”。由东北大学机械及相关学科的老教授、老专家和中青年学术精英组成了实力强大的大型工具书编写团队骨干，以及一批来自国家重点高校、研究院所、大型企业等30多个单位、近200位专家、学者组成了高水平编审团队。编审团队成员的大多数都是所在领域的著名资深专家，他们具有深广的理论基础、丰富的机械设计工作经历、丰富的工具书编纂经验和执着的敬业精神，从而确保了本版手册的高质量和权威性。

在本版手册编写中，为便于协调，提高质量，加快编写进度，编审人员以东北大学的教师为主，并组织邀请了清华大学、上海交通大学、西安交通大学、浙江大学、哈尔滨工业大学、吉林大学、天津大学、华中科技大学、北京科技大学、大连理工大学、东南大学、同济大学、重庆大学、北京化工大学、南京航空航天大学、上海师范大学、合肥工业大学、大连交通大学、长安大学、西安建筑科技大学、沈阳工业大学、沈阳航空航天大学、沈阳建筑大学、沈阳理工大学、沈阳化工大学、重庆理工大学、中国科学院长春光学精密机械与物理研究所、中国科学院沈阳自动化研究所等单位的专家、学者参加。

在本版手册出版之际，特向著名机械专家、本手册创始人、第1版及第2版的主编徐灏教授致以崇高的敬意，向历次版本副主编邱宣怀教授、蔡春源教授、严隽琪教授、林忠钦教授、余俊教授、汪恺总工程师、周士昌教授致以崇高的敬意，向参加本手册历次版本的编写单位和人员表示衷心感谢，向在本手册历次版本的编写、出版过程中给予大力支持的单位和社会各界朋友们表示衷心感谢，特别感谢机械科学研究总院、郑州机械研究所、徐州工程机械集团公司、北方重工集团沈阳重型机械集团有限责任公司和沈阳矿山机械集团有限责任公司、沈阳机床集团有限责任公司、沈阳鼓风机集团有限责任公司及辽宁省标准研究院等单位的大力支持。

由于编者水平有限，手册中难免有一些不尽如人意之处，殷切希望广大读者批评指正。

主编　闻邦椿

目　　录

第2篇　机械制图与机械零部件精度设计

第1章　机械制图

第2章 极限、配合与公差

第3章 几何公差

第4章 表面结构

第 2 篇　机械制图与机械零部件精度设计

主　编　黄　英　李小号
编写人　黄　英　李小号　孙少妮
　　　　马明旭　张闻雷　赵　薇
审稿人　田　凌　毛　昕

第 5 版

零部件设计常用基础标准

主　编　汪　恺
编写人　唐保宁　赵卓贤　汪　恺　于　源
审稿人　舒森茂

第 1 章 机 械 制 图

1 概述

技术图样涉及各行各业在设计和制图过程中必须共同遵守的内容。为此，国际标准化组织（ISO/TC10）制定了一系列《技术制图》类标准。为与ISO一致，我国于20世纪80年代末在制定、修订上述领域的标准时，把《机械制图》改为《技术制图》。这些标准适用于机械、电子、电工、造船、航空、航天、冶金矿山、纺织等行业所绘制的图样。此外，具有机械制图特征的标准仍保留《机械制图》名称。

本章涉及的标准较多，现将新标准、对应的国际标准、代替标准以及采用情况汇总于下表。

表 2.1-1 《技术制图》《机械制图》国家标准及对照

序号	国家标准	ISO 标准	采用程度
1	GB/T 10609.1—2008（代替 GB/T 10609.1—1989）《技术制图　标题栏》	ISO7200：1989	不等效
2	GB/T 10609.2—2009（代替 GB/T 10609.2—1989）《技术制图　明细栏》	ISO7573：1983	不等效
3	GB/T 14689—2008（代替 GB/T 14689—1993）《技术制图　图纸幅面和格式》	ISO5457：1999	等效
4	GB/T 14690—1993《技术制图　比例》	ISO5455：1979	等效
5	GB/T 14691—1993《技术制图　字体》	ISO3098—1：1974	等效
6	GB/T 14692—2008（代替 GB/T 14692—1993）《技术制图　投影法》	ISO/DIS 5456：1993	等效
7	GB/T 16675.1—2012（代替 GB/T 16675.1—1996）《技术制图　简化表示法　第 1 部分：图样画法》		
8	GB/T 16675.2—2012（代替 GB/T 16675.2—1996）《技术制图　简化表示法　第 2 部分：尺寸注法》		
9	GB/T 17450—1998《技术制图　图线》	ISO128—20：1996	等同
10	GB/T 17451—1998《技术制图　图样画法　视图》	ISO/DIS 11947—1：1995	不等效
11	GB/T 17452—1998《技术制图　图样画法　剖视图和断面图》	ISO/DIS 11947—2：1995	等效
12	GB/T 17453—2005（代替 GB/T 17453—1998）《技术制图　图样画法　剖面区域的表示法》	ISO128：2001	等效
13	GB/T 4457.2—2003《技术制图　图样画法　指引线和基准线的基本规定》		
14	GB/T 4457.4—2002《机械制图　图样画法　图线》	ISO128—24：1999	修改采用
15	GB/T 4457.5—2013《机械制图　剖面区域的表示法》		
16	GB/T 4458.1—2002《机械制图　图样画法　视图》	ISO128—34：2001	修改采用
17	GB/T 4458.2—2003《机械制图　装配图中零、部件序号及其编排方法》		
18	GB/T 4458.3—2013《机械制图　轴测图》		
19	GB/T 4458.4—2003《机械制图　尺寸注法》		
20	GB/T 4458.5—2003《机械制图　尺寸公差与配合注法》		
21	GB/T 4458.6—2002《机械制图　图样画法　剖视图和断面图》	ISO128—44：2000	修改采用

（续）

序号	国家标准	ISO 标准	采用程度
22	GB/T 4459.1—1995《机械制图　螺纹及螺纹紧固件画法》	ISO6410：1993	等效
23	GB/T 4459.2—2003《机械制图　齿轮表示法》		
24	GB/T 4459.3—2000《机械制图　花键表示法》		
25	GB/T 4459.4—2003《机械制图　弹簧表示法》		
26	GB/T 4459.5—1999《机械制图　中心孔表示法》	ISO6411：1982	等效
27	GB/T 4459.6—1996《机械制图　动密封圈表示法》	ISO9222-1：1989，ISO9222-2-2：1989	等效
28	GB/T 4459.7—1998《机械制图　滚动轴承表示法》	ISO8826-1：1989，ISO8826-2：1994	等效

2　通用性规定

2.1　图纸幅面和格式（GB/T 14689—2008）

2.1.1　图纸幅面

绘制技术图样时，应优先采用表2.1-2中所规定的基本幅面（第一选择），必要时，也允许选用表中的加长幅面（第二选择或第三选择）。

加长幅面的尺寸是由基本幅面的短边按整数倍增加得出，如图2.1-1所示。图中粗实线所示为基本幅面，细实线所示为第二选择的加长幅面（图中细实线大部分已被粗实线覆盖），第三选择的加长幅面为虚线所示。

图纸幅面的尺寸公差应符合GB/T 148—1997《印刷、书写和绘图纸幅面尺寸》的规定：

边长尺寸（mm）	极限偏差（mm）
<150	±1.5
150~600	±2.0
>600	±3.0

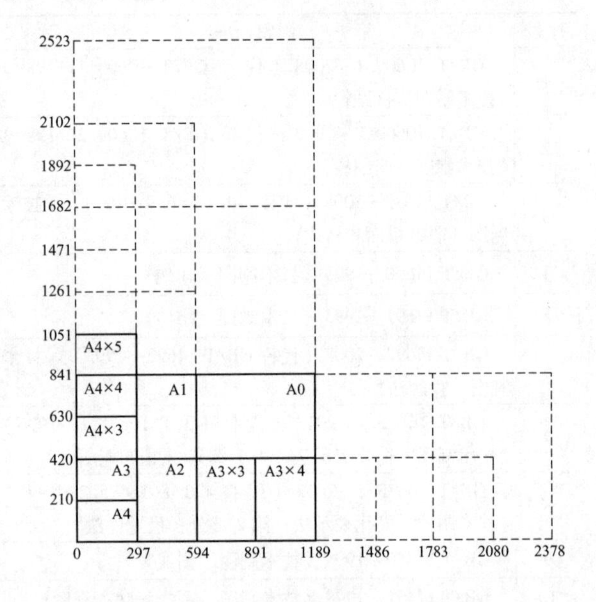

图2.1-1　图纸幅面

表2.1-2　图纸幅面尺寸　（mm）

基本幅面（第一选择）		加长幅面（第二选择）		加长幅面（第三选择）	
幅面代号	尺寸 $B\times L$	幅面代号	尺寸 $B\times L$	幅面代号	尺寸 $B\times L$
A0	841×1189	A3×3	420×891	A0×2	1189×1682
A1	594×841	A3×4	420×1189	A0×3	1189×2523
A2	420×594	A4×3	297×630	A1×3	841×1783
A3	297×420	A4×4	297×841	A1×4	841×2378
A4	210×297	A4×5	297×1051	A2×3	594×1261
				A2×4	594×1682
				A2×5	594×2102
				A3×5	420×1486
				A3×6	420×1783
				A3×7	420×2080
				A4×6	297×1261
				A4×7	297×1471
				A4×8	297×1682
				A4×9	297×1892

2.1.2 图纸边框格式及尺寸（表2.1-3）

表2.1-3 图纸边框格式及尺寸

（mm）

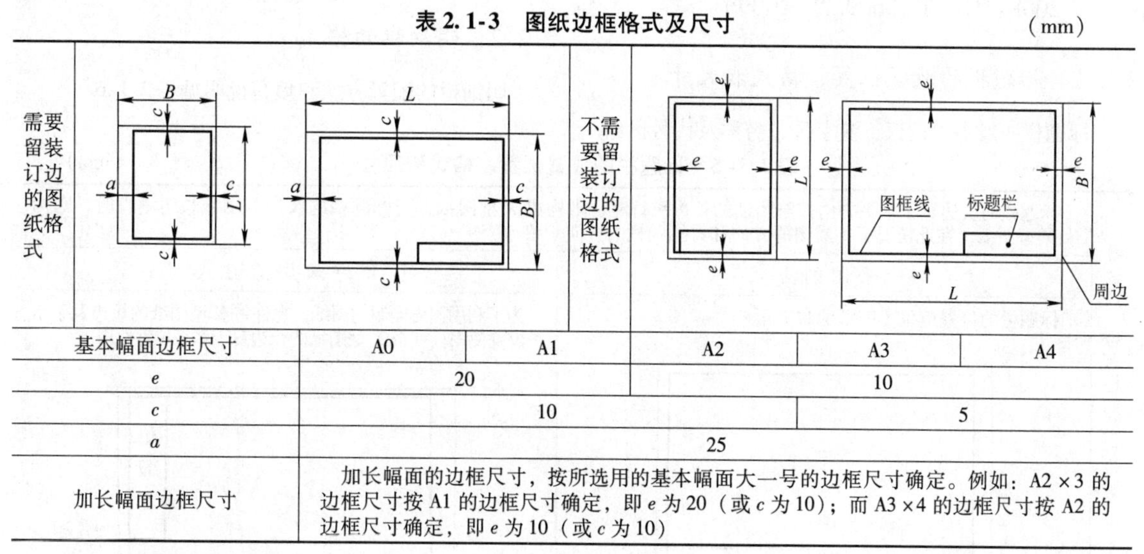

基本幅面边框尺寸	A0	A1	A2	A3	A4
e	20		10		
c	10			5	
a	25				
加长幅面边框尺寸	加长幅面的边框尺寸，按所选用的基本幅面大一号的边框尺寸确定。例如：A2×3的边框尺寸按A1的边框尺寸确定，即e为20（或c为10）；而A3×4的边框尺寸按A2的边框尺寸确定，即e为10（或c为10）				

注：图框线用粗实线绘制。

2.1.3 图幅分区及对中符号、方向符号（表2.1-4）

表2.1-4 图幅分区和对中、方向符号

需要分区及采用对中符号的图幅	对较大幅面的图纸或较复杂的图样，需指明某部分需修改时，应用分区代号说明 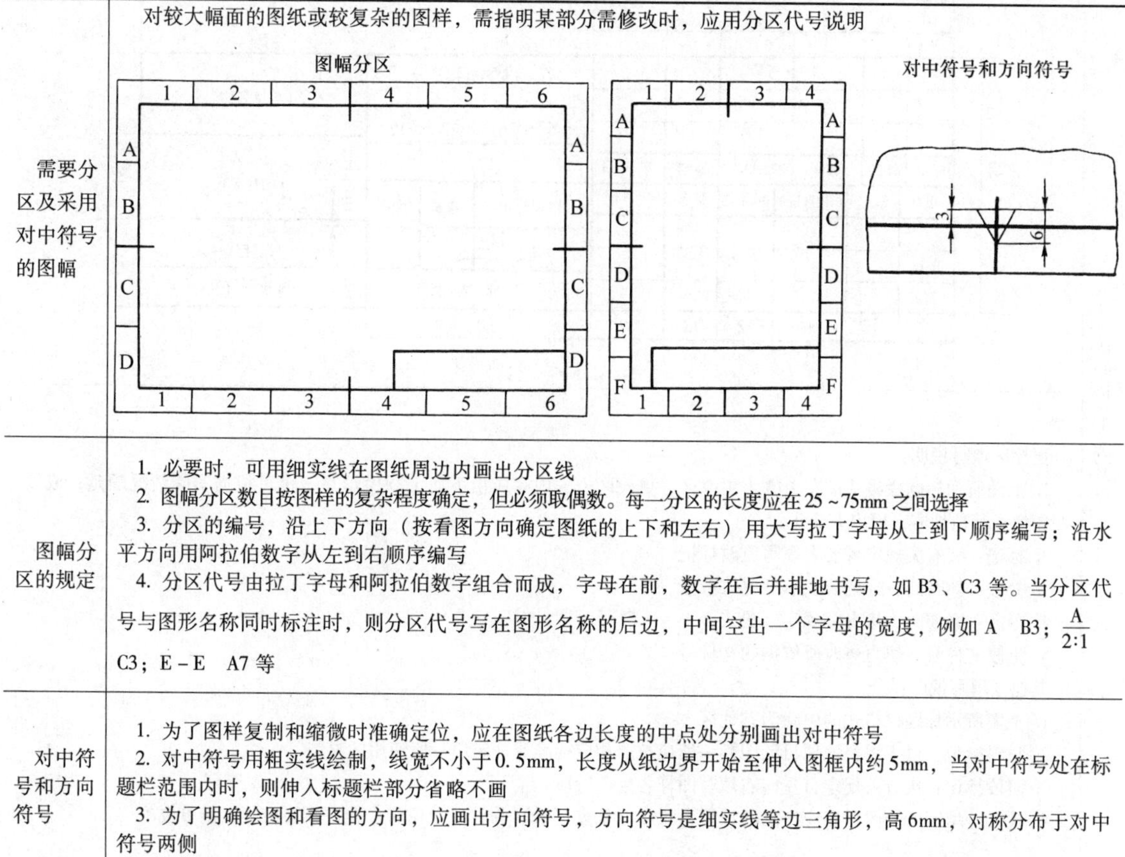
图幅分区的规定	1. 必要时，可用细实线在图纸周边内画出分区线 2. 图幅分区数目按图样的复杂程度确定，但必须取偶数。每一分区的长度应在25～75mm之间选择 3. 分区的编号，沿上下方向（按看图方向确定图纸的上下和左右）用大写拉丁字母从上到下顺序编写；沿水平方向用阿拉伯数字从左到右顺序编写 4. 分区代号由拉丁字母和阿拉伯数字组合而成，字母在前，数字在后并排地书写，如B3、C3等。当分区代号与图形名称同时标注时，则分区代号写在图形名称的后边，中间空出一个字母的宽度，例如A　B3；$\frac{A}{2:1}$ C3；E－E　A7等
对中符号和方向符号	1. 为了图样复制和缩微时准确定位，应在图纸各边长度的中点处分别画出对中符号 2. 对中符号用粗实线绘制，线宽不小于0.5mm，长度从纸边界开始至伸入图框内约5mm，当对中符号处在标题栏范围内时，则伸入标题栏部分省略不画 3. 为了明确绘图和看图的方向，应画出方向符号，方向符号是细实线等边三角形，高6mm，对称分布于对中符号两侧

2.2　标题栏及明细栏（GB/T 10609.1—2008、GB/T 10609.2—2009）

2.2.1　标题栏的放置位置、格式和尺寸

标题栏一般由更改区、签字区、名称及代号区组成，也可按实际需要增加或减少。

标题栏的放置位置、格式和尺寸见表2.1-5。

2.2.2　明细栏的格式

明细栏的配置方式和填写说明见表2.1-6。

表2.1-5　标题栏的放置位置、格式和尺寸　（mm）

	标题栏的长边置于水平方向并与图纸的长边平行时，则构成X型图纸；若标题栏的长边与图纸长边垂直时，则构成Y型图纸，在此情况下，看图的方向和看标题栏的方向一致	
标题栏的放置位置	应采用的方式	允许采用的方式
	标题栏的位置应位于图纸的右下角 标题栏	为了利用预先印制的图纸，允许将X型图纸的短边置于水平位置使用；或将Y型图纸的长边置于水平位置使用 标题栏
标题栏的格式举例及尺寸	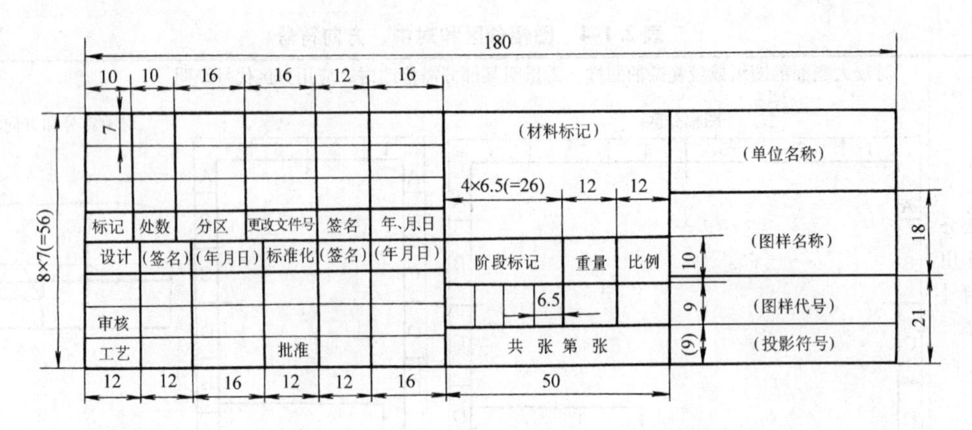	
	更改区填写说明： 1. 上图所示标题栏格式的左上方为更改区，更改区中的内容应由下而上顺序填写，也可根据实际情况顺延；或放在图样中其他地方，但应有表头 2. 标记：按有关规定或要求填写更改标记 3. 处数：填写同一标记所表示的更改数量 4. 分区：必要时，按有关规定（见表2.1-4）填写 5. 更改文件号：填写更改所依据的文件号 其他区填写说明： 1. 上图所示标题栏格式的中间为其他区 2. 材料标记：对于需要该项目的图样一般应按照相应标准或规定填写所使用的材料 3. 阶段标记：按有关规定自左向右填写图样各生产阶段 4. 重量：填写所绘图样相应产品的计算重量，以千克（kg）为计量单位时，允许不写出其计量单位	

表 2.1-6 明细栏的格式和说明 (mm)

<table>
<tr><td>配置在装配图标题栏上方的明细栏举例</td><td>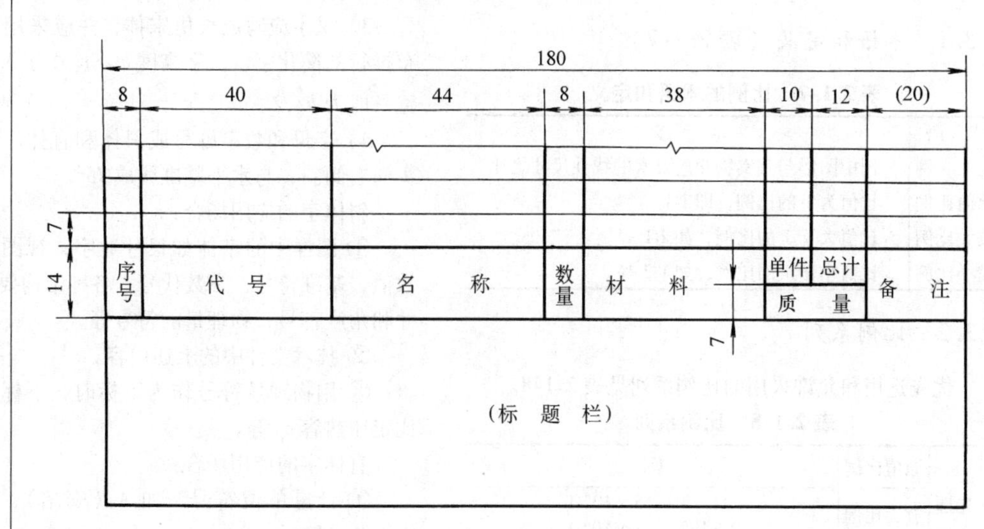
</td></tr>
<tr><td>明细栏可作为装配图的续页按A4幅面单独给出的举例</td><td>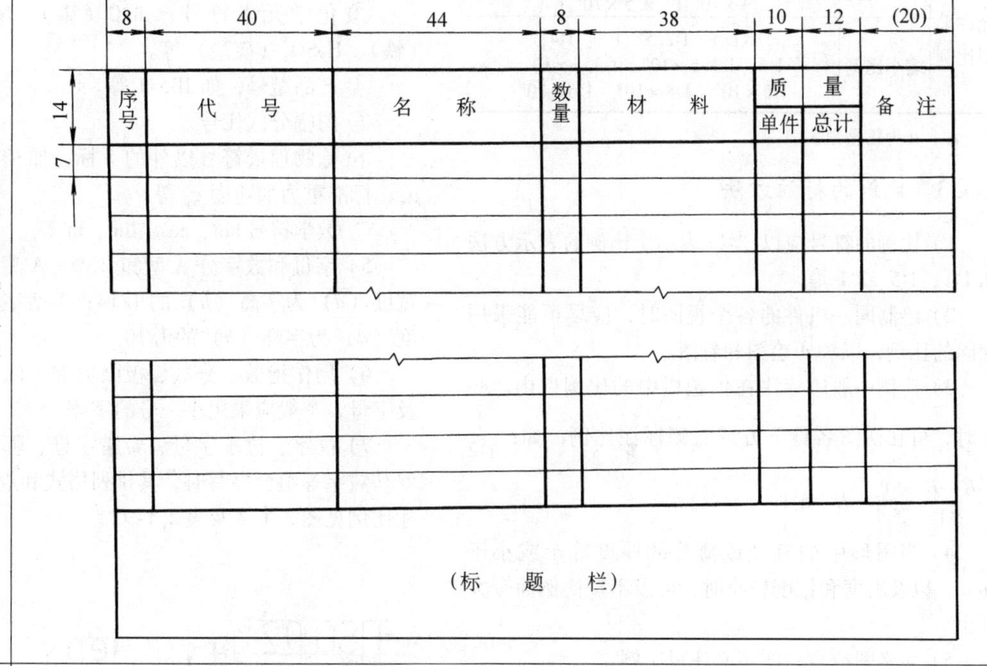
</td></tr>
<tr><td>填写说明</td><td>1. 序号：填写图样中相应组成部分的序号
2. 代号：填写图样中相应组成部分的图样代号或标准编号
3. 名称：填写图样中相应组成部分的名称。必要时，也可写出其形式和尺寸
4. 数量：填写图样中相应组成部分在装配图中所需的数量
5. 材料：填写图样中相应组成部分的材料标记
6. 质量：填写图样中相应组成部分单件和总件数的计算质量，以千克（kg）为计量单位时，允许不写出其计量单位
7. 备注：填写该项的附加说明或其他有关内容，如分区代号等</td></tr>
</table>

2.3　比例（GB/T 14690—1993）

2.3.1　术语和定义（表2.1-7）

表2.1-7　比例的术语和定义

术　语	定　　义
比　　例	图中图形与其实物相应要素的线性尺寸之比
原值比例	比值为1的比例，即1:1
放大比例	比值大于1的比例，如2:1等
缩小比例	比值小于1的比例，如1:2等

2.3.2　比例系列

优先选用和允许采用的比例系列见表2.1-8。

表2.1-8　比例系列

优先选用比例	原值比例	1:1
	放大比例	5:1　2:1　5×10^n:1 2×10^n:1　1×10^n:1
	缩小比例	1:2　1:5　1:10 1:2×10^n　1:5×10^n　1:1×10^n
允许采用比例	放大比例	4:1　2.5:1 4×10^n:1　2.5×10^n:1
	缩小比例	1:1.5　1:2.5　1:3　1:4 1:6　1:1.5×10^n　1:2.5×10^n 1:3×10^n　1:4×10^n　1:6×10^n

注：n为正整数。

2.3.3　比例的标注方法

1）比例的符号应以“:”表示。比例的表示方法如1:1、1:5、2:1等。

2）绘制同一机件的各个视图时，应尽可能采用相同的比例，以利于绘图和看图。

3）比例一般应标注在标题栏中的比例栏内。必要时，可在视图名称下方或右侧标注比例，如：$\frac{A}{1:2}$　$\frac{B—B}{2:1}$　$\frac{\text{I}}{5:1}$　D　5:1

4）当图形中的直径或薄片的厚度等于或小于2mm，以及斜度和锥度较小时，可以不按比例而夸大画出。

5）表格图或空白图不必注写比例。

2.4　字体及其在CAD制图中的规定（GB/T 14691—1993、GB/T 14665—2012）

2.4.1　字体的基本要求

1）图样中书写的字体必须做到：字体工整、笔画清楚、间隔均匀、排列整齐。

2）字体高度h的公称尺寸系列为：1.8mm、2.5mm、3.5mm、5mm、7mm、10mm、14mm、20mm。如需书写更大的字，其字体高度应按$\sqrt{2}$的比率递增。

3）汉字应写成长仿宋体，并应采用国家正式公布推行的简化字。汉字高度h不应小于3.5mm，其字宽一般为$h/\sqrt{2}$。

4）字母和数字可写成斜体和直体。斜体字的字头向右倾斜，与水平基准线成75°。

斜体字的应用场合：

① 图样中的字体如尺寸数字，视图名称，公差数值，基准符号，参数代号，各种结构要素代号，尺寸和角度符号，物理量的符号等。

② 技术文件中的上述内容。

③ 用物理量符号作为下标时，下标用斜体，如比定压热容c_p等。

直体字的应用场合：

① 计量单位符号，如A（安培）、N（牛顿）、m（米）等。

② 单位词头，如k（10^3，千）、m（10^{-3}，毫）、M（10^6，兆等）。

③ 化学元素符号，如C（碳）、N（氮）、Fe（铁）、H_2SO_4（硫酸）等。

④ 产品型号，如JR5-1等。

⑤ 图幅分区代号

⑥ 除物理量符号以外的下标，如相对摩擦因数μ_{τ}、标准重力加速度g_{n}等。

⑦ 数学符号sin、cos、lim、ln等。

5）字母和数字分A型和B型。A型字体的笔画宽度（d）为字高（h）的1/14；B型字体的笔画宽度（d）为字高（h）的1/10。

6）用作指数、分数、极限偏差、注脚等的数字及字母，一般应采用小一号的字体。

7）汉字、拉丁字母、希腊字母、阿拉伯数字和罗马数字等组合书写时，其排列格式和规定的间距尺寸比例见图2.1-2及表2.1-9。

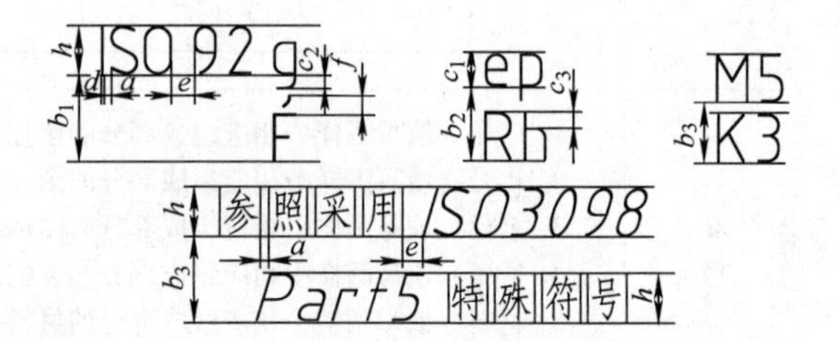

图2.1-2　组合文字的排列格式举例

表2.1-9　组合字体间距尺寸基本比例

书写格式		基本比例	
		A型字体	B型字体
大写字母高度	h	(14/14) h	(10/10) h
小写字母高度	c_1	(10/14) h	(7/10) h
小写字母伸出尾部	c_2	(4/14) h	(3/10) h
小写字母伸出头部	c_3	(4/14) h	(3/10) h
发音符号范围	f	(5/14) h	(4/10) h
字母间间距①	a	(2/14) h	(2/10) h
基准线最小间距（有发音符号）	b_1	(25/14) h	(19/10) h
基准线最小间距（无发音符号）	b_2	(21/14) h	(15/10) h
基准线最小间距（仅为大写字母）	b_3	(17/14) h	(13/10) h
词间距	e	(6/14) h	(6/10) h
笔画宽度	d	(1/14) h	(1/10) h

① 特殊的字符组合，如LA、TV、Tr等，字母间距可为 $a=(1/14)\ h$（A型）和 $a=(1/10)\ h$（B型）。

2.4.2　字体示例（表2.1-10）

2.4.3　CAD制图中字体的要求

1）汉字一般用正体输出；字母和数字一般以斜体输出。

2）小数点进行输出时，应占一个字位，并位于中间靠下处。

3）标点符号除省略号和破折号为两个字位外，其余均为一个符号一个字位。

4）字体高度 h 与图纸幅面之间的选用关系，见表2.1-11。

5）字体的最小字（词）距、行距以及间隔或基准线与字体之间最小距离，见表2.1-12。

表2.1-10　字体示例

汉字		机械图样中书写汉字、字母、数字必须做到： 字体端正 笔画清楚 间隔均匀 排列整齐 汉字书写要领： 横平竖直 注意起落 结构均匀 填满方格 制图 审核 比例 技术要求 螺纹连接 齿轮 弹簧 滚动轴承 零件图 装配图
数字	直体	1234567890
	斜体	1234567890
拉丁字母（斜体）	大写	ABCDEFGHIJKLMN OPQRSTUVWXYZ
	小写	abcdefghijklmnopqrstuvwxyz

（续）

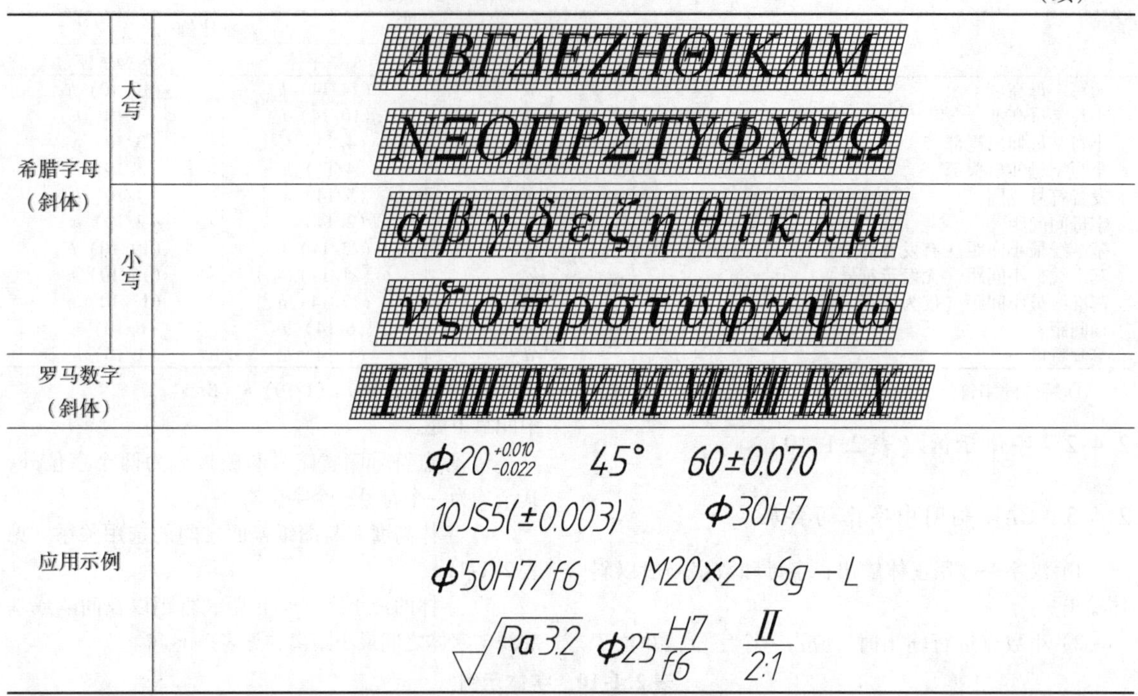

希腊字母（斜体）	大写	ΑΒΓΔΕΖΗΘΙΚΛΜ ΝΞΟΠΡΣΤΥΦΧΨΩ
	小写	αβγδεζηθικλμ νξοπρστυφχψω
罗马数字（斜体）		Ⅰ Ⅱ Ⅲ Ⅳ Ⅴ Ⅵ Ⅶ Ⅷ Ⅸ Ⅹ
应用示例		$\phi 20^{+0.010}_{-0.022}$　45°　60±0.070 10JS5(±0.003)　φ30H7 φ50H7/f6　M20×2-6g-L $\sqrt{Ra\,3.2}$　$\phi 25\frac{H7}{f6}$　$\frac{Ⅱ}{2:1}$

注：本表示例中字母和数字均为 A 型字。

表 2.1-11　CAD 制图中字体与图幅关系　（mm）

字体高度 \ 图幅	A0	A1	A2	A3	A4
汉　字	5		3.5		
字母与数字					

表 2.1-12　CAD 制图中字距、行距等的最小距离（mm）

字体	最小距离	
汉字	字距	1.5
	行距	2
	间隔线或基准线与汉字的间距	1
字母与数字	字距	0.5
	间距	1.5
	行距	1
	间隔线或基准线与字母、数字的间距	1

注：当汉字与字母、数字组合使用时，字体的最小字距、行距等应根据汉字的规定使用。

2.5　图线画法及其在 CAD 制图中的规定（GB/T 4457.4—2002、GB/T 17450—1998、GB/T 14665—2012）

本节着重介绍 GB/T 4457.4—2002《机械制图　图样画法　图线》规定的图线名称、形式及应用范围，还介绍了 GB/T 17450—1998《技术制图　图线》中与机械图样有关的内容以及在机械工程 CAD 制图中所用图线的规定。

2.5.1　图线的术语和定义（表 2.1-13）

表 2.1-13　术语和定义

术语	定　义
图线	起点和终点间以任意方式连接的一种几何图形，形状可以是直线或曲线，连续线或不连续线 注：1. 起点和终点可以重合，如一条图线形成圆的情况 2. 图线长度小于或等于图线宽度的一半称点
线素	不连续的独立部分，如点、长度不同的画和间隔
线段	一个或一个以上不同线素组成一段连续或不连续的图线，如实线的线段或由“长画、短间隔、点、短间隔、点、短间隔”组成的双点画线的线段

2.5.2　图线的宽度、形式和应用

所有图线的宽度，应按图样的类型、尺寸、比例和缩微复制的要求在下列数系中选择（该数系的公比为 1:$\sqrt{2}$）：0.13mm、0.18mm、0.25mm、0.35mm、0.5mm、0.7mm、1mm、1.4mm、2mm。由于图样复制中存在的困难，应尽可能避免采用线宽小于 0.18mm 的图线。

技术制图中图线分粗线、中粗线、细线三种，它们的宽度比率为 4:2:1。在机械图样中采用粗、细两种线宽，它们之间的比率为 2:1。

技术制图中的基本线型，如表2.1-14所示。机械制图中的线型及应用见表2.1-15。

表2.1-14 技术制图的基本线型

名 称	基本线型	名 称	基本线型
实线	————————	长画双短画线	—— - - —— - -
虚线	— — — — — —	画点线	—·—·—·—
间隔画线	—　—　—　—	双画单点线	— —·— —·
点画线	——·——·——	画双点线	—··—··—
双点画线	——··——··——	双画双点线	— —··— —··
三点画线	——···——···——	画三点线	—···—···—
点线	··················	双画三点线	— —···— —···
长画短画线	—— - —— - ——		

表2.1-15 机械制图的线型及应用

图线名称	线 型	代码№	宽 度	一般应用
细实线	————	01.1	细	.1 过渡线 .2 尺寸线 .3 尺寸界线 .4 指引线和基准线 .5 剖面线 .6 重合断面的轮廓线 .7 短中心线 .8 螺纹牙底线 .9 尺寸线的起止线 .10 表示平面的对角线 .11 零件成形前的弯折线 .12 范围线及分界线 .13 重复要素表示线，例如：齿轮的齿根线 .14 锥形结构的基面表示线 .15 叠片结构位置线，例如：变压器叠钢片 .16 辅助线 .17 不连续同一表面连线 .18 成规律分布的相同要素连线 .19 投射线 .20 网格线
波浪线	～～～～			.21 断裂处边界线；视图和剖视图的分界线①
双折线	—⋀—⋀—⋀—			.22 断裂处边界线；视图和剖视图的分界线①
粗实线	━━━━	01.2	粗	.1 可见棱边线 .2 可见轮廓线 .3 相贯线 .4 螺纹牙顶线 .5 螺纹长度终止线 .6 齿顶线（圆） .7 表格图、流程图中的主要表示线 .8 系统结构线（金属结构工程） .9 模样分型线 .10. 剖切符号用线
细虚线	— — — — — —	02.1	细	.1 不可见棱边线 .2 不可见轮廓线
粗虚线	━ ━ ━ ━ ━ ━	02.2	粗	.1 允许表面处理的表示线，例如：热处理
细点画线	——·——	04.1	细	.1 轴线 .2 对称中心线 .3 分度圆（线） .4 孔系分布的中心线 .5 剖切线
粗点画线	━━·━━	04.2	粗	.1 限定范围表示线
细双点画线	——··——	05.1	细	.1 相邻辅助零件的轮廓线 .2 可动零件处于极限位置时的轮廓线 .3 重心线 .4 成形前轮廓线 .5 剖切面前的结构轮廓线 .6 轨迹线 .7 毛坯图中制成品的轮廓线 .8 特定区域线 .9 延伸公差带表示线 .10 工艺用结构的轮廓线 .11 中断线

（续）

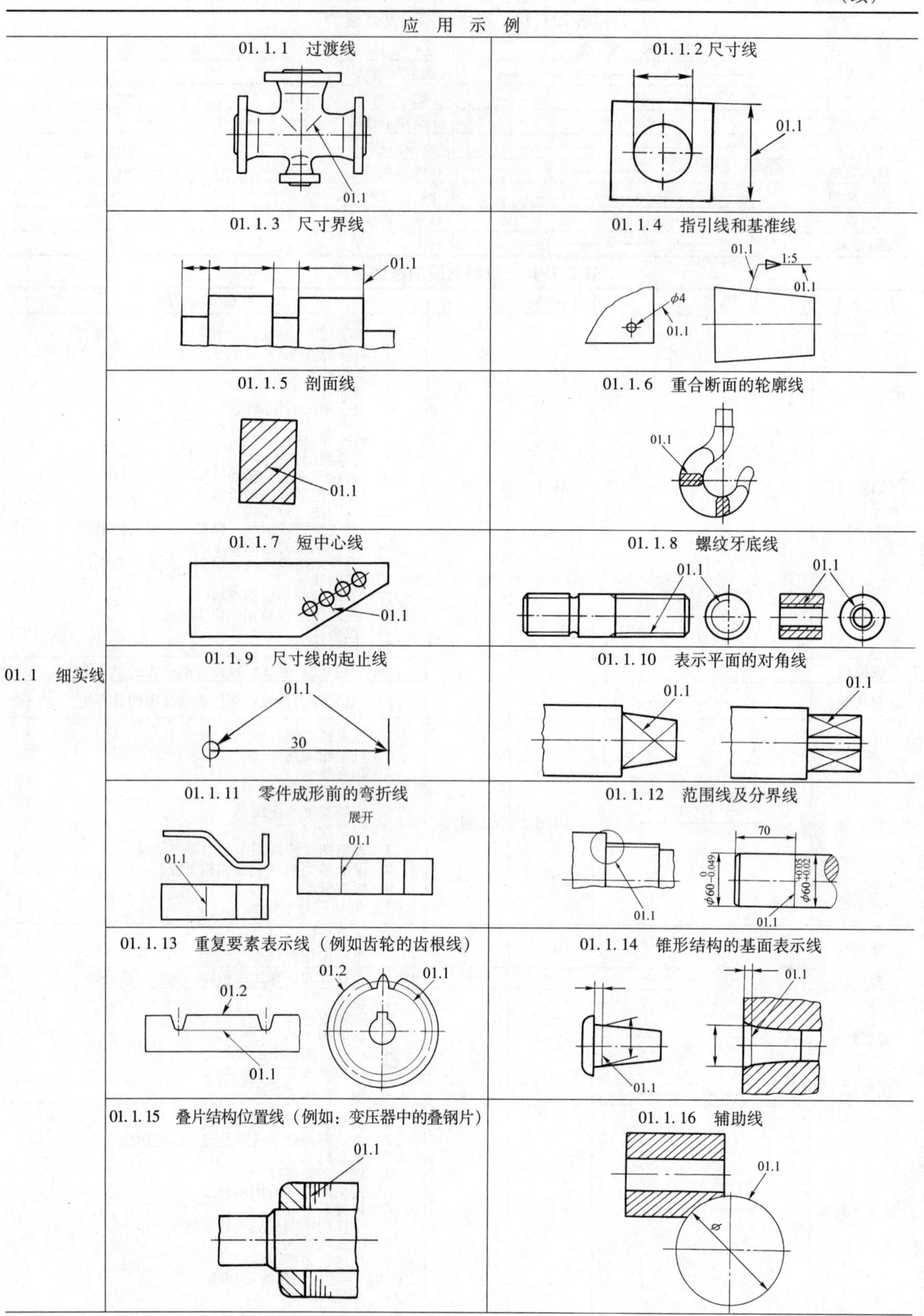

应用示例
01.1 细实线
01.1.1 过渡线
01.1
01.1.2 尺寸线
01.1
01.1.3 尺寸界线
01.1
01.1.4 指引线和基准线
01.1
1:5
01.1
ϕ4
01.1
01.1.5 剖面线
01.1
01.1.6 重合断面的轮廓线
01.1
01.1.7 短中心线
01.1
01.1.8 螺纹牙底线
01.1
01.1
01.1.9 尺寸线的起止线
01.1
30
01.1.10 表示平面的对角线
01.1
01.1
01.1.11 零件成形前的弯折线
展开
01.1
01.1
01.1.12 范围线及分界线
70
01.1
01.1
01.1.13 重复要素表示线（例如齿轮的齿根线）
01.2
01.1
01.2
01.1
01.1.14 锥形结构的基面表示线
01.1
01.1
01.1.15 叠片结构位置线（例如：变压器中的叠钢片）
01.1
01.1.16 辅助线
01.1
ϕ

（续）

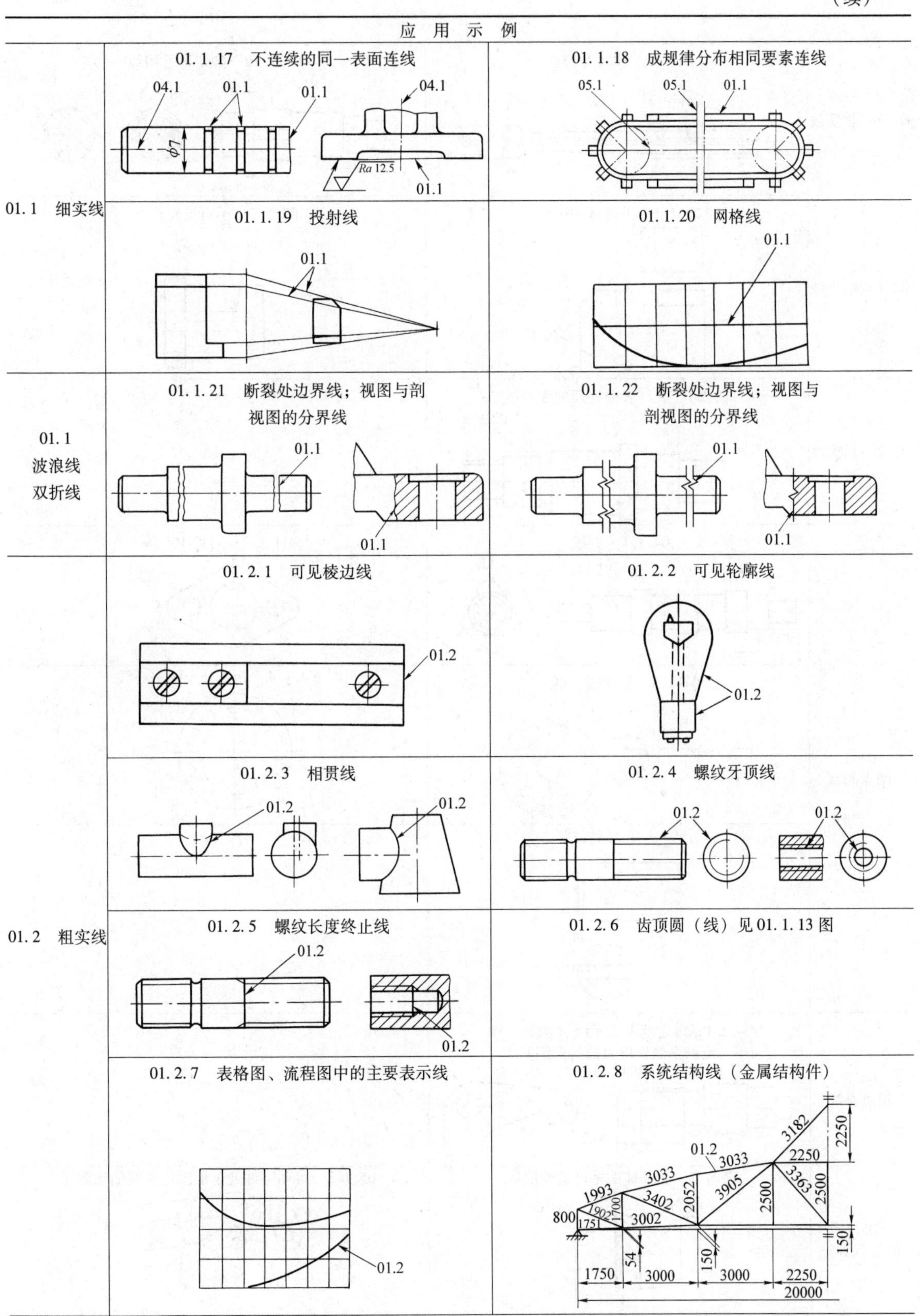

应 用 示 例
01.1 细实线
01.1.17 不连续的同一表面连线
04.1
01.1
01.1
04.1
φ7
Ra 12.5
01.1
01.1.18 成规律分布相同要素连线
05.1
05.1
01.1
01.1.19 投射线
01.1
01.1.20 网格线
01.1
01.1
波浪线
双折线
01.1.21 断裂处边界线；视图与剖视图的分界线
01.1
01.1
01.1.22 断裂处边界线；视图与剖视图的分界线
01.1
01.1
01.2 粗实线
01.2.1 可见棱边线
01.2
01.2.2 可见轮廓线
01.2
01.2.3 相贯线
01.2
01.2
01.2.4 螺纹牙顶线
01.2
01.2
01.2.5 螺纹长度终止线
01.2
01.2
01.2.6 齿顶圆（线）见01.1.13图
01.2.7 表格图、流程图中的主要表示线
01.2
01.2.8 系统结构线（金属结构件）
01.2
3182
2250
3033
2250
3033
3363
2500
1993
3402
3905
2052
2500
800
1902
1700
3002
1751
54
150
150
1750
3000
3000
2250
20000

（续）

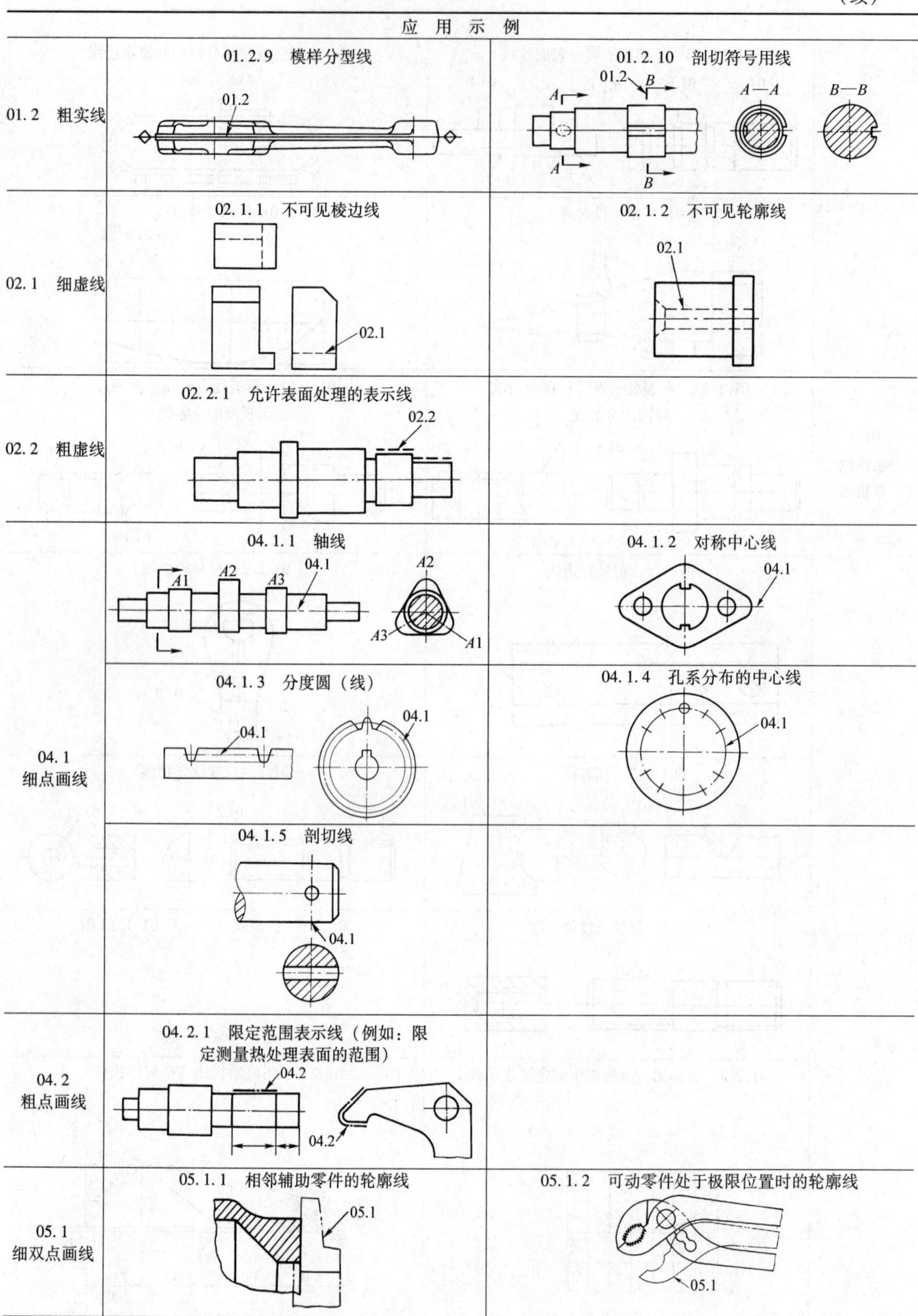
应 用 示 例
01.2 粗实线
01.2.9 模样分型线
01.2
01.2.10 剖切符号用线
01.2
A
B
A—A
B—B
02.1 细虚线
02.1.1 不可见棱边线
02.1
02.1.2 不可见轮廓线
02.1
02.2 粗虚线
02.2.1 允许表面处理的表示线
02.2
04.1 细点画线
04.1.1 轴线
A1
A2
A3
04.1
04.1.2 对称中心线
04.1
04.1.3 分度圆（线）
04.1
04.1.4 孔系分布的中心线
04.1
04.1.5 剖切线
04.1
04.2 粗点画线
04.2.1 限定范围表示线（例如：限定测量热处理表面的范围）
04.2
05.1 细双点画线
05.1.1 相邻辅助零件的轮廓线
05.1
05.1.2 可动零件处于极限位置时的轮廓线
05.1

（续）

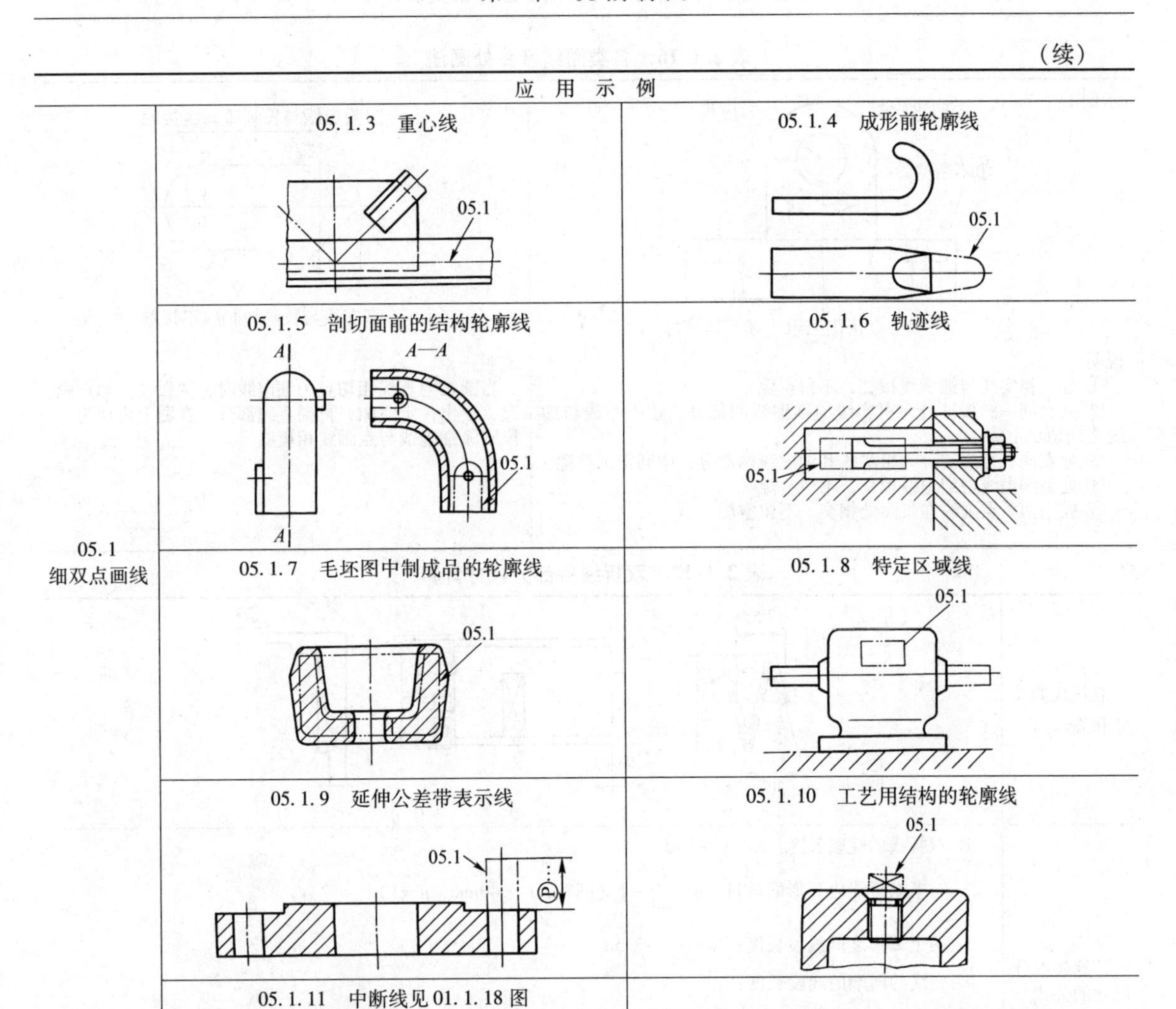

	应 用 示 例	
05.1 细双点画线	05.1.3 重心线	05.1.4 成形前轮廓线
	05.1.5 剖切面前的结构轮廓线	05.1.6 轨迹线
	05.1.7 毛坯图中制成品的轮廓线	05.1.8 特定区域线
	05.1.9 延伸公差带表示线	05.1.10 工艺用结构的轮廓线
	05.1.11 中断线见01.1.18图	

① 在一张图样上一般采用一种线型，即采用波浪线或双折线。

2.5.3 图线画法

1）在同一图样中，同类图线的宽度应一致。

2）手工绘图时，各线素的长度宜采用下列规定：

点 ≤0.5倍线宽；短间隔 3倍线宽

短画 6倍线宽；画 12倍线宽；

长画 24倍线宽；间隔 18倍线宽。

3）绘制圆的对称中心线时，圆心应为长画线的交点。点画线和双点画线的首末两端应是长画而不是点。

4）在较小图形上绘制细点画线或细双点画线有困难时，可用细实线替代。

5）当两种以上不同类型的图线重合时，应遵守以下优先顺序：

① 可见轮廓线、棱边线（粗实线）；

② 不可见轮廓线、棱边线（细虚线）；

③ 轴线和对称中心线（细点画线）；

④ 假想轮廓线（细双点画线）；

⑤ 尺寸界线和分界线（细实线）。

6）字体和任何图线重合时，字体优先。

7）为了保证图样复制时图线清晰，两条平行线之间的最小间隙不得小于0.7mm。计算机绘图时，图样上图线的间隙不表示真实的间距，如螺纹的表示，当建立数据系统时，应考虑这种情况。

8）各类图线连接处的画法，见表2.1-16。

2.5.4 CAD制图中图线的结构

在计算机制图中，双折线、细虚线、细点画线、细双点画线各部分尺寸的计算，见表2.1-17～表2.1-20。

2.5.5 指引线和基准线的基本规定

1）术语和定义（表2.1-21）

2）指引线和基准线的表达（表2.1-22）

3）与指引线关联注释的注写（表2.1-23）

4）指引线上附加“圆”的应用（表2.1-24）

表 2.1-16　各类图线接头处画法

示例1	示例2
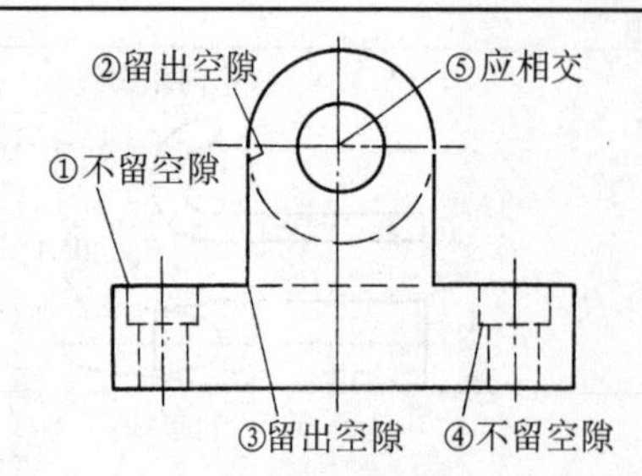	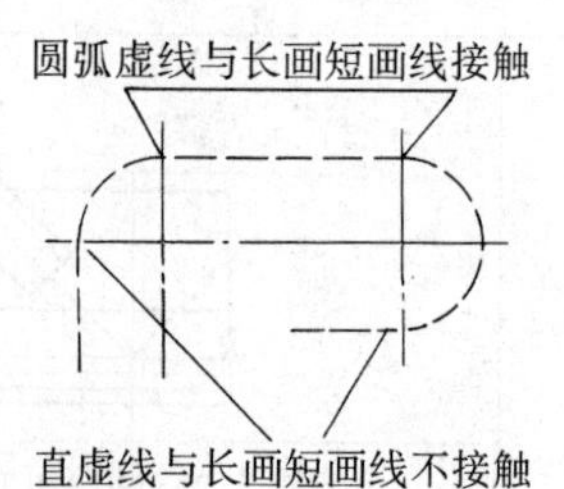
说明： ① 处为粗实线与细虚线相交，不留空隙 ② 处在同一圆弧被分为粗实线与细虚线两部分，在中心线与虚线之间留出空隙 ③ 处在同一直线被分为粗实线和细虚线两部分，中间留出空隙 ④ 处为细虚线与细虚线相交，不留空隙 ⑤ 处为两条点画线在长画处相交，不留空隙	说明： 当圆弧与直线相切且为细虚线时，圆弧要从切点画起，留出一定空隙，再画直线部分，在图上表现为一段圆弧细虚线与点画线相接触

表 2.1-17　双折线各部分尺寸计算

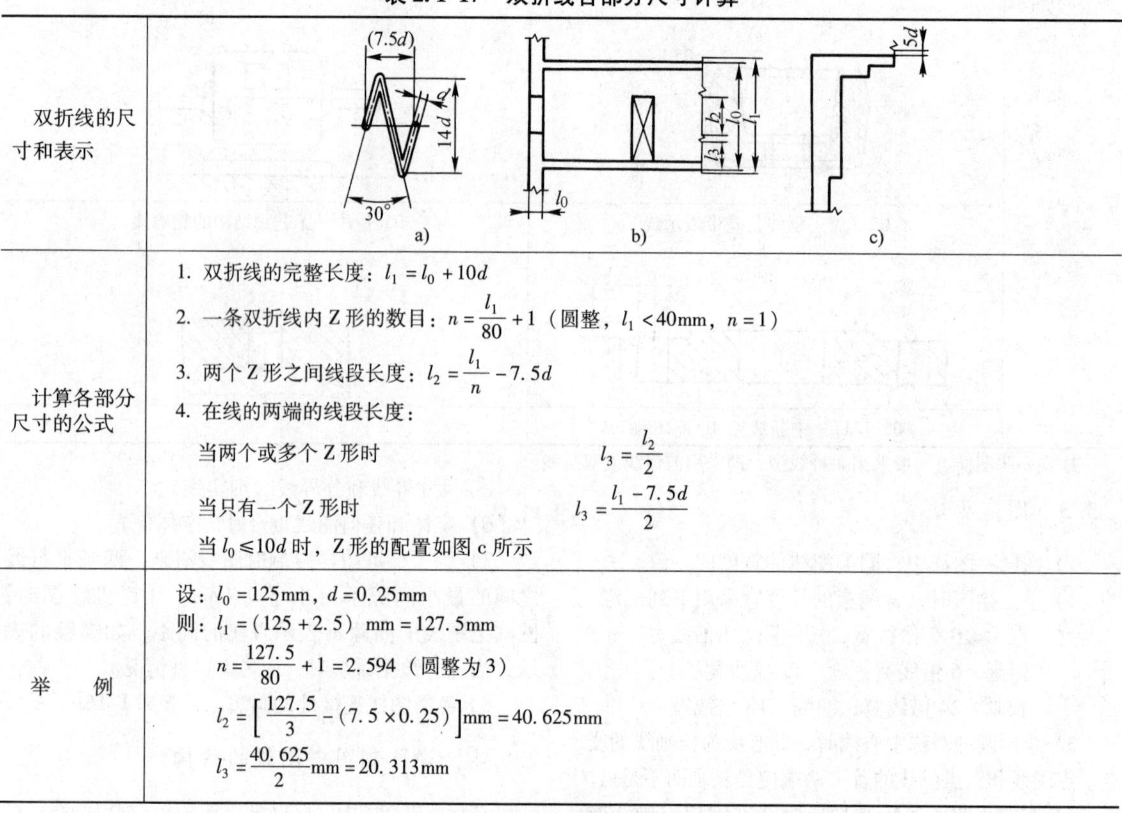

双折线的尺寸和表示	a)　b)　c)
计算各部分尺寸的公式	1. 双折线的完整长度：$l_1 = l_0 + 10d$ 2. 一条双折线内Z形的数目：$n = \frac{l_1}{80} + 1$（圆整，$l_1 < 40\text{mm}$，$n = 1$） 3. 两个Z形之间线段长度：$l_2 = \frac{l_1}{n} - 7.5d$ 4. 在线的两端的线段长度： 当两个或多个Z形时　$l_3 = \frac{l_2}{2}$ 当只有一个Z形时　$l_3 = \frac{l_1 - 7.5d}{2}$ 当 $l_0 \leqslant 10d$ 时，Z形的配置如图c所示
举　　例	设：$l_0 = 125\text{mm}$，$d = 0.25\text{mm}$ 则：$l_1 = (125 + 2.5)\ \text{mm} = 127.5\text{mm}$ $n = \frac{127.5}{80} + 1 = 2.594$（圆整为3） $l_2 = \left[\frac{127.5}{3} - (7.5 \times 0.25)\right]\text{mm} = 40.625\text{mm}$ $l_3 = \frac{40.625}{2}\text{mm} = 20.313\text{mm}$

表 2.1-18　细虚线各部分尺寸计算

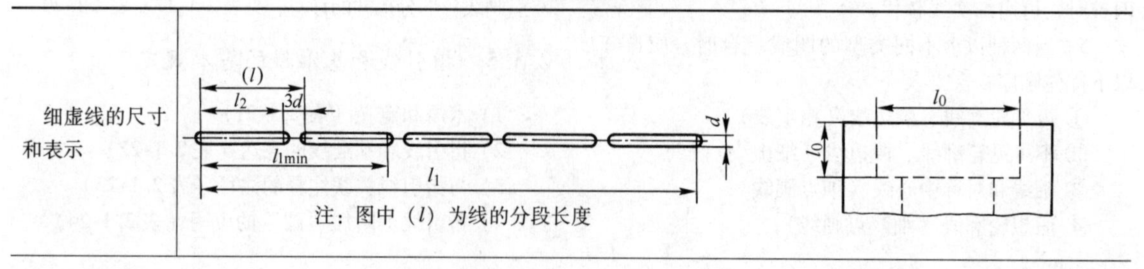

细虚线的尺寸和表示	注：图中（l）为线的分段长度

（续）

计算各部分尺寸的公式	1. 细虚线的全长　$l_1 = l_0$ 2. 一条细虚线内短画的数目：$n = \dfrac{l_0 - 12d}{15d}$（圆整） 3. 短画的长度：$l_2 = \dfrac{l_1 - 3dn}{n+1}$ 4. 细虚线的最小长度：$l_{1\min} = l_{0\min} = 27d$（2条短画 $12d$，1个间隔 $3d$） 如果在画细虚线时长度小于 $27d$，可以采用将各部分尺寸放大的形式
举　　例	设：$l_1 = 125\text{mm}$，$d = 0.35\text{mm}$ 则：$n = \dfrac{125 - 4.2}{5.25} = 23.01$（圆整为23） $l_2 = \dfrac{125 - 24.15}{24}\text{mm} = 4.202\text{mm}$ 允许按固定的短画（$12d$）画线，此时线的一端可能是较短或较长的短画

表 2.1-19　细点画线各部分尺寸计算

细点画线的尺寸和表示	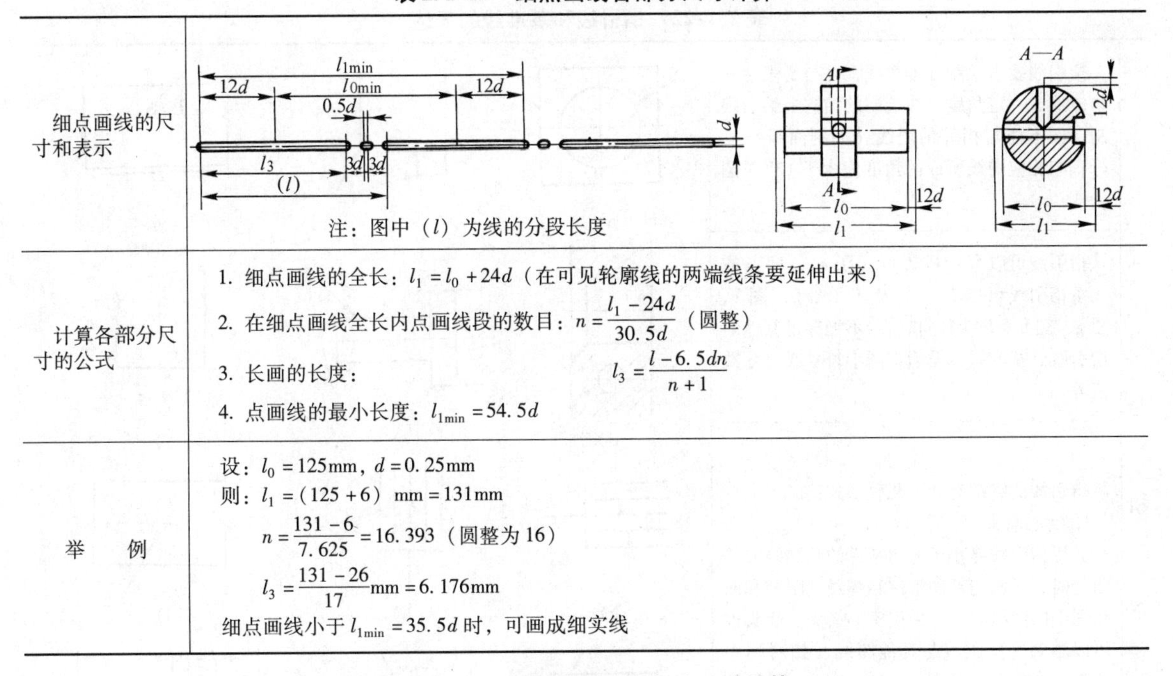 注：图中（l）为线的分段长度
计算各部分尺寸的公式	1. 细点画线的全长：$l_1 = l_0 + 24d$（在可见轮廓线的两端线条要延伸出来） 2. 在细点画线全长内点画线段的数目：$n = \dfrac{l_1 - 24d}{30.5d}$（圆整） 3. 长画的长度：$l_3 = \dfrac{l - 6.5dn}{n+1}$ 4. 点画线的最小长度：$l_{1\min} = 54.5d$
举　　例	设：$l_0 = 125\text{mm}$，$d = 0.25\text{mm}$ 则：$l_1 = (125 + 6)\ \text{mm} = 131\text{mm}$ $n = \dfrac{131 - 6}{7.625} = 16.393$（圆整为16） $l_3 = \dfrac{131 - 26}{17}\text{mm} = 6.176\text{mm}$ 细点画线小于 $l_{1\min} = 35.5d$ 时，可画成细实线

表 2.1-20　细双点画线各部分尺寸计算

细双点画线的尺寸和表示	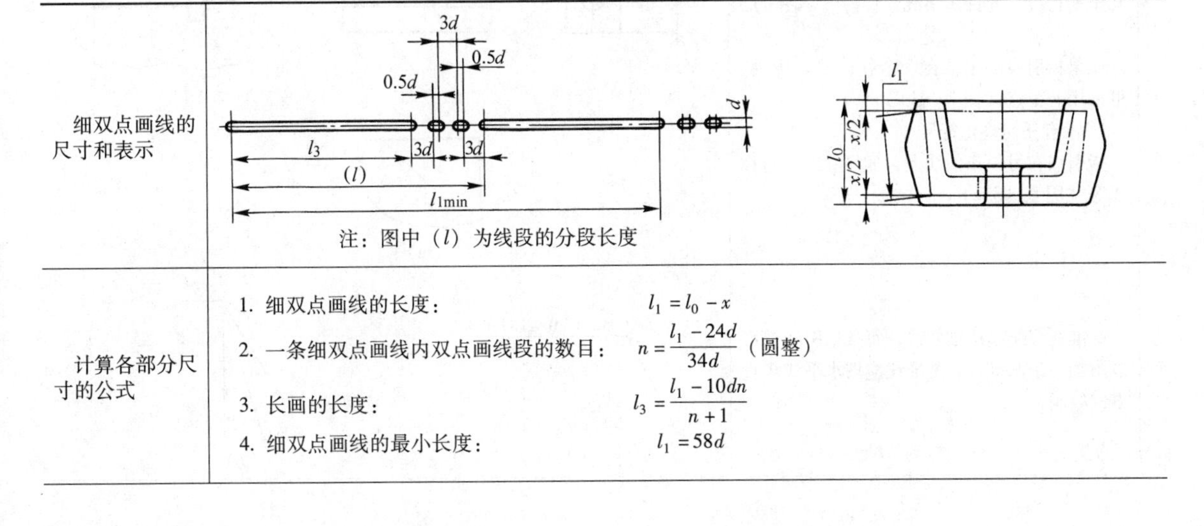 注：图中（l）为线段的分段长度
计算各部分尺寸的公式	1. 细双点画线的长度：$l_1 = l_0 - x$ 2. 一条细双点画线内双点画线段的数目：$n = \dfrac{l_1 - 24d}{34d}$（圆整） 3. 长画的长度：$l_3 = \dfrac{l_1 - 10dn}{n+1}$ 4. 细双点画线的最小长度：$l_1 = 58d$

（续）

举　例	设：$l_0=128\text{mm}$，$d=0.35\text{mm}$，$\frac{x}{2}=1.5\text{mm}$ 则：$l_1=(128-3)\ \text{mm}=125\text{mm}$ $n=\frac{125-8.4}{11.9}=9.798$（圆整为10） $l_3=\frac{125-35}{11}\text{mm}=8.182\text{mm}$

表2.1-21　指引线和基准线的术语和定义

术　语	定　义
指引线	指引线为细实线，它以明确的方式建立图形表达和附加的字母、数字或文本说明（注意事项、技术要求、参照条款等）之间联系的线
基准线	与指引线相连的水平或竖直的细实线，可在上方或旁边注写附加说明

表2.1-22　指引线和基准线的表达

指引线	指引线要求绘制成细实线，并与要表达的物体形成一定角度，在绘制的结构上给予限制，而不能与相邻的图线（如剖面线）平行，与相应图线所成的角度应大于15°（图a～图m）	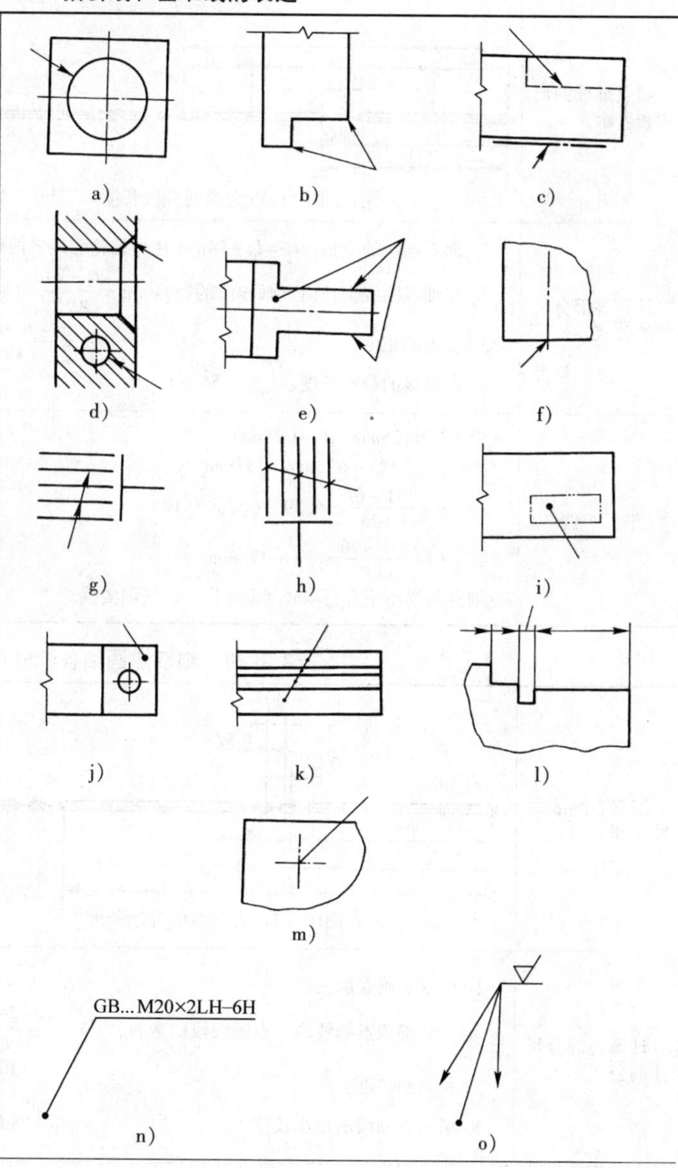
	指引线可以弯折成锐角（图e），两条或几条指引线可以有一个起点（图b，图e、图g、图h和图k），指引线不能穿过其他的指引线、基准线以及诸如图形符号或尺寸数值等	
	指引线的终端有如下几种形式： 1. 实心箭头 如果指引线终止于表达零件的轮廓线或转角处时，平面内部的管件和缆线，图表和曲线图上的图线时，可采用实心箭头。箭头也可以画到这些图线与其他图线（如对称中心线）相交处，如图a～图g所示。如果是几条平行线，允许用斜线代替箭头（图h） 2. 一个点 如果指引线的末端在一个物体的轮廓内，可采用一个点（图i～图k） 3. 没有任何终止符号 指引线在另一条图线上，如尺寸线、对称线等（图l、图m）	
基准线	基准线应绘制成细实线，每条指引线都可以附加一条基准线，基准线应按水平或竖直方向绘制	

（续）

基准线	基准线可以画成： 1. 具有固定的长度，应为6mm（图o和图p） 2. 或者与注解说明同样长度（图n、图q） 3. 在特殊情况下，应画出公共基准线（图o） 4. 如果指引线绘制成水平方向或竖直方向，此时注释说明的注写与指引线方向一致（图r、图s） 5. 不适用基准线的情况下，均可省略基准线（图l、图t）	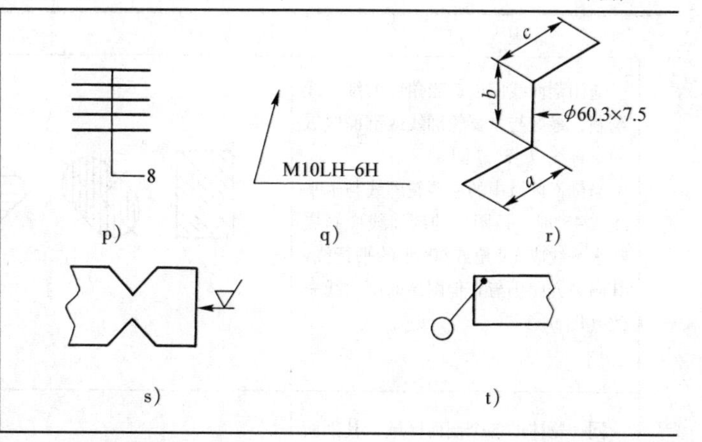

表 2.1-23 指引线注释的注写

1. 优先注写在基准线的上方（表2.1-22图n、图q）（图a、图b） 2. 注写在指引线或基准线的后面，并以字符的中部与指引线或基准线对齐（表2.1-22图p、图r） 3. 注写在相应图形符号的旁边，内部或后面（图a、图b） 4. 考虑到缩微的要求，注释说明如果在基准线的上方或下方，应在基准线相距两倍线宽处注写。不能写在基准线内，也不能与其接触	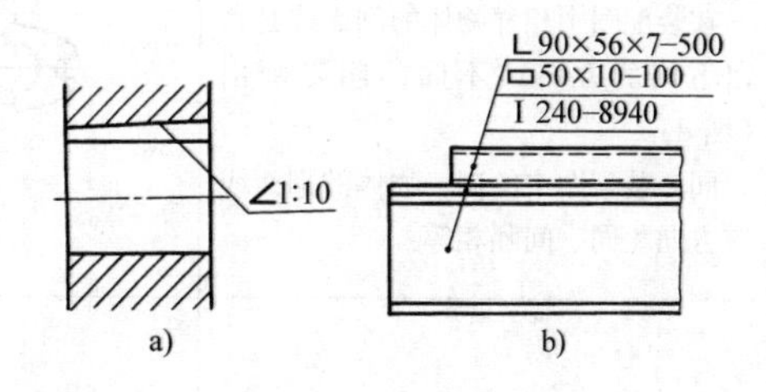

表 2.1-24 指引线上附加“圆”的应用

如果一个零件相关联的几个表面有同样的特征要求，可仅注释一次，注释说明的方法是在指引线和基准线连接处画一个圆（$d=8\times$指引线宽）如图a～图c 在下面两种情况下不能使用“圆”符号： 1. 使用“圆”符号可能产生误解 2. 使用“圆”符号会涉及一个零件的所有表面或转角	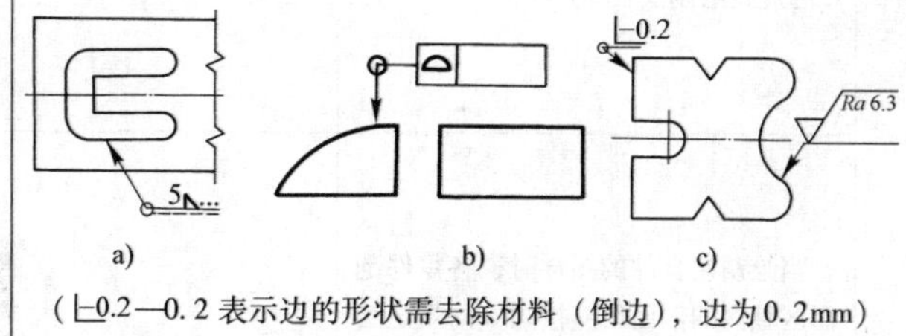（-0.2—0.2表示边的形状需去除材料（倒边），边为0.2mm）

2.6 剖面区域表示法

2.6.1 常用的金属材料剖面区的剖面或截面表示法

按GB/T 17453—2005规定，见表2.1-25。

2.6.2 特殊材料的表示

若需要在剖面区域中表示材料的类别时，应按特殊规定或专业标准表示其剖面区域，见表2.1-26。

3 图样画法

图样表示方法有第一角投影法和第三角投影法两种，我国采用第一角投影法，ISO标准的图形均采用第一角投影法，但规定两种投影法是等效的。

3.1 第一角投影法和第三角投影法（GB/T 14692—2008）

绘制机械图样时应采用投射线与投影面垂直的正投影法。正投影法有单面正投影和多面正投影（物体在多个互相垂直的投影面上的投影）之分，将物体置于第一分角内，并使其处于观察者与投影之间的多面投影，称第一角投影法或第一角画法。将物体置于第三分角内，并使投影面处于观察者和物体之间的多面投影，称第三角投影法或第三角画法。第一角投影法和第三角投影法的区别见表2.1-27。

表 2.1-25　剖面符号的画法

	规　定	图　例
一般画法	通用剖面线应以适当角度的细实线绘制，最好与主要轮廓线或剖面区域的对称线成45°（图a） 当剖面区域中的主要轮廓线与水平线成45°时，该图形的剖面线应画成与水平线成30°角或60°角的平行线，其倾斜方向仍与其他图形的剖面线一致（图b）	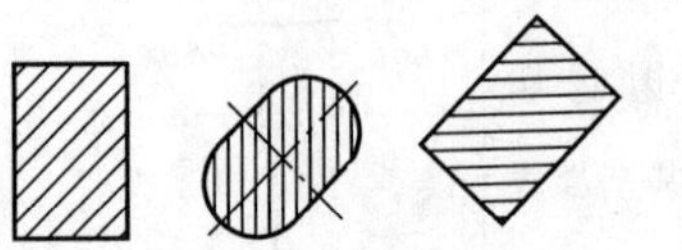 a) 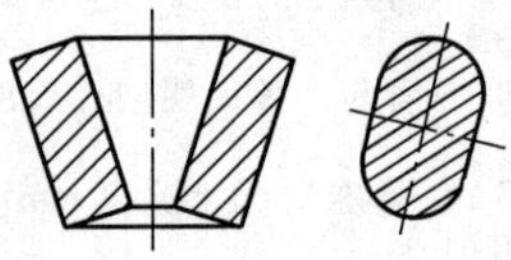　b)
	同一物体的各个剖面区域，其剖面线画法应一致，即剖面线的间隔应相等，方向要相同，而且与水平成45°的平行线（图c） 在装配图中相邻物体的剖面线必须以不同的方向或不同的间隔画出（图d） 同一装配图中的同一物体的剖面线应方向相同、间隔相等	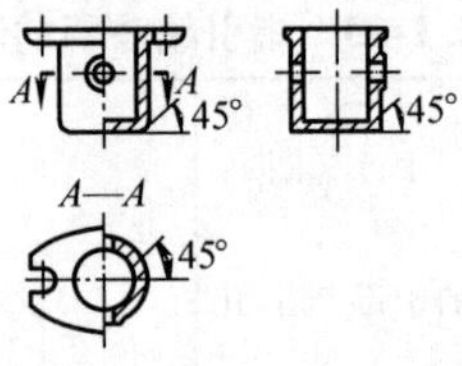 A　A　45°　45°　A—A　45° c) 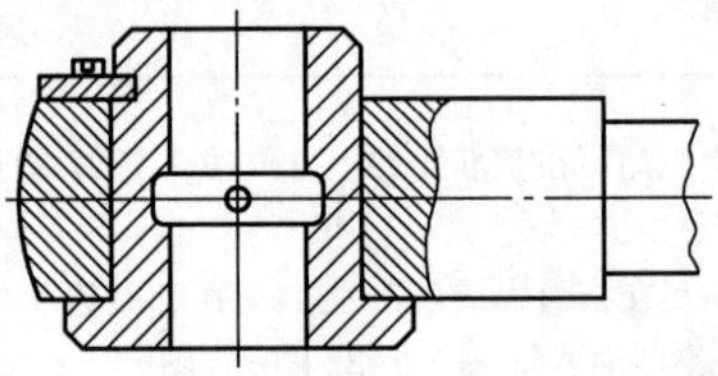　d)
	相邻辅助零件或部件的剖面区域一般不画剖面线，当需要画出时仍按图d的规定绘制（图e）	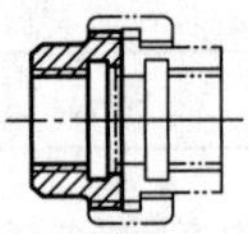 e)
	当绘制接合件的图样时，各零件剖面区域内的剖面线应按图d的规定绘制（图f）绘制 当绘制接合件与其他零件的装配图时，接合件可作为一个整体在剖面区域画剖面线（图g）	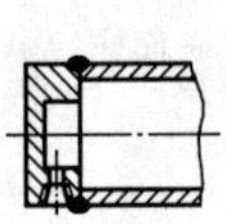 f) 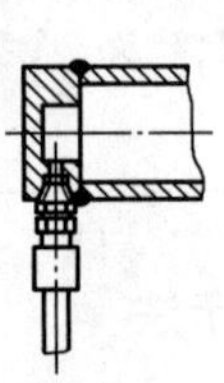　g)
简化画法	同一零件，为了表达不同的结构，截取不同的截面，但必须画相同方向、相同间隔的剖面线	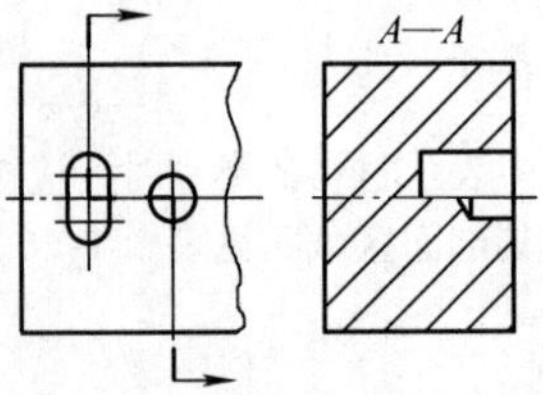 A—A

（续）

	规定	图例
简化画法	在大面积剖切的情况下，剖面线可以在剖面区的轮廓线画出部分剖面线	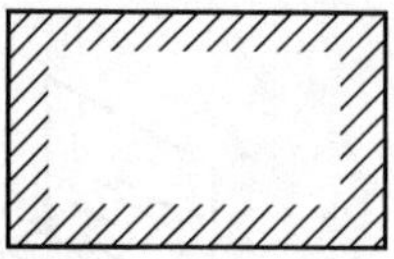
	剖面内可以标注尺寸	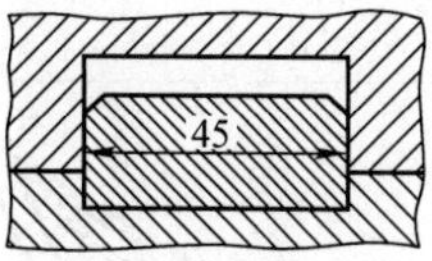 45
	断面或剖面可以用粗实线强调表示	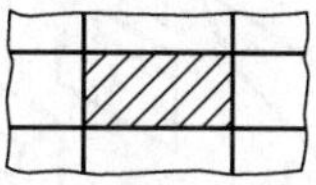
	狭小剖面可以用完全黑色来表示（图a） 相近的狭小剖面可以用完全黑色表示，其间至少应留下0.7mm的间距（图b）	 a)　b)

表2.1-26　特定剖面符号及画法

材料	符号	材料	符号	材料	符号
金属材料（已有规定剖面符号者除外）	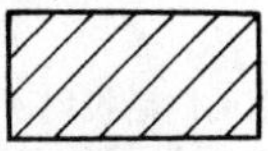	木质胶合板（不分层数）		玻璃及供观察用的其他透明材料	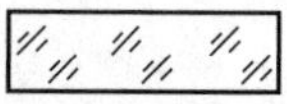
线圈绕组元件	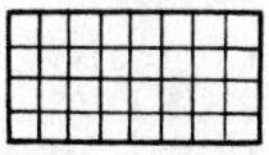	基础周围的泥土	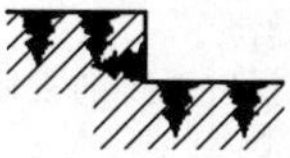	木材　纵剖面	
转子、电枢、变压器和电抗器等的叠钢片		混凝土	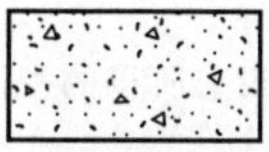	木材　横剖面	
非金属材料（已有规定剖面符号者除外）	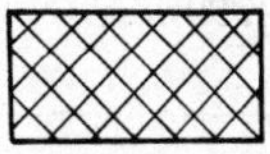	钢筋混凝土	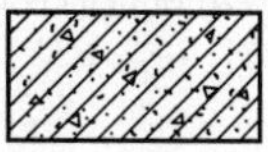	格网（筛网、过滤网等）	
型砂、填砂、粉末冶金、砂轮、陶瓷刀片、硬质合金刀片等	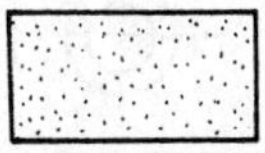	砖	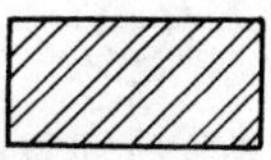	液体	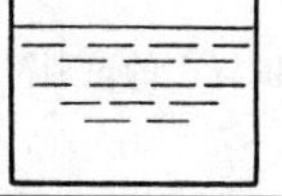

注：1. 剖面符号仅表示材料的类别，材料名称和代号必须另行注明。

2. 由不同材料嵌入或粘贴在一起的物体，用其中主要材料的剖面符号表示。例如：夹丝玻璃的剖面符号用玻璃的剖面符号表示，复合钢板的剖面符号用钢板的剖面符号表示。

3. 除金属材料外，在装配图中相邻物体的剖面符号相同时，应采用疏密不一的方法以示区别。

4. 叠钢片的剖面线方向，应与束装中叠钢片的方向一致。

5. 液面用细实线绘制。

6. 窄剖面区域不宜画剖面符号时，可不画剖面符号。

7. 木材、玻璃、液体、叠钢片、砂轮及硬质合金刀片等剖面符号，也可在外形视图中画出部分或全部，作为材料的标志。

表2.1-27　第一、第三角投影法的区别

第一、第三角投影法的区别	第一角投影法	第三角投影法
投射线、物体、投影面之间的关系	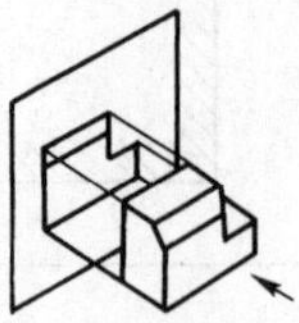	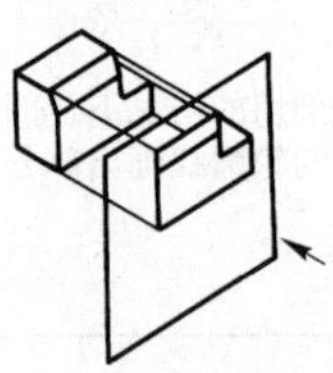 投影平面是透明的
六个基本投影面的展开方法	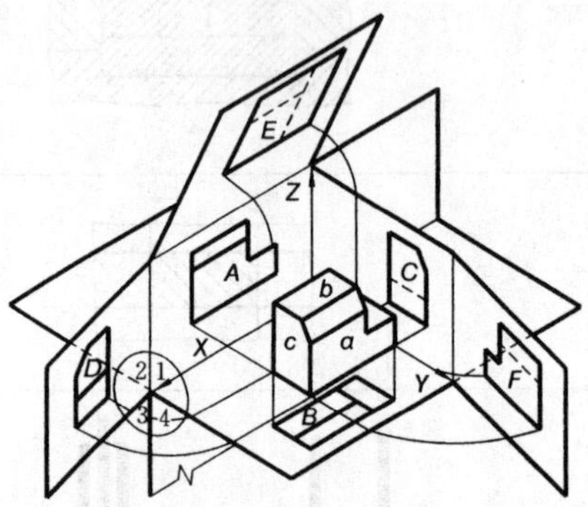	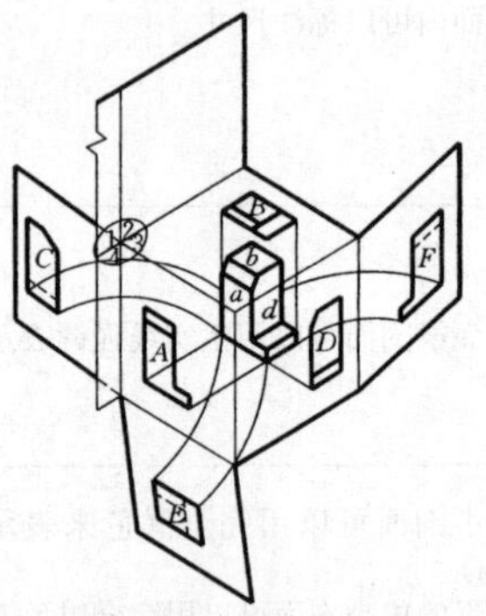
六个基本视图的名称和配置	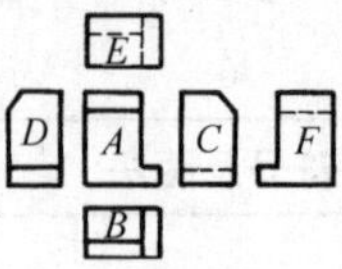 主视图—由前向后投射所得的视图（上图中*A*） 左视图—由左向右投射所得的视图（上图中*C*），配置在主视图的右方 俯视图—由上向下投射所得的视图（上图中*B*），配置在主视图的下方 右视图—由右向左投射所得的视图（上图中*D*），配置在主视图左方 仰视图—由下向上投射所得的视图（上图中*E*），配置在主视图上方 后视图—由后向前投射所得的视图（上图中*F*），配置在左视图右方	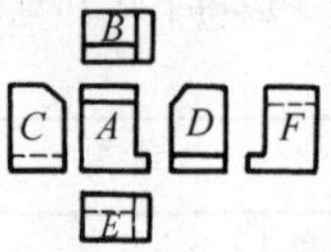 主视图—由前向后投射所得的视图（上图中*A*） 右视图—由右向左投射所得的视图（上图中*D*），配置在主视图右方 仰视图—由下向上投射所得的视图（上图中*E*），配置在主视图下方 左视图—由左向右投射所得的视图（上图中*C*），配置在主视图左方 俯视图—由下向上投射所得的视图（上图中*B*），配置在主视图上方 后视图—由后向前投射所得的视图（上图中*F*），配置在右视图右方
图样上的识别符号	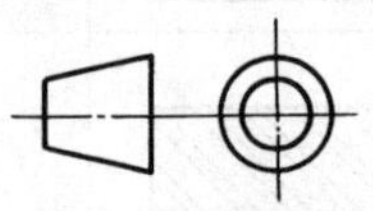 （我国规定采用第一角投影法，此符号可省略）	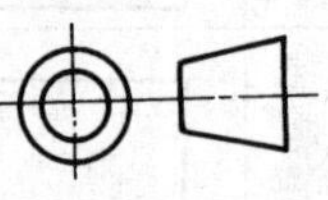 （采用第三角投影时，必须在图样中画出识别符号）

3.2 视图（GB/T 4458.1—2002）

3.2.1 视图选择

1）表示信息量最多的那个视图应作为主视图。投射时物体在投影体系中的位置通常是机件的工作位置或加工位置或安装位置。

2）在明确表示机件的前提下，应使视图（包括剖视图和断面图）的数量为最少。

3）视图一般只画机件的可见部分，必要时才画出不可见部分。

4）尽量避免不必要细节的重复表达。

3.2.2 视图分类和画法（表2.1-28）

表2.1-28 视图分类和画法

分类	规定	图例
基本视图	基本视图是机件向基本投影面投影所得的视图 六个基本视图的名称为： 主视图　左视图　俯视图　右视图　仰视图　后视图 在同一张图纸内按图a配置视图时，一律不标注视图的名称	（仰视图） （右视图）（主视图）（左视图）（后视图） （俯视图） a)
向视图	如不按图a配置视图时，应在视图上方标注视图名称“×”（“×”为大写拉丁字母），在相应视图的附近用箭头指明投影方向，并标注相同的字母（图b），这类可自由配置的视图称向视图	A A C B B C b)
斜视图	斜视图是机件向不平行于基本投影面的平面投射所得的视图 斜视图通常按向视图的配置形式配置并标注（图c） 必要时允许将斜视图旋转配置，表示该视图名称的大写拉丁字母应靠近旋转符号的箭头端，也允许将旋转角度标注在字母之后（图d） 斜视图的断裂边界应以波浪线或双折线表示，当所表示的局部结构是完整的，且外轮廓线又成封闭时，波浪线或双折线可以省略不画	A A c) A A d)

（续）

分类	规　　定	图　　例
局部视图	局部视图是将机件的一部分向基本投影面投射所得的视图 在机械制图中，局部视图的配置可选用以下方式： 1. 按基本视图的配置形式配置（图 c 的俯视图） 2. 按向视图的配置形式配置（图 e） 3. 按第三角画法配置在视图上所需表示物体局部结构的附近，并用细点画线将两者相连（图 f～图 i） 画局部视图时，其断裂边界用波浪线或双折线绘制（图 c 的俯视图和图 e 的 *A* 向视图）。当所表示的局部视图的外轮廓成封闭时，则不必画出其断裂边界线（图 e 中的 *C* 向视图） 标注局部视图时，通常在其上方用大写字母标出视图的名称，在相应视图附近用箭头指明投射方向，并注上相同的字母（图 e）。当局部视图按基本视图配置，中间又没有其他图形隔开时，则不必标注（图 c 的俯视图）	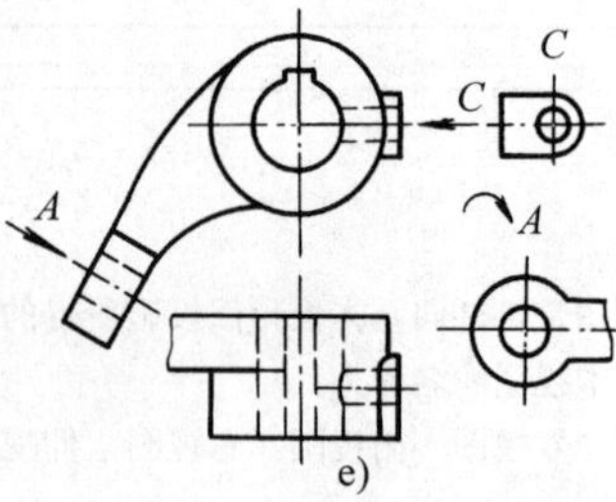 *C* *C* *A* *A* e) 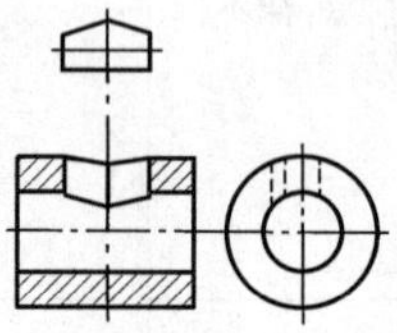 f) 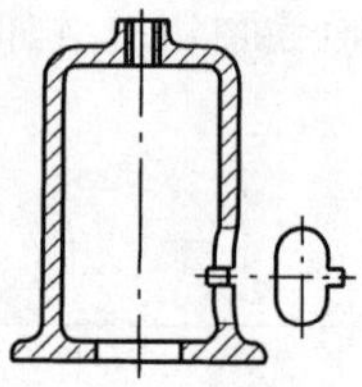　g) 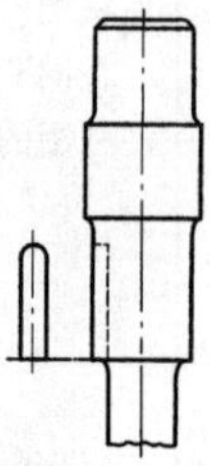　h)
旋转视图	旋转视图是假想将机件的倾斜部分旋转到某一选定的基本投影面平行，再向该投影面投影所得的视图	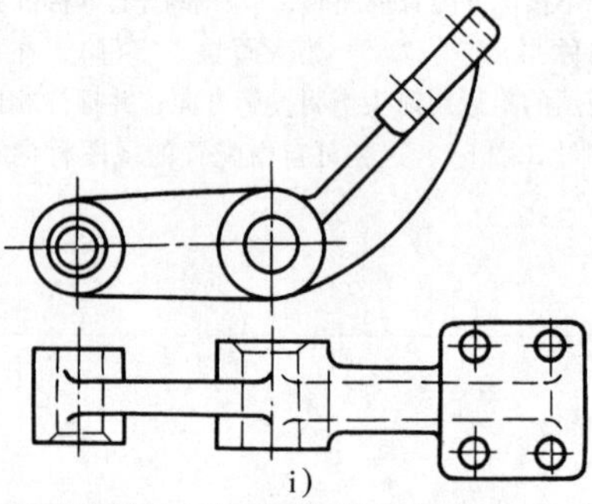 i)

3.2.3　视图的其他表示法（表 2.1-29）

表 2.1-29　视图的其他表示法

分类	规　　定	图　　例
局部放大图	1. 局部放大图——将机件的部分结构，用大于原图形所采用的比例画出的图形。局部放大图可画成视图，也可画成剖视图、断面图，它与被放大部分的表示方法无关（图 a）。局部放大图应尽量配置在被放大部位附近 2. 绘制局部放大图时，除螺纹牙型、齿轮和链轮齿形外，应按图 a、图 b 用细实线圈出被放大的部位。当同一机件上有几个被放大的部分时，应用罗马数字依次标明被放大的部位，并在局部放大图的上方标注出相应罗马数字和所采用的比例（图 a）。当机件上被放大部分仅一个时，在局部放大图上方只需注明所采用的比例（图 b）	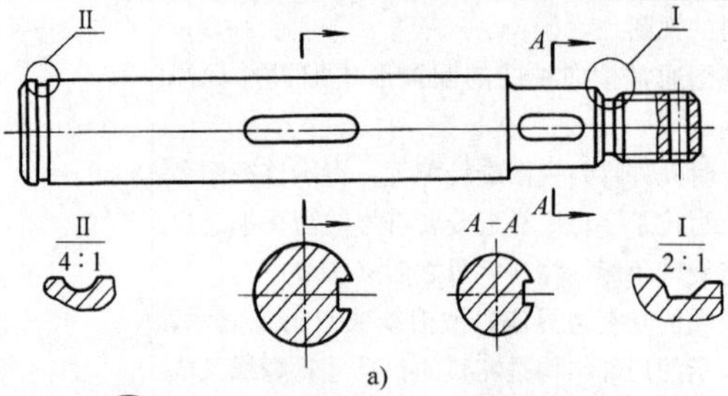 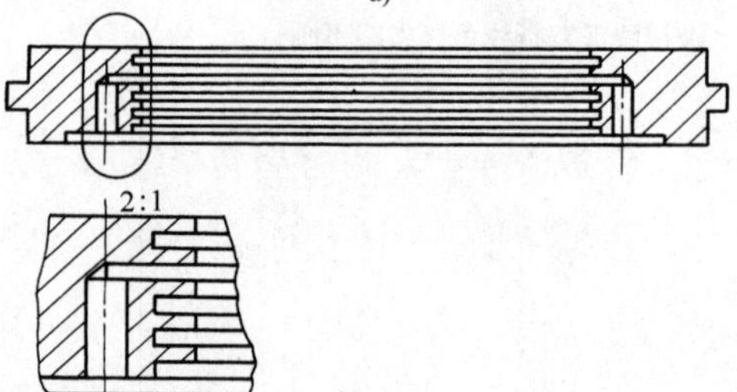 Ⅱ　Ⅰ　*A*　*A* Ⅱ/4:1　*A–A*　Ⅰ/2:1 a) 2:1 b)

（续）

分类	规定	图例
局部放大图	3. 同一机件上不同部位的局部放大图，当图形相同或对称时，只需画出一个（图c） 4. 必要时可用几个图形来表达同一被放大部位的结构（图d）	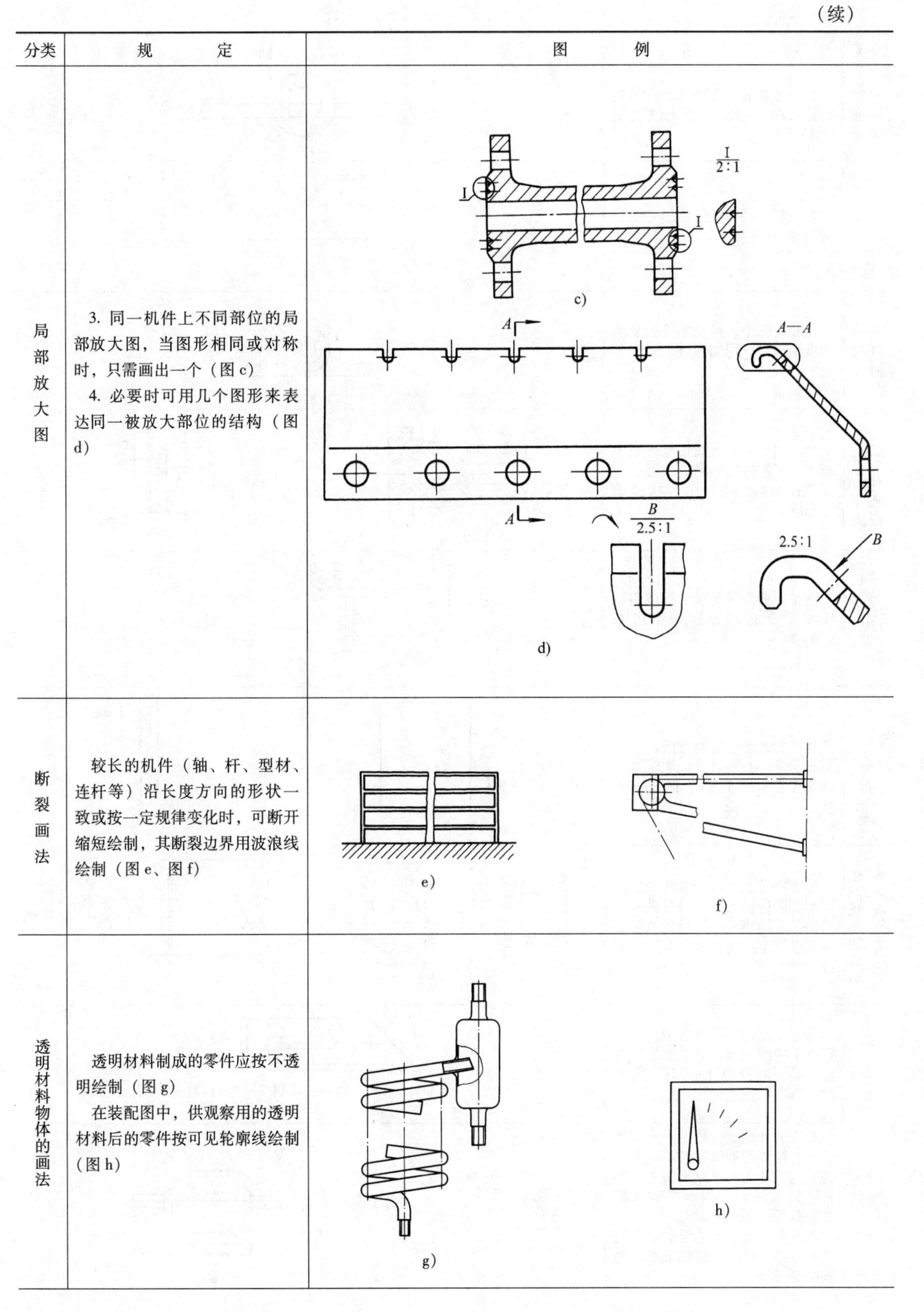c) d)
断裂画法	较长的机件（轴、杆、型材、连杆等）沿长度方向的形状一致或按一定规律变化时，可断开缩短绘制，其断裂边界用波浪线绘制（图e、图f）	e) f)
透明材料物体的画法	透明材料制成的零件应按不透明绘制（图g） 在装配图中，供观察用的透明材料后的零件按可见轮廓线绘制（图h）	g) h)

（续）

分类	规　　定	图　　例
初始轮廓画法	当有必要表示零件成形前的初始轮廓时，应用双点画线绘制（图 i）	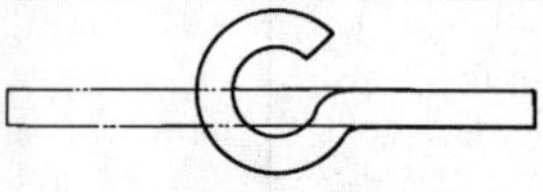 i）
弯折零件画法	弯折零件的弯折线在展开图中应用细实线绘制（图 j）	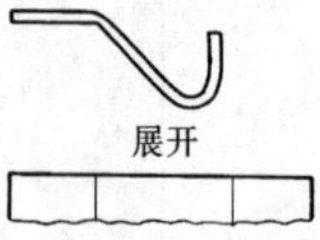 展开 j）
可动件的画法	在装配图中，可动零件的变动和极限状态，用细双点画线表示（图 k）	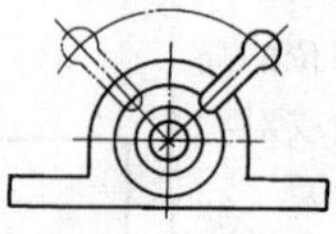 k）
成形零件和毛坯件画法	允许用细双点画线在毛坯图中画出完工零件的形状，或者在完工零件上画出毛坯的形状（图 l、图 m）	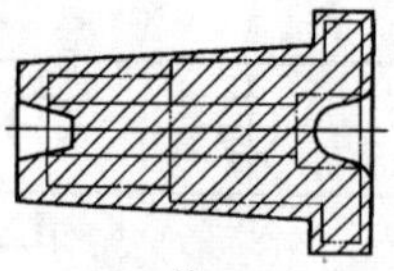 l） 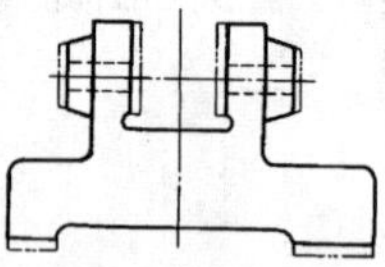　m）
网状结构画法	滚花、槽沟等网状结构应用粗实线完全或部分地表示出来（图 n）	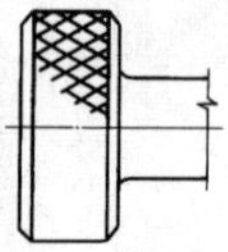 n）
纤维方向表示法	材质的纤维和轧制方向，一般不必示出，必要时，应用带箭头的细实线表示（图 o、图 p）	 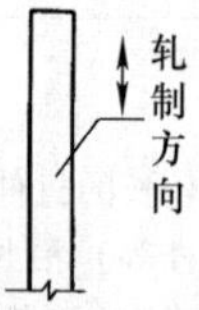 纤维方向 o） 轧制方向 p）
两个或两个以上相同视图的表示	一个零件上有两个或两个以上图形相同的视图，可以只画一个视图，并用箭头、字母和数字表示其投射方向和位置（图 q、图 r）	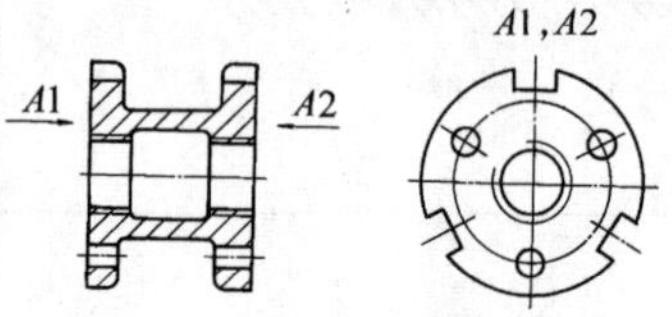 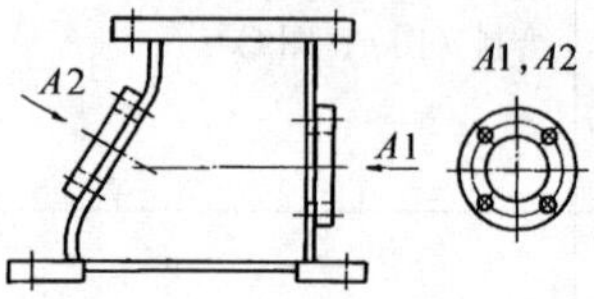 A1　A2　A1，A2 q） A2　A1　A1，A2 r）
镜像零件表示	对于左右件零件或装配件，可用一个视图表示，并在图形下方注写必要的说明（"LH"为左件，"RH"为右件）（见图 s）	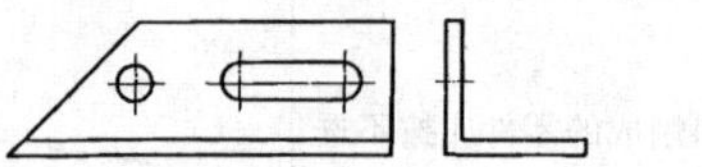 零件1（LH）如图；零件2（RH）对称 s）
相邻辅助零件画法	相邻的辅助零件用细双点画线绘制。相邻的辅助零件不应覆盖为主的零件，而可以被为主的零件遮挡（图 t），相邻的辅助零件的断面不画剖面线 当轮廓线无法明确绘制时，则其特定的封闭区域应用细双点画线绘制（图 u）	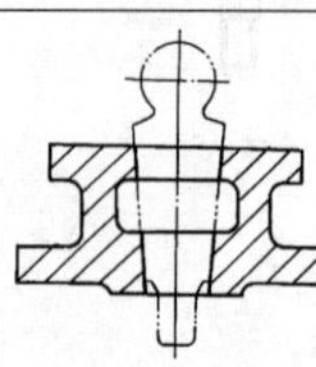 t） 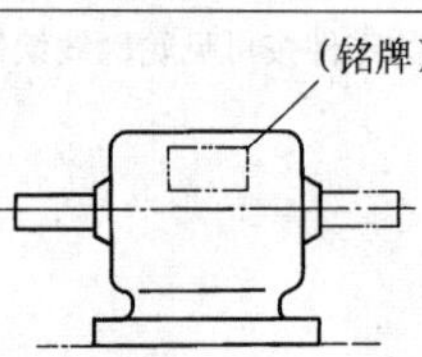 （铭牌） u）

（续）

分类	规定	图例
对称零件画法	在不致引起误解时，对于对称构件或零件的视图可只画一半或四分之一，并在对称中心线的两端画出两条与其垂直的平行细实线（图v、图w） 基本对称的零件可按对称零件绘制，但应对其中不对称的部分加注说明（图w）	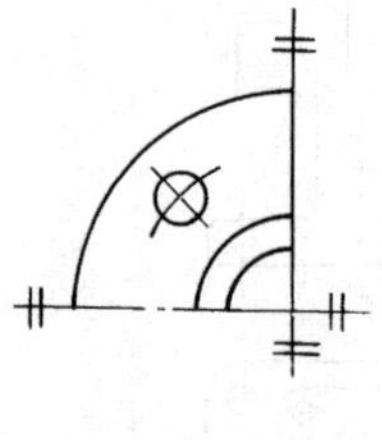 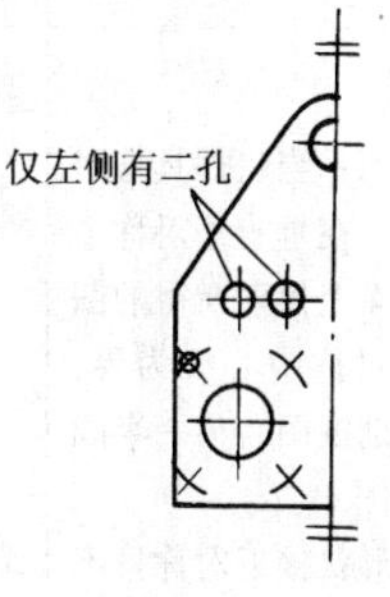 v)　仅左侧有二孔　w)
较小斜度、锥度结构画法	机件上斜度和锥度等小结构，如在一个图形中已表达清楚时，其他投影可按小端画出（图x、图y）	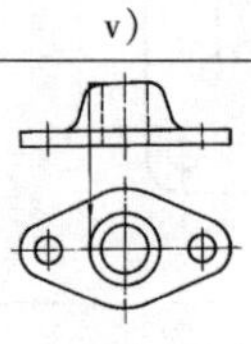 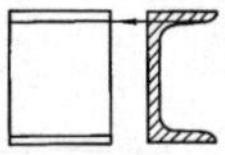 x)　y)
分隔的相同元素画法	分隔的相同元素的制成件可局部地用细实线表示其组合情况（图z）	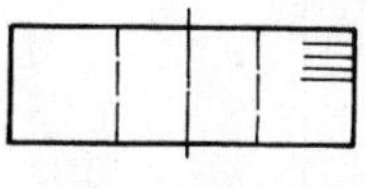 z)

3.3 剖视图和断面图（GB/T 4458.6—2002）

3.3.1 剖视图

假想用剖切面剖开机件，将处在观察者与剖切面之间的部分移去，而将其余部分向投影面投射所得的图形称剖视图。

（1）剖视图和剖切面的分类（表2.1-30、表2.1-31）

（2）剖切符号、剖视图的配置与标注

1）剖切符号　剖切符号（粗实线）尽可能不与图形的轮廓线相交，在它的起、迄和转折处应用相同的字母标出，但当转折处地位有限又不致引起误解时允许省略标注（表2.1-31图c、f、h）。两组或两组以上相交的剖切平面，其剖切符号相交处用大写拉丁字母“O”标注（表2.1-31图b）。

2）剖视图的配置　基本视图配置的规定（表2.1-28）同样适用于剖视图。剖视图也可按投影关系配置在剖切符号相对应的位置，必要时还允许配置在其他适当位置（表2.1-31，图j）。

3）剖切位置与剖视图的标注

表2.1-30　剖视图的分类

分类	规定	图例
全剖视图	全剖视图：用剖切面完全剖开机件所得的剖视图（图a、b）	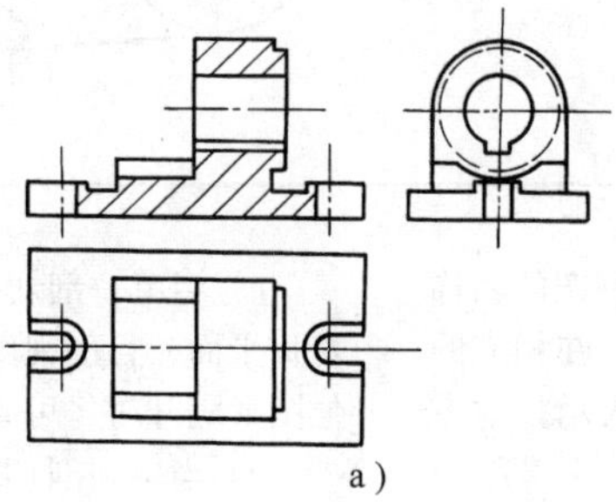 a)　A—A　A　A　b) 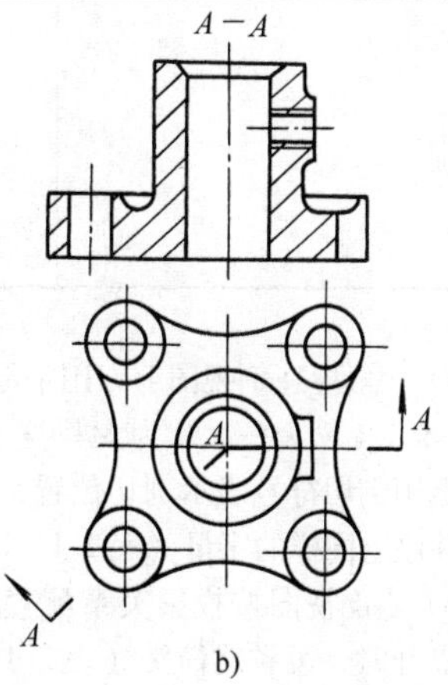

（续）

分类	规　　定	图　　例
半剖视图	半剖视图：当机件具有对称平面时，在垂直于对称平面的投影面上投射所得的图形，可以对称中心线为界，一半画成剖视图，另一半画成视图（图c、d） 机件的形状接近对称且不对称部分已另有图形表达清楚时，也可画成半剖视（图d）	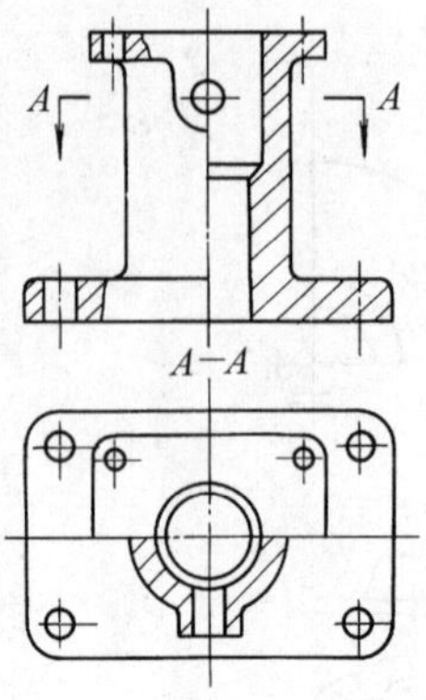 A—A c) 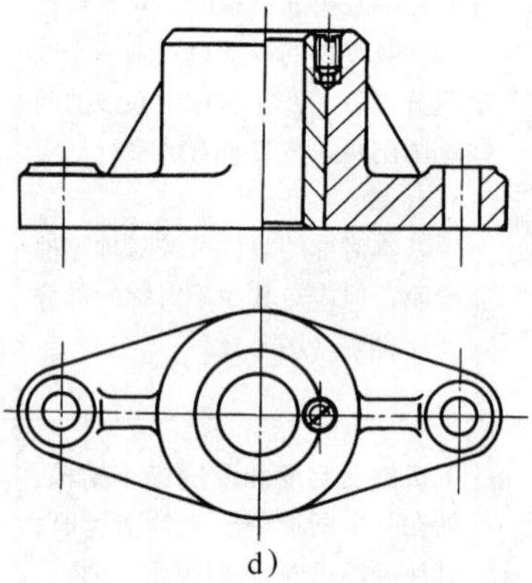　d)
局部剖视图	局部剖视图：用剖切面局部地剖开机件所得的剖视图（图e、f） 局部剖视图用波浪线或双折线分界，波浪线与双折线不应和图样上其他图线重合。当被剖结构为回转体时，允许将结构的中心线作为局部剖视与视图的分界线（图g）	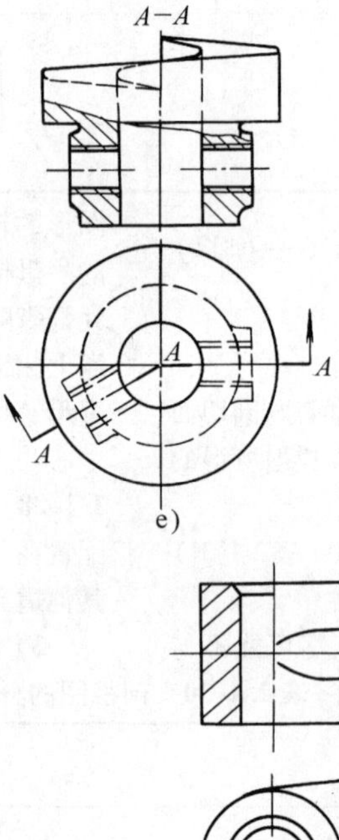 A—A e) 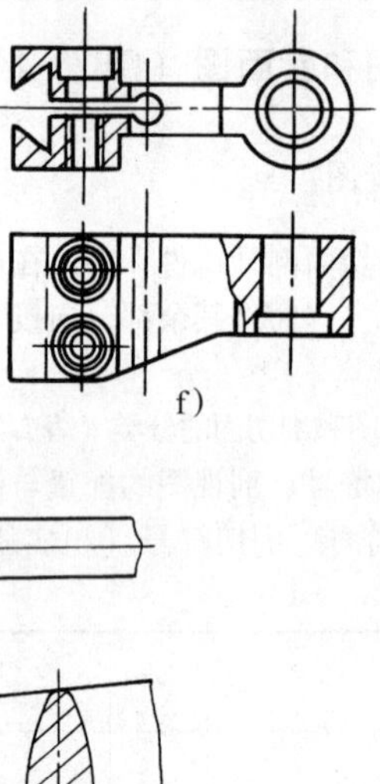　f) 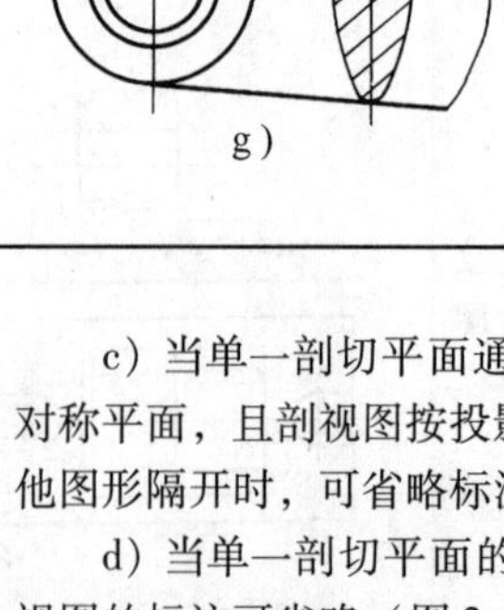 g)

a）一般应在剖视图上方用字母标出剖视图的名称“×—×”（“×—×”为大写拉丁字母）。在相应的视图上用剖切符号表示剖切位置，用箭头表示投射方向，并注上同样的字母（表2.1-31图g、h、i、j）。

b）当剖视图按投影关系配置，中间又没有其他图形隔开时，可省略箭头（表2.1-31图a、e）。

c）当单一剖切平面通过机件的对称平面或基本对称平面，且剖视图按投影关系配置，中间又没有其他图形隔开时，可省略标注（表2.1-30，图a）。

d）当单一剖切平面的剖切位置明显时，局部剖视图的标注可省略（图2.1-30，图f、g）。

（3）剖视图标注的几种特殊形式（表2.1-32）

表2.1-31　剖切面分类

分类	规　定	图　例
单一剖切面	一般用平面剖切机件（图a：A—A）。也可用柱面剖切机件，采用柱面剖切机件时，剖视图应按展开绘制（图a：B—B）	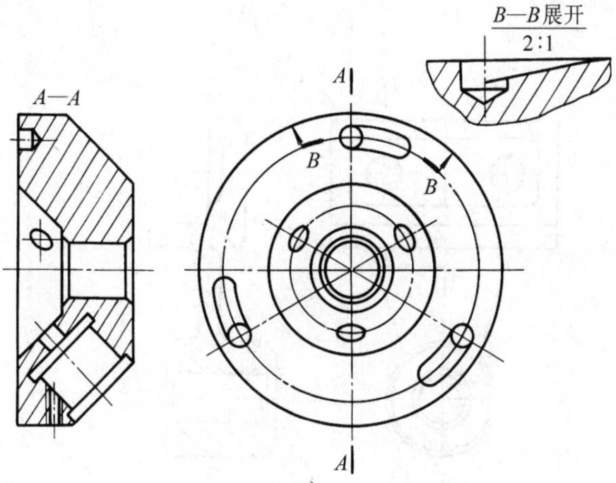 a)
两相交的剖切平面—旋转剖	用两相交的剖切平面（交线垂直于某一基本投影面）剖开机件的方法称为旋转剖（图b） 采用这种方法画剖视图时，先假想按剖切位置剖开机件，然后将剖切平面剖开的结构及其有关部分旋转到与选定的投影面平行再进行投射。在剖切平面后的其他结构一般仍按原来位置投影（图c油孔） 当剖切后产生不完整要素时，应将此部分按不剖绘制，如图d中的臂	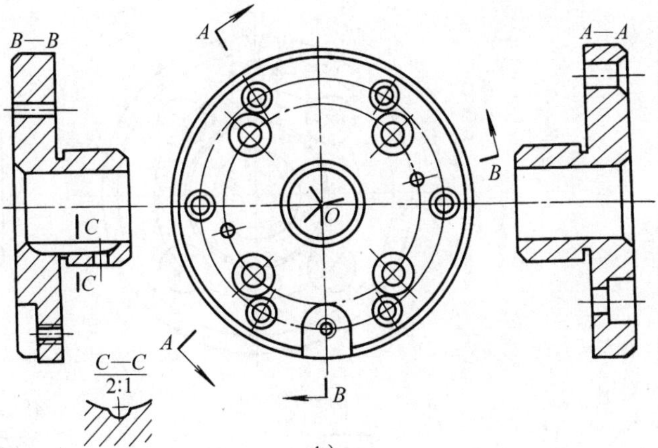 b) 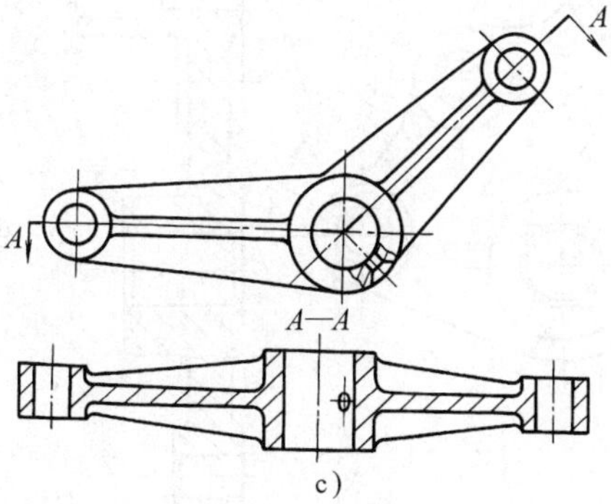 c) 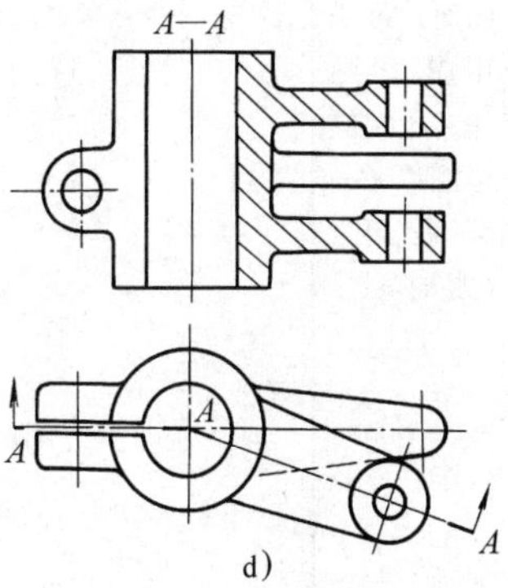　d)

（续）

分类	规　定	图　例
几个平行的剖切平面—阶梯剖	用几个平行的剖切平面剖开机件的方法称阶梯剖（图e） 采用这种方法画剖视图时，在图形内不应出现不完整的要素，仅当两个要素在图形上具有公共对称中心线或轴线时，可以各画一半，此时应以对称中心线或轴线为界（图f）	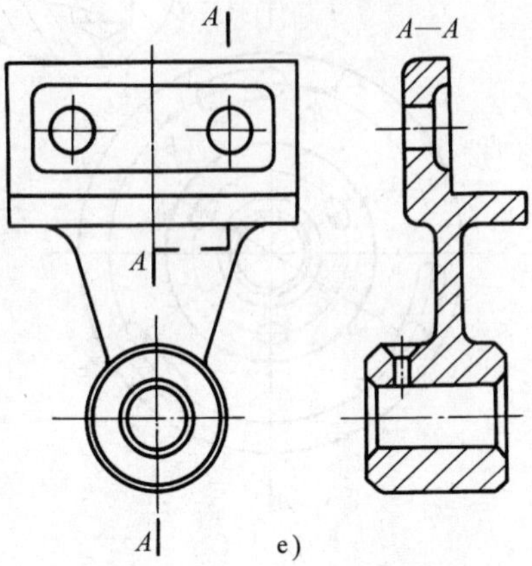 A—A　A—A e) 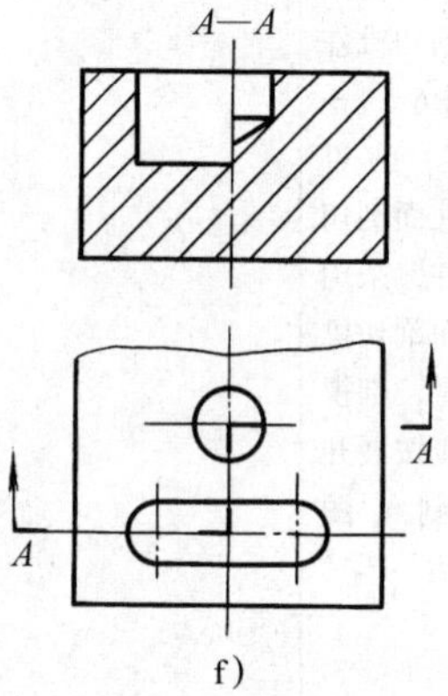　f)
组合的剖切平面—复合剖	除旋转剖、阶梯剖外，用组合的剖切平面剖开机件的方法称复合剖（图g、h） 采用这种方法画剖视图时，可采用展开画法，此时应标注“×—×展开”（图h）	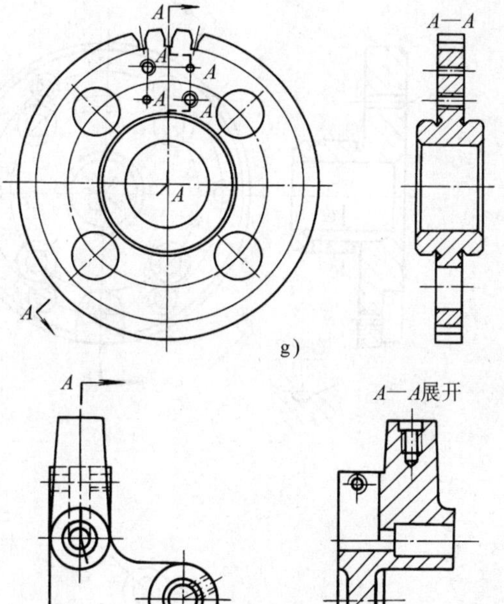 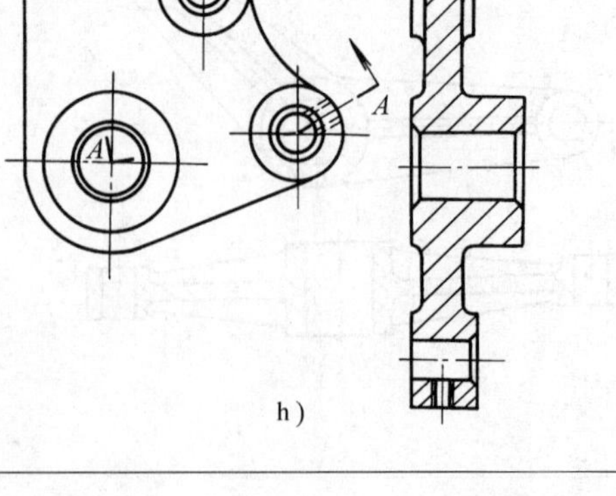 A—A g) A—A展开 h)

（续）

分类	规　定	图　　例
不平行于任何基本投影面的剖切平面—斜剖	用不平行于任何基本投影面的剖切平面剖开机件的方法称斜剖（图 i：*B—B*） 采用这种方法画剖视图时，在不引起误解时，允许将图形旋转（图 j：*A—A* ↶）	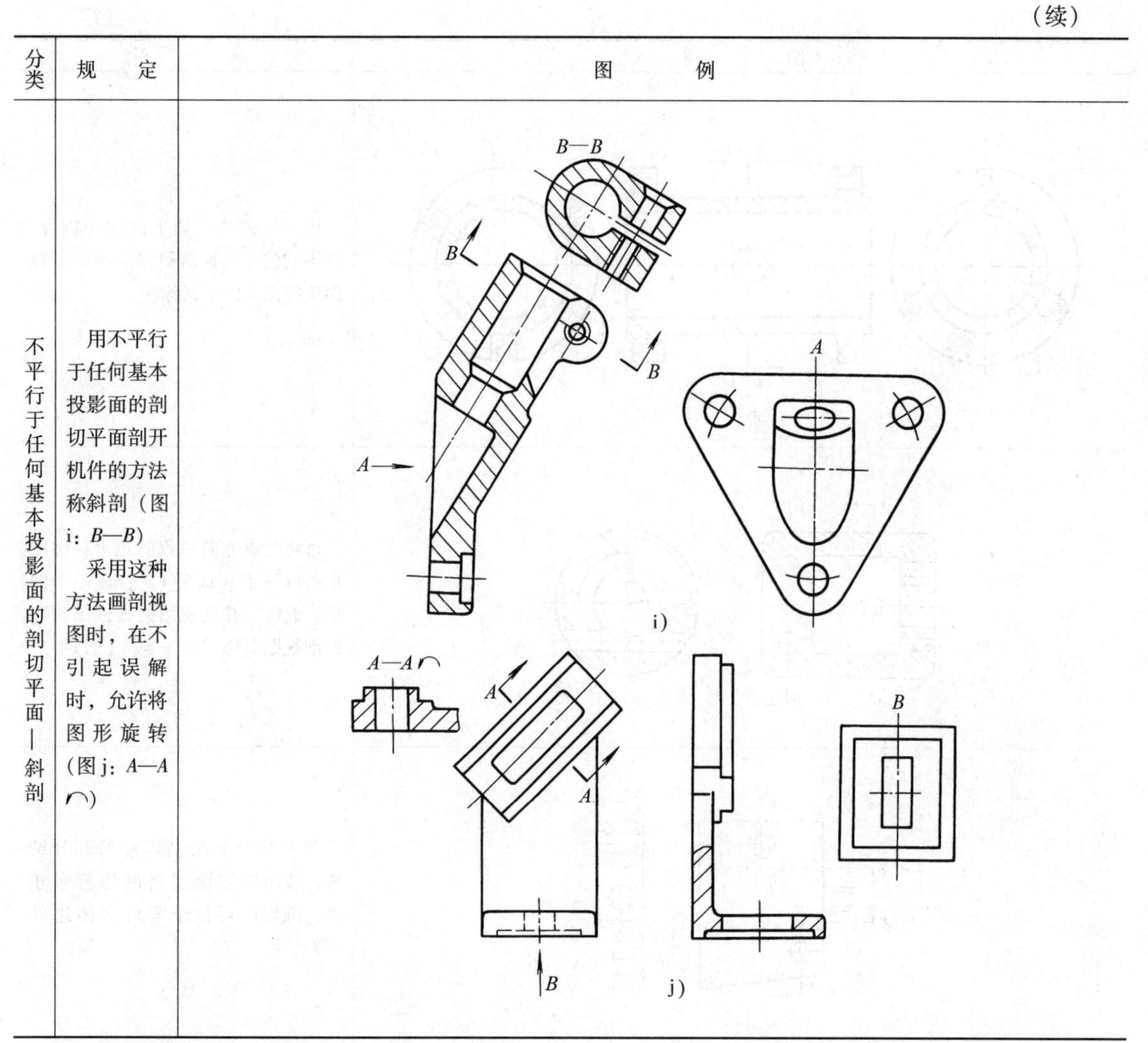

注：各类剖切面亦适用于断面图。

表 2.1-32　剖视图的特殊标注

图　　例	规　　定
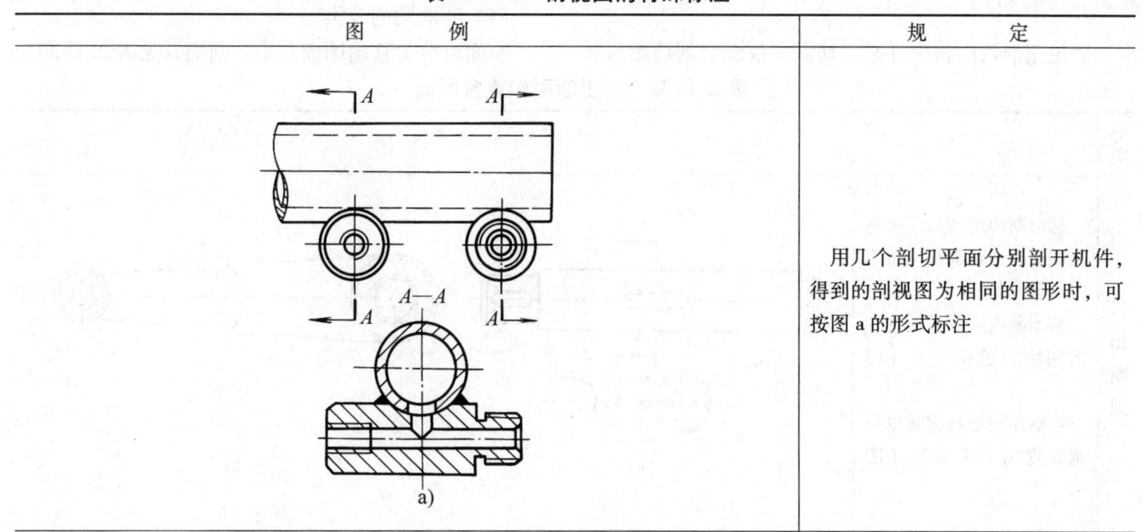 a)	用几个剖切平面分别剖开机件，得到的剖视图为相同的图形时，可按图 a 的形式标注

（续）

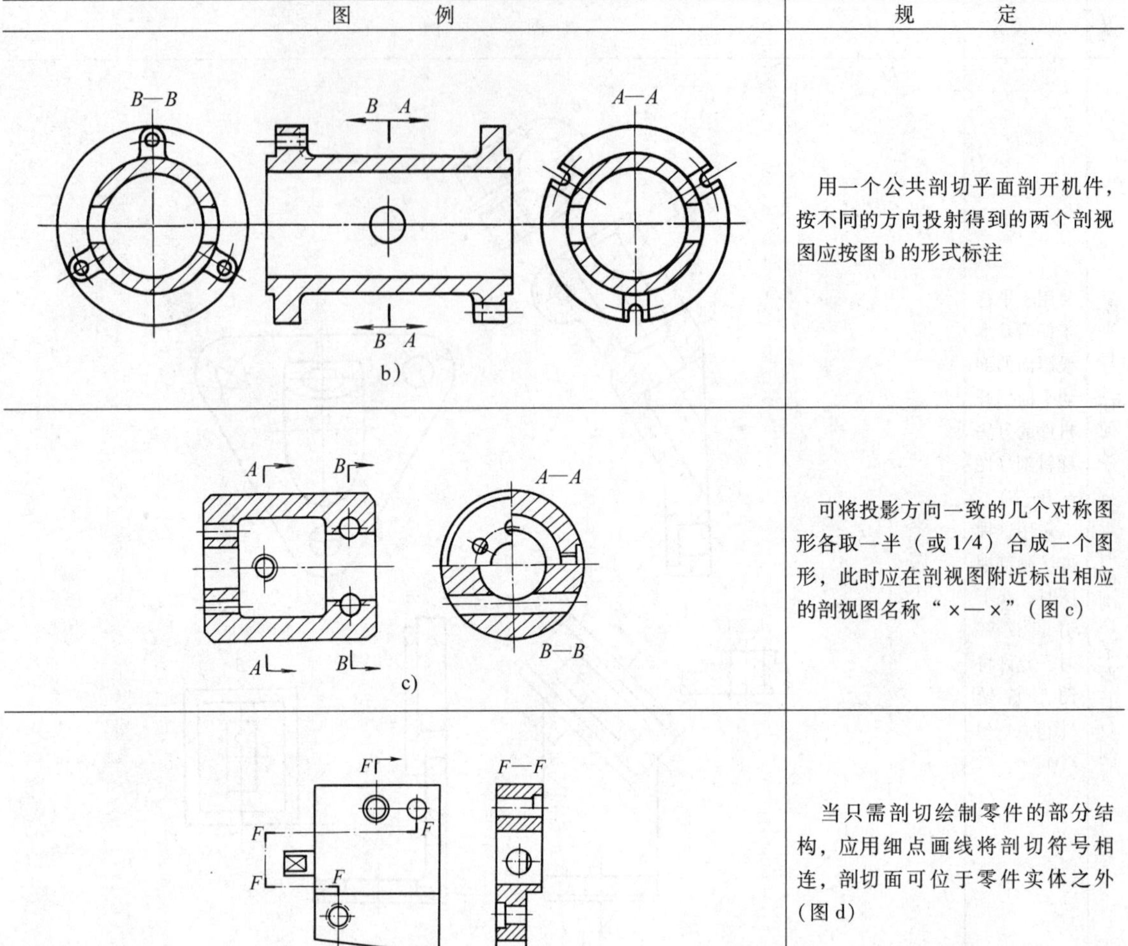

图　　例	规　　定
b)	用一个公共剖切平面剖开机件，按不同的方向投射得到的两个剖视图应按图b的形式标注
c)	可将投影方向一致的几个对称图形各取一半（或1/4）合成一个图形，此时应在剖视图附近标出相应的剖视图名称“×—×”（图c）
d)	当只需剖切绘制零件的部分结构，应用细点画线将剖切符号相连，剖切面可位于零件实体之外（图d）

3.3.2　断面图

假想用剖切面将机件某处切断，仅画出剖切面与机件接触部分的图形称断面图。

（1）断面图的分类

断面可分为移出断面和重合断面，见表2.1-33。

表2.1-33　移出断面和重合断面

分类	规　定	图　例
移出断面	移出断面的图形应画在视图之外，轮廓线用粗实线绘制（图a） 移出断面应尽量配置在剖切线的延长线上（图a） 当断面图形对称时也可画在视图的中断处（图b）	A—A a)　　b)

（续）

分类	规定	图例
移出断面	必要时可将移出断面配置在其他适当位置。在不致引起误解时，允许将图形旋转（图c）	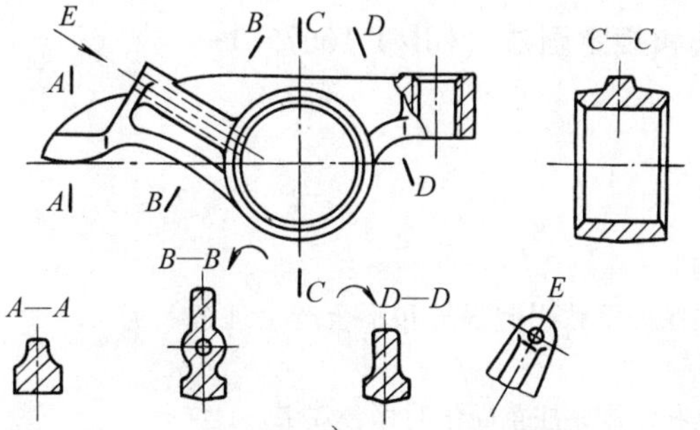 c)
	由两个或多个相交的剖切平面剖切得出的移出断面，中间一般应断开（图d）	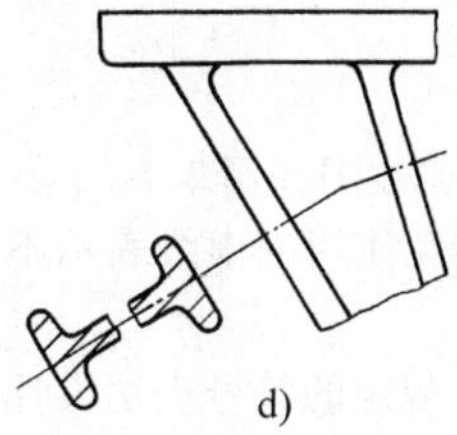 d)
	当剖切平面通过回转面形成的孔或凹坑的轴线时，这些结构按剖视图要求绘制（图e） 当剖切平面通过非圆孔，会导致出现完全分离的两个断面时，则这些结构应按剖视图要求绘制（图f）	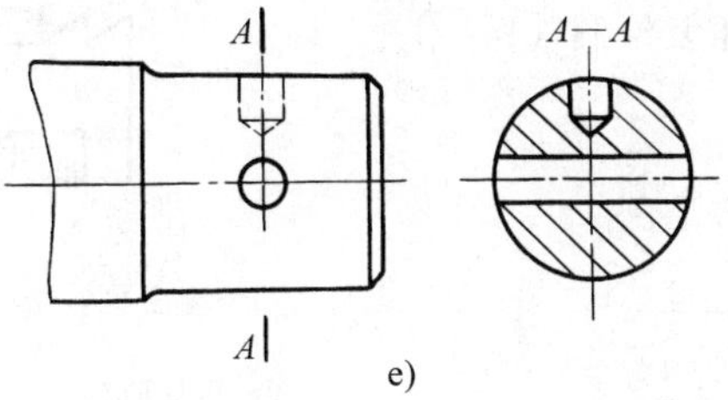 e) 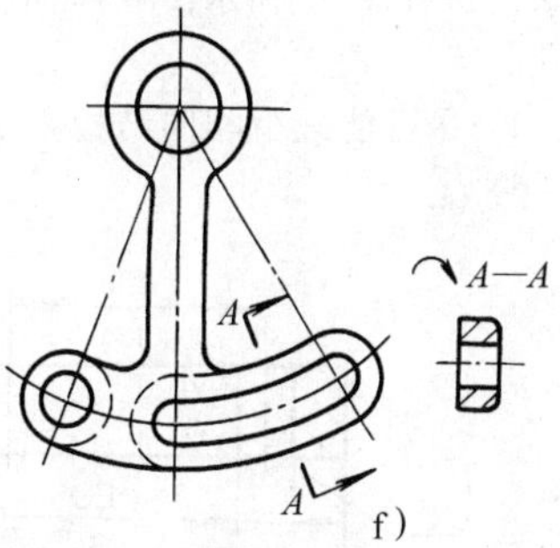 f)
重合断面	重合断面图的图形应画在视图内，断面轮廓线用细实线绘制。当视图的轮廓线与重合断面的图形重叠时，视图中的轮廓线仍应连续画出，不可间断（图g、h）	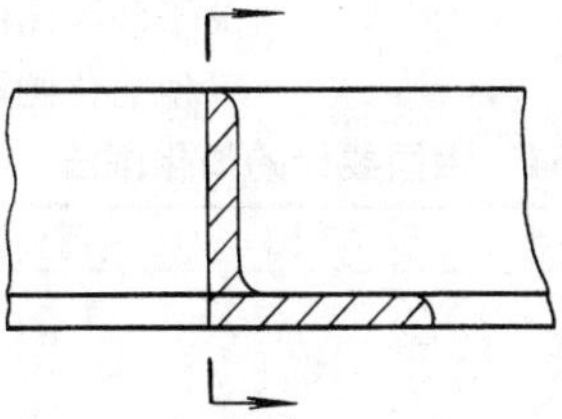 g) 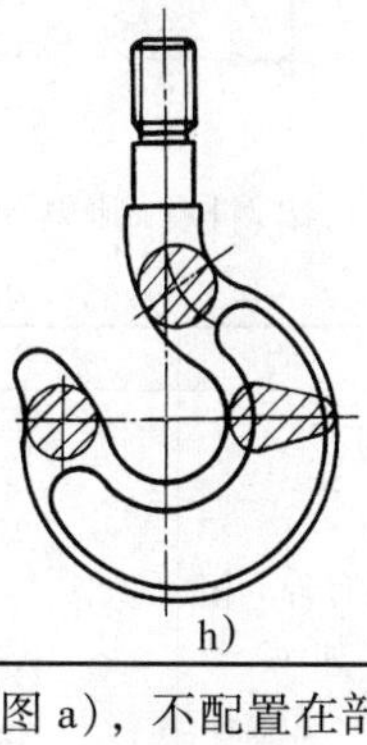 h)

（2）断面图标注

断面图标注中使用的剖切符号同剖视图。

1）移出断面的标注

① 移出断面一般应用剖切符号表示剖切位置，用箭头表示投射方向，并注上字母，在断面图的上方应用同样字母标出相应的名称“×—×”（“×”大写拉丁字母），见表2.1-33图a：*A—A*。

② 配置在剖切符号延长线上的不对称移出断面，可省略字母（表2.1-33图a），不配置在剖切符号延长线上的对称移出断面（表2.1-33图c）以及按投影关系配置的对称和不对称的移出断面，均可省略箭头（表2.1-33图e）。

③ 配置在剖切线延长线上对称的移出断面，以及配置在视图中断处的移出断面，均可不必标注（表2.1-33图b、d）。

2）重合断面的标注

① 配置在剖切符号上的不对称重合断面，不必标注字母（表2.1-33图g）。

② 对称的重合断面不必标注（表2.1-33图h）。

3.4　简化画法和规定画法（GB/T 16675.1—2012）

3.4.1　简化画法

（1）简化原则

1）简化必须保证不致引起误解和不会产生理解的多意性。

2）便于识读和绘制，注重简化的综合效果。

3）在考虑便于手工制图和计算机制图的同时，还要考虑缩微制图的要求。

（2）基本要求

1）应避免不必要的视图和剖视图（图2.1-3）。

2）在不引起误解时，应避免使用细虚线表示不可见的结构（图2.1-4）。

3）尽可能使用有关标准中规定的符号表达设计要求，如图2.1-5所示，用中心孔符号表示标准的中心孔。

4）尽可能减少相同结构要素的重复绘制（图2.1-6）。

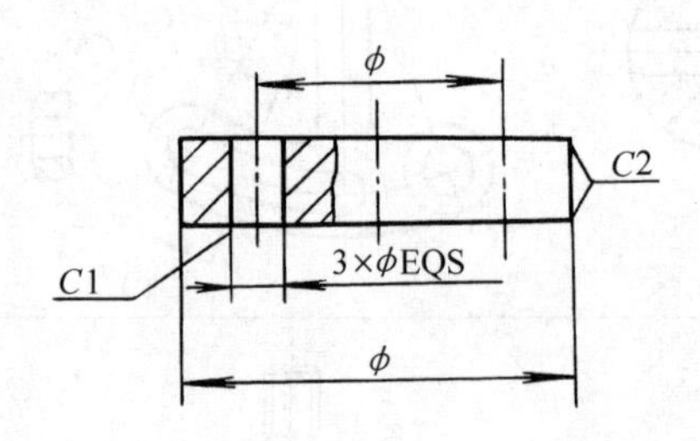

图2.1-3　避免不必要的视图

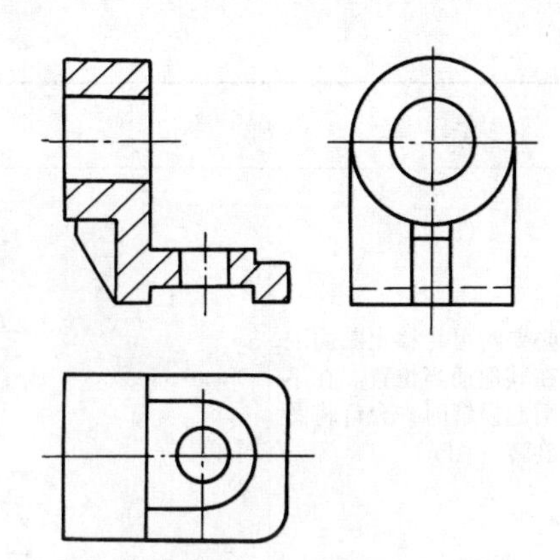

图2.1-4　避免使用细虚线

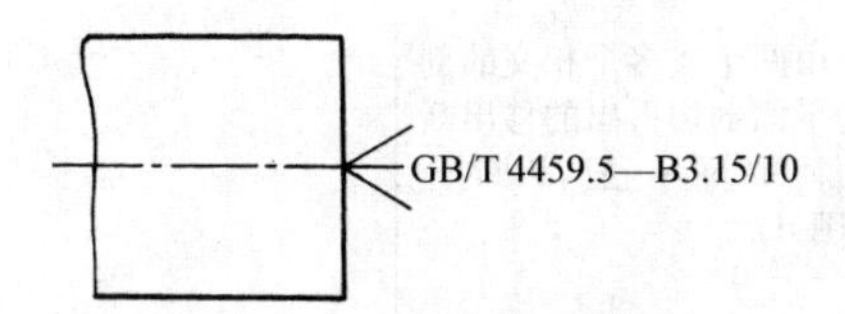

图2.1-5　用符号表达设计要求

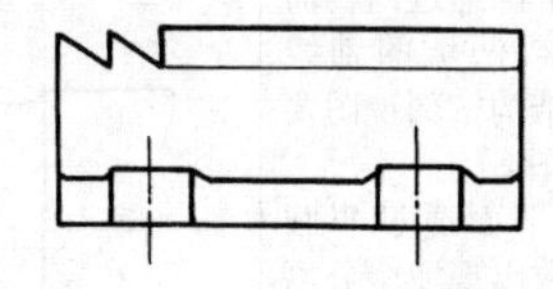

图2.1-6　减少相同结构的重复绘制

（3）简化画法

相同要素的简化画法见表2.1-34。

机件上细小结构的各种简化画法见表2.1-35。

关于装配图的各种简化画法见表2.1-36。

其他简化画法见表2.1-37。

表2.1-34　相同要素的简化画法

说　　明	图　　例
当机件具有若干相同结构（如齿槽等），并按一定规律分布时，只需画出几个完整的结构，其余用细实线连接，在零件图中则必须注明该结构的总数（图a）	×个　×个 a)

（续）

说明	图例
若干直径相同且成规律分布的孔，可以仅画一个或少量几个，其余只需用细点画线或“十”表示其中心位置，在零件图中应注明孔的总数（图b、c）	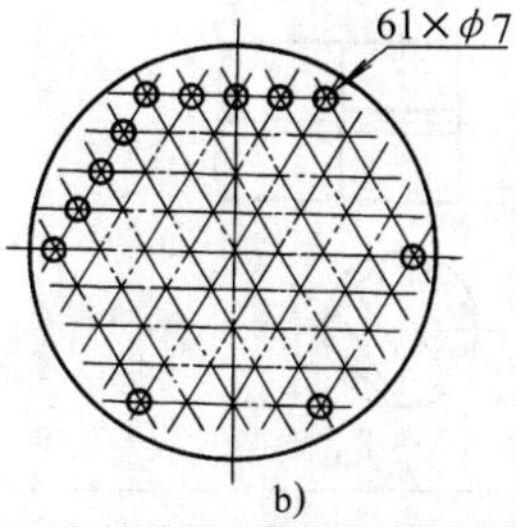 61×ϕ7 23×ϕ4 b) 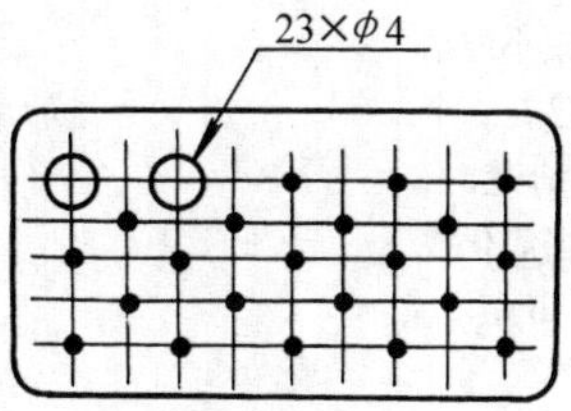　c)
成组的重复要素，可以将其中一组表示清楚，其余各组仅用细点画线表示中心位置（图d）	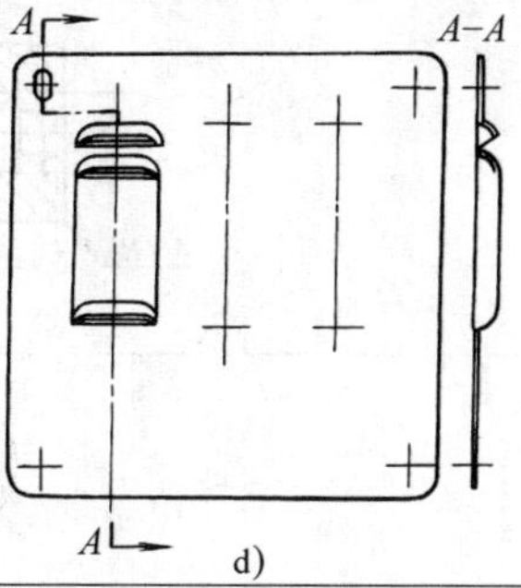 A　A-A　A d)
对于装配图中若干相同的零部件组，可以仅详细地画出一组，其余只需用细点画线表示其位置（图e）	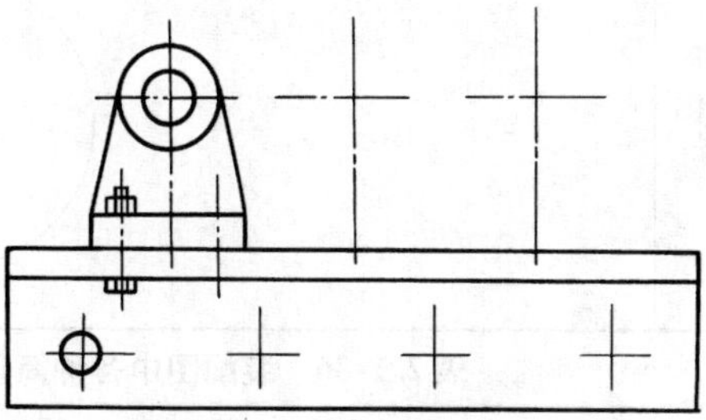 e)
对于装配图中若干相同的单元，可仅详细地画出一组，其余可采用图f所示的方法表示	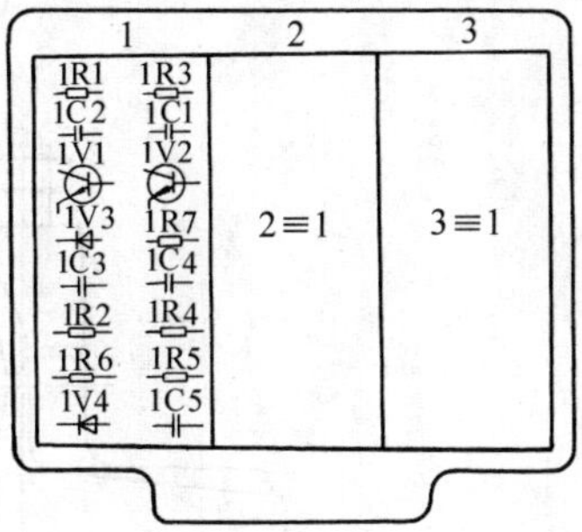 1 2 3 1R1 1R3 1C2 1C1 1V1 1V2 1V3 1R7 1C3 1C4 1R2 1R4 1R6 1R5 1V4 1C5 2≡1　3≡1 f)
在剖视图中，类似牙嵌式离合器的齿等相同结构可按图g表示	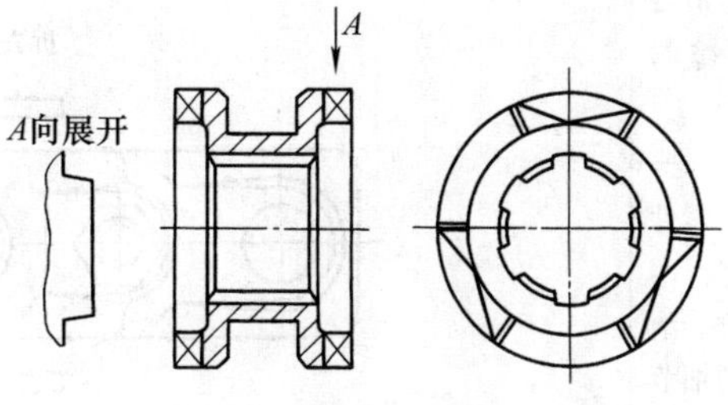 A A向展开 g)

表 2.1-35　细小结构的简化画法

分类	说　明	图　例
小结构的简化画法	当机件上较小的结构及斜度等已在一个图形中表达清楚时，其他图形应当简化或省略（图 a、b）	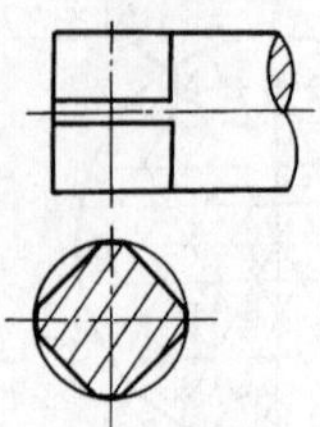 a) 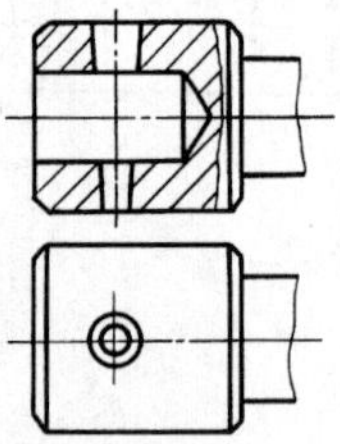　b)
	除确属需要表示的某些结构圆角外，其他圆角在零件图中均可不画，但必须注明尺寸或在技术要求中加以说明（图 c、d）	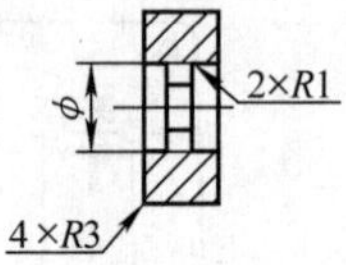 ϕ　2×$R1$　4×$R3$　c) 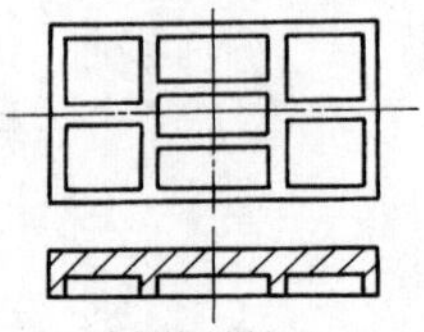　全部铸造圆角$R5$　d)
放大部位在原视图中的简化	在局部放大图表达完整的前提下，允许在原视图中简化被放大部位的图形（图 e）	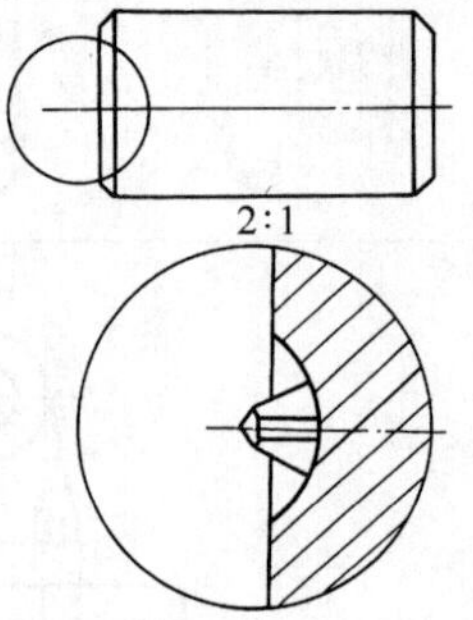 2∶1　e)

表 2.1-36　装配图中各种简化画法

分类	说　明	图　例
拆卸画法	在装配图中可假想沿某些零件的结合面剖切或假想将某些零件拆卸后绘制，需要说明时，可加标注“拆去××等”（图 a）	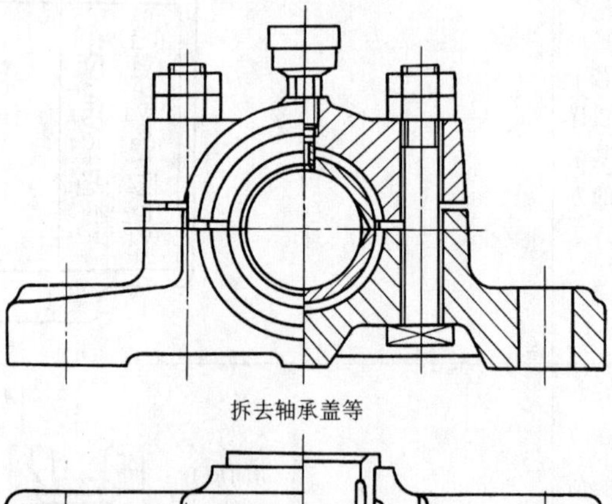 拆去轴承盖等 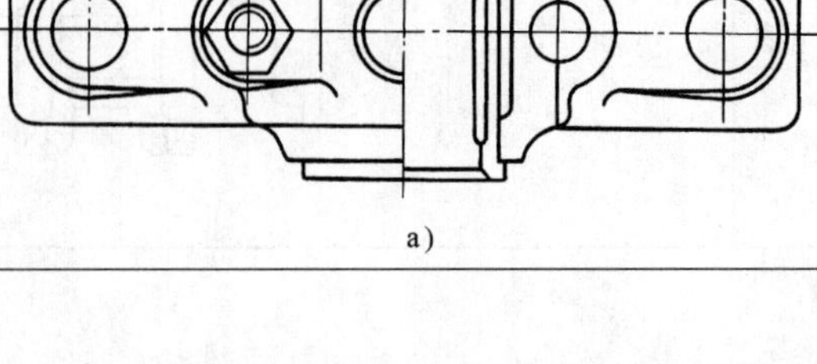　a)
剖切到标准产品的画法	在装配图中，当剖切平面通过的某些构件已为标准产品或已由其他图形表示清楚时，可按不剖绘制（图 a：油杯）	
小结构可省略	在装配图中，零件的倒角、圆角、凹坑、凸台、沟槽、滚花、刻线及其他细节可不画（图 a）	

（续）

分类	说明	图例
单独零件的单独视图	在装配图中可以单独画出某一零件的视图。但必须在所画视图的上方注出该零件视图的名称。在相应视图的附近用箭头指明投影方向，并注上同样的字母（图b：泵盖B向）	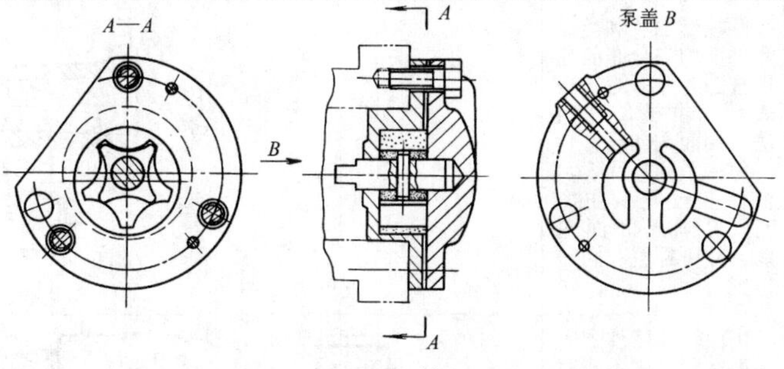 A—A　A　泵盖B　B　A b)
标准产品在装配图中简化画法	在能够清楚表达标准产品特征和装配关系的条件下，装配图可仅画出其简化后的轮廓，如图c中电动机、联轴器和减速器	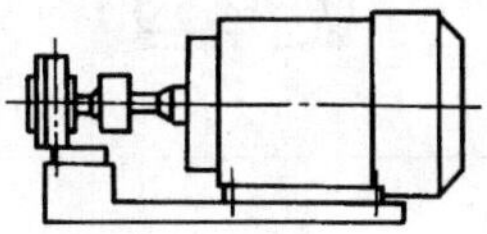 c)
带和链的画法	在装配图中，可用粗实线表示带传动中的带；用细点画线表示链传动中的链。必要时，可在粗实线或细点画线上绘制出表示带类型或链类型的符号，见GB/T 4460—2013（图d、e）	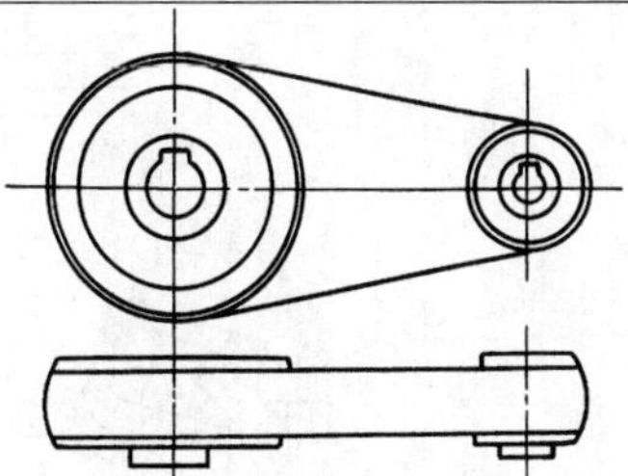 d) 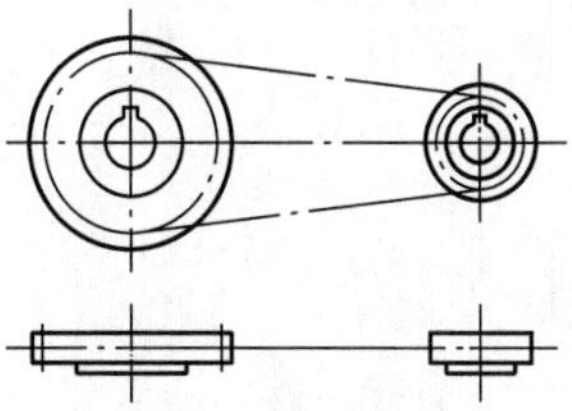　e)

表2.1-37 其他简化画法

分类	说明	图例
省略剖面符号画法	在不引起误解时，剖面线（或剖面符号）可省略（图a、b）	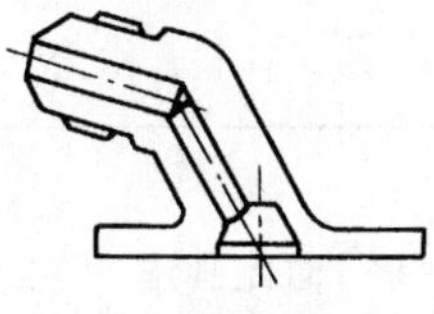 a) 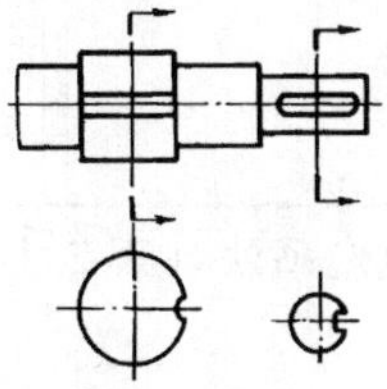　b)
相贯线简化画法	视图中的过渡线用细实线绘制（图c），在不致引起误解时，过渡线、相贯线允许简化，例如用圆弧和直线代替非圆曲线（图d） 也可用模糊画法表示相贯线	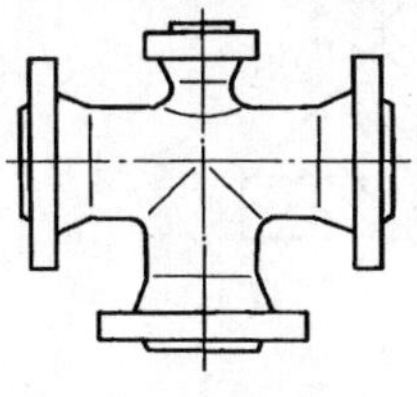 c) 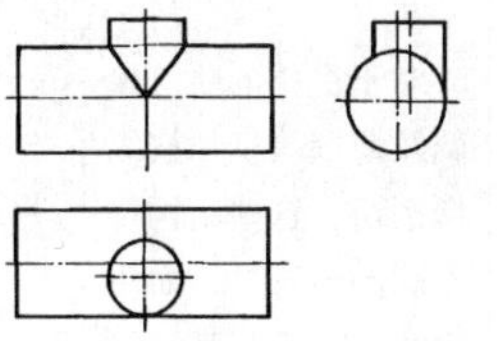　d)
剖切平面后的投影的省略	在不致引起误解时，剖切平面后不需表达的部分允许省略不画（图e：A—A）	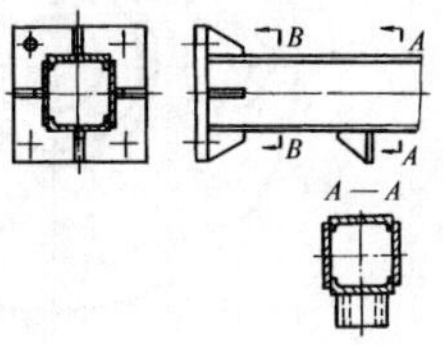 B—B　B　A　B　A　A—A e)

（续）

分类	说明	图例
复杂曲面剖面图的简化	圆柱形法兰和类似零件上均匀分布的孔可按图f所示的方法表示（由机件外向法兰端面方向投影） 用一系列剖面表示机件上较复杂曲面时，可画出断面轮廓，并可配置在同一位置上	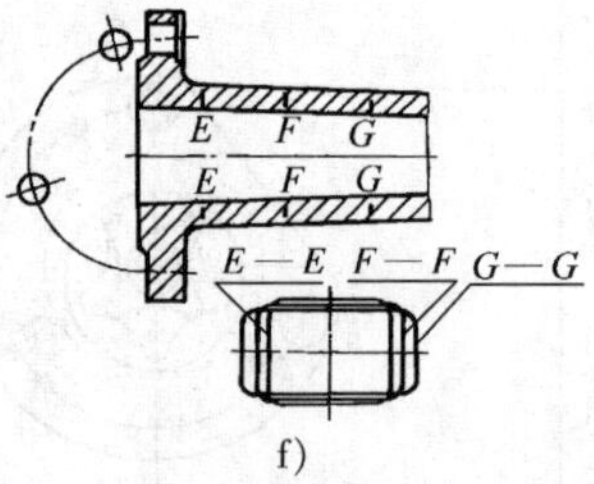 f)
回转体零件平面的简化画法	当回转体零件上的平面在图形中不能充分表达时，可用两条相交的细实线表示这些平面（图g、h、i）	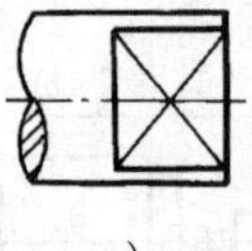 g) 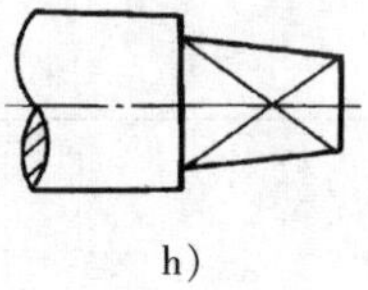 h) 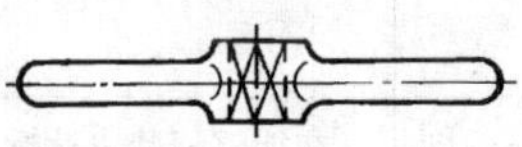 i)
管子的简化画法	管子可仅在端部画出部分形状，其余用细点画线画出其中心线（图j）	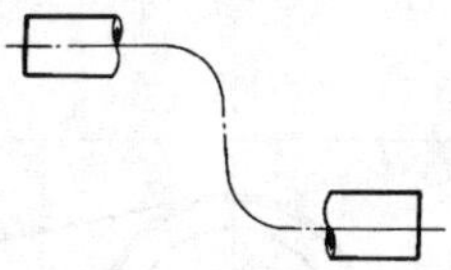 j)
倾斜面上圆及圆弧投影的简化画法	与投影面倾斜角度小于或等于30°的圆或圆弧，其投影可用圆或圆弧代替（图k）	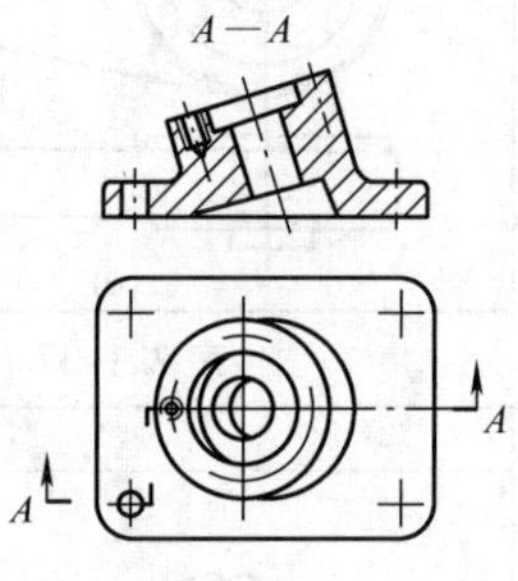 k)

3.4.2 规定画法（表2.1-38）

表2.1-38 规定画法

分类	说明	图例
肋、轮辐、薄壁的规定画法	对于机件的肋、轮辐及薄壁等，如按纵向剖切，这些结构都不画剖面符号，而用粗实线将它与其邻接部分分开 当零件回转体上均匀分布的肋、轮辐、孔等结构不处在剖切平面上时，可将这些结构旋转到剖切平面上画出（图a、b）	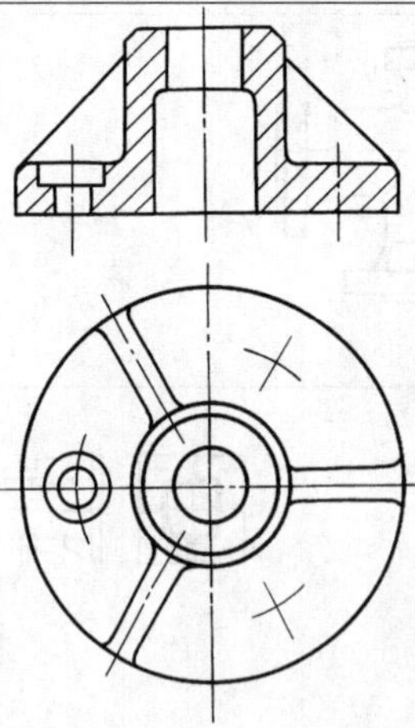 a) 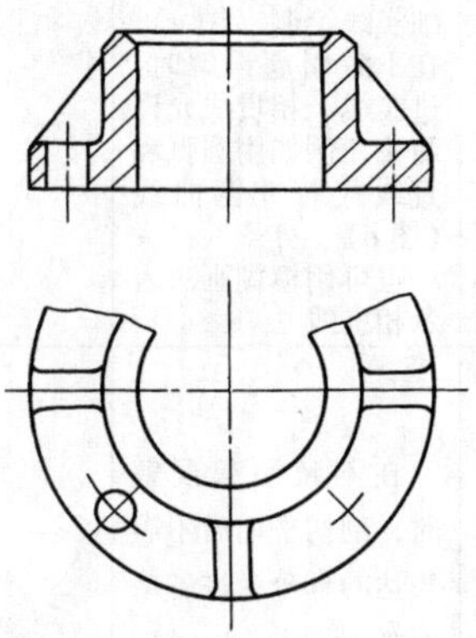 b)

（续）

分类	说明	图例
剖切平面前结构的画法	在需要表示位于剖切平面前的结构时，这些结构按假想投影的轮廓线（细双点画线）绘制（图c）	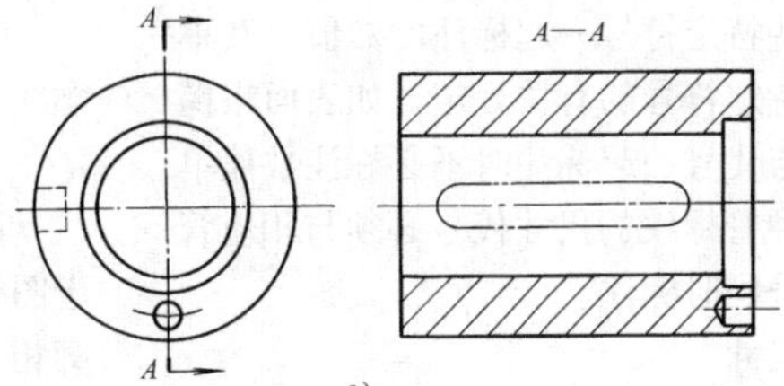 A A A—A c)
装配图中实心件沿纵向剖切后的简化画法	在装配图中，对于紧固件以及轴、连杆、球、钩子、键、销等实心零件，若按纵向剖切，且剖切平面通过其对称平面或轴线时，则这些零件均按不剖绘制。如需要特别表明零件的构造，如凹槽、键槽、销孔等则可用局部剖视表示（图d）	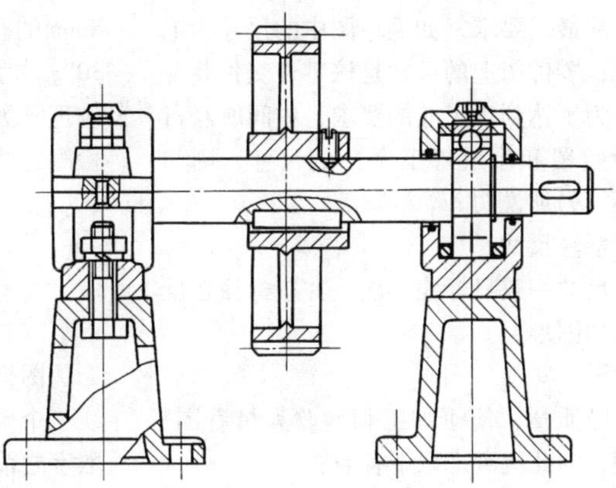 d)
剖中剖画法	在剖视图的剖面中可再作一次局部剖视。采用这种表达方法时，两个剖面的剖面线应同方向、同间隔，但要互相错开，并用指引线标出其名称（图e）	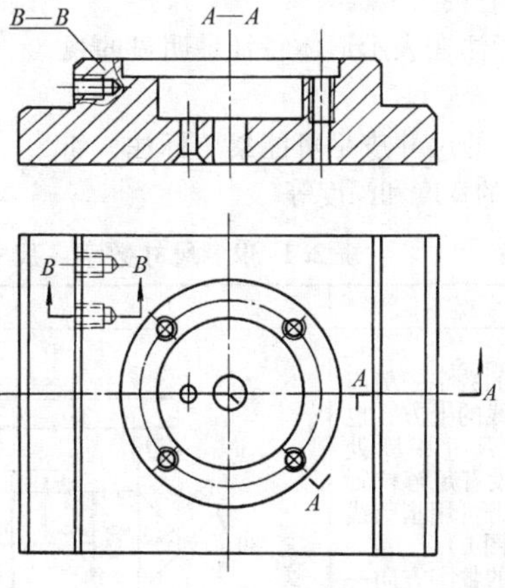 B—B A—A B B A A A A e)

3.5 尺寸注法（GB/T 4458.4—2003、GB/T 16675.2—2012）

图样上的尺寸，分线性尺寸和角度尺寸两种。线性尺寸是指物体某两点间的距离，如物体的长、宽、高、直径、半径、中心距等。角度尺寸是两相交直线所形成的夹角或相交平面所形成的两面角中任一正截面内平面角的大小。

图样中所标注的线性尺寸和角度尺寸，都意味着对整个形体表面处处有效（曲面除外），绝不仅限于某一处两点间所形成的尺寸，如直径尺寸适用于构成该直径整个圆柱面，角度尺寸也同样适用于构成该平面角两要素的整个范围。如图样中的尺寸另有含义，应另加说明。

3.5.1 基本规则

（1）尺寸单位

图样中（包括技术要求和其他说明）的线性尺寸，

以毫米为单位时，不需标注计量单位的符号或名称，如采用其他单位，则必须注明相应的计量单位的符号或名称。

对于图样中某些特定符号一起标注的数值，其单位的标注应符合该特定符号的有关规定。如表面粗糙度代号中的参数值与代号一起标注时不必标注数值单位“μm”。又如各种管螺纹的尺寸代号必须与相应管螺纹的牙型特征符号同时标注。

（2）最后完工尺寸

图样上所标注的尺寸，为该图样所示机件的最后完工尺寸，否则应另加说明。最后完工尺寸是指这一图样所表示机件的最后要求，如毛坯图中的尺寸为毛坯最后完工尺寸；零件图上的尺寸是该零件交付装配时的尺寸，至于为了达到该尺寸的要求，中间所经过的各工序（包括镀覆和涂层等工序）的尺寸，则与之无关，否则必须另加说明。

（3）不重复标注尺寸

机件的每一尺寸一般只标注一次，并应标注在反映该结构最清晰的图形上。

（4）合理配置

为了保证产品质量，便于加工和检验人员看图，尺寸配置要合理，为此应考虑以下各点：

1）对机件的工作性能、装配精度及互换性起重要作用的功能尺寸应直接指出。

2）尺寸应尽量标注在表示形体特征最明显的视图上。

3）同一结构要素的尺寸应尽可能集中标注，如孔的直径和深度；槽的宽度和深度等。

4）尺寸应尽量标注在视图的外部，以保持图形的清晰。

5）尽量避免在不可见的轮廓线、棱边线上标注尺寸。

6）尺寸线与尺寸界线，尺寸线、尺寸界线与轮廓线、棱边线应尽量避免相交。

（5）自喻尺寸

图样上常有一些客观存在而没有注明的尺寸。由于图样的绘制均是形体的理想形状和理想位置，如轮廓相切；表面间的平行和垂直；两要素（平面或轴线，平面与轴线）的互相垂直，一般不标注90°。又如在薄板的一个分布圆上均匀分布了6个直径为8mm的孔，标注为6×ϕ8而不标注相邻孔间的夹角30°，如没有其他视图表示该板的厚度和各孔的深度，应理解为这些孔均是通孔，不再标注孔深。如果需要检测这些自喻尺寸的精度，则按未注公差评定。

3.5.2　尺寸注法的一般规定（GB/T 4458.4—2003）

（1）尺寸注法的基本要素

图样上的尺寸主要由尺寸数字、尺寸线、尺寸界线三个要素组成，有时为了说明特殊含义，还在尺寸数字之前附加某种规定的符号，如ϕ、R、□等。尺寸数字、尺寸线、尺寸界线的规定见表2.1-39。

（2）常见要素的尺寸注法

1）直径、半径及弧长的尺寸注法见表2.1-40。

2）斜度、锥度、倒角、退刀槽及正方形结构尺寸注法见表2.1-41。

表2.1-39　尺寸数字、尺寸线、尺寸界线的规定

尺寸要素		规定	图例
尺寸数字	线性尺寸的尺寸数字	线性尺寸的数字一般应注写在尺寸线的上方，也允许注写在尺寸中断处（图a），当没有足够位置注写数字时，可用指引线引出标注（图b） 线性尺寸的数字方向一般应采用第一种方法注写，即应按图c所示方法注写，并尽可能避免在30°范围内标注尺寸。当无法避免在30°范围内标注尺寸，可按图d的形式标注 在不致引起误解时，也允许采用第二种注法，即对非水平方向尺寸，其数字也可水平地注写在尺寸线中断处（图e） 在一张图样上应尽可能采用同一种方法注写尺寸	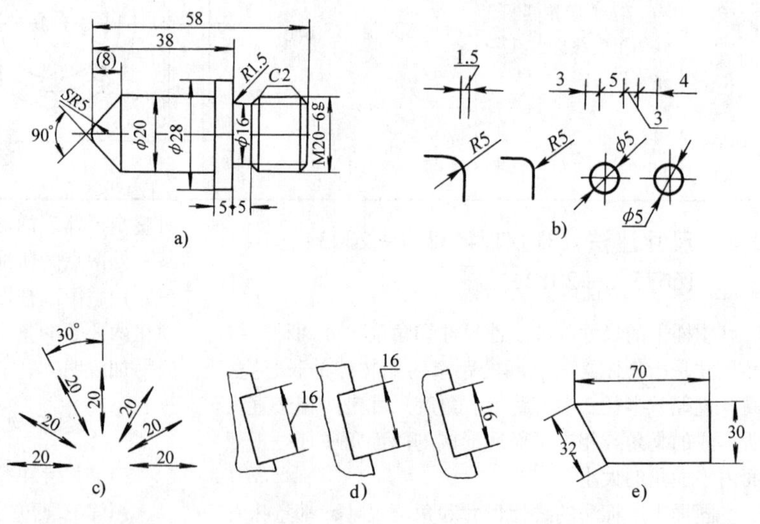 a) b) c) d) e)

（续）

尺寸要素		规　　定	图　　例
尺寸数字	角度的尺寸数字	角度的尺寸数字一律写成水平方向，一般注写在尺寸线的中断处，必要时注写在尺寸线的上方或引出标注（图f）	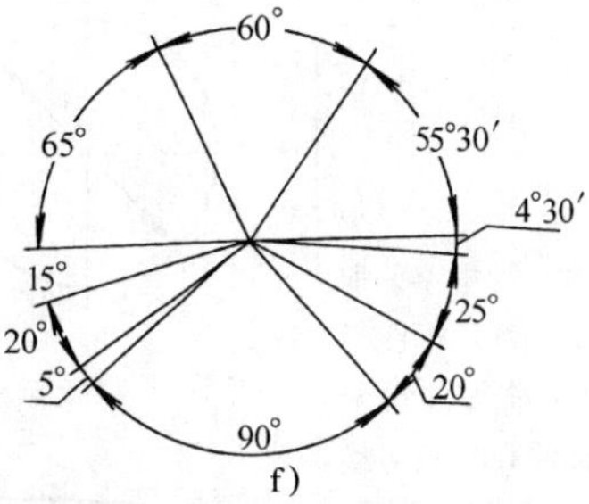 f)
尺寸线		尺寸线用细实线绘制。尺寸线不能用其他图线代替，一般也不得和其他图线重合或画在它们的延长线上 标注线性尺寸时，尺寸线必须与所标注的线段平行 尺寸线的终端有箭头（图a）和斜线（图g）两种形式，当尺寸线终端采用斜线形式，尺寸线与尺寸界线必须相互垂直（图g）。当尺寸线与尺寸界线相互垂直时，同一张图样上只能采用一种尺寸终端形式	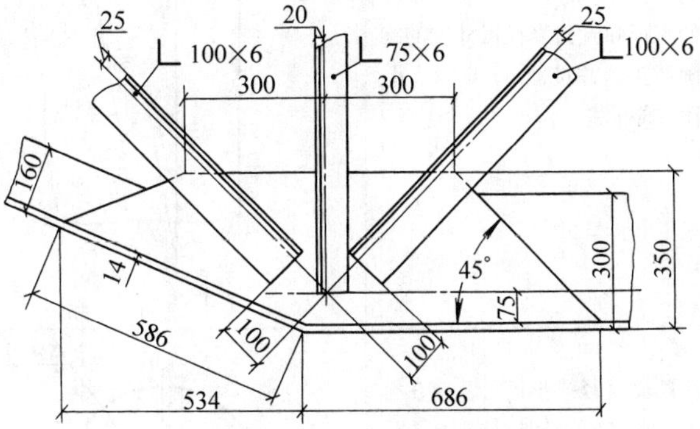 g)
		绘制尺寸线的箭头时，一般应尽量画在所注尺寸的区域之内，只有当所注尺寸的区域太小而无法容纳箭头时，才允许将箭头画在尺寸区域之外，并指向尺寸界线（图h），当尺寸十分密集而确实无法画出箭头时，允许用圆点代替箭头，或者用斜线代替箭头（图i）	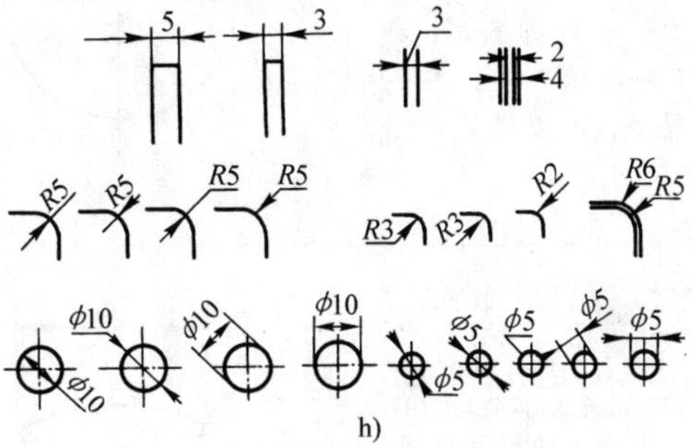 h) 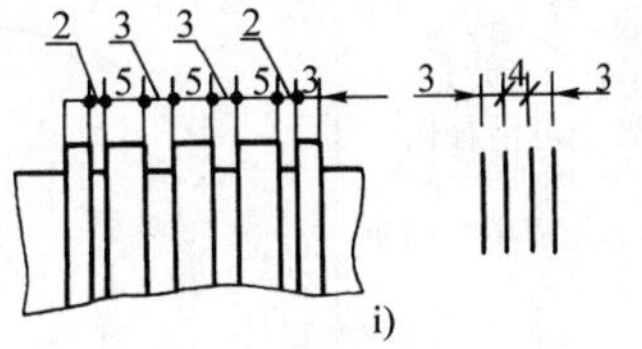 i)
尺寸界线		尺寸界线用细实线绘制，并应由图形的轮廓线、轴线或对称中心线处引出。也可利用轮廓线、轴线或对称中心线作尺寸界线（图a）	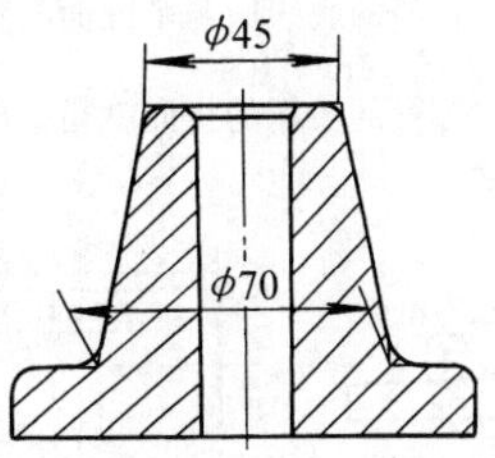 j)
		尺寸界线一般应与尺寸线垂直，必要时允许倾斜。在光滑过渡处标注尺寸时，必须用细实线将轮廓线延长，从它们的交点处引出尺寸界线（图j）	

表 2.1-40　直径、半径、弧长的注法

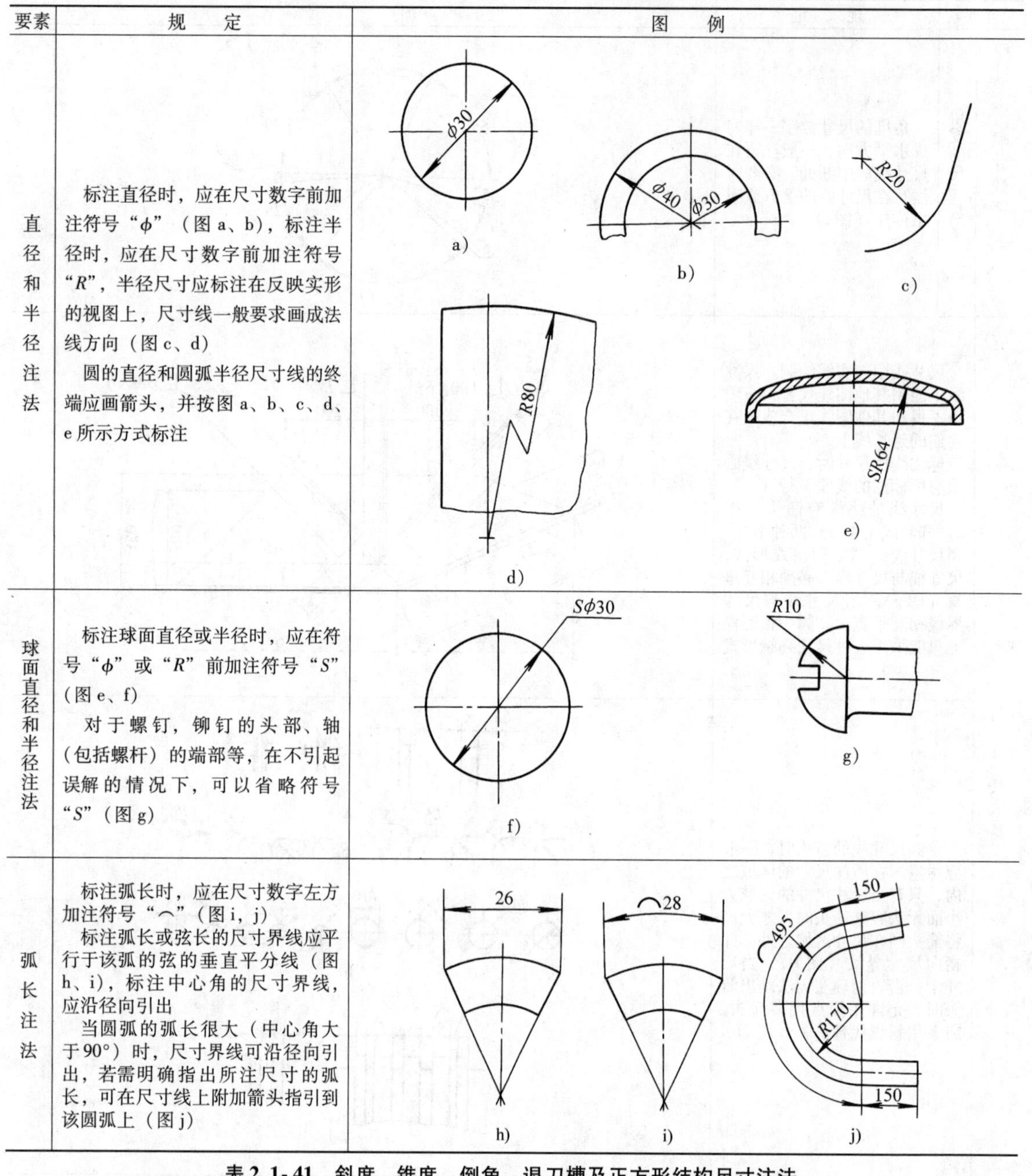

要素	规　　定	图　　例
直径和半径注法	标注直径时，应在尺寸数字前加注符号“ϕ”（图 a、b），标注半径时，应在尺寸数字前加注符号“*R*”，半径尺寸应标注在反映实形的视图上，尺寸线一般要求画成法线方向（图 c、d） 圆的直径和圆弧半径尺寸线的终端应画箭头，并按图 a、b、c、d、e 所示方式标注	a)　b)　c)　d)　e)
球面直径和半径注法	标注球面直径或半径时，应在符号“ϕ”或“*R*”前加注符号“*S*”（图 e、f） 对于螺钉，铆钉的头部、轴（包括螺杆）的端部等，在不引起误解的情况下，可以省略符号“*S*”（图 g）	f)　g)
弧长注法	标注弧长时，应在尺寸数字左方加注符号“⌒”（图 i，j） 标注弧长或弦长的尺寸界线应平行于该弧的弦的垂直平分线（图 h、i），标注中心角的尺寸界线，应沿径向引出 当圆弧的弧长很大（中心角大于90°）时，尺寸界线可沿径向引出，若需明确指出所注尺寸的弧长，可在尺寸线上附加箭头指引到该圆弧上（图 j）	h)　i)　j)

表 2.1-41　斜度、锥度、倒角、退刀槽及正方形结构尺寸注法

斜度、锥度注法	斜度用斜度符号标注，符号的底线应与基准面（线）平行，符号的尖端应与斜面的倾斜方向一致，斜度一般都用指引线从斜面轮廓上引出标注（图 a、b） 锥度用锥度符号标注，符号的尖端的指向就是锥体的小头方向，锥度可用指引线从锥体轮廓上引出标注，亦可标注在锥体轴线上（图 c、d）

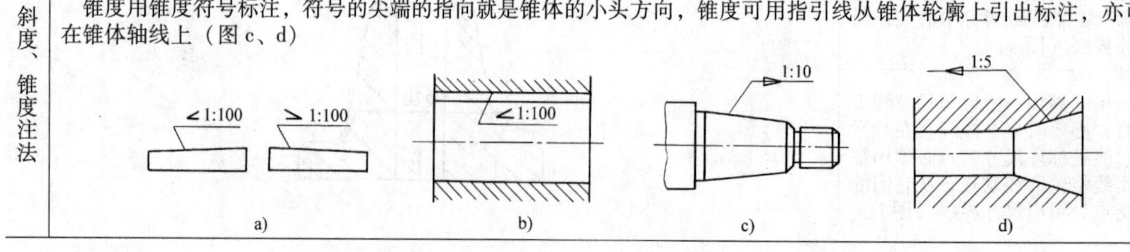

a)　b)　c)　d)

（续）

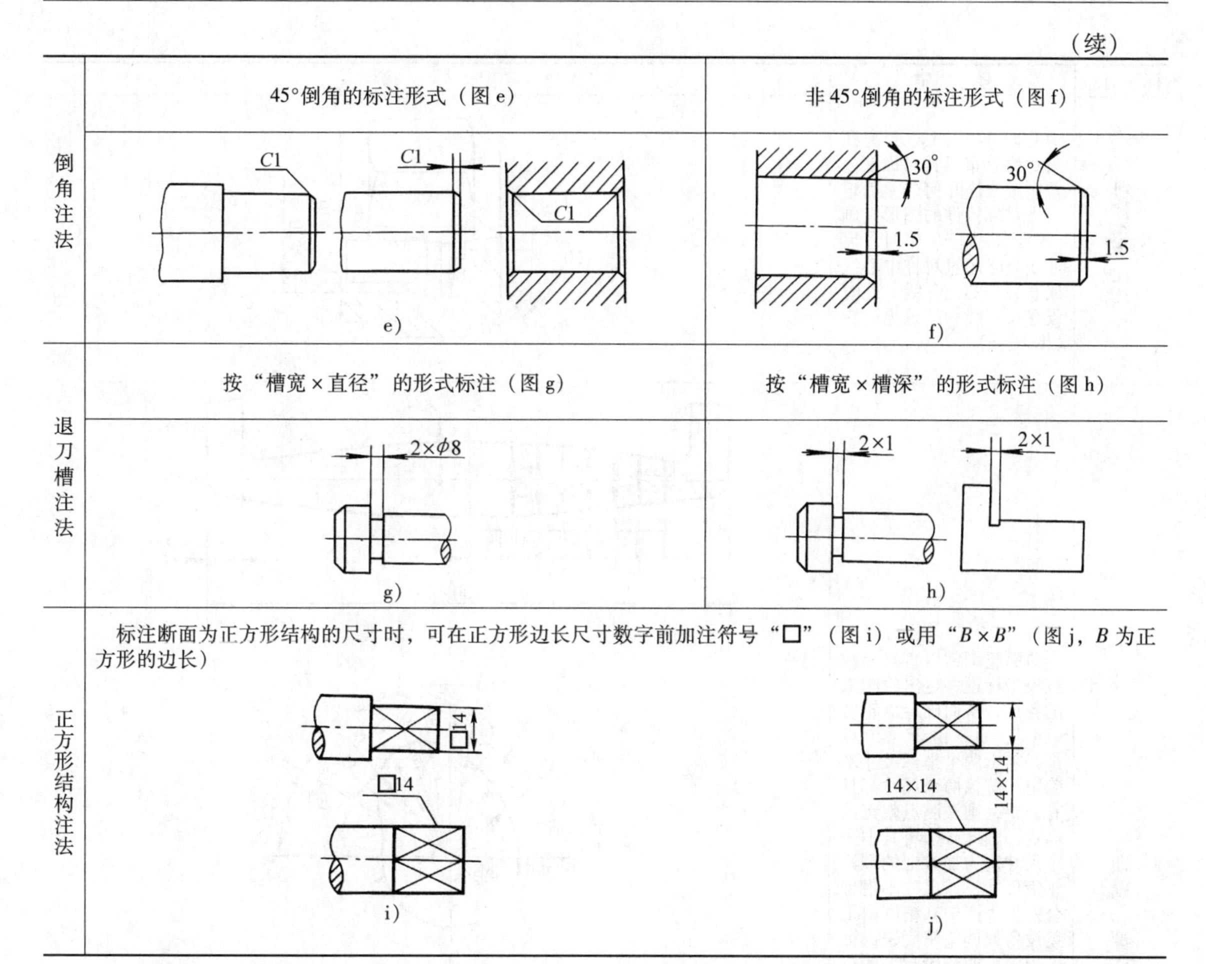

倒角注法	45°倒角的标注形式（图e）	非45°倒角的标注形式（图f）
	e）	f）
退刀槽注法	按“槽宽×直径”的形式标注（图g）	按“槽宽×槽深”的形式标注（图h）
	g）	h）
正方形结构注法	标注断面为正方形结构的尺寸时，可在正方形边长尺寸数字前加注符号“□”（图i）或用“$B\times B$”（图j，B为正方形的边长）	
	i）	j）

（3）特种尺寸注法

图样上常有一些较特殊的尺寸注法，例如：对称结构的尺寸注法。所谓对称是指具有对称平面的物体，其一侧的结构与另一侧的结构要素离对称平面距离相等，大小相同，成镜像对应关系。这里所说的对称是指物体对称，而不是图形对称，因为不对称物体有时亦可得到对称的图形。

又如：长圆孔宽度有较严格公差要求时的尺寸注法。

再如：曲面轮廓的尺寸标注有直角坐标法、极坐标法、表面展开法等，这些较特殊的尺寸注法见表2.1-42。

表2.1-42　对称结构、曲面轮廓、长圆孔、镀涂表面的尺寸注法

标注对象	规　定	图　　例
对称结构注法	对称结构的大小尺寸，可以仅标出其中某一侧结构要素的尺寸，而另一侧所对应的要素不必标注（图a中$R8$、$R5$） 对于对称机件上对称的孔，仍按相同要素的注法标注，即除标注孔的直径外，还要标注孔的数量（图a中$4\times\phi2.5$） 图形上相对于对称中心线对称分布的要素，如图a中左右对称分布的孔组$4\times\phi2.5$，通常仅标注其	20　14　R5　R8　4×φ2.5　28　16　3　3　3　5　1.5 a） 54　R3　40　26　φ15　4×φ6　76 b）

（续）

标注对象	规　定	图　例
对称结构注法	中心距14，即表示这孔组对称分布，其对称度公差应按未注几何公差确定 当对称机件的图形只画一半或略大于一半时，尺寸线应略超过对称中心线或断裂处的边界线，此时仅在尺寸线一端画出箭头（图b、c）	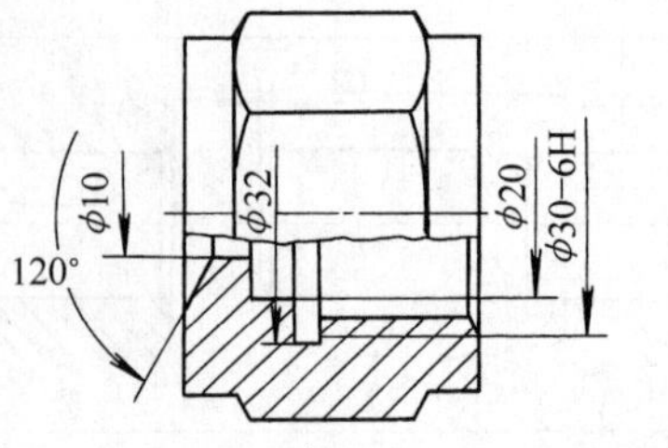 c)
曲线轮廓注法	曲面轮廓常以直角坐标或极坐标逐一定出轮廓上的各点，从而确定该轮廓（图d、e），由于每个点都必须由两个坐标尺寸来确定，若该两个尺寸都具有公差，则被测点就无法确定，因此必须将其中一个尺寸定为加方框的理论正确尺寸，该尺寸不附带公差，生产中其精度由工装设备或调整精度来保证 当表示曲线轮廓上各点坐标时可将尺寸线或它的延长线作尺寸界线（图d、e） 有些曲面轮廓，在投影图上很难标注其尺寸，可利用表面展开图进行标注，图f用两个展开图分别表示端面凸轮和径向凸轮的尺寸	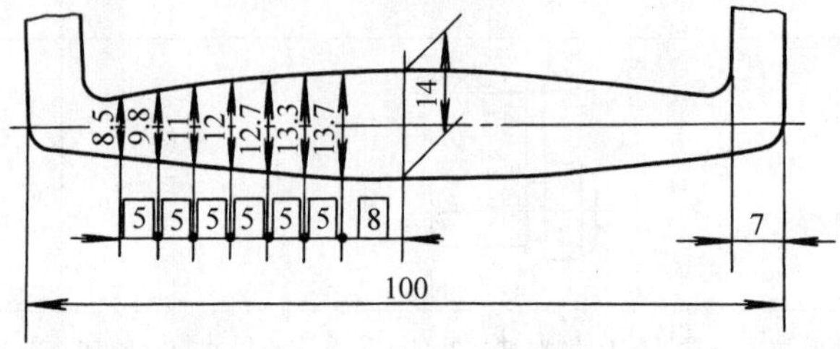 d) 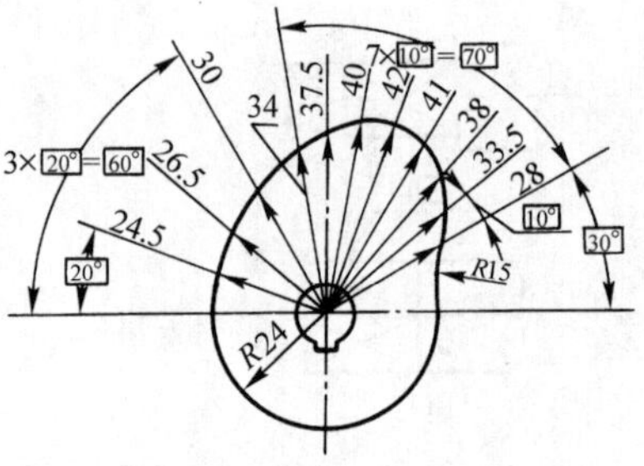 e) 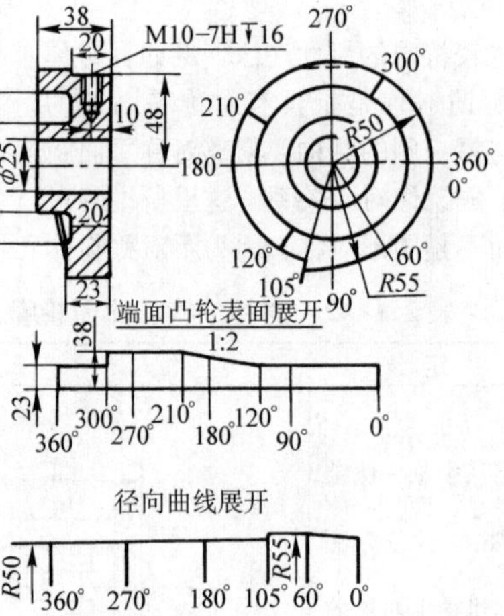 f)
长圆孔注法	如长圆孔的宽度尺寸有严格的公差要求，而两端必须为圆弧，圆弧半径的实际尺寸必须随着宽度实际尺寸的变化而变化，此时半径尺寸线上仅注出符号“*R*”，而不标注尺寸数值（图g）	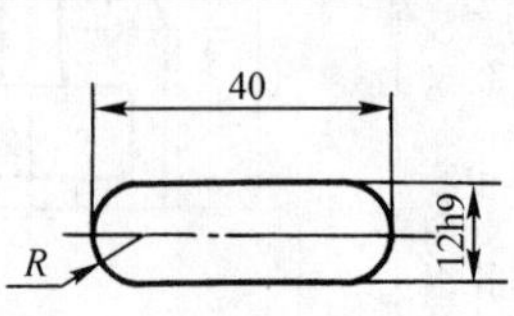 g)

（续）

标注对象	规　　定	图　　例
渡涂表面注法	图样中镀涂零件的尺寸应为镀涂后尺寸，即计入镀涂层厚度，如为镀涂前尺寸，应在尺寸数字右边加注“镀（涂）前”字样 对于装饰性、防腐性的自由表面尺寸，可视作镀（涂）前尺寸，省略“镀（涂）前”字样 对于配合尺寸，只有当镀涂层厚度不影响配合时，方可视作镀涂前尺寸，并省略“镀（涂）前”字样 必要时可同时标注镀涂前和镀涂后尺寸，并注写“镀（涂）前”和“镀（涂）后”字样（图h）	$\phi10^{-0.095}_{-0.135}$镀前 $\phi10^{-0.035}_{-0.085}$镀后 h）

（4）标注尺寸的符号及缩写词

标注尺寸的符号及缩写词应符合 GB/T 4458.4—2003 的规定，见表2.1-43。

标注尺寸用符号的比例画法见图2.1-7。

3.5.3 简化注法（GB/T 16675.2—2012）

简化注法的一般规定：

1）若图样中的尺寸和公差全部相同或某个尺寸和公差占多数时，可在图样空白处作总的说明，如“全部倒角 $C1.6$”“其余圆角 $R4$” 等。

2）对于尺寸相同的重复要素，可仅在一个要素上注出其尺寸和数量。

尺寸箭头和尺寸线的简化标注见表2.1-44。

重复要素简化尺寸注法见表2.1-45。

各类孔的旁注法见表2.1-46。

其他简化注法见表2.1-47。

表2.1-43　标注尺寸的符号及缩写词

序号	含义	符号或缩写词	序号	含义	符号或缩写词
1	直径	ϕ	10	沉孔或锪平	⌴
2	半径	R	11	埋头孔	∨
3	球直径	$S\phi$	12	弧长	⌒
4	球半径	SR	13	斜度	∠
5	厚度	t	14	锥度	◁
6	均布	EQS	15	展开长	O→
7	45°倒角	C	16	型材截面形状	（按 GB/T 4656—2008）
8	正方形	□			
9	深度	↧			

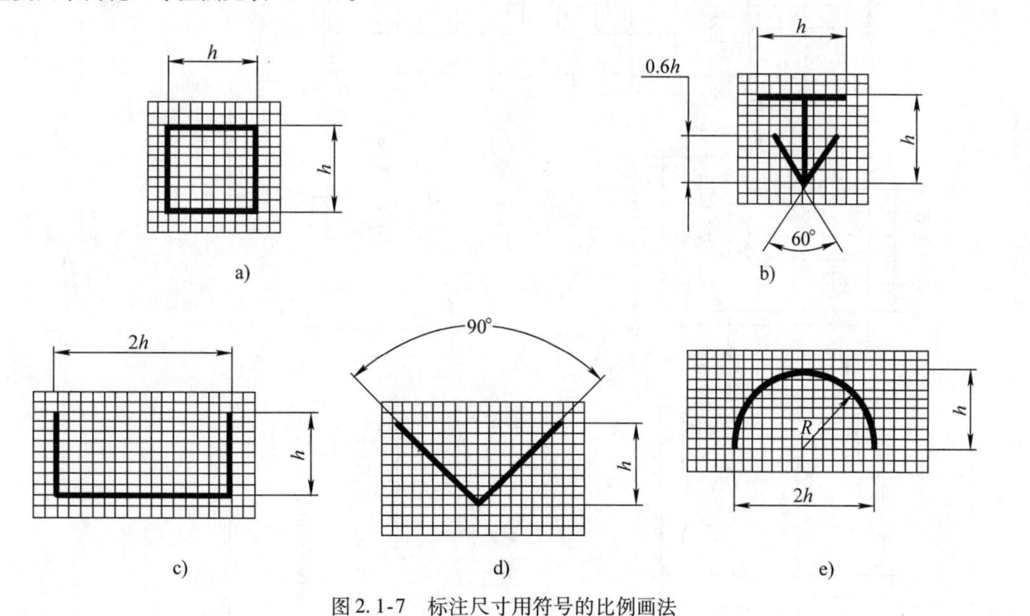

图2.1-7　标注尺寸用符号的比例画法

表 2.1-44　尺寸箭头和尺寸线的简化标注

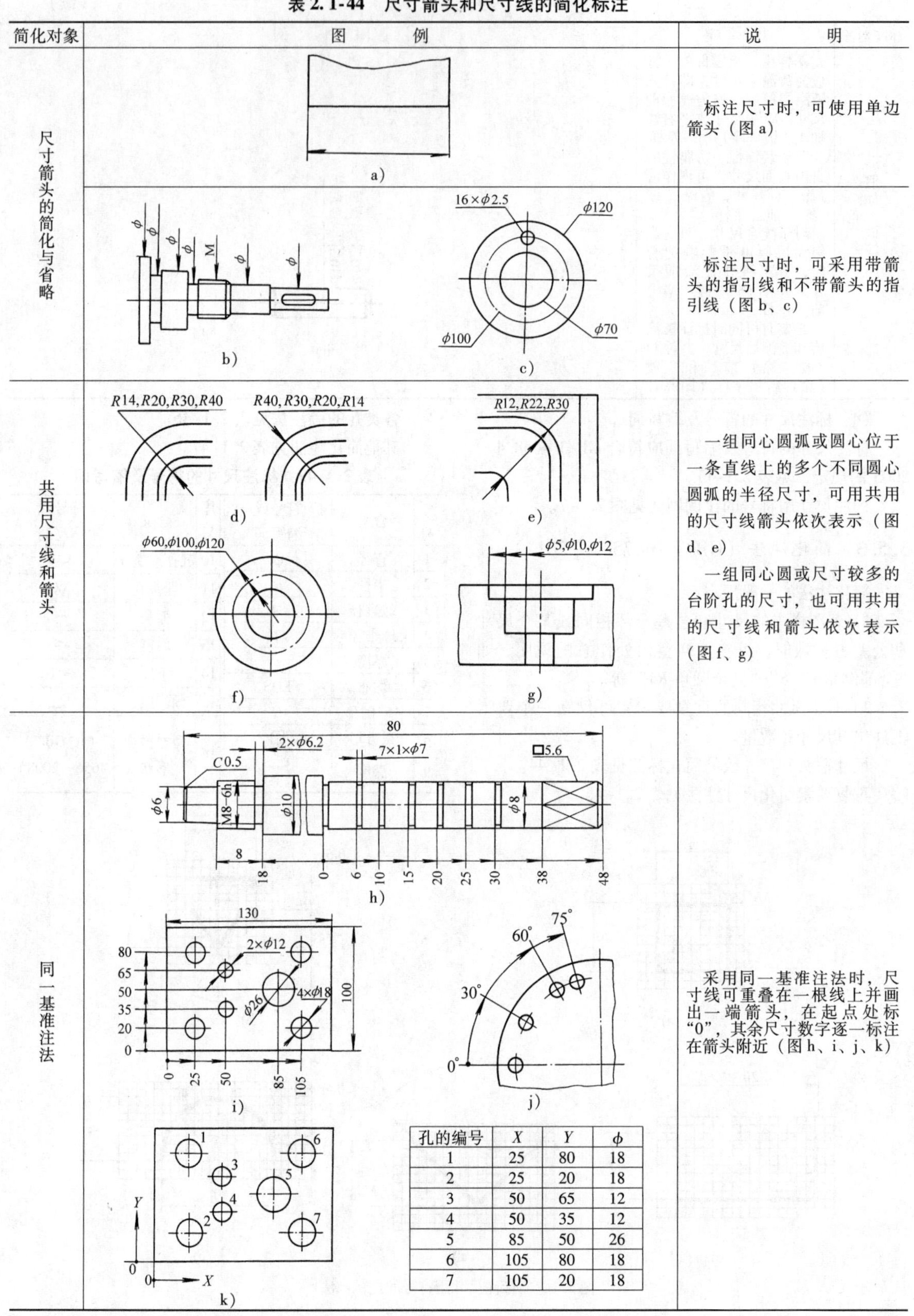

简化对象	图例	说明
尺寸箭头的简化与省略	a)	标注尺寸时，可使用单边箭头（图 a）
	b)　c)	标注尺寸时，可采用带箭头的指引线和不带箭头的指引线（图 b、c）
共用尺寸线和箭头	d)　e)　f)　g)	一组同心圆弧或圆心位于一条直线上的多个不同圆心圆弧的半径尺寸，可用共用的尺寸线箭头依次表示（图 d、e） 一组同心圆或尺寸较多的台阶孔的尺寸，也可用共用的尺寸线和箭头依次表示（图 f、g）
同一基准注法	h)　i)　j)　k)	采用同一基准注法时，尺寸线可重叠在一根线上并画出一端箭头，在起点处标“0”，其余尺寸数字逐一标注在箭头附近（图 h、i、j、k）

孔的编号	X	Y	ϕ
1	25	80	18
2	25	20	18
3	50	65	12
4	50	35	12
5	85	50	26
6	105	80	18
7	105	20	18

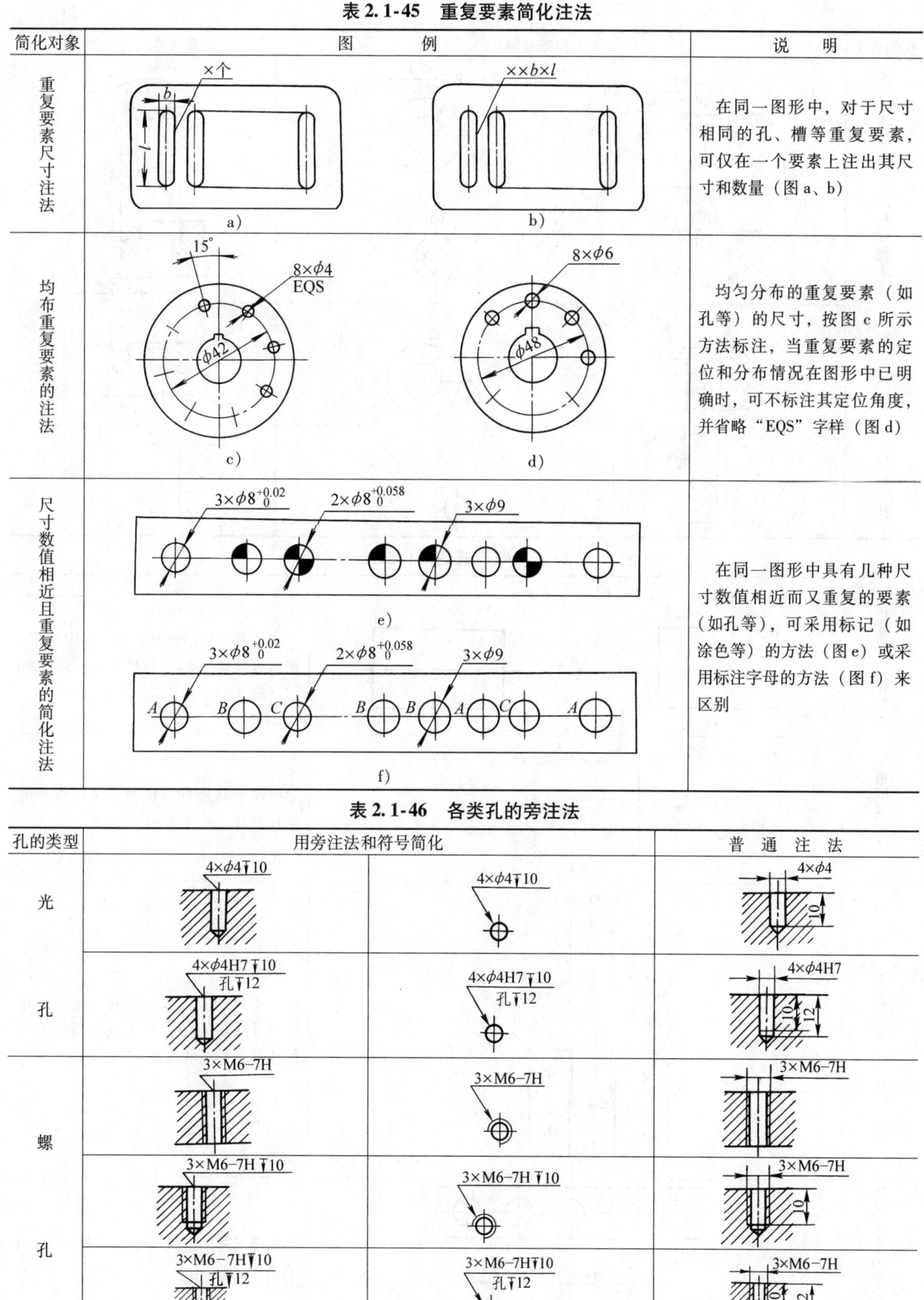

表 2.1-45 重复要素简化注法

简化对象	图例	说明
重复要素尺寸注法	×个；b；l　a) ××b×l　b)	在同一图形中，对于尺寸相同的孔、槽等重复要素，可仅在一个要素上注出其尺寸和数量（图a、b）
均布重复要素的注法	15°；8×ϕ4 EQS；ϕ42　c) 8×ϕ6；ϕ48　d)	均匀分布的重复要素（如孔等）的尺寸，按图c所示方法标注，当重复要素的定位和分布情况在图形中已明确时，可不标注其定位角度，并省略"EQS"字样（图d）
尺寸数值相近且重复要素的简化注法	3×$\phi8^{+0.02}_{0}$；2×$\phi8^{+0.058}_{0}$；3×ϕ9　e) 3×$\phi8^{+0.02}_{0}$；2×$\phi8^{+0.058}_{0}$；3×ϕ9；A B C B B A C A　f)	在同一图形中具有几种尺寸数值相近而又重复的要素（如孔等），可采用标记（如涂色等）的方法（图e）或采用标注字母的方法（图f）来区别

表 2.1-46 各类孔的旁注法

孔的类型	用旁注法和符号简化		普通注法
光孔	4×ϕ4↧10	4×ϕ4↧10	4×ϕ4；10
	4×ϕ4H7↧10 孔↧12	4×ϕ4H7↧10 孔↧12	4×ϕ4H7；10；12
螺孔	3×M6−7H	3×M6−7H	3×M6−7H
	3×M6−7H↧10	3×M6−7H↧10	3×M6−7H；10
	3×M6−7H↧10 孔↧12	3×M6−7H↧10 孔↧12	3×M6−7H；10；12

（续）

孔的类型	用旁注法和符号简化		普 通 注 法
沉孔、埋头孔	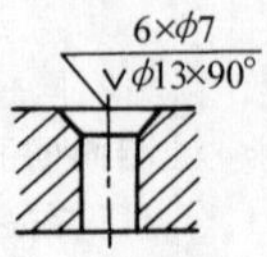 6×ϕ7 ⌵ϕ13×90°	6×ϕ7 ⌵ϕ13×90°	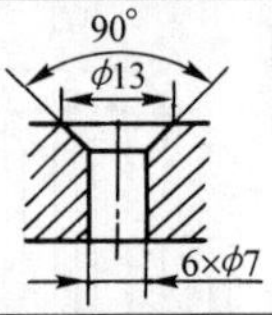 90° ϕ13 6×ϕ7
	4×ϕ6.4 ⌴ϕ12↧4.5	4×ϕ6.4 ⌴ϕ12↧4.5	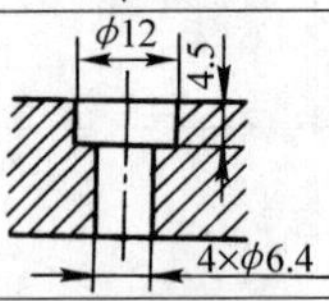 ϕ12 4.5 4×ϕ6.4
	4×ϕ9 ⌴ϕ20	4×ϕ9 ⌴ϕ20	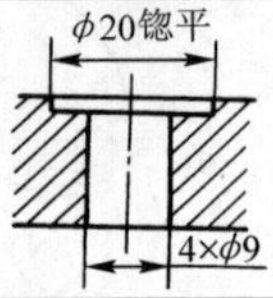 ϕ20锪平 4×ϕ9
锥销孔	锥销孔ϕ4 配作	锥销孔ϕ4 配作	锥销孔ϕ4 配作

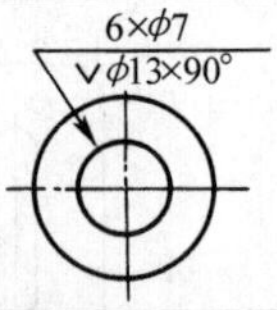

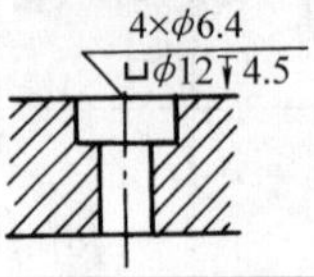

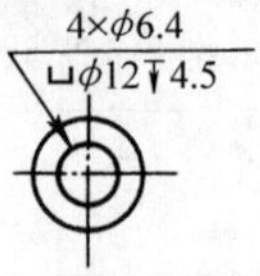

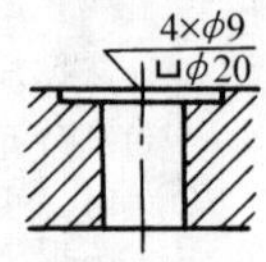

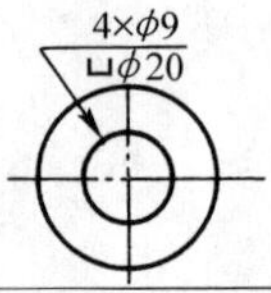

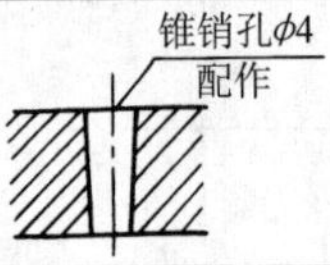

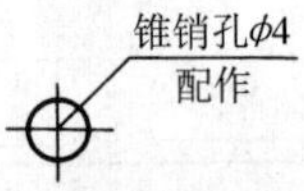

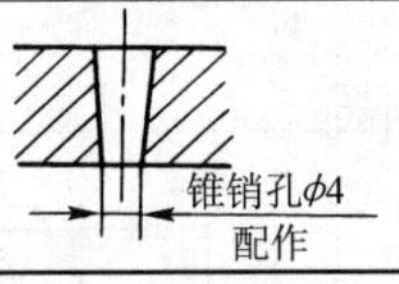

表 2.1-47 其他简化注法

简化对象	图 例	说 明
倒角的简化标注	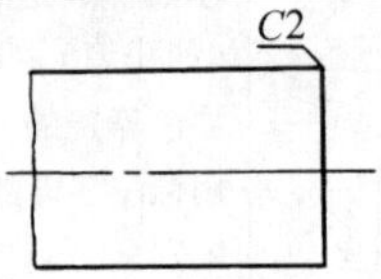 C2 a) 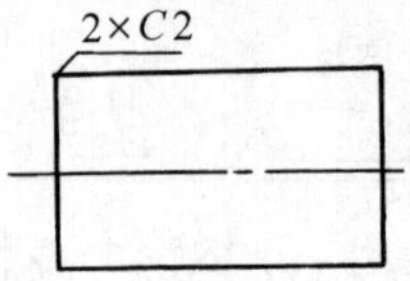 2×C2 b)	在不致引起误解时，零件图中的45°倒角可省略不画，其尺寸亦可简化标注（图a、b）
板厚的标注	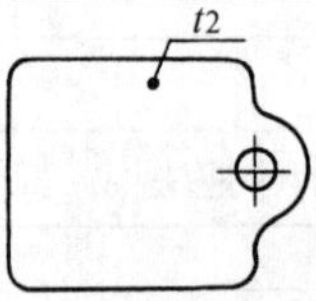 t2 c)	标注板状零件厚度时，可在数字前加注符号“t”（图c）
不真实尺寸注法	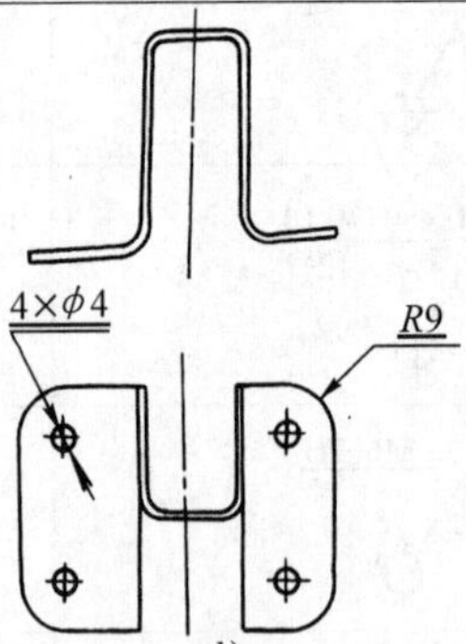 4×ϕ4 R9 d)	在不反映真实大小的投影上，采用在尺寸数值下加画粗实线短画的方法标注其真实尺寸（图d）
链式尺寸的简化标注	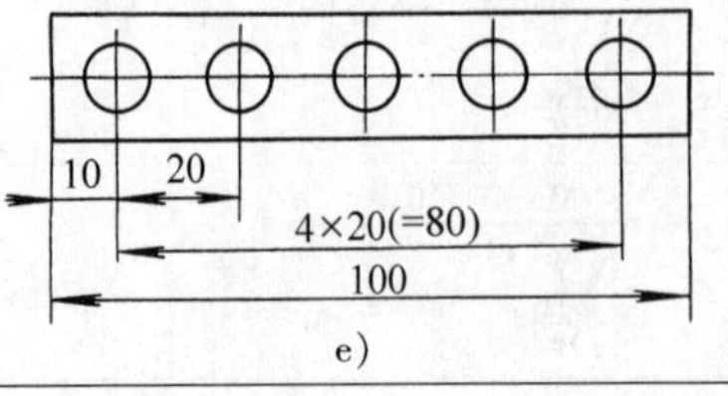 10 20 4×20(=80) 100 e)	间隔相等的链式尺寸，可采用图e、f的简化注法

（续）

简化对象	图　　例	说　　明
链式尺寸的简化标注	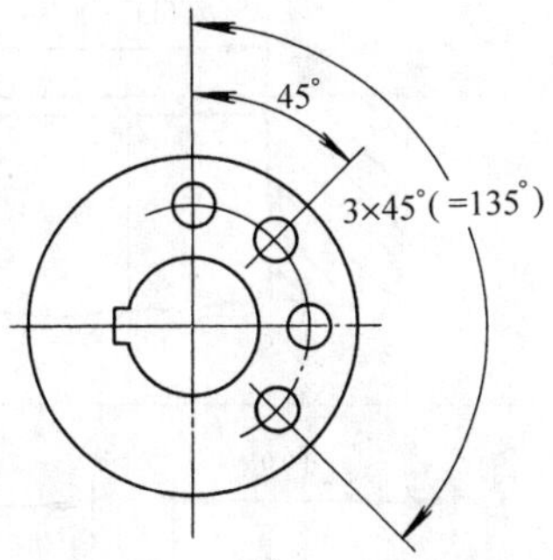 45° 3×45°(=135°) f)	间隔相等的链式尺寸，可采用图e、f的简化注法
表格图应用	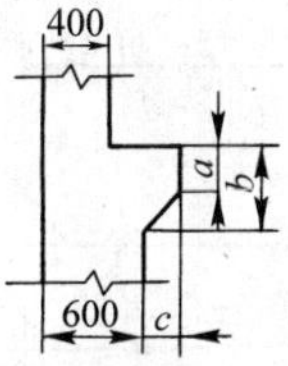 400 a　b 600　c No. a b c / 1 200 400 200 / 2 250 450 200 / 3 200 450 250 g)	同类型或同系列的零件或构件可采用表格图绘制（图g）

3.6　尺寸公差与配合注法（GB/T 4458.5—2003）

3.6.1　公差与配合的一般标注

零件图中尺寸公差注法见表2.1-48，装配图中配合代号及极限偏差注法见表2.1-49。

表2.1-48　零件图中尺寸公差注法

标注类型	规　　定	图　　例
线性尺寸的公差标注形式	当采用公差带代号标注线性尺寸的公差时，公差带代号应注在公称尺寸右边（图a）	ϕ65k6 a)
	当采用极限偏差标注线性尺寸的公差时，上偏差应注在基本尺寸右上方，下偏差应与公称尺寸注在同一底线上（图b）	$\phi 65^{+0.03}_{0}$ b)

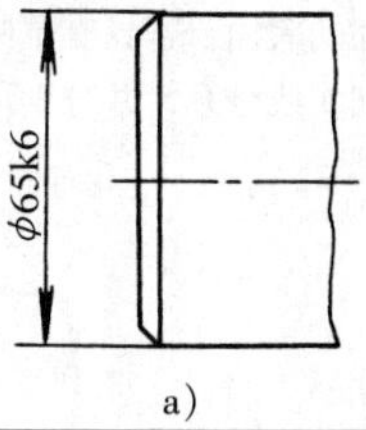

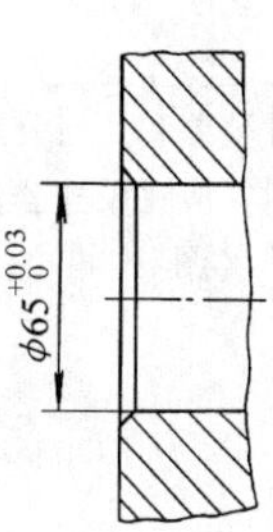

（续）

标注类型	规　　定	图　　例
线性尺寸的公差标注形式	当要求同时标注公差带代号和相应的极限偏差时，则后者应加圆括号（图 c）	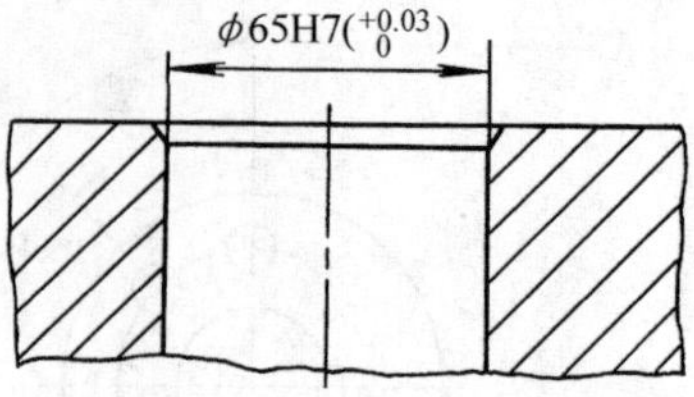 $\phi 65H7(^{+0.03}_{0})$ c)
	当标注极限偏差时，上下偏差的小数点必须对齐，小数点后的位数也必须相同（图 d）	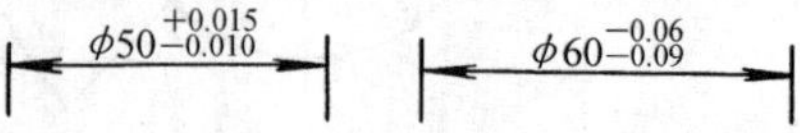 $\phi 50^{+0.015}_{-0.010}$　$\phi 60^{-0.06}_{-0.09}$ d)
	当上偏差或下偏差为“零”时，用数字“0”标出，并与下偏差或上偏差的小数点前的个位数对齐（图 e）	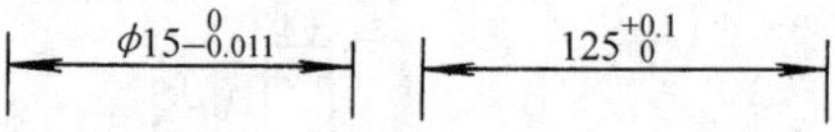 $\phi 15^{0}_{-0.011}$　$125^{+0.1}_{0}$ e)
	当公差带相对于公称尺寸对称地配置即上、下偏差的绝对值相同时，偏差只需注写一次，并应在偏差与公称尺寸之间注出符号“±”，且两者数字高度相等（图 f）	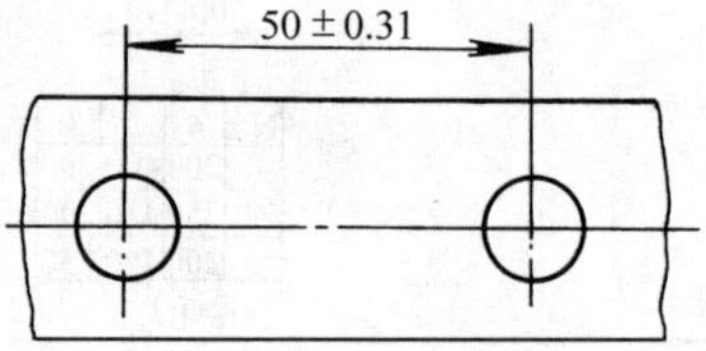 50 ± 0.31 f)
线性尺寸公差的附加符号注法	当尺寸仅需要限制单方向的极限时，应在该极限尺寸的右边加注符号“max”或“min”（图 g）（实际尺寸只要不超过这个极限值都符合要求）	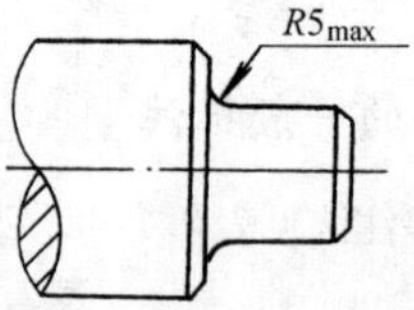 $R5_{max}$ g)
	同一基本尺寸的表面，若具有不同的公差时，应用细实线分开，并分别注出公差（图 h）	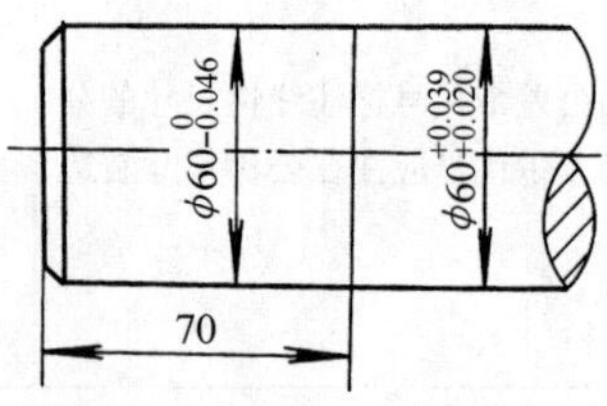 $\phi 60^{0}_{-0.046}$　$\phi 60^{+0.039}_{+0.020}$　70 h)
	如果要素的尺寸公差和几何公差的关系遵守包容要求时，应在尺寸公差的右边加注符号“Ⓔ”（图 i）	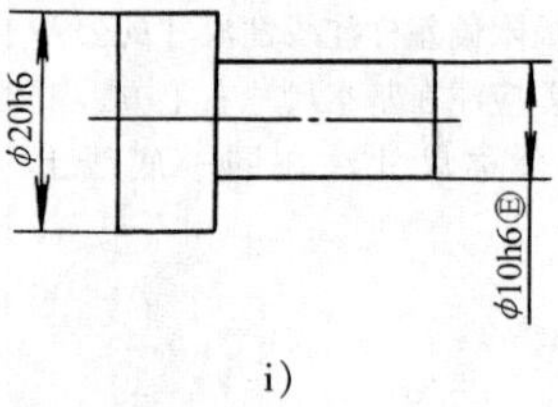 ϕ20h6　ϕ10h6Ⓔ i)

（续）

标注类型	规　　定	图　　例
角度公差的标注	角度公差标注的基本规则与线性尺寸公差的标注方法相同（图 j）	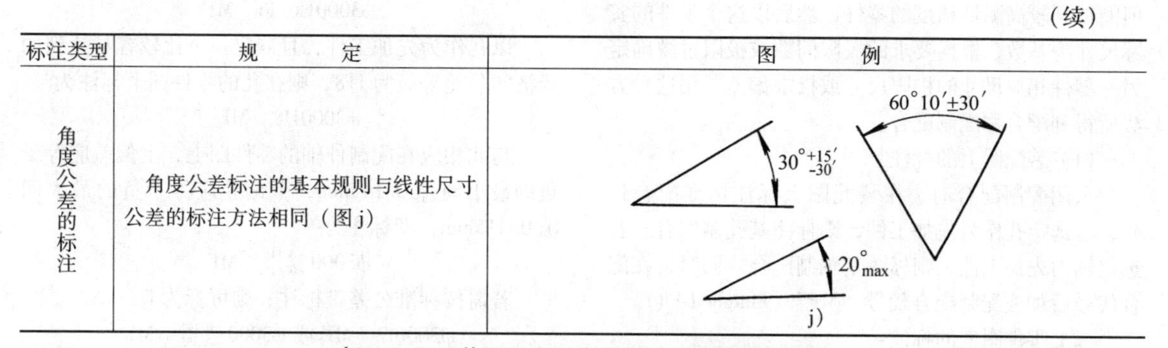 j)

表 2.1-49　装配图中配合代号及极限偏差的标注

标注类型	规　　定	图　　例
标注配合代号	在装配图中标注线性尺寸的配合代号时，必须在公称尺寸的右边用分数形式注出，分子为孔的公差代号，分母为轴的公差代号（图 a），必要时也允许按图 b 的形式标注 当某零件需与外购件（非标准件）配合时的标注形式（图 a、b）	$\phi 30\frac{H7}{f6}$ a) $\phi 30H7/f6$ b)
标注极限偏差	在装配图中标注相配零件的极限偏差时，孔的公称尺寸及极限偏差注写在尺寸线上方，轴的公称尺寸和极限偏差注写在尺寸线的下方（图 c、d）	$\phi 50^{+0.25}_{0}$ $\phi 50^{-0.2}_{-0.5}$ c) $\phi 50\frac{^{+0.25}_{0}}{^{-0.2}_{-0.5}}$ d)
特殊的标注形式	当基本尺寸相同的多个轴（孔）与同一孔（轴）相配合而又必须在图外标注其配合时，为了明确各自的配合对象，可在公差带代号或极限偏差之后加注装配件的序号（图 e） 标注标准件、外购件与零件（轴或孔）的配合要求时，可以仅标注相配零件的公差代号（图 f）	$\phi 50^{+0.25}_{0}$件 2 $\phi 50^{-0.2}_{-0.5}$件 1 1 2 e) $\phi 62J7$ $\phi 30k6$ f)

3.6.2　配制配合的标注

由于大尺寸孔、轴的加工误差较大，且多为单件或小批量生产，当配合公差要求较高时，为了降低加工成本，又能保证原设计的配合要求，可放弃互换性要求，采用配制加工方法，即先加工其中较难加工，但能得到较高测量精度的零件，然后以这个零件的实际尺寸为基数，根据要求的极限间隙或极限过盈确定另一零件相应尺寸的极限尺寸或极限偏差，用这种方法所得到配合称配制配合。

（1）装配图上的标注

采用配制配合时，在装配图上标注标准配合代号，若选定孔作为先加工件，则标注基孔制配合；若选定轴为先加工件，则标注基轴制配合。同时，在配合代号后加注配制配合代号“MF”（Matched Fit）。

（2）零件图上的标注

在先加工的零件图上，标注按经济的公差等级确定的基准件公差带代号，并加注“MF”。在配制件的零件图上，若以轴为配制件，则其上偏差为负的最小间隙或正的最大过盈，下偏差为负的最大间隙或正的最小过盈；若以孔为配制件，则其上偏差为正的最大间隙或负的最小过盈，下偏差为正的最小间隙或负的最大过盈，并在极限偏差值后加注“MF”。

（3）配制配合的应用举例

公称尺寸为 ϕ3000mm 的孔和轴，要求配合的最大间隙为 0.450mm，最小间隙为 0.140mm，如按互换性要求可选用 ϕ3000H6/f6 或 ϕ3000F6/h6，此时最大间隙为 0.415mm，最小间隙为 0.145mm，均可满足要求。由于公称尺寸较大，公差又较小，加工难度很大，又是少量生产，现采用配制配合。将难加工的孔作为先加工件，则在装配图上应标注为

$$\phi 3000\text{H6/f6}\quad \text{MF}$$

以孔作为先加工件，且确定一个比较容易达到的经济的公差等级为 IT8，则在孔的零件图上标注为

$$\phi 3000\text{H8}\quad \text{MF}$$

与此相应在配制件轴的零件图上，上偏差应等于负的最小间隙 0.145mm，下偏差应等于负的最大间隙 0.415mm，即标注为

$$\phi 3000^{-0.145}_{-0.415}\quad \text{MF}$$

若需按标准公差带标注，则可标为 f7，即

$$\phi 3000\text{f7}\quad \text{MF 或 } \phi 3000^{-0.145}_{-0.355}\quad \text{MF}$$

应该特别注意，配制零件图上标注的极限偏差（或极限尺寸）不是实际加工时的依据。应以先加工件的实际尺寸作为配制件的公称尺寸来确定配制件的极限尺寸。

本例中，若先加工件孔的实际尺寸为 ϕ3000.195mm，则按 f7 配制件轴的最大极限尺寸为 3000.195mm－0.145mm＝3000.050mm　最小极限尺寸为 3000.195mm－0.355mm＝2999.840mm

显然，配制配合可以用较大的制造公差满足较高精度的配合性质要求，但无互换性。

3.7　装配图中零部件序号及其编排方法（GB/T 4458.2—2003）

3.7.1　序号及编排方法（表 2.1-50）

表 2.1-50　序号的指引和编排

分类	规　　定	图　　例
序号的指引	在指引线的水平线（细实线）上或圆（细实线）内注写序号，序号的字高比该装配图中所注尺寸数字高度大一号（图 a）或两号（图 b）	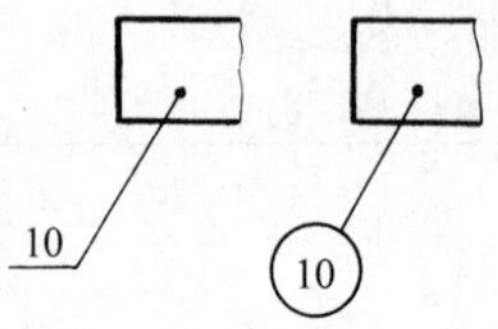 10　10　a) 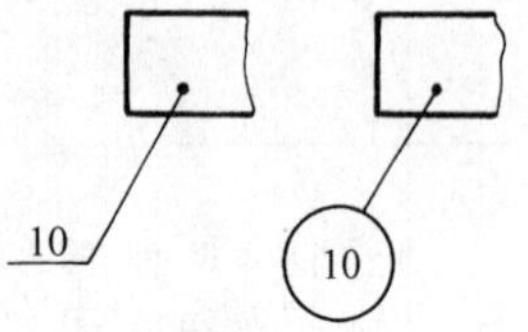　10　10　b)
	在指引线附近注写序号，序号字高比该装配图所注尺寸数字高度大一号或两号（图 c）	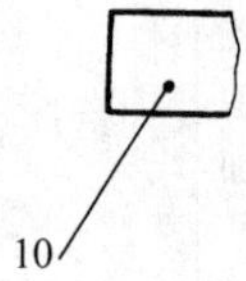 10　c)
	指引线自所指部分的可见轮廓线内引出，并画一个圆点（图 a、b）。若所指部分内不便画圆点时，可在指引线末端画箭头，并指向该部分的轮廓（图 d）	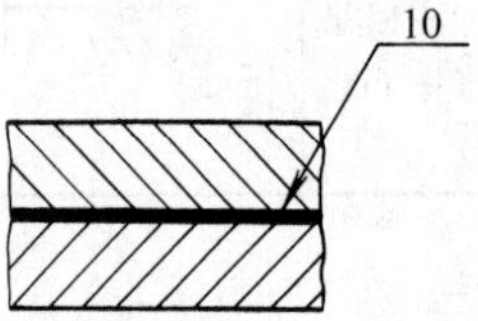 10　d)

（续）

分类	规　定	图　例
序号的标注与编排方法	相同的零部件用一个序号，一般只标注一次，多处出现的相同的零、部件，必要时也可重复标注 指引线可以画成折线，但只可曲折一次 指引线相互不能相交，当通过有剖面线的区域时，指引线不应与剖面线平行 一组紧固件及装配关系清楚的零件组，可采用公共指引线（图e）	e)
	装配图上序号应按水平或垂直方向排列整齐 装配图上序号可按顺时针或逆时针方向顺次排列，在整个图上无法连续时，可只在每个水平或垂直方向顺次排列。也可按装配图明细栏中的序号排列，采用此种方法时，应尽量在每个水平或垂直方向顺次排列	

3.7.2　装配图中序号编排的基本要求

装配图中所有零、部件都必须编写序号，应按顺时针或逆时针方向顺序排列，在整个图上无法连续时，可只在每个水平或竖直方向顺序排列，如图2.1-8所示。

也可按装配图明细栏（表）中的序号排列，采用此种方法时，应尽量在每个水平或竖直方向顺序排列。

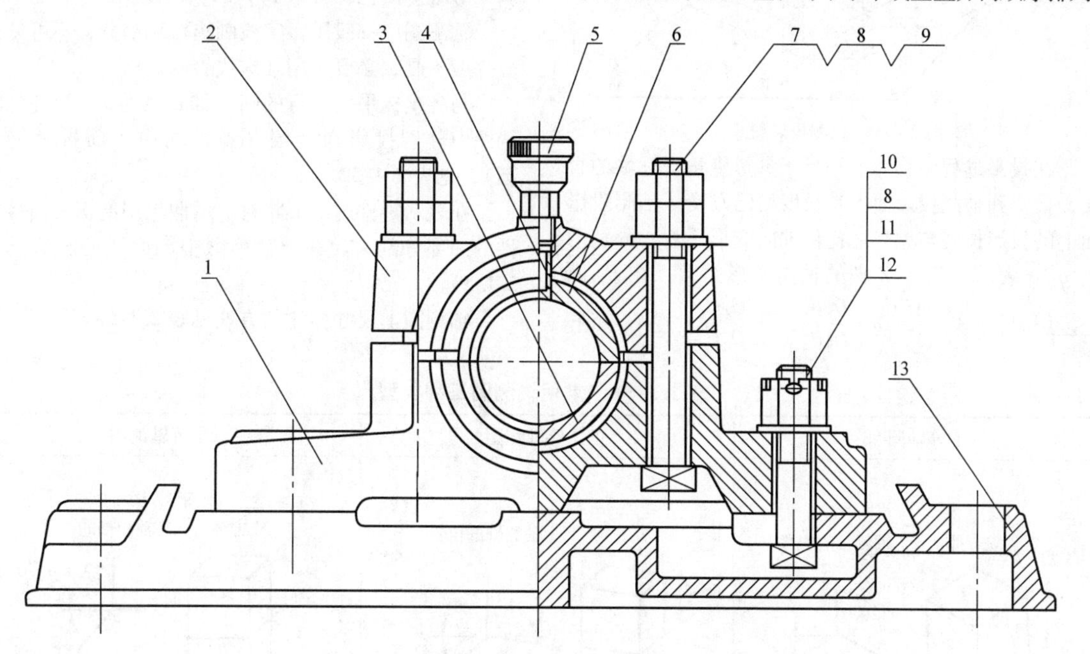

图2.1-8　装配图中序号的排列

3.8　轴测图（GB/T 4458.3—2013）

使用多面正投影法绘制的工程图样，虽有表达详尽，绘制简便等优点，但缺乏立体感，因此有时还需要用具有立体感的轴测图作为辅助图样。

3.8.1　轴测投影基本概念

将物体连同其参考直角坐标系，沿不平行任一坐标面的方向，用平行投影法投射在单一投影面上所得的图形称轴测图。

图2.1-9中O_0X_0、O_0Y_0、O_0Z_0是确定物体位置的参考直角坐标系。P_1平面与物体的三个坐标面都倾斜，如沿垂直于P_1平面的方向S_1投射，P_1平面上的图形即能反映物体三个坐标方向的形状。P_2平面虽与正平面V平行，但由于投射方向S_2倾斜于P_2平面，因此P_2平面上的图形也能反映物体三个坐标方向的形状。

图2.1-9中的P_1、P_2称为轴测投影面，参考直角坐标轴在P_1和P_2面上的投影O_1X_1、O_1Y_1、O_1Z_1和O_2X_2、O_2Y_2、O_2Z_2称为轴测轴，相邻轴沿轴间的夹角称为轴间角。

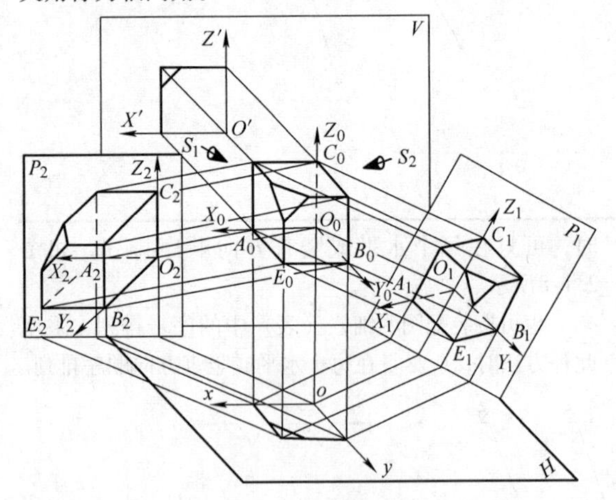

图2.1-9　轴测投影概念

在投影过程中物体上平行于参考直角坐标轴的直线，投影到轴测投影面上其长度均已改变。轴测投影面上的投影长度与原长之比称轴向变形系数，分别用p、q、r表示X、Y、Z轴的轴向变形系数。在P_1面上投影时，$p=\dfrac{O_1A_1}{O_0A_0}$；$q=\dfrac{O_1B_1}{O_0B_0}$；$r=\dfrac{O_1C_1}{O_0C_0}$。在P_2面上投影时，$p=\dfrac{O_2A_2}{O_0A_0}$；$q=\dfrac{O_2B_2}{O_0B_0}$；$r=\dfrac{O_2C_2}{O_0C_0}$。

根据投射方向与轴测投影面的相对关系，轴测可分为两类：

投射方向垂直于轴测投影面时称正轴测图如图2.1-9中投射方向S_1与投影面P_1垂直，物体在P_1面上的投影即为正轴测图。

投射方向倾斜于轴测投影面时称斜轴测图，如图2.1-9中投射方向S_2与投影面P_2倾斜，物体在P_2面上的投影即为斜轴测图。

上述两类轴测图中，由于物体相对于轴测投影面的位置不同，轴向变形系数也不相同，因此每类轴测图可分为三种：

1）$p=q=r$称正等轴测图或斜等轴测图，简称正等测或斜等测。

2）$p=q\neq r$或$p\neq q=r$或$p=r\neq q$称为正二等轴测图或斜二等轴测图，简称正二测或斜二测。

3）$p\neq q\neq r$称为正三轴测图或斜三轴测图，简称正三测或斜三测。

3.8.2　绘制轴测图的基本方法

常用轴测图的类型有：正等测、正二等轴测图、斜二等轴测图三种（表2.1-51）。

轴测图中一般用粗实线画出可见部分，不可见部分一般不画，必要时用细虚线绘制。

与各坐标平面平行的圆（如直径为d）在各种轴测图中分别投影为椭圆（斜二测中正面投影仍为圆），见表2.1-52。

在表示零件内部形状时，可假想用剖切平面将零件的一部分剖去。各种轴测图中剖面线的画法见表2.1-53。

轴测图上尺寸标注的方法见表2.1-54。

表2.1-51　常用轴测图三种类型

正等轴测图	正二等轴测图	斜二等轴测图
立方体　轴测轴的位置 l　l　l Z　120°　30°　X　120°　Y $p=q=r=1$	立方体　轴测轴的位置 l　$l/2$　l Z　≈7°　90°　X　≈41°　Y $p=r=1$ $q=1/2$	立方体　轴测轴的位置 l　$l/2$　l Z　90°　X　45°　Y $p_1=r_1=1$ $q_1=1/2$

表 2.1-52 圆的轴测投影

正等轴测图	正二等轴测图	斜二等轴测图
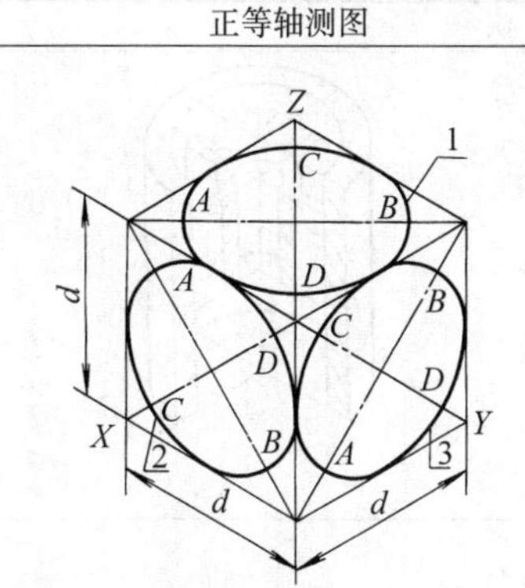		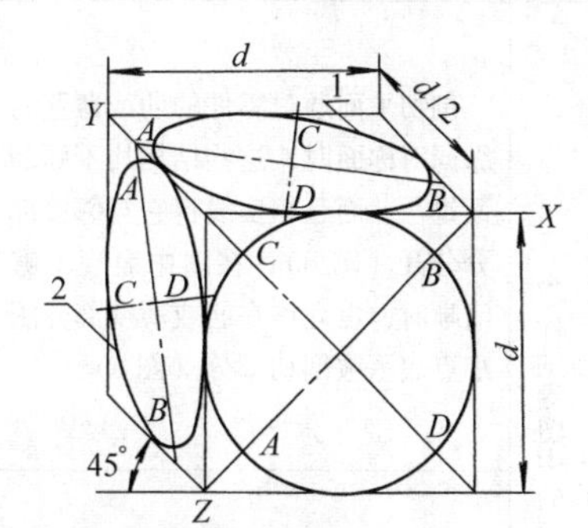
椭圆1的长轴垂直于Z轴 椭圆2的长轴垂直于X轴 椭圆3的长轴垂直于Y轴 长轴：$AB\approx1.22d$ 短轴：$CD\approx0.7d$	椭圆1的长轴垂直于Z轴 椭圆2的长轴垂直于X轴 椭圆3的长轴垂直于Y轴 长轴：$AB\approx1.06d$ 椭圆1、2的短轴：$CD\approx0.35d$ 椭圆3的短轴：$C_1D_1\approx0.94d$	椭圆1的长轴与X轴约成7° 椭圆2的长轴与Z轴约成7° 椭圆1、2长轴： $AB\approx1.06d$ 椭圆1、2短轴：$CD\approx0.33d$

表 2.1-53 轴测图的剖面线画法

类别	规　定	图　例
零件轴测图中的剖面线画法	各种轴测图中的剖面线，应按a、b、c画出	a)
	各种轴测图中的剖面线，应按图a、b、c画出	b)　c)

（续）

类别	规　　定	图　　例
零件轴测图中的剖面线画法	剖切平面通过零件的肋或薄壁的纵向对称面时，这些结构均不画剖面符号，而且粗实线将它与邻接部分分开（图 d）；在图中表现不够清晰时，也允许在肋或薄壁部分用细点表示被剖切部分（图 e）	d)　e)
	表示零件中间折断或局部断裂时，断裂处边界线应画成波浪线，并在可见断裂面内加画细点以代替剖面线（图 f、g）	f)　g)
装配轴测图中的剖面线画法	在装配图中，可用将剖面线画成方向相反或不同的间隔方式来区别相邻的零件（图 h）	h)
	在装配图中，当剖切平面通过轴、销、螺栓等实心零件的轴线时，这些零件按未剖切绘制	

表 2.1-54　轴测图上的尺寸标注

图　　例	规　　定
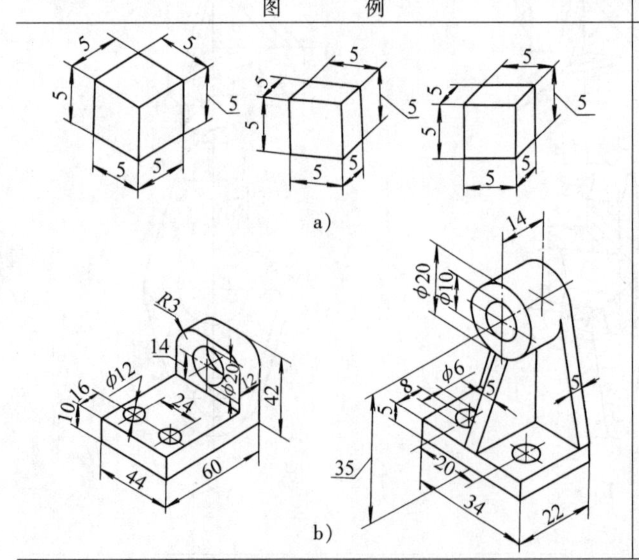a)　b)	轴测图的线性尺寸，一般沿轴测方向标注。尺寸数字为零件的公称尺寸。尺寸数字应按相应的轴测图形标注在尺寸线的上方。尺寸线必须与所标注的线段平行，尺寸界线一般应平行某一轴测轴，当图中出现字头向下时应引出标注，将数字按水平位置注写（图 a、b） 标注圆的直径，尺寸线与尺寸界线应分别平行于圆所在平面内的轴测轴，标注圆弧半径或较小圆直径时，尺寸线可从（或通过）圆心引出标注，但注写数字的横线必须平行于轴测轴（图 b）

（续）

图例	规定
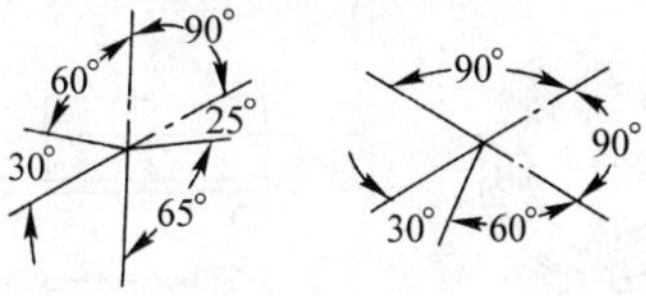 c)	标注角度的尺寸线，应画成该坐标平面相应的椭圆弧，角度数字一般写在尺寸线的中断处，字头向上（图c）

3.9 常见结构（螺纹、花键、中心孔）表示法（GB/T 4459.1—1995、GB/T 4459.3—2000、GB/T 4459.5—1999）

3.9.1 螺纹表示法（GB/T 4459.1—1995）

一般情况下的螺纹画法见表2.1-55。

特殊情况下的螺纹画法见表2.1-56。

表2.1-55 一般情况下的螺纹画法

类别	规定	图例
内、外螺纹画法	螺纹牙顶圆的投影用粗实线表示，牙底圆的投影用细实线表示，在螺杆的倒角或倒圆部分也应画出。在垂直于螺纹轴线的投影面的视图中，表示牙底圆的细实线只画3/4圈（空出的1/4圈的位置不作规定），此时，轴或孔上的倒角投影规定不画（图a） 有效螺纹的终止界线（简称螺纹终止线）用粗实线表示，外螺纹终止线的画法如图a、b。内螺纹终止线的画法如图c 螺纹部分的螺尾一般不必画出，当需要表示螺尾时，该部分用与轴线成30°的细实线画出（图a） 不可见螺纹的所有图线用细虚线绘制（图d） 无论是外螺纹或内螺纹，在剖视或断面图中剖面线都必须画到粗实线处	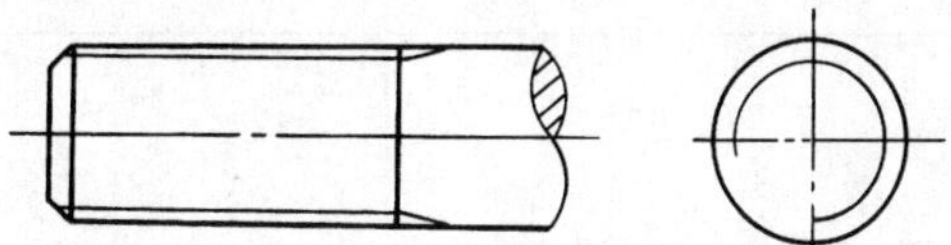 a) 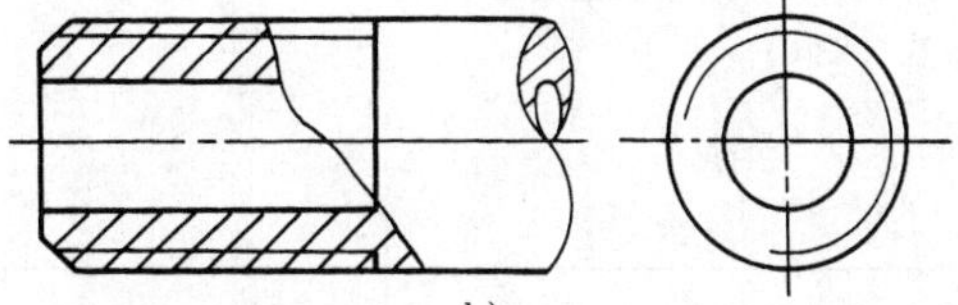 b) 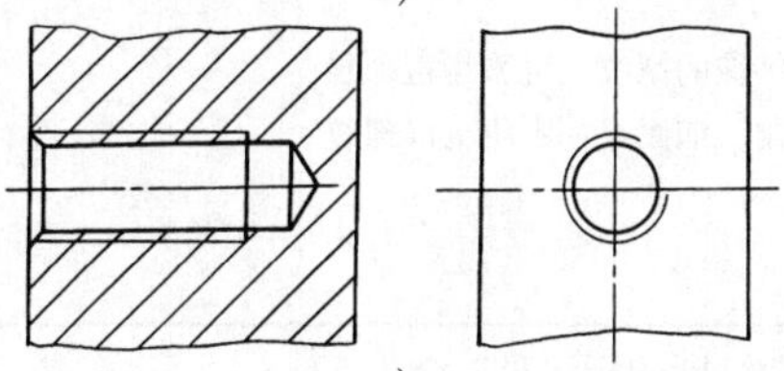 c) 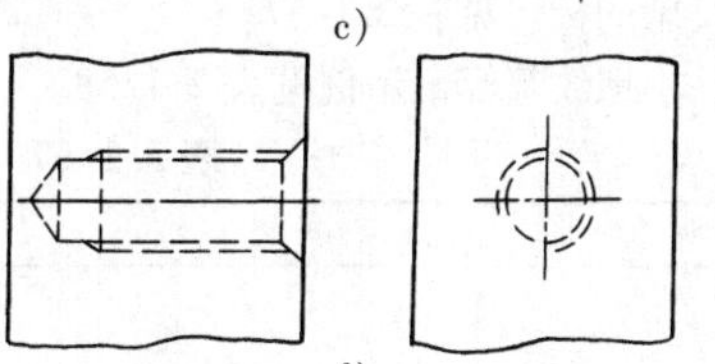 d)
内、外螺纹连接的画法	以剖视表示内、外螺纹的连接时，其旋合部分应按外螺纹的画法绘制，其余部分仍按各自的画法表示（图e）	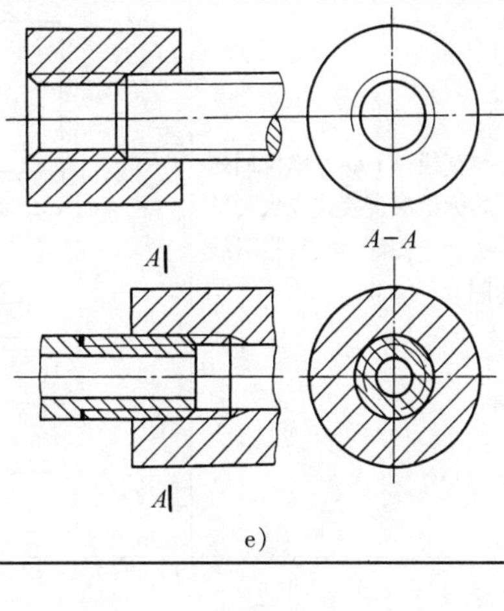 A—A e)

表 2.1-56　特殊情况下的螺纹画法

类别	规　　定	图　　例
不完全的螺孔或螺杆	在平行轴线的投影面的视图中，仍应画出表示螺纹牙底的细实线，如图a夹头的主视图。对于被切除的螺纹在其他视图表示清楚的前提下，被切部分表示牙底的细实线可以不画，如图b螺杆标尺的主视图仅画出下面一根细实线，在俯视图中切平面与螺杆的交线也省略不画 在垂直于轴线的投影面的视图中，表示牙底的细实线圆弧，为区别于其他图线，仍应保留一小段空隙（图a、b、c、d）	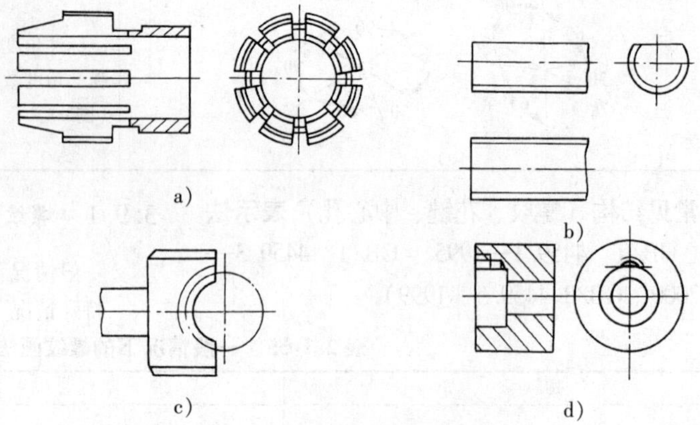 a)　b)　c)　d)
薄壁上的螺纹	薄壁上的螺纹，为了明显地表示内、外螺纹，可采用示意画出牙型的方法（图e）	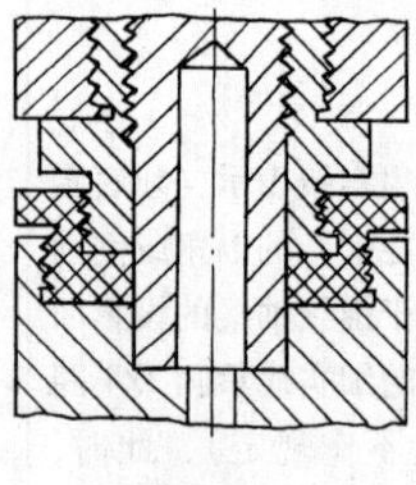 e)
特殊螺纹	结构特殊的螺纹，可采用近似投影法绘制，如图f为某种瓶口螺纹的表示法	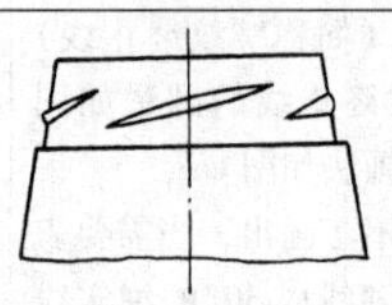 f)

螺纹及螺纹副的标注见表 2.1-57。

普通螺纹、小螺纹等标记示例见表 2.1-58。

管螺纹标记示例见表 2.1-59。

表 2.1-57　螺纹及螺纹副的标注

类别		规　　定	图　　例
螺纹的标注方法	米制螺纹	公称直径以mm为单位的螺纹，其标记应直接注在大径的尺寸线上（图a）或其指引线上（图b、c、d）	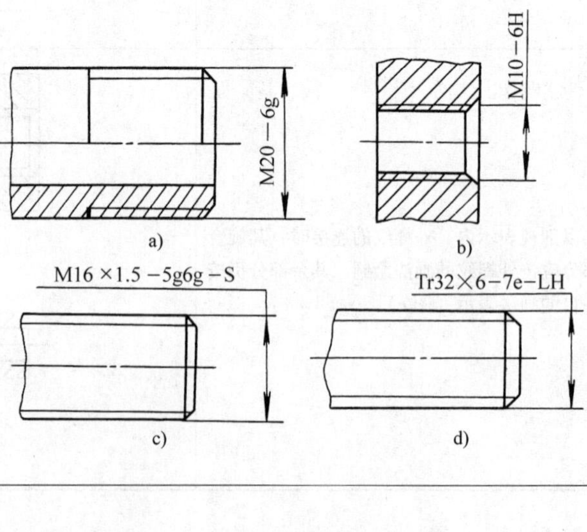 M20－6g a) M10－6H b) M16×1.5－5g6g－S c) Tr32×6－7e－LH d)

（续）

类别		规定	图例
螺纹的标注方法	管螺纹	管螺纹，其标记一律注在指引线上，指引线应由大径处引出（图e、f、g）或由对称中心处引出（图h）	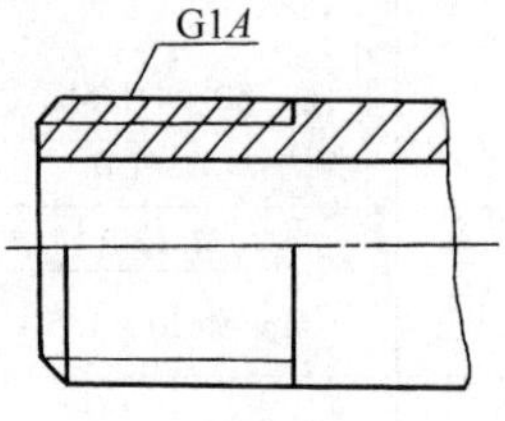 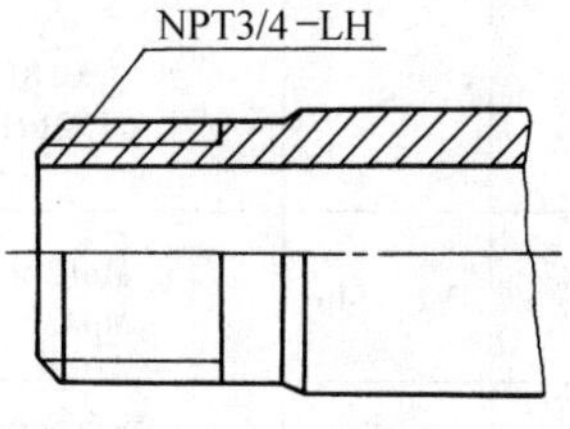 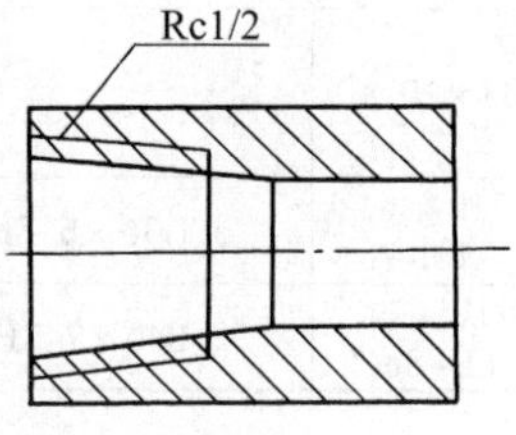 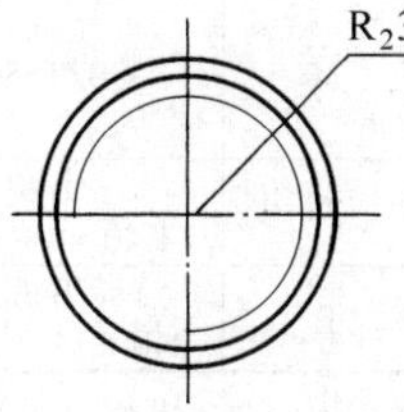 G1A e） NPT3/4-LH f） Rc1/2 g） $R_2$3/4 h）
	米制密封螺纹	米制密封螺纹，其标记一般应注在指引线上，指引线应由大径（图i）或对称中心处引出，也可以直接标注在从基面处画出的尺寸线上（图j）	Mc20×1.5 i） Mc18 7 j）
螺纹副的标注方法		螺纹副标记的标注方法与螺纹标记的标注方法相同 米制螺纹： 其标记应直接标注在大径的尺寸线上或指引线上（图k） 管螺纹： 其标记应采用指引线由配合部分的大径处引出标注（图l） 米制密封螺纹： 其标记一般应采用指引线由配合部分的大径处引出标注，也可直接标注在从基面处画出的尺寸线上（图m）	M14×1.5-6H/6g k） $Rc\frac{3}{8}/R\frac{3}{8}$ l） M10×1-GB1415/ZM10 m）

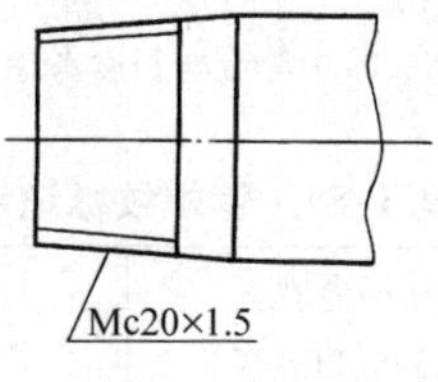

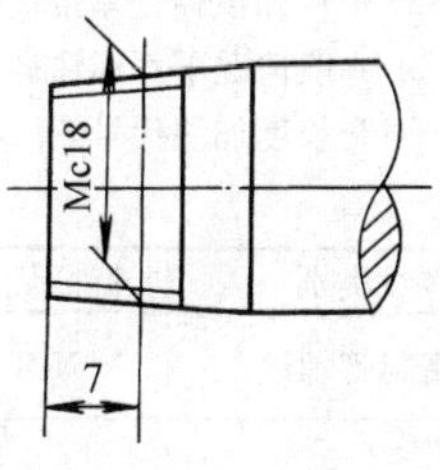

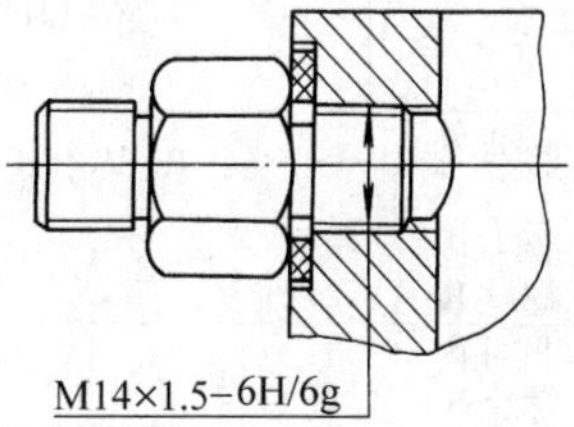

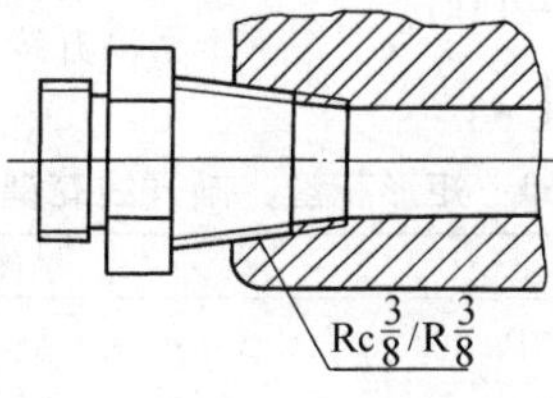

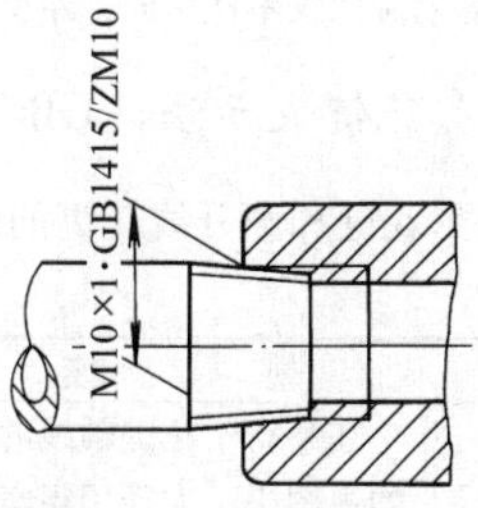

注：图例中标注的螺纹长度，均指不包括螺尾在内的有效螺纹长度，否则应另加说明或按实际需要标注。

表2.1-58 普通螺纹、小螺纹等标记示例

螺纹类别	特征代号	螺纹标记示例	螺纹副标记示例	说明
普通螺纹	M	M10-5g6g-S M20×2-6H-LH M42×Ph3P1.5L-LH	M20×2-6H/6g-LH	普通螺纹粗牙不标注螺距 普通螺纹细牙必须标注螺距 多线普通螺纹螺距和导程都必须注出

（续）

螺纹类别	特征代号	螺纹标记示例	螺纹副标记示例	说　明
小螺纹	S	S0.8H5 S1.2LH5h3	S0.94H/5h3	内螺纹中径公差带为4H，顶径公差等级为5级 外螺纹中径公差带为5h，顶径公差等级为3级
米制密封螺纹	Mc、Mp	Mc12×1-S Mp42×2-S	Mc12×1	“锥/锥”配合螺纹（标准型）
			Mp/Mc20×1.5-S	“柱/锥”配合螺纹（短型）
自攻螺钉用螺纹	ST	GB/T5280 ST3.5		使用时，应先制出螺纹预制孔
自攻锁紧螺钉用螺纹（粗牙普通螺纹）	M	GB/T6559 M5×20		使用时，应先制出螺纹预制孔。标记示例中的20指螺杆长度
梯形螺纹	Tr	Tr40×7-7H Tr40×14（P7）LH-7e	Tr36×6-7H/7e	梯形螺纹螺距或导程都必须注出
锯齿形螺纹	B	B40×7-7H B40×14（P7）LH-8e-L	B40×7-7H/7e	锯齿形螺纹螺距或导程都必须注出

注：1. 右螺纹不注旋向，左螺纹注LH。

2. 中径和顶径公差带代号相同时只标注一次。

3. 一般情况下不标注螺纹旋合长度时，螺纹按中等旋合长度考虑，可不标注代号N，长旋合长度加注代号L，短旋合长度加注代号S。

表2.1-59　管螺纹标记示例

螺纹类别	特征代号	螺纹标记示例	螺纹副标记示例	说　明
60°密封管螺纹	NPT	NPT3/8-LH		该螺纹仅有一种公差，故不注公差带代号
55°非密封管螺纹	G	$G1^{1}/_{2}A$ $G^{1}/_{2}$-LH	$G1^{1}/_{2}/G1^{1}/_{2}A$	外螺纹公差等级分A级和B级两种 内螺纹公差等级只有一种，故不标注公差带代号
55°密封管螺纹	圆锥外螺纹 R_1 或 R_2	$R_1{}^{1}/_{2}$-LH	—	内、外螺纹均只有一种公差带，故不标注公差带代号
	圆锥内螺纹Rc	$Rc\ ^{1}/_{2}$	$Rc/R_1{}^{1}/_{2}$-LH	
	圆柱内螺纹Rp	$Rp\ ^{1}/_{2}$	$Rp/R_1{}^{1}/_{2}$	

注：右旋螺纹不注旋向，左旋螺纹注LH。

3.9.2　花键表示法（GB/T 4459.3—2000）

矩形花键和渐开线花键的画法见表2.1-60。

矩形花键代号标记示例见表2.1-61。

渐开线花键代号标记示例见表2.1-62。

表2.1-60　矩形花键、渐开线花键的画法

类别		规　定	图　例
矩形花键的画法	外花键	在平行于花键轴线的投影面的视图中，大径用粗实线；小径用细实线绘制。并用断面图画出一部分或全部齿形（图a） 花键工作长度的终止端和尾部长度的末端均用细实线绘制，并与轴线垂直，尾部画成斜线，其倾斜角一般与轴线成30°（图a），必要时，可按实际情况画出	a)

（续）

类别		规定	图例
矩形花键的画法	内花键	在平行于花键轴线的投影面的视图中，大径与小径均用粗实线绘制，并用局部视图画出一部分或全部齿形（图b）	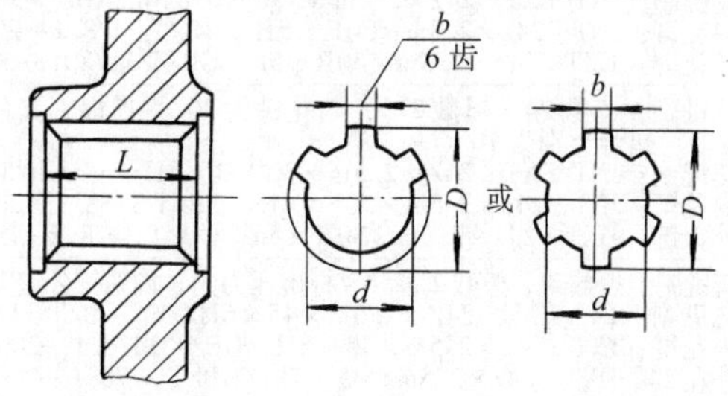 L b 6齿 D d 或 b D d b)
渐开线花键的画法		渐开线花键的画法与矩形花键的画法基本相同，只是需用细点画线表示分度线和分度圆（图c）	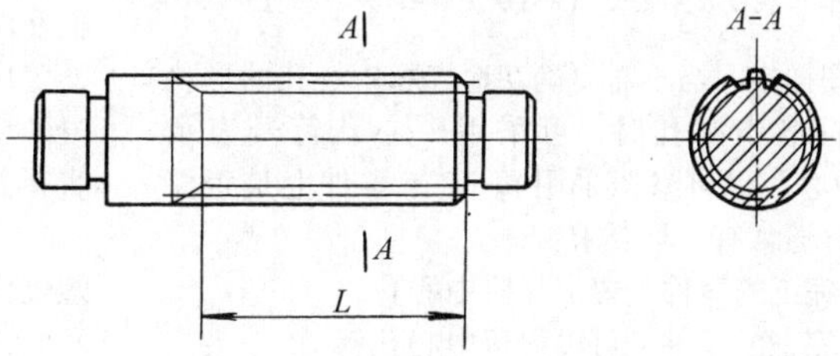 A A L A-A c)
花键连接的画法		花键连接用剖视表示时，其连接部分按外花键的画法表示（图d）	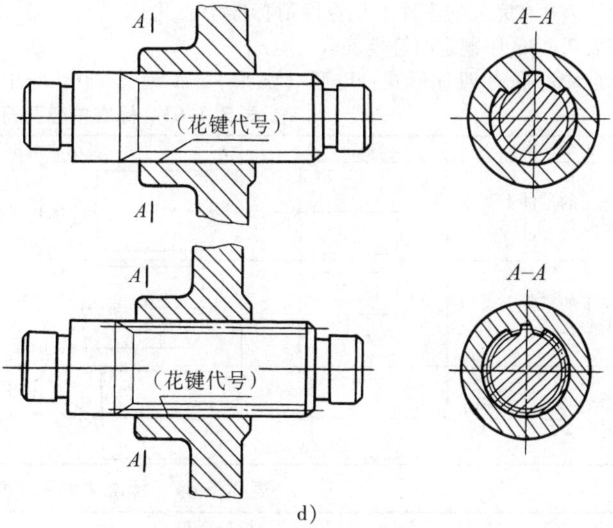 A A （花键代号） A-A A A （花键代号） A-A d)

表 2.1-61 矩形花键代号标记示例

花键规格	N（键数）×d（小径）×D（大径）×B（键宽）　例：6×23×26×6
花键副①	$6\times23\dfrac{H7}{f7}\times26\dfrac{H10}{a11}\times6\dfrac{H11}{d10}$　GB/T 1144—2001
内花键	6×23H7×26H10×6H11　GB/T 1144—2001
外花键	6×23f7×26a11×6d10　GB/T 1144—2001

① H7/f7、H10/a11、H11/d10分别表示小径、大径、键宽的配合类别。

表 2.1-62 渐开线花键代号标记示例

标记符号	内花键	INT	30°平齿根	30P
	外花键	EXT	30°圆齿根	30R
	花键副	INT/EXT	45°圆齿根	45
	齿　数	z（前面加齿数值）	公差等级	4、5、6或7
	模　数	m（前面加模数值）	配合类别	内花键　H 外花键　k、js、h、f、e或d

（续）

示例	
示例	1）花键副，齿数24，模数2.5，30°圆齿根，公差等级5级，配合类别H/h 花键副：INT/EXT　24z×2.5m×30R×5H/5h　GB/T 3478.1—2008 内花键：INT　24z×2.5m×30R×5H　GB/T 3478.1—2008 外花键：EXT　24z×2.5m×30R×5h　GB/T 3478.1—2008
	2）花键副，齿数24，模数2.5，内花键为30°平齿根，其公差等级为6级，外花键为30°圆齿根，其公差等级为5级，配合类别为H/h 花键副：INT/EXT　24Z×2.5m×30P/R×6H/5h　GB/T 3478.1—2008 内花键：INT　24z×2.5m×30P×6H　GB/T 3478.1—2008 外花键：EXT　24z×2.5m×30R×5h　GB/T 3478.1—2008
	3）花键副，齿数24，模数2.5，45°标准压力角，内花键公差等级为6级，外花键公差等级为7级，配合类别为H/h 花键副：INT/EXT　24Z×2.5m×45×6H/7h　GB/T 3478.1—2008 内花键：INT　24z×2.5m×45×6H　GB/T 3478.1—2008 外花键：EXT　24z×2.5m×45×7h　GB/T 3478.1—2008

3.9.3　中心孔表示法（GB/T 4459.5—1999）

机械图样中，当不需要确切地表示中心孔的形状和结构的标准中心孔时，可采用中心孔符号表示（非标准中心孔也可参照采用）。完工零件上是否保留中心孔，通常有三种要求：

1）在完工的零件上要求保留中心孔；

2）在完工的零件上可以保留中心孔；

3）在完工的零件上不允许保留中心孔。

为了表达在完工的零件上是否保留标准中心孔，可采用表2.1-63中规定的符号表示。

标准中心孔有四种形式：R型（弧形）、A型（不带护锥）、B型（带护锥）、C型（带螺纹）。它们在图样中的标记如表2.1-64、表2.1-65所示。

1）R型、A型、B型中心孔标记包括：标准编号，型式（R、A或B），导向孔直径D，锥形孔端面直径D_1。

2）C型中心孔标记包括：标准编号，形式（C），螺纹代号D（用普通螺纹特征代号M和公称直径表示），螺纹长度（用字母L和数值表示），锥面孔端面直径D_1。

3）在不致引起误解时，可省略标记中的标准编号。

四种标准中心孔的标记说明见表2.1-64。

与中心孔有关内容的标注见表2.1-65。

表2.1-63　标准中心孔符号

要　求	符　号	表示法示例	说　明
在完工的零件上要求保留中心孔	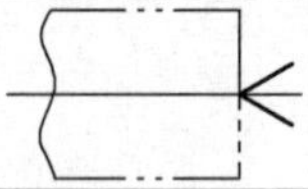	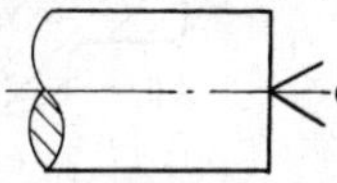 GB/T 4459.5-B3.15/10	采用B型中心孔，D=3.15mm　D_1=10mm 在完工零件上要求保留中心孔
在完工的零件上可以保留中心孔	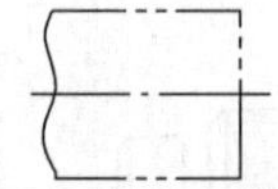	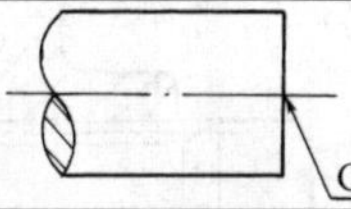 GB/T 4459.5-A4/8.5	采用A型中心孔，D=4mm D_1=8.5mm 在完工零件上是否保留中心孔都可以
在完工的零件上不允许保留中心孔	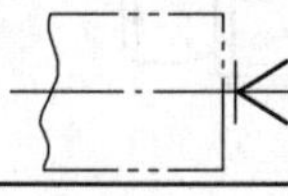	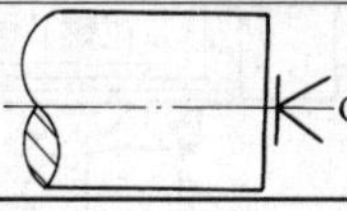 GB/T 4459.5-A1.6/3.35	采用A型中心孔，D=1.6mm D_1=3.35mm 在完工零件上不允许保留中心孔

表2.1-64　标准中心孔的标记

型　式	标记示例	说　明	
R（弧形） 根据GB/T 145—2001选择中心钻	GB/T 4459.5-R3.15/6.7	D=3.15mm D_1=6.7mm	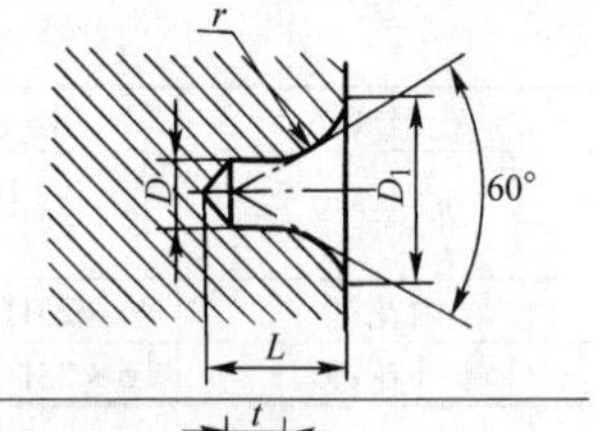 r, D, D_1, 60°, L
A（不带护锥） 根据GB/T 145—2001选择中心钻	GB/T 4459.5-A4/8.5	D=4mm D_1=8.5mm	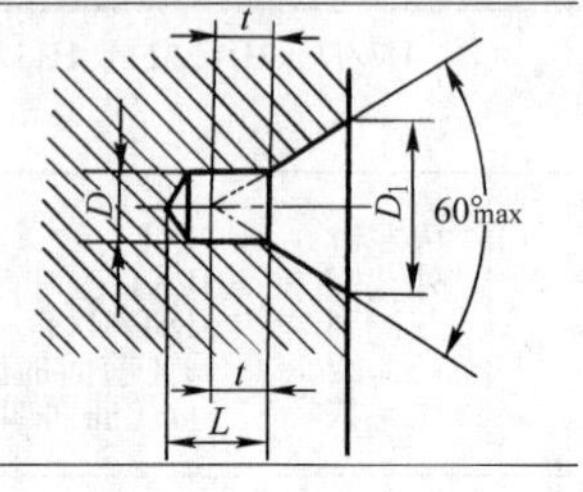 t, D, D_1, $60°_{max}$, t, L

（续）

型式	标记示例	说明
B（带护锥） 根据 GB/T 145—2001 选择中心钻	GB/T 4459.5-B2.5/8	D=2.5mm D_1=8mm
C（带螺纹） 根据 GB/T 145—2001 选择中心钻	GB/T 4459.5-CM10L30/16.3	D=M10 L=30mm D_2=16.3mm

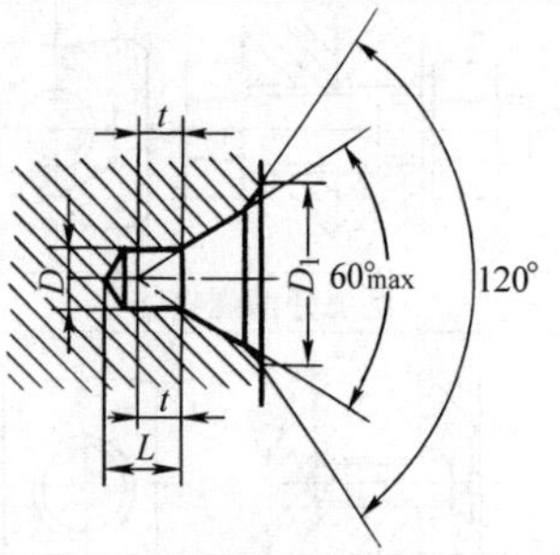

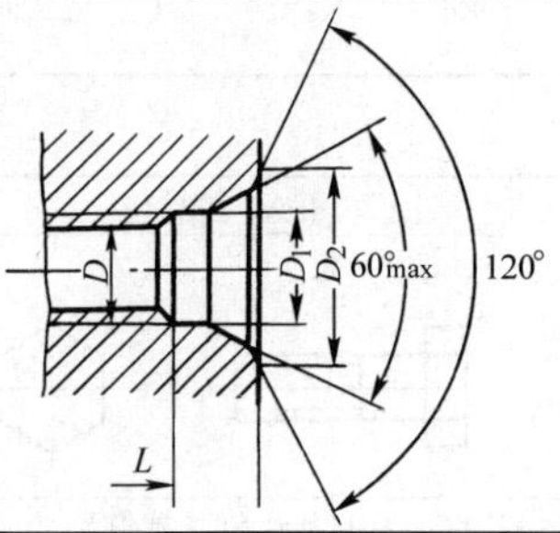

注：1. 尺寸 L 取决于中心钻的长度，不能小于 t。
2. 尺寸 L 取决于零件的功能要求。

表 2.1-65 与中心孔有关内容的标注

类别	规定	图例
轴两端相同中心孔的标注方法	如同一轴的两端中心孔相同，可只在其一端标注，但应指出其数量（图 a）	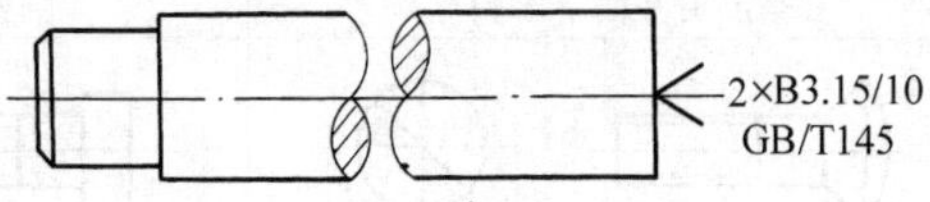 2×B3.15/10 GB/T145 a)
中心孔锥面表面粗糙度的注法	中心孔工作表面的表面粗糙度应在指引线上标出（图 b）	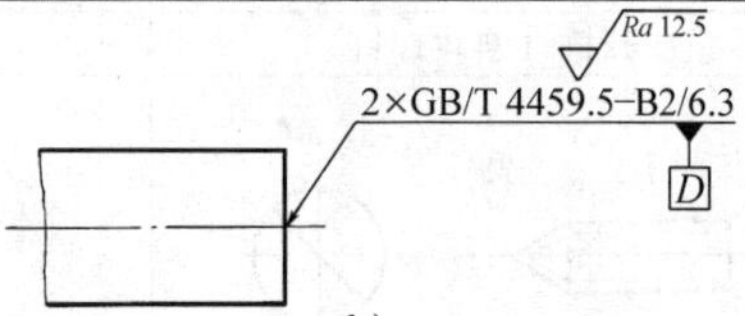 Ra 12.5 2×GB/T 4459.5–B2/6.3 D b)
以中心孔轴线为基准的标注方法	以中心孔轴线为基准时基准代（符）号可按图 b、c 的方法标注 如需指明中心孔的标准代号时，则可标注在中心孔型号的下面	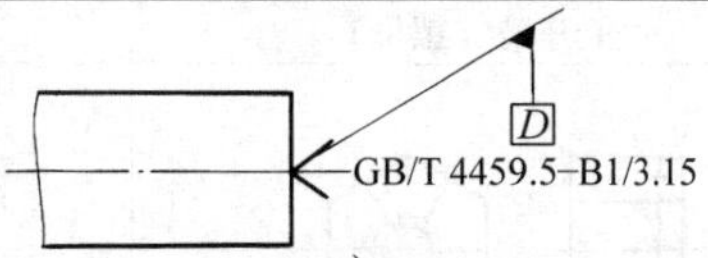 D GB/T 4459.5–B1/3.15 c)

3.10 **常用件**（螺纹紧固件、齿轮、弹簧、滚动轴承、动密封圈）**表示法**（GB/T 4459.1—1995、GB/T 4459.2—2003、GB/T 4459.4—2003、GB/T 4459.7—1998、GB/T 4459.8—2009、GB/T 4459.9—2009）

3.10.1 带螺纹的紧固件的表示法（GB/T 4459.1—1995、GB/T 1237—2000）

1）在装配图中，当剖切平面通过螺杆的轴线时，对于螺柱、螺栓、螺钉、螺母、垫圈等均按未剖切绘制。螺纹紧固件的工艺结构，如倒角、退刀槽、缩颈、凸肩等均可省略不画。

2）在装配图中，不穿通的螺纹孔可不画出钻孔深度，仅按有效螺纹部分的深度（不包括螺尾）画出。

装配图中带螺纹紧固件画法见表 2.1-66。

装配图中螺栓、螺钉头部及螺母的简化画法见表 2.1-67。

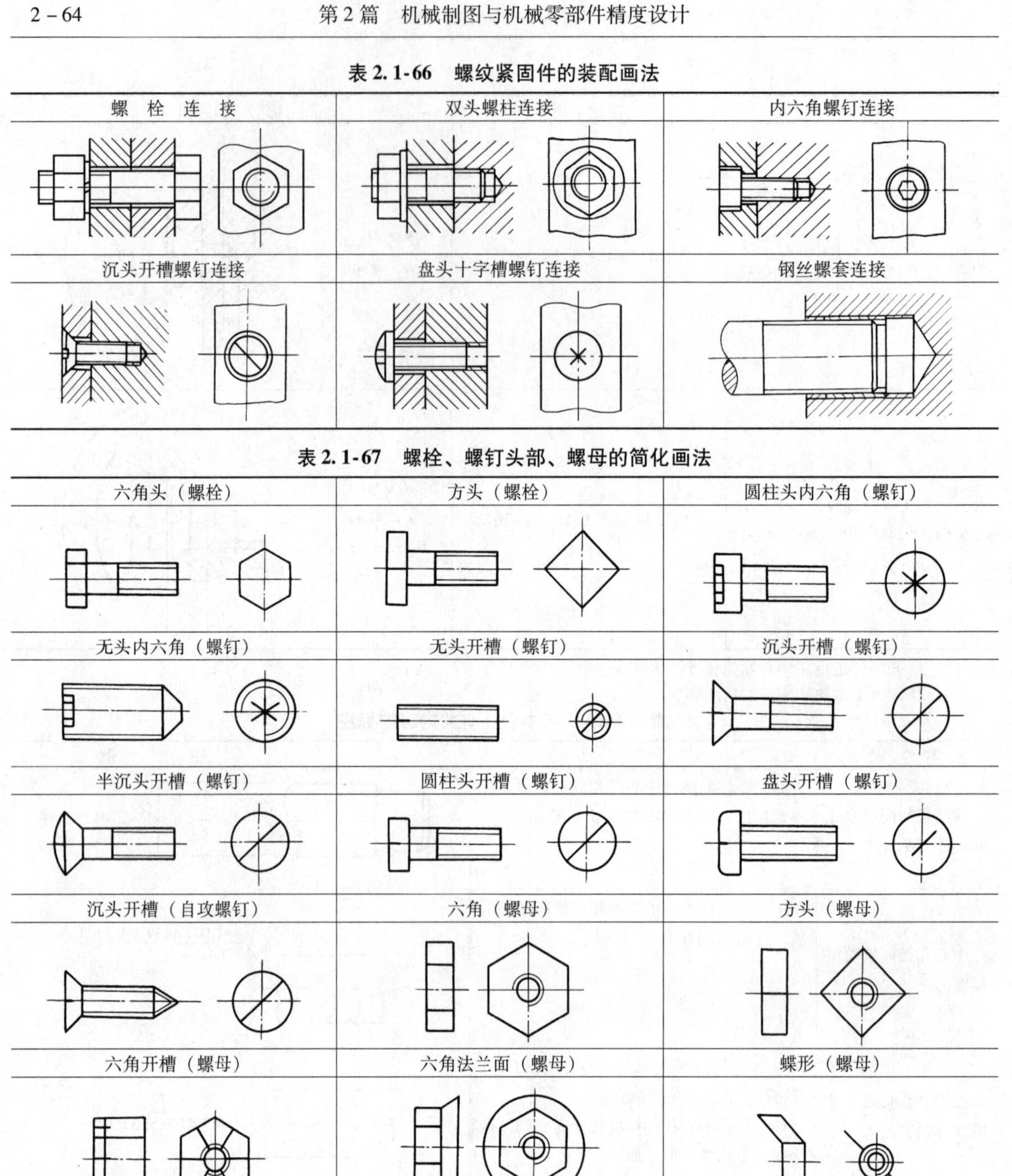

表 2.1-66　螺纹紧固件的装配画法

螺 栓 连 接	双头螺柱连接	内六角螺钉连接
沉头开槽螺钉连接	盘头十字槽螺钉连接	钢丝螺套连接

表 2.1-67　螺栓、螺钉头部、螺母的简化画法

六角头（螺栓）	方头（螺栓）	圆柱头内六角（螺钉）
无头内六角（螺钉）	无头开槽（螺钉）	沉头开槽（螺钉）
半沉头开槽（螺钉）	圆柱头开槽（螺钉）	盘头开槽（螺钉）
沉头开槽（自攻螺钉）	六角（螺母）	方头（螺母）
六角开槽（螺母）	六角法兰面（螺母）	蝶形（螺母）
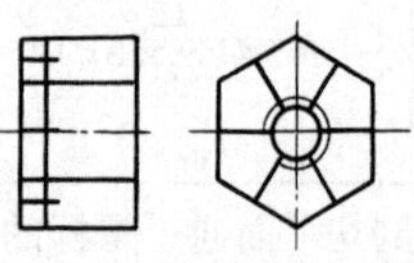		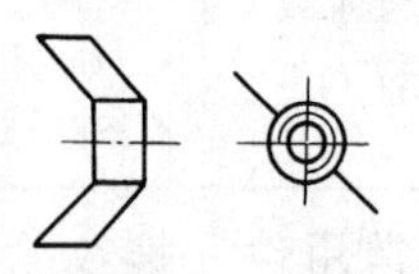
沉头十字槽（螺钉）	半沉头十字槽（螺钉）	盘头十字槽（螺钉）
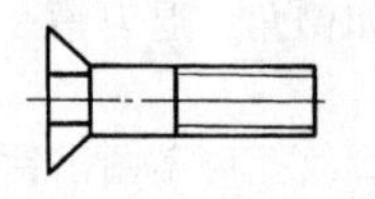 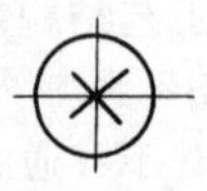	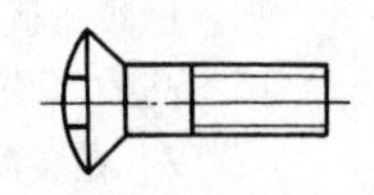 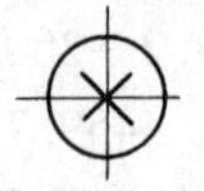	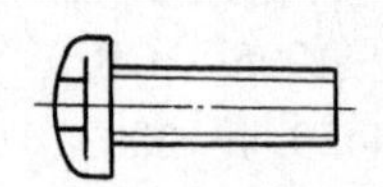 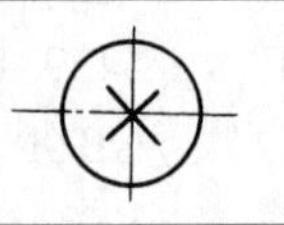
六角法兰面（螺栓）	圆头十字槽（木螺钉）	
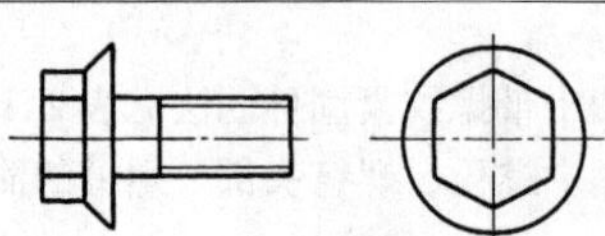	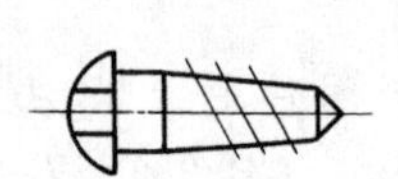 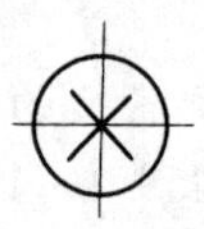	

3.10.2 齿轮表示法（GB/T 4459.2—2003）

（1）齿轮画法

由于齿轮的轮齿部分比较复杂，用通常的正投影法绘制将无法表达清楚。有关齿轮、齿条、蜗杆、蜗轮及链轮的规定画法见表2.1-68。

（2）齿轮、蜗轮、蜗杆啮合画法（表2.1-69）

（3）齿轮工作图格式示例（供参考）

1）圆柱齿轮工作图（图2.1-10） 圆柱齿轮工作图上标注的一般尺寸数据及需用表格列出的数据及参数（参考）见表2.1-70。

2）锥齿轮工作图（图2.1-11） 锥齿轮工作图上标注的一般尺寸数据及需用表格列出的数据及参数（参考）见表2.1-71。

3）蜗杆工作图（图2.1-12） 蜗杆工作图上标注的一般尺寸数据及需用表格列出的数据及参数（参考）见表2.1-72。

4）蜗轮工作图（图2.1-13） 蜗轮工作图上标注的一般尺寸数据及需用表格列出的数据及参数（参考）见表2.1-73。

表2.1-68 齿轮、齿条、蜗杆、蜗轮、链轮画法

规定	1. 齿顶圆和齿顶线用粗实线绘制（图a~图f） 2. 分度圆和分度线用细点画线绘制（图a~图f） 3. 齿根圆和齿根线用细实线绘制，也可省略不画；在剖视图中，齿根线用粗实线处理（图a~图e、图g） 4. 在剖视图中，当剖切平面通过齿轮轴线时，轮齿一律按不剖处理（图a~图e） 5. 如需表明齿形，可在图形中用粗实线画出一个或两个齿形；或用适当比例的局部放大图表示（图e） 6. 当需要表示齿线的特征时，可用三条与齿线方向一致的细实线表示（图f）。直齿则不需要表示 7. 如需要注出齿条的长度时，可在画出齿形的图中注出，并在另一视图中用粗实线画出其范围线（图c）
图例	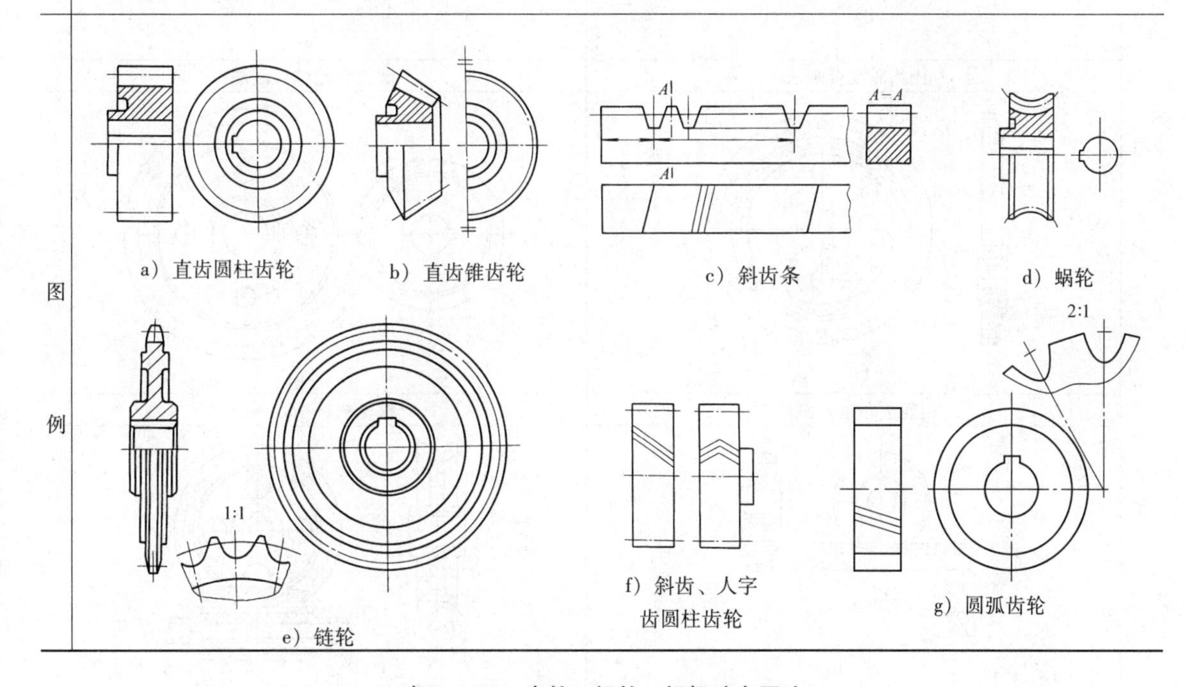 a）直齿圆柱齿轮　b）直齿锥齿轮　c）斜齿条　d）蜗轮 e）链轮　f）斜齿、人字齿圆柱齿轮　g）圆弧齿轮

表2.1-69 齿轮、蜗轮、蜗杆啮合画法

啮合区的规定画法	1. 在垂直于圆柱齿轮轴线的投影面的视图中，啮合区内齿顶圆用粗实线绘制（图a），亦可省略（图b） 2. 在平行于圆柱齿轮、锥齿轮轴线的投影面的视图（图a、图d）中，啮合区的齿顶线不需画出，节线用粗实线绘制，其他处的节线用细点画线绘制（图c），轴线垂直的螺旋齿轮啮合画法如图e 3. 在圆柱齿轮啮合、锥齿轮啮合、齿轮齿条啮合的剖视图（图h）中，当剖切平面通过两啮合齿轮轴线时，在啮合区内，将一个齿轮的轮齿用粗实线绘制，另一个齿轮的轮齿被遮挡的部分用细虚线绘制（图a），也可省略不画 4. 在剖视图中，当剖切平面不通过啮合齿轮轴线时，齿轮一律按不剖绘制 5. 内齿轮啮合、圆弧齿轮啮合、蜗轮蜗杆啮合及弧面蜗杆啮合的剖视图画法分别见图f、图g、图i和图j

（续）

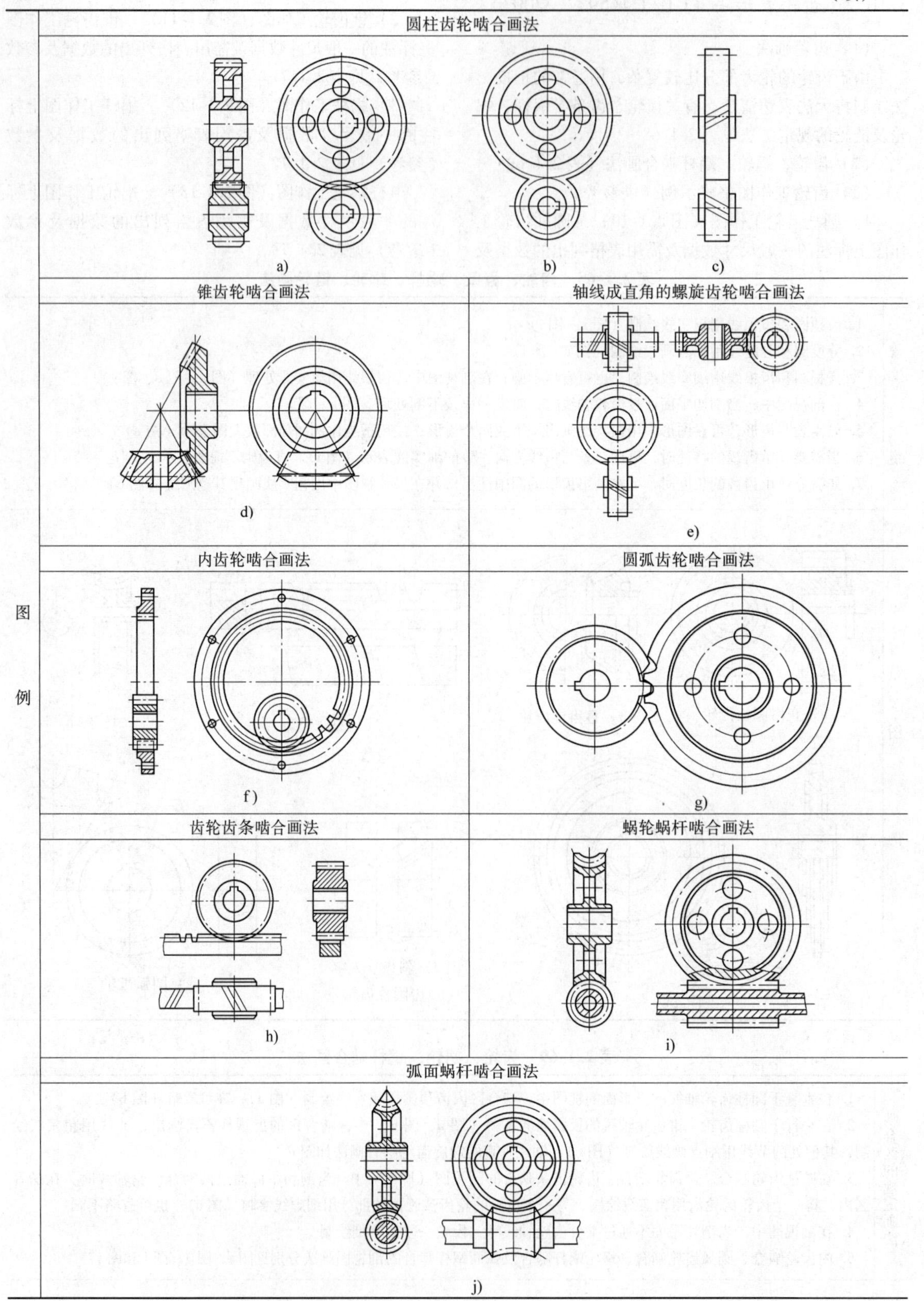

a)　b)　c)　d)　e)　f)　g)　h)　i)　j)

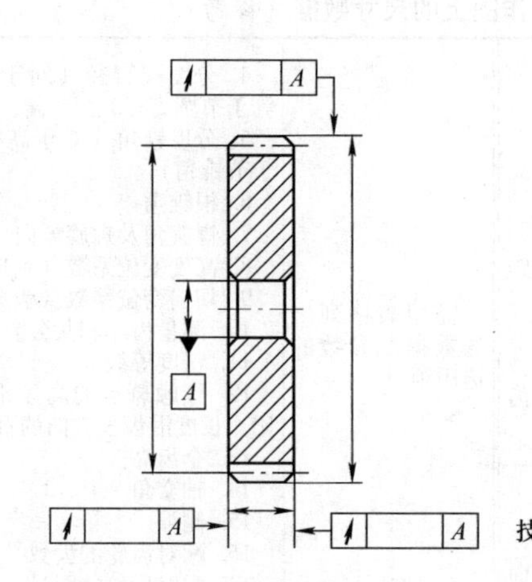

法向模数		m_n	
齿数		z	
齿形角		α	
齿顶高系数		h_a^*	
螺旋角		β	
螺旋方向			
径向变位系数		x	
齿厚			
精度等级			
齿轮副中心距及其极限偏差		$a\pm f_a$	
配对齿轮	图号		
	齿数		
公差组	检验项目代号		公差(或极限偏差)值

技术要求

图 2.1-10　渐开线圆柱齿轮图样格式示例

表 2.1-70　圆柱齿轮工作图上的尺寸数据（参考）

在图样上标出的一般尺寸数据	1. 齿顶圆直径及公差 2. 分度圆直径 3. 齿宽 4. 孔（轴）径及其公差 5. 定位面 6. 齿面表面粗糙度要求	需用表格列出的数据及参数的选用项目	4. 齿顶高系数 5. 螺旋角 6. 螺旋方向 7. 径向变位系数 8. 齿厚 9. 精度等级 10. 齿轮副中心距及其极限偏差 11. 配对齿轮的图号及其齿数 12. 检验项目代号及其公差（或极限偏差值）
需用表格列出的数据及参数的选用项目	1. 模数或法向模数 2. 齿数 3. 基本齿廓（符合标准时，仅注明齿形角或法向齿形角，不符合时应以图样表明其特性）		

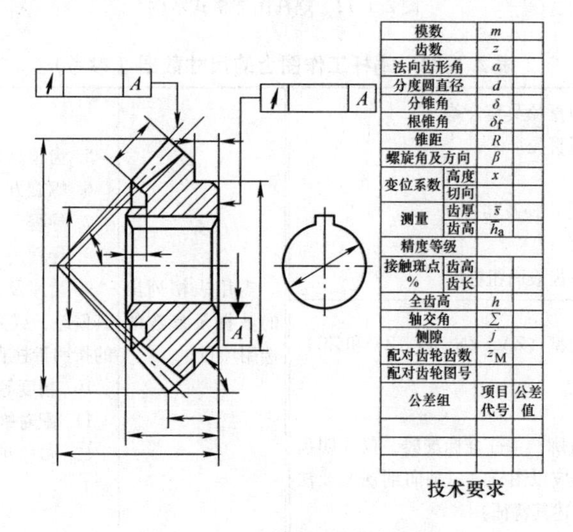

模数		m	
齿数		z	
法向齿形角		α	
分度圆直径		d	
分锥角		δ	
根锥角		δ_f	
锥距		R	
螺旋角及方向		β	
变位系数	高度	x	
	切向		
测量	齿厚	$\bar{s}$	
	齿高	$\bar{h}_a$	
精度等级			
接触斑点 %	齿高		
	齿长		
全齿高		h	
轴交角		Σ	
侧隙		j	
配对齿轮齿数		z_M	
配对齿轮图号			
公差组	项目代号		公差值

技术要求

图 2.1-11　锥齿轮图样格式示例

表2.1-71　锥齿轮工作图上的尺寸数据（参考）

在图样上标注的一般尺寸数据	1. 齿轮圆直径及其公差 2. 齿宽 3. 顶锥角 4. 背锥角 5. 孔（轴）径及其公差 6. 定位面（安装基准面） 7. 从分锥（或节锥）顶点至定位面的距离及公差 8. 从齿尖至定位面的距离 9. 从锥端面至定位面的距离 10. 齿面表面粗糙度（若需要，包括齿根表面及齿根圆处的表面粗糙度）	需用表格列出的数据及参数的选用项目	4. 分度圆直径（对于高度变位锥齿轮、等于节圆直径） 5. 分度锥角（对于高度变位锥齿轮，等于节锥角） 6. 根锥角 7. 螺旋角及螺旋方向 8. 高度变位系数（径向变位系数） 9. 切向变位系数（齿厚变位系数） 10. 测量齿厚和其公差 11. 精度等级 12. 接触斑点的高度沿齿高方向的百分比，长度沿齿长方向的百分比 13. 全齿高 14. 轴交角 15. 侧隙 16. 配对齿轮的齿数 17. 配对齿轮的图号 18. 检验项目代号及其公差值
需用表格列出的数据及参数的选用项目	1. 模数（一般为大端模数） 2. 齿数 3. 基本齿廓（符合标准时，仅注明法向齿形角，不符合时则应以图样表明特性）		

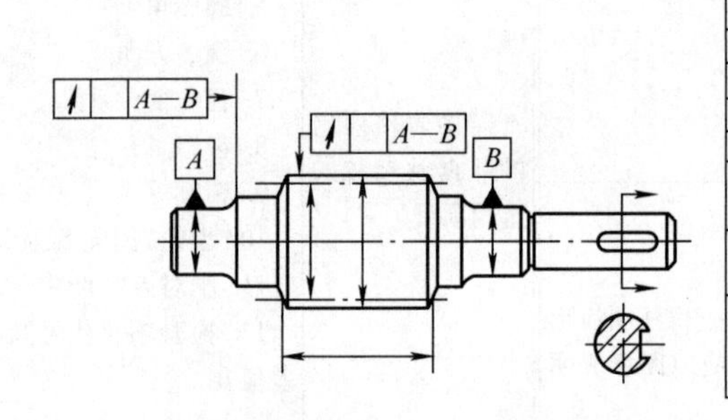

蜗杆类型		
模数	m	
齿数	z_1	
齿形角	α	
齿顶高系数	h_{a1}^*	
导程	P_z	
导程角	γ	
螺旋方向		
法向齿厚	s_1	
精度等级		
配对蜗轮	图号	
	齿数	
公差组	检验项目	公差(或极限偏差)值

技术要求

图2.1-12　蜗杆图样格式示例

表2.1-72　蜗杆工作图上的尺寸数据（参考）

在图样上标注的一般尺寸数据	1. 齿顶圆直径及其公差 2. 分度圆直径 3. 齿宽 4. 轴（孔）径及其公差 5. 定位面 6. 蜗杆轮齿表面粗糙度	需用表格列出的数据及参数的选用项目	5. 齿顶高系数 6. 螺旋方向（左旋或右旋） 7. 导程 8. 导程角 9. 齿厚及其上下偏差（或量柱测量距及其偏差，或测量的弦齿厚及其偏差，相应的指明量柱直径或测量弦齿高） 10. 精度等级 11. 配对蜗轮的图号及齿数 12. 检验项目代号及其公差（或极限偏差）
需用表格列出的数据及参数的选用项目	1. 蜗杆类型（ZA、ZN、ZI、ZK和ZC） 2. 模数 3. 齿数 4. 基本齿廓①（符合标准时，仅注明齿形角，否则应以图样——轴向剖视图或法向剖视图详述其特征）		

① 对不同的蜗杆类型，应分别注明法向齿形角或轴向齿形角、刀具角。

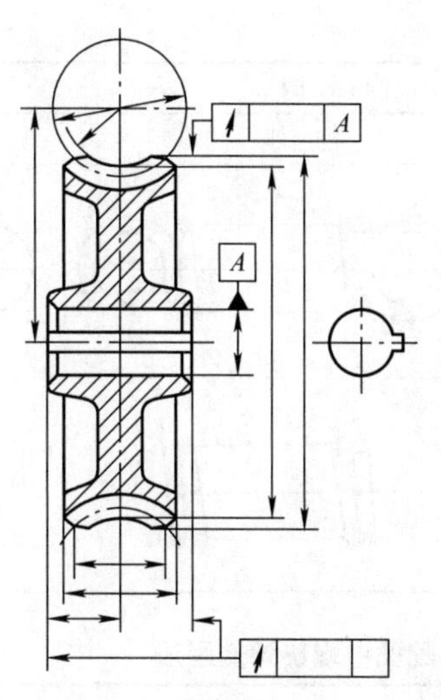

模数	m	
齿数	z_2	
分度圆直径	d_2	
齿顶高系数	h_{a2}^*	
变位系数	x_2	
分度圆齿厚	s_2	
精度等级		
配对蜗杆	图号	
	齿数	
公差组	检验项目	公差(或极限偏差)值

技术要求

图2.1-13　蜗轮图样格式示例

表2.1-73　蜗轮工作图上的尺寸数据（参考）

在图样上标注的一般尺寸数据	1. 蜗轮顶圆直径及其公差 2. 蜗轮喉圆直径及其公差 3. 咽喉母圆半径 4. 蜗轮宽度 5. 孔（轴）径及其公差 6. 定位面 7. 蜗轮中间平面与定位面的距离及公差 8. 蜗轮轮齿表面粗糙度 9. 咽喉母圆中心到蜗轮轴线距离 10. 配对蜗杆分度圆直径	需用表格列出的数据及参数的选用项目	1. 模数 2. 齿数 3. 分度圆直径 4. 变位系数 5. 齿顶高系数 6. 分度圆齿厚及其上、下偏差①（或双啮合中心距及其偏差，或测量的弦齿厚及其偏差，相应地注明测量弦高） 7. 精度等级 8. 配对蜗杆的图号及齿数 9. 检验项目的代号及公差（或极限偏差）

① 该项数据仅用于有互换性的传动要求，对非互换的传动要求，不必给出该项数据，但需绘出侧隙值。

3.10.3　弹簧表示法（GB/T 4459.4—2003）

弹簧是一种常用于减振、夹紧、储存能量、测力的零件，按其结构形状可分为螺旋弹簧、碟形弹簧、涡卷弹簧、板弹簧等。

（1）螺旋弹簧画法（表2.1-74、表2.1-75）

（2）碟形弹簧、涡卷弹簧、板弹簧的画法（见表2.1-76～表2.1-78）

表2.1-74　螺旋弹簧画法

规　定
1. 在平行于螺旋弹簧轴线的投影面的视图中，其各圈的轮廓线应画成直线 2. 螺旋弹簧均可画成右旋，但左旋弹簧不论画成左旋或右旋，一律标注“左”字 3. 螺旋压缩弹簧，如要求两端并紧且磨平时，不论支承圈的圈数多少和末端贴紧情况如何，均按本表下列的形式绘制，必要时也可按支承圈的实际结构绘制 4. 有效圈数在四圈以上的螺旋弹簧中间部分可以省略。圆柱螺旋弹簧中间部分省略后，允许适当缩短图形的长度

类型	图例		
	视图	剖视图	示意图
圆柱螺旋压缩弹簧	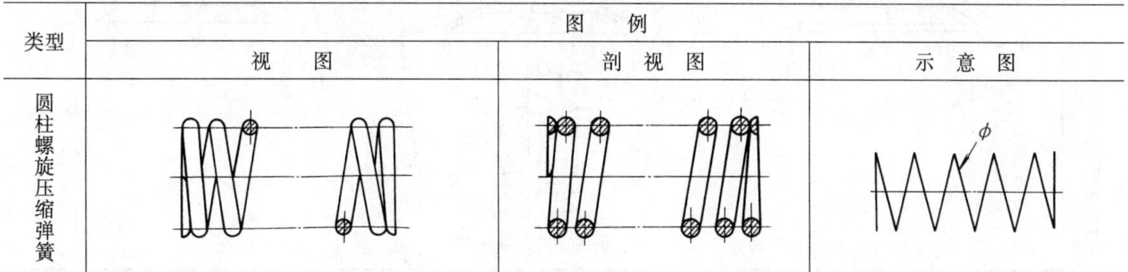		

（续）

类型	图例		
	视图	剖视图	示意图
圆柱螺旋拉伸弹簧	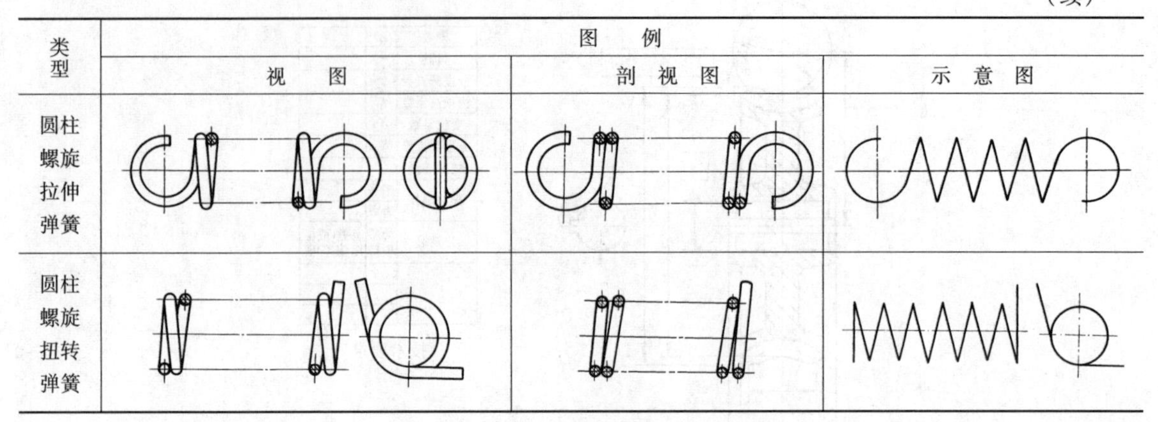		
圆柱螺旋扭转弹簧			

表 2.1-75　装配图中螺旋弹簧画法

规定	1. 被弹簧挡住的结构一般不画出，可见部分应从弹簧的外轮廓线或从弹簧钢丝剖面的中心线画起（图 a） 2. 型材直径或厚度在图形上等于或小于2mm 的螺旋弹簧、碟形弹簧、片弹簧允许用示意图绘制（图 b），当弹簧被剖切时，剖面直径或厚度在图形上等于或小于2mm 时也可用涂黑表示（图 c）
图例	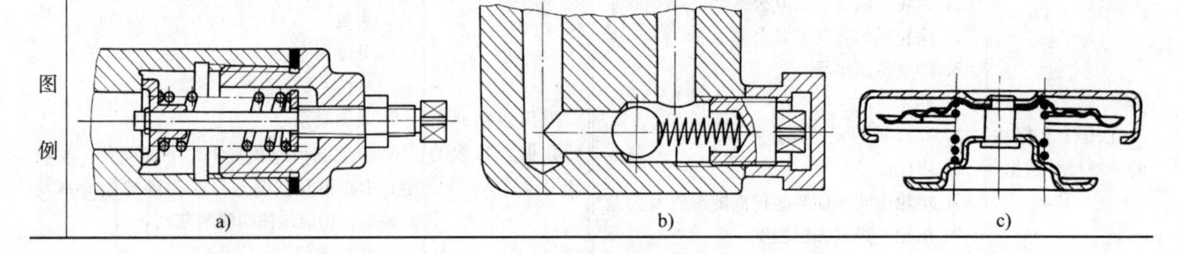 a)　b)　c)

表 2.1-76　碟形弹簧画法

类型	视图	剖视图	示意图
零件图中碟形弹簧画法	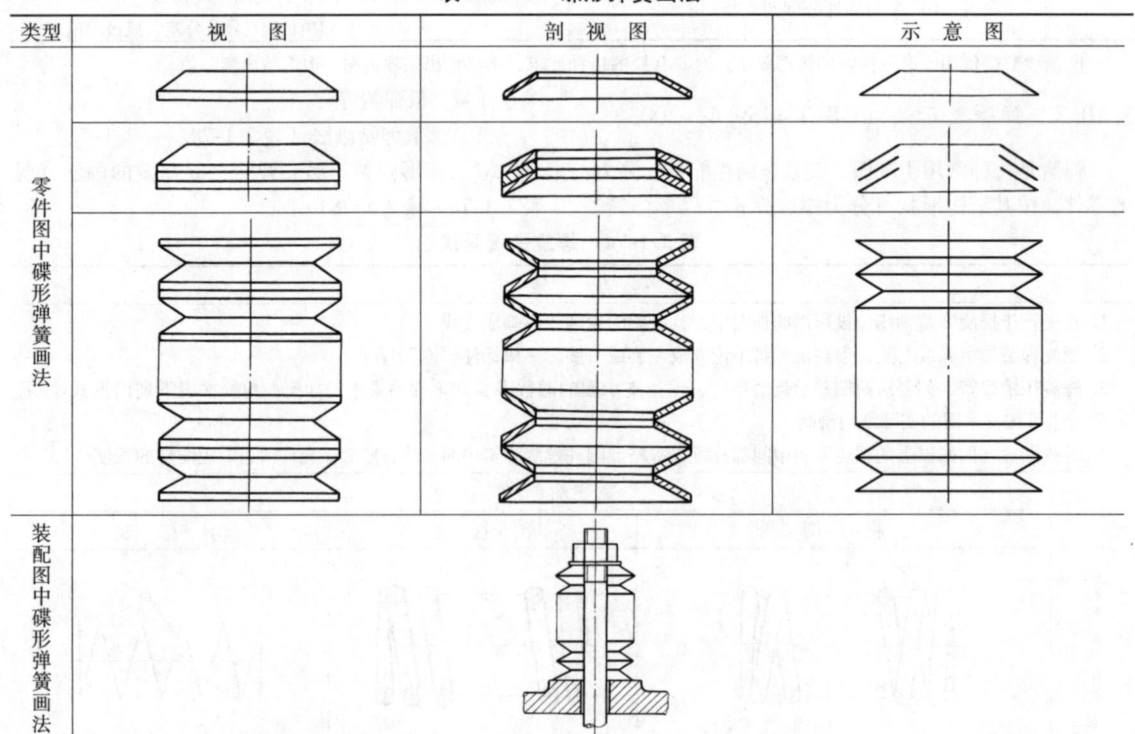		
装配图中碟形弹簧画法			

表 2.1-77 平面涡卷弹簧画法

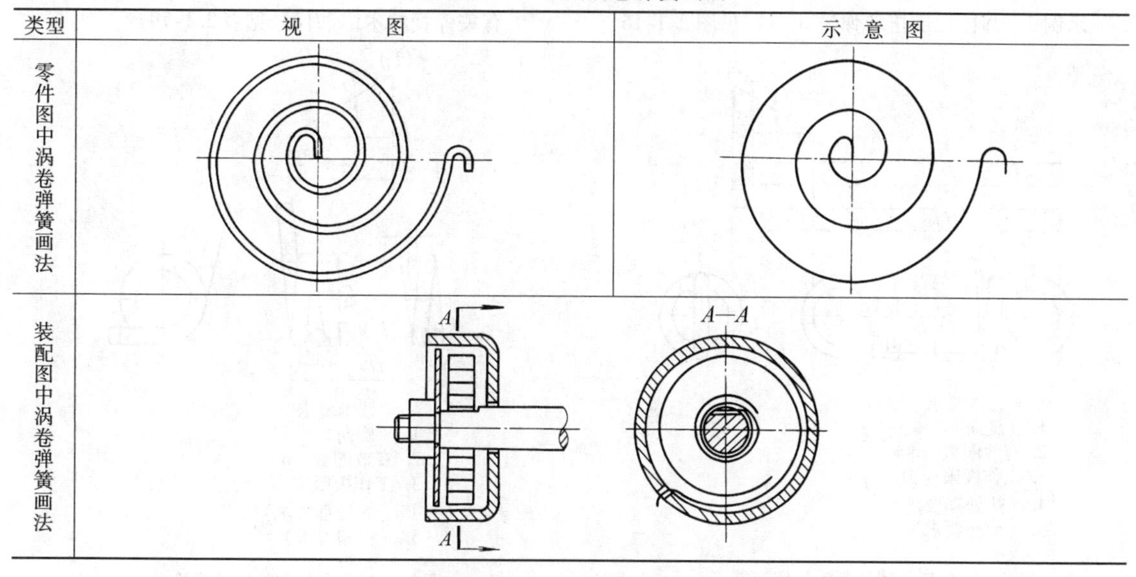

表 2.1-78 板弹簧画法

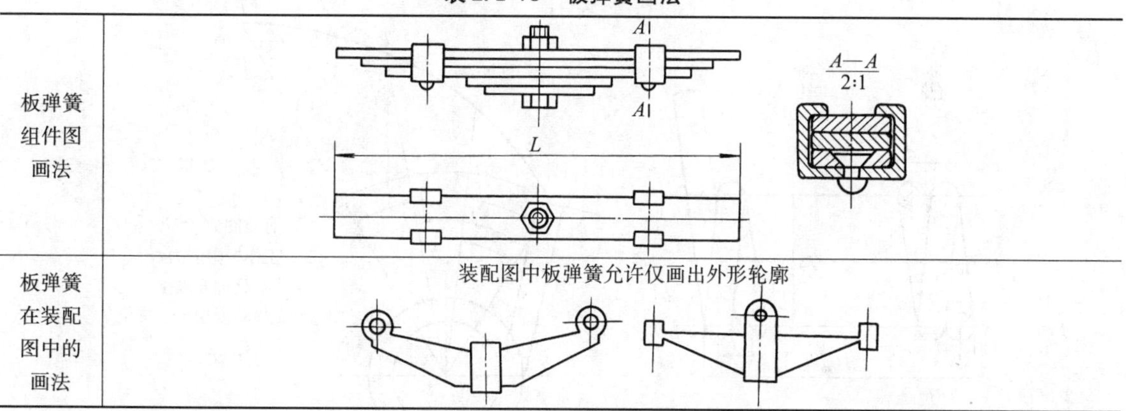

(3) 弹簧图样格式示例

1) 弹簧的参数应直接标注在图形上，当直接标注有困难时可在“技术要求”中说明。

2) 一般采用图解方式表示弹簧力学性能。圆柱螺旋压缩（拉伸）弹簧的力学性能曲线均画直线，标注在主视图上方。圆柱螺旋扭转弹簧的力学性能曲线一般画在左视图上方，也允许画在主视图上方，性能曲线画成直线。力学性能曲线（或用直线形式）用粗实线绘制。

3) 当某些弹簧只需给定刚度要求时，允许不画力学性能曲线，而在技术要求中说明刚度要求。

示例1 圆柱螺旋压缩弹簧见图 2.1-14

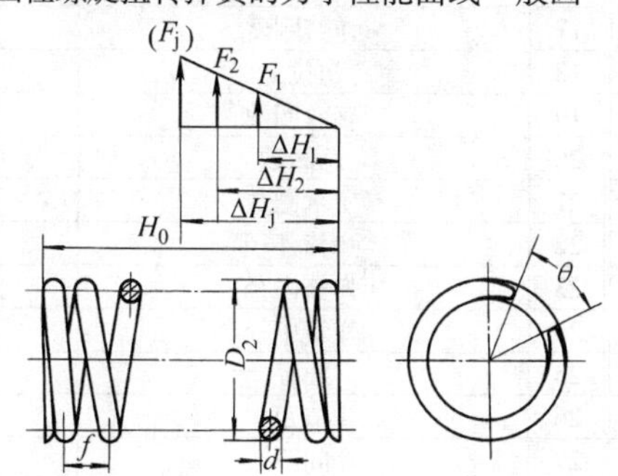

技术要求

1. （旋向）
2. 有效圈数 $n=$
3. 总圈数 $n_1=$
4. 工作极限应力 $\tau_j=$
5. （热处理要求）
6. （检验要求）

……

图 2.1-14 圆柱螺旋压缩弹簧

示例2　圆柱螺旋拉伸弹簧见图2.1-15

示例3　圆柱螺旋扭转弹簧（一）见图2.1-16

示例4　圆柱螺旋扭转弹簧（二）见图2.1-17

有关弹簧的术语和代号见表2.1-79

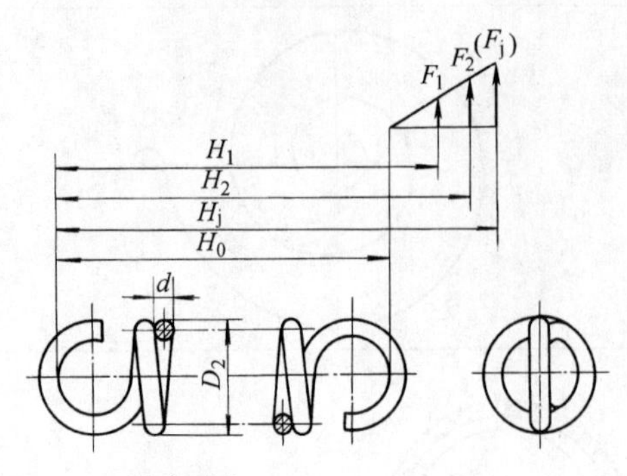

技术要求
1.（旋向）
2. 有效圈数　$n=$
3. 工作极限应力　$\tau_j=$
4.（热处理要求）
5.（检验要求）
……

图2.1-15　圆柱螺旋拉伸弹簧

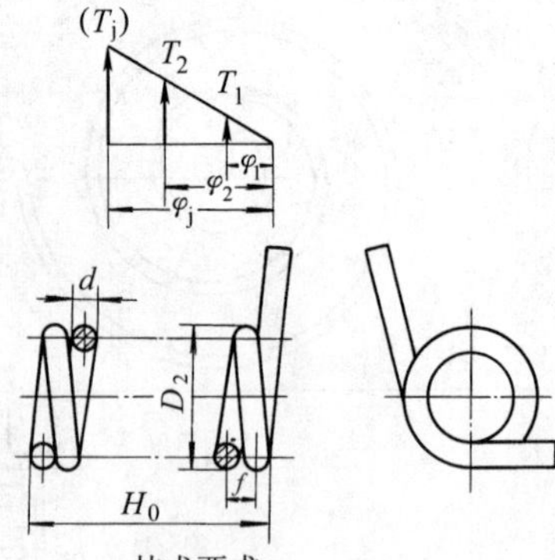

技术要求
1.（旋向）
2. 有效圈数　$n=$
3. 工作极限应力　$\tau_j=$
4.（热处理要求）
5.（检验要求）
……

图2.1-16　圆柱螺旋扭转弹簧（一）

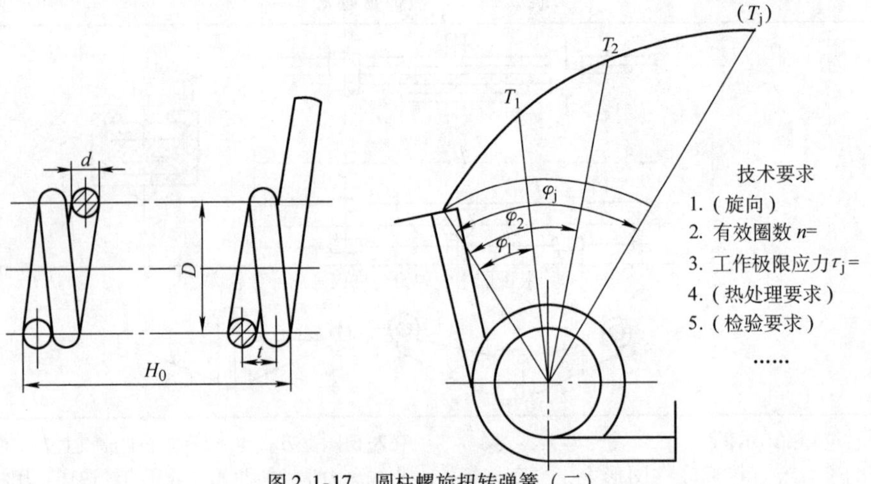

图2.1-17　圆柱螺旋扭转弹簧（二）

表2.1-79　弹簧的术语和代号

序号	术　语	代　号	序号	术　语	代　号
1	工作负荷	$F_{1、2、3、\cdots、n}$ $T_{1、2、3、\cdots、n}$	15 16	极限扭转角 试验扭转角	φ_j φ_s
2	极限负荷	F_j，T_j	17	弹簧刚度	F'、T'
3	试验负荷	F_s	18	初拉力	F_0
4	压并负荷	F_b	19	有效圈数	n
5	压并应力	τ_b	20	总圈数	n_1
6	变形量（挠度）	$f_{1、2、3、\cdots、n}$	21	支承圈数	N_z
7	极限负荷下变形量	f_j	22	弹簧外径	D_2
8	自由高度（长度）	H_0	23	弹簧内径	D_1
9	自由角度（长度）	φ_0	24	弹簧中径	D
10	工作高度（长度）	$H_{1、2、3、\cdots、n}$	25	线径	d
11	极限高度（长度）	H_j	26	节距	t
12	试验负荷下的高度（长度）	H_s	27	间距	δ
13	压并高度	H_b	28	旋向	
14	工作扭转角	$\varphi_{1、2、3、\cdots、n}$			

3.10.4 滚动轴承表示法（GB/T 4459.7—1998）

滚动轴承是机械设备中轴的主要支承件。通常按其所能承受的负荷方向或公称接触角、滚动件的种类综合分为：深沟球轴承、圆柱滚子轴承、滚针轴承、调心球轴承、角接触球轴承、调心滚子轴承、圆锥滚子轴承、推力角接触球轴承、推力调心滚子轴承、推力圆锥滚子轴承、推力球轴承、推力圆柱滚子轴承、推力滚针轴承和组合轴承。

在装配图中不需要确切表示标准的滚动轴承的形状、结构时可采用规定的通用画法、特征画法和规定画法。非标准滚动轴承也可参照采用。

（1）基本规定

1）图线 按本标准表示滚动轴承时，通用画法、特征画法及规定画法中的各种符号、矩形线框和轮廓线均用粗实线绘制。

2）尺寸及比例 绘制滚动轴承时，其矩形线框或外形轮廓的大小应与滚动轴承的外形尺寸一致，并与所属图样采用同一比例。通用画法的尺寸比例见表2.1-86；特征画法及规定画法的尺寸比例见表2.1-87。

3）剖面符号

① 在剖视图中，用简化画法绘制滚动轴承时，一般不画剖面符号（剖面线）。

② 采用规定画法绘制滚动轴承的剖视图时，轴承的滚动体不画剖面线，其各套圈等可画成方向和间隔相同的剖面线（图2.1-18）。在不致引起误解时也允许省略不画（图2.1-19）。

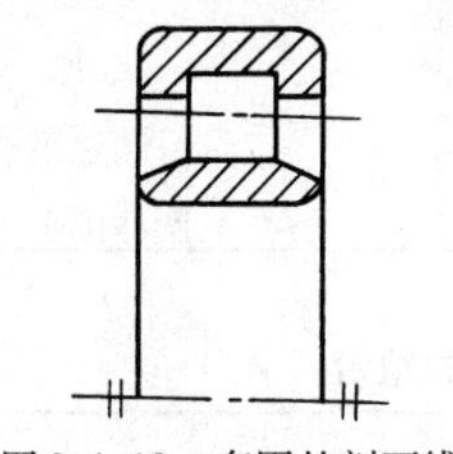

图2.1-18 套圈的剖面线

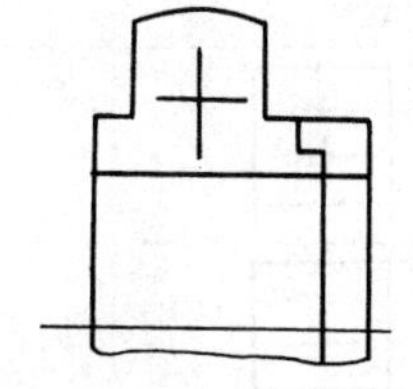

图2.1-19 省略剖面线

③ 若轴承带有其他零件或附件（偏心套、紧定套、挡圈等）时，其剖面线应与套圈的剖面线呈不同方向或不同间隔（图2.1-20）。在不致引起误解时，也允许省略不画（图2.1-21）。

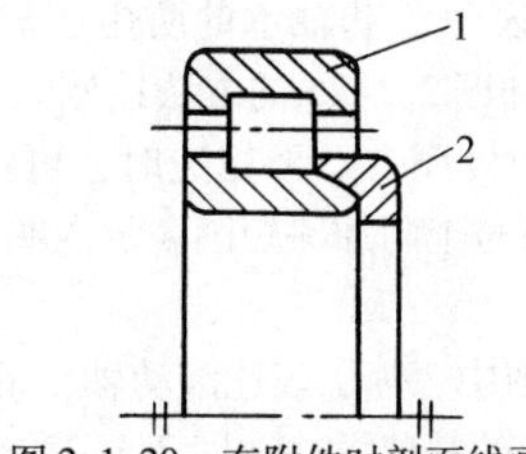

图2.1-20 有附件时剖面线画法
1—圆柱滚子轴承（GB/T 283）
2—斜挡圈（JB/T 7917）

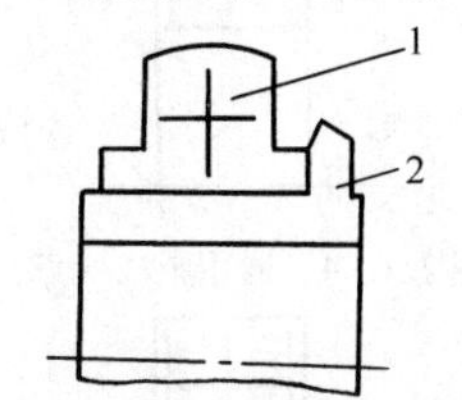

图2.1-21 有附件时剖面线省略画法
1—外球面球轴承 2—紧定套（JB/T 7919.2）

（2）简化画法

用简化画法绘制滚动轴承时，应采用通用画法或特征画法，但在同一图样中一般只采用一种画法。

1）通用画法

① 在剖视图中，当不需要确切地表示滚动轴承的外形轮廓、载荷特性、结构特征时，可用矩形线框及位于线框中央正立的十字形符号表示（图2.1-22）。十字符号不应与矩形图线接触。通用画法应绘制在轴的两侧（图2.1-23）。

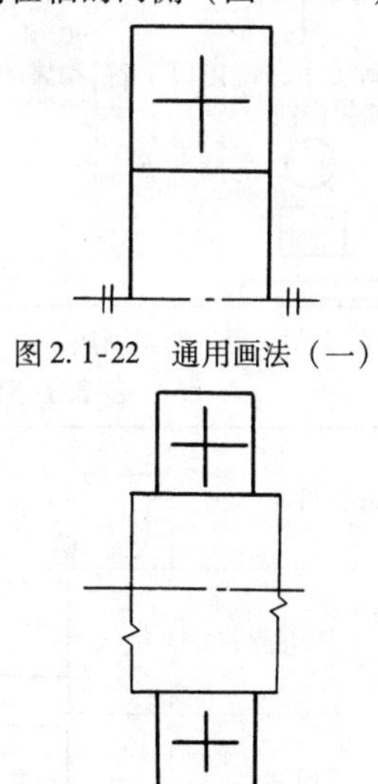

图2.1-22 通用画法（一）

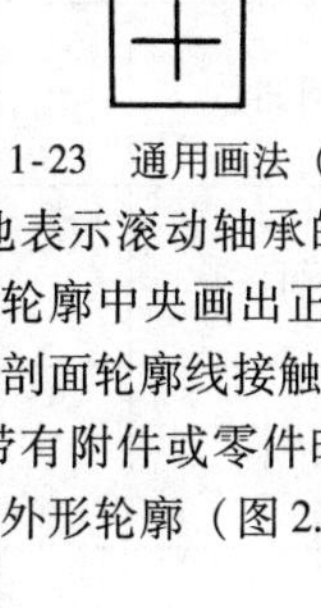

图2.1-23 通用画法（二）

② 如需确切地表示滚动轴承的外形，则应画出其剖面轮廓，并在轮廓中央画出正立的十字形符号。十字形符号不应与剖面轮廓线接触（图2.1-19）。

③ 滚动轴承带有附件或零件时，则这些附件或零件也可只画出其外形轮廓（图2.1-21）。

④ 当需要表示滚动轴承的防尘盖和密封圈时，可按图2.1-24和图2.1-25的方法绘制。当需要表示滚动轴承内圈和外圈有、无挡边时，可按图2.1-26的方法在十字符号上附加一短画表示内圈或外圈无挡边的方向。

⑤ 在装配图中，为了表达滚动轴承的安装方法，可画出滚动轴承的某些零件（图2.1-27）。

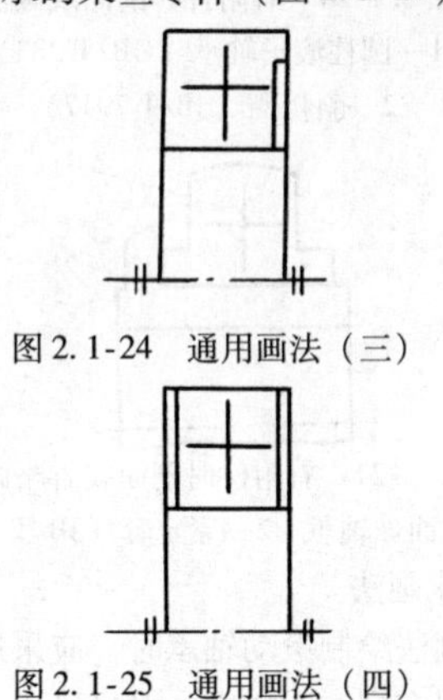

图2.1-24　通用画法（三）

图2.1-25　通用画法（四）

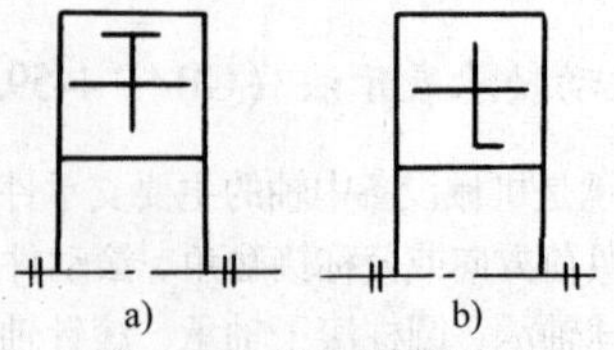

图2.1-26　通用画法（五）

a）外圈无挡边　b）内圈有单挡边

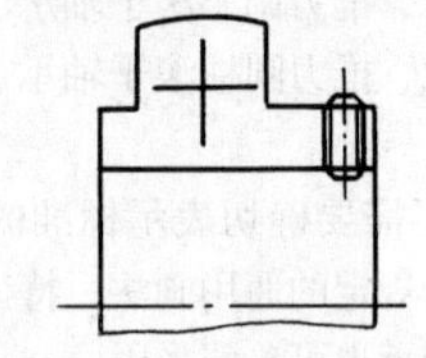

图2.1-27　通用画法（六）

2）特征画法

① 在剖视图中，如需较形象地表示滚动轴承的结构特征时，可采用矩形线框内画出其结构要素符号（表2.1-80）的方法表示；滚动轴承结构和载荷特性的要素符号组合见表2.1-81；滚动轴承的特征画法及其应用见表2.1-82～表2.1-85。特征画法应绘制在轴的两侧。

表2.1-80　滚动轴承特征画法中结构要素符号

序号	要素符号	说　　明	应　　用
1	 ①	长的粗实线	表示不可调心轴承的滚动体的滚动轴线
2	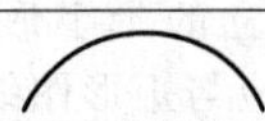 ①	长的粗圆弧线	表示可调心轴承的调心表面或滚动体滚动轴线的包络线
3	在规定画法中，可用以下符号代替短的粗画线 	短的粗实线与序号1、2的要素符号相交成90°角（或相交于法线方向），并通过每个滚动体的中心 圆 宽矩形 长矩形	表示滚动体的列数和位置 球 圆柱滚子 长圆柱滚子、滚针

① 根据轴承的类型，可以倾斜画法。

表2.1-81　滚动轴承特征画法中要素符号的组合

轴承承载特性		轴承结构特征			
		两个套圈		三个套圈	
		单　列	双　列	单　列	双　列
径向承载	不可调心	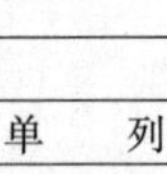	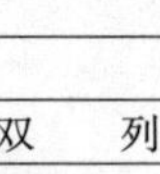	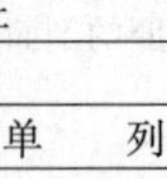	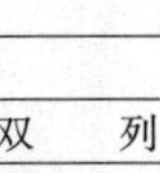
	可调心	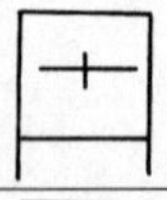	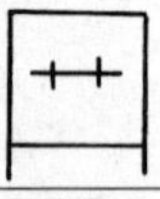	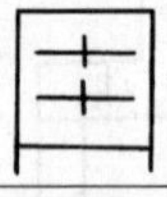	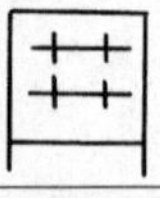
轴向承载	不可调心	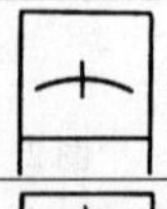	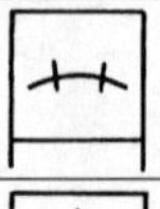	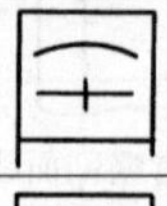	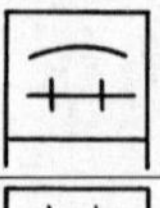
	可调心	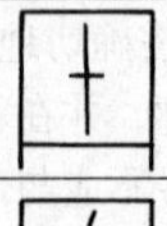	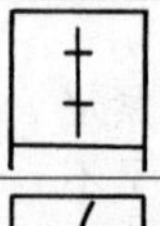	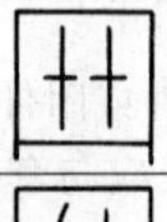	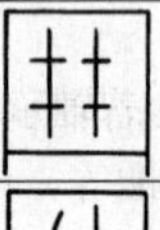

（续）

轴承承载特性		轴承结构特征			
		两个套圈		三个套圈	
		单列	双列	单列	双列
径向和轴向承载	不可调心			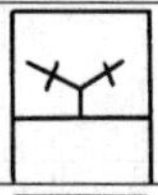	
	可调心				

注：表中的滚动轴承，只画出了轴线一侧的部分。

表 2.1-82 球轴承和滚子轴承的特征画法及规定画法

特征画法		规定画法		特征画法		规定画法	
		球轴承	滚子轴承			球轴承	滚子轴承
1	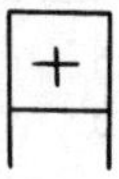	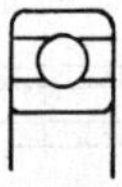 GB/T 276	 GB/T 283	6	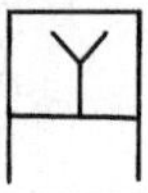	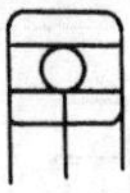 GB/T 294（三点接触）	
2	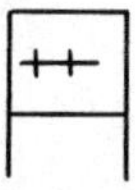	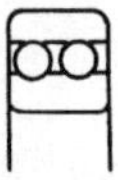	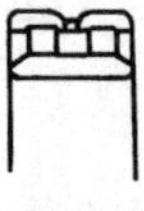 GB/T 285	7	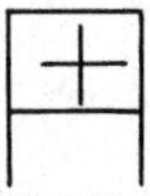	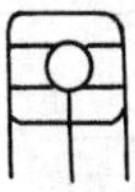 GB/T 294（四点接触）	
3	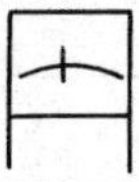		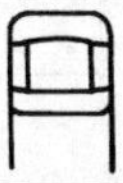	8		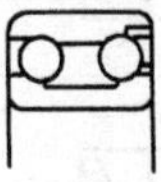 GB/T 296	
4		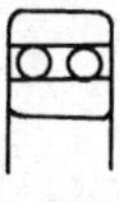 GB/T 281	 GB/T 288	9	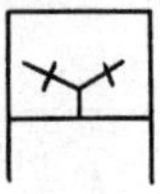	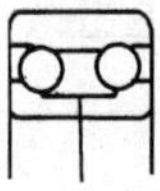	 GB/T 299
5		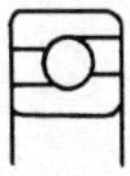 GB/T 292	 GB/T 297	10	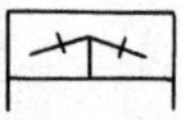		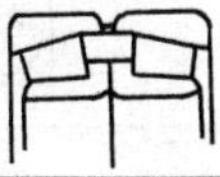

表 2.1-83 滚针轴承的特征画法及规定画法

特征画法		规定画法
1	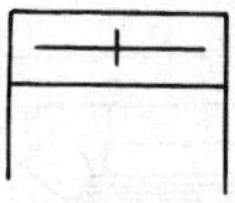	 GB/T 5801 JB/T 3588　GB/T 290
2	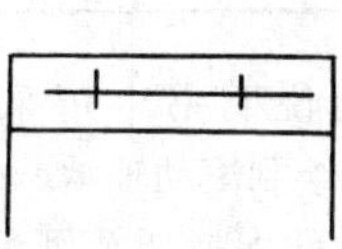	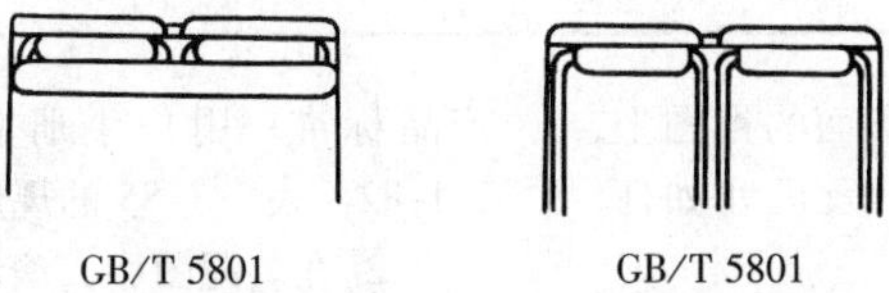 GB/T 5801　GB/T 5801
3	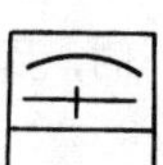	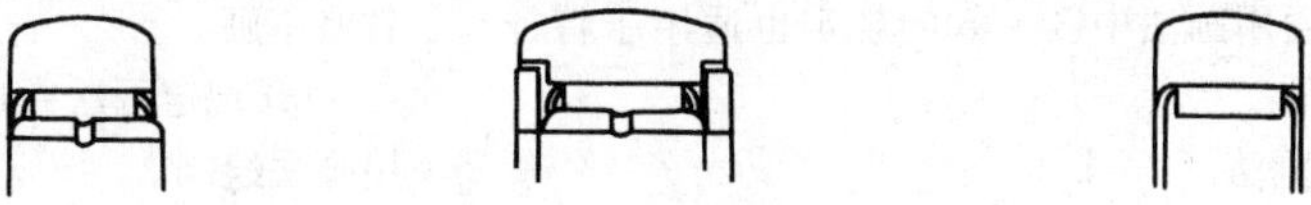 GB/T 6445.1

表2.1-84　组合轴承的特征画法及规定画法

	特征画法	规定画法		特征画法	规定画法
1	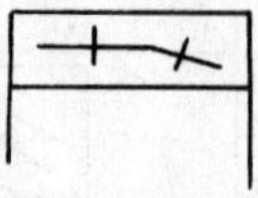	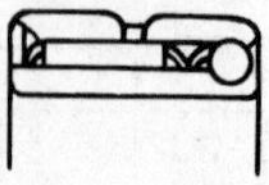 JB/T 3123	3	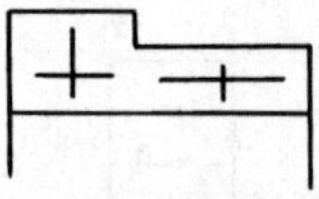	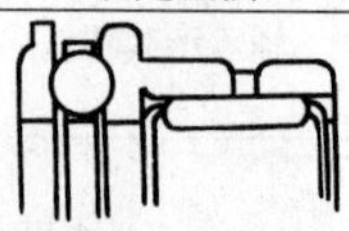 JB/T 3122
2	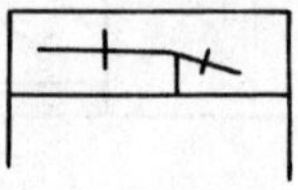	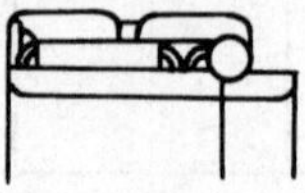 JB/T 3123	4	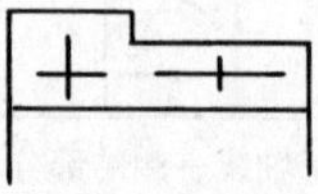	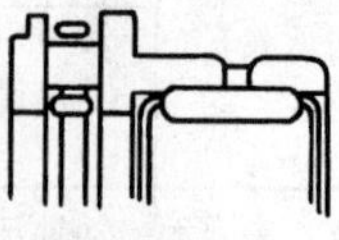 GB/T 16643

表2.1-85　推力轴承的特征画法及规定画法

	特征画法	规定画法	
		球轴承	滚子轴承
1	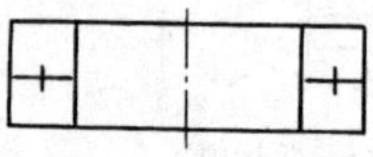	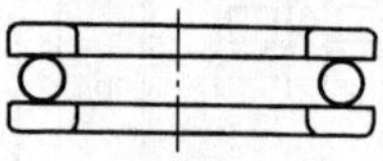 GB/T 301	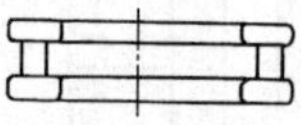 GB/T 4663
2	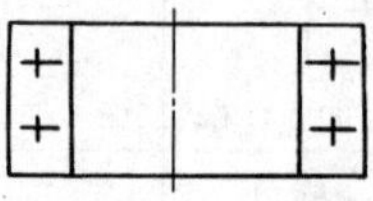	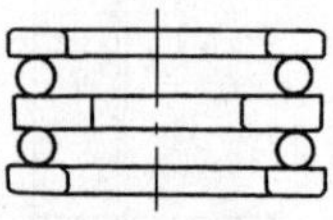 GB/T 301	
3	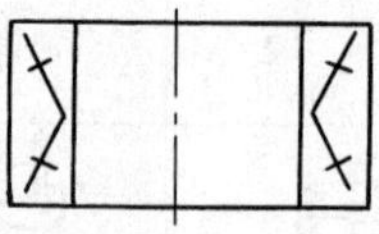	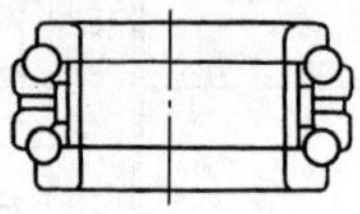 JB/T 6362	
4	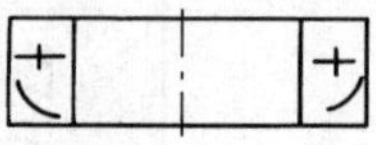	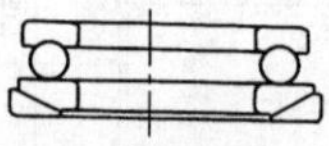 GB/T 301	
5	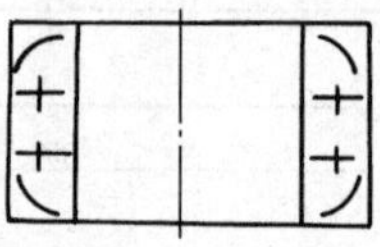	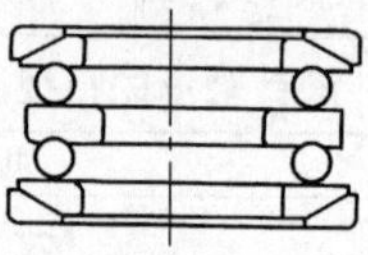 GB/T 301	
6	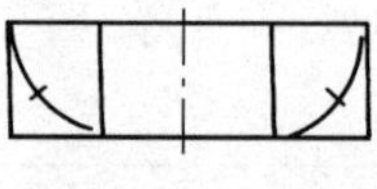		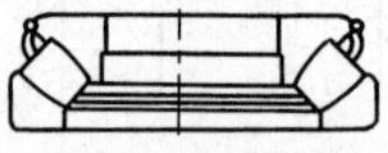 GB/T 5859

② 在垂直于滚动轴承轴线的投影面的视图上，无论滚动体的形状（球、柱、针等）及尺寸如何，均可按图2.1-28的方法绘制。

③ 上述通用画法中③～⑤的规定也适用于特征画法。

3）规定画法

① 必要时，在滚动轴承的产品图样、产品样本，产品标准、用户手册和使用说明书中可采用表2.1-82～表2.1-85的规定画法绘制滚动轴承。

② 在装配图中，滚动轴承的保持架及倒角等可省略不画。

③ 规定画法一般绘制在轴的一侧，另一侧按通用画法绘制。

4）应用示例　滚动轴承表示法在装配图中的应

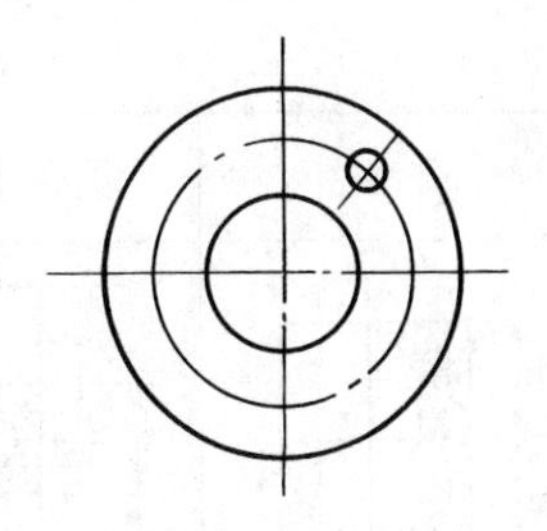

图2.1-28　滚动轴承轴线垂直于投影面的特征画法

用示例见图2.1-29～图2.1-32。

示例1　双列圆柱滚子轴承在装配图中的画法（图2.1-29）。

示例2　角接触球轴承在装配图中的画法（图2.1-30）。

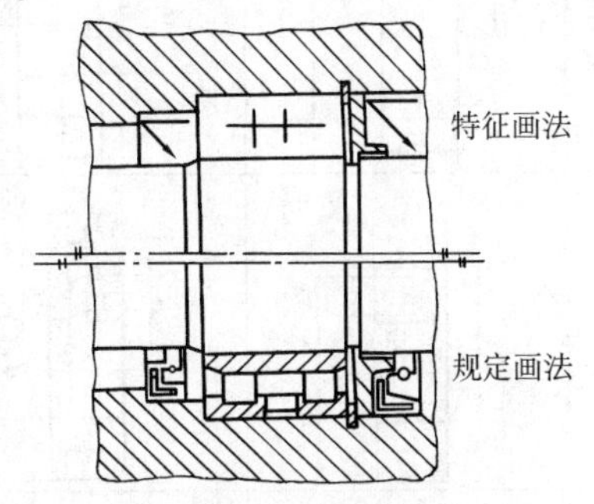

图2.1-29　双列圆柱滚子轴承在装配图中的画法

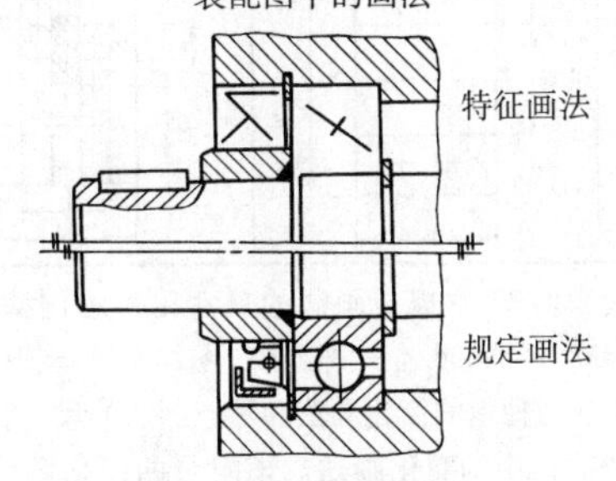

图2.1-30　角接触球轴承在装配图中的画法

示例3　圆锥滚子轴承、推力球轴承和双列深沟球轴承在装配图中的画法（图2.1-31）。

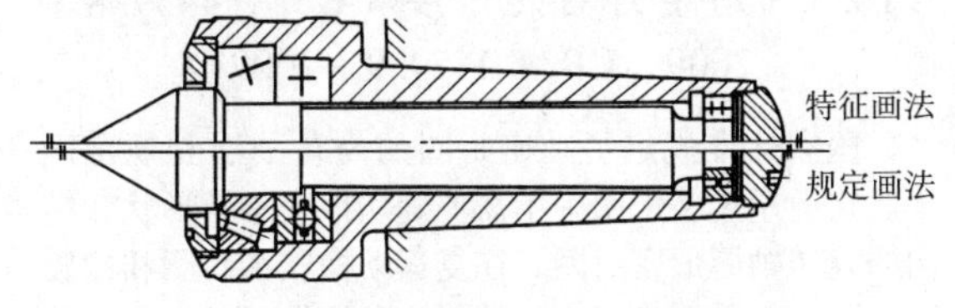

图2.1-31　圆锥滚子轴承、推力球轴承和双列深沟球轴承在装配图中的画法

示例4　组合轴承在装配图中的画法（图2.1-32）。

5）通用画法、特征画法及规定画法的尺寸比例示例　通用画法的尺寸比例见表2.1-86。特征画法及规定画法的尺寸比例见表2.1-87。

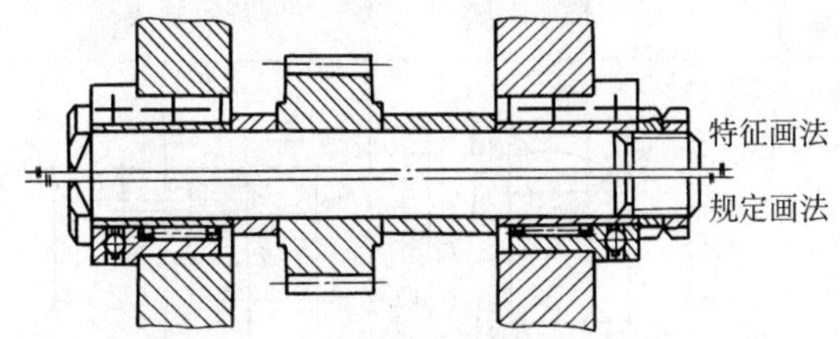

图2.1-32　组合轴承在装配图中的画法

表2.1-86　通用画法的尺寸比例示例

不需确切表示结构	外圈无挡边	内圈有单挡边

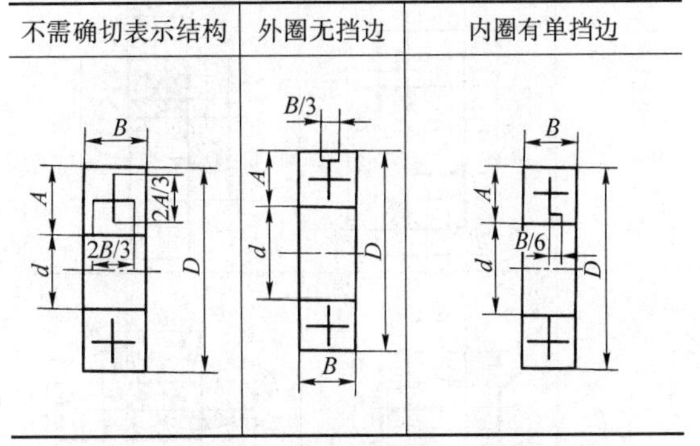

表2.1-87　特征画法及规定画法的尺寸比例示例

尺寸 序号	特征画法	规定画法
1	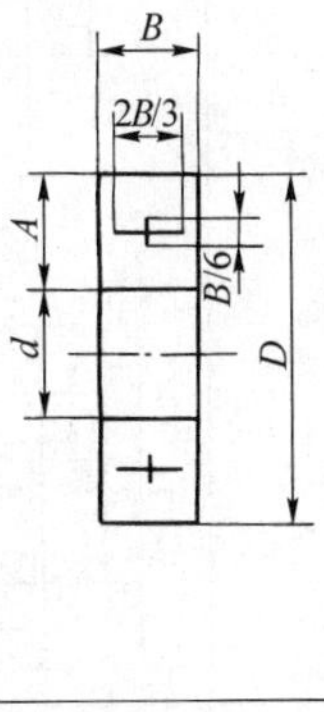	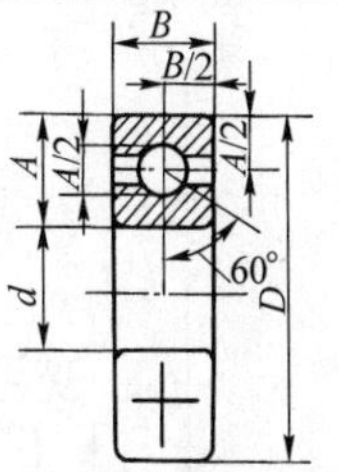 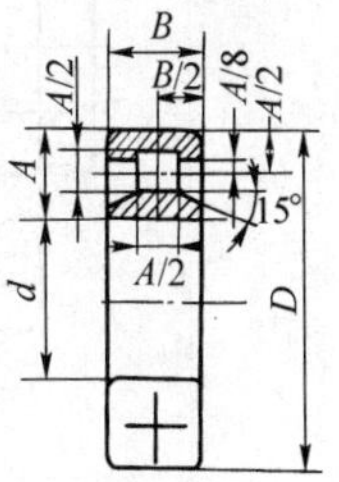
2	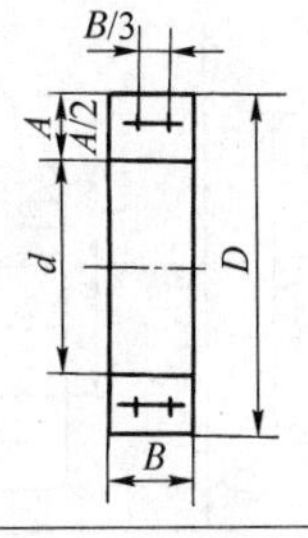	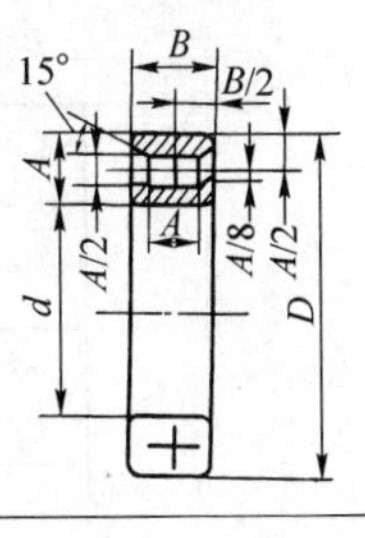

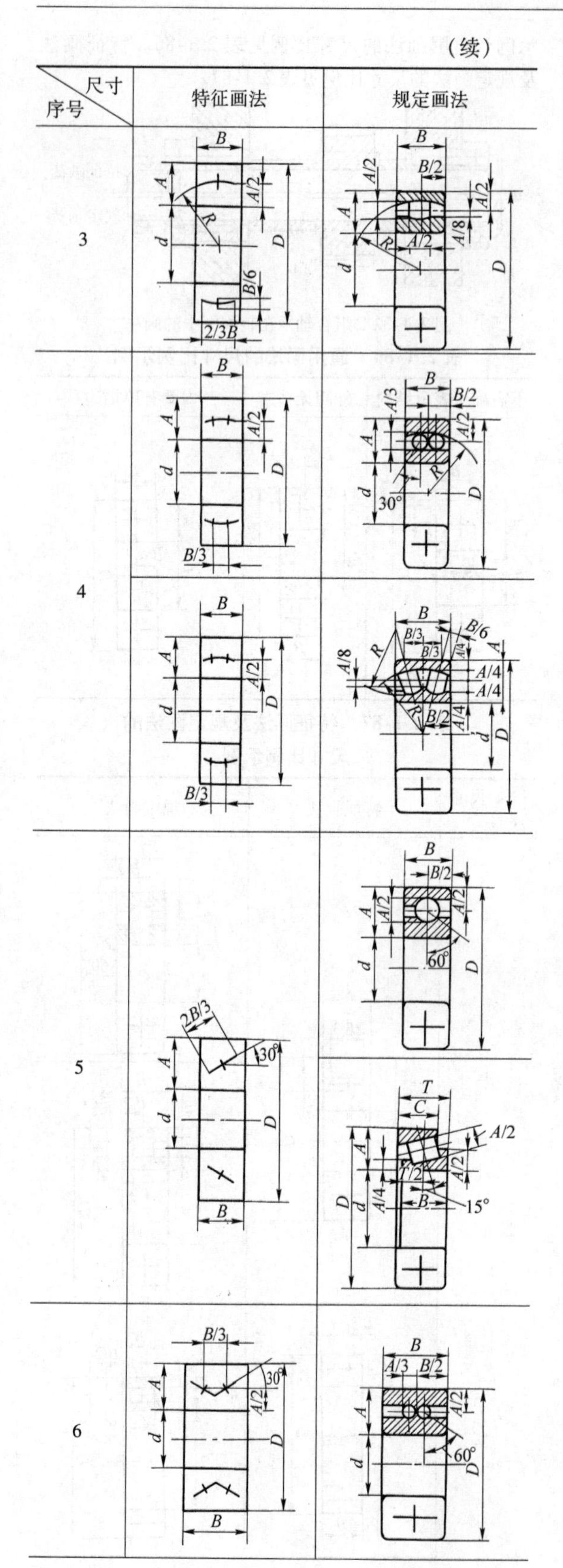

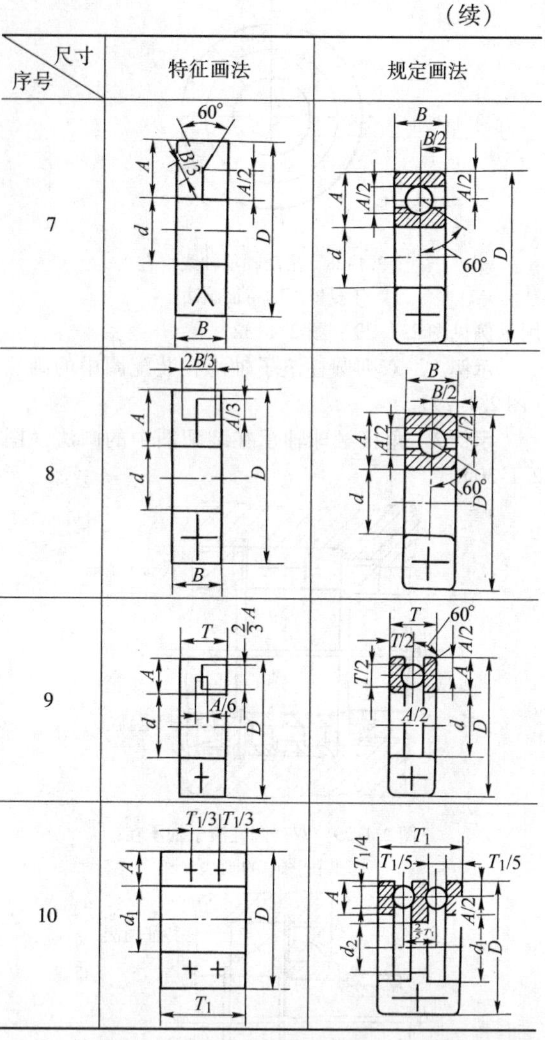

注：表2.1-87中规定画法的尺寸比例示例摘自GB/T 4458.1—2002《机械制图 图样画法 视图》附录B滚动轴承的简化画法和示意画法的尺寸比例（参考件）中的简化画法。该附录的简化画法（即表2.1-87中的规定画法）与该标准的规定画法（见表2.1-82～表2.1-85）不尽相同，仅供新旧标准过渡阶段绘图时参考。

3.10.5 动密封圈表示法（GB/T 4459.8—2009、GB/T 4459.9—2009）

国家标准规定了动密封圈的简化画法和规定画法。它适用于装配图中不需要确切地表示其形状和结构的旋转轴唇形密封圈、往复运动橡胶密封圈和橡胶防尘圈。不需要确切表示其形状和结构的其他类型的动密封件也可参照采用标准中规定的表示法。

（1）基本规定

1）绘制密封圈时，通用画法和特征画法及规定画法中的各种符号、矩形线框和轮廓线均用粗实线绘制。

2）用简化画法（通用画法、特征画法）绘制的密封圈，其矩形线框和轮廓应与有关标准规定的密封圈尺寸及其安装沟槽尺寸协调一致，并与所属图样采用同一比例绘制。

3）在剖视和断面图中，用简化画法绘制的密封圈一律不画剖面符号；用规定画法绘制密封圈时，仅在金属的骨架等嵌入元件上画出剖面符号或涂黑。

（2）简化画法

用简化画法绘制动密封圈时，可采用通用画法（表2.1-88）和特征画法（表2.1-90）。在同一张图样中一般只采用一种画法。

在剖视图中，如需比较形象地表示出密封圈的密封结构特征时，可采用矩形线框中间画出密封要素符号的方法表示。密封要素符号及其含义及应用见表2.1-89。

特征画法应绘制在轴的两侧。

旋转轴唇形密封圈、往复运动橡胶密封圈、迷宫式密封的特征画法和规定画法见表2.1-90～表2.1-92。

表2.1-88 动密封圈的通用画法

规定	图例
1. 在剖视图中，如不需要确切地表示密封圈的外形轮廓和内部结构（包括唇、骨架、弹簧等）时，可采用矩形线框中央画出十字交叉的对角线符号的方法表示（图a）。交叉线符号不应与矩形线框的轮廓线接触 2. 如需要表示密封的方向，则应在对角线符号的一端画出一个箭头，指向密封的一侧（图b） 3. 如需确切地表示密封圈的外形轮廓，则应画出其较详细的剖面轮廓，并在其中央画出对角线符号（图c） 4. 通用符号应绘制在轴的两侧（图d）	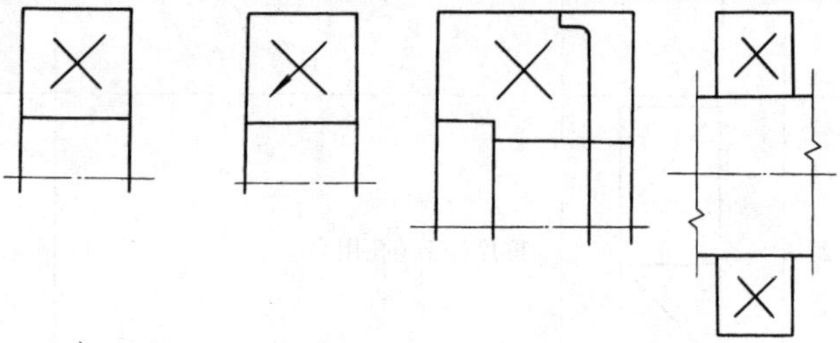 a) b) c) d)

表2.1-89 动密封圈特征画法中密封要素符号

序号	要素符号	说明	应用
1		长的粗实线，平行于密封表面的母线	表示静态密封要素（密封圈和防尘圈上具有静态密封功能的部分）
2		长的粗实线与相应的轮廓线成45°，必要时，可附加一个表示密封方向的箭头	表示动态密封要素（密封圈和防尘圈上具有动态密封功能的唇以及防尘、除尘功能的结构）。与序号1的要素符号组合使用，倾斜方向应与工作介质流动方向相逆
3		短的粗实线与序号2的要素符号成90°	表示有防尘和除尘功能的副唇，与序号2的要素符号组合使用
4		短的粗实线与相应的轮廓线成30°，必要时，可附加一个表示密封方向的箭头	表示往复运动的动态密封要素（密封圈和防尘圈上具有动态密封功能的唇），与序号5的要素符号组合使用
5		短的粗实线与相应的轮廓线平行，由矩形线框的中心画出	表示往复运动的静态密封要素（密封圈和防尘圈上具有静态密封功能的部分）
6		粗实线T形（凸起）	T形、U形组合使用，表示非接触密封。例如：迷宫式密封
7		粗实线U形（凹入）	

表2.1-90 旋转轴唇形密封圈的特征画法和规定画法

序号	特征画法	应用	规定画法
1	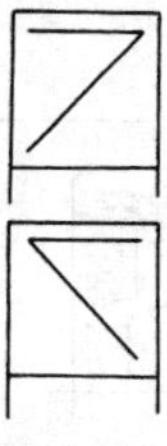	主要用于旋转轴唇形密封圈。也可用于往复运动活塞杆唇形密封圈及结构类似的防尘圈	GB/T 9877 B形 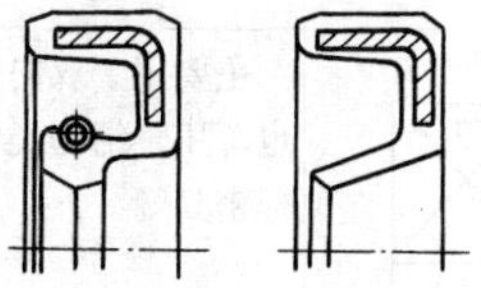

（续）

序号	特征画法	应　　用	规 定 画 法
1	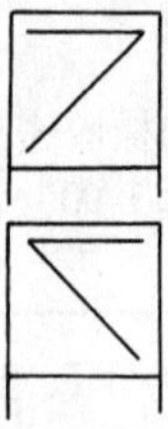	主要用于旋转轴唇形密封圈。也可用于往复运动活塞杆唇形密封圈及结构类似的防尘圈	GB/T 9877　W形 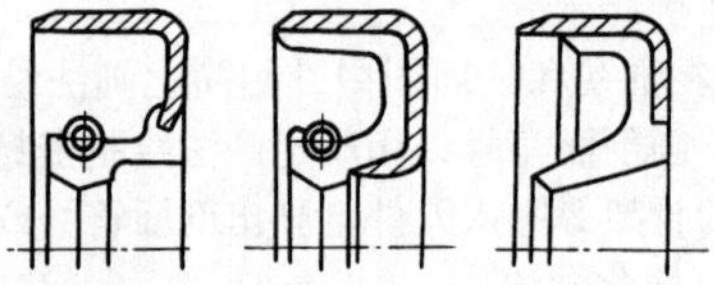 GB/T 9877　Z形 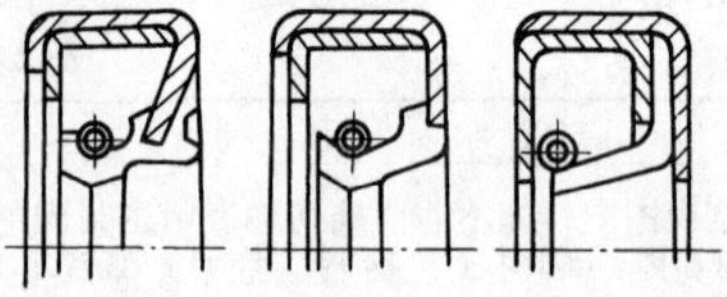
2	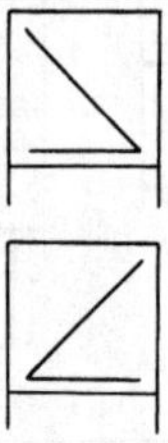	同序号1（孔用）	
3	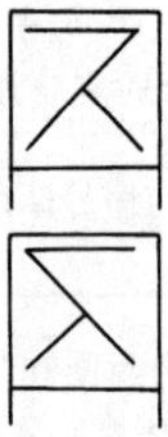	主要用于有副唇的旋转轴唇形密封圈。也可用于结构类似的往复运动活塞杆唇形密封圈	GB/T 9877　FB形 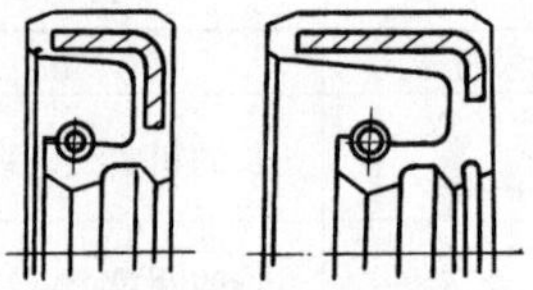 GB/T 9877　FW形 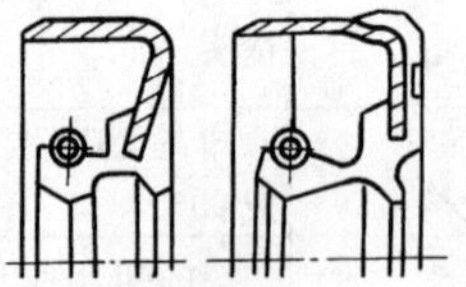 GB/T 9877　FZ形 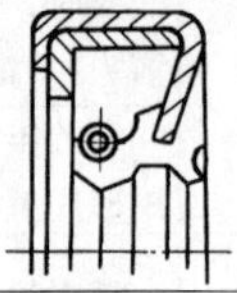
4	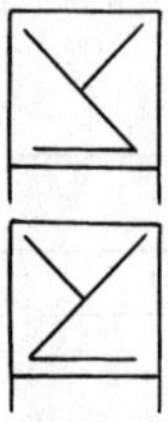	同序号3（孔用）	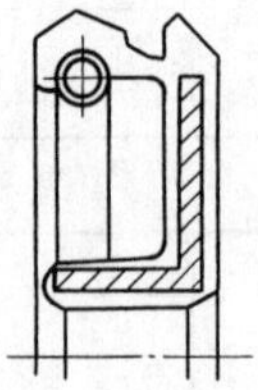
5	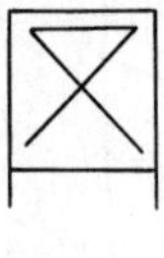	主要用于双向密封旋转轴唇形密封圈。也可用于结构类似的往复运动活塞杆唇形密封圈	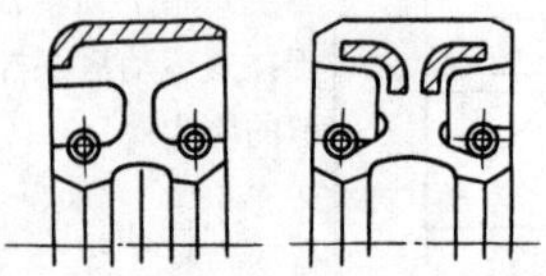

（续）

序号	特征画法	应 用	规 定 画 法
6	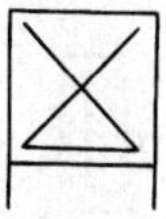	同序号5（孔用）	

表2.1-91 往复运动橡胶密封圈的特征画法和规定画法

序号	特征画法	应 用	规 定 画 法
1	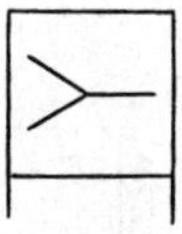	用于Y形、U形及蕾形橡胶密封圈	Y形　GB/T 10708.1 U形　GB/T 10708.1 蕾形 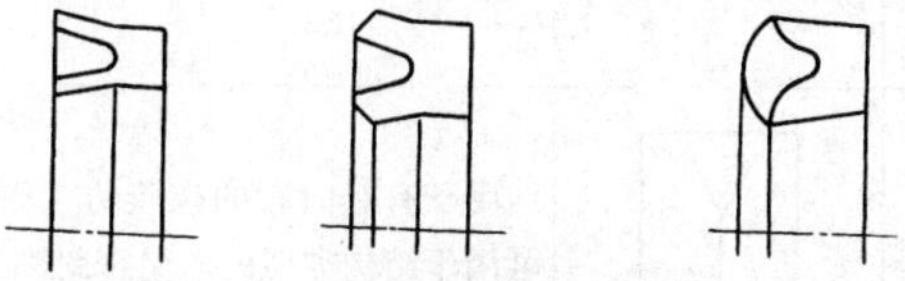
2		用于V形橡胶密封圈	GB/T 10708.1V形 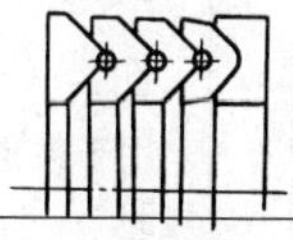
3	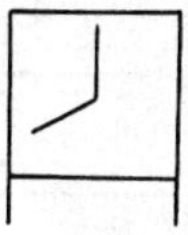	用于J形橡胶密封圈	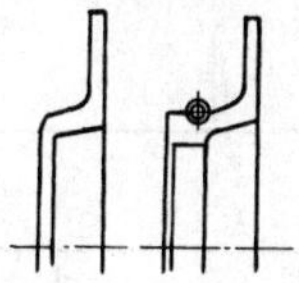
4	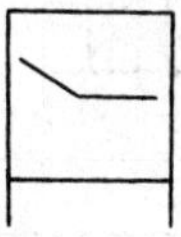	用于高低唇Y形橡胶密封圈（孔用）和橡胶防尘密封圈	GB/T 10708.1 Y形　Y形
		用于起端密封和防尘功能的橡胶密封圈	JB/T 6994 S形、A形 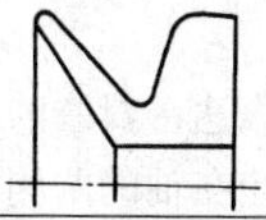
5	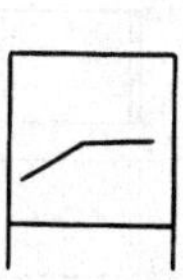	用于高低唇Y形橡胶密封圈（轴用）和橡胶防尘密封圈	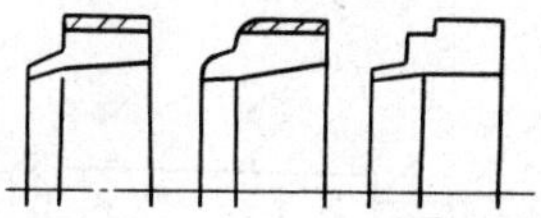 GB/T 10708.1 Y形　Y形 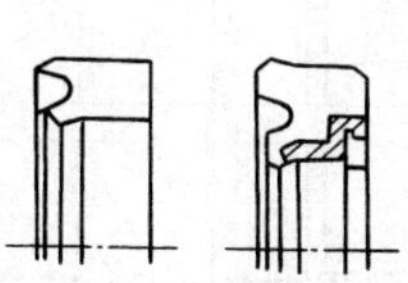　GB/T 10708.3 A形　GB/T 10708.3 B形 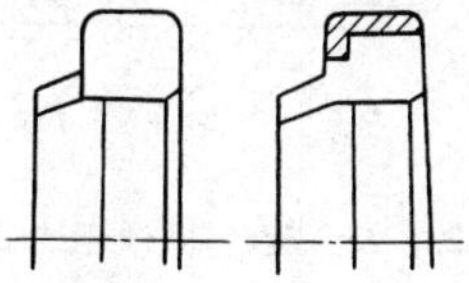

（续）

序号	特征画法	应用	规定画法
6	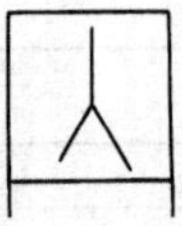	用于有双向唇的橡胶防尘密封圈。也可用于结构类似的防尘密封圈（轴用）	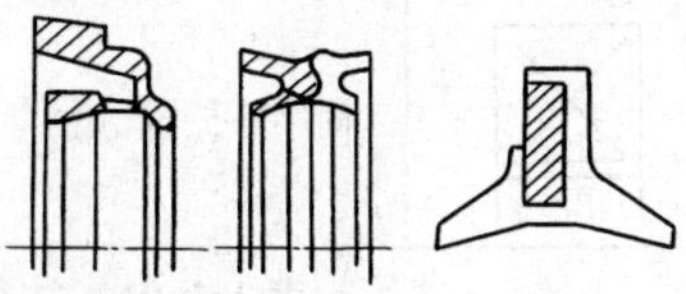 GB/T 10708.3　C形 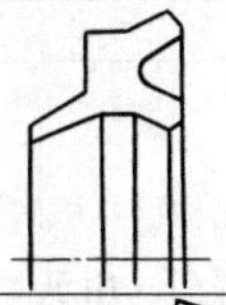
7	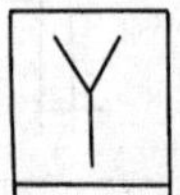	用于有双向唇的橡胶防尘密封圈。也可用于结构类似的防尘密封圈（孔用）	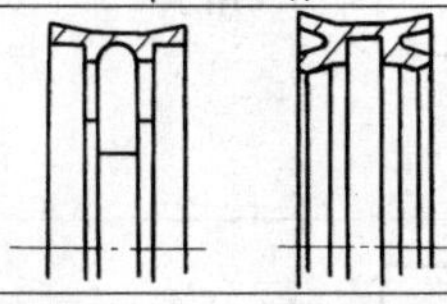
8	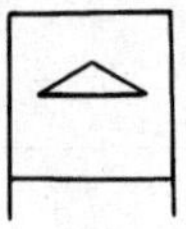	用于鼓形橡胶密封圈和山形橡胶密封圈	GB/T 10708.3　鼓形 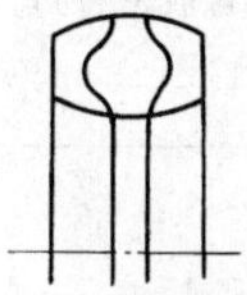　　GB/T 10708.2　山形 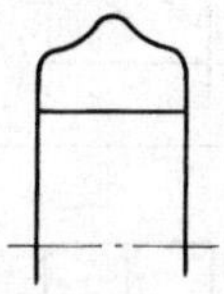

表2.1-92　迷宫式密封的特征画法和规定画法

特征画法	应用	规定画法
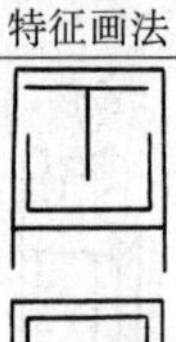	非接触密封的迷宫式密封	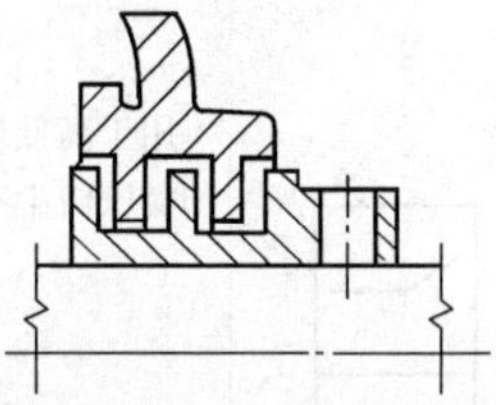

（3）规定画法

如需较详细地表达密封圈的内部结构可采用规定画法。这种画法可绘在轴的两侧，也可绘制在轴的一侧，另一侧按通用画法绘制。

（4）密封圈画法应用示例

示例1　旋转轴唇形密封圈（图2.1-33）

示例2　带副唇的旋转轴唇形密封圈（图2.1-34）

简化画法（特征画法）

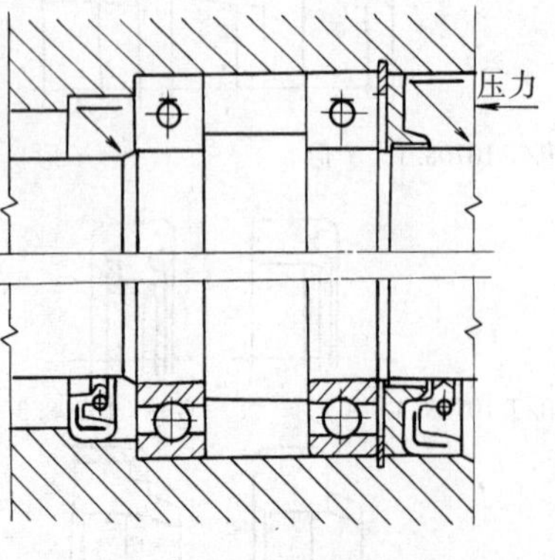

压力

规定画法

图2.1-33　旋转轴唇形密封圈

简化画法（特征画法）

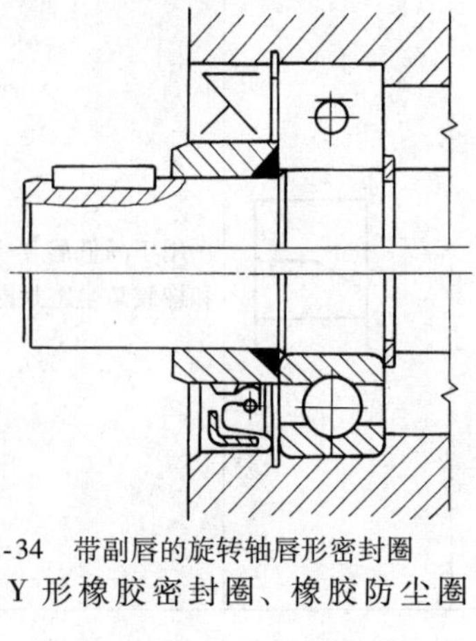

规定画法

图2.1-34　带副唇的旋转轴唇形密封圈

示例3　Y形橡胶密封圈、橡胶防尘圈（图

2.1-35）

示例4　V形橡胶密封圈（图2.1-36）

示例5　橡胶防尘圈（图2.1-37）

示例6　迷宫式防尘圈（图2.1-38）

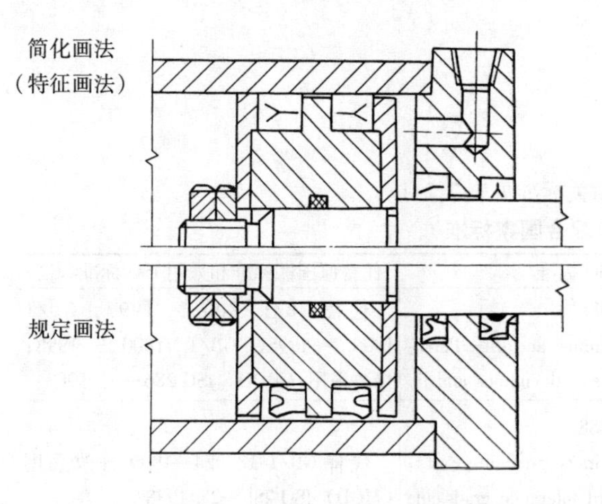

图2.1-35　Y形橡胶密封圈、橡胶防尘圈

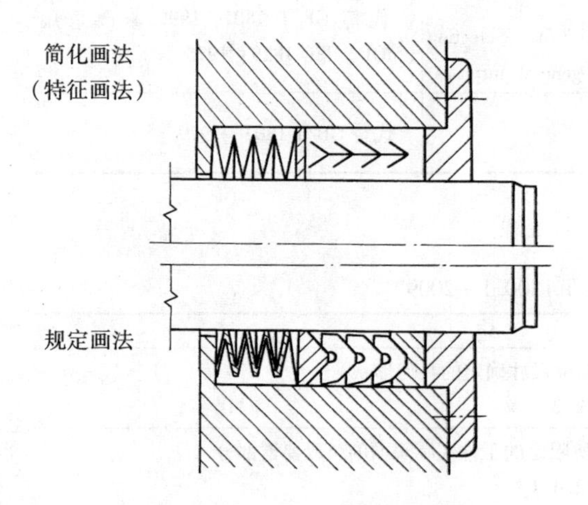

图2.1-36　V形橡胶密封圈

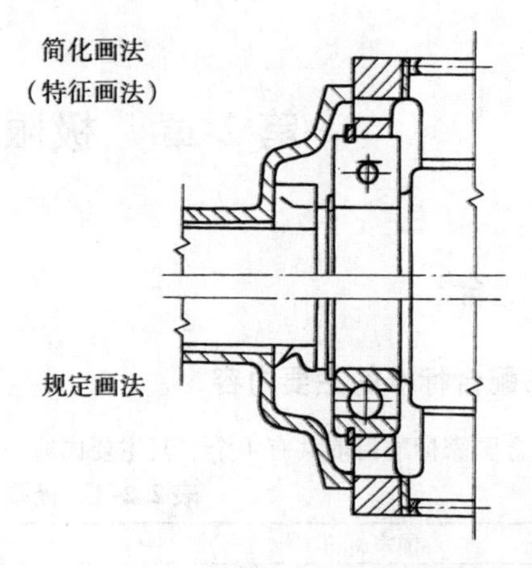

图2.1-37　橡胶防尘圈

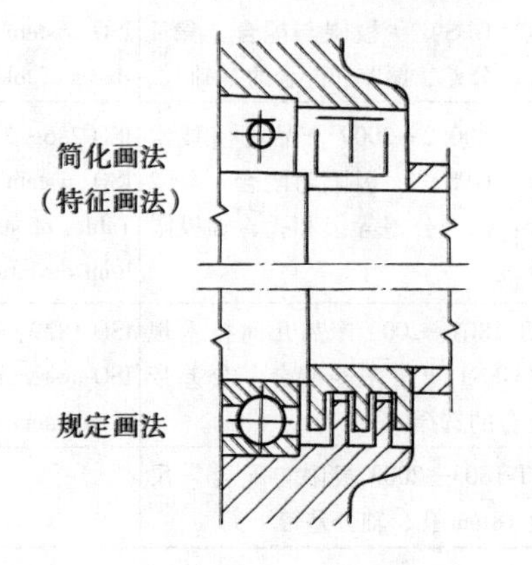

图2.1-38　迷宫式防尘圈

第2章　极限、配合与公差

1　极限与配合

1.1　极限与配合标准的主要内容

极限与配合国家标准目前共有4个。其主要内容及相关标准见表2.2-1。

表2.2-1　极限与配合国家标准

序号	国家标准	ISO标准	代替原国家标准和采用ISO标准程度
1	GB/T 1800.1—2009 产品几何技术规范（GPS）　极限与配合　第1部分：公差、偏差和配合的基础	ISO 286—1：1988 ISO system of limits and fit—Part1：Bases of tolerances，deviations and fit	代替GB/T 1800.1—1997，GB/T 1800.2—1998，GB/T 1800.3—1998；修改采用（MOD）ISO 286—1：1988
2	GB/T 1800.2—2009 产品几何技术规范（GPS）　极限与配合　第2部分：标准公差等级和孔、轴极限偏差表	ISO 286—2：1988 ISO system of limits and fit—Part2：Tables of standard tolerance grads and limit deviations for holes and shafts	代替GB/T 1800.4—1999修改采用（MOD）ISO 286—2：1988
3	GB/T 1801—2009 产品几何技术规范（GPS）　极限与配合　公差带和配合的选择	ISO 1829：1975 ISO system of limits and fits—Selection of tolerance zones for general purposes	代替GB/T 1801—1999修改采用（MOD）ISO 1829：1975
4	GB/T 1803—2003 极限与配合　尺寸至18mm孔、轴公差带		代替GB/T 1803—1979

1.1.1　术语和定义（表2.2-2）

表2.2-2　术语和定义（GB/T 1800.1—2009）

序号	术语	定　义
1	尺寸要素	由一定大小的线性尺寸或角度尺寸确定的几何形状 ［GB/T 18780.1—2002中2.2］
2	实际（组成）要素	由接近实际（组成）要素所限定的工件实际表面的组成要素部分 ［GB/T 18780.1—2002中2.4.1］
3	提取组成要素	按规定方法，由实际（组成）要素提取有限数目的点所形成的实际（组成）要素的近似替代 ［GB/T 18780.1—2002中2.5］
4	拟合组成要素	按规定方法，由提取组成要素形成的并具有理想形状的组成要素 ［GB/T 18780.1—2002中2.6］
5	轴	通常，指工件的圆柱形外尺寸要素，也包括非圆柱形的外尺寸要素（由二平行平面或切面形成的被包容面）
6	基准轴	在基轴制配合中选作基准的轴，即上极限偏差为零的轴
7	孔	通常，指工件的圆柱形内尺寸要素，也包括非圆柱形的内尺寸要素（由二平行平面或切面形成的包容面）
8	基准孔	在基孔制配合中选作基准的孔，即极限下偏差为零的孔

（续）

序号	术语	定　义
9	尺寸	以特定单位表示线性尺寸值的数值
10	公称尺寸	由图样规范确定的理想形状要素的尺寸 注 1：通过它应用上、下极限偏差可计算出极限尺寸 注 2：公称尺寸可以是一个整数或一个小数值，例如 32，15，8.75，0.5……
11	提取组成要素的局部尺寸	一切提取组成要素上两对应点之间距离的统称 注：为方便起见，可将提取组成要素的局部尺寸简称为提取要素的局部尺寸
12	提取圆柱面的局部尺寸	要素上两对应点之间的距离。其中：两对应点之间的连线通过拟合圆圆心；横截面垂直于由提取表面得到的拟合圆柱面的轴线 ［GB/T 18780.2—2003 中 3.5］
13	两平行提取表面的局部尺寸	两平行对应提取表面上两对应点之间的距离。其中：所有对应点的连线均垂直于拟合中心平面；拟合中心平面是由两平行提取表面得到的两拟合平行平面的中心平面（两拟合平行平面之间的距离可能与公称距离不同） ［GB/T 18780.2—2003 中 3.6］
14	极限尺寸	尺寸要素允许的尺寸的两个极端。提取组成要素的局部尺寸应位于其中，也可达到极限尺寸
15	上极限尺寸	尺寸要素允许的最大尺寸 注：在以前的标准中，上极限尺寸称为最大极限尺寸
16	下极限尺寸	尺寸要素允许的最小尺寸 注：在以前的标准中，下极限尺寸称为最小极限尺寸
17	极限制	经标准化的公差与偏差制度
18	零线	在极限与配合图解中，表示公称尺寸的一条直线，以其为基准确定偏差和公差 通常，零线沿水平方向绘制，正偏差位于其上，负偏差位于其下
19	偏差	某一尺寸减其公称尺寸所得的代数差
20	极限偏差	上极限偏差和下极限偏差。轴的上、下极限偏差代号用小写字母 es，ei；孔的上、下极限偏差代号用大写字母 ES，EI 表示
21	上极限偏差（ES，es）	上极限尺寸减其公称尺寸所得的代数差 注：在以前的标准中，上极限偏差称为上偏差
22	下极限偏差（EI，ei）	下极限尺寸减其公称尺寸所得的代数差 注：在以前的标准中，下极限偏差称为下偏差
23	基本偏差	在极限与配合制中，确定公差带相对零线位置的那个极限偏差，它可以是上极限偏差或下极限偏差，一般为靠近零线的那个偏差
24	尺寸公差（简称公差）	上极限尺寸减下极限尺寸之差，或上极限偏差减下极限偏差之差。它是允许尺寸的变动量，尺寸公差是一个没有符号的绝对值，且不能为零
25	标准公差（IT）	在极限与配合制中，国家标准规定的确定公差带大小的任一公差 注：字母 IT 为“国际公差”的英文缩略语
26	标准公差等级	标准公差等级共 20 级，用 IT01、IT0、IT1 至 IT18 表示。在极限与配合制中，同一公差等级（例如 IT7）对所有公称尺寸的一组公差被认为具有同等精确程度
27	公差带	在公差带图解中，由代表上极限偏差和下极限偏差或上极限尺寸和下极限尺寸的两条直线所限定的一个区域。它由公差大小和其相对零线的位置如基本偏差来确定

（续）

序号	术语	定　义
28	标准公差因子（i，I）	在极限与配合制中，用以确定标准公差的基本单位，该因子是公称尺寸的函数 注：1. 标准公差因子 i 用于公称尺寸至500mm 2. 标准公差因子 I 用于公称尺寸大于500mm
29	间隙	孔的尺寸减去相配合的轴的尺寸之差为正
30	最小间隙	在间隙配合中，孔的下极限尺寸与轴的上极限尺寸之差
31	最大间隙	在间隙配合或过渡配合中，孔的上极限尺寸与轴的下极限尺寸之差
32	过盈	孔的尺寸减去相配合的轴的尺寸之差为负
33	最小过盈	在过盈配合中，孔的上极限尺寸与轴的下极限尺寸之差
34	最大过盈	在过盈配合或过渡配合中，孔的下极限尺寸与轴的上极限尺寸之差
35	配合	公称尺寸相同并相互结合的孔和轴公差带之间的关系
36	间隙配合	具有间隙（包括最小间隙等于零）的配合。此时，孔的公差带在轴的公差带之上
37	过盈配合	具有过盈（包括最小过盈等于零）的配合。此时，孔的公差带在轴的公差带之下
38	过渡配合	可能具有间隙或过盈的配合。此时，孔的公差带与轴的公差带相互交叠
39	配合公差	组成配合的孔与轴的公差之和。它是允许间隙或过盈的变动量 注：配合公差是一个没有符号的绝对值
40	配合制	同一极限制的孔和轴组成配合的一种制度
41	基轴制配合	基本偏差为一定的轴的公差带，与不同基本偏差的孔的公差带形成各种配合的一种制度。基轴制配合的轴为基准轴，选用轴的上极限尺寸与公称尺寸相等，轴的上极限偏差为零，即基本偏差为h的一种配合制
42	基孔制配合	基本偏差为一定的孔的公差带，与不同基本偏差的轴的公差带形成各种配合的一种制度。基孔制配合的孔为基准孔，选用孔的下极限尺寸与公称尺寸相等，孔的下极限偏差为零，即基本偏差为H的一种配合制

部分有关术语和定义的进一步解释

（1）轴、孔

轴、孔通常指工件的圆柱形外、内尺寸要素，如图2.2-1中上方两图所示；但也包括非圆柱形的外尺寸（由二平行平面或切面形成的被包容面）和内尺寸（由二平行平面或切面形成的包容面）。如图2.2-1中普通平键的键宽、矩形花键的键宽都为轴的尺寸要素；而平键的键槽宽度和花键的键槽宽度则为孔的尺寸要素。图2.2-1中下方两图与花键轴的大、小直径相对应的不连续的外圆柱面为轴的尺寸要素，与大、小直径相对应的不连续内圆柱面则为孔的尺寸要素。

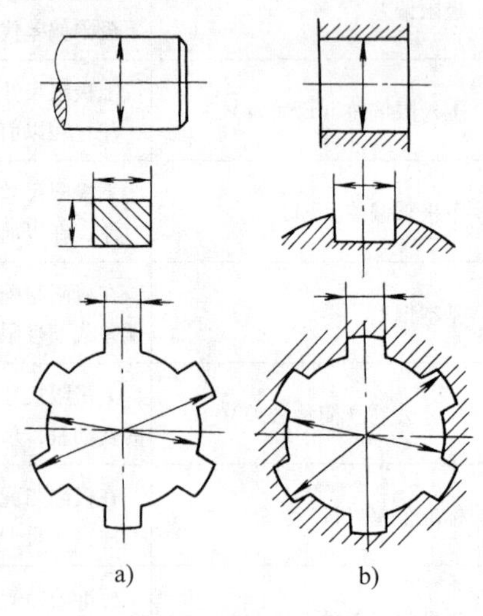

图2.2-1　轴与孔图解
a）轴　b）孔

（2）偏差和尺寸公差

如表2.2-2所示，偏差是某一尺寸（实际尺寸、极限尺寸等）减其公称尺寸所得的代数差。上极限尺寸和下极限尺寸与公称尺寸的代数差分别为上极限偏差和下极限偏差，统称为极限偏差。因为上、下极限尺寸可以大于、小于，也可能等于公称尺寸，所以偏差可以是正值、负值或零。实际尺寸与公称尺寸的代数差为实际偏差，实际偏差应位于极限偏差范围之内。

尺寸公差是一个没有数学符号的绝对值。如图2.2-2所示，无论公称尺寸为50mm的两个极限偏差值均为正值、均为负值、一正一负、一正一零或一零一负哪种情况，其尺寸公差都是0.02mm这样一个允许尺寸变化的变动量。绝对值只有大小，没有符号，不能在尺寸公差数值前冠以符号，把尺寸公差称为“正公差”或“负公差”都是错误的。

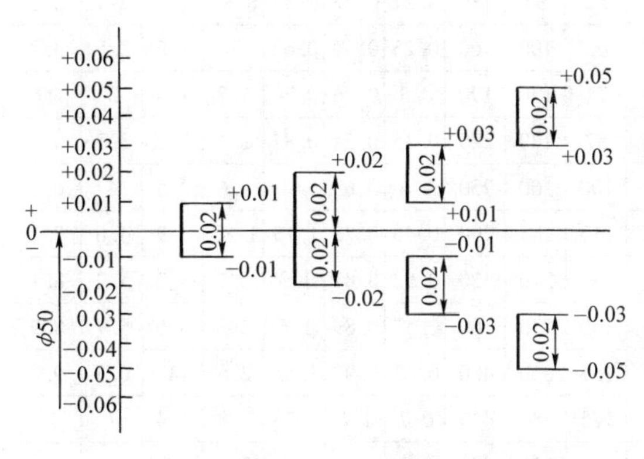

图2.2-2　尺寸公差图解

（3）间隙、过盈

由表2.2-2可见，无论间隙或过盈，孔的尺寸均作为被减数，相配合的轴的尺寸均作为减数，间隙是两者之差为正，过盈是两者之差为负。

在间隙或过盈计算中，如孔的尺寸减去相配合的轴的尺寸为“+0.02mm”，则表示此配合的间隙为0.02mm；如孔的尺寸减去相配合的轴的尺寸为“-0.02mm”，则表示配合的过盈为0.02mm。如某一配合孔与轴之差为“-0.035mm”，另一配合孔与轴之差为“-0.001mm”，前者表示过盈为0.035mm，后者表示过盈为0.001mm，自然前者过盈大，后者过盈小。

（4）配合

GB/T 1800.1—2009对此术语基本采用原来标准GB/T 1800.1—1997的定义，该定义与ISO/286—1:1988国际标准相应术语的定义不同。由表2.2-2可见，它是指公称尺寸相同的，相互结合的孔和轴公差带之间的相对位置关系，如图2.2-3。它不是指单个孔与单个轴的结合关系，而是从区分配合类别的角度进行定义的。孔的公差带在轴的公差带之上的，为间隙配合（图2.2-3a）；孔的公差带在轴的公差带之下的，为过盈配合（图2.2-3b）；孔的公差带与轴的公差带相互交叠的，为过渡配合（图2.2-3c）。单个孔与单个轴相互结合后只能具有间隙或者具有过盈，不可能过渡其间，如有间隙，则该结合可能属于间隙配合类，也可能属于过渡配合类；如有过盈，则该结合可能属于过盈配合类，也可能属于过渡配合类。

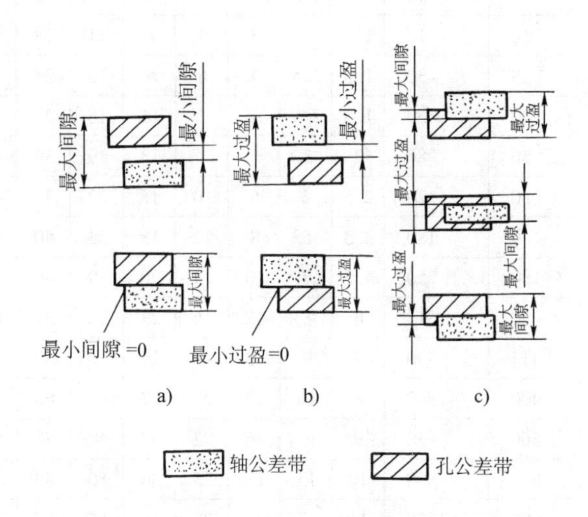

图2.2-3　配合类别
a）间隙配合　b）过盈配合　c）过渡配合

1.1.2　标准公差

GB/T 1800.1—2009规定标准公差等级代号用符号IT和数字组成，例如IT7。当其与代表基本偏差的字母一起组成公差带时，省略IT字母，如h7。

GB/T 1800.1—2009将标准公差分为IT01、IT0、IT1至IT18共20级。GB/T 1800.1—2009的正文列出了公称尺寸至3150mm的IT1至IT18级的标准公差数值，见表2.2-3。标准公差等级IT01和IT0在工业中很少用到，所以在GB/T 1800.1—2009的正文中没有给出该两公差等级的标准公差数值，但为满足使用者需要，在GB/T 1800.1—2009的附录A中给出了这些数值，而且公称尺寸只至500mm，见表2.2-4。

GB/T 1801—2009的附录C提供了公称尺寸大于3150mm至10000mm IT6至IT18的标准公差数值，见表2.2-5，供参考使用。

表 2.2-3　公称尺寸至 3150mm 的标准公差数值

公称尺寸/mm		标准公差等级																	
		IT1	IT2	IT3	IT4	IT5	IT6	IT7	IT8	IT9	IT10	IT11	IT12	IT13	IT14	IT15	IT16	IT17	IT18
大于	至	μm											mm						
—	3	0.8	1.2	2	3	4	6	10	14	25	40	60	0.1	0.14	0.25	0.4	0.6	1	1.4
3	6	1	1.5	2.5	4	5	8	12	18	30	48	75	0.12	0.18	0.3	0.48	0.75	1.2	1.8
6	10	1	1.5	2.5	4	6	9	15	22	36	58	90	0.15	0.22	0.36	0.58	0.9	1.5	2.2
10	18	1.2	2	3	5	8	11	18	27	43	70	110	0.18	0.27	0.43	0.7	1.1	1.8	2.7
18	30	1.5	2.5	4	6	9	13	21	33	52	84	130	0.21	0.33	0.52	0.84	1.3	2.1	3.3
30	50	1.5	2.5	4	7	11	16	25	39	62	100	160	0.25	0.39	0.62	1	1.6	2.5	3.9
50	80	2	3	5	8	13	19	30	46	74	120	190	0.3	0.46	0.74	1.2	1.9	3	4.6
80	120	2.5	4	6	10	15	22	35	54	87	140	220	0.35	0.54	0.87	1.4	2.2	3.5	5.4
120	180	3.5	5	8	12	18	25	40	63	100	160	250	0.4	0.63	1	1.6	2.5	4	6.3
180	250	4.5	7	10	14	20	29	46	72	115	185	290	0.46	0.72	1.15	1.85	2.9	4.6	7.2
250	315	6	8	12	16	23	32	52	81	130	210	320	0.52	0.81	1.3	2.1	3.2	5.2	8.1
315	400	7	9	13	18	25	36	57	89	140	230	360	0.57	0.89	1.4	2.3	3.6	5.7	8.9
400	500	8	10	15	20	27	40	63	97	155	250	400	0.63	0.97	1.55	2.5	4	6.3	9.7
500	630	9	11	16	22	32	44	70	110	175	280	440	0.7	1.1	1.75	2.8	4.4	7	11
630	800	10	13	18	25	36	50	80	125	200	320	500	0.8	1.25	2	3.2	5	8	12.5
800	1000	11	15	21	28	40	56	90	140	230	360	560	0.9	1.4	2.3	3.6	5.6	9	14
1000	1250	13	18	24	33	47	66	105	165	260	420	660	1.05	1.65	2.6	4.2	6.6	10.5	16.5
1250	1600	15	21	29	39	55	78	125	195	310	500	780	1.25	1.95	3.1	5	7.8	12.5	19.5
1600	2000	18	25	35	46	65	92	150	230	370	600	920	1.5	2.3	3.7	6	9.2	15	23
2000	2500	22	30	41	55	78	110	175	280	440	700	1100	1.75	2.8	4.4	7	11	17.5	28
2500	3150	26	36	50	68	96	135	210	330	540	860	1350	2.1	3.3	5.4	8.6	13.5	21	33

注：1. 公称尺寸大于500mm 的IT1至IT5的标准公差数值为试行的。

2. 公称尺寸小于或等于1mm时，无IT14至IT18。

1.1.3　基本偏差

GB/T 1800.1—2009 对基本偏差的代号规定为：孔用大写字母A，…，ZC表示；轴用小写字母a，…，zc表示（图2.2-4），各28个。其中，H代表基准孔的基本偏差代号，h代表基准轴的基本偏差代号。

GB/T 1800.1—2009 给出了公称尺寸至3150mm的轴的基本偏差数值，见表2.2-6；以及孔的基本偏差数值，见表2.2-7。

GB/T 1801—2009 的附录C提供了公称尺寸大于3150mm 至 10000mm 的孔、轴基本偏差数值（表2.2-8），供参考使用。

表 2.2-4　IT01 和 IT0 的标准公差数值

公称尺寸/mm		标准公差等级		公称尺寸/mm		标准公差等级	
		IT01	IT0			IT01	IT0
大于	至	公差/μm		大于	至	公差/μm	
—	3	0.3	0.5	80	120	1	1.5
3	6	0.4	0.6	120	180	1.2	2
6	10	0.4	0.6	180	250	2	3
10	18	0.5	0.8	250	315	2.5	4
18	30	0.6	1	315	400	3	5
30	50	0.6	1	400	500	4	6
50	80	0.8	1.2				

表2.2-5　公称尺寸大于3150mm至10000mm的标准公差数值

公称尺寸/mm		公差等级												
		IT6	IT7	IT8	IT9	IT10	IT11	IT12	IT13	IT14	IT15	IT16	IT17	IT18
大于	至	μm						mm						
3150	4000	165	260	410	660	1050	1650	2.60	4.10	6.6	10.5	16.5	26.0	41.0
4000	5000	200	320	500	800	1300	2000	3.20	5.00	8.0	13.0	20.0	32.0	50.0
5000	6300	250	400	620	980	1550	2500	4.00	6.20	9.8	15.5	25.0	40.0	62.0
6300	8000	310	490	760	1200	1950	3100	4.90	7.60	12.0	19.5	31.0	49.0	76.0
8000	10000	380	600	940	1500	2400	3800	6.00	9.40	15.0	24.0	38.0	60.0	94.0

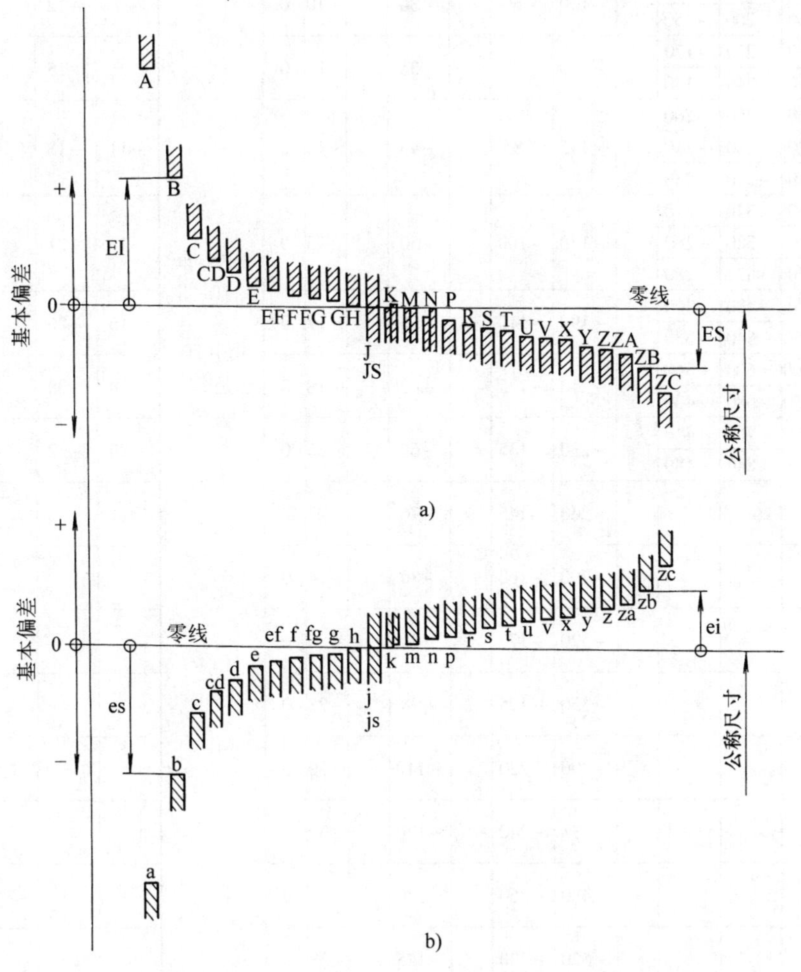

图2.2-4　基本偏差系列示意图

a）孔　b）轴

表 2.2-6　轴的

公称尺寸/mm		基本偏差数值（上极限偏差 es）																
		所有标准公差等级												IT5和IT6	IT7	IT8	IT4至IT7	≤IT3 >IT7
大于	至	a	b	c	cd	d	e	ef	f	fg	g	h	js	j			k	
—	3	-270	-140	-60	-34	-20	-14	-10	-6	-4	-2	0	偏差 = ± $\frac{ITn}{2}$，式中 ITn 是 IT 值数	-2	-4	-6	0	0
3	6	-270	-140	-70	-46	-30	-20	-14	-10	-6	-4	0		-2	-4		+1	0
6	10	-280	-150	-80	-56	-40	-25	-18	-13	-8	-5	0		-2	-5		+1	0
10	14	-290	-150	-95		-50	-32		-16		-6	0		-3	-6		+1	0
14	18																	
18	24	-300	-160	-110		-65	-40		-20		-7	0		-4	-8		+2	0
24	30																	
30	40	-310	-170	-120		-80	-50		-25		-9	0		-5	-10		+2	0
40	50	-320	-180	-130														
50	65	-340	-190	-140		-100	-60		-30		-10	0		-7	-12		+2	0
65	80	-360	-200	-150														
80	100	-380	-220	-170		-120	-72		-36		-12	0		-9	-15		+3	0
100	120	-410	-240	-180														
120	140	-460	-260	-200		-145	-85		-43		-14	0		-11	-18		+3	0
140	160	-520	-280	-210														
160	180	-580	-310	-230														
180	200	-660	-340	-240		-170	-100		-50		-15	0		-13	-21		+4	0
200	225	-740	-380	-260														
225	250	-820	-420	-280														
250	280	-920	-480	-300		-190	-110		-56		-17	0		-16	-26		+4	0
280	315	-1050	-540	-330														
315	355	-1200	-600	-360		-210	-125		-62		-18	0		-18	-28		+4	0
355	400	-1350	-680	-400														
400	450	-1500	-760	-440		-230	-135		-68		-20	0		-20	-32		+5	0
450	500	-1650	-840	-480														
500	560					-260	-145		-76		-22	0					0	0
560	630																	
630	710					-290	-160		-80		-24	0					0	0
710	800																	
800	900					-320	-170		-86		-26	0					0	0
900	1000																	
1000	1120					-350	-195		-98		-28	0					0	0
1120	1250																	
1250	1400					-390	-220		-110		-30	0					0	0
1400	1600																	
1600	1800					-430	-240		-120		-32	0					0	0
1800	2000																	
2000	2240					-480	-260		-130		-34	0					0	0
2240	2500																	
2500	2800					-520	-290		-145		-38	0					0	0
2800	3150																	

注：1. 公称尺寸小于或等于 1mm 时，基本偏差 a 和 b 均不采用。

2. 公差带 js7 至 js11，若 ITn 值数是奇数，则取偏差 = ± $\frac{ITn-1}{2}$。

基本偏差数值

（μm）

基本偏差数值（下极限偏差 ei）

所有标准公差等级													
m	n	p	r	s	t	u	v	x	y	z	za	zb	zc
+2	+4	+6	+10	+14		+18		+20		+26	+32	+40	+60
+4	+8	+12	+15	+19		+23		+28		+35	+42	+50	+80
+6	+10	+15	+19	+23		+28		+34		+42	+52	+67	+97
+7	+12	+18	+23	+28		+33		+40		+50	+64	+90	+130
							+39	+45		+60	+77	+108	+150
+8	+15	+22	+28	+35		+41	+47	+54	+63	+73	+98	+136	+188
					+41	+48	+55	+64	+75	+88	+118	+160	+218
+9	+17	+26	+34	+43	+48	+60	+68	+80	+94	+112	+148	+200	+274
					+54	+70	+81	+97	+114	+136	+180	+242	+325
+11	+20	+32	+41	+53	+66	+87	+102	+122	+144	+172	+226	+300	+405
			+43	+59	+75	+102	+120	+146	+174	+210	+274	+360	+480
+13	+23	+37	+51	+71	+91	+124	+146	+178	+214	+258	+335	+445	+585
			+54	+79	+104	+144	+172	+210	+254	+310	+400	+525	+690
+15	+27	+43	+63	+92	+122	+170	+202	+248	+300	+365	+470	+620	+800
			+65	+100	+134	+190	+228	+280	+340	+415	+535	+700	+900
			+68	+108	+146	+210	+252	+310	+380	+465	+600	+780	+1000
+17	+31	+50	+77	+122	+166	+236	+284	+350	+425	+520	+670	+880	+1150
			+80	+130	+180	+258	+310	+385	+470	+575	+740	+960	+1250
			+84	+140	+196	+284	+340	+425	+520	+640	+820	+1050	+1350
+20	+34	+56	+94	+158	+218	+315	+385	+475	+580	+710	+920	+1200	+1550
			+98	+170	+240	+350	+425	+525	+650	+790	+1000	+1300	+1700
+21	+37	+62	+108	+190	+268	+390	+475	+590	+730	+900	+1150	+1500	+1900
			+114	+208	+294	+435	+530	+660	+820	+1000	+1300	+1650	+2100
+23	+40	+68	+126	+232	+330	+490	+595	+740	+920	+1100	+1450	+1850	+2400
			+132	+252	+360	+540	+660	+820	+1000	+1250	+1600	+2100	+2600
+26	+44	+78	+150	+280	+400	+600							
			+155	+310	+450	+660							
+30	+50	+88	+175	+340	+500	+740							
			+185	+380	+560	+840							
+34	+56	+100	+210	+430	+620	+940							
			+220	+470	+680	+1050							
+40	+66	+120	+250	+520	+780	+1150							
			+260	+580	+840	+1300							
+48	+78	+140	+300	+640	+960	+1450							
			+330	+720	+1050	+1600							
+58	+92	+170	+370	+820	+1200	+1850							
			+400	+920	+1350	+2000							
+68	+110	+195	+440	+1000	+1500	+2300							
			+460	+1100	+1650	+2500							
+76	+135	+240	+550	+1250	+1900	+2900							
			+580	+1400	+2100	+3200							

表 2.2-7　孔的

公称尺寸/mm		基本偏差数值（下极限偏差 EI）																					
		所有标准公差等级												IT6	IT7	IT8	≤IT8	>IT8	≤IT8	>IT8	≤IT8	>IT8
大于	至	A	B	C	CD	D	E	EF	F	FG	G	H	JS	J			K		M		N	
—	3	+270	+140	+60	+34	+20	+14	+10	+6	+4	+2	0	偏差 = ±ITn/2，式中ITn是IT值数	+2	+4	+6	0	0	−2	−2	−4	−4
3	6	+270	+140	+70	+46	+30	+20	+14	+10	+6	+4	0		+5	+6	+10	−1+Δ		−4+Δ	−4	−8+Δ	0
6	10	+280	+150	+80	+56	+40	+25	+18	+13	+8	+5	0		+5	+8	+12	−1+Δ		−6+Δ	−6	−10+Δ	0
10	14	+290	+150	+95		+50	+32		+16		+6	0		+6	+10	+15	−1+Δ		−7+Δ	−7	−12+Δ	0
14	18																					
18	24	+300	+160	+110		+65	+40		+20		+7	0		+8	+12	+20	−2+Δ		−8+Δ	−8	−15+Δ	0
24	30																					
30	40	+310	+170	+120		+80	+50		+25		+9	0		+10	+14	+24	−2+Δ		−9+Δ	−9	−17+Δ	0
40	50	+320	+180	+130																		
50	65	+340	+190	+140		+100	+60		+30		+10	0		+13	+18	+28	−2+Δ		−11+Δ	−11	−20+Δ	0
65	80	+360	+200	+150																		
80	100	+380	+220	+170		+120	+72		+36		+12	0		+16	+22	+34	−3+Δ		−13+Δ	−13	−23+Δ	0
100	120	+410	+240	+180																		
120	140	+460	+260	+200		+145	+85		+43		+14	0		+18	+26	+41	−3+Δ		−15+Δ	−15	−27+Δ	0
140	160	+520	+280	+210																		
160	180	+580	+310	+230																		
180	200	+660	+340	+240		+170	+100		+50		+50	0		+22	+30	+47	−4+Δ		−17+Δ	−17	−31+Δ	0
200	225	+740	+380	+260																		
225	250	+820	+420	+280																		
250	280	+920	+480	+300		+190	+110		+56		+17	0		+25	+36	+55	−4+Δ		−20+Δ	−20	−34+Δ	0
280	315	+1050	+540	+330																		
315	355	+1200	+600	+360		+210	+125		+62		+18	0		+29	+39	+60	−4+Δ		−21+Δ	−21	−37+Δ	0
355	400	+1350	+680	+400																		
400	450	+1500	+760	+440		+230	+135		+68		+20	0		+33	+43	+66	−5+Δ		−23+Δ	−23	−40+Δ	0
450	500	+1650	+840	+480																		
500	560					+260	+145		+76		+22	0					0		−26		−44	
560	630																					
630	710					+290	+160		+80		+24	0					0		−30		−50	
710	800																					
800	900					+320	+170		+86		+26	0					0		−34		−56	
900	1000																					
1000	1120					+350	+195		+98		+28	0					0		−40		−66	
1120	1250																					
1250	1400					+390	+220		+110		+30	0					0		−48		−78	
1400	1600																					
1600	1800					+430	+240		+120		+32	0					0		−58		−92	
1800	2000																					
2000	2240					+480	+260		+130		+34	0					0		−68		−110	
2240	2500																					
2500	2800					+520	+290		+145		+38	0					0		−76		−135	
2800	3150																					

注：1. 公称尺寸小于或等于1mm时，基本偏差A和B及大于IT8的N均不采用。

2. 公差带JS7至JS11，若ITn值数是奇数，则取偏差 = $\pm\frac{ITn-1}{2}$。

3. 对小于或等于IT8的K、M、N和小于或等于IT7的P至ZC，所需Δ值从表内右侧选取。例如：

18至30mm段的K7：Δ=8μm，所以ES=（−2+8）μm=+6μm

18至30mm段的S6：Δ=4μm，所以ES=（−35+4）μm=−31μm

4. 特殊情况：250至315mm段的M6，ES=−9μm（代替−11μm）。

基本偏差值　　（μm）

基本偏差数值（上极限偏差 ES）													Δ值					
≤IT7	标准公差等级大于 IT7												标准公差等级					
P 至 ZC	P	R	S	T	U	V	X	Y	Z	ZA	ZB	ZC	IT3	IT4	IT5	IT6	IT7	IT8
在大于 IT7 的相应数值上增加一个Δ值	-6	-10	-14		-18		-20		-26	-32	-40	-60	0	0	0	0	0	
	-12	-15	-19		-23		-28		-35	-42	-50	-80	1	1.5	1	3	4	6
	-15	-19	-23		-28		-34		-42	-52	-67	-97	1	1.5	2	3	6	7
	-18	-23	-28		-33		-40		-50	-64	-90	-130	1	2	3	3	7	9
						-39	-45		-60	-77	-108	-150						
	-22	-28	-35		-41	-47	-54	-63	-73	-98	-136	-188	1.5	2	3	4	8	12
				-41	-48	-55	-64	-75	-88	-118	-160	-218						
	-26	-34	-43	-48	-60	-68	-80	-94	-112	-148	-200	-274	1.5	3	4	5	9	14
				-54	-70	-81	-97	-114	-136	-180	-242	-325						
	-32	-41	-53	-66	-87	-102	-122	-144	-172	-226	-300	-405	2	3	5	6	11	16
		-43	-59	-75	-102	-120	-146	-174	-210	-274	-360	-480						
	-37	-51	-71	-91	-124	-146	-178	-214	-258	-335	-445	-585	2	4	5	7	13	19
		-54	-79	-104	-144	-172	-210	-254	-310	-400	-525	-690						
	-43	-63	-92	-122	-170	-202	-248	-300	-365	-470	-620	-800	3	4	6	7	15	23
		-65	-100	-134	-190	-228	-280	-340	-415	-535	-700	-900						
		-68	-108	-146	-210	-252	-310	-380	-465	-600	-780	-1000						
	-50	-77	-122	-166	-236	-284	-350	-425	-520	-670	-880	-1150	3	4	6	9	17	26
		-80	-130	-180	-258	-310	-385	-470	-575	-740	-960	-1250						
		-84	-140	-196	-284	-340	-425	-520	-640	-820	-1050	-1350						
	-56	-94	-158	-218	-315	-385	-475	-580	-710	-920	-1200	-1550	4	4	7	9	20	29
		-98	-170	-240	-350	-425	-525	-650	-790	-1000	-1300	-1700						
	-62	-108	-190	-268	-390	-475	-590	-730	-900	-1150	-1500	-1900	4	5	7	11	21	32
		-114	-208	-294	-435	-530	-660	-820	-1000	-1300	-1650	-2100						
	-68	-126	-232	-330	-490	-595	-740	-920	-1100	-1450	-1850	-2400	5	5	7	13	23	34
		-132	-252	-360	-540	-660	-820	-1000	-1250	-1600	-2100	-2600						
	-78	-150	-280	-400	-600													
		-155	-310	-450	-660													
	-88	-175	-340	-500	-740													
		-185	-380	-560	-840													
	-100	-210	-430	-620	-940													
		-220	-470	-680	-1050													
	-120	-250	-520	-780	-1150													
		-260	-580	-840	-1300													
	-140	-300	-640	-960	-1450													
		-330	-720	-1050	-1600													
	-170	-370	-820	-1200	-1850													
		-400	-920	-1350	-2000													
	-195	-440	-1000	-1500	-2300													
		-460	-1100	-1650	-2500													
	-240	-550	-1250	-1900	-2900													
		-580	-1400	-2100	-3200													

表 2.2-8　公称尺寸大于 3150mm 至 10000mm，孔、轴的基本偏差数值　（μm）

轴的基本偏差		上极限偏差（es）						下极限偏差（ei）							
		d	e	f	g	h	js	k	m	n	p	r	s	t	u
公差等级		6至18													
公称尺寸/mm		符　号													
大于	至	-	-	-	-				+	+	+	+	+	+	+
3150	3550	580	320	160		0					290	680	1600	2400	3600
3550	4000											720	1750	2600	4000
4000	4500	640	350	175		0					360	840	2000	3000	4600
4500	5000											900	2200	3300	5000
5000	5600	720	380	190		0	偏差 = $\pm\frac{IT}{2}$				440	1050	2500	3700	5600
5600	6300											1100	2800	4100	6400
6300	7100	800	420	210		0					540	1300	3200	4700	7200
7100	8000											1400	3500	5200	8000
8000	9000	880	460	230		0					680	1650	4000	6000	9000
9000	10000											1750	4400	6600	10000
大于	至	+	+	+	+				-	-	-	-	-	-	-
公称尺寸/mm		符　号													
公差等级		6至18													
孔的基本偏差		D	E	F	G	H	JS	K	M	N	P	R	S	T	U
		下极限偏差（EI）						上极限偏差（ES）							

1.1.4　公差带

GB/T 1800.1—2009 规定：公差带用基本偏差的字母和公差等级数字表示，例如 H7 表示一种孔的公差带，h7 表示一种轴的公差带；注公差的尺寸用公称尺寸后跟所要求的公差带或（和）对应的偏差值表示，例如 32H7、80js15、100g6、$100^{-0.012}_{-0.034}$、100g6（$^{-0.012}_{-0.034}$）；当使用有限的字母组的装置传输信息时，例如电报，在标注前加注 H 或 h（对孔）、S 或 s（对轴），例如 50H5 或为 H50H5 或 h50h5，50h6 或为 S50H6 或 s50h6，但这种方法不能在图样上使用。

图 2.2-5 为各种公差带上、下偏差的归类图释。由于各种公差带的极限偏差值均可由标准公差数值表 2.2-3、表 2.2-5 和基本偏差数值表 2.2-6 ~ 表 2.2-8 计算得到，此处仅举几个示例说明其计算方法，不再将各种公差带的极限偏差值一一列出。

例 2.2-1　计算轴 ϕ40g11 的极限偏差

标准公差 = 160μm（由表 2.2-3）

基本偏差 = -9μm（由表 2.2-6）

上极限偏差 = 基本偏差 = -9μm

下极限偏差 = 基本偏差 - 标准公差 =（-9 - 160）μm = -169μm

例 2.2-2　计算轴 ϕ130n4 的极限偏差

标准公差 = 12μm（由表 2.2-3）

基本偏差 = +27μm（由表 2.2-6）

下极限偏差 = 基本偏差 = +27μm

上极限偏差 = 基本偏差 + 标准公差 =（+27 + 12）μm = +39μm

例 2.2-3　计算孔 ϕ130N4 的极限偏差

标准公差 = 12μm（由表 2.2-3）

基本偏差 = -27 + Δ（由表 2.2-7）=（-27 + 4）μm = -23μm

上极限偏差 = 基本偏差 = -23μm

下极限偏差 = 基本偏差 - 标准公差 =（-23 - 12）μm = -35μm

1.1.5　配合

GB/T 1800.1—2009 规定：配合用相同的公称尺寸后跟孔、轴公差带表示，孔、轴公差带写成分数形式，分子为孔公差带，分母为轴公差带，例如52H7/g6或52 $\frac{H7}{g6}$；当使用有限的字母组的装置传输配合信息时，例如电报，在标注前加注H或h（对孔）、S或s（对轴），例如52H7/g6可用H52H7/S52G6或h52h7/s52g6，但这种方法同样也不能在图样上使用。

配合分基孔制配合和基轴制配合（图2.2-6），如有特殊需要，允许将任一孔、轴公差带组成配合。无论基孔制配合还是基轴制配合，都有间隙配合、过渡配合和过盈配合三类。属于哪一种配合取决于孔、轴公差带的相互位置关系。

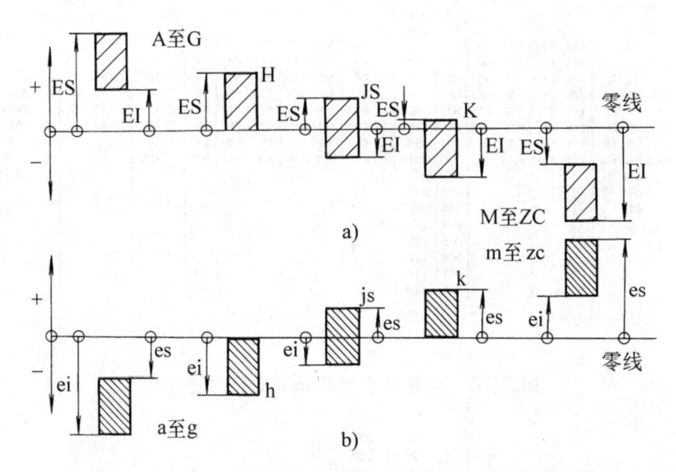

图2.2-5　各种孔、轴公差带上极限偏差和下极限偏差归类图释
a）孔　b）轴

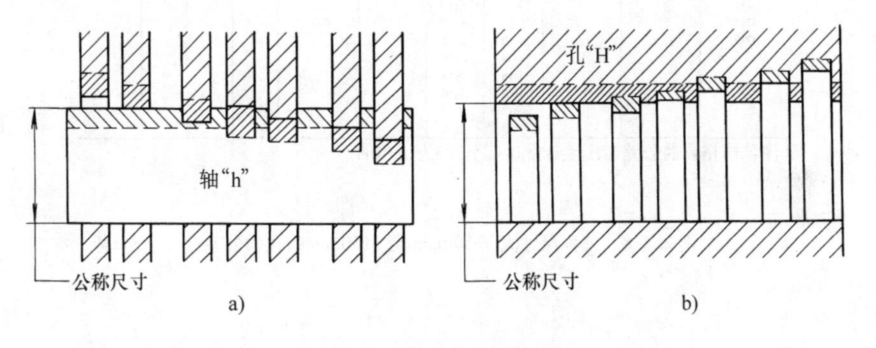

图2.2-6　基孔制和基轴制配合
a）基轴制配合　b）基孔制配合

1.1.6　公差带和配合的选择

（1）公差带的选择

按照表2.2-3、表2.2-6和表2.2-7所列的标准公差和基本偏差数值，在公称尺寸至3150mm内可以组成大量不同大小与位置的公差带，具有非常广泛选用的可能性。从经济性出发，为避免定值刀具、量具的品种、规格不必要的繁杂，GB/T 1800.2—2009限定了许多孔、轴公差带，如图2.2-7～图2.2-10所示。为了适应精密机械和钟表制造业的需要GB/T 1803—2003专门规定了尺寸至18mm孔、轴公差带，见图2.2-11、图2.2-12。上述各种孔、轴公差带的极限偏差均列于表2.2-9～表2.2-12。

GB/T 1801—2009对公差带的选择进一步限定如下：

1）孔公差带　公称尺寸至500mm的孔公差带见图2.2-13。选择时，应优先选用图2.2-13中圆圈中的公差带，其次选用方框中的公差带，最后选用其他公差带。

公称尺寸大于500mm至3150mm的孔公差带，见图2.2-14。

2）轴公差带　公称尺寸至500mm的轴公差带，见图2.2-15。选择时，应优先选用图2.2-15中圆圈中的公差带，其次选用方框中的公差带，最后选用其他公差带。

公称尺寸大于500mm至3150mm的轴公差带，见图2.2-16。

（2）配合的选择

										H1	JS1																
										H2	JS2																
						EF3	F3	FG3	G3	H3	JS3		K3	M3	N3	P3	R3	S3									
						EF4	F4	FG4	G4	H4	JS4		K4	M4	N4	P4	R4	S4									
					E5	EF5	F5	FG5	G5	H5	JS5		K5	M5	N5	P5	R5	S5	T5	U5	V5	X5					
			CD6	D6	E6	EF6	F6	FG6	G6	H6	JS6	J6	K6	M6	N6	P6	R6	S6	T6	U6	V6	X6	Y6	Z6	ZA6		
			CD7	D7	E7	EF7	F7	FG7	G7	H7	JS7	J7	K7	M7	N7	P7	R7	S7	T7	U7	V7	X7	Y7	Z7	ZA7	ZB7	ZC7
	B8	C8	CD8	D8	E8	EF8	F8	FG8	G8	H8	JS8	J8	K8	M8	N8	P8	R8	S8	T8	U8	V8	X8	Y8	Z8	ZA8	ZB8	ZC8
A9	B9	C9	CD9	D9	E9	EF9	F9	FG9	G9	H9	JS9		K9	M9	N9	P9	R9	S9		U9		X9	Y9	Z9	ZA9	ZB9	ZC9
A10	B10	C10	CD10	D10	E10	EF10	F10	FG10	G10	H10	JS10		K10	M10	N10	P10	R10	S10		U10		X10	Y10	Z10	ZA10	ZB10	ZC10
A11	B11	C11		D11						H11	JS11				N11									Z11	ZA11	ZB11	ZC11
A12	B12	C12		D12						H12	JS12																
A13	B13	C13		D13						H13	JS13																
										H14	JS14																
										H15	JS15																
										H16	JS16																
										H17	JS17																
										H18	JS18																

图2.2-7　公称尺寸至500mm的孔的公差带

				H1	JS1								
				H2	JS2								
				H3	JS3								
				H4	JS4								
				H5	JS5								
D6	E6	F6	G6	H6	JS6	K6	M6	N6	P6	R6	S6	T6	U6
D7	E7	F7	G7	H7	JS7	K7	M7	N7	P7	R7	S7	T7	U7
D8	E8	F8	G8	H8	JS8	K8	M8	N8	P8	R8	S8	T8	U8
D9	E9	F9		H9	JS9			N9	P9				
D10	E10			H10	JS10								
D11				H11	JS11								
D12				H12	JS12								
D13				H13	JS13								
				H14	JS14								
				H15	JS15								
				H16	JS16								
				H17	JS17								
				H18	JS18								

注：框格内的公差带H1至H5和JS1至JS5为试用的。

图2.2-8　公称尺寸大于500mm至3150mm的孔的公差带

										h1	js1																		
										h2	js2																		
						ef3	f3	fg3	g3	h3	js3		k3	m3	n3	p3	r3	s3											
						ef4	f4	fg4	g4	h4	js4		k4	m4	n4	p4	r4	s4											
			cd5	d5	e5	ef5	f5	fg5	g5	h5	js5	j5	k5	m5	n5	p5	r5	s5	t5	u5	v5	x5							
			cd6	d6	e6	ef6	f6	fg6	g6	h6	js6	j6	k6	m6	n6	p6	r6	s6	t6	u6	v6	x6	y6	z6	za6				
			cd7	d7	e7	ef7	f7	fg7	g7	h7	js7	j7	k7	m7	n7	p7	r7	s7	t7	u7	v7	x7	y7	z7	za7	zb7	zc7		
		c8	cd8	d8	e8	ef8	f8	fg8	g8	h8	js8	j8	k8	m8	n8	p8	r8	s8	t8	u8	v8	x8	y8	z8	za8	zb8	zc8		
a9	b9	c9	cd9	d9	e9	ef9	f9	fg9	g9	h9	js9		k9	m9	n9	p9	r9	s9		u9		x9	y9	z9	za9	zb9	zc9		
a10	b10	c10	cd10	d10	e10	ef10	f10	fg10	g10	h10	js10		k10			p10	r10	s10				x10	y10	z10	za10	zb10	zc10		
a11	b11	c11		d11						h11	js11		k11											z11	za11	zb11	zc11		
a12	b12	c12		d12						h12	js12		k12																
a13	b13			d13						h13	js13		k13																
										h14	js14																		
										h15	js15																		
										h16	js16																		
										h17	js17																		
										h18	js18																		

图2.2-9　公称尺寸至500mm的轴的公差带

				h1	js1						
				h2	js2						
				h3	js3						
				h4	js4						
				h5	js5						
	e6	f6	g6	h6	js6	k6	m6 n6	p6	r6	s6	t6 u6
d7	e7	f7	g7	h7	js7	k7	m7 n7	p7	r7	s7	t7 u7
d8	e8	f8	g8	h8	js8	k8		p8	r8	s8	u8
d9	e9	f9		h9	js9	k9					
d10	e10			h10	js10	k10					
d11				h11	js11	k11					
				h12	js12	k12					
				h13	js13	k13					
				h14	js14						
				h15	js15						
				h16	js16						
				h17	js17						
				h18	js18						

注：框格内的公差带h1至h5和js1至js5为试用的。

图 2. 2-10　公称尺寸大于 500mm 至 3150mm 的轴的公差带

										H1		JS1													
										H2		JS2													
						EF3	F3	FG3	G3	H3		JS3	K3	M3	N3	P3	R3								
						EF4	F4	FG4	G4	H4		JS4	K4	M4	N4	P4	R4								
					E5	EF5	F5	FG5	G5	H5		JS5	K5	M5	N5	P5	R5	S5							
			CD6	D6	E6	EF6	F6	FG6	G6	H6	J6	JS6	K6	M6	N6	P6	R6	S6	U6	V6	X6	Z6			
			CD7	D7	E7	EF7	F7	FG7	G7	H7	J7	JS7	K7	M7	N7	P7	R7	S7	U7	V7	X7	Z7	ZA7	ZB7	ZC7
	B8	C8	CD8	D8	E8	EF8	F8	FG8	G8	H8	J8	JS8	K8	M8	N8	P8	R8	S8	U8	V8	X8	Z8	ZA8	ZB8	ZC8
A9	B9	C9	CD9	D9	E9	EF9	F9	FG9	G9	H9		JS9	K9	M9	N9	P9	R9	S9	U9		X9	Z9	ZA9	ZB9	ZC9
A10	B10	C10	CD10	D10	E10	EF10				H10		JS10			N10										
A11	B11	C11		D11						H11		JS11													
A12	B12	C12								H12		JS12													
										H13		JS13													

图 2. 2-11　公称尺寸至 18mm 的孔的公差带（精密机械和钟表制造业用）

										h1		js1													
										h2		js2													
						ef3	f3	fg3	g3	h3		js3	k3	m3	n3	p3	r3								
						ef4	f4	fg4	g4	h4		js4	k4	m4	n4	p4	r4	s4							
		c5	cd5	d5	e5	ef5	f5	fg5	g5	h5	j5	js5	k5	m5	n5	p5	r5	s5	u5	v5	x5	z5			
		c6	cd6	d6	e6	ef6	f6	fg6	g6	h6	j6	js6	k6	m6	n6	p6	r6	s6	u6	v6	x6	z6	za6		
		c7	cd7	d7	e7	ef7	f7	fg7	g7	h7	j7	js7	k7	m7	n7	p7	r7	s7	u7	v7	x7	z7	za7	zb7	zc7
	b8	c8	cd8	d8	e8	ef8	f8	fg8	g8	h8		js8	k8	m8	n8	p8	r8	s8	u8	v8	x8	z8	za8	zb8	zc8
a9	b9	c9	cd9	d9	e9	ef9	f9	fg9	g9	h9		js9	k9	m9	n9	p9	r9	s9	u9		x9	z9	za9	zb9	zc9
a10	b10	c10	cd10	d10	e10	ef10	f10			h10		js10	k10												
a11	b11	c11		d11						h11		js11													
a12	b12	c12								h12		js12													
a13	b13	c13								h13		js13													

图 2. 2-12　公称尺寸至 18mm 的轴的公差带（精密机械和钟表制造业用）

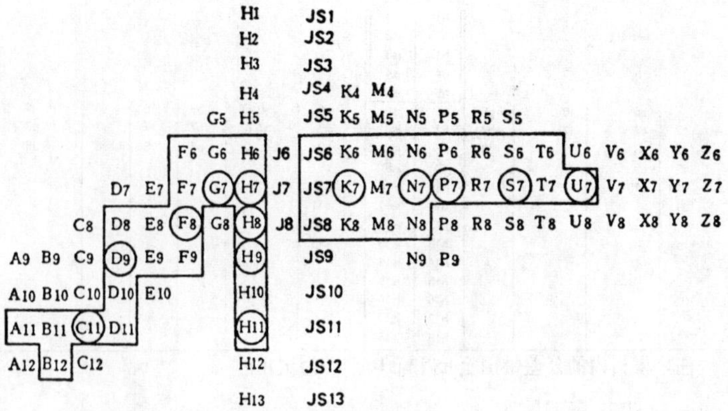

H1 JS1
H2 JS2
H3 JS3
H4 JS4 K4 M4
G5 H5 JS5 K5 M5 N5 P5 R5 S5
F6 G6 H6 J6 JS6 K6 M6 N6 P6 R6 S6 T6 U6 V6 X6 Y6 Z6
D7 E7 F7 G7 H7 J7 JS7 K7 M7 N7 P7 R7 S7 T7 U7 V7 X7 Y7 Z7
C8 D8 E8 F8 G8 H8 J8 JS8 K8 M8 N8 P8 R8 S8 T8 U8 V8 X8 Y8 Z8
A9 B9 C9 D9 E9 F9 H9 JS9 N9 P9
A10 B10 C10 D10 E10 H10 JS10
A11 B11 C11 D11 H11 JS11
A12 B12 C12 H12 JS12
H13 JS13

图 2. 2-13　公称尺寸至 500mm 的孔的常用、优先公差带

			G6	H6	JS6	K6	M6	N6
		F7	G7	H7	JS7	K7	M7	N7
D8	E8	F8		H8	JS8			
D9	E9	F9		H9	JS9			
D10				H10	JS10			
D11				H11	JS11			
				H12	JS12			

图 2. 2-14　公称尺寸大于 500mm 至 3150mm 的孔的常用公差带

按照表 2. 2-3、表 2. 2-6 和表 2. 2-7 所列的标准公差和基本偏差数值，在公称尺寸至 3150mm 内可以组成大量不同大小和位置的公差带，这些孔、轴公差带更可组成很多种配合。与公差带选择同理，从经济性出发，也应对配合的选择加以限定。GB/T 1801—2009 在其选定的孔、轴公差带里，进一步从中选取了少量孔、轴公差带组成了一些优先和常用配合。

公称尺寸至 500mm 的基孔制优先和常用配合见表 2. 2-13，基轴制优先和常用配合见表 2. 2-14。表 2. 2-15 为这些配合的极限间隙或极限过盈。选择时，首先选用表中的优先配合（带圆圈的），其次选用常用配合（带方框的）。

h1 js1
h2 js2
h3 js3
g4 h4 js4 k4 m4 n4 p4 r4 s4
f5 g5 h5 j5 js5 k5 m5 n5 p5 r5 s5 t5 u5 v5 x5
e6 f6 g6 h6 j6 js6 k6 m6 n6 p6 r6 s6 t6 u6 v6 x6 y6 z6
d7 e7 f7 g7 h7 j7 js7 k7 m7 n7 p7 r7 s7 t7 u7 v7 x7 y7 z7
c8 d8 e8 f8 g8 h8 js8 k8 m8 n8 p8 r8 s8 t8 u8 v8 x8 y8 z8
a9 b9 c9 d9 e9 f9 h9 js9
a10 b10 c10 d10 e10 h10 js10
a11 b11 c11 d11 h11 js11
a12 b12 c12 h12 js12
a13 b13 h13 js13

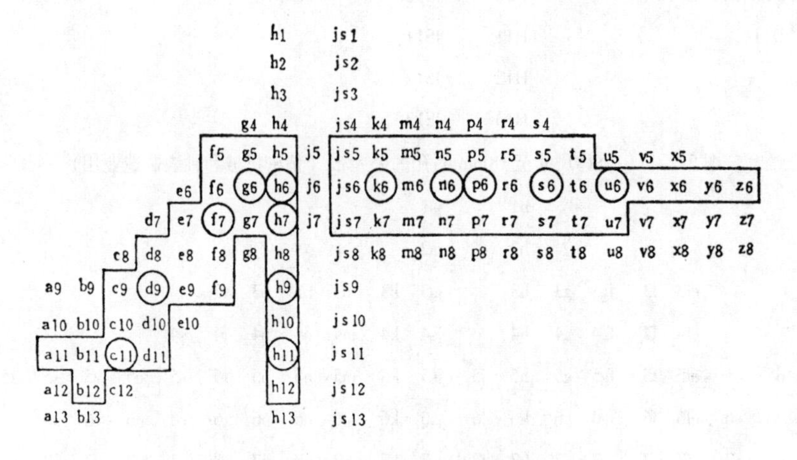

图 2. 2-15　公称尺寸至 500mm 轴的常用、优先公差带

			g6	h6	js6	k6	m6	n6	p6	r6	s6	t6	u6
		f7	g7	h7	js7	k7	m7	n7	p7	r7	s7	t7	u7
d8	e8	f8		h8	js8								
d9	e9	f9		h9	js9								
d10				h10	js10								
d11				h11	js11								
				h12	js12								

图 2. 2-16　公称尺寸大于 500mm 至 3150mm 的轴的常用公差带

表 2.2-9　孔的极限偏差（500mm 以下）　（μm）

公称尺寸/mm		A					B						C					
大于	至	9	10	11	12	13	8	9	10	11	12	13	8	9	10	11	12	13
—	3	+295 +270	+310 +270	+330 +270	+370 +270	+410 +270	+154 +140	+165 +140	+180 +140	+200 +140	+240 +140	+280 +140	+74 +60	+85 +60	+100 +60	+120 +60	+160 +60	+200 +60
3	6	+300 +270	+318 +270	+345 +270	+390 +270	+450 +270	+158 +140	+170 +140	+188 +140	+215 +140	+260 +140	+320 +140	+88 +70	+100 +70	+118 +70	+145 +70	+190 +70	+250 +70
6	10	+316 +280	+338 +280	+370 +280	+430 +280	+500 +280	+172 +150	+186 +150	+208 +150	+240 +150	+300 +150	+370 +150	+102 +80	+116 +80	+138 +80	+170 +80	+230 +80	+300 +80
10	18	+333 +290	+360 +290	+400 +290	+470 +290	+560 +290	+177 +150	+193 +150	+220 +150	+260 +150	+330 +150	+420 +150	+122 +95	+138 +95	+165 +95	+205 +95	+275 +95	+365 +95
18	30	+352 +300	+384 +300	+430 +300	+510 +300	+630 +300	+193 +160	+212 +160	+244 +160	+290 +160	+370 +160	+490 +160	+143 +110	+162 +110	+194 +110	+240 +110	+320 +110	+440 +110
30	40	+372 +310	+410 +310	+470 +310	+560 +310	+700 +310	+209 +170	+232 +170	+270 +170	+330 +170	+420 +170	+560 +170	+159 +120	+182 +120	+220 +120	+280 +120	+370 +120	+510 +120
40	50	+382 +320	+420 +320	+480 +320	+570 +320	+710 +320	+219 +180	+242 +180	+280 +180	+340 +180	+430 +180	+570 +180	+169 +130	+192 +130	+230 +130	+290 +130	+380 +130	+520 +130
50	65	+414 +340	+460 +340	+530 +340	+640 +340	+800 +340	+236 +190	+264 +190	+310 +190	+380 +190	+490 +190	+650 +190	+186 +140	+214 +140	+260 +140	+330 +140	+440 +140	+600 +140
65	80	+434 +360	+480 +360	+550 +360	+660 +360	+820 +360	+246 +200	+274 +200	+320 +200	+390 +200	+500 +200	+660 +200	+196 +150	+224 +150	+270 +150	+340 +150	+450 +150	+610 +150
80	100	+467 +380	+520 +380	+600 +380	+730 +380	+920 +380	+274 +220	+307 +220	+360 +220	+440 +220	+570 +220	+760 +220	+224 +170	+257 +170	+310 +170	+390 +170	+520 +170	+710 +170
100	120	+497 +410	+550 +410	+630 +410	+760 +410	+950 +410	+294 +240	+327 +240	+380 +240	+460 +240	+590 +240	+780 +240	+234 +180	+267 +180	+320 +180	+400 +180	+530 +180	+720 +180
120	140	+560 +460	+620 +460	+710 +460	+860 +460	+1 090 +460	+323 +260	+360 +260	+420 +260	+510 +260	+660 +260	+890 +260	+263 +200	+300 +200	+360 +200	+450 +200	+600 +200	+830 +200

（续）

公称尺寸/mm		A					B						C					
大于	至	9	10	11	12	13	8	9	10	11	12	13	8	9	10	11	12	13
140	160	+620 +520	+680 +520	+770 +520	+920 +520	+1 150 +520	+343 +280	+380 +280	+440 +280	+530 +280	+680 +280	+910 +280	+273 +210	+310 +210	+370 +210	+460 +210	+610 +210	+840 +210
160	180	+680 +580	+740 +580	+830 +580	+980 +580	+1 210 +580	+373 +310	+410 +310	+470 +310	+560 +310	+710 +310	+940 +310	+293 +230	+330 +230	+390 +230	+480 +230	+630 +230	+860 +230
180	200	+775 +660	+845 +660	+950 +660	+1 120 +660	+1 380 +660	+412 +340	+455 +340	+525 +340	+630 +340	+800 +340	+1 060 +340	+312 +240	+355 +240	+425 +240	+530 +240	+700 +240	+960 +240
200	225	+855 +740	+925 +740	+1 030 +740	+1 200 +740	+1 460 +740	+452 +380	+495 +380	+565 +380	+670 +380	+840 +380	+1 100 +380	+332 +260	+375 +260	+445 +260	+550 +260	+720 +260	+980 +260
225	250	+935 +820	+1 005 +820	+1 110 +820	+1 280 +820	+1 540 +820	+492 +420	+535 +420	+605 +420	+710 +420	+880 +420	+1 140 +420	+352 +280	+395 +280	+465 +280	+570 +280	+740 +280	+1 100 +280
250	280	+1 050 +920	+1 130 +920	+1 240 +920	+1 440 +920	+1 730 +920	+561 +480	+610 +480	+690 +480	+800 +480	+1 000 +480	+1 290 +480	+381 +300	+430 +300	+510 +300	+620 +300	+820 +300	+1 110 +300
280	315	+1 180 +1 050	+1 260 +1 050	+1 370 +1 050	+1 570 +1 050	+1 860 +1 050	+621 +540	+670 +540	+750 +540	+860 +540	+1 060 +540	+1 350 +540	+411 +330	+460 +330	+540 +330	+650 +330	+850 +330	+1 140 +330
315	355	+1 340 +1 200	+1 430 +1 200	+1 560 +1 200	+1 700 +1 200	+2 000 +1 200	+689 +600	+740 +600	+830 +600	+960 +600	+1 170 +600	+1 490 +600	+449 +360	+500 +360	+590 +360	+720 +360	+930 +360	+1 250 +360
355	400	+1 490 +1 350	+1 580 +1 350	+1 710 +1 350	+1 920 +1 350	+2 240 +1 350	+769 +680	+820 +680	+910 +680	+1 040 +680	+1 250 +680	+1 570 +680	+489 +400	+540 +400	+630 +400	+760 +400	+970 +400	+1 290 +400
400	450	+1 655 +1 500	+1 750 +1 500	+1 900 +1 500	+2 130 +1 500	+2 470 +1 500	+857 +760	+915 +760	+1 010 +760	+1 160 +760	+1 390 +760	+1 730 +760	+537 +440	+595 +440	+690 +440	+840 +440	+1 070 +440	+1 410 +440
450	500	+1 805 +1 650	+1 900 +1 650	+2 050 +1 650	+2 280 +1 650	+2 620 +1 650	+937 +840	+995 +840	+1 090 +840	+1 240 +840	+1 470 +840	+1 810 +840	+577 +480	+635 +480	+730 +480	+880 +480	+1 110 +480	+1 450 +480

注：公称尺寸小于1mm时，各级的A和B均不采用。

（续）

公称尺寸/mm		CD					D								E					
大于	至	6	7	8	9	10	6	7	8	9	10	11	12	13	5	6	7	8	9	10
—	3	+40 +34	+44 +34	+48 +34	+59 +34	+74 +34	+26 +20	+30 +20	+34 +20	+45 +20	+60 +20	+80 +20	+120 +20	+160 +20	+18 +14	+20 +14	+24 +14	+28 +14	+39 +14	+54 +14
3	6	+54 +46	+58 +46	+64 +46	+76 +46	+94 +46	+38 +30	+42 +30	+48 +30	+60 +30	+78 +30	+105 +30	+150 +30	+210 +30	+25 +20	+28 +20	+32 +20	+38 +20	+50 +20	+68 +20
6	10	+65 +56	+71 +56	+78 +56	+92 +56	+114 +56	+49 +40	+55 +40	+62 +40	+76 +40	+98 +40	+130 +40	+190 +40	+260 +40	+31 +25	+34 +25	+40 +25	+47 +25	+61 +25	+83 +25
10	18						+61 +50	+68 +50	+77 +50	+93 +50	+120 +50	+160 +50	+230 +50	+320 +50	+40 +32	+43 +32	+50 +32	+59 +32	+75 +32	+102 +32
18	30						+78 +65	+86 +65	+98 +65	+117 +65	+149 +65	+195 +65	+275 +65	+395 +65	+49 +40	+53 +40	+61 +40	+73 +40	+92 +40	+124 +40
30	50						+96 +80	+105 +80	+119 +80	+142 +80	+180 +80	+240 +80	+330 +80	+470 +80	+61 +50	+66 +50	+75 +50	+89 +50	+112 +50	+150 +50
50	80						+119 +100	+130 +100	+146 +100	+174 +100	+220 +100	+290 +100	+400 +100	+560 +100	+73 +60	+79 +60	+90 +60	+106 +60	+134 +60	+180 +60
80	120						+142 +120	+155 +120	+174 +120	+207 +120	+260 +120	+340 +120	+470 +120	+660 +120	+87 +72	+94 +72	+107 +72	+125 +72	+159 +72	+212 +72
120	180						+170 +145	+185 +145	+208 +145	+245 +145	+305 +145	+395 +145	+545 +145	+775 +145	+103 +85	+110 +85	+125 +85	+148 +85	+185 +85	+245 +85
180	250						+199 +170	+216 +170	+242 +170	+285 +170	+355 +170	+460 +170	+630 +170	+890 +170	+120 +100	+129 +100	+146 +100	+172 +100	+215 +100	+285 +100
250	315						+222 +190	+242 +190	+271 +190	+320 +190	+400 +190	+510 +190	+710 +190	+1 000 +190	+133 +110	+142 +110	+162 +110	+191 +110	+240 +110	+320 +110
315	400						+246 +210	+267 +210	+299 +210	+350 +210	+440 +210	+570 +210	+780 +210	+1 100 +210	+150 +125	+161 +125	+182 +125	+214 +125	+265 +125	+355 +125
400	500						+270 +230	+293 +230	+327 +230	+385 +230	+480 +230	+630 +230	+860 +230	+1 200 +230	+162 +135	+175 +135	+198 +135	+232 +135	+290 +135	+385 +135

（续）

公称尺寸/mm		EF								F								FG								G							
大于	至	3	4	5	6	7	8	9	10	3	4	5	6	7	8	9	10	3	4	5	6	7	8	9	10	3	4	5	6	7	8	9	10
—	3	+12 +10	+13 +10	+14 +10	+16 +10	+20 +10	+24 +10	+35 +10	+50 +10	+8 +6	+9 +6	+10 +6	+12 +6	+16 +6	+20 +6	+31 +6	+46 +6	+6 +4	+7 +4	+8 +4	+10 +4	+14 +4	+18 +4	+29 +4	+44 +4	+4 +2	+5 +2	+6 +2	+8 +2	+12 +2	+16 +2	+27 +2	+42 +2
3	6	+16.5 +14	+18 +14	+19 +14	+22 +14	+26 +14	+32 +14	+44 +14	+62 +14	+12.5 +10	+14 +10	+15 +10	+18 +10	+22 +10	+28 +10	+40 +10	+58 +10	+8.5 +6	+10 +6	+11 +6	+14 +6	+18 +6	+24 6	+36 +6	+54 +6	+6.5 +4	+8 +4	+9 +4	+12 +4	+16 +4	+22 +4	+34 +4	+52 +4
6	10	+20.5 +18	+22 +18	+24 +18	+27 +18	+33 +18	+40 +18	+54 +18	+76 +18	+15.5 +13	+17 +13	+19 +13	+22 +13	+28 +13	+35 +13	+49 +13	+71 +13	+10.5 +8	+12 +8	+14 +8	+17 +8	+23 +8	+30 +8	+44 +8	+66 +8	+7.5 +5	+9 +5	+11 +5	+14 +5	+20 +5	+27 +5	+41 +5	+63 +5
10	18									+19 +16	+21 +16	+24 +16	+27 +16	+34 +16	+43 +16	+59 +16	+86 +16									+9 +6	+11 +6	+14 +6	+17 +6	+24 +6	+33 +6	+49 +6	+76 +6
18	30									+24 +20	+26 +20	+29 +20	+33 +20	+41 +20	+53 +20	+72 +20	+104 +20									+11 +7	+13 +7	+16 +7	+20 +7	+28 +7	+40 +7	+59 +7	+91 +7
30	50									+29 +25	+32 +25	+36 +25	+41 +25	+50 +25	+64 +25	+87 +25	+125 +25									+13 +9	+16 +9	+20 +9	+25 +9	+34 +9	+48 +9	+71 +9	+109 +9
50	80											+43 +30	+49 +30	+60 +30	+76 +30	+104 +30												+23 +10	+29 +10	+40 +10	+56 +10		
80	120											+51 +36	+58 +36	+71 +36	+90 +36	+123 +36												+27 +12	+34 +12	+47 +12	+66 +12		
120	180											+61 +43	+68 +43	+83 +43	+106 +43	+143 +43												+32 +14	+39 +14	+54 +14	+77 +14		
180	250											+70 +50	+79 +50	+96 +50	+122 +50	+165 +50												+35 +15	+44 +15	+61 +15	+87 +15		
250	315											+79 +56	+88 +56	+108 +56	+137 +56	+186 +56												+40 +17	+49 +17	+69 +17	+98 +17		
315	400											+87 +62	+98 +62	+119 +62	+151 +62	+202 +62												+43 +18	+54 +18	+75 +18	+107 +18		
400	500											+95 +68	+108 +68	+131 +68	+165 +68	+223 +68												+47 +20	+60 +20	+83 +20	+117 +20		

（续）

公称尺寸/mm		H																	
		1	2	3	4	5	6	7	8	9	10	11	12	13	14	15	16	17	18
大于	至	偏差																	
		μm											mm						
—	3	+0.8 0	+1.2 0	+2 0	+3 0	+4 0	+6 0	+10 0	+14 0	+25 0	+40 0	+60 0	+0.1 0	+0.14 0	+0.25 0	+0.4 0	+0.6 0		
3	6	+1 0	+1.5 0	+2.5 0	+4 0	+5 0	+8 0	+12 0	+18 0	+30 0	+48 0	+75 0	+0.12 0	+0.18 0	+0.3 0	+0.48 0	+0.75 0	+1.2 0	+1.8 0
6	10	+1 0	+1.5 0	+2.5 0	+4 0	+6 0	+9 0	+15 0	+22 +0	+36 0	+58 0	+90 0	+0.15 0	+0.22 0	+0.36 0	+0.58 0	+0.9 0	+1.5 0	+2.2 0
10	18	+1.2 0	+2 0	+3 0	+5 0	+8 0	+11 0	+18 0	+27 0	+43 0	+70 0	+110 0	+0.18 0	+0.27 0	+0.43 0	+0.7 0	+1.1 0	+1.8 0	+2.7 0
18	30	+1.5 0	+2.5 0	+4 0	+6 0	+9 0	+13 0	+21 0	+33 0	+52 0	+84 0	+130 0	+0.21 0	+0.33 0	+0.52 0	+0.84 0	+1.3 0	+2.1 0	+3.3 0
30	50	+1.5 0	+2.5 0	+4 0	+7 0	+11 0	+16 0	+25 0	+39 0	+62 0	+100 0	+160 0	+0.25 0	+0.39 0	+0.62 0	+1 0	+1.6 0	+2.5 0	+3.9 0
50	80	+2 0	+3 0	+5 0	+8 0	+13 0	+19 0	+30 0	+46 0	+74 0	+120 0	+190 0	+0.3 0	+0.46 0	+0.74 0	+1.2 0	+1.9 0	+3 0	+4.6 0
80	120	+2.5 0	+4 0	+6 0	+10 0	+15 0	+22 0	+35 0	+54 0	+87 0	+140 0	+220 0	+0.35 0	+0.54 0	+0.87 0	+1.4 0	+2.2 0	+3.5 0	+5.4 0
120	180	+3.5 0	+5 0	+8 0	+12 0	+18 0	+25 0	+40 0	+63 0	+100 0	+160 0	+250 0	+0.4 0	+0.63 0	+1 0	+1.6 0	+2.5 0	+4 0	+6.3 0
180	250	+4.5 0	+7 0	+10 0	+14 0	+20 0	+29 0	+46 0	+72 0	+115 0	+185 0	+290 0	+0.46 0	+0.72 0	+1.15 0	+1.85 0	+2.9 0	+4.6 0	+7.2 0
250	315	+6 0	+8 0	+12 0	+16 0	+23 0	+32 0	+52 0	+81 0	+130 0	+210 0	+320 0	+0.52 0	+0.81 0	+1.3 0	+2.1 0	+3.2 0	+5.2 0	+8.1 0
315	400	+7 0	+9 0	+13 0	+18 0	+25 0	+36 0	+57 0	+89 0	+140 0	+230 0	+360 0	+0.57 0	+0.89 0	+1.4 0	+2.3 0	+3.6 0	+5.7 0	+8.9 0
400	500	+8 0	+10 0	+15 0	+20 0	+27 0	+40 0	+63 0	+97 0	+155 0	+250 0	+400 0	+0.63 0	+0.97 0	+1.55 0	+2.5 0	+4 0	+6.3 0	+9.7 0

（续）

公称尺寸/mm		JS																	
		1	2	3	4	5	6	7	8	9	10	11	12	13	14	15	16	17	18
大于	至	偏差																	
		μm											mm						
—	3	+0.4 -0.4	+0.6 -0.6	+1 -1	+1.5 -1.5	+2 -2	+3 -3	+5 -5	+7 -7	+12 -12	+20 -20	+30 -30	+0.05 -0.05	+0.07 -0.07	+0.125 -0.125	+0.2 -0.2	+0.3 -0.3		
3	6	+0.5 -0.5	+0.75 -0.75	+1.25 -1.25	+2 -2	+2.5 -2.5	+4 -4	+6 -6	+9 -9	+15 -15	+24 -24	+37 -37	+0.06 -0.06	+0.09 -0.09	+0.15 -0.15	+0.24 -0.24	+0.375 -0.375	+0.6 -0.6	+0.9 -0.9
6	10	+0.5 -0.5	+0.75 -0.75	+1.25 -1.25	+2 -2	+3 -3	+4.5 -4.5	+7 -7	+11 -11	+18 -18	+29 -29	+46 -46	+0.075 -0.075	+0.11 -0.11	+0.18 -0.18	+0.29 -0.29	+0.45 -0.45	+0.75 -0.75	+1.1 -1.1
10	18	+0.6 -0.6	+1 -1	+1.5 -1.5	+2.5 -2.5	+4 -4	+5.5 -5.5	+9 -9	+13 -13	+21 -21	+36 -36	+55 -55	+0.09 -0.09	+0.135 -0.135	+0.215 -0.215	+0.35 -0.35	+0.55 -0.55	+0.9 -0.9	+1.35 -1.35
18	30	+0.75 -0.75	+1.25 -1.25	+2 -2	+3 -3	+4.5 -4.5	+6.5 -6.5	+10 -10	+16 -16	+26 -26	+42 -42	+65 -65	+0.105 -0.105	+0.165 -0.165	+0.26 -0.26	+0.42 -0.42	+0.65 -0.65	+1.05 -1.05	+1.65 -1.65
30	50	+0.75 -0.75	+1.25 -1.25	+2 -2	+3.5 -3.5	+5.5 -5.5	+8 -8	+12 -12	+19 -19	+31 -31	+50 -50	+80 -80	+0.125 -0.125	+0.195 -0.195	+0.31 -0.31	+0.5 -0.5	+0.8 -0.8	+1.25 -1.25	+1.95 -1.95
50	80	+1 -1	+1.5 -1.5	+2.5 -2.5	+4 -4	+6.5 -6.5	+9.5 -9.5	+15 -15	+23 -23	+37 -37	+60 -60	+95 -95	+0.15 -0.15	+0.23 -0.23	+0.37 -0.37	+0.6 -0.6	+0.95 -0.95	+1.5 -1.5	+2.3 -2.3
80	120	+1.25 -1.25	+2 -2	+3 -3	+5 -5	+7.5 -7.5	+11 -11	+17 -17	+27 -27	+43 -43	+70 -70	+110 -110	+0.175 -0.175	+0.27 -0.27	+0.435 -0.435	+0.7 -0.7	+1.1 -1.1	+1.75 -1.75	+2.7 -2.7
120	180	+1.75 -1.75	+2.5 -2.5	+4 -4	+6 -6	+9 -9	+12.5 -12.5	+20 -20	+31 -31	+50 -50	+80 -80	+125 -125	+0.2 -0.2	+0.315 -0.315	+0.5 -0.5	+0.8 -0.8	+1.25 -1.25	+2 -2	+3.15 -3.15
180	250	+2.25 -2.25	+3.5 -3.5	+5 -5	+7 -7	+10 -10	+14.5 -14.5	+23 -23	+36 -36	+57 -57	+92 -92	+145 -145	+0.23 -0.23	+0.36 -0.36	+0.575 -0.575	+0.925 -0.925	+1.45 -1.45	+2.3 -2.3	+3.6 -3.6
250	315	+3 -3	+4 -4	+6 -6	+8 -8	+11.5 -11.5	+16 -16	+26 -26	+40 -40	+65 -65	+105 -105	+160 -160	+0.28 -0.28	+0.405 -0.405	+0.65 -0.65	+1.05 -1.05	+1.6 -1.6	+2.6 -2.6	+4.05 -4.05
315	400	+3.5 -3.5	+4.5 -4.5	+6.5 -6.5	+9 -9	+12.5 -12.5	+18 -18	+28 -28	+44 -44	+70 -70	+115 -115	+180 -180	+0.285 -0.285	+0.445 -0.445	+0.7 -0.7	+1.15 -1.15	+1.8 -1.8	+2.85 -2.85	+4.45 -4.45
400	500	+4 -4	+5 -5	+7.5 -7.5	+10 -10	+13.5 -13.5	+20 -20	+31 -31	+48 -48	+77 -77	+125 -125	+200 -200	+0.315 -0.315	+0.485 -0.485	+0.775 -0.775	+1.25 -1.25	+2 -2	+3.15 -3.15	+4.85 -4.85

（续）

公称尺寸/mm		J			K							M							
大于	至	6	7	8	3	4	5	6	7	8	9	10	3	4	5	6	7	8	9	10
—	3	+2 -4	+4 -6	+6 +8	0 -2	0 -3	0 -4	0 -6	0 -10	0 -14	0 -25	0 -40	-2 -4	-2 -5	-2 -6	-2 -8	-2 -12	-2 -16	-2 -27	-2 -42
3	6	+5 -3	+6 -6	+10 -8	0 -2.5	+0.5 -3.5	0 -5	+2 -6	+3 -9	+5 -13			-3 -5.5	-2.5 -6.5	-3 -8	-1 -9	0 -12	+2 -16	-4 -34	-4 -52
6	10	+5 -4	+8 -7	+12 -10	0 -2.5	0.5 -3.5	+1 -5	+2 -7	+5 -10	+6 -16			-5 -7.5	-4.5 -8.5	-4 -10	-3 -12	0 -15	+1 -21	-6 -42	-6 -64
10	18	+6 -5	+10 -8	+15 -12	0 -3	+1 -4	+2 -6	+2 -9	+6 -12	+8 -19			-6 -9	-5 -10	-4 -12	-4 -15	0 -18	+2 -25	-7 -50	-7 -77
18	30	+8 -5	+12 -9	+20 -13	-0.5 -4.5	0 -6	+1 -8	+2 -11	+6 -15	+10 -23			-6.5 -10.5	-6 -12	-5 -14	-4 -17	0 -21	+4 -29	-8 -60	-8 -92
30	50	+10 -6	+14 -11	+24 -15	-0.5 -4.5	+1 -6	+2 -9	+3 -13	+7 -18	+12 -27			-7.5 11.5	-6 -13	-5 -16	-4 -20	0 -25	+5 -34	-9 -71	-9 -109
50	80	+13 -6	+18 -12	+28 -18			+3 -10	+4 -15	+9 -21	+14 -32					-6 -19	-5 -24	0 -30	+5 -41		
80	120	+16 -6	+22 -13	+34 -20			+2 -13	+4 -18	+10 -25	+16 -38					-8 -23	-6 -28	0 -35	+6 -48		
120	180	+18 -7	+26 -14	+41 -22			+3 -15	+4 -21	+12 -28	+20 -43					-9 -27	-8 -33	0 -40	+8 -55		
180	250	+22 -7	+30 -16	+47 -25			+2 -18	+5 -24	+13 -33	+22 -50					-11 -31	-8 -37	0 -46	+9 -63		
250	315	+25 -7	+36 -16	+55 -26			+3 -20	+5 -27	+16 -36	+25 -56					-13 -36	-9 -41	0 -52	+9 -72		
315	400	+29 -7	+39 -18	+60 -9			+3 -22	+7 -29	+17 -40	+28 -61					-14 -39	-10 -46	0 -57	+11 -78		
400	500	+33 -7	+43 -20	+66 -31			+2 -25	+8 -32	+18 -45	+29 -68					-16 -43	-10 -50	0 -63	+11 86		

（续）

公称尺寸/mm		N									P							
大于	至	3	4	5	6	7	8	9	10	11	3	4	5	6	7	8	9	10
—	3	−4 −6	−4 −7	−4 −8	−4 −10	−4 −14	−4 −18	−4 −29	−4 −44	−4 −64	−6 −8	−6 −9	−6 −10	−6 −12	−6 −16	−6 −20	−6 −31	−6 −46
3	6	−7 −9.5	−6.5 −10.5	−7 −12	−5 −13	−4 −16	−2 −20	0 −30	0 −48	0 −75	−11 −13.5	−10.5 −14.5	−11 −16	−9 −17	−8 −20	−12 −30	−12 −42	−12 −60
6	10	−9 −11.5	−8.5 −12.5	−8 −14	−7 −16	−4 −19	−3 −25	0 −36	0 −58	0 −90	−14 −16.5	−13.5 −17.5	−13 −19	−12 −21	−9 −24	−15 −37	−15 51	−15 73
10	18	−11 −14	−10 −15	−9 −17	−9 −20	−5 −23	−3 −30	0 −43	0 −70	0 −110	−17 −20	−16 −21	−15 −23	−15 −26	−11 −29	−18 −45	−18 −61	−18 −88
18	30	−13.5 −17.5	−13 −19	−12 −21	−11 −24	−7 −28	−3 −36	0 −52	0 −84	0 −130	−20.5 −24.5	−20 −26	−19 −28	−18 −31	−14 −35	−22 −55	−22 −74	−22 −106
30	50	−15.5 −19.5	−14 −21	−13 −24	−12 −28	−8 −33	−3 −42	0 −62	0 −100	0 −160	−24.5 −28.5	−23 −30	−22 −33	−21 −37	−17 −42	−26 −65	−26 −88	−26 −126
50	80			−15 −28	−14 −33	−9 −39	−4 −50	0 −74	0 −120	0 −190			−27 −40	−26 −45	−21 −51	−32 −78	−32 −106	
80	120			−18 −33	−16 −38	−10 −45	−4 −58	0 −87	0 −140	0 −220			−32 −47	−30 −52	−24 −59	−37 −91	−37 −124	
120	180			−21 −39	−20 −45	−12 −52	−4 −67	0 −100	0 −160	0 −250			−37 −55	−36 −61	−28 −68	−43 −106	−43 −143	
180	250			−25 −45	−22 −51	−14 −60	−5 −77	0 −115	0 −185	0 −290			−44 −64	−41 −70	−33 −79	−50 −122	−50 −165	
250	315			−27 −50	−25 −57	−14 −66	−5 −86	0 −130	0 −210	0 −320			−49 −72	−47 −79	−36 −88	−56 −137	−56 −186	
315	400			−30 −55	−26 −62	−16 −73	−5 −94	0 −140	0 −230	0 −360			−55 −80	−51 −87	−41 −98	−62 −151	−62 −202	
400	500			−33 −60	−27 −67	−17 −80	−6 −103	0 −155	0 −250	0 −400			−61 −88	−55 −95	−45 −108	−68 −165	−68 −223	

（续）

公称尺寸/mm		R								S							
大于	至	3	4	5	6	7	8	9	10	3	4	5	6	7	8	9	10
—	3	-10 -12	-10 -13	-10 -14	-10 -16	-10 -20	-10 -24	-10 -35	-10 -50	-14 -16	-14 -17	-14 -18	-14 -20	-14 -24	-14 -28	-14 -39	-14 -54
3	6	-14 -16.5	-13.5 -17.5	-14 -19	-12 -20	-11 -23	-15 -33	-15 -45	-15 -63	-18 -20.5	-17.5 -21.5	-18 -23	-16 -24	-15 -27	-19 -37	-19 -49	-19 -67
6	10	-18 -20.5	-17.5 -21.5	-17 -23	-16 -25	-13 -28	-19 -41	-19 -55	-19 -77	-22 -24.5	-21.5 -25.5	-21 -27	-20 -29	-17 -32	-23 -45	-23 -59	-23 -81
10	18	-22 -25	-21 -26	-20 -28	-20 -31	-16 -34	-23 -50	-23 -66	-23 -93	-27 -30	-26 -31	-25 -33	-25 -36	-21 -39	-28 -55	-28 -71	-28 -98
18	30	-26.5 -30.5	-26 -32	-25 -34	-24 -37	-20 -41	-28 -61	-28 -80	-10 -112	-33.5 -37.5	-33 -39	-32 -41	-31 -44	-27 -48	-35 -68	-35 -87	-35 -119
30	50	-32.5 -36.5	-31 -38	-30 -41	-29 -45	-25 -50	-34 -73	-34 -96	-34 -134	-41.5 -45.5	-40 -47	-39 -50	-38 -54	-34 -59	-43 -82	-43 -105	-43 -143
50	65			-36 -49	-35 -54	-30 -60	-41 -87					-48 -61	-47 -66	-42 -72	-53 -99	-53 -127	
65	80			-38 -51	-37 -56	-32 -62	-43 -89					-54 -67	-53 -72	-48 -78	-59 -105	-59 -133	
80	100			-46 -61	-44 -66	-38 -73	-51 -105					-66 -81	-64 -86	-58 -93	-71 -125	-71 -158	
100	120			-49 -64	-47 -69	-41 -76	-54 -108					-74 -89	-72 -94	-66 -101	-79 -133	-79 -166	
120	140			-57 -75	-56 -81	-48 -88	-63 -126					-86 -104	-85 -110	-77 -117	-92 -155	-92 -192	

（续）

公称尺寸/mm		R						S					
大于	至	3	4	5	6	7	8	9	10	3	4	5	6	7	8	9	10
140	160			-59 -77	-58 -83	-50 -90	-65 -128					-94 -112	-93 -118	-85 -125	-100 -163	-100 -200	
160	180			-62 -80	-61 -86	-53 -93	-68 -131					-102 -120	-101 -126	-93 -133	-108 -171	-108 -208	
180	200			-71 -91	-68 -97	-60 -106	-77 -149					-116 -136	-113 -142	-105 -151	-122 -194	-122 -237	
200	225			-74 -94	-71 -100	-63 -109	-80 -152					-124 -144	-121 -150	-113 -159	-130 -202	-130 -245	
225	250			-78 -98	-75 -104	-67 -113	-84 -156					-134 -154	-131 -160	-123 -169	-140 -212	-140 -255	
250	280			-87 -110	-85 -117	-74 -126	-94 -175					-151 -174	-149 -181	-138 -190	-158 -239	-158 -288	
280	315			-91 -114	-89 -121	-78 -130	-98 -179					-163 -186	-161 -193	-150 -202	-170 -251	-170 -300	
315	355			-101 -126	-97 -133	-87 -144	-108 -197					-183 -208	-179 -215	-169 -226	-190 -279	-190 -330	
355	400			-107 -132	-103 -139	-93 -150	-114 -203					-201 -226	-197 -233	-187 -244	-208 -297	-208 -348	
400	450			-119 -146	-113 153	-103 -166	-126 -223					-225 -252	-219 -259	-209 -272	-232 -329	-232 -387	
450	500			-125 -152	-119 -159	-109 -172	-132 -229					-245 -272	-239 -279	-229 -292	-252 -349	-252 -407	

（续）

公称尺寸/mm		T				U						V				X						Y				
大于	至	5	6	7	8	5	6	7	8	9	10	5	6	7	8	5	6	7	8	9	10	6	7	8	9	10
—	3					−18 −22	−18 −24	−18 −28	−18 −32	−18 −43	−18 −58					−20 −24	−20 −26	−20 −30	−20 −34	−20 −45	−20 −60					
3	6					−22 −27	−20 −28	−19 −31	−23 −41	−23 −53	−23 −71					−27 −32	−25 −33	−24 −36	−28 −46	−28 −58	−28 −76					
6	10					−26 −32	−25 −34	−22 −37	−28 −50	−28 −64	−28 −86					−32 −38	−31 −40	−28 −43	−34 −56	−34 −70	−34 −92					
10	14					−30 −38	−30 −41	−26 −44	−33 −60	−33 −76	−33 −103					−37 −45	−37 −48	−33 −51	−40 −67	−40 −83	−40 −110					
14	18											−36 −44	−36 −47	−32 −50	−39 −66	−42 −50	−42 −53	−38 −56	−45 −72	−45 −88	−45 −115					
18	24					−38 −47	−37 −50	−33 −54	−41 −74	−41 −93	−41 −125	−44 −53	−43 −56	−39 −60	−47 −80	−51 −60	−50 −63	−46 −67	−54 −87	−54 −106	−54 −138	−59 −72	−55 −76	−63 −96	−63 −115	−63 −147
24	30	−38 −47	−37 −50	−33 −54	−41 −74	−45 −54	−44 −57	−40 −61	−48 −81	−48 −100	−48 −132	−52 −61	−51 −64	−47 −68	−55 −88	−61 −70	−60 −73	−56 −77	−64 −97	−64 −116	−64 −148	−71 −84	−67 −88	−75 −108	−75 −127	−75 −159
30	40	−44 −55	−43 −59	−39 −64	−48 −87	−56 −67	−55 −71	−51 −76	−60 −99	−60 −122	−60 −160	−64 −75	−63 −79	−59 −84	−68 −107	−76 −87	−75 −91	−71 −96	−80 −119	−80 −142	−80 −180	−89 −105	−85 −110	−94 −133	−94 −156	−94 −194
40	50	−50 −61	−49 −63	−45 −70	−54 −93	−66 −77	−65 −81	−61 −86	−70 −109	−70 −132	−70 −170	−77 −88	−76 −92	−72 −97	−81 −120	−93 −104	−92 −108	−88 −113	−97 −136	−97 −159	−97 −197	−109 −125	−105 −130	−114 −153	−114 −176	−114 −214
50	65		−60 −79	−55 −85	−66 −112		−81 −100	−76 −106	−87 −133	−87 −161	−87 −207		−96 −115	−91 −121	−102 −148		−116 −135	−111 −141	−122 −168	−122 −196		−138 −157	−133 −163	−144 −190		
65	80		−69 −88	−64 −94	−75 −121		−96 −115	−91 −121	−102 −148	−102 −176	−102 −222		−114 −133	−109 −139	−120 −166		−140 −159	−136 −165	−146 −192	−146 −220		−168 −187	−163 −193	−174 −220		
80	100		−84 −106	−78 −113	−91 −145		−117 −139	−111 −146	−124 −178	−124 −211	−124 −264		−139 −161	−133 −168	−146 −200		−171 −193	−165 −200	−178 −232	−178 −265		−207 −229	−201 −236	−214 −268		
100	120		−97 −119	−91 −126	−104 −158		−137 −159	−131 −166	−144 −198	−144 −231	−144 −284		−165 −187	−159 −194	−172 −226		−203 −225	−197 −232	−210 −264	−210 −297		−247 −269	−241 −276	−254 −308		
120	140		−115 −140	−107 −147	−122 −185		−163 −188	−155 −195	−170 −233	−170 −270	−170 −330		−195 −220	−187 −227	−202 −265		−241 −266	−233 −273	−248 −311	−248 −348		−293 −318	−285 −325	−300 −363		

（续）

公称尺寸/mm		T				U						V				X						Y				
大于	至	5	6	7	8	5	6	7	8	9	10	5	6	7	8	5	6	7	8	9	10	6	7	8	9	10
140	160		-127 -152	-119 -159	-134 -197		-183 -208	-175 -215	-190 -253	-190 -290	-190 -350		-221 -246	-213 -253	-228 -291		-273 -298	-265 -305	-280 -343	-280 -380		-333 -358	-325 -365	-340 -403		
160	180		-139 -164	-131 -171	-146 -209		-203 -228	-195 -235	-210 -273	-210 -310	-210 -370		-245 -270	-237 -277	-252 -315		-303 -328	-295 -335	-310 -373	-310 -410		-373 -398	-365 -405	-380 -443		
180	200		-157 -186	-149 -195	-166 -238		-227 -256	-219 -265	-236 -308	-236 -351	-236 -421		-275 -304	-267 -313	-284 -356		-341 -370	-333 -379	-350 -422	-350 -465		-416 -445	-408 -454	-425 -497		
200	225		-171 -200	-163 -209	-180 -252		-249 -278	-241 -287	-258 -330	-258 -373	-258 -443		-301 -330	-293 -339	-310 -382		-376 -405	-368 -414	-385 -457	-385 -500		-461 -490	-453 -499	-470 -542		
225	250		-187 -216	-179 -225	-196 -268		-275 -304	-267 -313	-284 -356	-284 -399	-284 -469		-331 -360	-323 -369	-340 -412		-416 -445	-408 -454	-425 -497	-425 -540		-511 -540	-503 -549	-520 -592		
250	280		-209 -241	-198 -250	-218 -299		-306 -338	-295 -347	-315 -396	-315 -445	-315 -525		-376 -408	-365 -417	-385 -466		-466 -498	-455 -507	-475 -556	-475 -605		-571 -603	-560 -612	-580 -661		
280	315		-231 -263	-220 -272	-240 -321		-341 -373	-330 -382	-350 -431	-350 -480	-350 -560		-416 -448	-405 -457	-425 -506		-516 -548	-505 -557	-525 -606	-525 -655		-641 -673	-630 -682	-650 -731		
315	355		-257 -293	-247 -304	-268 -357		-379 -415	-369 -426	-390 -479	-390 -530	-390 -620		-464 -500	-454 -511	-475 -564		-579 -615	-569 -626	-590 -679	-590 -730		-719 -755	-709 -766	-730 -819		
355	400		-283 -319	-273 -330	-294 -383		-424 -460	-414 -471	-435 -524	-435 -575	-435 -665		-519 -555	-509 -566	-530 -619		-649 -685	-639 -696	-660 -749	-660 -800		-809 -845	-799 -856	-820 -909		
400	450		-317 -357	-307 -370	-330 -427		-477 -517	-467 -530	-490 -587	-490 -645	-490 -740		-582 -622	-572 -635	-595 -692		-727 -767	-717 -780	-740 -837	-740 -895		-907 -947	-897 -960	-920 -1 017		
450	500		-347 -387	-337 -400	-360 -457		-527 -567	-517 -580	-540 -637	-540 -695	-540 -790		-647 -687	-637 -700	-660 -757		-807 -847	-797 -860	-820 -917	-820 -975		-987 -1 027	-977 -1 040	-1 000 -1 097		

（续）

公称尺寸/mm		Z						ZA					
大于	至	6	7	8	9	10	11	6	7	8	9	10	11
—	3	-26 -32	-26 -36	-26 -40	-26 -51	-26 -66	-26 -86	-32 -38	-32 -42	-32 -46	-32 -57	-32 -72	-32 -92
3	6	-32 -40	-31 -43	-35 -53	-35 -65	-35 -83	-35 -110	-39 -47	-38 -50	-42 -60	-42 -72	-42 -90	-42 -117
6	10	-39 -48	-36 -51	-42 -64	-42 -78	-42 -100	-42 -132	-49 -58	-46 -61	-52 -74	-52 -88	-52 -110	-52 -142
10	14	-47 -58	-43 -61	-50 -77	-50 -93	-50 -120	-50 -160	-61 -72	-57 -75	-64 -91	-64 -107	-64 -134	-64 -174
14	18	-57 -68	-53 -71	-60 -87	-60 -103	-60 -130	-60 -170	-74 -85	-70 -88	-77 -104	-77 -120	-77 -147	-77 -187
18	24	-69 -82	-65 -86	-73 -106	-73 -125	-73 -157	-73 -203	-94 -107	-90 -111	-98 -131	-98 -150	-98 -182	-98 -228
24	30	-84 -97	-80 -101	-88 -121	-88 -140	-88 -172	-88 -218	-114 -127	-110 -131	-118 -151	-118 -170	-118 -202	-118 -248
30	40	-107 -123	-103 -128	-112 -151	-112 -174	-112 -212	-112 -272	-143 -159	-139 -164	-148 -187	-148 -210	-148 -248	-148 -308
40	50	-131 -147	-127 -152	-136 -175	-136 -198	-136 -236	-136 -296	-175 -191	-171 -196	-180 -219	-180 -242	-180 -280	-180 -340
50	65		-161 -191	-172 -218	-172 -246	-172 -292	-172 -362		-215 -245	-226 -272	-226 -300	-226 -346	-226 -416
65	80		-199 -229	-210 -256	-210 -284	-210 -330	-210 -400		-263 -293	-274 -320	-274 -348	-274 -394	-274 -464
80	100		-245 -280	-258 -312	-258 -345	-258 -398	-258 -478		-322 -357	-335 -389	-335 -422	-335 -475	-335 -555
100	120		-297 -332	-310 -364	-310 -397	-310 -450	-310 -530		-387 -422	-400 -454	-400 -487	-400 -540	-400 -620
120	140		-350 -390	-365 -428	-365 -465	-365 -525	-365 -615		-455 -495	-470 -533	-470 -570	-470 -630	-470 -720

（续）

公称尺寸/mm		Z						ZA					
大于	至	6	7	8	9	10	11	6	7	8	9	10	11
140	160		-400 -440	-415 -478	-415 -515	-415 -575	-415 -665		-520 -560	-535 -598	-535 -635	-535 -695	-535 -785
160	180		-450 -490	-465 -528	-465 -565	-465 -625	-465 -715		-585 -625	-600 -663	-600 -700	-600 -760	-600 -850
180	200		-503 -549	-520 -592	-520 -635	-520 -705	-520 -810		-653 -699	-670 -742	-670 -785	-670 -855	-670 -960
200	225		-558 -604	-575 -647	-575 -690	-575 -760	-575 -865		-723 -769	-740 -812	-740 -855	-740 -925	-740 -1030
225	250		-623 -669	-640 -712	-640 -755	-640 -825	-640 -930		-803 -849	-820 -892	-820 -935	-820 -1005	-820 -1110
250	280		-690 -742	-710 -791	-710 -840	-710 -920	-710 -1030		-900 -952	-920 -1001	-920 -1050	-920 -1130	-920 -1240
280	315		-770 -822	-790 -871	-790 -920	-790 -1000	-790 -1110		-980 -1032	-1000 -1081	-1000 -1130	-1000 -1210	-1000 -1320
315	355		-879 -936	-900 -989	-900 -1040	-900 -1130	-900 -1260		-1129 -1186	-1150 -1239	-1150 -1290	-1150 -1380	-1150 -1510
355	400		-979 -1036	-1000 -1089	-1000 -1140	-1000 -1230	-1000 -1360		-1279 -1336	-1300 -1389	-1300 -1440	-1300 -1530	-1300 -1660
400	450		-1077 -1140	-1100 -1197	-1100 -1255	-1100 -1350	-1100 -1500		-1427 -1490	-1450 -1547	-1450 -1605	-1450 -1700	-1450 -1850
450	500		-1227 -1290	-1250 -1347	-1250 -1405	-1250 -1500	-1250 -1650		-1577 -1640	-1600 -1697	-1600 -1755	-1600 -1850	-1600 -2000

公称尺寸/mm		ZB					ZC				
大于	至	7	8	9	10	11	7	8	9	10	11
—	3	-40 -50	-50 -54	-40 -65	-40 -80	-40 -100	-60 -70	-60 -74	-60 -85	-60 -100	-60 -120

（续）

公称尺寸/mm		ZB					ZC				
大于	至	7	8	9	10	11	7	8	9	10	11
3	6	-46 -58	-50 -68	-50 -80	-50 -98	-50 -125	-76 -88	-80 -98	-80 -110	-80 -128	-80 -155
6	10	-61 -76	-67 -89	-67 -103	-67 -125	-67 -157	-91 -106	-97 -119	-97 -133	-97 -155	-97 -187
10	14	-83 -101	-90 -117	-90 -133	-90 -160	-90 -200	-123 -141	-130 -157	-130 -173	-130 -200	-130 -240
14	18	-101 -119	-108 -135	-108 -151	-108 -178	-108 -218	-143 -161	-150 -177	-150 -193	-150 -220	-150 -260
18	24	-128 -149	-136 -169	-136 -188	-136 -220	-136 -266	-180 -201	-188 -221	-188 -240	-188 -272	-188 -318
24	30	-152 -173	-160 -193	-160 -212	-160 -244	-160 -290	-210 -231	-218 -251	-218 -270	-218 -302	-218 -348
30	40	-191 -216	-200 -239	-200 -262	-200 -300	-200 -360	-265 -290	-274 -313	-274 -336	-274 -374	-274 -434
40	50	-233 -258	-242 -281	-242 -304	-242 -342	-242 -402	-316 -341	-325 -364	-325 -387	-325 -425	-325 -485
50	65	-289 -319	-300 -346	-300 -374	-300 -420	-300 -490	-394 -424	-405 -451	-405 -479	-405 -525	-405 -595
65	80	-349 -379	-360 -406	-360 -434	-360 -480	-360 -550	-469 -499	-480 -526	-480 -554	-480 -600	-480 -670
80	100	-432 -467	-445 -499	-445 -532	-445 -585	-445 -665	-572 -607	-585 -639	-585 -672	-585 -725	-585 -805
100	120	-512 -547	-525 -579	-525 -612	-525 -665	-525 -745	-677 -712	-690 -744	-690 -777	-690 -830	-690 -910
120	140	-605 -645	-620 -683	-620 -720	-620 -780	-620 -870	-785 -825	-800 -863	-800 -900	-800 -960	-800 -1050
140	160	-685 -725	-700 -763	-700 -800	-700 -860	-700 -950	-885 -925	-900 -963	-900 -1000	-900 -1060	-900 -1150
160	180	-765 -805	-780 -843	-780 -880	-780 -940	-780 -1030	-985 -1025	-1000 -1063	-1000 -1100	-1000 -1160	-1000 -1250

（续）

公称尺寸/mm		ZB					ZC				
大于	至	7	8	9	10	11	7	8	9	10	11
180	200	-863 -909	-880 -952	-880 -995	-880 -1065	-880 -1170	-1133 -1179	-1150 -1222	-1150 -1265	-1150 -1335	-1150 -1440
200	225	-943 -989	-960 -1032	-960 -1075	-960 -1145	-960 -1250	-1233 -1279	-1250 -1322	-1250 -1365	-1250 -1435	-1250 -1540
225	250	-1033 -1079	-1050 -1122	-1050 -1165	-1050 -1235	-1050 -1340	-1333 -1379	-1350 -1422	-1350 -1465	-1350 -1535	-1350 -1640
250	280	-1180 -1232	-1200 -1281	-1200 -1330	-1200 -1410	-1200 -1520	-1530 -1582	-1550 -1631	-1550 -1680	-1550 -1760	-1550 -1870
280	315	-1280 -1332	-1300 -1381	-1300 -1430	-1300 -1510	-1300 -1620	-1680 -1732	-1700 -1781	-1700 -1830	-1700 -1910	-1700 -2020
315	355	-1479 -1536	-1500 -1589	-1500 -1640	-1500 -1730	-1500 -1860	-1879 -1936	-1900 -1989	-1900 -2040	-1900 -2130	-1900 -2260
355	400	-1629 -1686	-1650 -1739	-1650 -1790	-1650 -1880	-1650 -2010	-2079 -2136	-2100 -2189	-2100 -2240	-2100 -2330	-2100 -2460
400	450	-1827 -1890	-1850 -1947	-1850 -2005	-1850 -2100	-1850 -2250	-2377 -2440	-2400 -2497	-2400 -2555	-2400 -2650	-2400 -2800
450	500	-2077 -2140	-2100 -2197	-2100 -2255	-2100 -2350	-2100 -2500	-2577 -2640	-2600 -2697	-2600 -2755	-2600 -2850	-2600 -3000

注：1. 各级的CD、EF、FG主要用于精密机械和钟表制造业。

2. IT14至IT18只用于大于1mm的公称尺寸。

3. J8、J10等公差带对称于零线，其偏差值可见JS9、JS10等。

4. 公称尺寸大于3mm时，大于IT8的K的偏差值不作规定。

5. 公称尺寸大于3~6mm的J7的偏差值与对应尺寸段的JS7等值。

6. 公差带N9、N10和N11只用于大于1mm的公称尺寸。

7. 公称尺寸至24mm的T5至T8的偏差值未列入表内，建议以U5至U8代替。如非要T5至T8，则可按GB/T 1800.3计算。

8. 公称尺寸至14mm的V5至V8的偏差值未列入表内，建议以X5至X8代替。如非要V5至V8，则可按GB/T 1800.3计算。

9. 公称尺寸至18mm的Y6至Y10的偏差值未列入表内，建议以Z6至Z10代替。如非要Y6至Y10，则可按GB/T 1800.3计算。

表 2.2-10　孔的极限偏差（500mm 以上）

（μm）

公称尺寸/mm 大于	公称尺寸/mm 至	D 6	D 7	D 8	D 9	D 10	D 11	D 12	D 13	E 6	E 7	E 8	E 9	E 10	F 6	F 7	F 8	F 9	G 6	G 7	G 8
500	630	+304 +260	+330 +260	+370 +260	+435 +260	+540 +260	+700 +260	+960 +260	+1360 +260	+189 +145	+215 +145	+255 +145	+320 +145	+425 +145	+120 +76	+146 +76	+186 +76	+251 +76	+66 +22	+92 +22	+132 +22
630	800	+340 +290	+370 +290	+415 +290	+490 +290	+610 +290	+790 +290	+1090 +290	+1540 +290	+210 +160	+240 +160	+285 +160	+360 +160	+480 +160	+130 +80	+160 +80	+205 +80	+280 +80	+74 +24	+104 +24	+149 +24
800	1000	+376 +320	+410 +320	+460 +320	+550 +320	+680 +320	+880 +320	+1220 +320	+1720 +320	+226 +170	+260 +170	+310 +170	+400 +170	+530 +170	+142 +86	+176 +86	+226 +86	+316 +86	+82 +26	+116 +26	+166 +26
1000	1250	+416 +350	+455 +350	+515 +350	+610 +350	+770 +350	+1010 +350	+1400 +350	+2000 +350	+261 +195	+300 +195	+360 +195	+455 +195	+615 +195	+164 +98	+203 +98	+263 +98	+358 +98	+94 +28	+133 +28	+193 +28
1250	1600	+468 +390	+515 +390	+585 +390	+700 +390	+890 +390	+1170 +390	+1640 +390	+2340 +390	+298 +220	+345 +220	+415 +220	+530 +220	+720 +220	+188 +110	+235 +110	+305 +110	+420 +110	+108 +30	+155 +30	+225 +30
1600	2000	+522 +430	+580 +430	+660 +430	+800 +430	+1030 +430	+1350 +430	+1930 +430	+2730 +430	+332 +240	+390 +240	+470 +240	+610 +240	+840 +240	+212 +120	+270 +120	+350 +120	+490 +120	+124 +32	+182 +32	+262 +32
2000	2500	+590 +480	+655 +480	+760 +480	+920 +480	+1180 +480	+1580 +480	+2230 +480	+3280 +480	+370 +260	+435 +260	+540 +260	+700 +260	+960 +260	+240 +130	+305 +130	+410 +130	+570 +130	+144 +34	+209 +34	+314 +34
2500	3150	+655 +520	+730 +520	+850 +520	+1060 +520	+1380 +520	+1870 +520	+2620 +520	+3820 +520	+425 +290	+500 +290	+620 +290	+830 +290	+1150 +290	+280 +145	+355 +145	+475 +145	+685 +145	+173 +38	+248 +38	+368 +38

（续）

公称尺寸/mm		H																	
		1	2	3	4	5	6	7	8	9	10	11	12	13	14	15	16	17	18
大于	至	偏差																	
		μm											mm						
500	630	+9 0	+11 0	+16 0	+22 0	+32 0	+44 0	+70 0	+110 0	+175 0	+280 0	+440 0	+0.7 0	+1.1 0	+1.75 0	+2.8 0	+4.4 0	+7 0	+11 0
630	800	+10 0	+13 0	+18 0	+25 0	+36 0	+50 0	+80 0	+125 0	+200 0	+320 0	+500 0	+0.8 0	+1.25 0	+2 0	+3.2 0	+5 0	+8 0	+12.5 0
800	1000	+11 0	+15 0	+21 0	+28 0	+40 0	+56 0	+90 0	+140 0	+230 0	+360 0	+560 0	+0.9 0	+1.4 0	+2.3 0	+3.6 0	+5.6 0	+9 0	+14 0
1000	1250	+13 0	+18 0	+24 0	+33 0	+47 0	+66 0	+105 0	+165 0	+260 0	+420 0	+660 0	+1.05 0	+1.65 0	+2.6 0	+4.2 0	+6.6 0	+10.5 0	+16.5 0
1250	1600	+15 0	+21 0	+29 0	+39 0	+55 0	+78 0	+125 0	+195 0	+310 0	+500 0	+780 0	+1.25 0	+1.95 0	+3.1 0	+5 0	+7.8 0	+12.5 0	+19.5 0
1600	2000	+18 0	+25 0	+35 0	+46 0	+65 0	+92 0	+150 0	+230 0	+370 0	+600 0	+920 0	+1.5 0	+2.3 0	+3.7 0	+6 0	+9.2 0	+15 0	+23 0
2000	2500	+22 0	+30 0	+41 0	+55 0	+78 0	+110 0	+175 0	+280 0	+440 0	+700 0	+1100 0	+1.75 0	+2.8 0	+4.4 0	+7 0	+11 0	+17.5 0	+28 0
2500	3150	+26 0	+36 0	+50 0	+68 0	+96 0	+135 0	+210 0	+330 0	+540 0	+860 0	+1350 0	+2.1 0	+3.3 0	+5.4 0	+8.6 0	+13.5 0	+21 0	+33 0

（续）

公称尺寸/mm		JS																	
		1	2	3	4	5	6	7	8	9	10	11	12	13	14	15	16	17	18
大于	至	偏差																	
		μm											mm						
500	630	+4.5 -4.5	+5.5 -5.5	+8 -8	+11 -11	+16 -16	+22 -22	+35 -35	+55 -55	+87 -87	+140 -140	+220 -220	+0.35 -0.35	+0.55 -0.55	+0.875 -0.875	+1.4 -1.4	+2.2 -2.2	+3.5 -3.5	+5.5 -5.5
630	800	+5 -5	+6.5 -6.5	+9 -9	+12.5 -12.5	+18 -18	+25 -25	+40 -40	+62 -62	+100 -100	+160 -160	+250 -250	+0.4 -0.4	+0.625 -0.652	+1 -1	+1.6 -1.6	+2.5 -2.5	+4 -4	+6.25 -6.25
800	1000	+5.5 -5.5	+7.5 -7.5	+10.5 -10.5	+14 -14	+20 -20	+28 -28	+45 -45	+70 -70	+115 -115	+180 -180	+280 -280	+0.45 -0.45	+0.7 -0.7	+1.15 -1.15	+1.8 -1.8	+2.8 -2.8	+4.5 -4.5	+7 -7
1000	1250	+6.5 -6.5	+9 -9	+12 -12	+16.5 -16.5	+23.5 -23.5	+33 -33	+52 -52	+82 -82	+130 -130	+210 -210	+330 -330	+0.525 -0.525	+0.825 -0.825	+1.3 -1.3	+2.1 -2.1	+3.3 -3.3	+5.25 -5.25	+8.25 -8.25
1250	1600	+7.5 -7.5	+10.5 -10.5	+14.5 -14.5	+19.5 -19.5	+27.5 -27.5	+39 -39	+62 -62	+97 -97	+155 -155	+250 -250	+390 -390	+0.625 -0.625	+0.975 -0.975	+1.55 -1.55	+2.5 -2.5	+3.9 -3.9	+6.25 -6.25	+9.75 -9.75
1600	2000	+9 -9	+12.5 -12.5	+17.5 -17.5	+23 -23	+32.5 -32.5	+46 -46	+75 -75	+115 -115	+185 -185	+300 -300	+460 -460	+0.75 -0.75	+1.15 -1.15	+1.85 -1.85	+3 -3	+4.6 -4.6	+7.5 -7.5	+11.5 -11.5
2000	2500	+11 -11	+15 -15	+20.5 -20.5	+27.5 -27.5	+39 -39	+55 -55	+87 -87	+140 -140	+220 -220	+350 -350	+550 -550	+0.875 -0.875	+1.4 -1.4	+2.2 -2.2	+3.5 -3.5	+5.5 -5.5	+8.75 -8.75	+14 -14
2500	3150	+13 -13	+18 -18	+25 -25	+34 -34	+48 -48	+67.5 -67.5	+105 -105	+165 -165	+270 -270	+430 -430	+675 -675	+1.05 -1.05	+1.65 -1.65	+2.7 -2.7	+4.3 -4.3	+6.75 -6.75	+10.5 -10.5	+16.5 -16.5

注：黑框中的数值，即公称尺寸于500~3150mm，IT1至IT5的偏差值为试用的。

（续）

公称尺寸/mm		K			M			N				P			
大于	至	6	7	8	6	7	8	6	7	8	9	6	7	8	9
500	630	0 －44	0 －70	0 －110	－26 －70	－26 －96	－26 －136	－44 －88	－44 －114	－44 －154	－44 －219	－78 －122	－78 －148	－78 －188	－78 －253
630	800	0 －50	0 －80	0 －125	－30 －80	－30 －110	－30 －155	－50 －100	－50 －130	－50 －175	－50 －250	－88 －138	－88 －168	－88 －213	－88 －288
800	1000	0 －56	0 －90	0 －140	－34 －90	－34 －124	－34 －174	－56 －112	－56 －146	－56 －196	－56 －286	－100 －156	－100 －190	－100 －240	－100 －330
1000	1250	0 －66	0 －105	0 －165	－40 －106	－40 －145	－40 －205	－66 －132	－66 －171	－66 －231	－66 －326	－120 －186	－120 －225	－120 －285	－120 －380
1250	1600	0 －78	0 －125	0 －195	－48 －126	－48 －173	－48 －243	－78 －156	－78 －203	－78 －273	－78 －388	－140 －218	－140 －265	－140 －335	－140 －450
1600	2000	0 －92	0 －150	0 －230	－58 －150	－58 －208	－58 －288	－92 －184	－92 －242	－92 －322	－92 －462	－170 －262	－170 －320	－170 －400	－170 －540
2000	2500	0 －110	0 －175	0 －280	－68 －178	－68 －243	－68 －348	－110 －220	－110 －285	－110 －390	－110 －550	－195 －305	－195 －370	－195 －475	－195 －635
2500	3150	0 －135	0 －210	0 －330	－76 －211	－76 －286	－76 －406	－135 －270	－135 －345	－135 －465	－135 －675	－240 －375	－240 －450	－240 －570	－240 －780

（续）

公称尺寸/mm		R			S			T			U		
大于	至	6	7	8	6	7	8	6	7	8	6	7	8
500	560	-150 -194	-150 -220	-150 -260	-280 -324	-280 -350	-280 -390	-400 -444	-400 -470	-400 -510	-600 -644	-600 -670	-600 -710
560	630	-155 -199	-155 -225	-155 -265	-310 -354	-310 -380	-310 -420	-450 -494	-450 -520	-450 -560	-660 -704	-660 -730	-660 -770
630	710	-175 -225	-175 -255	-175 -300	-340 -390	-340 -420	-340 -465	-500 -550	-500 -580	-500 -625	-740 -790	-740 -820	-740 -865
710	800	-185 -235	-185 -265	-185 -310	-380 -430	-380 -460	-380 -505	-560 -610	-560 -640	-560 -685	-840 -890	-840 -920	-840 -965
800	900	-210 -266	-210 -300	-210 -350	-430 -486	-430 -520	-430 -570	-620 -676	-620 -710	-620 -760	-940 -996	-940 -1030	-940 -1080
900	1000	-220 -276	-220 -310	-220 -360	-470 -526	-470 -560	-470 -610	-680 -736	-680 -770	-680 -820	-1050 -1106	-1050 -1140	-1050 -1190
1000	1120	-250 -316	-250 -355	-250 -415	-520 -586	-520 -625	-520 -685	-780 -846	-780 -885	-780 -945	-1150 -1216	-1150 -1255	-1150 -1315
1120	1250	-260 -326	-260 -365	-260 -425	-580 -646	-580 -685	-580 -745	-840 -906	-840 -945	-840 -1005	-1300 -1366	-1300 -1405	-1300 -1465
1250	1400	-300 -378	-300 -425	-300 -495	-640 -718	-640 -765	-640 -835	-960 -1038	-960 -1085	-960 -1155	-1450 -1528	-1450 -1575	-1450 -1645
1400	1600	-330 -408	-330 -455	-330 -525	-720 -798	-720 -845	-720 -915	-1050 -1128	-1050 -1175	-1050 -1245	-1600 -1678	-1600 -1725	-1600 -1795
1600	1800	-370 -462	-370 -520	-370 -600	-820 -912	-820 -970	-820 -1050	-1200 -1292	-1200 -1360	-1200 -1430	-1850 -1942	-1850 -2000	-1850 -2080
1800	2000	-400 -492	-400 -550	-400 -630	-920 -1012	-920 -1070	-920 -1150	-1350 -1442	-1350 -1500	-1350 -1580	-2000 -2092	-2000 -2150	-2000 -2230
2000	2240	-440 -550	-440 -615	-440 -720	-1000 -1110	-1000 -1175	-1000 -1280	-1500 -1610	-1500 -1675	-1500 -1780	-2300 -2410	-2300 -2475	-2300 -2580
2240	2500	-460 -570	-460 -635	-460 -740	-1100 -1210	-1100 -1275	-1100 -1380	-1650 -1760	-1650 -1825	-1650 -1930	-2500 -2610	-2500 -2675	-2500 -2780
2500	2800	-550 -685	-550 -760	-550 -880	-1250 -1385	-1250 -1460	-1250 -1580	-1900 -2035	-1900 -2110	-1900 -2230	-2900 -3035	-2900 -3110	-2900 -3230
2800	3150	-580 -715	-580 -790	-580 -910	-1400 -1535	-1400 -1610	-1400 -1730	-2100 -2235	-2100 -2310	-2100 -2430	-3200 -3335	-3200 -3410	-3200 -3530

表 2.2-11 轴的极限偏差（500mm 以下） （μm）

公称尺寸/mm		a					b						c				
大于	至	9	10	11	12	13	8	9	10	11	12	13	8	9	10	11	12
—	3	-270 -295	-270 -310	-270 -330	-270 -370	-270 -410	-140 -154	-140 -165	-140 -180	-140 -200	-140 -240	-140 -280	-60 -74	-60 -85	-60 -100	-60 -120	-60 -160
3	6	-270 -300	-270 -318	-270 -345	-270 -390	-270 -450	-140 -158	-140 -170	-140 -188	-140 -215	-140 -260	-140 -320	-70 -88	-70 -100	-70 -118	-70 -145	-70 -190
6	10	-280 -316	-280 -338	-280 -370	-280 -430	-280 -500	-150 -172	-150 -186	-150 -208	-150 -240	-150 -300	-150 -370	-80 -102	-80 -116	-80 -138	-80 -170	-80 -230
10	18	-290 -333	-290 -360	-290 -400	-290 -470	-290 -560	-150 -177	-150 -193	-150 -220	-150 -260	-150 -330	-150 -420	-95 -122	-95 -138	-95 -165	-95 -205	-95 -275
18	30	-300 -352	-300 -384	-300 -430	-300 -510	-300 -630	-160 -193	-160 -212	-160 -244	-160 -290	-160 -370	-160 -490	-110 -143	-110 -162	-110 -194	-110 -240	-110 -320
30	40	-310 -372	-310 -410	-310 -470	-310 -560	-310 -700	-170 -209	-170 -232	-170 -270	-170 -330	-170 -420	-170 -560	-120 -159	-120 -182	-120 -220	-120 -280	-120 -370
40	50	-320 -382	-320 -420	-320 -480	-320 -570	-320 -710	-180 -219	-180 -242	-180 -280	-180 -340	-180 -430	-180 -570	-130 -169	-130 -192	-130 -230	-130 -290	-130 -380
50	65	-340 -414	-340 -460	-340 -530	-340 -640	-340 -800	-190 -236	-190 -264	-190 -310	-190 -380	-190 -490	-190 -650	-140 -186	-140 -214	-140 -260	-140 -330	-140 -440
65	80	-360 -434	-360 -480	-360 -550	-360 -660	-360 -820	-200 -246	-200 -274	-200 -320	-200 -390	-200 -500	-200 -660	-150 -196	-150 -224	-150 -270	-150 -340	-150 -450
80	100	-380 -467	-380 -520	-380 -600	-380 -730	-380 -920	-220 -274	-220 -307	-220 -360	-220 -440	-220 -570	-220 -760	-170 -224	-170 -257	-170 -310	-170 -390	-170 -520
100	120	-410 -497	-410 -550	-410 -630	-410 -760	-410 -950	-240 -294	-240 -327	-240 -380	-240 -460	-240 -590	-240 -780	-180 -234	-180 -267	-180 -320	-180 -400	-180 -530
120	140	-460 -560	-460 -620	-460 -710	-460 -860	-460 -1 090	-260 -323	-260 -360	-260 -420	-260 -510	-260 -660	-260 -890	-200 -263	-200 -300	-200 -360	-200 -450	-200 -600

（续）

公称尺寸/mm		a					b						c				
大于	至	9	10	11	12	13	8	9	10	11	12	13	8	9	10	11	12
140	160	−520 −620	−520 −680	−520 −770	−520 −920	−520 −1150	−280 −343	−280 −380	−280 −440	−280 −530	−280 −680	−280 −910	−210 −273	−210 −310	−210 −370	−210 −460	−210 −610
160	180	−580 −680	−580 −740	−580 −830	−580 −980	−580 −1210	−310 −373	−310 −410	−310 −470	−310 −560	−310 −710	−310 −940	−230 −293	−230 −330	−230 −390	−230 −480	−230 −630
180	200	−660 −775	−660 −845	−660 −950	−660 −1120	−660 −1380	−340 −412	−340 −455	−340 −525	−340 −630	−340 −800	−340 −1060	−240 −312	−240 −355	−240 −425	−240 −530	−240 −700
200	225	−740 −855	−740 −925	−740 −1030	−740 −1200	−740 −1460	−380 −452	−380 −495	−380 −565	−380 −670	−380 −840	−380 −1100	−260 −332	−260 −375	−260 −445	−260 −550	−260 −720
225	250	−820 −935	−820 −1005	−820 −1110	−820 −1280	−820 −1540	−420 −492	−420 −535	−420 −605	−420 −710	−420 −880	−420 1140	−280 −352	−280 −395	−280 −465	−280 −570	−280 −740
250	280	−920 −1050	−920 −1130	−920 −1240	−920 −1440	−920 −1730	−480 −561	−480 −610	−480 −690	−480 −800	−480 −1000	−480 −1290	−300 −381	−300 −430	−300 −510	−300 −620	−300 −820
280	315	−1050 −1180	−1050 −1260	−1050 −1370	−1050 −1570	−1050 −1860	−540 −621	−540 −670	−540 −750	−540 −860	−540 −1060	−540 −1350	−330 −411	−330 −460	−330 −540	−330 −650	−330 −850
315	355	−1200 −1340	−1200 −1430	−1200 −1560	−1200 −1770	−1200 −2090	−600 −689	−600 −740	−600 −830	−600 −960	−600 −1170	−600 −1490	−360 −449	−360 −500	−360 −590	−360 −720	−360 −930
355	400	−1350 −1490	−1350 −1580	−1350 −1710	−1350 −1920	−1350 −2240	−680 −769	−680 −820	−680 −910	−680 −1040	−680 −1250	−680 −1570	−400 −489	−400 −540	−400 −630	−400 −760	−400 −970
400	450	−1500 −1655	−1500 −1750	−1500 −1900	−1500 −2130	−1500 −2470	−760 −857	−760 −915	−760 −1010	−760 −1160	−760 −1390	−760 −1730	−440 −537	−440 −595	−440 −690	−440 −840	−440 −1070
450	500	−1650 −1805	−1650 −1900	−1650 −2050	−1650 −2280	−1650 −2620	−840 −937	−840 −995	−840 −1090	−840 −1240	−840 −1470	−840 −1810	−480 −577	−480 −635	−480 −730	−480 −880	−480 −1110

注：公称尺寸小于1mm时，各级的a和b均不采用。

（续）

公称尺寸/mm		cd						d									e		
大于	至	5	6	7	8	9	10	5	6	7	8	9	10	11	12	13	5	6	7
—	3	-34 -38	-34 -40	-34 -44	-34 -48	-34 -59	-34 -74	-20 -24	-20 -26	-20 -30	-20 -34	-20 -45	-20 -60	-20 -80	-20 -120	-20 -160	-14 -18	-14 -20	-14 -24
3	6	-46 -51	-46 -54	-46 -58	-46 -64	-46 -76	-46 -94	-30 -35	-30 -38	-30 -42	-30 -48	-30 -60	-30 -78	-30 -105	-30 -150	-30 -210	-20 -25	-20 -28	-20 -32
6	10	-56 -62	-56 -65	-56 -71	-56 -78	-56 -92	-56 -114	-40 -46	-40 -49	-40 -55	-40 -62	-40 -76	-40 -98	-40 -130	-40 -190	-40 -260	-25 -31	-25 -34	-25 -40
10	18							-50 -58	-50 -61	-50 -68	-50 -77	-50 -93	-50 -120	-50 -160	-50 -230	-50 -320	-32 -40	-32 -43	-32 -50
18	30							-65 -74	-65 -78	-65 -86	-65 -98	-65 -117	-65 -149	-65 -195	-65 -275	-65 -395	-40 -49	-40 -53	-40 -61
30	50							-80 -91	-80 -96	-80 -105	-80 -119	-80 -142	-80 -180	-80 -240	-80 -330	-80 -470	-50 -61	-50 -66	-50 -75
50	80							-100 -113	-100 -119	-100 -130	-100 -146	-100 -174	-100 -220	-100 -290	-100 -400	-100 -560	-60 -73	-60 -79	-60 -90
80	120							-120 -135	-120 -142	-120 -155	-120 -174	-120 -207	-120 -260	-120 -340	-120 -470	-120 -660	-72 -87	-72 -94	-72 -107
120	180							-145 -163	-145 -170	-145 -185	-145 -208	-145 -245	-145 -305	-145 -395	-145 -545	-145 -775	-85 -103	-85 -110	-85 -125
180	250							-170 -190	-170 -199	-170 -216	-170 -242	-170 -285	-170 -355	-170 -460	-170 -630	-170 -890	-100 -120	-100 -129	-100 -146
250	315							-190 -213	-190 -222	-190 -242	-190 -271	-190 -320	-190 -400	-190 -510	-190 -710	-190 -1000	-110 -133	-110 -142	-110 -162
315	400							-210 -235	-210 -246	-210 -267	-210 -299	-210 -350	-210 -440	-210 -570	-210 -780	-210 -1100	-125 -150	-125 -161	-125 -182
400	500							-230 -257	-230 -270	-230 -293	-230 -327	-230 -385	-230 -480	-230 -630	-230 -860	-230 -1200	-135 -162	-135 -175	-135 -198

（续）

公称尺寸/mm		e			ef								f							
大于	至	8	9	10	3	4	5	6	7	8	9	10	3	4	5	6	7	8	9	10
—	3	-14 -28	-14 -39	-14 -54	-10 -12	-10 -13	-10 -14	-10 -16	-10 -20	-10 -24	-10 -35	-10 -50	-6 -8	-6 -9	-6 -10	-6 -12	-6 -16	-6 -20	-6 -31	-6 -46
3	6	-20 -38	-20 -50	-20 -68	-14 -16.5	-14 -18	-14 -19	-14 -22	-14 -26	-14 -32	-14 -44	-14 -62	-10 -12.5	-10 -14	-10 -15	-10 -18	-10 -22	-10 -28	-10 -40	-10 -58
6	10	-25 -47	-25 -61	-25 -83	-18 -20.5	-18 -22	-18 -24	-18 -27	-18 -33	-18 -40	-18 -54	-18 -76	-13 -15.5	-13 -17	-13 -19	-13 -22	-13 -28	-13 -35	-13 -49	-13 -71
10	18	-32 -59	-32 -75	-32 -102									-16 -19	-16 -21	-16 -24	-16 -27	-16 -34	-16 -43	-16 -59	-16 -86
18	30	-40 -73	-40 -92	-40 -124									-20 -24	-20 -26	-20 -29	-20 -33	-20 -41	-20 -53	-20 -72	-20 -104
30	50	-50 -89	-50 -112	-50 -150									-25 -29	-25 -32	-25 -36	-25 -41	-25 -50	-25 -64	-25 -87	-25 -125
50	80	-60 -106	-60 -134	-60 -180										-30 -38	-30 -43	-30 -49	-30 -60	-30 -76	-30 -104	
80	120	-72 -126	-72 -212	-72 -159										-36 -46	-36 -51	-36 -58	-36 -71	-36 -90	-36 -123	
120	180	-85 -148	-85 -185	-85 -245										-43 -55	-43 -61	-43 -68	-43 -83	-43 -106	-43 -143	
180	250	-100 -172	-100 -215	-100 -285										-50 -64	-50 -70	-50 -79	-50 -96	-50 -122	-50 -165	
250	315	-110 -191	-110 -240	-110 -320										-56 -72	-56 -79	-56 -88	-56 -108	-56 -137	-56 -185	
315	400	-125 -214	-125 -265	-125 -355										-62 -80	-62 -87	-62 -98	-62 -119	-62 -151	-62 -202	
400	500	-135 -232	-135 -290	-135 -385										-68 -88	-68 -95	-68 -108	-68 -131	-68 -165	-68 -223	

（续）

公称尺寸/mm		fg								g							
大于	至	3	4	5	6	7	8	9	10	3	4	5	6	7	8	9	10
—	3	-4 -6	-4 -7	-4 -8	-4 -10	-4 -14	-4 -18	-4 -29	-4 -44	-2 -4	-2 -5	-2 -6	-2 -8	-2 -12	-2 -16	-2 -27	-2 -42
3	6	-6 -8.5	-6 -10	-6 -11	-6 -14	-6 -18	-6 -24	-6 -36	-6 -54	-4 -6.5	-4 -8	-4 -9	-4 -12	-4 -16	-4 -22	-4 -34	-4 -52
6	10	-8 -10.5	-8 -12	-8 -14	-8 -17	-8 -23	-8 -30	-8 -44	-8 -66	-5 -7.5	-5 -9	-5 -11	-5 -14	-5 -20	-5 -27	-5 -41	-5 -63
10	18									-6 -9	-6 -11	-6 -14	-6 -17	-6 -24	-6 -33	-6 -49	-6 -76
18	30									-7 -11	-7 -13	-7 -16	-7 -20	-7 -28	-7 -40	-7 -59	-7 -91
30	50									-9 -13	-9 -16	-9 -20	-9 -25	-9 -34	-9 -48	-9 -71	-9 -109
50	80										-10 -18	-10 -23	-10 -29	-10 -40	-10 -56		
80	120										-12 -22	-12 -27	-12 -34	-12 -47	-12 -66		
120	180										-14 -26	-14 -32	-14 -39	-14 -54	-14 -77		
180	250										-15 -29	-15 -35	-15 -44	-15 -61	-15 -87		
250	315										-17 -33	-17 -40	-17 -49	-17 -69	-17 -98		
315	400										-18 -36	-18 -43	-18 -54	-18 -75	-18 -107		
400	500										-20 -40	-20 -47	-20 -60	-20 -83	-20 -117		

（续）

公称尺寸/mm		h																	
		1	2	3	4	5	6	7	8	9	10	11	12	13	14	15	16	17	18
大于	至	偏差																	
		μm											mm						
—	3	0 -0.8	0 -1.2	0 -2	0 -3	0 -4	0 -6	0 -10	0 -14	0 -25	0 -40	0 -60	0 -0.1	0 -0.14	0 -0.25	0 -0.4	0 -0.6		
3	6	0 -1	0 -1.5	0 -2.5	0 -4	0 -5	0 -8	0 -12	0 -18	0 -30	0 -48	0 -75	0 -0.12	0 -0.18	0 -0.3	0 -0.48	0 -0.75	0 -1.2	0 -1.8
6	10	0 -1	0 -1.5	0 -2.5	0 -4	0 -6	0 -9	0 -15	0 -22	0 -36	0 -58	0 -90	0 -0.15	0 -0.22	0 -0.36	0 -0.58	0 -0.9	0 -1.5	0 -2.2
10	18	0 -1.2	0 -2	0 -3	0 -5	0 -8	0 -11	0 -18	0 -27	0 -43	0 -70	0 -110	0 -0.18	0 -0.27	0 -0.43	0 -0.7	0 -1.1	0 -1.8	0 -2.7
18	30	0 -1.5	0 -2.5	0 -4	0 -6	0 -9	0 -13	0 -21	0 -33	0 -52	0 -84	0 -130	0 -0.21	0 -0.33	0 -0.52	0 -0.84	0 -1.3	0 -2.1	0 -3.3
30	50	0 -1.5	0 -2.5	0 -4	0 -7	0 -11	0 -16	0 -25	0 -39	0 -62	0 -100	0 -160	0 -0.25	0 -0.39	0 -0.62	0 -1	0 -1.6	0 -2.5	0 -3.9
50	80	0 -2	0 -3	0 -5	0 -8	0 -13	0 -19	0 -30	0 -46	0 -74	0 -120	0 -190	0 -0.3	0 -0.46	0 -0.74	0 -1.2	0 -1.9	0 -3	0 -4.6
80	120	0 -2.5	0 -4	0 -6	0 -10	0 -15	0 -22	0 -35	0 -54	0 -87	0 -140	0 -220	0 -0.35	0 -0.54	0 -0.87	0 -1.4	0 -2.2	0 -3.5	0 -5.4
120	180	0 -3.5	0 -5	0 -8	0 -12	0 -18	0 -25	0 -40	0 -63	0 -100	0 -160	0 -250	0 -0.4	0 -0.63	0 -1	0 -1.6	0 -2.5	0 -4	0 -6.3
180	250	0 -4.5	0 -7	0 -10	0 -14	0 -20	0 -29	0 -46	0 -72	0 -115	0 -185	0 -290	0 -0.46	0 -0.72	0 -1.15	0 -1.85	0 -2.9	0 -4.6	0 -7.2
250	315	0 -6	0 -8	0 -12	0 -16	0 -23	0 -32	0 -52	0 -81	0 -130	0 -210	0 -320	0 -0.52	0 -0.81	0 -1.3	0 -2.1	0 -3.2	0 -5.2	0 -8.1
315	400	0 -7	0 -9	0 -13	0 -18	0 -25	0 -36	0 -57	0 -89	0 -140	0 -230	0 -360	0 -0.57	0 -0.89	0 -1.4	0 -2.3	0 -3.6	0 -5.7	0 -8.9
400	500	0 -8	0 -10	0 -15	0 -20	0 -27	0 -40	0 -63	0 -97	0 -155	0 -250	0 -400	0 -0.63	0 -0.97	0 -1.55	0 -2.5	0 -4	0 -6.3	0 -9.7

（续）

公称尺寸/mm		js																	
		1	2	3	4	5	6	7	8	9	10	11	12	13	14	15	16	17	18
大于	至	偏差																	
		μm											mm						
—	3	+0.4 -0.4	+0.6 -0.6	+1 -1	+1.5 -1.5	+2 -2	+3 -3	+5 -5	+7 -7	+12 -12	+20 -20	+30 -30	+0.05 -0.05	+0.07 -0.07	+0.125 -0.125	+0.2 -0.2	+0.3 -0.3		
3	6	+0.5 -0.5	+0.75 -0.75	+1.25 -1.25	+2 -2	+2.5 -2.5	+4 -4	+6 -6	+9 -9	+15 -15	+24 -24	+37 -37	+0.06 -0.06	+0.09 -0.09	+0.15 -0.15	+0.24 -0.24	+0.375 -0.375	+0.6 -0.6	+0.9 -0.9
6	10	+0.5 -0.5	+0.75 -0.75	+1.25 -1.25	+2 -2	+3 -3	+4.5 -4.5	+7 -7	+11 -11	+18 -18	+29 -29	+45 -45	+0.075 -0.075	+0.11 -0.11	+0.18 -0.18	+0.29 -0.29	+0.45 -0.45	+0.75 -0.75	+1.1 -1.1
10	18	+0.6 -0.6	+1 -1	+1.5 -1.5	+2.5 -2.5	+4 -4	+5.5 -5.5	+9 -9	+13 -13	+21 -21	+35 -35	+55 -55	+0.09 -0.09	+0.135 -0.135	+0.215 -0.215	+0.35 -0.35	+0.55 -0.55	+0.9 -0.9	+1.35 -1.35
18	30	+0.75 -0.75	+1.25 -1.25	+2 -2	+3 -3	+4.5 -4.5	+6.5 -6.5	+10 -10	+16 -16	+26 -26	+42 -42	+65 -65	+0.105 -0.105	+0.165 -0.165	+0.26 -0.26	+0.42 -0.42	+0.65 -0.65	+1.05 -1.05	+1.65 -1.65
30	50	+0.75 -0.75	+1.25 -1.25	+2 -2	+3.5 -3.5	+5.5 -5.5	+8 -8	+12 -12	+19 -19	+31 -31	+50 -50	+80 -80	+0.125 -0.125	+0.195 -0.195	+0.31 -0.31	+0.5 -0.5	+0.8 -0.8	+1.25 -1.25	+1.95 -1.95
50	80	+1 -1	+1.5 -1.5	+2.5 -2.5	+4 -4	+6.5 -6.5	+9.5 -9.5	+15 -15	+23 -23	+37 -37	+60 -60	+95 -95	+0.15 -0.15	+0.23 -0.23	+0.37 -0.37	+0.6 -0.6	+0.95 -0.95	+1.5 -1.5	+2.3 -2.3
80	120	+1.25 -1.25	+2 -2	+3 -3	+5 -5	+7.5 -7.5	+11 -11	+17 -17	+27 -27	+43 -43	+70 -70	+110 -110	+0.175 -0.175	+0.27 -0.27	+0.435 -0.435	+0.7 -0.7	+1.1 -1.1	+1.75 -1.75	+2.7 -2.7
120	180	+1.75 -1.75	+2.5 -2.5	+4 -4	+6 -6	+9 -9	+12.5 -12.5	+20 -20	+31 -31	+50 -50	+80 -80	+125 -125	+0.2 -0.2	+0.315 -0.315	+0.5 -0.5	+0.8 -0.8	+1.25 -1.25	+2 -2	+3.15 -3.15
180	250	+2.25 -2.25	+3.5 -3.5	+5 -5	+7 -7	+10 -10	+14.5 -14.5	+23 -23	+36 -36	+57 -57	+92 -92	+145 -145	+0.23 -0.23	+0.36 -0.36	+0.575 -0.575	+0.925 -0.925	+1.45 -1.45	+2.3 -2.3	+3.6 -3.6
250	315	+3 -3	+4 -4	+6 -6	+8 -8	+11.5 -11.5	+16 -16	+26 -26	+40 -40	+65 -65	+105 -105	+160 -160	+0.26 -0.26	+0.405 -0.405	+0.65 -0.65	+1.05 -1.05	+1.6 -1.6	+2.6 -2.6	+4.05 -4.05
315	400	+3.5 -3.5	+4.5 -4.5	+6.5 -6.5	+9 -9	+12.5 -12.5	+18 -18	+28 -28	+44 -44	+70 -70	+115 -115	+180 -180	+0.285 -0.285	+0.445 -0.445	+0.7 -0.7	+1.15 -1.15	+1.8 -1.8	+2.85 -2.85	+4.45 -4.45
400	500	+4 -4	+5 -5	+7.5 -7.5	+10 -10	+13.5 -13.5	+20 -20	+31 -31	+48 -48	+77 -77	+125 -125	+200 -200	+0.315 -0.315	+0.485 -0.485	+0.775 -0.775	+1.25 -1.25	+2 -2	+3.15 -3.15	+4.85 -4.85

（续）

公称尺寸/mm		j				k											m			
大于	至	5	6	7	8	3	4	5	6	7	8	9	10	11	12	13	3	4	5	6
—	3	+2 −2	+4 −2	+6 −4	+8 −6	+2 0	+3 0	+4 0	+6 0	+10 0	+14 0	+25 0	+40 0	+60 0	+100 0	+140 0	+4 +2	+5 +2	+6 +2	+8 +2
3	6	−3 −2	+6 −2	+8 −4		+2.5 0	+5 +1	+6 +1	+9 +1	+13 +1	+18 0	+30 0	+48 0	+75 0	+120 0	+180 0	+6.5 +4	+8 +4	+9 +4	+12 +4
6	10	+4 −2	+7 −2	+10 −5		+2.5 0	+5 +1	+7 +1	+10 +1	+16 +1	+22 0	+36 0	+58 0	+90 0	+150 0	+220 0	+8.5 +6	+10 +6	+12 +6	+15 +6
10	18	+5 −3	+8 −3	+12 −6		+3 0	+6 +1	+9 +1	+12 +1	+19 +1	+27 0	+43 0	+70 0	+110 0	+180 0	+270 0	+10 +7	+12 +7	+15 +7	+18 +7
18	30	+5 −4	+9 −4	+13 −8		+4 0	+8 +2	+11 +2	+15 +2	+23 +2	+33 0	+52 0	+84 0	+130 0	+210 0	+330 0	+12 +8	+14 +8	+17 +8	+21 +8
30	50	+6 −5	+11 −5	+15 −10		+4 0	+9 +2	+13 +2	+18 +2	+27 +2	+39 0	+62 0	+100 0	+160 0	+250 0	+390 0	+13 +9	+16 +9	+20 +9	+25 +9
50	80	+6 −7	+12 −7	+18 −12			+10 +2	+15 +2	+21 +2	+32 +2	+46 0	+74 0	+120 0	+190 0	+300 0	+460 0		+19 +11	+24 +11	+30 +11
80	120	+6 −9	+13 −9	+20 −15			+13 +3	+18 +3	+25 +3	+38 +3	+54 0	+87 0	+140 0	+220 0	+350 0	+540 0		+23 −13	+28 +13	+35 +13
120	180	+7 −11	+14 −11	+22 −18			+15 +3	+21 +3	+28 +3	+43 +3	+63 0	+100 0	+160 0	+250 0	+400 0	+630 0		+27 +15	+33 +15	+40 +15
180	250	+7 −13	+16 −13	+25 −21			+18 +4	+24 +4	+33 +4	+50 +4	+72 0	+115 0	+185 0	+290 0	+460 0	+720 0		+31 +17	+37 +17	+46 +17
250	315	+7 −16	+16 −16	±26			+20 +4	+27 +4	+36 +4	+56 +4	+81 0	+130 0	+210 0	+320 0	+520 0	+810 0		+36 +20	+43 +20	+52 +20
315	400	+7 −18	+18 −18	+29 −28			+22 +4	+29 +4	+40 +4	+61 +4	+89 0	+140 0	+230 0	+360 0	+570 0	+890 0		+39 +21	+46 +21	+57 +21
400	500	+7 −20	+20 −20	+31 −32			+25 +5	+32 +5	+45 +5	+68 +5	+97 0	+155 0	+250 0	+400 0	+630 0	+970 0		+43 +23	+50 +23	+63 +23

（续）

公称尺寸/mm		m			n							p							
大于	至	7	8	9	3	4	5	6	7	8	9	3	4	5	6	7	8	9	10
—	3	+12 +2	+16 +2	+27 +2	+6 +4	+7 +4	+8 +4	+10 +4	+14 +4	+18 +4	+29 +4	+8 +6	+9 +6	+10 +6	+12 +6	+16 +6	+20 +6	+31 +6	+46 +6
3	6	+16 +4	+22 +4	+34 +4	+10.5 +8	+12 +8	+13 +8	+16 +8	+20 +8	+26 +8	+38 +8	+14.5 +12	+16 +12	+17 +12	+20 +12	+24 +12	+30 +12	+42 +12	+60 +12
6	10	+21 +6	+28 +6	+42 +6	+12.5 +10	+14 +10	+16 +10	+19 +10	+25 +10	+32 +10	+46 +10	+17.5 +15	+19 +15	+21 +15	+24 +15	+30 +15	+37 +15	+51 +15	+73 +15
10	18	+25 +7	+34 +7	+50 +7	+15 +12	+17 +12	+20 +12	+23 +12	+30 +12	+39 +12	+55 +12	+21 +18	+23 +18	+26 +18	+29 +18	+36 +18	+45 +18	+61 +18	+88 +18
18	30	+29 +8	+41 +8	+60 +8	+19 +15	+21 +15	+24 +15	+28 +15	+36 +15	+48 +15	+67 +15	+26 +22	+28 +22	+31 +22	+35 +22	+43 +22	+55 +22	+74 +22	+106 +22
30	50	+34 +9	+48 +9	+71 +9	+21 +17	+24 +17	+28 +17	+33 +17	+42 +17	+56 +17	+79 +17	+30 +26	+33 +26	+37 +26	+42 +26	+51 +26	+65 +26	+88 +26	+126 +26
50	80	+41 +11				+28 +20	+33 +20	+39 +20	+50 +20				+40 +32	+45 +32	+51 +32	+62 +32	+78 +32		
80	120	+48 +13				+33 +23	+38 +23	+45 +23	+58 +23				+47 +37	+52 +37	+59 +37	+72 +37	+91 +37		
120	180	+55 +15				+39 +27	+45 +27	+52 +27	+67 +27				+55 +43	+61 +43	+68 +43	+83 +43	+106 +43		
180	250	+63 +17				+45 +31	+51 +31	+60 +31	+77 +31				+64 +50	+70 +50	+79 +50	+96 +50	+122 +50		
250	315	+72 +20				+50 +34	+57 +34	+66 +34	+86 +34				+72 +56	+79 +56	+88 +56	+108 +56	+137 +56		
315	400	+78 +21				+55 +37	+62 +37	+73 +37	+94 +37				+80 +62	+87 +62	+98 +62	+119 +62	+151 +62		
400	500	+86 +23				+60 +40	+67 +40	+80 +40	+103 +40				+88 +68	+95 +68	+108 +68	+131 +68	+165 +68		

（续）

公称尺寸/mm		r								s								t				u				
大于	至	3	4	5	6	7	8	9	10	3	4	5	6	7	8	9	10	5	6	7	8	5	6	7	8	9
—	3	+12 +10	+13 +10	+14 +10	+16 +10	+20 +10	+24 +10	+35 +10	+50 +10	+16 +14	+17 +14	+18 +14	+20 +14	+24 +14	+28 +24	+39 +14	+54 +14					+22 +18	+24 +18	+28 +18	+32 +18	+43 +18
3	6	+17.5 +15	+19 +15	+20 +15	+23 +15	+27 +15	+33 +15	+45 +15	+63 +15	+21.5 +19	+23 +19	+24 +19	+27 +19	+31 +19	+37 +19	+49 +19	+67 +19					+28 +23	+31 +23	+35 +23	+41 +23	+53 +23
6	10	+21.5 +19	+23 +19	+25 +19	+28 +19	+34 +19	+41 +19	+55 +19	+77 +19	+25.5 +23	+27 +23	+29 +23	+32 +23	+38 +23	+45 +23	+59 +23	+81 +23					+34 +28	+37 +28	+43 +28	+50 +28	+64 +28
10	18	+26 +23	+28 +23	+31 +23	+34 +23	+41 +23	+50 +23	+66 +23	+93 +23	+31 +28	+33 +28	+36 +28	+39 +28	+46 +28	+55 +28	+71 +28	+98 +28					+41 +33	+44 +33	+51 +33	+60 +33	+76 +33
18	24	+32 +28	+34 +28	+37 +28	+41 +28	+49 +28	+61 +28	+80 +28	+112 +28	+39 +25	+41 +35	+44 +35	+48 +35	+56 +35	+68 +35	+87 +35	+119 +35					+50 +41	+54 +41	+62 +41	+74 +41	+93 +41
24	30																	+50 +41	+54 +41	+62 +41	+74 +41	+57 +48	+61 +48	+69 +48	+81 +48	+100 +48
30	40	+38 +34	+41 +34	+45 +34	+50 +34	+59 +34	+73 +34	+96 +34	+134 +34	+47 +43	+50 +43	+54 +43	+59 +43	+68 +43	+82 +43	+105 +43	+143 +43	+59 +48	+64 +48	+73 +48	+87 +48	+71 +60	+76 +60	+85 +60	+99 +60	+122 +60
40	50																	+65 +54	+70 +54	+79 +54	+93 +54	+81 +70	+86 +70	+95 +70	+109 +70	+132 +70
50	65		+49 +41	+54 +41	+60 +41	+71 +41	+87 +41				+61 +53	+66 +53	+72 +53	+83 +53	+99 +53	+127 +53		+79 +66	+85 +66	+96 +66	+112 +66	+100 +87	+106 +87	+117 +87	+183 +87	+161 +87
65	80		+51 +43	+56 +43	+62 +43	+72 +43	+89 +43				+67 +59	+72 +59	+78 +59	+89 +59	+105 +59	+133 +59		+88 +75	+94 +75	+105 +75	+121 +75	+115 +102	+121 +102	+132 +102	+148 +102	+176 +102
80	100		+61 +51	+66 +51	+73 +51	+86 +51	+105 +51				+81 +71	+86 +71	+93 +71	+106 +71	+125 +71	+158 +71		+106 +91	+113 +91	+126 +91	+145 +91	+139 +124	+146 +124	+159 +124	+178 +124	+211 +124
100	120		+64 +54	+69 +54	+76 +54	+89 +54	+108 +54				+89 +79	+94 +79	+101 +79	+114 +79	+133 +79	+166 +79		+119 +104	+126 +104	+139 +104	+158 +104	+159 +144	+166 +144	+179 +144	+198 +144	+231 +144

（续）

公称尺寸/mm		r								s								t				u				
大于	至	3	4	5	6	7	8	9	10	3	4	5	6	7	8	9	10	5	6	7	8	5	6	7	8	9
120	140		+75 +63	+81 +63	+88 +63	+103 +63	+126 +63				+104 +92	+110 +92	+117 +92	+132 +92	+155 +92	+192 +92		+140 +122	+147 +122	+162 +122	+185 +122	+188 +170	+195 +170	+210 +170	+233 +170	+270 +170
140	160		+77 +65	+83 +65	+90 +65	+105 +65	+128 +65				+112 +100	+118 +100	+125 +100	+140 +100	+163 +100	+200 +100		+152 +134	+159 +134	+174 +134	+197 +134	+208 +190	+215 +190	+230 +190	+253 +190	+290 +190
160	180		+80 +68	+86 +68	+93 +68	+108 +68	+131 +68				+120 +108	+126 +108	+133 +108	+148 +108	+171 +108	+208 +108		+164 +146	+171 +146	+186 +146	+209 +146	+228 +210	+235 +210	+250 +210	+273 +210	+310 +210
180	200		+91 +77	+97 +77	+106 +77	+123 +77	+149 +77				+136 +122	+142 +122	+151 +122	+168 +122	+194 +122	+237 +122		+186 +166	+195 +166	+212 +166	+238 +166	+256 +236	+265 +236	+282 +236	+308 +236	+351 +236
200	225		+94 +80	+100 +80	+109 +80	+126 +80	+152 +80				+144 +130	+150 +130	+159 +130	+176 +130	+202 +130	+245 +130		+200 +180	+209 +180	+226 +180	+252 +180	+278 +258	+287 +258	+304 +258	+330 +258	+373 +258
225	250		+98 +84	+104 +84	+113 +84	+130 +84	+156 +84				+154 +140	+160 +140	+169 +140	+186 +140	+212 +140	+255 +140		+216 +196	+225 +196	+242 +196	+268 +196	+304 +284	+313 +284	+330 +284	+356 +284	+399 +284
250	280		+110 +94	+117 +94	+126 +94	+146 +94	+175 +94				+174 +158	+181 +158	+190 +158	+210 +158	+239 +158	+288 +158		+241 +218	+250 +218	+270 +218	+299 +218	+338 +315	+347 +315	+367 +315	+396 +315	+445 +315
280	315		+114 +98	+121 +98	+130 +98	+150 +98	+179 +98				+186 +170	+193 +170	+202 +170	+222 +170	+251 +170	+300 +170		+263 +240	+272 +240	+292 +240	+321 +240	+373 +350	+382 +350	+402 +350	+431 +350	+480 +350
315	355		+126 +108	+133 +108	+144 +108	+165 +108	+197 +108				+208 +190	+215 +190	+226 +190	+247 +190	+279 +190	+330 +190		+293 +268	+304 +268	+325 +268	+357 +268	+415 +390	+426 +390	+447 +390	+479 +390	+530 +390
355	400		+132 +114	+139 +114	+150 +114	+171 +114	+203 +114				+226 +208	+233 +208	+244 +208	+265 +208	+297 +208	+348 +208		+319 +294	+330 +294	+351 +294	+383 +294	+460 +435	+471 +435	+492 +435	+524 +435	+575 +435
400	450		+146 +126	+153 +126	+166 +126	+189 +126	+223 +126				+252 +232	+259 +232	+272 +232	+295 +232	+329 +232	+387 +232		+357 +330	+370 +330	+393 +330	+427 +330	+517 +490	+530 +490	+553 +490	+587 +490	+645 +490
450	500		+152 +132	+159 +132	+172 +132	+195 +132	+229 +132				+272 +252	+279 +252	+292 +252	+315 +252	+349 +252	+407 +252		+387 +360	+400 +360	+423 +360	+457 +360	+567 +540	+580 +540	+603 +540	+637 +540	+695 +540

（续）

公称尺寸/mm		v				x						y				
大于	至	5	6	7	8	5	6	7	8	9	10	6	7	8	9	10
—	3					+24 +20	+26 +20	+30 +20	+34 +20	+45 +20	+60 +20					
3	6					+33 +28	+36 +28	+40 +28	+46 +28	+58 +28	+76 +28					
6	10					+40 +34	+43 +34	+49 +34	+56 +34	+70 +34	+92 +34					
10	14					+48 +40	+51 +40	+58 +40	+67 +40	+83 +40	+110 +40					
14	18	+47 +39	+50 +39	+57 +39	+66 +39	+53 +45	+56 +45	+63 +45	+72 +45	+88 +45	+115 +45					
18	24	+56 +47	+60 +47	+68 +47	+80 +47	+63 +54	+67 +54	+75 +54	+87 +54	+106 +54	+138 +54	+76 +63	+84 +63	+96 +63	+115 +63	+147 +63
24	30	+64 +55	+68 +55	+76 +55	+88 +55	+73 +64	+77 +64	+85 +64	+97 +64	+116 +64	+148 +64	+88 +75	+96 +75	+108 +75	+127 +75	+159 +75
30	40	+79 +68	+84 +68	+93 +68	+107 +68	+91 +80	+96 +80	+105 +80	+119 +80	+142 +80	+180 +80	+110 +94	+119 +94	+133 +94	+156 +94	+194 +94
40	50	+92 +81	+97 +81	+106 +81	+120 +81	+108 +97	+113 +97	+122 +97	+136 +97	+159 +97	+197 +97	+130 +114	+139 +114	+153 +114	+176 +114	+214 +114
50	65	+115 +102	+121 +102	+132 +102	+148 +102	+135 +122	+141 +122	+152 +122	+168 +122	+196 +122	+242 +122	+163 +144	+174 +144	+190 +144		
65	80	+133 +120	+139 +120	+150 +120	+166 +120	+159 +146	+165 +146	+176 +146	+192 +146	+220 +146	+266 +146	+193 +174	+204 +174	+220 +174		
80	100	+161 +146	+168 +146	+181 +146	+200 +146	+193 +178	+200 +178	+213 +178	+232 +178	+265 +178	+318 +178	+236 +214	+249 +214	+268 +214		
100	120	+187 +172	+194 +172	+207 +172	+226 +172	+225 +210	+232 +210	+245 +210	+264 +210	+297 +210	+350 +210	+276 +254	+289 +254	+308 +254		

（续）

公称尺寸/mm		v				x						y				
大于	至	5	6	7	8	5	6	7	8	9	10	6	7	8	9	10
120	140	+220 +202	+227 +202	+242 +202	+265 +202	+266 +248	+273 +248	+288 +248	+311 +248	+348 +248	+408 +248	+325 +300	+340 +300	+363 +300		
140	160	+246 +228	+253 +228	+268 +228	+291 +228	+298 +280	+305 +280	+320 +280	+343 +280	+380 +280	+440 +280	+365 +340	+380 +340	+403 +340		
160	180	+270 +252	+277 +252	+292 +252	+315 +252	+328 +310	+335 +310	+350 +310	+373 +310	+410 +310	+470 +310	+405 +380	+420 +380	+443 +380		
180	200	+304 +284	+313 +284	+330 +284	+356 +284	+370 +350	+379 +350	+396 +350	+422 +350	+465 +350	+535 +350	+454 +425	+471 +425	+497 +425		
200	225	+330 +310	+339 +310	+356 +310	+382 +310	+405 +385	+414 +385	+431 +385	+457 +385	+500 +385	+570 +385	+499 +470	+516 +470	+542 +470		
225	250	+360 +340	+369 +340	+386 +340	+412 +340	+445 +425	+454 +425	+471 +425	+497 +425	+540 +425	+610 +425	+549 +520	+566 +520	+592 +520		
250	280	+408 +385	+417 +385	+437 +385	+466 +385	+498 +475	+507 +475	+527 +475	+556 +475	+605 +475	+685 +475	+612 +580	+632 +580	+661 +580		
280	315	+448 +425	+457 +425	+477 +425	+506 +425	+548 +525	+557 +525	+577 +525	+606 +525	+655 +525	+735 +525	+682 +650	+702 +650	+731 +650		
315	355	+500 +475	+511 +475	+532 +475	+564 +475	+615 +590	+626 +590	+647 +590	+679 +590	+730 +590	+820 +590	+766 +730	+787 +730	+819 +730		
355	400	+555 +530	+566 +530	+587 +530	+619 +530	+685 +660	+696 +660	+717 +660	+749 +660	+800 +660	+890 +660	+856 +820	+877 +820	+909 +820		
400	450	+622 +595	+635 +595	+658 +595	+692 +595	+767 +740	+780 +740	+803 +740	+837 +740	+895 +740	+990 +740	+960 +920	+983 +920	+1017 +920		
450	500	+687 +660	+700 +660	+723 +660	+757 +660	+847 +820	+860 +820	+883 +820	+917 +820	+975 +820	+1070 +820	+1040 +1000	+1063 +1000	+1097 +1000		

（续）

公称尺寸/mm		z						za					
大于	至	6	7	8	9	10	11	6	7	8	9	10	11
—	3	+32 +26	+36 +26	+40 +26	+51 +26	+66 +26	+86 +26	+38 +32	+42 +32	+46 +32	+57 +32	+72 +32	+92 +32
3	6	+43 +35	+47 +35	+53 +35	+65 +35	+83 +35	+110 +35	+50 +42	+54 +42	+60 +42	+72 +42	+90 +42	+117 +42
6	10	+51 +42	+57 +42	+64 +42	+78 +42	+100 +42	+132 +42	+61 +52	+67 +52	+74 +52	+88 +52	+110 +52	+142 +52
10	14	+61 +50	+68 +50	+77 +50	+93 +50	+120 +50	+160 +50	+75 +64	+82 +64	+91 +64	+107 +64	+134 +64	+174 +64
14	18	+71 +60	+78 +60	+87 +60	+103 +60	+130 +60	+170 +60	+88 +77	+95 +77	+104 +77	+120 +77	+147 +77	+187 +77
18	24	+86 +73	+94 +73	+106 +73	+125 +73	+157 +73	+203 +73	+111 +98	+119 +98	+131 +98	+150 +98	+182 +98	+228 +98
24	30	+101 +88	+109 +88	+121 +88	+140 +88	+172 +88	+218 +88	+131 +118	+139 +118	+151 +118	+170 +118	+202 +118	+248 +118
30	40	+128 +112	+137 +112	+151 +112	+174 +112	+212 +112	+272 +112	+164 +148	+173 +148	+187 +148	+210 +148	+248 +148	+308 +148
40	50	+152 +136	+161 +136	+175 +136	+198 +136	+236 +136	+296 +136	+196 +180	+205 +180	+219 +180	+242 +180	+280 +180	+340 +180
50	65	+191 +172	+202 +172	+218 +172	+246 +172	+292 +172	+362 +172	+245 +226	+256 +226	+272 +226	+300 +226	+346 +226	+416 +226
65	80	+229 +210	+240 +210	+256 +210	+284 +210	+330 +210	+400 +210	+293 +274	+304 +274	+320 +274	+348 +274	+394 +274	+464 +274
80	100	+280 +258	+293 +258	+312 +258	+345 +258	+398 +258	+478 +258	+357 +335	+370 +335	+389 +335	+422 +335	+475 +335	+555 +335

（续）

公称尺寸/mm		z						za					
大于	至	6	7	8	9	10	11	6	7	8	9	10	11
100	120	+332 +310	+345 +310	+364 +310	+397 +310	+450 +310	+530 +310	+422 +400	+435 +400	+454 +400	+487 +400	+540 +400	+620 +400
120	140	+390 +365	+405 +365	+428 +365	+465 +365	+525 +365	+615 +365	+495 +470	+510 +470	+533 +470	+570 +470	+630 +470	+720 +470
140	160	+440 +415	+455 +415	+478 +415	+515 +415	+575 +415	+665 +415	+560 +535	+575 +535	+598 +535	+635 +535	+695 +535	+785 +535
160	180	+490 +465	+505 +465	+528 +465	+565 +465	+625 +465	+715 +465	+625 +600	+640 +600	+663 +600	+700 +600	+760 +600	+850 +600
180	200	+549 +520	+566 +520	+595 +520	+635 +520	+705 +520	+810 +520	+699 +670	+716 +670	+742 +670	+785 +670	+855 +670	+960 +670
200	225	+604 +575	+621 +575	+647 +575	+690 +575	+760 +575	+865 +575	+769 +740	+786 +740	+812 +740	+855 +740	+925 +740	+1030 +740
225	250	+669 +640	+686 +640	+712 +640	+755 +640	+825 +640	+930 +640	+849 +820	+866 +820	+892 +820	+935 +820	+1005 +820	+1110 +820
250	280	+742 +710	+762 +710	+791 +710	+840 +710	+920 +710	+1030 +710	+952 +920	+972 +920	+1001 +920	+1050 +920	+1130 +920	+1240 +920
280	315	+822 +790	+842 +790	+871 +790	+920 +790	+1000 +790	+1110 +790	+1032 +1000	+1052 +1000	+1081 +1000	+1130 +1000	+1210 +1000	+1320 +1000
315	355	+936 +900	+957 +900	+989 +900	+1040 +900	+1130 +900	+1260 +900	+1186 +1150	+1207 +1150	+1239 +1150	+1290 +1150	+1380 +1150	+1510 +1150
355	400	+1036 +1000	+1057 +1000	+1089 +1000	+1140 +1000	+1230 +1000	+1360 +1000	+1336 +1300	+1357 +1300	+1389 +1300	+1440 +1300	+1530 +1300	+1660 +1300
400	450	+1140 +1100	+1163 +1100	+1197 +1100	+1255 +1100	+1350 +1100	+1500 +1100	+1490 +1450	+1513 +1450	+1547 +1450	+1605 +1450	+1700 +1450	+1850 +1450
450	500	+1290 +1250	+1313 +1250	+1347 +1250	+1405 +1250	+1500 +1250	+1650 +1250	+1640 +1600	+1663 +1600	+1697 +1600	+1755 +1600	+1850 +1600	+2000 +1600

（续）

公称尺寸/mm		zb					zc				
大于	至	7	8	9	10	11	7	8	9	10	11
—	3	+50 +40	+54 +40	+65 +40	+80 +40	+100 +40	+70 +60	+74 +60	+85 +60	+100 +60	+120 +60
3	6	+62 +50	+68 +50	+80 +50	+98 +50	+125 +50	+92 +80	+98 +80	+110 +80	+128 +80	+155 +80
6	10	+82 +67	+89 +67	+103 +67	+125 +67	+157 +67	+112 +97	+119 +97	+133 +97	+155 +97	+187 +97
10	14	+108 +90	+117 +90	+133 +90	+160 +90	+200 +90	+148 +130	+157 +130	+173 +130	+200 +130	+240 +130
14	18	+126 +108	+135 +108	+151 +108	+178 +108	+218 +108	+168 +150	+177 +150	+193 +150	+220 +150	+260 +150
18	24	+157 +136	+169 +136	+188 +136	+220 +136	+266 +136	+209 +188	+221 +188	+240 +188	+272 +188	+318 +188
24	30	+181 +160	+193 +160	+212 +160	+244 +160	+290 +160	+239 +218	+251 +218	+270 +218	+302 +218	+348 +218
30	40	+225 +200	+239 +200	+262 +200	+300 +200	+360 +200	+299 +274	+313 +274	+336 +274	+374 +274	+434 +274
40	50	+267 +242	+281 +242	+304 +242	+342 +242	+402 +242	+350 +325	+364 +325	+387 +325	+425 +325	+485 +325
50	65	+330 +300	+346 +300	+374 +300	+420 +300	+490 +300	+435 +405	+451 +405	+479 +405	+525 +405	+595 +405
65	80	+390 +360	+406 +360	+434 +360	+480 +360	+550 +360	+510 +480	+526 +480	+554 +480	+600 +480	+670 +480
80	100	+480 +445	+499 +445	+532 +445	+585 +445	+665 +445	+620 +585	+639 +585	+672 +585	+725 +585	+805 +585
100	120	+560 +525	+579 +525	+612 +525	+665 +525	+745 +525	+725 +690	+744 +690	+777 +690	+830 +690	+910 +690
120	140	+660 +620	+683 +620	+720 +620	+780 +620	+870 +620	+840 +800	+863 +800	+900 +800	+960 +800	+1 050 +800

（续）

公称尺寸/mm		zb					zc				
大于	至	7	8	9	10	11	7	8	9	10	11
140	160	+740 +700	+763 +700	+800 +700	+860 +700	+950 +700	+940 +900	+963 +900	+1000 +900	+1060 +900	+1150 +900
160	180	+820 +780	+843 +780	+880 +780	+940 +780	+1030 +780	+1040 +1000	+1063 +1000	+1100 +1000	+1160 +1000	+1250 +1000
180	200	+926 +880	+952 +880	+995 +880	+1065 +880	+1170 +880	+1196 +1150	+1222 +1150	+1265 +1150	+1335 +1150	+1440 +1150
200	225	+1160 +960	+1032 +960	+1075 +960	+1450 +960	+1250 +960	+1296 +1250	+1322 +1250	+1365 +1250	+1435 +1250	+1540 +1250
225	250	+1096 +1050	+1122 +1050	+1165 +1050	+1235 +1050	+1340 +1050	+1396 +1350	+1422 +1350	+1465 +1350	+1535 +1350	+1640 +1350
250	280	+1252 +1200	+1281 +1200	+1380 +1200	+1410 +1200	+1520 +1200	+1602 +1550	+1631 +1550	+1680 +1550	+1760 +1550	+1870 +1550
280	315	+1352 +1300	+1381 +1300	+1430 +1300	+1510 +1300	+1620 +1300	+1752 +1700	+1781 +1700	+1830 +1700	+1910 +1700	+2020 +1700
315	355	+1557 +1500	+1589 +1500	+1640 +1500	+1730 +1500	+1860 +1500	+1957 +1900	+1989 +1900	+2040 +1900	+2130 +1900	+2260 +1900
355	400	+1707 +1650	+1739 +1650	+1790 +1650	+1880 +1650	+2010 +1650	+2157 +2100	+2189 +2100	+2240 +2100	+2330 +2100	+2460 +2100
400	450	+1913 +1850	+1947 +1850	+2005 +1850	+2100 +1850	+2250 +1850	+2463 +2400	+2497 +2400	+2555 +2400	+2650 +2400	+2800 +2400
450	500	+2163 +2100	+2197 +2100	+2255 +2100	+2350 +2100	+2500 +2100	+2663 +2600	+2697 +2600	+2755 +2600	+2850 +2600	+3000 +2600

注：1. 各级的 cd、ef、fg 主要用于精密机械和钟表制造业。

2. IT14 至 IT18 只用于大于 1mm 的公称尺寸。

3. 公称尺寸至 24mm 的 t5 至 t8 的偏差值未列入表内，建议以 u5 至 u8 代替。如必须要 t5 至 t8，则可按 GB/T 1800.3 计算。

4. 公称尺寸至 14mm 的 v5 至 v8 的偏差值未列入表内，建议以 x5 至 x8 代替。如必须要 v5 至 v8，则可按 GB/T 1800.3 计算。

5. 公称尺寸至 18mm 的 y6 至 y10 的偏差值未列入表内，建议以 z6 至 z10 代替。如必须要 y6 至 y10，则可按 GB/T 1800.3 计算。

表 2.2-12　轴的极限偏差（500mm 以上）

公称尺寸/mm		d					e					f				g		
大于	至	7	8	9	10	11	7	8	9	10	11	6	7	8	9	6	7	8
500	630	-260 -330	-260 -370	-260 -435	-260 -540	-260 -700	-145 -189	-145 -215	-145 -255	-145 -320	-145 -425	-76 -120	-76 -146	-76 -186	-76 -251	-22 -66	-22 -92	-22 -132
630	800	-290 -370	-290 -415	-290 -490	-290 -610	-290 -790	-160 -210	-160 -240	-160 -285	-160 -360	-160 -480	-80 -130	-80 -160	-80 -205	-80 -280	-24 -74	-24 -104	-24 -149
800	1000	-320 -410	-320 -460	-320 -550	-320 -680	-320 -880	-170 -226	-170 -260	-170 -310	-170 -400	-170 -530	-86 -142	-86 -176	-86 -226	-86 -316	-26 -82	-26 -116	-26 -166
1000	1250	-350 -455	-350 -515	-350 -610	-350 -770	-350 -1010	-195 -261	-195 -300	-195 -360	-195 -455	-195 -615	-98 -164	-98 -203	-98 -263	-98 -358	-28 -94	-28 -133	-28 -193
1250	1600	-390 -515	-390 -585	-390 -700	-390 -890	-390 -1170	-220 -298	-220 -345	-220 -415	-220 -530	-220 -720	-110 -188	-110 -235	-110 -305	-110 -420	-30 -108	-30 -155	-30 -225
1600	2000	-430 -580	-430 -660	-430 -800	-430 -1030	-430 -1350	-240 -332	-240 -390	-240 -470	-240 -610	-240 -840	-120 -212	-120 -270	-120 -350	-120 -490	-32 -124	-32 -182	-32 -262
2000	2500	-480 -655	-480 -760	-480 -920	-480 -1180	-480 -1580	-260 -370	-260 -435	-260 -540	-260 -700	-260 -960	-130 -240	-130 -305	-130 -410	-130 -570	-34 -144	-34 -209	-34 -314
2500	3150	-520 -730	-520 -850	-520 -1060	-520 -1380	-520 -1870	-290 -425	-290 -500	-290 -620	-290 -830	-290 -1150	-145 -280	-145 -355	-145 -475	-145 -685	-38 -173	-38 -248	-38 -368

（续）

公称尺寸/mm		h																	
		1	2	3	4	5	6	7	8	9	10	11	12	13	14	15	16	17	18
大于	至	偏差																	
		μm											mm						
500	630	0 -9	0 -11	0 -16	0 -22	0 -32	0 -44	0 -70	0 -110	0 -175	0 -280	0 -440	0 -0.7	0 -1.1	0 -1.75	0 -2.8	0 -4.4	0 -7	0 -11
630	800	0 -10	0 -13	0 -18	0 -25	0 -36	0 -50	0 -80	0 -125	0 -200	0 -320	0 -500	0 -0.8	0 -1.25	0 -2	0 -3.2	0 -5	0 -8	0 -12.5
800	1000	0 -11	0 -15	0 -21	0 -28	0 -40	0 -56	0 -90	0 -140	0 -230	0 -360	0 -560	0 -0.9	0 -1.4	0 -2.3	0 -3.6	0 -5.6	0 -9	0 -14
1000	1250	0 -13	0 -18	0 -24	0 -33	0 -47	0 -66	0 -105	0 -165	0 -260	0 -420	0 -660	0 -1.05	0 -1.65	0 -2.6	0 -4.2	0 -6.6	0 -10.5	0 -16.5
1250	1600	0 -15	0 -21	0 -29	0 -39	0 -55	0 -78	0 -125	0 -195	0 -310	0 -500	0 -780	0 -1.25	0 -1.95	0 -3.1	0 -5	0 -7.8	0 -12.5	0 -19.5
1600	2000	0 -18	0 -25	0 -35	0 -46	0 -65	0 -92	0 -150	0 -230	0 -370	0 -600	0 -920	0 -1.5	0 -2.3	0 -3.7	0 -6	0 -9.2	0 -15	0 -23
2000	2500	0 -22	0 -30	0 -41	0 -55	0 -78	0 -110	0 -175	0 -280	0 -440	0 -700	0 -1100	0 -1.75	0 -2.8	0 -4.4	0 -7	0 -11	0 -17.5	0 -28
2500	3150	0 -26	0 -36	0 -50	0 -68	0 -96	0 -135	0 -210	0 -330	0 -540	0 -860	0 -1350	0 -2.1	0 -3.3	0 -5.4	0 -8.6	0 -13.5	0 -21	0 -33
大于	至	js																	
500	630	+4.5 -4.5	+5.5 -5.5	+8 -8	+11 -11	+16 -16	+22 -22	+35 -35	+55 -55	+87 -87	+140 -140	+220 -220	+0.35 -0.35	+0.55 -0.55	+0.875 -0.875	+1.4 -1.4	+2.2 -2.2	+3.5 -3.5	+5.5 -5.5
630	800	+5 -5	+6.5 -6.5	+9 -9	+12.5 -12.5	+18 -18	+25 -25	+40 -40	+62 -62	+100 -100	+160 -160	+250 -250	+0.4 -0.4	+0.625 -0.625	+1 -1	+1.6 -1.6	+2.5 -2.5	+4 -4	+6.25 -6.25
800	1000	+5.5 -5.5	+7.5 -7.5	+10.5 -10.5	+14 -14	+20 -20	+28 -28	+45 -45	+70 -70	+115 -115	+180 -180	+280 -280	+0.45 -0.45	+0.7 -0.7	+1.15 -1.15	+1.8 -1.8	+2.8 -2.8	+4.5 -4.5	+7 -7
1000	1250	+6.5 -6.5	+9 -9	+12 -12	+16.5 -16.5	+23.5 -23.5	+33 -33	+52 -52	+82 -82	+130 -130	+210 -210	+330 -330	+0.525 -0.525	+0.825 -0.825	+1.3 -1.3	+2.1 -2.1	+3.3 -3.3	+5.25 -5.25	+8.25 -8.25
1250	1600	+7.5 -7.5	+10.5 -10.5	+14.5 -14.5	+19.5 -19.5	+27.5 -27.5	+39 -39	+62 -62	+97 -97	+155 -155	+250 -250	+390 -390	+0.625 -0.625	+0.975 -0.975	+1.55 -1.55	+2.5 -2.5	+3.9 -3.9	+6.25 -6.25	+9.75 -9.75
1600	2000	+9 -9	+12.5 -12.5	+17.5 -17.5	+23 -23	+32.5 -32.5	+46 -46	+75 -75	+115 -115	+185 -185	+300 -300	+460 -460	+0.75 -0.75	+1.15 -1.15	+1.85 -1.85	+3 -3	+4.6 -4.6	+7.5 -7.5	+11.5 -11.5
2000	2500	+11 -11	+15 -15	+20.5 -20.5	+27.5 -27.5	+39 -39	+55 -55	+87 -87	+140 -140	+220 -220	+350 -350	+550 -550	+0.875 -0.875	+1.4 -1.4	+2.2 -2.2	+3.5 -3.5	+5.5 -5.5	+8.75 -8.75	+14 -14
2500	3150	+13 -13	+18 -18	+25 -25	+34 -34	+48 -48	+67.5 -67.5	+105 -105	+165 -165	+270 -270	+430 -430	+675 -675	+1.05 -1.05	+1.65 -1.65	+2.7 -2.7	+4.3 -4.3	+6.75 -6.75	+10.5 -10.5	+16.5 -16.5

注：黑框中的数值，即公称尺寸大于500～3150mm，IT1至IT5的偏差值为试用的。

（续）

公称尺寸/mm		k								m		n		p		
大于	至	6	7	8	9	10	11	12	13	6	7	6	7	6	7	8
500	630	+44 0	+70 0	+110 0	+175 0	+280 0	+440 0	+700 0	+1100 0	+70 +26	+96 +26	+88 +44	+114 +44	+122 +78	+148 +78	+188 +78
630	800	+50 0	+80 0	+125 0	+200 0	+320 0	+500 0	+800 0	+1250 0	+80 +30	+110 +30	+100 +50	+130 +50	+138 +88	+168 +88	+213 +88
800	1000	+56 0	+90 0	+140 0	+230 0	+360 0	+560 0	+900 0	+1400 0	+90 +34	+124 +34	+112 +56	+146 +56	+156 +100	+190 +100	+240 +100
1000	1250	+66 0	+105 0	+165 0	+260 0	+420 0	+660 0	+1050 0	+1650 0	+106 +40	+145 +40	+132 +66	+171 +66	+186 +120	+225 +120	+285 +120
1250	1600	+78 0	+125 0	+195 0	+310 0	+500 0	+780 0	+1250 0	+1950 0	+126 +48	+173 +48	+156 +78	+203 +78	+218 +140	+265 +140	+335 +140
1600	2000	+92 0	+150 0	+230 0	+370 0	+600 0	+920 0	+1500 0	+2300 0	+150 +58	+208 +58	+184 +92	+242 +92	+262 +170	+320 +170	+400 +170
2000	2500	+110 0	+175 0	+280 0	+440 0	+700 0	+1100 0	+1750 0	+2800 0	+178 +68	+243 +68	+220 +110	+285 +110	+305 +195	+370 +195	+475 +195
2500	3150	+135 0	+210 0	+330 0	+540 0	+860 0	+1350 0	+2100 0	+3300 0	+211 +76	+286 +76	+270 +135	+345 +135	+375 +240	+450 +240	+570 +240

（续）

公称尺寸/mm		r			s			t		u		
大于	至	6	7	8	6	7	8	6	7	6	7	8
500	560	+194 +150	+220 +150	+260 +150	+324 +280	+350 +280	+390 +280	+444 +400	+470 +400	+644 +600	+670 +600	+710 +600
560	630	+199 +155	+225 +155	+265 +155	+354 +310	+380 +310	+420 +310	+494 +450	+520 +450	+704 +660	+730 +660	+770 +660
630	710	+225 +175	+255 +175	+300 +175	+390 +340	+420 +340	+465 +340	+550 +500	+580 +500	+790 +740	+820 +740	+865 +740
710	800	+235 +185	+265 +185	+310 +185	+430 +380	+460 +380	+505 +380	+610 +560	+640 +560	+890 +840	+920 +840	+965 +840
800	900	+266 +210	+300 +210	+350 +210	+486 +430	+520 +430	+570 +430	+676 +620	+710 +620	+996 +940	+1030 +940	+1080 +940
900	1000	+276 +220	+310 +220	+360 +220	+526 +470	+560 +470	+610 +470	+736 +680	+770 +680	+1106 +1050	+1140 +1050	+1190 +1050
1000	1120	+316 +250	+355 +250	+415 +250	+586 +520	+625 +520	+685 +520	+846 +780	+885 +780	+1216 +1150	+1255 +1150	+1315 +1150
1120	1250	+326 +260	+365 +260	+425 +250	+646 +580	+685 +580	+745 +580	+906 +840	+945 +840	+1366 +1300	+1405 +1300	+1465 +1300
1250	1400	+378 +300	+425 +300	+495 +300	+718 +640	+765 +640	+835 +640	+1038 +960	+1085 +960	+1528 +1450	+1575 +1450	+1645 +1450
1400	1600	+408 +330	+455 +330	+525 +330	+798 +720	+845 +720	+915 +720	+1128 +1050	+1175 +1050	+1678 +1600	+1725 +1600	+1795 +1600
1600	1800	+462 +370	+520 +370	+600 +370	+912 +820	+970 +820	+1050 +820	+1292 +1200	+1350 +1200	+1942 +1850	+2000 +1850	+2080 +1850
1800	2000	+492 +400	+550 +400	+630 +400	+1012 +920	+1070 +920	+1150 +920	+1442 +1350	+1500 +1350	+2092 +2000	+2150 +2000	+2230 +2000
2000	2240	+550 +440	+615 +440	+720 +440	+1110 +1000	+1175 +1000	+1280 +1000	+1610 +1500	+1675 +1500	+2410 +2300	+2475 +2300	+2580 +2300
2240	2500	+570 +460	+635 +460	+740 +460	+1210 +1100	+1275 +1100	+1380 +1100	+1760 +1650	+1825 +1650	+2610 +2500	+2675 +2500	+2780 +2500
2500	2800	+685 +550	+760 +550	+880 +550	+1385 +1250	+1460 +1250	+1580 +1250	+2035 +1900	+2110 +1900	+3035 +2900	+3110 +2900	+3230 +2900
2800	3150	+715 +580	+790 +580	+910 +580	+1535 +1400	+1610 +1400	+1730 +1400	+2235 +2100	+2310 +2100	+3335 +3200	+3410 +3200	+3530 +3200

表 2.2-13 基孔制优先、常用配合

基准孔	轴																				
	a	b	c	d	e	f	g	h	js	k	m	n	p	r	s	t	u	v	x	y	z
	间隙配合								过渡配合				过盈配合								
H6						H6/f5	H6/g5	H6/h5	H6/js5	H6/k5	H6/m5	H6/n5	H6/p5	H6/r5	H6/s5	H6/t5					
H7						H7/f6	◤H7/g6	◤H7/h6	H7/js6	◤H7/k6	H7/m6	◤H7/n6	◤H7/p6	H7/r6	◤H7/s6	H7/t6	◤H7/u6	H7/v6	H7/x6	H7/y6	H7/z6
H8					H8/e7	◤H8/f7	H8/g7	◤H8/h7	H8/js7	H8/k7	H8/m7	H8/n7	H8/p7	H8/r7	H8/s7	H8/t7	H8/u7				
				H8/d8	H8/e8	H8/f8		H8/h8													
H9			H9/c9	◤H9/d9	H9/e9	H9/f9		◤H9/h9													
H10			H10/c10	H10/d10				H10/h10													
H11	H11/a11	H11/b11	◤H11/c11	H11/d11				◤H11/h11													
H12		H12/b12						H12/h12													

注：1. $\frac{H6}{n5}$、$\frac{H7}{p6}$在公称尺寸小于或等于3mm和$\frac{H8}{r7}$在小于或等于100mm时，为过渡配合。

2. 标注◤的配合为优先配合。

表 2.2-14 基轴制优先、常用配合

基准轴	孔																				
	A	B	C	D	E	F	G	H	JS	K	M	N	P	R	S	T	U	V	X	Y	Z
	间隙配合								过渡配合				过盈配合								
h5						F6/h5	G6/h5	H6/h5	JS6/h5	K6/h5	M6/h5	N6/h5	P6/h5	R6/h5	S6/h5	T6/h5					
h6						F7/h6	◤G7/h6	◤H7/h6	JS6/h6	◤K7/h6	M7/h6	◤N7/h6	◤P7/h6	R7/h6	◤S7/h6	T7/h6	◤U7/h6				
h7					E8/h7	◤F8/h7		◤H8/h7	JS8/h7	K8/h7	M8/h7	N8/h7									
h8				D8/h8	E8/h8	F8/h8		H8/h8													
h9				◤D9/h9	E9/h9	F9/h9		◤H9/h9													
h10				D10/h10				H10/h10													
h11	A11/h11	B11/h11	◤C11/h11	D11/h11				◤H11/h11													
h12		B12/h12						H12/h12													

注：标注◤的配合为优先配合。

表2.2-15　基孔制与基轴制优先、

基孔制		$\frac{H6}{f5}$	$\frac{H6}{g5}$	$\frac{H6}{h5}$	$\frac{H7}{f6}$	▼$\frac{H7}{g6}$	▼$\frac{H7}{h6}$	$\frac{H8}{e7}$	▼$\frac{H8}{f7}$	$\frac{H8}{g7}$	▼$\frac{H8}{h7}$	$\frac{H8}{d8}$	$\frac{H8}{c8}$	$\frac{H8}{f8}$	$\frac{H8}{h8}$	$\frac{H9}{c9}$	▼$\frac{H9}{d9}$
基轴制		$\frac{F6}{h5}$	$\frac{G6}{h5}$	$\frac{H6}{h5}$	$\frac{F7}{h6}$	▼$\frac{G7}{h6}$	▼$\frac{H7}{h6}$	$\frac{E8}{h7}$	▼$\frac{F8}{h7}$		▼$\frac{H8}{h7}$	$\frac{D8}{h8}$	$\frac{E8}{h8}$	$\frac{F8}{h8}$	$\frac{H8}{h8}$		▼$\frac{D9}{h9}$
公称尺寸/mm		间　隙															
大于	至																
—	3	+16 +6	+12 +2	+10 0	+22 +6	+18 +2	+16 0	+38 +14	+30 +6	+26 +2	+24 0	+48 +20	+42 +14	+34 +6	+28 0	+110 +60	+70 +20
3	6	+23 +10	+17 +4	+13 0	+30 +10	+24 +4	+20 0	+50 +20	+40 +10	+34 +4	+30 0	+66 +30	+56 +20	+46 +10	+36 0	+130 +70	+90 +30
6	10	+28 +13	+20 +5	+15 0	+37 +13	+29 +5	+24 0	+62 +25	+50 +13	+42 +5	+37 0	+84 +40	+69 +25	+57 +13	+44 0	+152 +80	+112 +40
10	14	+35 +16	+25 +6	+19 0	+45 +16	+35 +6	+29 0	+77 +32	+61 +16	+51 +6	+45 0	+104 +50	+86 +32	+70 +16	+54 0	+181 +95	+136 +50
14	18																
18	24	+42 +20	+29 +7	+22 0	+54 +20	+41 +7	+34 0	+94 +40	+74 +20	+61 +7	+54 0	+131 +65	+106 +40	+86 +20	+66 0	+214 +110	+169 +65
24	30																
30	40	+52 +25	+36 +9	+27 0	+66 +25	+50 +9	+41 0	+114 +50	+89 +25	+73 +9	+64 0	+158 +80	+128 +50	+103 +25	+78 0	+244 +120	+204 +80
40	50															+254 +130	
50	65	+62 +30	+42 +10	+32 0	+79 +30	+59 +10	+49 0	+136 +60	+106 +30	+86 +10	+76 0	+192 +100	+152 +60	+122 +30	+92 0	+288 +140	+248 +100
65	80															+298 +150	
80	100	+73 +36	+49 +12	+37 0	+93 +36	+69 +12	+57 0	+161 +72	+125 +36	+101 +12	+89 0	+228 +120	+180 +72	+144 +36	+108 0	+344 +170	+294 +120
100	120															+354 +180	
120	140	+86 +43	+57 +14	+43 0	+108 +43	+79 +14	+65 0	+188 +85	+146 +43	+117 +14	+103 0	+271 +145	+211 +85	+169 +43	+126 0	+400 +200	+345 +145
140	160															+410 +210	
160	180															+430 +230	
180	200	+99 +50	+64 +15	+49 0	+125 +50	+90 +15	+75 0	+218 +100	+168 +50	+133 +15	+118 0	+314 +170	+244 +100	+194 +50	+144 0	+470 +240	+400 +170
200	225															+490 +260	
225	250															+510 +280	
250	280	+111 +56	+72 +17	+55 0	+140 +56	+101 +17	+84 0	+243 +110	+189 +56	+150 +17	+133 0	+352 +190	+272 +110	+218 +56	+162 0	+560 +300	+450 +190
280	315															+590 +330	
315	355	+123 +62	+79 +18	+61 0	+155 +62	+111 +18	+93 0	+271 +125	+208 +62	+164 +18	+146 0	+388 +210	+303 +125	+240 +62	+178 0	+640 +360	+490 +210
355	400															+680 +400	
400	450	+135 +68	+87 +20	+67 0	+171 +68	+123 +20	+103 0	+295 +135	+228 +68	+180 +20	+160 0	+424 +230	+329 +135	+262 +68	+194 0	+750 +440	+540 +230
450	500															+790 +480	

注：1. 表中“＋”值为间隙量，“－”值为过盈量。

2. 标注▼的配合为优先配合。

常用配合极限间隙或极限过盈　　（μm）

H9/e9	H9/f9	▼H9/h9	H10/c10	H10/d10	H10/h10	H11/a11	H11/b11	▼H11/c11	H11/d11	▼H11/h11	H12/b12	H12/h12	H6/js5	
E9/h9	F9/h9	▼H9/h9		D10/h10	H10/h10	A11/h11	B11/h11	▼C11/h11	D11/h11	▼H11/h11	B12/h12	H12/h12		JS6/h5
配　　合													过渡配合	
+64 +14	+56 +6	+50 0	+140 +60	+100 +20	+80 0	+390 +270	+260 +140	+180 +60	+140 +20	+120 0	+340 +140	+200 0	+8 −2	+7 −3
+80 +20	+70 +10	+60 0	+166 +70	+126 +30	+96 0	+420 +270	+290 +140	+220 +70	+180 +30	+150 0	+380 +140	+240 0	+10. 5 −2. 5	+9 −4
+97 +25	+85 +13	+72 0	+196 +80	+156 +40	+116 0	+460 +280	+330 +150	+260 +80	+220 +40	+180 0	+450 +150	+300 0	+12 −3	+10. 5 −4. 5
+118 +32	+102 +16	+86 0	+235 +95	+190 +50	+140 0	+510 +290	+370 +150	+315 +95	+270 +50	+220 0	+510 +150	+360 0	+15 −4	+13. 5 −5. 5
+144 +40	+124 +20	+104 0	+278 +110	+233 +65	+168 0	+560 +300	+420 +160	+370 +110	+325 +65	+260 0	+580 +160	+420 0	+17. 5 −4. 5	+15. 5 −6. 5
+174 +50	+149 +25	+124 0	+320 +120 +330 +130	+280 +80	+200 0	+630 +310 +640 +320	+490 +170 +500 +180	+440 +120 +450 +130	+400 +80	+320 0	+670 +170 +680 +180	+500 0	+21. 5 −5. 5	+19 −8
+208 +60	+178 +30	+148 0	+380 +140 +390 +150	+340 +100	+240 0	+720 +340 +740 +360	+570 +190 +580 +200	+520 +140 +530 +150	+480 +100	+380 0	+790 +190 +800 +200	+600 0	+25. 5 −6. 5	+22. 5 −9. 5
+246 +72	+210 +36	+174 0	+450 +170 +460 +180	+400 +120	+280 0	+820 +380 +850 +410	+660 +220 +680 +240	+610 +170 +620 +180	+560 +120	+440 0	+920 +220 +940 +240	+700 0	+29. 5 −7. 5	+26 −11
+285 +85	+243 +43	+200 0	+520 +200 +530 +210 +550 +230	+465 +145	+320 0	+960 +460 +1020 +520 +1080 +580	+760 +260 +780 +280 +810 +310	+700 +200 +710 +210 +730 +230	+645 +145	+500 0	+1060 +260 +1080 +280 +1110 +310	+800 0	+34 −9	+30. 5 −12. 5
+330 +100	+280 +50	+230 0	+610 +240 +630 +260 +650 +280	+540 +170	+370 0	+1240 +660 +1320 +740 +1400 +820	+920 +340 +960 +380 +1000 +420	+820 +240 +840 +260 +860 +280	+750 +170	+580 0	+1260 +340 +1300 +380 +1340 +420	+920 0	+39 −10	+34. 5 −14. 5
+370 +110	+316 +56	+260 0	+720 +300 +750 +330	+610 +190	+420 0	+1560 +920 +1690 +1050	+1120 +480 +1180 +540	+940 +300 +970 +330	+830 +190	+640 0	+1520 +480 +1580 +540	+1040 0	+43. 5 −11. 5	+39 −16
+405 +125	+342 +62	+280 0	+820 +360 +860 +400	+670 +210	+460 0	+1920 +1200 +2070 +1350	+1320 +600 +1400 +680	+1080 +360 +1120 +400	+930 +210	+720 0	+1740 +600 +1820 +680	+1140 0	+48. 5 −12. 5	+43 −18
+445 +135	+378 +68	+310 0	+940 +440 +980 +480	+730 +230	+500 0	+2300 +1500 +2450 +1650	+1560 +760 +1640 +840	+1240 +440 +1280 +480	+1030 +230	+800 0	+2020 +760 +2100 +840	+1260 0	+53. 5 −13. 5	+47 −20

基孔制		$\frac{H6}{k5}$		$\frac{H6}{m5}$		$\frac{H7}{js6}$		▼$\frac{H7}{k6}$		$\frac{H7}{m6}$		▼$\frac{H7}{n6}$		$\frac{H8}{js7}$		$\frac{H8}{k7}$	
基轴制			$\frac{K6}{h5}$		$\frac{M6}{h5}$		$\frac{JS7}{h6}$		▼$\frac{K7}{h6}$		$\frac{M7}{h6}$		▼$\frac{N7}{h6}$		$\frac{JS8}{h7}$		$\frac{K8}{h7}$
公称尺寸/mm		过渡															
大于	至																
—	3	+6 -4	+4 -6	+4 -6	+2 -8	+13 -3	+11 -5	+10 -6	+6 -10	±8	+4 -12	+6 -10	+2 -14	+19 -5	+17 -7	+14 -10	+10 -14
3	6	+7 -6		+4 -9		+16 -4	+14 -6	+11 -9		+8 -12		+4 -16		+24 -6	+21 -9	+17 -13	
6	10	+8 -7		+3 -12		+19.5 -4.5	+16 -7	+14 -10		+9 -15		+5 -19		+29 -7	+26 -11	+21 -16	
10	14	+10 -9		+4 -15		+23.5 -5.5	+20 -9	+17 -12		+11 -18		+6 -23		+36 -9	+31 -13	+26 -19	
14	18																
18	24	±11		+5 -17		+27.5 -6.5	+23 -10	+19 -15		+13 -21		+6 -28		+43 -10	+37 -16	+31 -23	
24	30																
30	40	+14 -13		+7 -20		+33 -8	+28 -12	+23 -18		+16 -25		+8 -33		+51 -12	+44 -19	+37 -27	
40	50																
50	65	+17 -15		+8 -24		+39.5 -9.5	+34 -15	+28 -21		+19 -30		+10 -39		+61 -15	+53 -23	+44 -32	
65	80																
80	100	+19 -18		+9 -28		+46 -11	+39 -17	+32 -25		+22 -35		+12 -45		+71 -17	+62 -27	+51 -38	
100	120																
120	140	+22 -21		+10 -33		+52.5 -12.5	+45 -20	+37 -28		+25 -40		+13 -52		+83 -20	+71 -31	+60 -43	
140	160																
160	180																
180	200	+25 -24		+12 -37		+60.5 -14.5	+52 -23	+42 -33		+29 -46		+15 -60		+95 -23	+82 -36	+68 -50	
200	225																
225	250																
250	280	+28 -27		+12 -43	+14 -41	+68 -16	+58 -26	+48 -36		+32 -52		+18 -66		+107 -26	+92 -40	+77 -56	
280	315																
315	355	+32 -29		+15 -46		+75 -18	+64 -28	+53 -40		+36 -57		+20 -73		+117 -28	+101 -44	+85 -61	
355	400																
400	450	+35 -32		+17 -50		+83 -20	+71 -31	+58 -45		+40 -63		+23 -80		+128 -31	+111 -48	+92 -68	
450	500																

注：$\frac{H6}{n5}$、$\frac{H7}{p6}$在公称尺寸小于或等于3mm时，为过渡配合。

（续）

H8/m7		H8/n7		H8/p7	H6/n5		H6/p5		H6/r5		H6/s5		H6/t5	H7/p6	
	M8/h7		N8/h7			N6/h5		P6/h5		R6/h5		S6/h5	T6/h5		P7/h6
配合					过盈配合										
+12 -12	+8 -16	+10 -14	+6 -18	+8 -16	+2 -8	0 -10	0 -10	-2 -12	-4 -14	-6 -16	-8 -18	-10 -20	—	+4 -12	0 -16
+14 -16		+10 -20		+6 -21	0 -13		-4 -17		-7 -20		-11 -24		—	0 -20	
+16 -21		+12 -25		+7 -30	-1 -16		-6 -21		-10 -25		-14 -29		—	0 -24	
+20 -25		+15 -30		+9 -36	-1 -20		-7 -26		-12 -31		-17 -36		—	0 -29	
+25 -29		+18 -36		+11 -43	-2 -24		-9 -31		-15 -37		-22 -44		—	-1 -35	
													-28 -50		
+30 -34		+22 -42		+13 -51	-1 -28		-10 -37		-18 -45		-27 -54		-32 -59	-1 -42	
													-38 -65		
+35 -41		+26 -50		+14 -62	-1 -33		-13 -45		-22 -54		-34 -66		-47 -79	-2 -51	
									-24 -56		-40 -72		-56 -88		
+41 -48		+31 -58		+17 -72	-1 -38		-15 -52		-29 -66		-49 -86		-69 -106	-2 -59	
									-32 -69		-57 -94		-82 -119		
+48 -55		+36 -67		+20 -83	-2 -45		-18 -61		-38 -81		-67 -110		-97 -140	-3 -68	
									-40 -83		-75 -118		-109 -152		
									-43 -86		-83 -126		-121 -164		
+55 -63		+41 -77		+22 -96	-2 -51		-21 -70		-48 -97		-93 -142		-137 -186	-4 -79	
									-51 -100		-101 -150		-151 -200		
									-55 -104		-111 -160		-167 -216		
+61 -72		+47 -86		+25 -108	-2 -57		-24 -79		-62 -117		-126 -181		-186 -241	-4 -88	
									-66 -121		-138 -193		-208 -263		
+68 -78		+52 -91		+27 -119	-1 -62		-26 -87		-72 -133		-154 -215		-232 -293	-5 -98	
									-78 -139		-172 -233		-258 -319		
+74 -86		+57 -103		+29 -131	0 -67		-28 -95		-86 -153		-192 -259		-290 -357	-5 -108	
									-92 -159		-212 -279		-320 -387		

（续）

基孔制		H7/r6		▼H7/s6		H7/t6	▼H7/u6		H7/v6	H7/x6	H7/y6	H7/z6	H8/r7	H8/s7	H8/t7	H8/u7
基轴制			R7/h6		▼S7/h6	T7/h6		▼U7/h6								
公称尺寸/mm		过盈配合														
大于	至															
—	3	0 -16	-4 -20	-4 -20	-8 -24	—	-8 -24	-12 -28	—	-10 -26	—	-16 -32	+4 -20	0 -24	—	-4 -28
3	6	-3 -23		-7 -27		—	-11 -31		—	-16 -36	—	-23 -43	+3 -27	-1 -31	—	-5 -35
6	10	-4 -28		-8 -32		—	-13 -37		—	-19 -43	—	-27 -51	+3 -34	-1 -38	—	-6 -43
10	14	-5 -34		-10 -39		—	-15 -44		—	-22 -51	—	-32 -61	+4 -41	-1 -46	—	-6 -51
14	18								-21 -50	-27 -56	—	-42 -71				
18	24	-7 -41		-14 -48		—	-20 -54		-26 -60	-33 -67	-42 -76	-52 -86	+5 -49	-2 -56	—	-8 -62
24	30					-20 -54	-27 -61		-34 -68	-43 -77	-54 -88	-67 -101			-8 -62	-15 -69
30	40	-9 -50		-18 -59		-23 -64	-35 -76		-43 -84	-55 -96	-69 -110	-87 -128	+5 -59	-4 -68	-9 -73	-21 -85
40	50					-29 -70	-45 -86		-56 -97	-72 -113	-89 -130	-111 -152			-15 -79	-31 -95
50	65	-11 -60		-23 -72		-36 -85	-57 -106		-72 -121	-92 -141	-114 -163	-142 -191	+5 -71	-7 -83	-20 -96	-41 -117
65	80	-13 -62		-29 -78		-45 -94	-72 -121		-90 -139	-116 -165	-144 -193	-180 -229	+3 -73	-13 -89	-29 -105	-56 -132
80	100	-16 -73		-36 -93		-56 -113	-89 -146		-111 -168	-143 -200	-179 -236	-223 -280	+3 -86	-17 -106	-37 -126	-70 -159
100	120	-19 -76		-44 -101		-69 -126	-109 -166		-137 -194	-175 -232	-219 -276	-275 -332	0 -89	-25 -114	-50 -139	-90 -179
120	140	-23 -88		-52 -117		-82 -147	-130 -195		-162 -227	-208 -273	-260 -325	-325 -390	0 -103	-29 -132	-59 -162	-107 -210
140	160	-25 -90		-60 -125		-94 -159	-150 -215		-188 -253	-240 -305	-300 -365	-375 -440	-2 -105	-37 -140	-71 -174	-127 -230
160	180	-28 -93		-68 -133		-106 -171	-170 -235		-212 -277	-270 -335	-340 -405	-425 -490	-5 -108	-45 -148	-83 -186	-147 -250
180	200	-31 -106		-76 -151		-120 -195	-190 -265		-238 -313	-304 -379	-379 -454	-474 -549	-5 -123	-50 -168	-94 -212	-164 -282
200	225	-34 -109		-84 -159		-134 -209	-212 -287		-264 -339	-339 -414	-424 -499	-529 -604	-8 -126	-58 -176	-108 -226	-186 -304
225	250	-38 -113		-94 -169		-150 -225	-238 -313		-294 -369	-379 -454	-474 -549	-594 -669	-12 -130	-68 -186	-124 -242	-212 -330
250	280	-42 -126		-106 -190		-166 -250	-263 -347		-333 -417	-423 -507	-528 -612	-658 -742	-13 -146	-77 -210	-137 -270	-234 -367
280	315	-46 -130		-118 -202		-188 -272	-298 -382		-373 -457	-473 -557	-598 -682	-738 -822	-17 -150	-89 -222	-159 -292	-269 -402
315	355	-51 -144		-133 -226		-211 -304	-333 -426		-418 -511	-533 -626	-673 -766	-843 -936	-19 -165	-101 -247	-179 -325	-301 -447
355	400	-57 -150		-151 -244		-237 -330	-378 -471		-473 -566	-603 -696	-763 -856	-943 -1036	-25 -171	-119 -265	-205 -351	-346 -492
400	450	-63 -166		-169 -272		-267 -370	-427 -530		-532 -635	-677 -780	-857 -960	-1037 -1140	-29 -189	-135 -295	-233 -393	-393 -553
450	500	-69 -172		-189 -292		-297 -400	-477 -580		-597 -700	-757 -860	-937 -1040	-1187 -1290	-35 -195	-155 -315	-263 -423	-443 -603

注：$\frac{H8}{r7}$在小于或等于100mm时，为过渡配合。

公称尺寸大于500mm至3150mm的配合一般采用基孔制的孔、轴同级配合。根据零件制造特点，可采用配制配合。

配制配合：

GB/T 1801—2009的附录B中，提出了公称尺寸大于500mm的零件除采用互换性生产外，根据其制造特点可采用配制配合。该附录对配制配合的应用提供了指导。

配制配合是以一个零件的实际尺寸为基数，来配制另一个零件的一种工艺措施。一般用于公差等级较高，单件小批生产的配合零件。

对配制配合零件的一般要求为：

1）先按互换性生产选取配合，配制的结果应满足此配合公差；

2）一般选择较难加工，但能得到较高测量精度的那个零件（在多数情况下是孔）作为先加工件，给它一个比较容易达到的公差或按“线性尺寸的未注公差”加工；

3）配制件（多数情况下是轴）的公差可按所定的配合公差来选取，所以配制件的公差比采用互换性生产时单个零件的公差要宽，配制件的偏差和极限尺寸以先加工件的实际尺寸为基数来确定；

4）配制配合是关于尺寸极限方面的技术规定，不涉及其他技术要求，如零件的几何公差、表面粗糙度等，不因采用配制配合而降低；

5）测量对保证配合性质有很大关系，要注意温度、形状和位置误差对测量结果的影响，应采用尺寸相互比较的测量方法，并在同样条件下，使用同一基准装置或校对量具，由同一组计量人员进行测量，以提高测量精度。

在图样上用代号MF（Matched Fit）表示配制配合，借用基准孔的基本偏差代号H或基准轴的基本偏差代号h表示先加工件。

举例：

公称尺寸为ϕ3000mm的孔和轴，要求配合的最大间隙为0.45mm，最小间隙为0.14mm。按互换性生产可选用ϕ3000H6/f6或ϕ3000F6/h6，其最大间隙为0.415mm，最小间隙为0.145mm。现确定采用配制配合。

1）在装配图上标注为：

ϕ3000H6/f6 MF（先加工件为孔）

或ϕ3000F6/h6 MF（先加工件为轴）

2）若先加工件为孔，给一个较容易达到的公差，例如H8，在零件图上标注为：

ϕ3000H8 MF

若按“线性尺寸的未注公差”加工，则标注为：

ϕ3000 MF

3）配制件为轴，根据已确定的配合公差选取合适的公差带，例如f7，此时其最大间隙为0.355mm，最小间隙为0.145mm，图上标注为：

ϕ3000f7 MF

或$\phi 3000^{-0.145}_{-0.355}$ MF

若先加工件（孔）的实际尺寸为ϕ3000.195mm，则配制件（轴）的极限尺寸计算如下：

上极限尺寸 =（3000.195 − 0.145）mm = 3000.050mm

下极限尺寸 =（3000.195 − 0.355）mm = 2999.840mm

1.2 标准公差与配合的选用

公差与配合的选用不仅关系到产品的质量，而且关系到产品的制造和生产成本。选用公差与配合的原则应为：在保证产品质量的前提下，尽可能便于制造和降低成本，以取得最佳的技术经济效果。选用公差与配合的方法大体可归纳为类比法、计算法和试验法三种。

类比法有的又称“先例法”“对照法”。它是以类似的机械、机构、零部件为参照对象，在功能、结构、材料和使用条件等方面与所要设计的对象进行对比后，确定公差与配合的方法。

计算法是按照一定的理论和公式，通过计算确定公差与配合的方法。我国已将尺寸链的计算和选用（见GB/T5847—2004）、极限与配合 过盈配合的计算和选用（见GB/T5371—2004）进行了标准化，间隙配合计算以及计算机辅助公差设计（含优化设计、并行设计）等方法也日趋成熟，但尚未制定标准和推广。

试验法是通过试验确定公差与配合的方法。以往常用实物进行试验，现在由于科学技术和计算机的发展，各种模拟、仿真等先进方法也应运而生。

类比法迄今仍最为常用，计算法用得较少，试验法往往与上述两种方法相结合。

1.2.1 标准公差的选用

无配合要求的尺寸，精确者（如量块、量规）选用何级标准公差主要取决于功能要求；未注公差者，在一般公差 未注公差的线性和角度尺寸的公差国家标准（GB/T1804—2000）中选取。

有配合要求的尺寸，孔、轴配合尺寸的公差按允许间隙或过盈的变动量（配合公差）而定。

表2.2-16列出了各标准公差等级的应用、表2.2-17列出了各种加工方法能达到的标准公差等级、表2.2-18列出了常用加工方法所能达到的标准公差等级和加工成本的关系等经验资料，供选用标准公差时参考。

表 2.2-16　标准公差等级的应用

应　用	IT等级																			
	01	0	1	2	3	4	5	6	7	8	9	10	11	12	13	14	15	16	17	18
量　块	——	——	——																	
量　规			——	——	——	——	——	——	——											
配合尺寸							——	——	——	——	——	——	——	——	——					
特别精密零件的配合				——	——	——	——													
非配合尺寸（大制造公差）														——	——	——	——	——	——	——
原材料公差										——	——	——	——	——	——	——				

表 2.2-17　各种加工方法能达到的标准公差等级

加工方法	IT等级																	
	01	0	1	2	3	4	5	6	7	8	9	10	11	12	13	14	15	16
研　磨	——	——	——	——	——	——	——											
珩						——	——	——	——									
内、外圆磨							——	——	——	——								
平面磨							——	——	——	——								
金刚石车							——	——	——									
金刚石镗							——	——	——									
拉　削							——	——	——	——								
铰　孔								——	——	——	——	——						
车									——	——	——	——	——					
镗									——	——	——	——	——					
铣										——	——	——	——					
刨　插												——	——					
钻　孔												——	——	——	——			
滚压、挤压												——	——					
冲　压												——	——	——	——	——		
压　铸													——	——	——	——		
粉末冶金成形								——	——	——								
粉末冶金烧结									——	——	——	——						
砂型铸造、气割																		——
锻　造																	——	

表 2.2-18　常用加工方法能达到的标准公差等级和加工成本的关系①

—·—·—5————2.5- - - - - - - -1

尺寸	加工方法	IT等级															
		1	2	3	4	5	6	7	8	9	10	11	12	13	14	15	16
外　径	普通车削						—·—	—·—	—·—	——	——	——	- - -	- - -	- - -		
	转塔车床车削							—·—	—·—	——	——	——	- - -	- - -	- - -		
	自动车削							—·—	—·—	——	——	——	- - -	- - -			
	外圆磨			—·—	—·—	—·—	——	- - -	- - -								
	无心磨					—·—	—·—	——	——	- - -	- - -						
内　径	普通车削						—·—	—·—	—·—	——	——	——	- - -	- - -	- - -		
	转塔车床车削								—·—	—·—	——	——	- - -	- - -	- - -		
	自动车削								—·—	—·—	——	——	- - -	- - -			
	钻										—·—	—·—	——	——	- - -		
	铰							—·—	—·—	——	——	- - -	- - -				
	镗							—·—	—·—	——	——	- - -	- - -				
	精镗				—·—	—·—	——	——	- - -	- - -							
	内圆磨				—·—	—·—	——	——	- - -	- - -							
	研磨		—·—	—·—	——	——	- - -	- - -									

（续）

尺寸	加工方法	IT						等				级					
		1	2	3	4	5	6	7	8	9	10	11	12	13	14	15	16
长　度	普通车削																
	转塔车床车削																
	自动车削																
	铣																

① 虚线、实线、点画线表示成本比例为1:2.5:5。

1.2.2　配合的选用

当设计者应用类比法、计算法或试验法确定配合的间隙或过盈及其范围后，在极限与配合标准中如何选用配合实际上是如何选用配合代号的问题。选用配合代号时，要同时考虑选用什么基准制，选用什么标准公差等级，以及非基准件（基孔制中的轴或基轴制中的孔）选用什么基本偏差代号等问题。

（1）基准制的选用

基准制的选用应从结构、工艺、经济等方面综合考虑。GB/T 1800.1—2009 提出：一般情况下，优先选用基孔制配合，如有特殊需要，允许将任一孔、轴公差带组成配合。之所以提出优先选用基孔制配合，主要出自工艺、经济方面的考虑。一般中等尺寸有较高公差等级要求的孔，常用定值刀具（如铰刀、拉刀等）加工，用定值量具（如光滑极限量规）检验，如用基孔制配合，既可减少定值刀、量具的品种，又利于提高效率和保证质量。

当轴采用型料，其结合面无须再进行切削加工时，则选用基轴制配合较为经济。在仪器仪表和钟表中，对于小尺寸的配合，由于改变孔径大小比改变轴径大小在技术和经济上更为合理，所以也多采用基轴制配合。

对于同一公称尺寸、同一个轴上有多孔与之配合，或同一公称尺寸、同一个孔上有多轴与之配合，且配合要求不同时，采用基孔制、基轴制甚至非基准制，应视具体结构、工艺等情况而定。与标准件（如滚动轴承）的配合，基准制的选用应视标准件的配合面是孔还是轴而定，是孔的采用基孔制，是轴的采用基轴制。

例如图2.2-17所示的结构：滚动轴承外圈与机座孔的配合只能采用基轴制，内圈与轴的配合只能采用基孔制，为便于加工，与内圈配合的轴均按 ϕ50k6 制造；齿轮孔与轴要求采用过渡配合，采用基孔制 ϕ50H7/k6 配合可满足要求；挡环孔与轴要求采用间隙配合时，由于轴公差带已经采用了 ϕ50k6，挡环孔的公差带就不能再用基准孔的，只能在高于 ϕ50k6 公差带的位置上选取一个合适的孔公差带如 ϕ50F8，这样一来，挡环孔与轴的配合 ϕ50F8/k6 便成了非基准制的间隙配合；机座孔与端盖 ϕ110mm 外表面也要求采用间隙配合，由于机座孔公差带已经采用了 ϕ110J7，端盖 ϕ110mm 外表面的公差带就不能采用基准轴的，只能在低于 ϕ110J7 公差带的位置下选取一个合适的轴公差带如 ϕ110f9，这样一来，机座孔与端盖的配合 ϕ110J7/f9 也成为非基准制的间隙配合了。图2.2-18所示为这些配合的公差带图解。

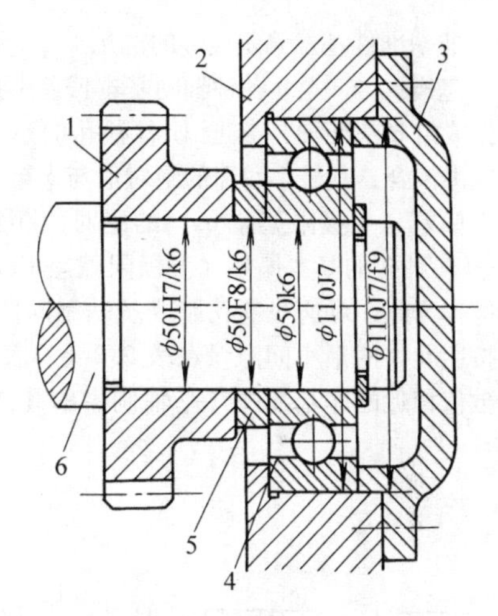

图2.2-17　基准制应用分析示例
1—齿轮　2—机座　3—端盖
4—滚动轴承　5—挡环　6—轴

（2）标准公差等级的选用

由于配合公差等于孔、轴公差之和，所以当设计者按照类比法、计算法或试验法确定配合间隙或过盈的变化量（配合公差）之后，便可依此配合公差对照表2.2-3所列的标准公差数值，确定孔、轴配合尺寸所用的标准公差等级。当配合尺寸 ≤500mm 时，配合公差 <2 倍的 IT8 标准公差的，推荐孔比轴低一级，如轴为 IT7、孔为 IT8；配合公差 ≥2 倍的 IT8 标准公差的，推荐孔、轴同级。当配合尺寸 >500mm 时，一般采用孔、轴同级配合。

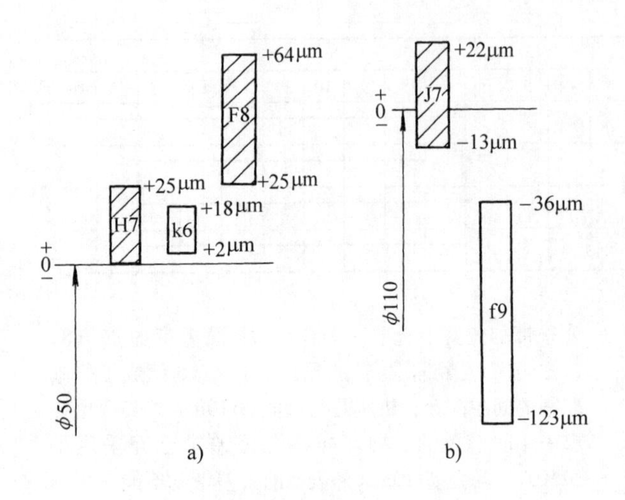

图2.2-18　图2.2-17中有关配合的公差带图

a）轴与齿轮孔、挡环孔的配合

b）机座孔与端盖凸缘的配合

（3）非基准件基本偏差代号的选用

由H基准孔与a至h各种轴的基本偏差形成的间隙配合，或由h基准轴与A至H各种孔的基本偏差形成的间隙配合，其最小间隙的绝对值与a至h各种轴的基本偏差（上极限偏差es）的绝对值相等，或与A至H各种孔的基本偏差（下极限偏差EI）的绝对值相等。为此，对这些基孔制或基轴制间隙配合，可直接按照允许的最小间隙量在表2.2-6、表2.2-7中查出数值相近的非基准件（基轴制中的孔或基孔制中的轴）的基本偏差代号。由H基准孔与k至zc各种轴的基本偏差形成过渡配合或过盈配合的，或由h基准轴与K至ZC各种孔的基本偏差形成过渡配合或过盈配合的，基孔制或基轴制过渡配合中各种非基准件（轴或孔）的基本偏差ei或ES按式（2.2-1）求得；基孔制或基轴制过盈配合中各种非基准件（轴或孔）的基本偏差ei或ES按式（2.2-2）求得。

$$ei = T_H - X_{max} \text{ 或 } ES = -(T_S - X_{max}) \quad (2.2\text{-}1)$$

$$ei = T_H - Y_{min} \text{ 或 } ES = -(T_S - Y_{min}) \quad (2.2\text{-}2)$$

式中　X_{max}——过渡配合的最大间隙；

Y_{min}——过盈配合的最小过盈；

T_H——孔公差；

T_S——轴公差。

图2.2-19为各类配合基准件和非基准件的上极限偏差、下极限偏差、公差、极限间隙或极限过盈、配合公差的归类图释。

当求得非基准件（轴或孔）的基本偏差ei或ES之后，便可在表2.2-6和表2.2-7中查出相近的轴或孔的基本偏差代号。

表2.2-19为三类配合代号的选用示例，供读者参考。

表2.2-20列出了轴的各种基本偏差的应用资料，该资料也适用于同名孔的各种基本偏差（如轴的基本偏差代号a、b与孔的基本偏差A、B同名），供选用配合时参考。

表2.2-21列出了表2.2-13和表2.2-14所列优先和常用配合的特征及应用资料，亦供选用时参考。

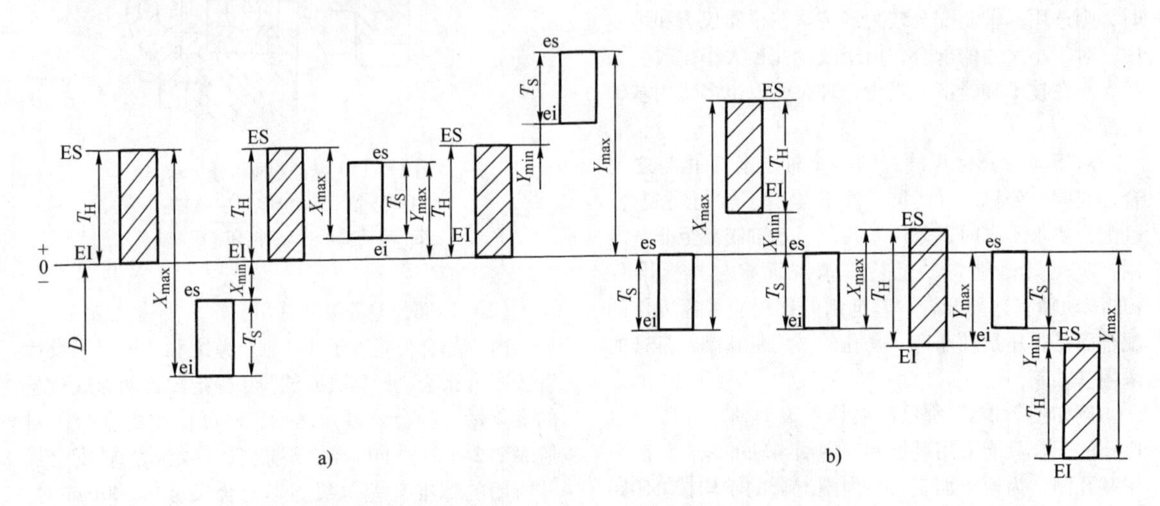

图2.2-19　各类配合基准件和非基准件的上极限偏差、下极限偏差、公差、极限间隙或极限过盈、配合公差的归类图释

a）基孔制（非基准件为轴）　b）基轴制（非基准件为孔）

T_H—孔公差　T_S—轴公差　X_{max}—最大间隙　X_{min}—最小间隙　Y_{max}—最大过盈　Y_{min}—最小过盈

$T_f = T_H + T_S = X_{max} - X_{min}$（对间隙配合）$= X_{max} - Y_{max}$（对过渡配合）$= Y_{min} - Y_{max}$（对过盈配合）

表 2.2-19　配合代号选用示例

	参数和要求	例　1	例　2	例　3
已知条件	公称尺寸/mm	$\phi 30$	$\phi 30$	$\phi 30$
	配合类别	间隙配合	过渡配合	过盈配合
	允许间隙或过盈/mm	+0.02～+0.06	-0.03～+0.025	-0.007～-0.041
	配合公差 T_f/mm	$X_{max}-X_{min}=T_H+T_S$ $=+0.06-(+0.02)$ $=0.04$	$X_{max}-Y_{max}=T_H+T_S$ $=+0.025-(-0.03)$ $=0.055$	$Y_{min}-Y_{max}=T_H+T_S$ $=-0.007-(-0.041)$ $=0.034$
待定参数和要求	基准制	选用基孔制	选用基孔制	选用基孔制
	孔用公差等级	由于 $T_H+T_S=0.04$mm < 该尺寸段2倍IT8标准公差(2×33μm=0.066mm)，所以孔用IT7	由于 $T_H+T_S=0.055$mm < 该尺寸段2倍IT8标准公差(2×33μm=0.066mm)，所以孔用IT7	由于 $T_H+T_S=0.034$mm < 该尺寸段2倍IT8标准公差(2×33μm=0.066mm)，所以孔用IT7
	轴用公差等级	由于 $T_H+T_S=0.04$mm < 该尺寸段2倍IT8标准公差，轴宜比孔高一级，故选用IT6	由于 $T_H+T_S=0.055$mm < 该尺寸段2倍IT8标准公差，轴宜比孔高一级，故选用IT6	由于 $T_H+T_S=0.034$mm < 该尺寸段2倍IT8标准公差，轴宜比孔高一级，故用IT6
	非基准件(轴)的基本偏差值/μm	es = +20	ei = 30 - 25 = +5(取+8)	ei = 21 - (-7) = +28
	非基准件(轴)的基本偏差代号	f	m	r
	配合代号	$\phi 30$H7/f6	$\phi 30$H8/m7	$\phi 30$H7/r6

表 2.2-20　轴的各种基本偏差的应用

配合	基本偏差	配合特性及应用
间隙配合	a、b	可得到特别大的间隙，应用很少
	c	可得到很大间隙，一般适用于低速、松弛的配合，用于工作条件较差（如农业机械），受力变形，或为了便于装配，而必须有较大间隙时。推荐配合为H11/c11。其较高等级的配合，如H8/c7适用于轴在高温工作的紧密动配合，例如内燃机排气阀和导管
	d	一般用于IT7～IT11级，适用于松的转动配合，如密封盖、滑轮、空转带轮等与轴的配合；也适用于大直径滑动轴承配合，如涡轮（透平）机、球磨机、轧辊成型机和重型弯曲机，及其他重型机械中的一些滑动支承
	e	多用于IT7～IT9级，通常适用于要求有明显间隙，易于转动的支承配合，如大跨距支承、多支点支承等配合。高等级的e轴适应于大的、高速重载支承，如涡轮发电机、大的电动机支承等，也适用于内燃机主要轴承、凸轮轴支承、摇臂支承等配合
间隙配合	f	多用于IT6～IT8级的一般转动配合。当温度差别不大，对配合基本上没影响时，被广泛用于普通润滑油（或润滑脂）润滑的支承，如齿轮箱、小电动机、泵等的转轴与滑动支承的配合
	g	多用于IT5～IT7级，配合间隙很小，制造成本高，除很轻载荷的精密装置外，不推荐用于转动配合，最适合不回转的精密滑动配合，也用于插销等定位配合，如精密连杆轴承、活塞及滑阀、连杆销等
	h	多用于IT4～IT11级，广泛应用于无相对转动的零件，作为一般的定位配合。若没有温度、变形的影响，也用于精密滑动配合

（续）

配合	基本偏差	配合特性及应用
过渡配合	js	为完全对称偏差（±IT/2），平均起来为稍有间隙的配合，多用于IT4～IT7级，要求间隙比h轴配合时小，并允许略有过盈的定位配合，如联轴器、齿圈与钢制轮毂。一般可用手或木锤装配
	k	平均起来没有间隙的配合，适用于IT4～IT7级，推荐用于要求稍有过盈的定位配合，例如为了消除振动用的定位配合。一般用木锤装配
	m	平均起来具有不大过盈的过渡配合，适用于IT4～IT7级。一般可用木锤装配，但在最大过盈时，要求相当的压入力
	n	平均过盈比用m轴时稍大，很少得到间隙，适用于IT4～IT7级。用锤子或压力机装配。通常推荐用于紧密的组件配合。H6/n5为过盈配合

配合	基本偏差	配合特性及应用
过盈配合	p	与H6或H7孔配合时是过盈配合，而与H8孔配合时为过渡配合。对非铁类零件装配，为较轻的压入装配，当需要时易于拆卸。对钢、铸铁或铜－钢组件装配是标准压入装配。对弹性材料装配，如轻合金装配等，往往要求很小的过盈配合，可采用p轴配合
	r	对铁类零件装配，为中等打入装配。对非铁类零件装配，为轻的打入装配，当需要时可以拆卸。与H8孔配合，直径在ϕ100mm以上时为过盈配合，直径小时为过渡配合
	s	用于钢和铁制零件的永久性和半永久性装配，过盈量充分，可产生相当大的结合力。当用弹性材料，如轻合金时，配合性质与铁类零件的p轴相当。例如套环压在轴上、阀座等配合。尺寸较大时，为了避免损伤配合表面，需用热胀或冷缩法装配
	t、u v、x y、z	过盈量依次增大，除u外，一般不推荐

表2.2-21　优先配合、常用配合的特征及应用

基本偏差			a、A	b、B	c、C	d、D	e、E	f、F	g、G
配合种类			间隙配合						
配合特征			可得到特别大的间隙，用于高温工作。很少用	可得到特大的间隙，用于高温工作。一般少用	可得到很大的间隙，高温工作时用	具有显著的间隙，适用于松动的配合	有相当的间隙，适用于高速运动、大跨距、多支承配合	配合间隙适中，用于一般转速的动配合	配合间隙很小，用于不回转的精密滑动配合
基准孔或基准轴的公差带	H6	h5						H6/f5　F6/h5	H6/g5　G6/h5
	H7	h6						H7/f6　F7/h6	**H7/g6**　**G7/h6**
	H8	h7					H8/e7　E8/h7	**H8/f7**　**F8/h7**	**H8/g7**
		h8				H8/d8　D8/h8	H8/e8　E8/h8	H8/f8　F8/h8	
	H9	h9			H9/c9	**H9/d9**　**D9/h9**	H9/e9　E9/h9	H9/f9　F9/h9	
	H10	h10			H10/c10	H10/d10　D10/h10			
	H11	h11	H11/a11　A11/h11	H11/b11　B11/h11	**H11/c11**　**C11/h11**	H11/d11　D11/h11			
	H12	h12		H12/b12　B12/h12					
按配合特征、装配方法及其应用分类			液体润滑情况较差，有湍流。间隙非常大，用于高温工作和很松的转动配合；要求大公差、大间隙的外露组件，要求装配很松的配合			液体润滑情况尚好，用于精度非主要要求、有大的温度变动、高转速或大的轴径压力时的自由转动配合		带层流，液体润滑情况良好，配合间隙适中，能保证轴与孔相对旋转时最好的润滑条件	

（续）

基本偏差			h、H	js、Js	k、K	m、M	n、N	p、P	r、R
配合种类			间隙配合	过渡配合			过盈配合		
配合特征			装配后有小间隙，但在最大实体状态下间隙为零，一般用于间隙定位配合	为完全对称偏差，平均起来稍有间隙的过渡配合（约有2%的过盈配合）	平均起来没有间隙的过渡配合（约有30%的过盈配合）	平均起来具有不大过盈量的过渡配合（约有40%至60%的过盈配合）	平均起来过盈量稍大，很少得到间隙（约有60%至84%的过盈配合）	与H6、H7配合时是真正的过盈配合，但与H8配合时是过渡配合	与H6、H7配合是过盈配合，但当公称尺寸至100mm时与H8配合为过渡配合（约80%的过盈配合）
基准孔或基准轴的公差带	H6	h5	H6/h5　H6/h5	H6/js5　Js6/h5	H6/k5　K6/h5	H6/m5　M6/h5	H6/n5　N6/h5	H6/p5　P6/h5	H6/r5　R6/h5
	H7	h6	H7/h6　H7/h6	H7/js6　Js7/h6	H7/k6　K7/h6	H7/m6　M7/h6	H7/n6　N7/h6	H7/p6　P7/h6	H7/r6　R7/h6
	H8	h7	H8/h7　H8/h7	H8/js7　Js8/h7	H8/k7　K8/h7	H8/m7　M8/h7	H8/n7　N8/h7	H8/p7	H8/r7
		h8	H8/h8　H8/h8						
	H9	h9	H9/h9　H9/h9						
	H10	h10				H10/h10　H10/h10			
	H11	h11	H11/h11　H11/h11						
	H12	h12	H12/h12　H12/h12						
按配合特征、装配方法及其应用分类			能较好地保持孔、轴的同轴度，但无法容纳足够的润滑油，不适于自由转动的配合	用锤子或木锤装配，是略有过盈的定位配合	用木锤装配，是稍有过盈的定位配合，消除振动时用	用铜锤装配，在最大实体状态时要有相当的压入力	用铜锤或压力机装配，用于紧密的组合件配合	约有67%至94%的过盈配合，用压力机装配	属于轻型压入配合，用在传递较小转矩或轴向力时（压入力较中型压入装配小一半左右）若承受冲击载荷，则应加辅助紧固件

基本偏差			s、S	t、T	u、U	v、V	x、X	y、Y	z、Z
配合种类			过盈配合						
配合特征			相对平均过盈量为 > 0.0005 ~ 0.0018mm	相对平均过盈量 > 0.00072 ~ 0.0018mm；相对最小过盈 > 0.00026 ~ 0.00105mm	相对平均过盈量为 > 0.00095 ~ 0.0022mm；相对最小过盈 > 0.00038 ~ 0.00112mm	相对平均过盈量为 > 0.00117 ~ 0.00125mm；相对最小过盈为 > 0.00125 ~ 0.00132mm	相对平均过盈量为 > 0.0017 ~ 0.0031mm；相对最小过盈为 > 0.0016 ~ 0.0019mm	相对平均过盈量为 > 0.0021 ~ 0.0029mm，相对最小过盈为 0.002mm左右	相对平均过盈量为 > 0.0026 ~ 0.004mm；相对最小过盈为 > 0.00244 ~ 0.0027mm
基准孔或基准轴的公差带	H6	h5	H6/s5　S6/h5	H6/t5　T6/h5					
	H7	h6	H7/s6　S7/h6	H7/u6　U7/h6	H7/u6　U7/h6	H7/v6	H7/x6	H7/y6	H7/z6
	H8	h7	H8/s7	H8/t7	H8/u7				
		h8							
	H9	h9							
	H10	h10							
	H11	h11							
	H12	h12							
按配合特征、装配方法及其应用分类			属于中型压入装配，用在传递较小转矩或轴向力时不需加辅助件（压入力较重型压入装配小三分之一至二分之一），若承受变动载荷、振动冲击时需加辅助件	属于重型压入装配，用压力机或热胀（孔套）冷缩（轴）的方法装配，能传递大转矩、变动载荷。材料许用应力要大		属于重型压入装配，用热胀（孔套）或冷缩（轴）的方法装配，能传递很大转矩，承受变动载荷、振动和冲击（较重型压入装配大一倍），材料许用应力要相当大			

注：表中粗线框内为优先配合。

2　线性和角度尺寸的一般公差

2.1　线性和角度尺寸一般公差的概念和应用

（1）一般公差的概念

图样中零件的任何要素都有一定的功能要求和精度要求，其中一些精度要求不高的要素可不专门规定公差。这种在车间通常加工条件下可保证的公差称为一般公差。采用一般公差的要素在图样上不单独注出其极限偏差，而是在图样上的技术要求或技术文件中统一做出说明，详细规定参见 GB/T 1804—2000。

（2）一般公差的应用

一般公差适用于金属加工的零件要素及一般冲压加工的零件要素，非金属材料和其他工艺方法加工的零件可以参照采用。对功能上无特殊要求的要素可采用一般公差。

一般公差可应用于线性尺寸、角度尺寸、形状和位置等几何要素。应用中要注意如下问题：

1）线性尺寸包括外尺寸、内尺寸、阶梯尺寸、直径、半径、距离、倒圆半径和倒角高度等。线性尺寸的一般公差主要用于低精度的非配合尺寸。

2）角度尺寸包括通常不注出角度值的角度尺寸，如直角（90°）。GB/T 1184—1996 中提到的或等多边形的角度除外。

3）未注公差的机加工组装件的线性和角度尺寸可采用一般公差。

4）GB/T 1804—2000 不适用于括号内的参考尺寸、矩形框格内的理论正确尺寸和其他一般公差标准涉及的线性和角度尺寸。

2.2　一般公差的公差等级和极限偏差

一般公差分为精密 f、中等 m、粗糙 c、最粗 v 共 4 个公差等级。线性尺寸的极限偏差数值见表 2.2-22；倒圆半径和倒角高度的极限偏差数值见表 2.2-23；角度尺寸的极限偏差数值见表 2.2-24，其值按角度短边长度确定，对圆锥角按圆锥素线长度确定。

采用 GB/T 1804—2000 标准规定的一般公差，应在图样标题栏附近或技术要求、技术文件（如企业标准）中注出该标准号及公差等级代号。例如选取中等级时，标注为：GB/T 1804—m。采用一般公差的尺寸，在通常车间精度保证的条件下，一般可不检验。

表 2.2-22　线性尺寸的极限偏差数值（摘自 GB/T 1804—2000）　（mm）

公差等级	基 本 尺 寸 分 段							
	0.5~3	>3~6	>6~30	>30~120	>120~400	>400~1000	>1000~2000	>2000~4000
精密 f	±0.05	±0.05	±0.1	±0.15	±0.2	±0.3	±0.5	—
中等 m	±0.1	±0.1	±0.2	±0.3	±0.5	±0.8	±1.2	±2
粗糙 c	±0.2	±0.3	±0.5	±0.8	±1.2	±2	±3	±4
最粗 v	—	±0.5	±1	±1.5	±2.5	±4	±6	±8

表 2.2-23　倒圆半径和倒角高度尺寸的极限偏差数值（摘自 GB/T 1804—2000）

（mm）

<table>
<tr><th rowspan="2">公差等级</th><th colspan="4">基本尺寸分段</th></tr>
<tr><th>0.5~3</th><th>>3~6</th><th>>6~30</th><th>>30</th></tr>
<tr><td>精密 f</td><td rowspan="2">±0.2</td><td rowspan="2">±0.5</td><td rowspan="2">±1</td><td rowspan="2">±2</td></tr>
<tr><td>中等 m</td></tr>
<tr><td>粗糙 c</td><td rowspan="2">±0.4</td><td rowspan="2">±1</td><td rowspan="2">±2</td><td rowspan="2">±4</td></tr>
<tr><td>最粗 v</td></tr>
</table>

注：倒圆半径和倒角高度的含义参见 GB/T 6403.4—2008。

表 2.2-24　角度尺寸的极限偏差数值（摘自 GB/T 1804—2000）

<table>
<tr><th rowspan="2">公差等级</th><th colspan="5">长度分段/mm</th></tr>
<tr><th>≤10</th><th>>10~50</th><th>>50~120</th><th>>120~400</th><th>>400</th></tr>
<tr><td>精密 f</td><td rowspan="2">±1°</td><td rowspan="2">±30′</td><td rowspan="2">±20′</td><td rowspan="2">±10′</td><td rowspan="2">±5′</td></tr>
<tr><td>中等 m</td></tr>
<tr><td>粗糙 c</td><td>±1°30′</td><td>±1°</td><td>±30′</td><td>±15′</td><td>±10′</td></tr>
<tr><td>最粗 v</td><td>±3°</td><td>±2°</td><td>±1°</td><td>±30′</td><td>±20′</td></tr>
</table>

3 圆锥公差与配合

3.1 圆锥的锥度与锥角系列

圆锥的锥度与锥角系列的主要内容见标准 GB/T 157—2001。

3.1.1 术语和定义

标准 GB/T 157—2001 中所规定的术语及其定义见表 2.2-25。

表 2.2-25 术语和定义

序号	术语	定义
1	圆锥表面	与轴线成一定角度，且一端交于轴线的一条直线段（母线），围绕着该轴线旋转形成的表面（图1）
2	圆锥	由圆锥表面与一定尺寸所限定的几何体
3	圆锥角（α）	在通过圆锥轴线的截面内，两条素线间的夹角（图2）
4	锥度（C）	两个垂直圆锥轴线截面的圆锥直径 D 和 d 之差与该两截面之间的轴向距离 L 之比（图2） $C=\frac{D-d}{L}$ 锥度 C 与圆锥角 α 的关系为 $C=2\tan\frac{\alpha}{2}=1:\frac{1}{2}\cot\frac{\alpha}{2}$ 锥度一般用比例或分式形式表示

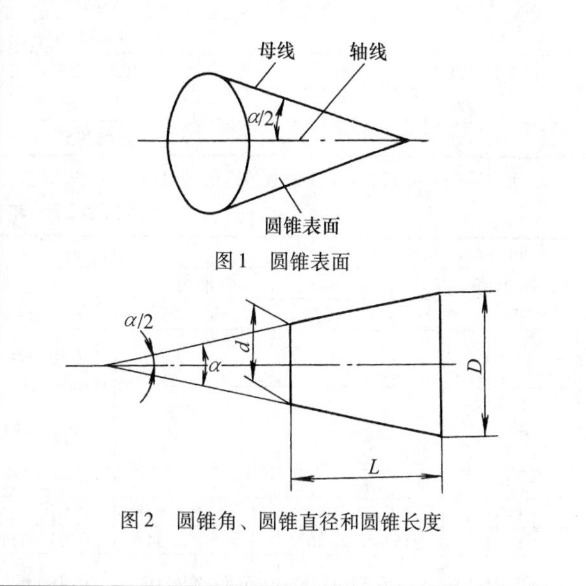

图1 圆锥表面

图2 圆锥角、圆锥直径和圆锥长度

3.1.2 锥度与锥角系列（GB/T 157—2001）

GB/T 157—2001 标准规定了一般用途圆锥的锥度与锥角系列（表 2.2-26）以及特定用途圆锥的锥度与锥角系列（表 2.2-27）。工程应用时表 2.2-26 中的数值优先选用第1系列，其次选用第2系列。为了便于设计，表 2.2-26 给出了圆锥角或锥度的推算值，其有效位数可按需要确定。

表 2.2-26 一般用途圆锥的锥度与锥角系列

基本值		推算值			
		圆锥角 α			锥度 C
系列1	系列2	(°)(′)(″)	(°)	rad	
120°		—	—	2.094 395 10	1:0.288 675 1
90°		—	—	1.570 796 33	1:0.500 000 0
	75°	—	—	1.308 996 94	1:0.651 612 7
60°		—	—	1.047 197 55	1:0.866 025 4
45°		—	—	0.785 398 16	1:1.207 106 8
30°		—	—	0.523 598 78	1:1.866 025 4
1:3		18°55′28.7199″	18.924 644 42°	0.330 297 35	—
	1:4	14°15′0.1177″	14.250 032 70°	0.248 709 99	—
1:5		11°25′16.2706″	11.421 186 27°	0.199 337 30	—
	1:6	9°31′38.2202″	9.527 283 38°	0.166 282 46	—
	1:7	8°10′16.4408″	8.171 233 56°	0.142 614 93	—
	1:8	7°9′9.6075″	7.152 668 75°	0.124 837 62	—
1:10		5°43′29.3176″	5.724 810 45°	0.099 916 79	—
	1:12	4°46′18.7970″	4.771 888 06°	0.083 285 16	—

（续）

基本值		推算值			
		圆锥角 α			锥度 C
系列1	系列2	(°) (′) (″)	(°)	rad	
	1:15	3°49′5.8975″	3.818 304 87°	0.066 641 99	—
1:20		2°51′51.0925″	2.864 192 37°	0.049 989 59	—
1:30		1°54′34.8570″	1.909 682 51°	0.033 330 25	—
1:50		1°8′45.1586″	1.145 877 40°	0.019 999 33	—
1:100		34′22.6309″	0.572 953 02°	0.009 999 92	—
1:200		17′11.3219″	0.286 478 30°	0.004 999 99	—
1:500		6′52.5295″	0.114 591 52°	0.002 000 00	—

注：系列1中120°~1:3的数值近似按R10/2优先数系列，1:5~1:500按R10/3优先数系列（见GB/T 321）。

表2.2-27　特定用途的圆锥

基本值	推算值				标准号 GB/T (ISO)	用途
	圆锥角 α			锥度 C		
	(°) (′) (″)	(°)	rad			
11°54′	—	—	0.207 694 18	1:4.797 451 1	(5237) (8489-5)	纺织机械和附件
8°40′	—	—	0.151 261 87	1:6.598 441 5	(8489-3) (8489-4) (324.575)	
7°	—	—	0.122 173 05	1:8.174 927 7	(8489-2)	
1:38	1°30′27.7080″	1.507 696 67°	0.026 314 27	—	(368)	
1:64	0°53′42.8220″	0.895 228 34°	0.015 624 68	—	(368)	
7:24	16°35′39.4443″	16.594 290 08°	0.289 625 00	1:3.428 571 4	3837.3 (297)	机床主轴工具配合
1:12.262	4°40′12.1514″	4.670 042 05°	0.081 507 61	—	(239)	贾各锥度 No.2
1:12.972	4°24′52.9039″	4.414 695 52°	0.077 050 97	—	(239)	贾各锥度 No.1
1:15.748	3°38′13.4429″	3.637 067 47°	0.063 478 80	—	(239)	贾各锥度 No.33
6:100	3°26′12.1776″	3.436 716 00°	0.059 982 01	1:16.666 666 7	1962 (594-1) (595-1) (595-2)	医疗设备
1:18.779	3°3′1.2070″	3.050 335 27°	0.053 238 39	—	(239)	贾各锥度 No.3
1:19.002	3°0′52.3956″	3.014 554 34°	0.052 613 90	—	1443 (296)	莫氏锥度 No.5
1:19.180	2°59′11.7258″	2.986 590 50°	0.052 125 84	—	1443 (296)	莫氏锥度 No.6
1:19.212	2°58′53.8255″	2.981 618 20°	0.052 039 05	—	1443 (296)	莫氏锥度 No.0
1:19.254	2°58′30.4217″	2.975 117 13°	0.051 925 59	—	1443 (296)	莫氏锥度 No.4
1:19.264	2°58′24.8644″	2.973 573 43°	0.051 898 65	—	(239)	贾各锥度 No.6
1:19.922	2°52′31.4463″	2.875 401 76°	0.050 185 23	—	1443 (296)	莫氏锥度 No.3
1:20.020	2°51′40.7960″	2.861 332 23°	0.049 939 67	—	1443 (296)	莫氏锥度 No.2
1:20.047	2°51′26.9283″	2.857 480 08°	0.049 872 44	—	1443 (296)	莫氏锥度 No.1
1:20.288	2°49′24.7802″	2.823 550 06°	0.049 280 25	—	(239)	贾各锥度 No.0
1:23.904	2°23′47.6244″	2.396 562 32°	0.041 827 90	—	1443 (296)	布朗夏普锥度 No.1至No.3
1:28	2°2′45.8174″	2.046 060 38°	0.035 710 49	—	(8382)	复苏器（医用）
1:36	1°35′29.2096″	1.591 447 11°	0.027 775 99	—	(5356-1)	麻醉器具
1:40	1°25′56.3516″	1.432 319 89°	0.024 998 70	—		

3.1.3　应用说明

表2.2-26对一般用途的锥度与锥角列出了两个系列，优先选用系列1，其次选用系列2。为便于圆锥件的设计、生产和控制，表2.2-26中给出了圆锥角或锥度的推算值，其有效位数可按需要确定。表2.2-27所列特定用途的圆锥，主要用于表中最后一栏所指的用途。

3.2 圆锥公差

圆锥公差的主要内容见 GB/T 11334—2005。

3.2.1 术语和定义

GB/T 11334—2005 规定了以下术语和定义（见表 2.2-28）。

表 2.2-28　术语和定义

序号	术语	定义	图例
1	公称圆锥	设计给定的理想形状的圆锥，见图1 公称圆锥可用两种形式确定： ① 一个公称圆锥直径（最大圆锥直径 D、最小圆锥直径 d、给定截面圆锥直径 d_x）、公称圆锥长度 L、公称圆锥角 α 或公称锥度 C ② 两个公称圆锥直径和公称圆锥长度 L	图 1
2	实际圆锥	实际存在并与周围介质分离的圆锥	图 2
3	实际圆锥直径 d_a	实际圆锥上的任一直径，见图2	
4	实际圆锥角	在实际圆锥的任一轴向截面内，包容圆锥素线且距离为最小的两对平行直线之间的夹角，见图3	图 3
5	极限圆锥	与公称圆锥共轴且圆锥角相等，直径分别为上极限直径和下极限直径的两个圆锥。在垂直于圆锥轴线的任一截面上，这两个圆锥的直径差都相等，见图4	图 4
6	极限圆锥直径	极限圆锥上的任一直径，如图4中的 D_{max}、D_{min}、d_{max}、d_{min}	
7	极限圆锥角	允许的上极限或下极限圆锥角，见图5	
8	圆锥直径公差 T_D	圆锥直径的允许变动量，见图4	图 5
9	圆锥直径公差区	两个极限圆锥所限定的区域。在轴向截面内的圆锥直径公差区见图4	
10	圆锥角公差 AT（AT_α 或 AT_D）	圆锥角的允许变动量，见图5	
11	圆锥角公差区	两个极限圆锥角所限定的区域。圆锥角公差区见图5	图 6
12	给定截面圆锥直径公差 T_{DS}	在垂直圆锥轴线给定截面内圆锥直径的允许变动量，见图6	
13	给定截面圆锥直径公差区	在给定的圆锥截面内，由两个同心圆所限定的区域。给定截面圆锥直径公差区见图6	

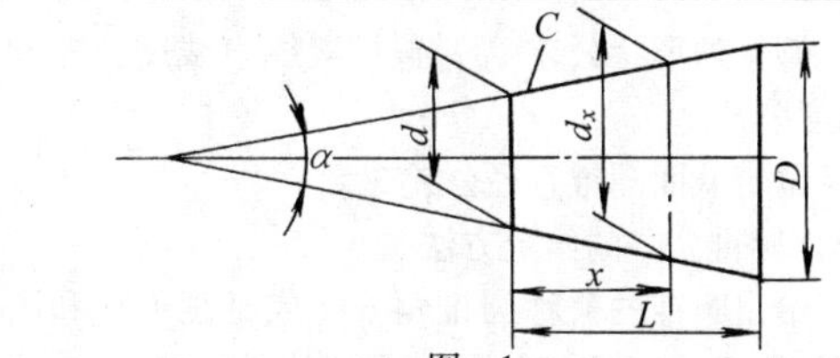

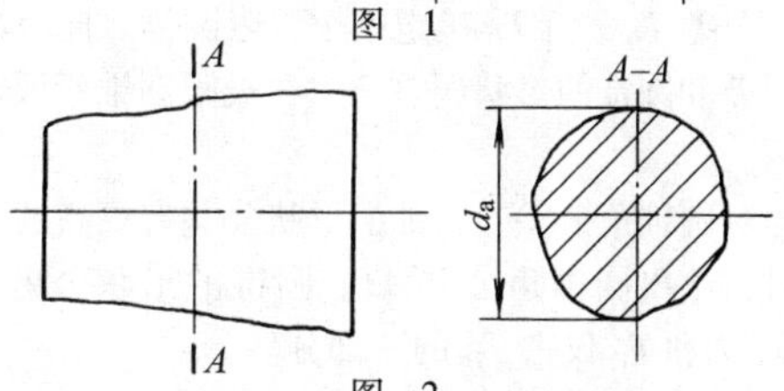

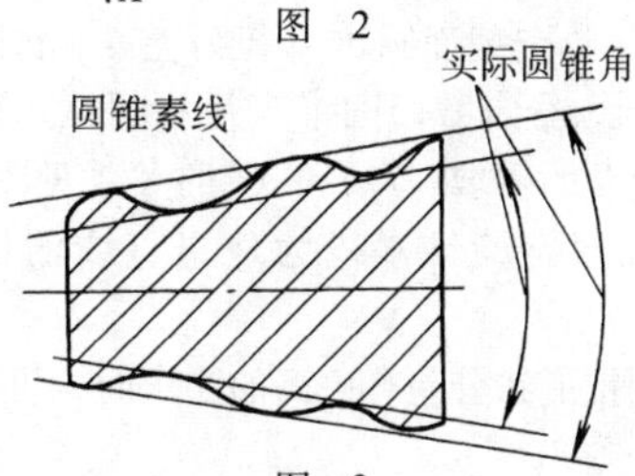

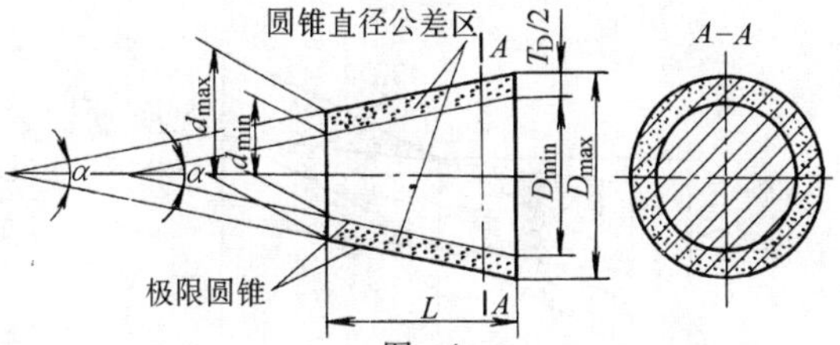

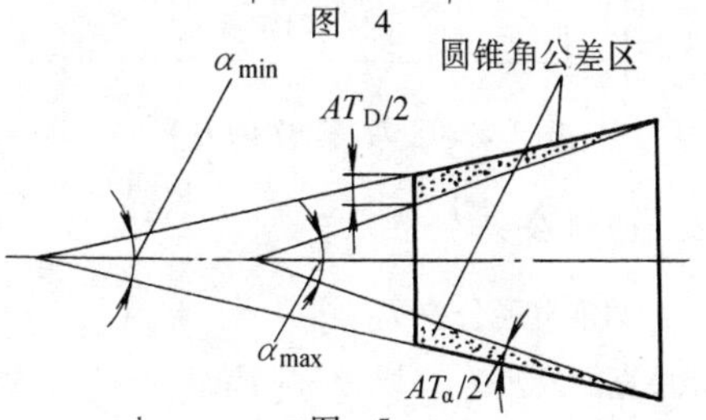

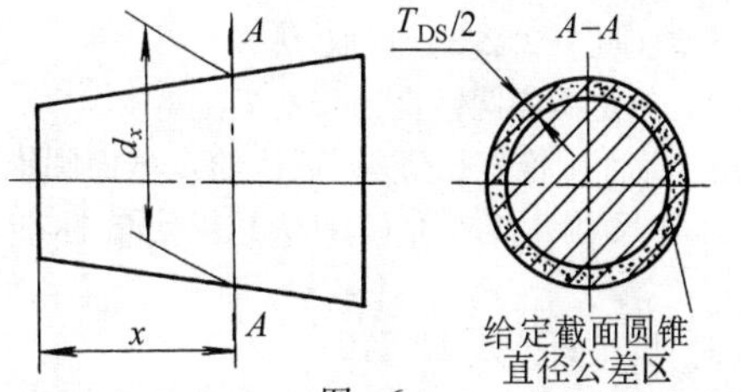

3.2.2　圆锥公差的项目和给定方法

（1）圆锥公差的项目

1）圆锥直径公差 T_D。

2）圆锥角公差 AT，用角度值 AT_α 或线性值 AT_D 给定。

3）圆锥的形状公差 T_F，包括素线直线度公差和截面圆度公差。

4）给定截面圆锥直径公差 T_{DS}。

（2）圆锥公差的给定方法

1）给出圆锥的公称圆锥角 α（或锥度 C）和圆锥直径公差 T_D，由 T_D 确定两个极限圆锥。此时，圆锥角误差和圆锥的形状误差均应在极限圆锥所限定的区域内。

当对圆锥角公差、圆锥的形状公差有更高的要求时，可再给出圆锥角公差 AT、圆锥的形状公差 T_F。此时，AT 和 T_F 仅占 T_D 的一部分。

2）给出给定截面圆锥直径公差 T_{DS} 和圆锥角公差 AT。此时，给定截面圆锥直径和圆锥角应分别满足这两项公差的要求。T_{DS} 和 AT 的关系见图2.2-20。该方法是在假定圆锥素线为理想直线的情况下给出的。

当对圆锥形状公差有更高的要求时，可再给出圆锥的形状公差 T_F。

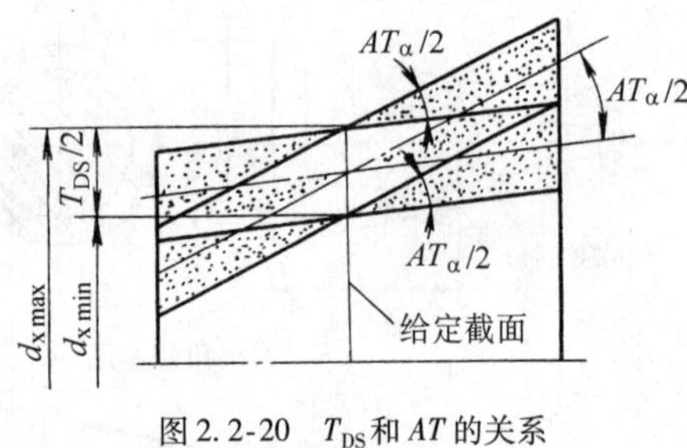

图2.2-20　T_{DS} 和 AT 的关系

3.2.3　圆锥公差数值

（1）圆锥直径公差 T_D

圆锥直径公差 T_D，以公称圆锥直径（一般取最大圆锥直径 D）为公称尺寸，按GB/T 1800.1规定的标准公差（见表2.2-3）选取。

（2）给定截面圆锥直径公差 T_{DS}

给定截面圆锥直径公差 T_{DS} 以给定截面圆锥直径 d_x 为公称尺寸，按GB/T 1800.1规定的标准公差选取。

（3）圆锥角公差 AT

圆锥角公差 AT 共分12个公差等级，用 $AT1$、$AT2$、……、$AT12$ 表示，圆锥角公差的数值见表2.2-29。表中数值用于棱体的角度时，以该角短边长度作为 L 选取公差值。如需要更高或更低等级的圆锥角公差时，按公比1.6向两端延伸得到：更高等级用 $AT0$、$AT01$……表示；更低等级用 $AT13$、$AT14$……表示。

圆锥角公差可用两种形式表示：AT_α，以角度单位微弧度或以度、分、秒表示；AT_D，以长度单位微米表示。AT_α 和 AT_D 的关系如下：

$$AT_D = AT_\alpha \times L \times 10^{-3} \qquad (2.2\text{-}3)$$

式中，AT_D 的单位为μm；

AT_α 的单位为μrad；

L 单位为mm。

表2.2-29给出与圆锥长度 L 的尺寸段相对应的 AT_D 范围值。若基本圆锥长度 L 不为任一尺寸段的端点值，AT_D 值则应按式（2.2-3）计算，计算结果的尾数按GB/T 8170的规定进行修约，其有效位数应与表2.2-29中所列该 L 尺寸段的最大范围值的位数相同。

AT_D 取值举例：

例2.2-1　L 为63mm，选用 $AT7$，查表2.2-29得 AT_α 为315μrad或1′05″，AT_D 为20μm。

例2.2-2　L 为50mm，选用 $AT7$，查表2.2-29得 AT_α 为315μrad或1′05″，但50mm非尺寸段>40～63mm的端点值，为此，AT_D 要进行如下计算：

$AT_D = AT_\alpha \times L \times 10^{-3} = 315 \times 50 \times 10^{-3}\ \mu m = 15.75\mu m$（取 AT_D 为15.8μm）。

（4）圆锥角的极限偏差

圆锥角的极限偏差可按单向或双向（对称或不对称）取值（见图2.2-21）。

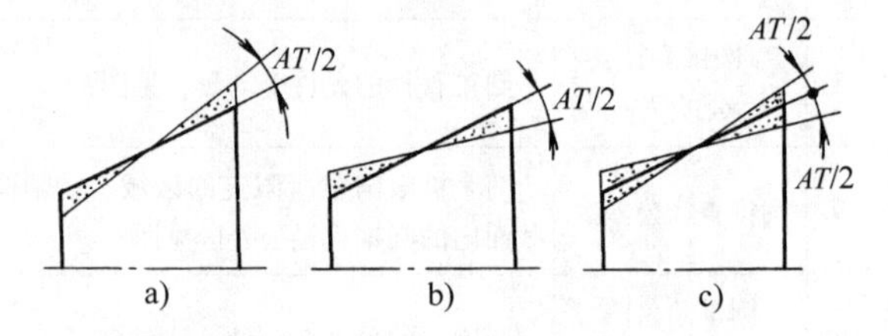

图2.2-21　圆锥角极限偏差

a）$\alpha+AT$　b）$\alpha-AT$　c）$\alpha\pm\frac{AT}{2}$

（5）圆锥的形状公差

圆锥的形状公差推荐按GB/T 1184—1996中附录B“图样上注出公差值的规定”选取。

3.2.4　应用说明

1）圆锥公差第一种给定方法类似于包容要求，

它要求圆锥角误差和圆锥的形状误差均控制在极限圆锥所限定的区域之内。因此，这种给定方法能使相配合的内、外圆锥保持预期的配合要求，是圆锥配合中内、外圆锥普遍应用的一种公差给定方法。

2）圆锥公差第二种给定方法类似于独立原则，它只要求圆锥直径和圆锥角分别满足各自的公差即可。因此，这种给定方法只能在 d_x 给定的截面上保持配合要求，主要适用于要求特定功能的场合。例如，阀类零件，为使其相互结合的圆锥表面接触紧密，以保证良好的密封性，以这种给定方法为宜。这种方法的公差空间是随实际给定截面直径和锥角公差构成的两个楔形环区（图2.2-20）。图2.2-20只画出给定截面三个尺寸（上极限尺寸、下极限尺寸和平均尺寸）与 $AT_\alpha/2$ 的关系，看图时要注意与各个尺寸相对应的、其他截面尺寸所容许的各自范围。

3）GB/T 11334—2005标准的附录A（表2.2-30）给出了圆锥直径公差所能限制的最大圆锥角误差，为采用圆锥公差第一种给定方法且需对圆锥角提出进一步要求时的参考。如认为圆锥角误差太大不符合要求时，可再规定出更小的圆锥角公差。

表2.2-29　圆锥角公差数值

公称圆锥长度 L /mm		圆锥角公差等级								
		AT1			AT2			AT3		
		AT_α		AT_D	AT_α		AT_D	AT_α		AT_D
大于	至	μrad	(″)	μm	μrad	(″)	μm	μrad	(″)	μm
自6	10	50	10	>0.3~0.5	80	16	>0.5~0.8	125	26	>0.8~1.3
10	16	40	8	>0.4~0.6	63	13	>0.6~1.0	100	21	>1.0~1.6
16	25	31.5	6	>0.5~0.8	50	10	>0.8~1.3	80	16	>1.3~2.0
25	40	25	5	>0.6~1.0	40	8	>1.0~1.6	63	13	>1.6~2.5
40	63	20	4	>0.8~1.3	31.5	6	>1.3~2.0	50	10	>2.0~3.2
63	100	16	3	>1.0~1.6	25	5	>1.6~2.5	40	8	>2.5~4.0
100	160	12.5	2.5	>1.3~2.0	20	4	>2.0~3.2	31.5	6	>3.2~5.0
160	250	10	2	>1.6~2.5	16	3	>2.5~4.0	25	5	>4.0~6.3
250	400	8	1.5	>2.0~3.2	12.5	2.5	>3.2~5.0	20	4	>5.0~8.0
400	630	6.3	1	>2.5~4.0	10	2	>4.0~6.3	16	3	>6.3~10.0

公称圆锥长度 L /mm		圆锥角公差等级								
		AT4			AT5			AT6		
		AT_α		AT_D	AT_α		AT_D	AT_α		AT_D
大于	至	μrad	(″)	μm	μrad	(′)(″)	μm	μrad	(′)(″)	μm
自6	10	200	41	>1.3~2.0	315	1′05″	>2.0~3.2	500	1′43″	>3.2~5.0
10	16	160	33	>1.6~2.5	250	52″	>2.5~4.0	400	1′22″	>4.0~6.3
16	25	125	26	>2.0~3.2	200	41″	>3.2~5.0	315	1′05″	>5.0~8.0
25	40	100	21	>2.5~4.0	160	33″	>4.0~6.3	250	52″	>6.3~10.0
40	63	80	16	>3.2~5.0	125	26″	>5.0~8.0	200	41″	>8.0~12.5
63	100	63	13	>4.0~6.3	100	21″	>6.3~10.0	160	33″	>10.0~16.0
100	160	50	10	>5.0~8.0	80	16″	>8.0~12.5	125	26″	>12.5~20.0
160	250	40	8	>6.3~10.0	63	13″	>10.0~16.0	100	21″	>16.0~25.0
250	400	31.5	6	>8.0~12.5	50	10″	>12.5~20.0	80	16″	>20.0~32.0
400	630	25	5	>10.0~16.0	40	8″	>16.0~25.0	63	13″	>25.0~40.0

公称圆锥长度 L /mm		圆锥角公差等级								
		AT7			AT8			AT9		
		AT_α		AT_D	AT_α		AT_D	AT_α		AT_D
大于	至	μrad	(′)(″)	μm	μrad	(′)(″)	μm	μrad	(′)(″)	μm
自6	10	800	2′45″	>5.0~8.0	1250	4′18″	>8.0~12.5	2000	6′52″	>12.5~20
10	16	630	2′10″	>6.3~10.0	1000	3′26″	>10.0~16.0	1600	5′30″	>16~25
16	25	500	1′43″	>8.0~12.5	800	2′45″	>12.5~20.0	1250	4′18″	>20~32
25	40	400	1′22″	>10.0~16.0	630	2′10″	>16.0~20.5	1000	3′26″	>25~40
40	63	315	1′05″	>12.5~20.0	500	1′43″	>20.0~32.0	800	2′45″	>32~50
63	100	250	52″	>16.0~25.0	400	1′22″	>25.0~40.0	630	2′10″	>40~63
100	160	200	41″	>20.0~32.0	315	1′05″	>32.0~50.0	500	1′43″	>50~80
160	250	160	33″	>25.0~40.0	250	52″	>40.0~63.0	400	1′22″	>63~100
250	400	125	26″	>32.0~50.0	200	41″	>50.0~80.0	315	1′05″	>80~125
400	630	100	21″	>40.0~63.0	160	33″	>63.0~100.0	250	52″	>100~600

（续）

公称圆锥长度 L/mm		圆锥角公差等级								
		$AT10$			$AT11$			$AT12$		
		AT_α		AT_D	AT_α		AT_D	AT_α		AT_D
大于	至	μrad	(′)(″)	μm	μrad	(′)(″)	μm	μrad	(′)(″)	μm
自6	10	3150	10′49″	>20~32	5000	17′10″	>32~50	8000	27′28″	>50~80
10	16	2500	8′35″	>25~40	4000	13′44″	>40~63	6300	21′38″	>63~100
16	25	2000	6′52″	>32~50	3150	10′49″	>50~80	5000	17′10″	>80~125
25	40	1600	5′30″	>40~63	2500	8′35″	>63~100	4000	13′44″	>100~600
40	63	1250	4′18″	>50~80	2000	6′52″	>80~125	3150	10′49″	>125~200
63	100	1000	3′26″	>63~100	1600	5′30″	>100~600	2500	8′35″	>160~250
100	160	800	2′45″	>80~125	1250	4′18″	>125~200	2000	6′52″	>200~320
160	250	630	2′10″	>100~600	1000	3′26″	>160~250	1600	5′30″	>250~400
250	400	500	1′43″	>125~200	800	2′45″	>200~320	1250	4′18″	>320~500
400	630	400	1′22″	>160~250	630	2′10″	>250~400	1000	3′26″	>400~630

表2.2-30　圆锥直径公差所能限定的最大圆锥角误差

圆锥直径公差等级	圆锥直径/mm						
	≤3	>3~6	>6~10	>10~18	>18~30	>30~50	>50~80
	$\Delta\alpha_{max}$/μrad						
IT01	3	4	4	5	6	6	8
IT0	5	6	6	8	10	10	12
IT1	8	10	10	12	15	15	20
IT2	12	15	15	20	25	25	30
IT3	20	25	25	30	40	40	50
IT4	30	40	40	50	60	70	80
IT5	40	50	60	80	90	110	130
IT6	60	80	90	110	130	160	190
IT7	100	120	150	180	210	250	300
IT8	140	180	220	270	330	390	460
IT9	250	300	360	430	520	620	740
IT10	400	480	580	700	840	1000	1200
IT11	600	750	900	1000	1300	1600	1900
IT12	1000	1200	1500	1800	2100	2500	3000
IT13	1400	1800	2200	2700	3300	3900	4600
IT14	2500	3000	3600	4300	5200	6200	7400
IT15	4000	4800	5800	7000	8400	10000	12000
IT16	6000	7500	9000	11000	13000	16000	19000
IT17	10000	12000	15000	18000	21000	25000	30000
IT18	14000	18000	22000	27000	33000	39000	46000

圆锥直径公差等级	圆锥直径/mm					
	>80~120	>120~180	>180~250	>250~315	>315~400	>400~500
	$\Delta\alpha_{max}$/μrad					
IT01	10	12	20	25	30	40
IT0	15	20	30	40	50	60
IT1	25	35	45	60	70	80
IT2	40	50	70	80	90	100
IT3	60	80	100	120	130	150
IT4	100	120	140	160	180	200
IT5	150	180	200	230	250	270
IT6	220	250	290	320	360	400
IT7	350	400	460	520	570	630
IT8	540	630	720	810	890	970
IT9	870	1000	1150	1300	1400	1550
IT10	1400	1600	1850	2100	2300	2500
IT11	2200	2500	2900	3200	3600	4000
IT12	3500	4000	4600	5200	5700	6300
IT13	5400	6300	7200	8100	8900	9700
IT14	8700	10000	11500	13000	14000	15500
IT15	14000	16000	18500	21000	23000	25000
IT16	22000	25000	29000	32000	36000	40000
IT17	35000	40000	46000	52000	57000	63000
IT18	54000	63000	72000	81000	89000	97000

注：圆锥长度不等于100mm时，需将表中的数值乘以100/L，L的单位为mm。

3.3 圆锥配合

圆锥配合标准的主要内容见 GB/T 12360—2005。

3.3.1 圆锥配合的形式

圆锥配合是通过相互结合的内、外圆锥规定的轴向位置，以形成间隙或过盈的。按确定其轴向位置方法的不同，圆锥配合形成的方式有：

（1）结构型圆锥配合

在结构型圆锥配合中，分为由内、外圆锥的结构确定装配最终位置而获得的配合和由内、外圆锥基准平面间的尺寸确定装配最终位置而获得的配合。上述两种结构方式均可形成间隙配合、过渡配合和过盈配合。图 2.2-22 为由轴肩接触这种结构确定装配最终位置而获得的间隙配合示例。图 2.2-23 为由结构尺寸 a（内、外圆锥基准平面间的尺寸）确定装配最终位置而获得的过盈配合示例。

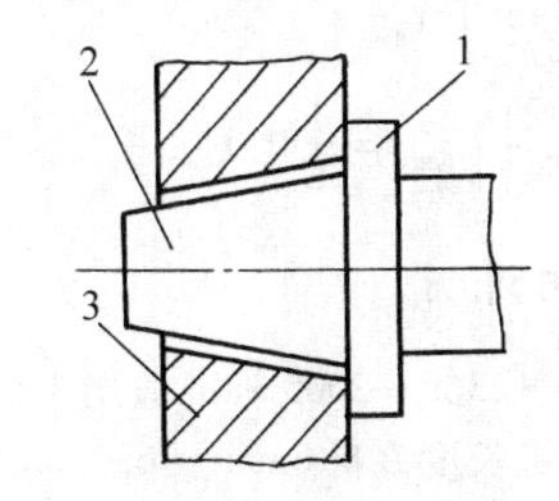

图 2.2-22 由轴肩接触得到的间隙配合

1—轴肩 2—外圆锥 3—内圆锥

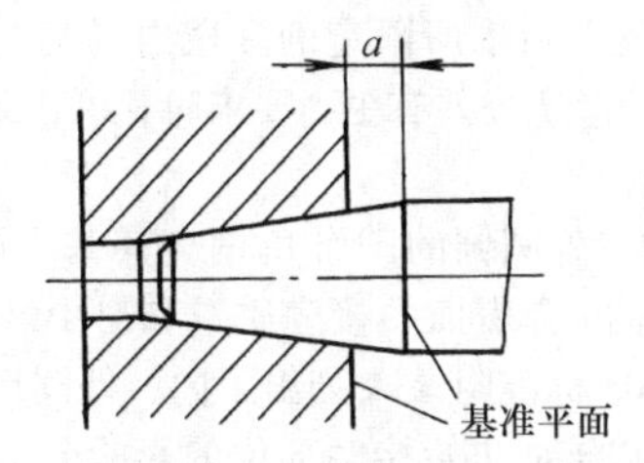

图 2.2-23 由结构尺寸 a 得到的过盈配合

（2）位移型圆锥配合

在位移型圆锥配合中，分为由内、外圆锥实际初始位置（P_a）开始，做一定相对轴向位移（E_a）而获得的配合（这种方式既可形成间隙配合，又可形成过盈配合，图 2.2-24 为间隙配合的示例）及由内、外圆锥实际初始位置（P_a）开始，施加一定装配力产生轴向位移而获得的配合（这种方式只能形成过盈配合，如图 2.2-25 所示）。

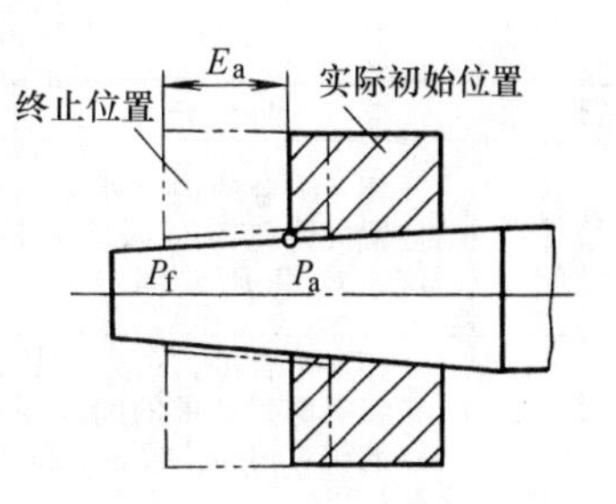

图 2.2-24 由相对轴向位移 E_a 得到的间隙配合

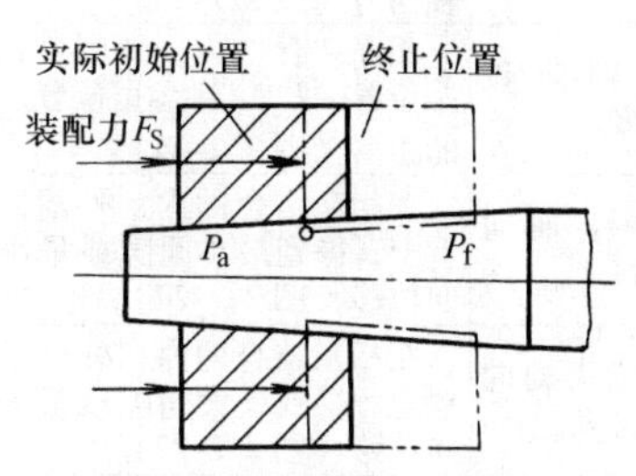

图 2.2-25 施加一定装配力获得的过盈配合

3.3.2 术语和定义

GB/T 12360—2005 标准规定了以下术语和定义（见表 2.2-31）。

表 2.2-31 术语和定义

序号	术 语	定 义
1	圆锥配合	圆锥配合有结构型圆锥配合和位移型圆锥配合两种
2	结构型圆锥配合	由圆锥结构确定装配位置，内、外圆锥公差区之间的相关系，见图 2.2-22 和图 2.2-23
3	位移型圆锥配合	内、外圆锥在装配时做一定相对轴向位移（E_a）确定的相互关系，见图 2.2-24 和图 2.2-25
4	初始位置 P	在不施加力的情况下，相互结合的内、外圆锥表面接触时的轴向位置
5	极限初始位置 P_1、P_2	初始位置允许的界限 P_1 为内圆锥的下极限圆锥与外圆锥的上极限圆锥的接触位置；P_2 为内圆锥的上极限圆锥与外圆锥的下极限圆锥的接触位置，见图 2.2-26
6	初始位置公差 T_P	初始位置允许的变动量，见图 2.2-26 $T_P=\frac{1}{C}(T_{Di}+T_{De})$

（续）

序号	术　语	定　义
7	实际初始位置 P_a	相互结合的内、外实际圆锥的初始位置（图2.2-24及图2.2-25），它应位于 P_1 和 P_2 之间
8	终止位置 P_f	相互结合的内、外圆锥，为使其终止状态得到要求的间隙或过盈，所规定的相对轴向位置，见图2.2-24及图2.2-25
9	装配力 F_S	相互结合的内、外圆锥，为在终止位置（P_f）得到要求的过盈所施加的轴向力（图2.2-25）
10	轴向位移 E_a	相互结合的内、外圆锥，从实际初始位置（P_a）到终止位置（P_f）移动的距离（图2.2-24）
11	最小轴向位移 E_{amin}	在相互结合的内、外圆锥的终止位置上，得到最小间隙或最小过盈的轴向位移（图2.2-27）
12	最大轴向位移 E_{amax}	在相互结合的内、外圆锥的终止位置上，得到最大间隙或最大过盈的轴向位移（图2.2-27）
13	轴向位移公差 T_E	轴向位移允许的变动量，见图2.2-27 $T_E=E_{amax}-E_{amin}$
14	圆锥直径配合量 T_{Df}	圆锥配合在配合直径上允许的间隙或过盈的变动量

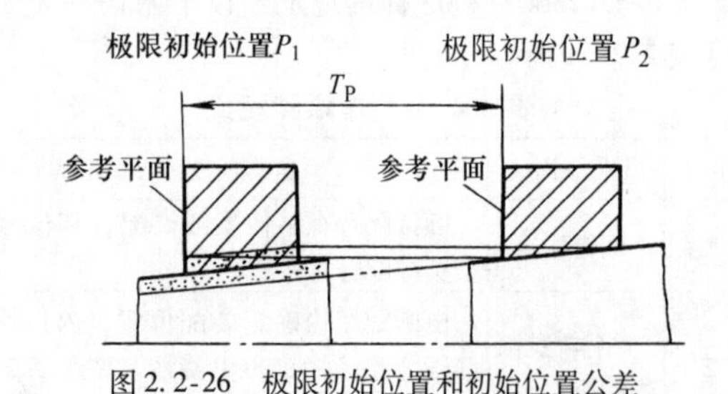

图2.2-26　极限初始位置和初始位置公差

图2.2-27　轴向位移及其公差

Ⅰ—实际初始位置　Ⅱ—最小过盈位置

Ⅲ—最大过盈位置

3.3.3　圆锥配合的一般规定

1）结构型圆锥配合推荐优先采用基孔制。内、外圆锥直径公差带及配合按图2.2-13、图2.2-15及表2.2-13选取。

如表2.2-13给出的常用配合仍不能满足需要，可按GB/T 1800.1规定的标准公差（表2.2-3）和基本偏差（表2.2-6、表2.2-7）组成所需要的配合。

2）位移型圆锥配合的内、外圆锥直径公差带的基本偏差推荐选用H、h和JS、js。其轴向位移的极限值按GB/T 1801规定的极限间隙或极限过盈来计算。

3）位移型圆锥配合的轴向位移极限值（E_{amin}、E_{amax}）和轴向位移公差（T_E）按下列公式计算：

① 对于间隙配合

$$E_{amin}=\frac{1}{C}\times|X_{min}|$$

$$E_{amax}=\frac{1}{C}\times|X_{max}|$$

$$T_E=E_{amax}-E_{amin}=\frac{1}{C}|X_{max}-X_{min}|$$

② 对于过盈配合

$$E_{amin}=\frac{1}{C}\times|Y_{min}|$$

$$E_{amax}=\frac{1}{C}\times|Y_{max}|$$

$$T_E=E_{amax}-E_{amin}=\frac{1}{C}|Y_{max}-Y_{min}|$$

3.3.4　应用说明

1）GB/T 12360—2005标准适用于锥度 C 自1∶3至1∶500、圆锥长度 L 自6mm至630mm、圆锥直径 D 至500mm的光滑圆锥配合。其内、外圆锥公差均按第一种方法给定（见3.2.2节），即给出圆锥的理论正确圆锥角 α（或锥度 C）和圆锥直径公差 T_D，由 T_D 确定两个极限圆锥。圆锥角误差和圆锥的形状误差均应在极限圆锥所限定的区域内（当对圆锥角公差、圆锥的形状公差有更高要求时，可在此区域内进一步给出）。

2）内、外圆锥的圆锥角偏离其基本圆锥角时，将影响圆锥配合表面的接触质量和对中性能。GB/T 12360—2005标准附录A列出了内、外圆锥的圆锥角偏差不同组合对初始接触部位的影响分析（表2.2-32），供使用者参考。由表2.2-32可见，当要求初始接触部位在最大圆锥直径处时，应规定圆锥角为单向极限偏差，且外圆锥的为正（$+AT_e$），内圆锥的为负（$-AT_i$）；当要求初始接触部位在最小圆锥直径处时，也应规定圆锥角为单向极限偏差，但外圆锥的为负（$-AT_e$），内圆锥的为正（$+AT_i$）；当对初始接触部位无特殊要求，而要求保证配合圆锥角之间的差最小时，内、外圆锥角的极限偏差方向应相同，可以是对称的 $\left(\pm\frac{AT_e}{2},\ \pm\frac{AT_i}{2}\right)$，也可以是单向的（$+AT_e$、$+AT_i$，或 $-AT_e$、$-AT_i$）。

表 2.2-32　内、外圆锥角偏差不同组合对初始接触部位的影响分析

公称圆锥角	圆锥角偏差		简　图	初始接触部位
	内圆锥	外圆锥		
α	$+AT_i$	$-AT_e$	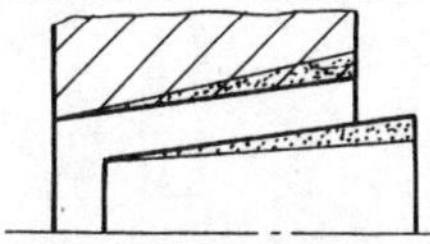	最小圆锥直径处
	$-AT_i$	$+AT_e$	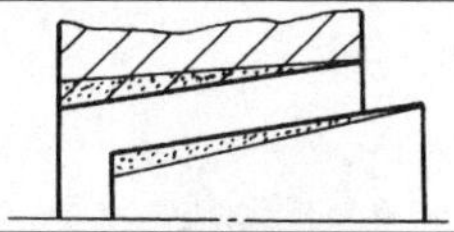	最大圆锥直径处
	$+AT_i$	$+AT_e$	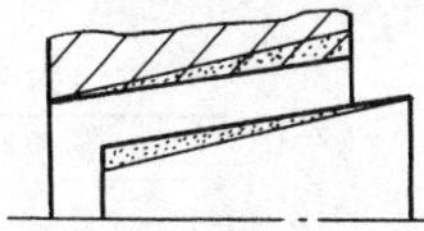	视实际圆锥角而定，可能在最大圆锥直径处（$\alpha_e > \alpha_i$ 时），也可能在最小圆锥直径处（$\alpha_i > \alpha_e$ 时）
	$-AT_i$	$-AT_e$	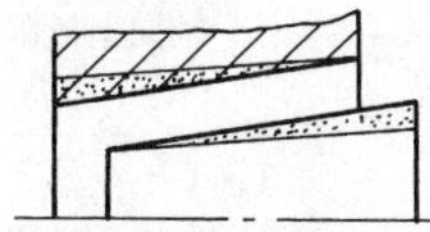	
	$\pm\frac{AT_i}{2}$	$\pm\frac{AT_e}{2}$	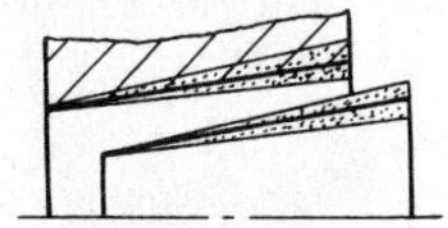	
	$\pm\frac{AT_i}{2}$	$+AT_e$	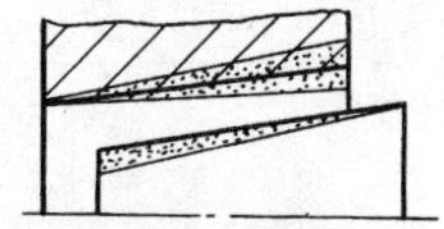	可能在最大圆锥直径处（$\alpha_e > \alpha_i$ 时），也可能在最小圆锥直径处（$\alpha_i > \alpha_e$ 时）。最小圆锥直径处接触的可能性比较大
	$-AT_i$	$\pm\frac{AT_e}{2}$	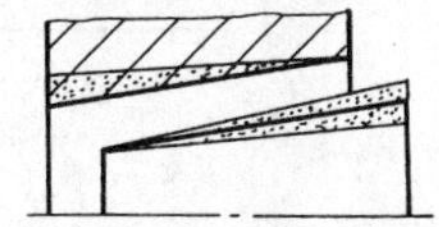	
	$\pm\frac{AT_i}{2}$	$-AT_e$	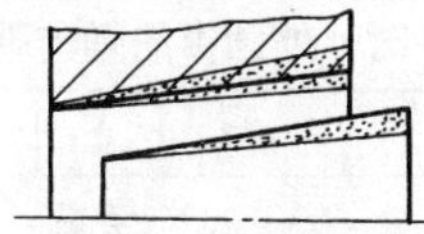	可能在最大圆锥直径处（$\alpha_e > \alpha_i$ 时），也可能在最小圆锥直径处（$\alpha_i > \alpha_e$ 时）。最大圆锥直径处接触的可能性比较大
	$+AT_i$	$\pm\frac{AT_e}{2}$	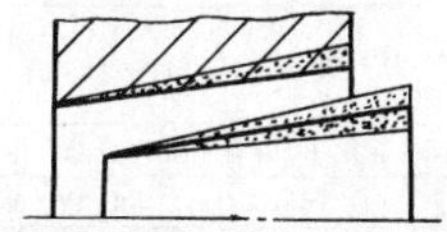	

3）为了确定位移型圆锥配合的极限初始位置，结构型圆锥配合后基准平面之间的极限轴向距离，以及确定圆锥直径极限偏差相应的圆锥量规的轴向距离（当用圆锥量规检验圆锥直径时）的需要，GB/T 12360—2005 的附录 B 给出了圆锥配合的内圆锥或外圆锥直径极限偏差转换为轴向极限偏差的计算方法。

圆锥轴向极限偏差是某一极限圆锥与其公称圆锥轴向位置的偏离（见图 2.2-28、图 2.2-29）。GB/T 12360—2005 的附录中规定，下极限圆锥与公称圆锥的偏离为轴向上极限偏差（es_z、ES_z），上极限圆锥与公称圆锥的偏离为轴向下极限偏差（ei_z、EI_z），轴向上极限偏差与轴向下极限偏差之代数差的绝对值为轴向公差（T_z）。

图 2.2-30 为用圆锥量规检验内圆锥直径的示意图。如该内圆锥大端直径偏差在其极限偏差之内，则大端端面应处于圆锥量规轴向距离 m 的两个截面之间，此 m 值即按内圆锥的轴向公差而定。

圆锥轴向极限偏差的计算式见表 2.2-33。

为了便于设计，GB/T 12360—2005 的附录 B 提供了按 GB/T 1800.1 轴的基本偏差数值（表 2.2-6）转换算出 $C=1:10$ 的外圆锥轴向基本偏差（e_z）数值表（表 2.2-34）；按 GB/T 1800.1 标准公差数值（表

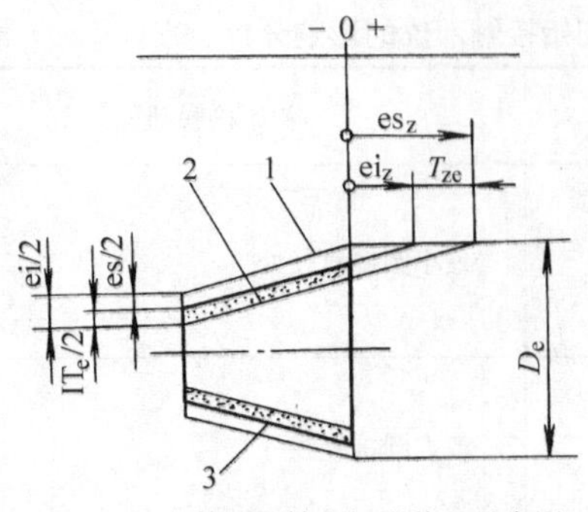

图 2.2-28　外圆锥轴向极限偏差示意图
1—基本圆锥　2—最小极限圆锥
3—最大极限圆锥

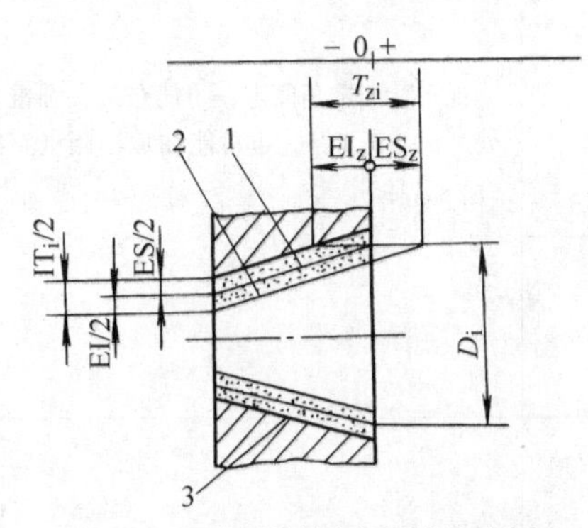

图 2.2-29　内圆锥轴向极限偏差示意图
1—基本圆锥　2—最小极限圆锥
3—最大极限圆锥

2.2-3）转换算出$C=1:10$的圆锥轴向公差（T_z）数值表（表2.2-35），以及$C\neq1:10$时一般用途圆锥的换算系数表（表2.2-36）和特殊用途圆锥的换算系数表（表2.2-37）。

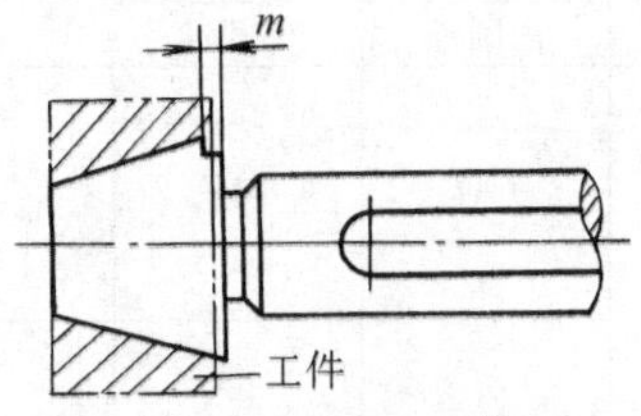

图 2.2-30　用圆锥量规检验内圆锥直径示意图

表 2.2-33　圆锥轴向极限偏差计算式

计算项目	计 算 式
轴向上极限偏差	$es_z=-\frac{1}{C}ei$（外圆锥） $ES_z=-\frac{1}{C}EI$（内圆锥）
轴向下极限偏差	$ei_z=-\frac{1}{C}es$（外圆锥） $EI_z=-\frac{1}{C}ES$（内圆锥）
轴向基本偏差	$e_z=-\frac{1}{C}\times$直径基本偏差（外圆锥） $E_z=-\frac{1}{C}\times$直径基本偏差（内圆锥）
轴向公差	$T_{ze}=\frac{1}{C}IT_e$（外圆锥） $T_{zi}=\frac{1}{C}IT_i$（内圆锥）

注：ei、EI—外、内圆锥直径下极限偏差的代号；es、ES—外、内圆锥直径上极限偏差的代号；IT_e、IT_i—外、内圆锥直径公差的代号。

表 2.2-34　锥度 $C=1:10$ 时，外圆锥的轴向基本偏差（e_z）数值　（mm）

基本偏差		a	b	c	cd	d	e	ef	f	fg	g	h	js	j			k
公称尺寸		公差等级															
大于	至	所有等级												5、6	7	8	≤3、>7
—	3	+2.7	+1.4	+0.6	+0.34	+0.20	+0.14	+0.1	+0.06	+0.04	+0.02	0	$e_z=\pm\frac{T_{ze}}{2}$	+0.02	+0.04	+0.06	0
3	6	+2.7	+1.4	+0.7	+0.46	+0.30	+0.2	+0.14	+0.1	+0.06	+0.04	0		+0.02	+0.04	—	0
6	10	+2.8	+1.5	+0.8	+0.56	+0.40	+0.25	+0.18	+0.13	+0.08	+0.05	0		+0.02	+0.05	—	0
10	14	+2.9	+1.5	+0.95	—	+0.50	+0.32	—	+0.16	—	+0.06	0		+0.03	+0.06	—	0
14	18																
18	24	+3	+1.6	+1.1	—	+0.65	+0.4	—	+0.20	—	+0.07	0		+0.04	+0.08	—	0
24	30																
30	40	+3.1	+1.7	+1.2	—	+0.80	+0.5	—	+0.25	—	+0.09	0		+0.05	+0.1	—	0
40	50	+3.2	+1.8	+1.3													
50	65	+3.4	+1.9	+1.4	—	+1	+0.60	—	+0.3	—	+0.1	0		+0.07	+0.12	—	0
65	80	+3.6	+2	+1.5													
80	100	+3.8	+2.2	+1.7	—	+1.2	+0.72	—	+0.36	—	+0.12	0		+0.09	+0.15	—	0
100	120	+4.1	+2.4	+1.8													
120	140	+4.6	+2.6	+2	—	+1.45	+0.85	—	+0.43	—	+0.14	0		+0.11	+0.18	—	0
140	160	+5.2	+2.8	+2.1													
160	180	+5.8	+3.1	+2.3													
180	200	+6.6	+3.4	+2.4	—	+1.7	+1	—	+0.50	—	+0.15	0		+0.13	+0.21	—	0
200	225	+7.4	+3.8	+2.6													

（续）

基本偏差		a	b	c	cd	d	e	ef	f	fg	g	h	js	j			k
公称尺寸		公差等级															
大于	至	所有等级												5、6	7	8	≤3、>7
225	250	+8.2	+4.2	+2.8	—	+1.7	+1	—	+0.50	—	+0.15	0	$e_z=\pm\frac{T_{ze}}{2}$	+0.13	+0.21	—	0
250	280	+9.2	+4.8	+3	—	+1.9	+1.1	—	+0.56	—	+0.17	0		+0.16	+0.26	—	0
280	315	+10.5	+5.4	+3.3													
315	355	+12	+6	+3.6	—	+2.1	+1.25	—	+0.62	—	+0.18	0		+0.18	+0.28	—	0
355	400	+13.5	+6.8	+4													
400	450	+15	+7.6	+4.4	—	+2.3	+1.35	—	+0.68	—	+0.2	0		+0.20	+0.32	—	0
450	500	+16.5	+8.4	+4.8													

基本偏差		k	m	n	p	r	s	t	u	v	x	y	z	za	zb	zc
公称尺寸		公差等级														
大于	至	4~7	所有等级													
—	3	0	-0.02	-0.04	-0.06	-0.1	-0.14	—	-0.18	—	-0.20	—	-0.26	-0.32	-0.4	-0.6
3	6	-0.01	-0.04	-0.08	-0.12	-0.15	-0.19	—	-0.23	—	-0.28	—	-0.35	-0.42	-0.5	-0.8
6	10	-0.01	-0.06	-0.1	-0.15	-0.19	-0.23	—	-0.28	—	-0.34	—	-0.42	-0.52	-0.67	-0.97
10	14	-0.01	-0.07	-0.12	-0.18	-0.23	-0.28	—	-0.33	—	-0.4	—	-0.5	-0.64	-0.9	-1.3
14	18								-0.33	-0.39	-0.45	—	-0.6	-0.77	-1.08	-1.5
18	24	-0.02	-0.08	-0.15	-0.22	-0.28	-0.35	—	-0.41	-0.47	-0.54	-0.63	-0.73	-0.98	-1.36	-1.88
24	30							-0.41	-0.48	-0.55	-0.64	-0.75	-0.88	-1.18	-1.6	-2.18
30	40	-0.02	-0.09	-0.17	-0.26	-0.34	-0.43	-0.48	-0.6	-0.68	-0.8	-0.94	-1.12	-1.48	-2	-2.74
40	50							-0.54	-0.7	-0.81	-0.97	-1.14	-1.36	-1.80	-2.42	-3.25
50	65	-0.02	-0.11	-0.2	-0.32	-0.41	-0.53	-0.66	-0.87	-1.02	-1.22	-1.44	-1.72	-2.25	-3	-4.05
65	80					-0.43	-0.59	-0.75	-1.02	-1.2	-1.46	-1.74	-2.1	-2.74	-3.6	-4.8
80	100	-0.03	-0.13	-0.23	-0.37	-0.51	-0.71	-0.91	-1.24	-1.46	-1.78	-2.14	-2.58	-3.35	-4.45	-5.85
100	120					-0.54	-0.79	-1.04	-1.44	-1.72	-2.10	-2.54	-3.1	-4	-5.25	-6.9
120	140	-0.03	-0.15	-0.27	-0.43	-0.63	-0.92	-1.22	-1.7	-2.02	-2.48	-3	-3.65	-4.7	-6.2	-8
140	160					-0.65	-1	-1.34	-1.9	-2.28	-2.8	-3.4	-4.15	-5.35	-7	-9
160	180					-0.68	-1.08	-1.46	-2.1	-2.52	-3.1	-3.8	-4.65	-6	-7.8	-10
180	200	-0.04	-0.17	-0.31	-0.5	-0.77	-1.22	-1.66	-2.36	-2.84	-3.5	-4.25	-5.2	-6.7	-8.8	-11.5
200	225					-0.80	-1.3	-1.8	-2.58	-3.1	-3.85	-4.7	-5.75	-7.4	-9.6	-12.5
225	250					-0.84	-1.4	-1.96	-2.84	-3.4	-4.25	-5.2	-6.4	-8.2	-10.5	-13.5
250	280	-0.04	-0.2	-0.34	-0.56	-0.94	-1.58	-2.18	-3.15	-3.85	-4.75	-5.8	-7.1	-9.2	-12	-15.5
280	315					-0.98	-1.7	-2.4	-3.5	-4.25	-5.25	-6.5	-7.9	-10	-13	-17
315	355	-0.04	-0.21	-0.37	-0.62	-1.08	-1.9	-2.68	-3.9	-4.75	-5.9	-7.3	-9	-11.5	-15	-19
355	400					-1.14	-2.08	-2.94	-4.35	-5.3	-6.6	-8.2	-10	-13	-16.5	-21
400	450	-0.05	-0.23	-0.4	-0.68	-1.26	-2.32	-3.3	-4.9	-5.95	-7.4	-9.2	-11	-14.5	-18.5	-24
450	500					-1.32	-2.52	-3.6	-5.4	-6.6	-8.2	-10	-12.5	-16	-21	-26

表2.2-35　锥度 $C=1:10$ 时，轴向公差（T_z）数值　(mm)

公称尺寸		公差等级									
大于	至	IT3	IT4	IT5	IT6	IT7	IT8	IT9	IT10	IT11	IT12
—	3	0.02	0.03	0.04	0.06	0.10	0.14	0.25	0.40	0.60	1
3	6	0.025	0.04	0.05	0.08	0.12	0.18	0.30	0.48	0.75	1.2
6	10	0.025	0.04	0.06	0.09	0.15	0.22	0.36	0.58	0.90	1.5
10	18	0.03	0.05	0.08	0.11	0.18	0.27	0.43	0.70	1.1	1.8
18	30	0.04	0.06	0.09	0.13	0.21	0.33	0.52	0.84	1.3	2.1
30	50	0.04	0.07	0.11	0.16	0.25	0.39	0.62	1	1.6	2.5
50	80	0.05	0.08	0.13	0.19	0.30	0.46	0.74	1.2	1.9	3
80	120	0.06	0.10	0.15	0.22	0.35	0.54	0.87	1.4	2.2	3.5
120	180	0.08	0.12	0.18	0.25	0.40	0.63	1	1.6	2.5	4
180	250	0.10	0.14	0.20	0.29	0.46	0.72	1.15	1.85	2.9	4.6
250	315	0.12	0.16	0.23	0.32	0.52	0.81	1.3	2.1	3.2	5.2
315	400	0.13	0.18	0.25	0.36	0.57	0.89	1.4	2.3	3.6	5.7
400	500	0.15	0.20	0.27	0.40	0.63	0.97	1.55	2.5	4	6.3

表 2.2-36　一般用途圆锥的换算系数

基本值		换算系数	基本值		换算系数
系列1	系列2		系列1	系列2	
1:3		0.3		1:15	1.5
	1:4	0.4	1:20		2
1:5		0.5	1:30		3
	1:6	0.6		1:40	4
	1:7	0.7	1:50		5
	1:8	0.8	1:100		10
1:10		1	1:200		20
	1:12	1.2	1:500		50

表 2.2-37　特殊用途圆锥的换算系数

基本值	换算系数	基本值	换算系数
18°30′	0.3	1:18.779	1.8
11°54′	0.48	1:19.002	1.9
8°40′	0.66	1:19.180	1.92
7°40′	0.75	1:19.212	1.92
7:24	0.34	1:19.254	1.92
1:9	0.9	1:19.264	1.92
1:12.262	1.2	1:19.922	1.99
1:12.972	1.3	1:20.020	2
1:15.748	1.57	1:20.047	2
1:16.666	1.67	1:20.288	2

GB/T 12360—2005 的附录 B 还给出了内圆锥基本偏差 H、外圆锥基本偏差 a 至 zc 的轴向极限偏差计算式（见表 2.2-38）。

4）为了确定相互配合的内、外圆锥基准平面之间的距离（基面距）的极限初始位置和极限终止位置，GB/T 12360—2005 的附录 C 提供了基准平面间极限初始位置的计算式（表 2.2-39）和基准平面间极限终止位置的计算式（表 2.2-40）。

表 2.2-38　基孔制的圆锥轴向极限偏差计算式

内、外圆锥	基本偏差	上偏差	下偏差
内圆锥	H	$ES_z=0$	$EI_z=-T_{zi}$
外圆锥	a～g	$es_z=e_z+T_{ze}$	$ei_z=e_z$
	h	$es_z=+T_{ze}$	$ei_z=0$
	js	$es_z=+\frac{T_{ze}}{2}$	$ei_z=-\frac{T_{ze}}{2}$
	j～zc	$es_z=e_z$	$ei_z=e_z-T_{ze}$

表 2.2-39　基准平面间极限初始位置计算式

已知参数	基准平面的位置	计算公式 Z_{pmin}	计算公式 Z_{pmax}
圆锥直径极限偏差	在锥体大直径端（图 2.2-31）	$Z_p+\frac{1}{C}(ei-ES)$	$Z_p+\frac{1}{C}(es-EI)$
	在锥体小直径端（图 2.2-32）	$Z_p+\frac{1}{C}(EI-es)$	$Z_p+\frac{1}{C}(ES-ei)$
圆锥轴向极限偏差	在锥体大直径端（图 2.2-31）	$Z_p+EI_z-es_z$	$Z_p+ES_z-ei_z$
	在锥体小直径端（图 2.2-32）	$Z_p+ei_z-ES_z$	$Z_p+es_z-EI_z$

注：1. 对于结构型圆锥配合，基准平面间的极限初始位置仅对过盈配合有意义，且在必要时才需计算；对于位移型圆锥配合，仅在对基准平面间的极限初始位置有要求时才进行计算。

2. 表中 $Z_p=Z_e-Z_i$，在外圆锥距基准平面为 Z_e 处的 d_{xe} 和内圆锥距基准平面为 Z_i 处的 d_{xi} 是相等的。

表 2.2-40　基准平面间极限终止位置计算式

已知参数	基准平面的位置	计算公式 Z_{pfmin}	计算公式 Z_{pfmax}
间隙配合轴向位移 E_a	在锥体大直径端（图 2.2-31）	$Z_{pmin}+E_{amin}$	$Z_{pmax}+E_{amax}$
	在锥体小直径端（图 2.2-32）	$Z_{pmin}-E_{amax}$	$Z_{pmax}-E_{amin}$
过盈配合轴向位移 E_a	在锥体大直径端（图 2.2-31）	$Z_{pmin}-E_{amax}$	$Z_{pmax}-E_{amin}$
	在锥体小直径端（图 2.2-32）	$Z_{pmin}+E_{amin}$	$Z_{pmax}+E_{amax}$

注：1. 对于结构型圆锥配合，基准平面间的极限终止位置由设计给定，不需要进行计算，见图 2.2-22 及图 2.2-23。

2. 表中 Z_{pmin}、Z_{pmax} 的值用表 2.2-39 的公式确定。

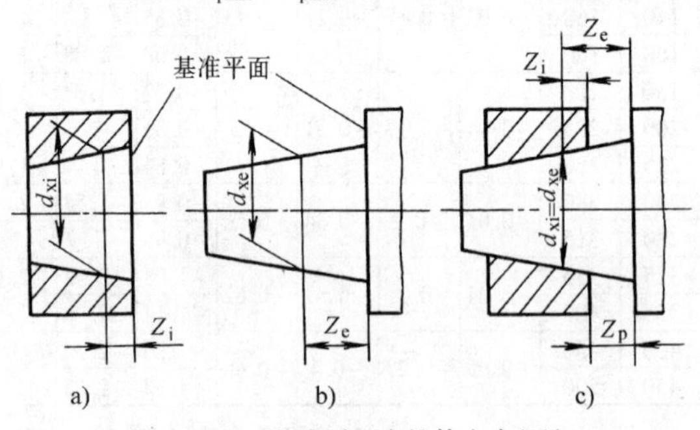

图 2.2-31　基准平面在锥体大直径端
a）内圆锥　b）外圆锥　c）圆锥配合

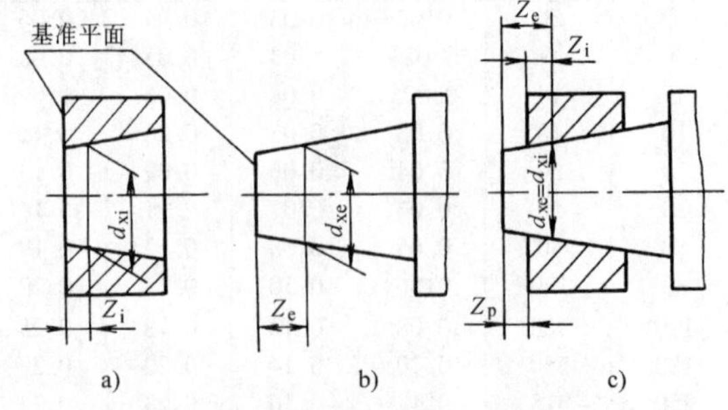

图 2.2-32　基准平面在锥体小直径端
a）内圆锥　b）外圆锥　c）圆锥配合

1995年，我国为适应光滑圆锥面在弹性范围内利用油压装拆的过盈连接计算和过盈配合选用的需要，制定了《圆锥过盈配合的计算和选用》国家标准（GB/T 15755—1995）。

4　光滑工件尺寸的检验

4.1　产品几何技术规范（GPS）光滑工件尺寸的检验标准（GB/T 3177—2009）的主要内容

4.1.1　验收原则

所用验收方法应只接收位于规定的尺寸极限之内的工件。

4.1.2　验收方法的基础

由于计量器具和计量系统都存在内在误差，故任何测量都不能测出真值。另外，多数通用计量器具通常只用于测量尺寸，不测量工件上可能存在的形状误差。因此，对遵循包容要求的尺寸要素，完善的工件检验还应测量形状误差（如圆度、直线度等），并把这些形状误差的测量结果与尺寸的测量结果综合起来，以判定工件表面各部位是否超出最大实体边界。

在车间实际情况下，工件的形状误差通常取决于加工设备及工艺装备的精度，工件合格与否，只按一次测量来判断。对于温度、压陷效应等，以及计量器具和标准器的系统误差均不进行修正。因此，任何检验都存在误判。由测量误差引起的误判概率参见GB/T 3177—2009的附录A，由工件形状误差引起的误收率见GB/T 3177—2009的附录B。为保证验收质量，GB/T 3177—2009标准规定了验收极限、计量器具的测量不确定度允许值和计量器具选用原则。

4.1.3　标准温度

测量的标准温度为20℃，见GB/T 19765。

如果工件与计量器具的线胀系数相同，测量时只要计量器具与工件保持相同的温度，可以偏离20℃。

4.1.4　验收极限

验收极限是检验工件尺寸时判断合格与否的尺寸界限。

（1）验收极限方式的确定

验收极限可以按照下列两种方式之一确定：

1）验收极限是从规定的最大实体尺寸（MMS）和最小实体尺寸（LMS）分别向工件公差带内移动一个安全裕度（A）来确定的，如图2.2-33所示。A值按工件公差（T）的1/10确定，其数值在表2.2-41中给出。

孔尺寸的验收极限：

上验收极限 = 最小实体尺寸(LMS) − 安全裕度(A)

下验收极限 = 最大实体尺寸(MMS) + 安全裕度(A)

轴尺寸的验收极限：

上验收极限 = 最大实体尺寸(MMS) − 安全裕度(A)

下验收极限 = 最小实体尺寸(LMS) + 安全裕度(A)

2)验收极限等于规定的最大实体尺寸（MMS）和最小实体尺寸（LMS），即A值等于零。

（2）验收极限方式的选择

验收极限方式的选择要结合尺寸功能要求及其重要程度、尺寸公差等级、测量不确定度和过程能力等因素综合考虑。

1）对遵循包容要求的尺寸、公差等级高的尺寸，其验收极限按上述第一种方式确定。

2）当过程能力指数C_p≥1时，其验收极限可以按上述第二种方式确定。但对遵循包容要求的尺寸，其最大实体尺寸一边的验收极限仍应按上述第一种方式确定。

3）对偏态分布的尺寸，其验收极限可以仅对尺寸偏向的一边按上述第一种方式确定。

4）对非配合和一般公差的尺寸，其验收极限按上述第二种方式确定。

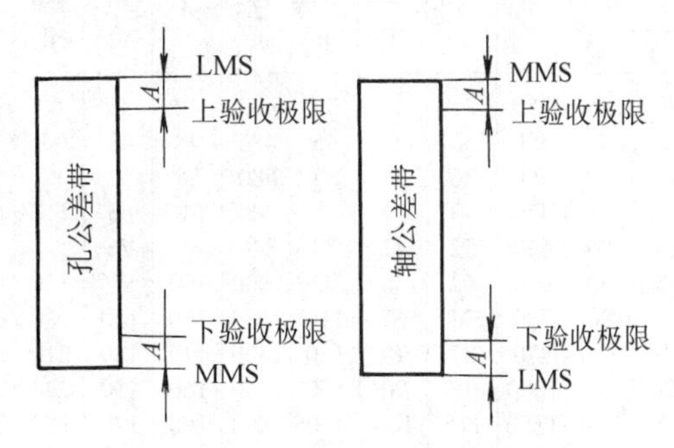

图2.2-33　光滑工件尺寸的验收极限

表 2.2-41　安全裕度（A）与计量器具的测量不确定度允许值（u_1）　　（μm）

公差等级		6					7					8					9				
公称尺寸/mm		T	A	u_1			T	A	u_1			T	A	u_1			T	A	u_1		
大于	至			Ⅰ	Ⅱ	Ⅲ			Ⅰ	Ⅱ	Ⅲ			Ⅰ	Ⅱ	Ⅲ			Ⅰ	Ⅱ	Ⅲ
—	3	6	0.6	0.54	0.9	1.4	10	1.0	0.9	1.5	2.3	14	1.4	1.3	2.1	3.2	25	2.5	2.3	3.8	5.6
3	6	8	0.8	0.72	1.2	1.8	12	1.2	1.1	1.8	2.7	18	1.8	1.6	2.7	4.1	30	3.0	2.7	4.5	6.8
6	10	9	0.9	0.81	1.4	2.0	15	1.5	1.4	2.3	3.4	22	2.2	2.0	3.3	5.0	36	3.6	3.3	5.4	8.1
10	18	11	1.1	1.0	1.7	2.5	18	1.8	1.7	2.7	4.1	27	2.7	2.4	4.1	6.1	43	4.3	3.9	6.5	9.7
18	30	13	1.3	1.2	2.0	2.9	21	2.1	1.9	3.2	4.7	33	3.3	3.0	5.0	7.4	52	5.2	4.7	7.8	12
30	50	16	1.6	1.4	2.4	3.6	25	2.5	2.3	3.8	5.6	39	3.9	3.5	5.9	8.8	62	6.2	5.6	9.3	14
50	80	19	1.9	1.7	2.9	4.3	30	3.0	2.7	4.5	6.8	46	4.6	4.1	6.9	10	74	7.4	6.7	11	17
80	120	22	2.2	2.0	3.3	5.0	35	3.5	3.2	5.3	7.9	54	5.4	4.9	8.1	12	87	8.7	7.8	13	20
120	180	25	2.5	2.3	3.8	5.6	40	4.0	3.6	6.0	9.0	63	6.3	5.7	9.5	14	100	10	9.0	15	23
180	250	29	2.9	2.6	4.4	6.5	46	4.6	4.1	6.9	10	72	7.2	6.5	11	16	115	12	10	17	26
250	315	32	3.2	2.9	4.8	7.2	52	5.2	4.7	7.8	12	81	8.1	7.3	12	18	130	13	12	19	29
315	400	36	3.6	3.2	5.4	8.1	57	5.7	5.1	8.4	13	89	8.9	8.0	13	20	140	14	13	21	32
400	500	40	4.0	3.6	6.0	9.0	63	6.3	5.7	9.5	14	97	9.7	8.7	15	22	155	16	14	23	35

公差等级		10					11					12				13			
公称尺寸/mm		T	A	u_1			T	A	u_1			T	A	u_1		T	A	u_1	
大于	至			Ⅰ	Ⅱ	Ⅲ			Ⅰ	Ⅱ	Ⅲ			Ⅰ	Ⅱ			Ⅰ	Ⅱ
—	3	40	4.0	3.6	6.0	9.0	60	6.0	5.4	9.0	14	100	10	9.0	15	140	14	13	21
3	6	48	4.8	4.3	7.2	11	75	7.5	6.8	11	17	120	12	11	18	180	18	16	27
6	10	58	5.8	5.2	8.7	13	90	9.0	8.1	14	20	150	15	14	23	220	22	20	33
10	18	70	7.0	6.3	11	16	110	11	10	17	25	180	18	16	27	270	27	24	41
18	30	84	8.4	7.6	13	19	130	13	12	20	29	210	21	19	32	330	33	30	50
30	50	100	10	9.0	15	23	160	16	14	24	36	250	25	23	38	390	39	35	59
50	80	120	12	11	18	27	190	19	17	29	43	300	30	27	45	460	46	41	69
80	120	140	14	13	21	32	220	22	20	33	50	350	35	32	53	540	54	49	81
120	180	160	16	15	24	36	250	25	23	38	56	400	40	36	60	630	63	57	95
180	250	185	18	17	28	42	290	29	26	44	65	460	46	41	69	720	72	65	110
250	315	210	21	19	32	47	320	32	29	48	72	520	52	47	78	810	81	73	120
315	400	230	23	21	35	52	360	36	32	54	81	570	57	51	86	890	89	80	130
400	500	250	25	23	38	56	400	40	36	60	90	630	63	57	95	970	97	87	150

公差等级		14				15				16				17				18			
公称尺寸/mm		T	A	u_1		T	A	u_1		T	A	u_1		T	A	u_1		T	A	u_1	
大于	至			Ⅰ	Ⅱ			Ⅰ	Ⅱ			Ⅰ	Ⅱ			Ⅰ	Ⅱ			Ⅰ	Ⅱ
—	3	250	25	23	38	400	40	36	60	600	60	54	90	1000	100	90	150	1400	140	135	210
3	6	300	30	27	45	480	48	43	72	750	75	68	110	1200	120	110	180	1800	180	160	270
6	10	360	36	32	54	580	58	52	87	900	90	81	140	1500	150	140	230	2200	220	200	330
10	18	430	43	39	65	700	70	63	110	1100	110	100	170	1800	180	160	270	2700	270	240	400
18	30	520	52	47	78	840	84	76	130	1300	130	120	200	2100	210	190	320	3300	330	300	490
30	50	620	62	56	93	1000	100	90	150	1600	160	140	240	2500	250	220	380	3900	390	350	580
50	80	740	74	67	110	1200	120	110	180	1900	190	170	290	3000	300	270	450	4600	460	410	690
80	120	870	87	78	130	1400	140	130	210	2200	220	200	330	3500	350	320	530	5400	540	480	810
120	180	1000	100	90	150	1600	160	150	240	2500	250	230	380	4000	400	360	600	6300	630	570	940
180	250	1150	115	100	170	1850	180	170	280	2900	290	260	440	4600	460	410	690	7200	720	650	1080
250	315	1300	130	120	190	2100	210	190	320	3200	320	290	480	5200	520	470	780	8100	810	730	1210
315	400	1400	140	130	210	2300	230	210	350	3600	360	320	540	5700	570	510	850	8900	890	800	1330
400	500	1500	150	140	230	2500	250	230	380	4000	400	360	600	6300	630	570	950	9700	970	870	1450

4.1.5　计量器具的选择

（1）计量器具选用原则

按照计量器具所导致的测量不确定度的允许值（u_1，简称计量的测量不确定度允许值）选择计量器具。选择时，应使所选用的计量器具的测量不确定度数值等于或小于选定的 u_1 值。

计量器具的测量不确定度允许值（u_1）按测量不确定度（u）与工件公差的比值分档：对 IT6 ~ IT11 的分为Ⅰ、Ⅱ、Ⅲ三档，对 IT12 ~ IT18 的分为Ⅰ、Ⅱ两档。测量不确定度（u）的Ⅰ、Ⅱ、Ⅲ三档值，分别为工件公差的 1/10、1/6、1/4。

计量器具的测量不确定度允许值（u_1）约为测量不确定度（u）的 90%，其三档数值列于表 2.2-41。

（2）计量器具的测量不确定度允许值（u_1）的选定

一般情况下，优先选用Ⅰ档，其次选用Ⅱ档、Ⅲ档。

4.1.6　仲裁

对验收结果的争议，可以采用更精确的计量器具或按双方事先商定的方法解决。一般情况下按 GB/T 18779.1 进行合格或不合格判定。

4.2　应用说明

4.2.1　适用范围

GB/T 3177—2009 不仅适用于注出公差尺寸（IT6 ~ IT8，公称尺寸至 500mm）的检验，也适用于按一般公差尺寸的检验。

这里所指的光滑工件尺寸的检验，应理解为光滑孔或轴（包括圆柱形内尺寸要素或外尺寸要素，以及非圆柱形内或外尺寸要素）局部实际尺寸的最终检验，而且这种检验是在一般车间条件下，以一次测量为准，对环境温度无严格要求，对测量结果也不做任何修正和计算。

4.2.2　验收原则和验收极限

按 GB/T 3177—2009 对验收原则的规定，所用验收方法应只接收位于规定尺寸极限之内的工件。

该标准按此原则规定了两种验收极限，但由于计量器具和测量系统都存在误差，任何测量方法都可能存在一定的误判概率。

该标准的附录 A（误判概率与验收质量的评估）对两种验收极限分别就其验收工件时的误判概率，以工件尺寸遵循正态分布、偏态分布和均匀分布三种情况进行了计算，为节约篇幅，此处不具体引述，需要时，读者可在 GB/T 3177—2009 中进一步查看。

该标准的附录 B（工件形状误差引起的误收率）还在假定工艺过程只测量出工件的中间尺寸（最小二乘圆柱直径），验收时在将中间尺寸与形状误差作为两个独立随机变量进行综合的条件下，对两种验收极限分别就其验收工件时的误收率提供了计算参考，为节约篇幅，此处也不具体引述，需要时，读者亦可在 GB/T 3177—2009 中进一步查看。

4.2.3　计量器具的选择说明

GB/T 3177—2009 规定，选择计量器具时，应使所选用的计量器具的测量不确定度数值等于或小于按表 2.2-41 选定的 u_1 值。

值得注意的是：计量器具的测量不确定度与总的测量不确定度不同。按照标准所述，计量器具的测量不确定度允许值（u_1）约为测量不确定度（u）的 90%，由此可见，计量器具的测量不确定度虽为总的测量不确定度的主要成分，但不是其全部。总的测量不确定度如何合成，标准未做规定。

该标准对测量不确定度推荐采用 GB/T 18779.2 规定的方法进行评定，并且提出在未做特别说明时，置信概率为 95%。

第3章　几 何 公 差

1　概述

1.1　零件的几何特性

零件的功能是由其内在特性和表面状况所决定的。零件的内在特性指零件的材质、材料特性以及材料的内部缺陷（缩孔、偏析）等。零件的表面状况指零件边界层的材料状况（如硬度、粒度、残余应力及其不均匀度）及零件的几何特性。零件的几何特性是指零件的实际要素相对其几何理想要素的偏离状况。它包括尺寸的偏离、零件几何要素的形状、方向或位置的偏离，表面粗糙度，表面波纹度等。

除了尺寸偏离外，形成零件几何特性的表面误差是由形状、方向、位置和跳动误差、表面粗糙度和表面波纹度组成的。零件表面误差的综合状态如图2.3-1a所示。可分解为表面粗糙度（图2.3-1b）、表面波纹度（图2.3-1c）和表面的方向误差（图2.3-1d）。

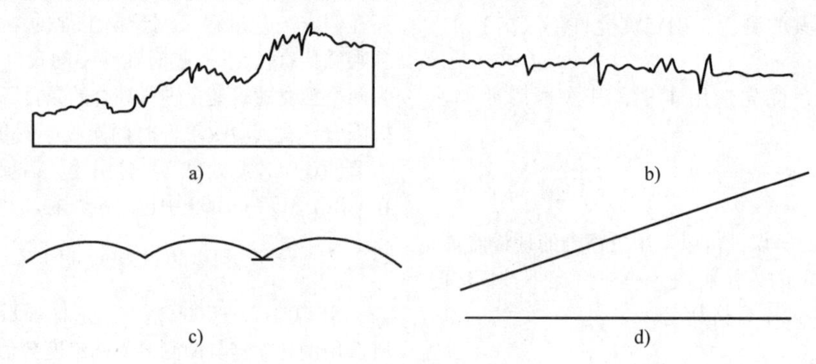

图2.3-1　零件表面误差

1.2　几何公差标准及对应的ISO标准

几何公差标准属ISO 4636矩阵模型中的通用标准，包括几何公差各项误差的测量与检验等一系列标准，它所代替的原标准和对应的ISO标准和采用程度见表2.3-1。

表2.3-1　国家标准与ISO标准对照

序号	国 家 标 准	ISO标准	采用程度
1	GB/T 1182—2008（代替GB/T 1182—1996）《产品几何技术规范（GPS）几何公差　形状、方向、位置和跳动公差》	ISO1101:2004《产品几何技术规范（GPS）几何公差　形状、方向、位置和跳动公差》	等同
2	GB/T 1184—1996《形状和位置公差①　未注公差值》	ISO 2768—2:1989《一般几何公差—第二部分　未注几何公差》	等效
3	GB/T 1958—2004（代替GB/T 1958—1980）《产品几何量技术规范（GPS）形状和位置公差①　检测规定》	ISO/TR 8460:1985《技术制图—几何公差—形状、方向、位置和跳动公差　检测原则与方法指南》	参照
4	GB/T 4249—2009（代替GB/T 4249—1996）《产品几何技术规范（GPS）公差原则》	ISO 8015:1985《技术制图—基本的公差原则》	修改采用
5	GB/T 4380—2004（代替GB/T 4380—1984）《圆度误差的评定　两点三点法》	ISO 4292:1985《圆度误差的评定方法两点三点法测量》	等效

（续）

序号	国家标准	ISO标准	采用程度
6	GB/T 17851—2010（代替GB/T 17851—1999）《产品几何技术规范（GPS）几何公差　基准和基准体系》	ISO 5459：1981《技术制图　几何公差　基准和基准体系》	修改采用
7	GB/T 17852—1999《形状和位置公差①　轮廓的尺寸和公差注法》	ISO 1660:1982《技术制图　几何公差　轮廓的尺寸和公差注法》	等效
8	GB/T 11337—2004（代替GB/T 11337—1989）《平面度误差检测》		
9	GB/T 13319—2003《产品几何量技术规范（GPS）几何公差　位置度公差注法》	ISO 5458:1998　《技术制图　几何公差　位置度公差》	等效
10	GB/T 15754—1995《技术制图　圆锥的尺寸和公差注法》	ISO 3040:1990《技术制图—尺寸和公差注法—圆锥》	等效
11	GB/T 16671—2009（代替GB/T 16671—1996）《产品几何技术规范（GPS）几何公差　最大实体要求　最小实体要求和可逆要求》	ISO 2692:2006《产品几何量技术规范—几何公差—最大实体要求（MMR），最小实体要求（LMR）和可逆要求（RPR）》	修改采用
12	GB/T 16892—1997《形状和位置公差①　非刚性零件注法》	ISO 10579:1993　《技术制图—尺寸和公差注法—非刚性零件》	等效
13	GB/T 17773—1999《形状和位置公差①　延伸公差带及其表示法》	ISO 10578:1992　《技术制图—几何公差表示法—延伸公差带》	等效
14	GB/T 18780.1—2002《产品几何量技术规范（GPS）几何要素　第1部分：基本术语和定义》	ISO 14660—1:1999《产品几何量技术规范（GPS）　几何要素　第1部分：基本术语和定义》	等同
15	GB/T 18780.2—2003《产品几何量技术规范（GPS）几何要素　第2部分：圆柱面和圆锥面的提取中心线、平行平面的提取中心面、提取要素的局部尺寸》	ISO 14660—2:1999《产品几何量技术规范（GPS）　几何要素——第2部分：圆柱面和圆锥面的提取中心线、平行平面的提取中心面、提取要素的局部尺寸》	等同
16	GB/Z 20308—2006《产品几何技术规范（GPS）总体规划》	ISO/TR 14638:1995《产品几何技术规范（GPS）总体规划》	修改采用

① 几何公差即形位公差，尚未修订的标准仍保留“形状与位置公差”名称。

2 几何公差的术语、定义或解释

几何公差术语，定义或解释，依据GB/T 18780.1—2002、GB/T 18780.2—2003和GB/T 1182—2008的有关规定，并保留了原GB/T 1182—1996标准中给出的，而现行标准中仍沿用的一些术语和定义（如被测要素，基准要素，形状公差的定义等）。

2.1 几何公差要素类的术语及其定义或解释（表2.3-2、表2.3-3）

表 2.3-2　几何公差要素类术语及其定义（摘自 GB/T 18780.1—2002、GB/T 18780.2—2003）

序号	术语	定义或解释	图　示
1	要素	零件上的特征部分——点、线或面。这些要素是实际存在的，也可以由实际要素取得的中心线或中心平面	
2	点、线、面	“点”系指圆心、球心、中心点、交点等 “线”系指素线、曲线、轴线、中心线等 “面”系指平面、曲面、圆柱面、圆锥面、球面、中心平面等	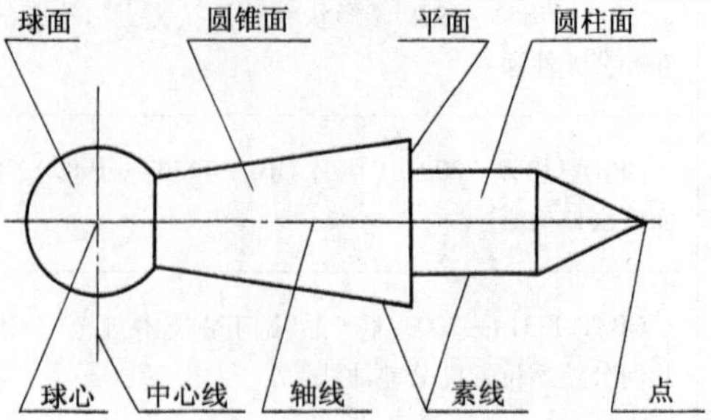 球面　圆锥面　平面　圆柱面　球心　中心线　轴线　素线　点
3	组成要素	面或面上的线	
4	导出要素	由一个或几个组成要素获得的中心点、中心线或中心面，如球心是由球面导出的要素（该球面则为组成要素）	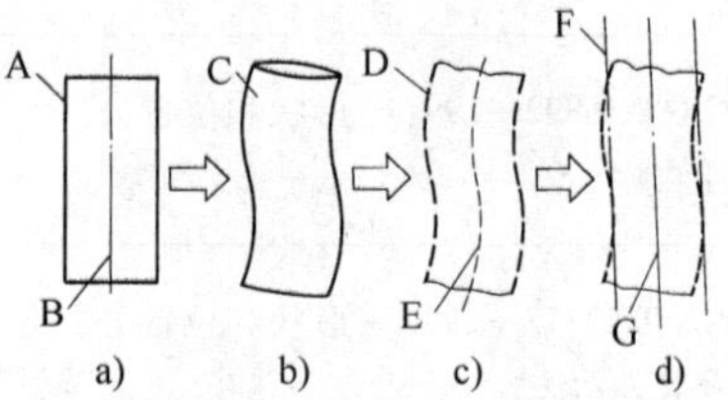
5	工件实际表面	实际存在并将整个工件与周围介质分隔的一组要素	
6	公称组成要素	由技术制图或其他方法确定的理论正确组成要素	
7	公称导出要素	由一个或几个公称组成要素导出的中心点，轴线或中心面	
8	实际（组成）要素	由接近实际（组成）要素所限定的工件实际表面的组成要素部分	a)　b)　c)　d) A—公称组成要素　B—公称导出要素　C—实际要素 D—提取组成要素　E—提取导出要素 F—拟合组成要素　G—拟合导出要素
9	提取组成要素	按规定方法，从实际组成要素提取的有限数目的点所形成的实际组成要素的近似替代	
10	提取导出要素	由一个或几个提取组成要素得到的中心点，中心线或中心面	
11	拟合组成要素	按规定的方法由提取组成要素形成并且具有理想形状的组成要素	
12	拟合导出要素	由一个或几个拟合组成要素导出的中心点，轴线或中心平面	
13	尺寸要素	由一定大小的线性尺寸或角度尺寸确定的几何形状，可以是圆形、圆柱面形、圆锥形、楔形、两平行对应等	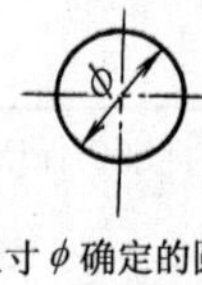 由尺寸 ϕ 确定的圆要素 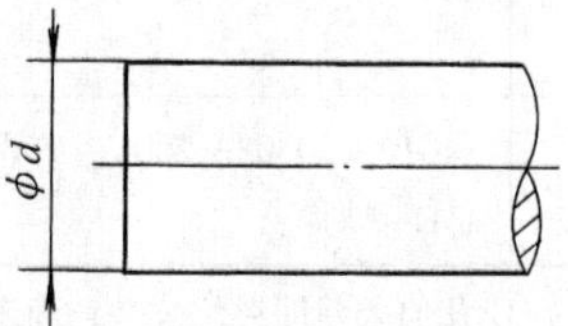　由尺寸 ϕd 确定的圆柱面要素 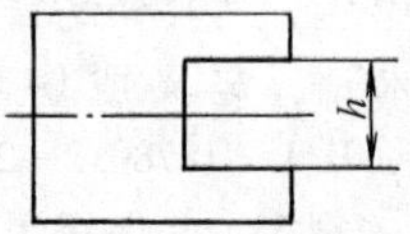 由尺寸 h 确定的两个平行的平面要素

（续）

序号	术语		定义或解释	图示
14	提取的导出要素（中心要素）	圆柱面的提取中心线	圆柱面的各横截面中心点的轨迹。此时：各横截面的中心点就是各拟合圆的圆心、各横截面均应垂直于拟合圆柱面的轴线（其半径有可能与理想圆的半径有差异） 拟合圆和拟合圆柱面由最小二乘法确定。如，拟合圆即最小二乘圆（见图）	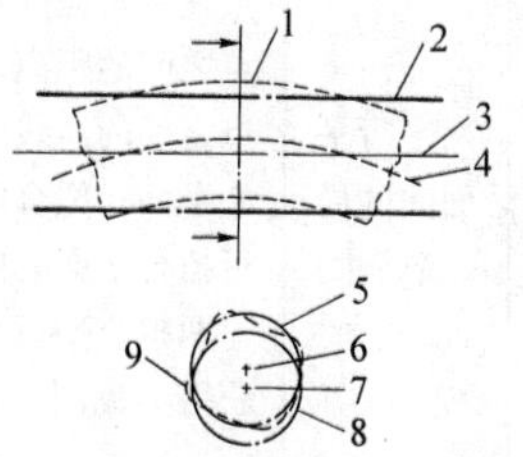 1—提取表面 2—拟合圆柱面 3—拟合圆柱面轴线 4—提取中心线 5—拟合圆 6—拟合圆圆心 7—拟合圆柱面轴线 8—拟合圆柱面 9—提取线
		圆锥面的提取中心线	圆锥面的各横截面中心点的轨迹。此时，各横截面的中心点就是各拟合圆的圆心。各横截面均应垂直于拟合圆锥面的轴线（其锥角可能与理想圆锥面的锥角有差异） 拟合圆和拟合圆锥面由最小二乘法确定。如拟合圆锥面即最小二乘圆锥面（见图）	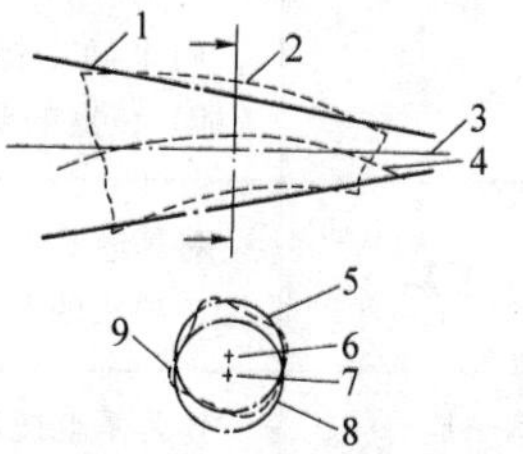 1—拟合圆锥面 2—拟合表面 3—拟合轴线 4—提取中心线 5—拟合圆 6—拟合圆圆心 7—拟合圆锥面轴线 8—拟合圆锥面 9—提取线
		提取的中心面	在两对应的提取面上，各组对应点连线的中心点的轨迹。此时，各组对应点之间的连线均应垂直于拟合中心平面。拟合中心平面是两个平行拟合平面的中心平面（两平行的拟合平面由提取表面获得，其距离与理想的距离有差异），两个平行的拟合平面由最小二乘法获得（见图）	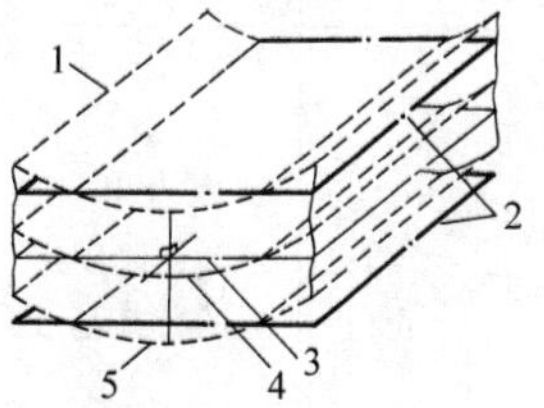 1—提取表面 2—拟合平面 3—拟合中心平面 4—提取中心面 5—提取表面
15	提取的局部尺寸（局部实际尺寸）	圆柱面局部直径	提取要素上两对应点的距离。此时，两点之间的连线应通过拟合圆的中心，各横截面均应垂直于拟合圆柱面的轴线 拟合圆是最小二乘圆，拟合圆柱面是最小二乘圆柱面	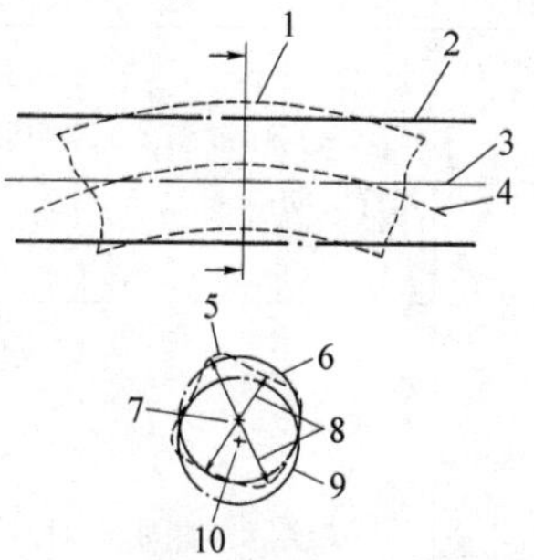 1—提取表面 2—拟合圆柱面 3—拟合圆柱面轴线 4—提取中心线 5—提取线 6—拟合圆 7—拟合圆圆心 8—提取要素的局部直径 9—拟合圆柱面 10—拟合圆柱面轴线

（续）

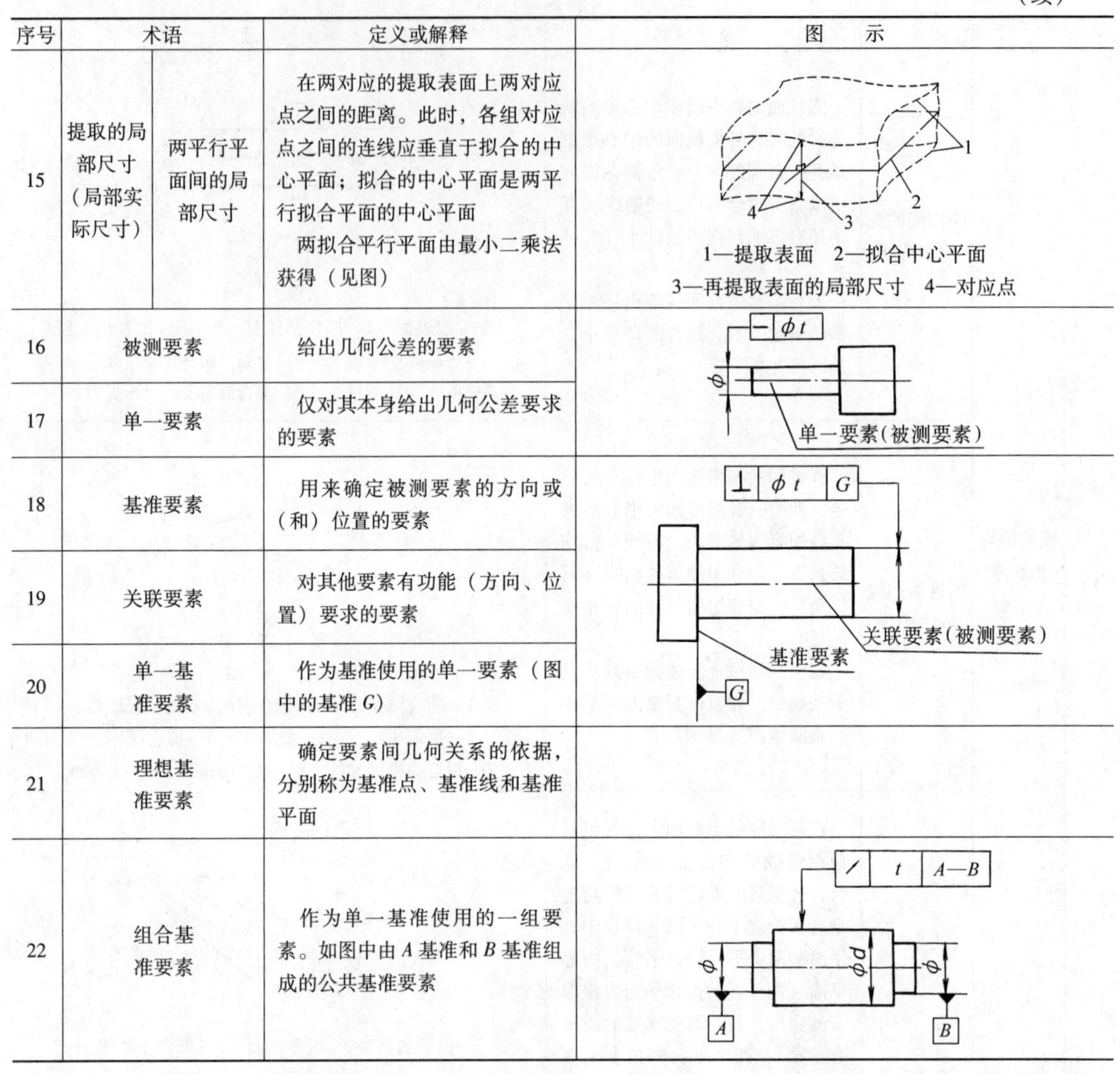

序号	术语		定义或解释	图示
15	提取的局部尺寸（局部实际尺寸）	两平行平面间的局部尺寸	在两对应的提取表面上两对应点之间的距离。此时，各组对应点之间的连线应垂直于拟合的中心平面；拟合的中心平面是两平行拟合平面的中心平面 两拟合平行平面由最小二乘法获得（见图）	1—提取表面 2—拟合中心平面 3—再提取表面的局部尺寸 4—对应点
16	被测要素		给出几何公差的要素	单一要素（被测要素）
17	单一要素		仅对其本身给出几何公差要求的要素	
18	基准要素		用来确定被测要素的方向或（和）位置的要素	关联要素（被测要素） 基准要素
19	关联要素		对其他要素有功能（方向、位置）要求的要素	
20	单一基准要素		作为基准使用的单一要素（图中的基准 G）	
21	理想基准要素		确定要素间几何关系的依据，分别称为基准点、基准线和基准平面	
22	组合基准要素		作为单一基准使用的一组要素。如图中由 A 基准和 B 基准组成的公共基准要素	

表 2.3-3 几何公差术语定义（摘自 GB/T 18780.1—2002）

序号	术语	定 义	图示或注释
1	形状公差	单一实际被测要素对其理想要素的允许变动	
2	方向公差	关联实际被测要素对具有确定方向的理想被测要素的允许变动量	

（续）

序号	术语	定　义	图示或注释
3	位置公差	关联实际被测要素对具有确定位置的理想被测要素的允许变动	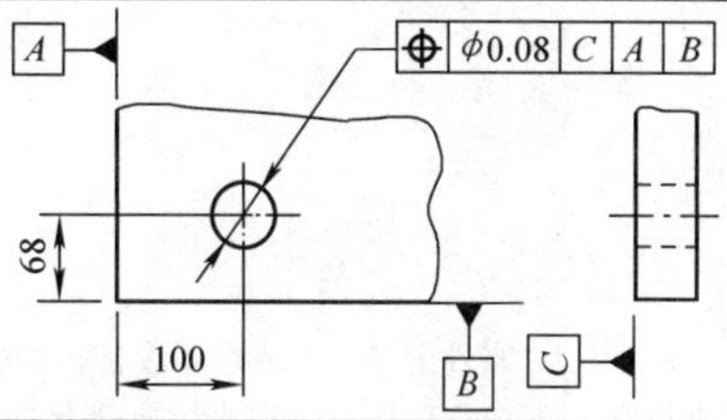 A；⌖ φ0.08 C A B；68；100；B；C
4	跳动公差	关联实际被测要素围绕基准轴线回转一周或连续回转时允许的最大跳动	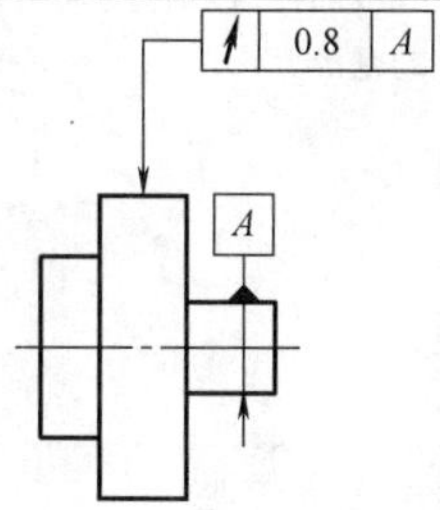 ↗ 0.8 A；A
5	公差带	由一个或几个理想的几何线或面所限定的、由线性公差值表示其大小的区域	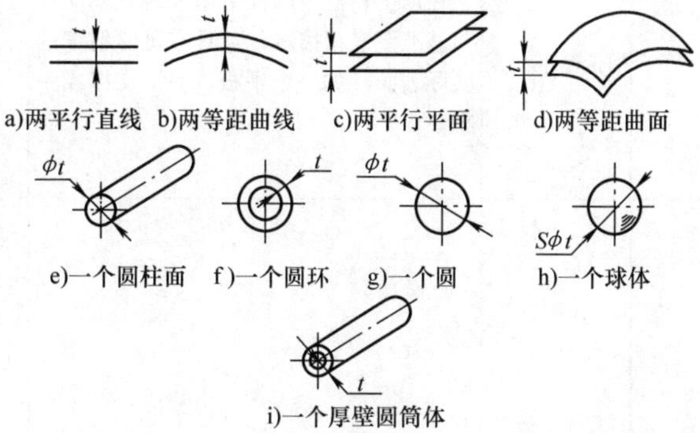 a)两平行直线 b)两等距曲线 c)两平行平面 d)两等距曲面 e)一个圆柱面 f)一个圆环 g)一个圆 h)一个球体 i)一个厚壁圆筒体

2.2 基准和基准体系术语定义（见表2.3-4）

表2.3-4 基准和基准体系术语定义（摘自GB/T 17851—2010）

序号	术语	定　义	图示或注释
1	基准	与被测要素有关且用来确定其几何位置关系的几何理想要素（如轴线、直线、平面等），可由零件上的一个或多个要素构成	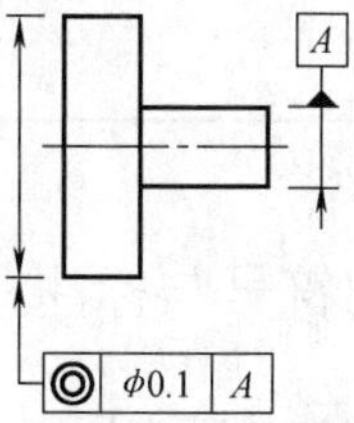 A；◎ φ0.1 A
2	基准体系	由两个或三个单独的基准构成的组合，用来共同确定被测要素几何位置关系	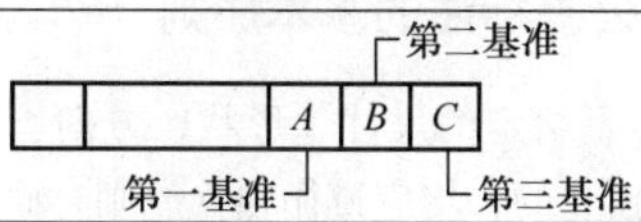 A B C；第一基准；第二基准；第三基准
3	基准要素	零件上用来建立基准并实际起基准作用的实际要素（如一条边、一个表面或一个孔）。标注为基准的要素必然存在加工误差，因此，在必要时应对其规定适当的形状公差	—

（续）

序号	术语	定　义	图示或注释
4	基准目标	零件上与加工或检验设备相接触的点、线或局部区域，用来体现满足功能要求的基准	a)　b)　c)　$\phi 4$/A1　5×5/A2
5	模拟基准要素	在加工和检测过程中用来建立基准并与基准要素相接触，且具有足够精度的实际表面（如一个平板、一个支撑或一根芯棒）	模拟基准要素是基准的实际体现
6	三基面体系	由三个互相垂直的基准平面组成的基准体系	第二基准面　90°　第三基准面　90°　90°　第一基准面

3　几何公差的符号与标注

3.1　几何公差标注的基本原则

1）图样上给定的尺寸、形状、方向、位置的公差要求均是独立的，均应遵循独立原则，此时不需加注任何符号。只有当尺寸和形状、方向位置之间有相关要求时，才需给出相关要求的符号。

2）构成零件的各要素均应符合规定的几何公差要求，无一例外。

3）在大多数情况下，零件要素的几何公差由机床和工艺保证，不需在图样中给出，只有在高于所保证的精度时，才需给出几何公差要求。

4）由设计给出的几何公差带适用于整个被测要素，否则必须在图样上表示所要求的被测要素范围。

5）几何公差的给定方向，就是公差带的宽度方向，应垂直于被测要素。否则，必须在图样上注明。

3.2 几何公差的分类、几何特征、符号及附加符号（见表2.3-5）

表2.3-5 几何公差的分类、几何特征、符号和附加符号（摘自GB/T 1182—2008）

几何特征符号				附加符号	
公差类型	几何特征	符号	有无基准	说明	符号
形状公差	直线度	—	无	被测要素	
	平面度	⏥		基准要素	A A
	圆度	○		基准目标	$\phi 2$ / A1
	圆柱度	⌭		理论正确尺寸	50
	线轮廓度	⌒		延伸公差带	Ⓟ
	面轮廓度	⌓		最大实体要求	Ⓜ
方向公差	平行度	//	有	最小实体要求	Ⓛ
	垂直度	⊥		自由状态条件（非刚性零件）	Ⓕ
	倾斜度	∠		全周（轮廓）	
	线轮廓度	⌒		包容要求	Ⓔ
	面轮廓度	⌓		公共公差带	CZ
位置公差	位置度	⌖	有或无	小径	LD
	同心度（用于中心点）	◎	有	大径	MD
	同轴度（用于轴线）	◎		中径、节径	PD
	对称度	⌯		线素	LE
	线轮廓度	⌒		不凸起	NC
	面轮廓度	⌓		任意横截面	ACS
跳动公差	圆跳动	↗			
	全跳动	⌰			

注：如需标注可逆要求，可采用符号Ⓡ，见GB/T 16671—2009。

3.3 几何公差标注方法

几何公差标注法是国际统一的，可以准确表达设计者对被控要素的几何公差要求的标注方法，见表2.3-6～表2.3-8。

表 2.3-6　公差框格的标注（摘自 GB/T 1182—2008）

项目	标注方法	标注示例
公差框格基本标注	公差要求注写在划分成两格或多格的矩形框格内，各格自左至右顺序标注以下内容（图 a～图 e） 1）几何特征符号 2）公差值，以线性尺寸单位表示的量值。如果公差带为圆形或圆柱形，公差值前加注符号“ϕ”；如果公差带为圆球形，公差值前加注符号“Sϕ” 3）基准，用一个字母表示单个基准或用几个字母表示基准体系或公共基准（图 b～图 e）	a) — | 0.1 b) // | 0.1 | A c) ⌖ | ϕ0.1 | A | B | C d) ⌖ | Sϕ0.1 | A | B | C e) ◎ | ϕ0.1 | A–B
一项要求用于几个相同要素	当某项公差应用于几个相同要素时，应在公差框格的上方注明被测要素的个数及符号“×”；若被测要素为尺寸要素，则还应在符号“×”后加注被测要素的尺寸	6× ▱ | 0.2 6×ϕ12±0.02 ⌖ | ϕ0.1
需限制要素形状的附加说明	如果需要限制被测要素在公差带内的形状，应在公差框格的下方注明	▱ | 0.1 NC
一个要素几种公差特征要求	如果需要就某个要素给出几种几何特征的公差，可将一个公差框格放在另一个的下面	— | 0.01 // | 0.06 | A

表 2.3-7　基准要素的标注（摘自 GB/T 1182—2008）

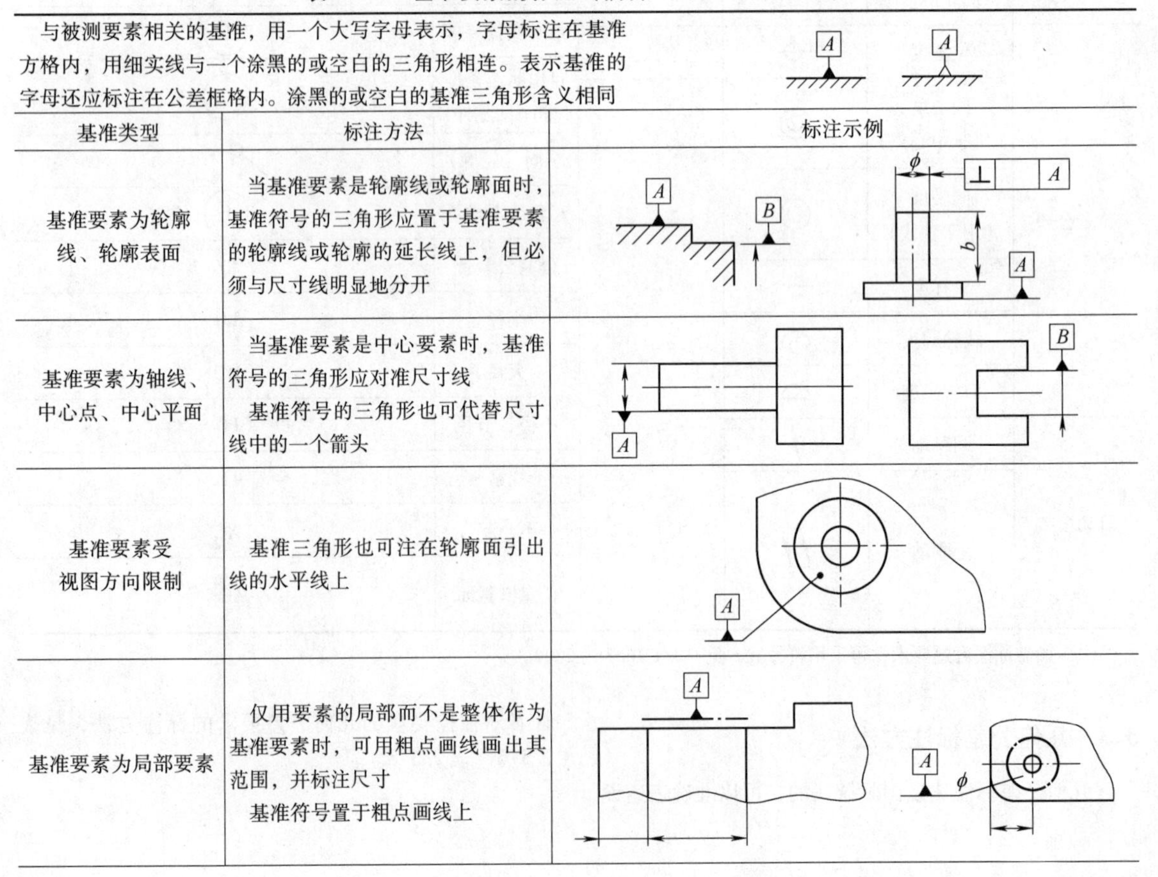

与被测要素相关的基准，用一个大写字母表示，字母标注在基准方格内，用细实线与一个涂黑的或空白的三角形相连。表示基准的字母还应标注在公差框格内。涂黑的或空白的基准三角形含义相同

基准类型	标注方法	标注示例
基准要素为轮廓线、轮廓表面	当基准要素是轮廓线或轮廓面时，基准符号的三角形应置于基准要素的轮廓线或轮廓的延长线上，但必须与尺寸线明显地分开	
基准要素为轴线、中心点、中心平面	当基准要素是中心要素时，基准符号的三角形应对准尺寸线 基准符号的三角形也可代替尺寸线中的一个箭头	
基准要素受视图方向限制	基准三角形也可注在轮廓面引出线的水平线上	
基准要素为局部要素	仅用要素的局部而不是整体作为基准要素时，可用粗点画线画出其范围，并标注尺寸 基准符号置于粗点画线上	

（续）

基准类型		标注方法	标注示例
基准要素为公共基准		当公共基准由两个要素表示时，基准在公差框格第三格起的某格内，用中间加连字符的两个大写字母表示，基准三角形应标注在相应要素上	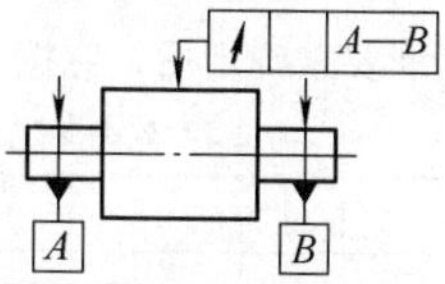 A—B A B
公差框格内的基准字母标注	单一基准	以单一要素作基准，用一个大写字母表示	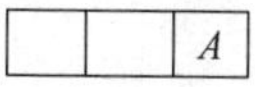 A
	两个或多个要素组成的公共基准	以两个或多个要素建立公共基准，用中间加连字符的两个或多个大写字母表示	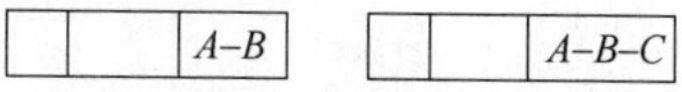 A–B　A–B–C
	两个或三个要素组成的基准体系	以两个或三个基准建立基准体系，表示基准的大写字母按基准的优先顺序自左至右写在各框格内	A B　A B C

表 2.3-8　被测要素的标注（摘自 GB/T 1182—2008）

按下列方式之一用指引线连接被测要素和公差框格。指引线引自框格的任意一端，终端带一箭头。箭头应指向公差带的宽度方向或直径

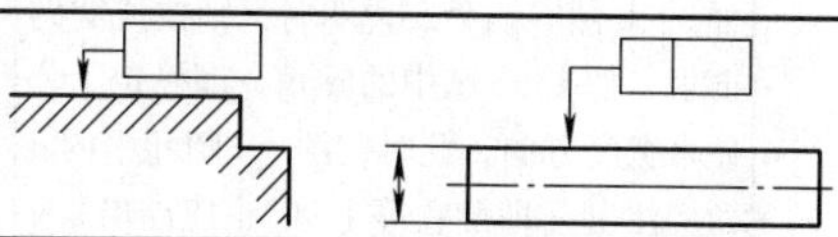

被测要素类型	标注方法	标注示例
被测要素为轮廓要素	箭头指向要素的轮廓线上或其延长线上，但必须与尺寸线明显错开	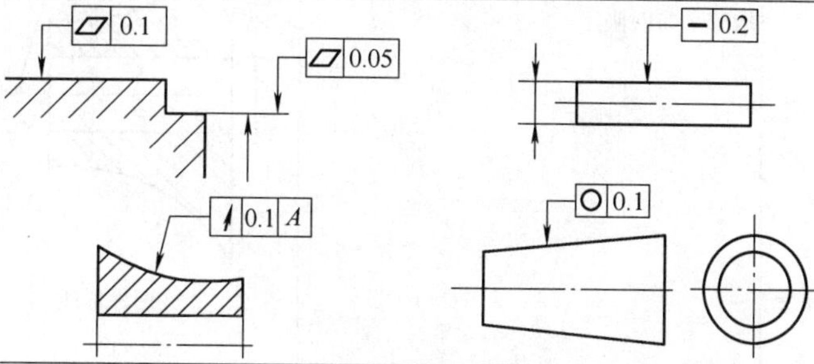 0.1　0.05　0.2 0.1 A　0.1
	箭头指向被测表面的引出线的水平线	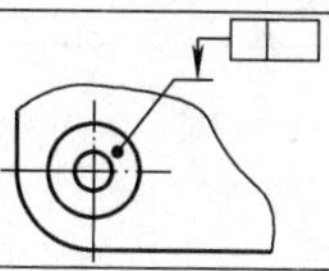
被测要素为中心要素	被测要素为中心点、轴线、中心平面等时，指引线箭头应与尺寸线对齐，即与尺寸线的延长线重合，指引线的箭头也可代替尺寸线的一个箭头	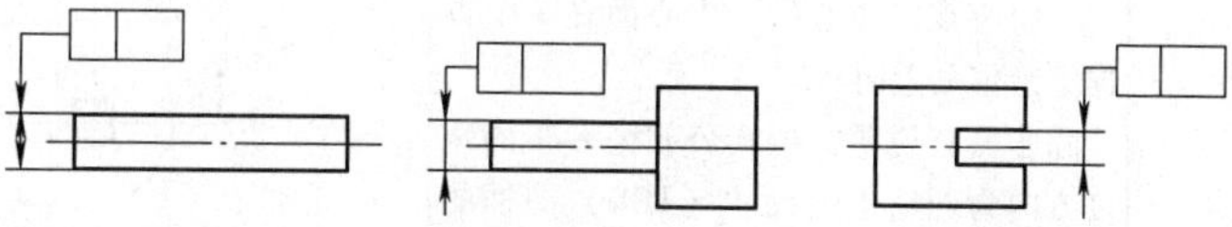
	当被测要素是圆锥体的轴线时，指引线应对准圆锥体的大端或小端的尺寸线 如图样中仅有任意处的空白尺寸线，则可与该尺寸线相连	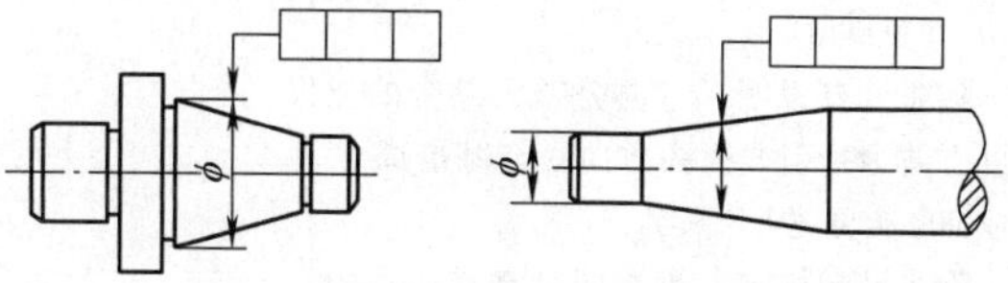
被测要素为局部要素	仅对被测要素的局部提出形位公差要求，可用粗点画线画出其范围，并加注该范围的尺寸	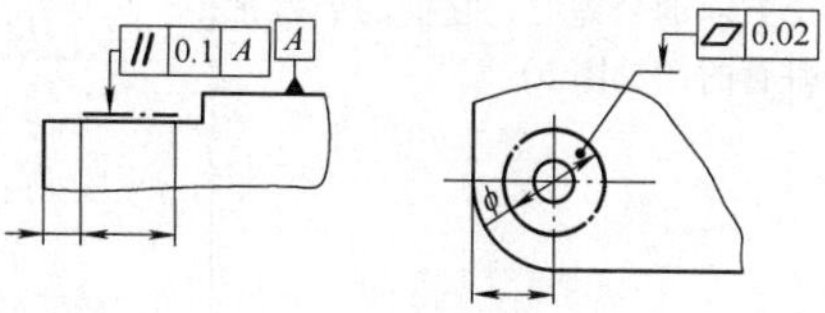 // 0.1 A　A　0.02

3.4　公差带标注的规定

被测要素与基准要素确定后，应按零件的功能要求，从形状、大小、方向和位置四个方面确定被测要素相对于基准要素的公差带，公差带的标注方法见表2.3-9。

表2.3-9　公差带标注方法（摘自GB/T 1182—2008）

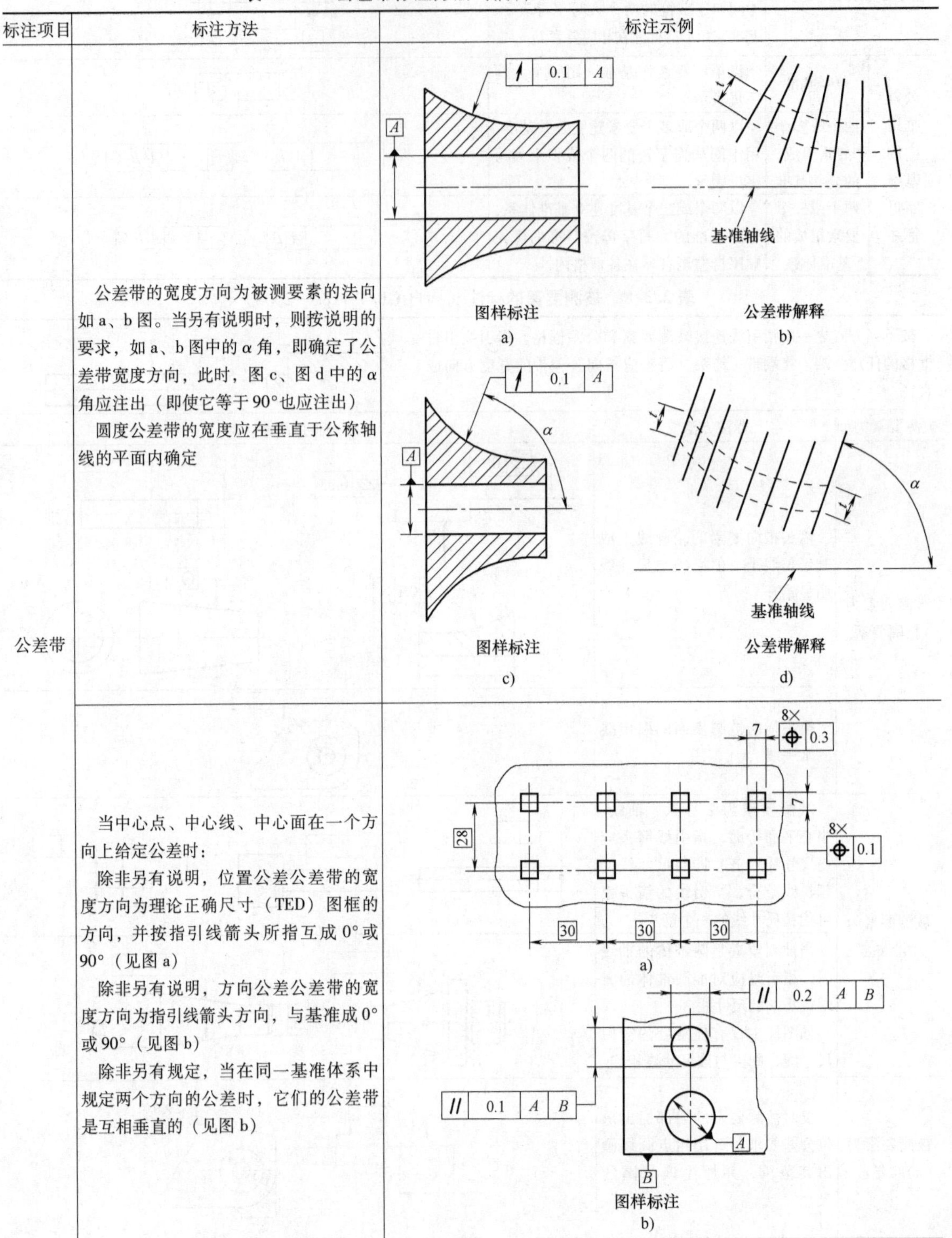

标注项目	标注方法	标注示例
公差带	公差带的宽度方向为被测要素的法向如a、b图。当另有说明时，则按说明的要求，如a、b图中的α角，即确定了公差带宽度方向，此时，图c、图d中的α角应注出（即使它等于90°也应注出） 圆度公差带的宽度应在垂直于公称轴线的平面内确定	图样标注 a)　公差带解释 b) 图样标注 c)　公差带解释 d)
	当中心点、中心线、中心面在一个方向上给定公差时： 除非另有说明，位置公差公差带的宽度方向为理论正确尺寸（TED）图框的方向，并按指引线箭头所指互成0°或90°（见图a） 除非另有说明，方向公差公差带的宽度方向为指引线箭头方向，与基准成0°或90°（见图b） 除非另有规定，当在同一基准体系中规定两个方向的公差时，它们的公差带是互相垂直的（见图b）	a) 图样标注 b)

（续）

标注项目	标注方法	标注示例
公差带	当中心点、中心线、中心面在一个方向上给定公差时： 除非另有说明，方向公差公差带的宽度方向为指引线箭头方向，与基准成0°或90° 除非另有规定，当在同一基准体系中规定两个方向的公差时，它们的公差带是互相垂直的	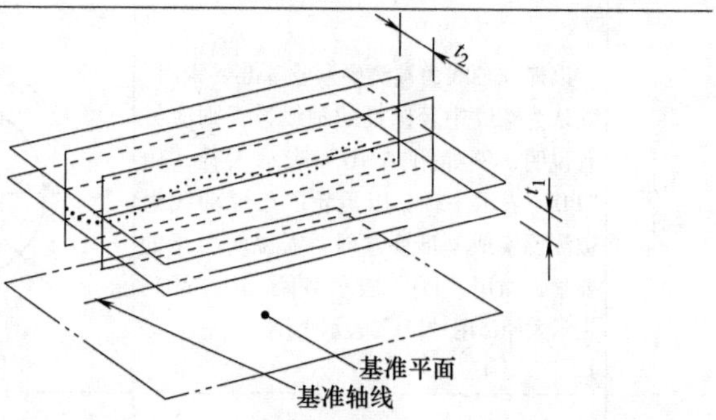 t_2 t_1 基准平面 基准轴线 公差带解释
	若公差值前面标注符号“ϕ”，公差带为圆柱形或圆形；若公差值前面标注符号“$S\phi$”，公差带为圆球形	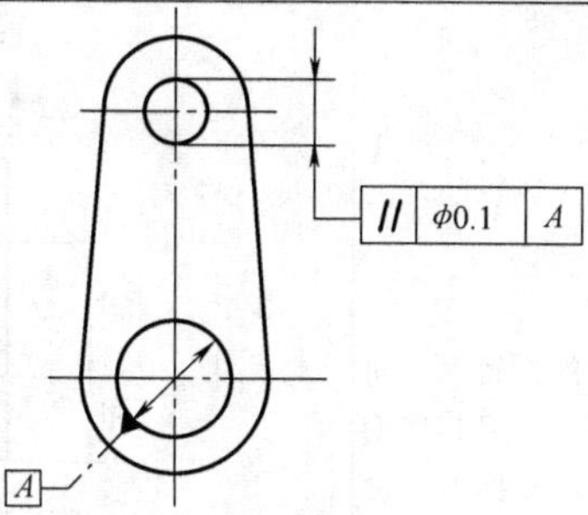 // ϕ0.1 A A 图样标注 a) ϕt 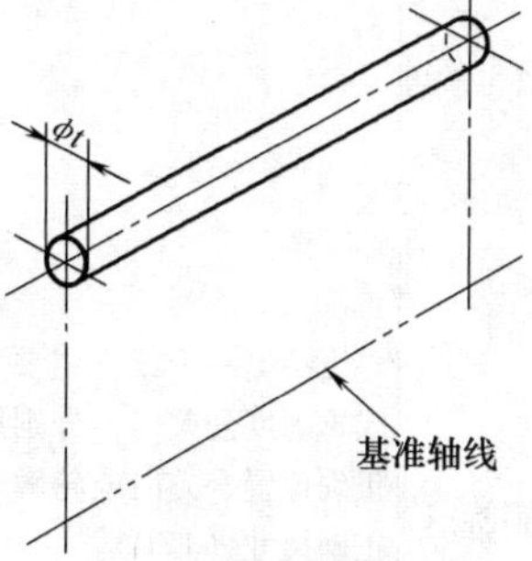 基准轴线 公差带为圆柱形 b)
	一个公差框格可以用于具有相同几何特征和公差值的若干个分离要素	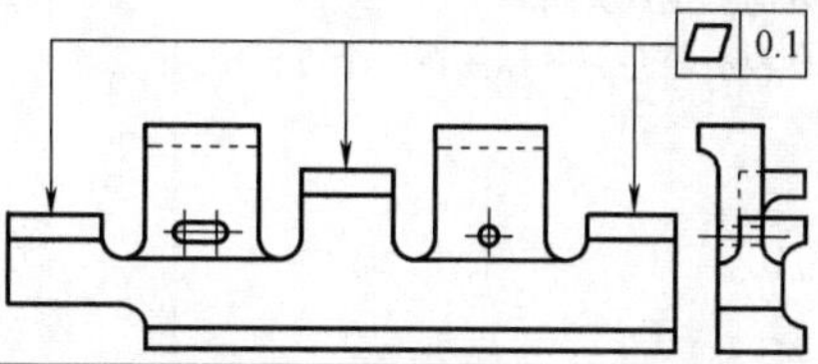 ⏥ 0.1
	若干个分离要素给出单一公差带时，可在公差框格内公差值的后面加注公共公差带的符号CZ	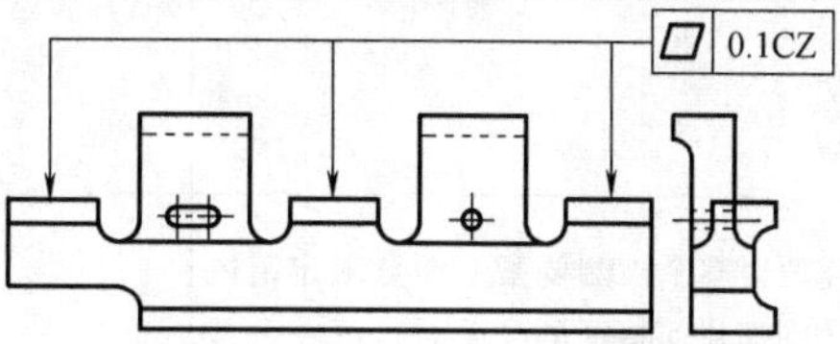 ⏥ 0.1CZ
附加标记	如果轮廓度特征适用于横截面的整周轮廓或由该轮廓所示的整周表面时，应采用“全周”符号表示。“全周”符号并不包括整个工件的所有表面，只包括由轮廓和公差标注所表示的各个表面（图中长画短画线表示所涉及的要素，不涉及图中的表面a和表面b）	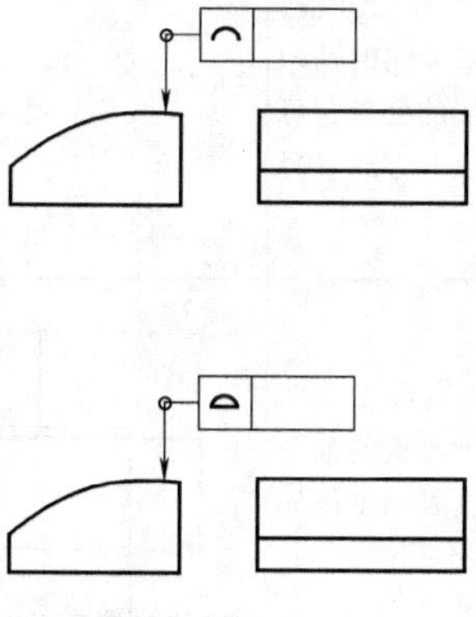 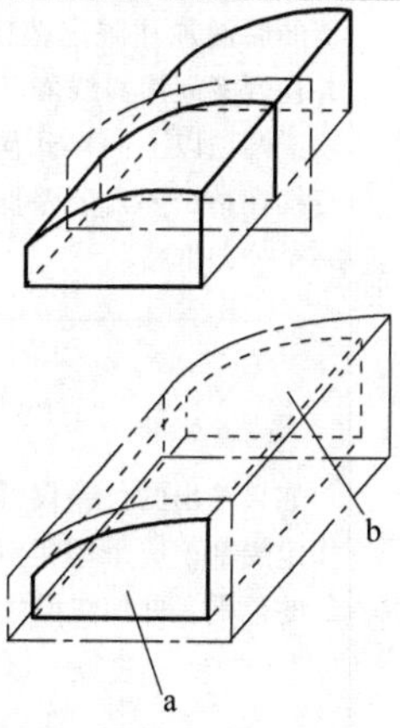 b a a) b)

（续）

标注项目	标注方法	标注示例
附加标记	以螺纹轴线为被测要素或基准要素时，默认为螺纹中径圆柱的轴线，否则应另有说明，例如用“MD”表示大径，用“LD”表示小径。以齿轮、花键轴线为被测要素或基准要素时，需说明所指的要素，如用“PD”表示节径，用“MD”表示大径，用“LD”表示小径	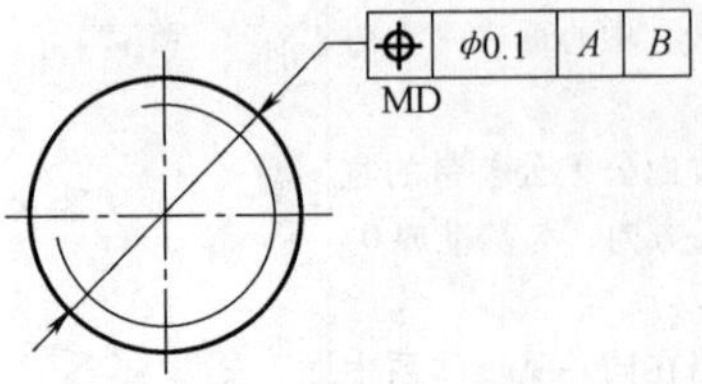 a) 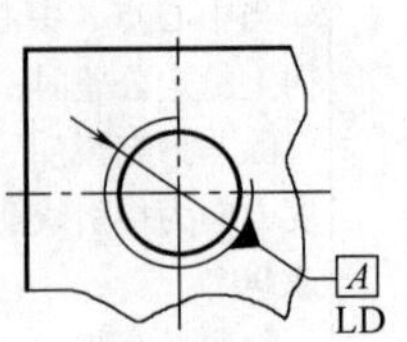　b)
理论正确尺寸	当给出一个或一组要素的位置、方向或轮廓度公差时，分别用来确定其理论正确位置、方向或轮廓的尺寸称为理论正确尺寸（TED）。 TED 也用于确定基准体系中各基准之间的方向、位置关系。 TED 没有公差，并标注在一个方框中	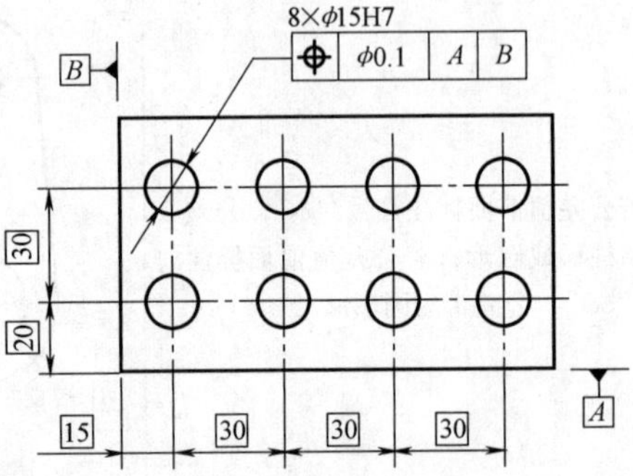 a) 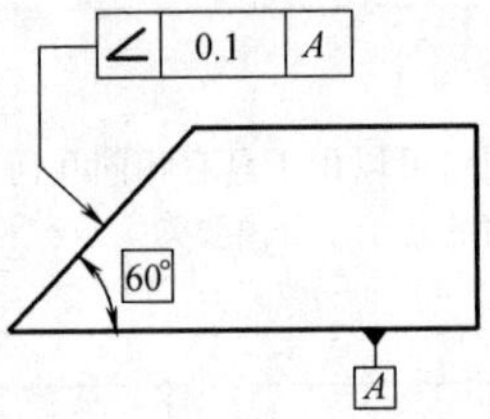　b)
限定性规定	需要对整个被测要素上任意限定范围标注同样几何特征的公差时，可在公差值的后面加注限定范围的线性尺寸值，并在两者间用斜线隔开如果标注的是两项或两项以上同样几何特征的公差，可直接在整个要素公差框格的下方放置另一个公差框格	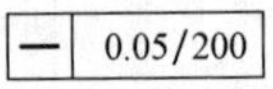 a) 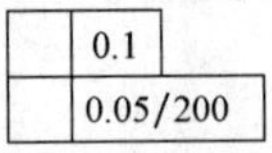　b)
	如果给出的公差仅适用于要素的某一指定局部，应采用粗点画线表示出该局部的范围，并加注尺寸	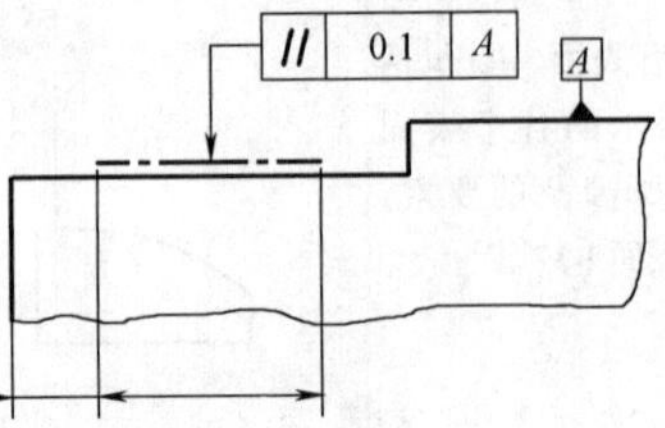 a) 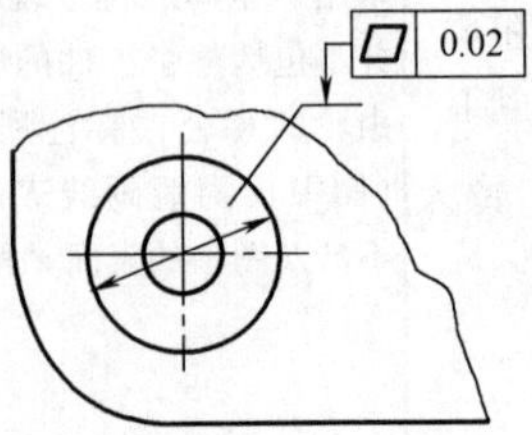　b)

（续）

标注项目	标注方法	标注示例
延伸公差带	延伸公差带用规范的附加符号Ⓟ表示	8×φ25H7 ⌖ | φ0.1Ⓟ | B | A Ⓟ60 A B φ225
最大实体要求	最大实体要求用规范的附加符号Ⓜ表示。该符号可根据需要单独或者同时标注在相应公差值和（或）基准字母的后面	⌖ | φ0.04Ⓜ | A a) ⌖ | φ0.04 | AⓂ b) ⌖ | φ0.04Ⓜ | AⓂ c)
最小实体要求	最小实体要求用规范的附加符号Ⓛ表示。该符号可根据需要单独或者同时标注在相应公差值和（或）基准字母的后面	⌖ | φ0.5Ⓛ | A a) ⌖ | φ0.5 | AⓁ b) ⌖ | φ0.5Ⓛ | AⓁ c)
可逆要求	可逆要求的符号为Ⓡ该符号置于被测要素框格内几何公差值后的符号Ⓜ或Ⓛ的后面	⌖ | φ0.2ⓂⓇ | A a) ⌖ | φ0.4ⓁⓇ | B b)
自由状态下的要求	非刚性零件自由状态下的公差要求应该用在相应公差值的后面加注规范的附加符号Ⓕ的方法表示。各附加符号Ⓟ、Ⓜ、Ⓛ、Ⓕ和CZ，可以同时用于一个公差框格中	○ | 2.8Ⓕ a) ○ | 0.025 / 0.3Ⓕ b) ⌖ | φ0.1CZⒻ | AⓂ c)

3.5 废止的标注方法

GB/T 1182—2008 几何公差标注的新标准在资料性附录中列举了若干曾经使用、现已废止的标注方法，这些方法还会在有些资料中出现，见表2.3-10。

表2.3-10　废止的标注方法（摘自GB/T 1182—2008）

	废止的标注方法	GB/T 1182—2008的标注方法
被测要素为单个轴线、单个中心平面	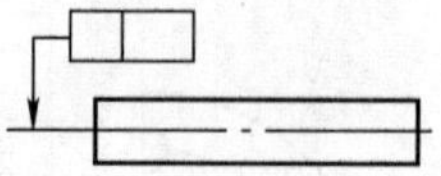	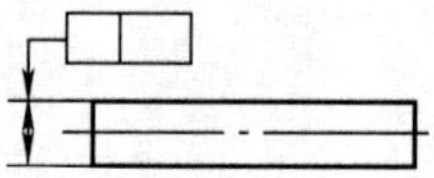
被测要素为公共中心平面、公共轴线	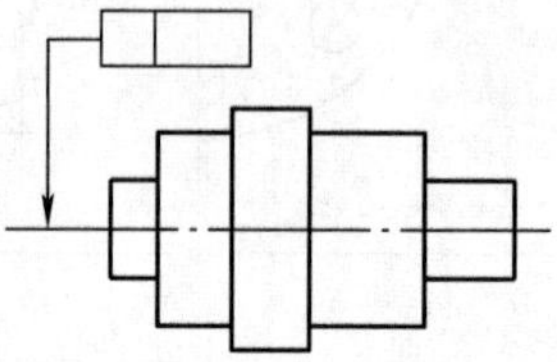	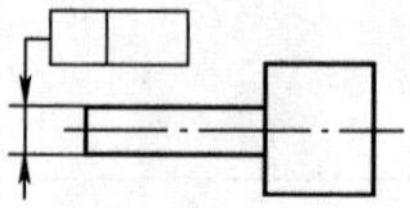
	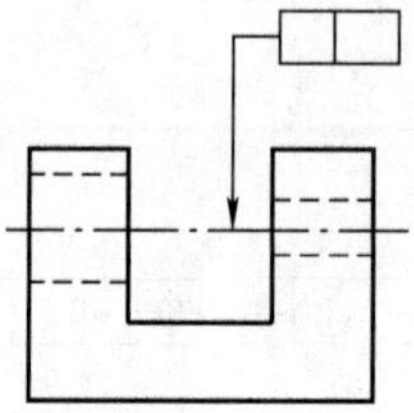	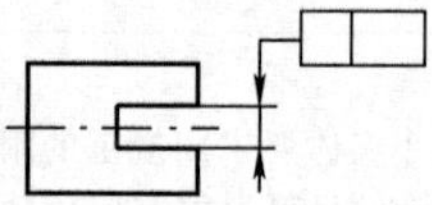
基准要素为轴线、中心平面、公共轴线、公共中心平面	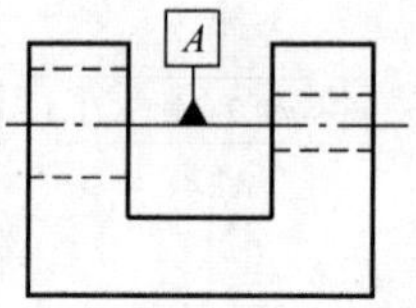 A	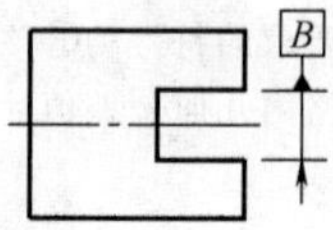 B
标注的多基准字母没有给出先后顺序	 AB	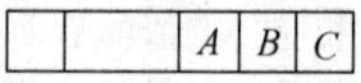 A B C
用指引线直接连接公差框格和基准要素	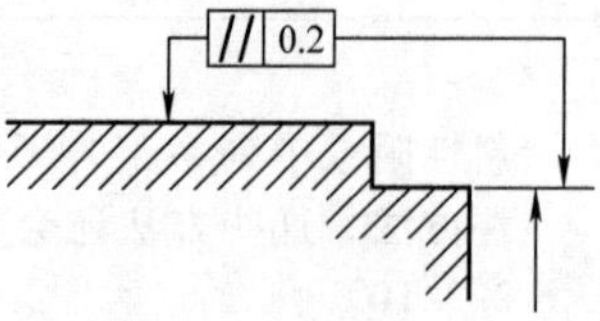 // 0.2	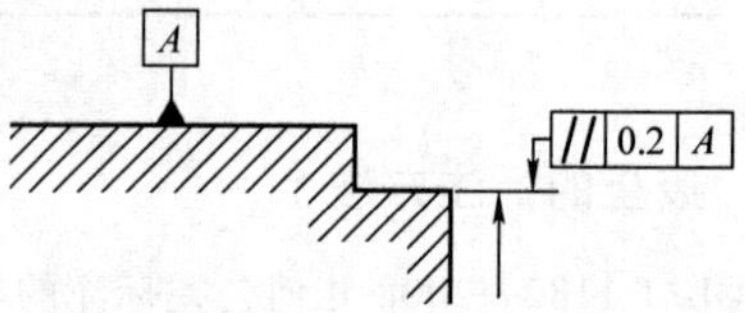 A // 0.2 A

（续）

	废止的标注方法	GB/T 1182—2008 的标注方法
若干被测要素分别给出相同的公差带		
在公差框格上方注写“公共公差带”		

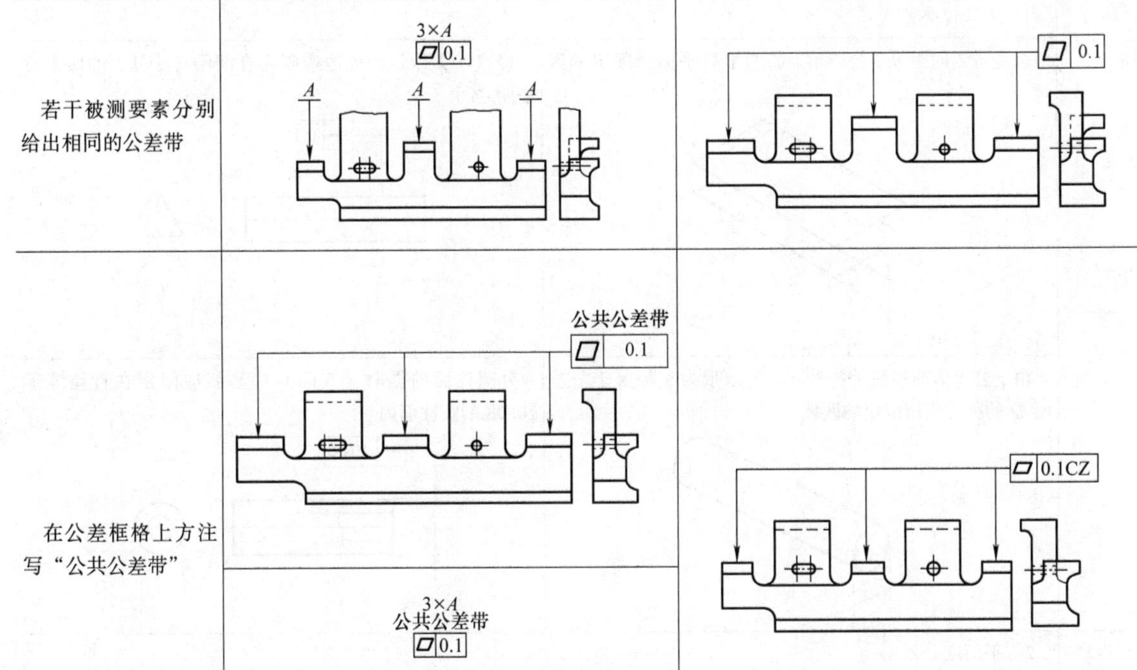

4 几何公差的公差带定义、标注解释

GB/T 1182—2008 中规定了形状、方向、位置和跳动公差的公差带定义，标注解释及示例，见表 2.3-11。

表 2.3-11 几何公差项目及其公差带的定义、标注和解释（摘自 GB/T 1182—2008）

符号	公差带的定义	标注及解释
	1 直线度公差	
—	公差带为在给定平面内和给定方向上，间距等于公差值 t 的两平行直线所限定的区域 a—任一距离	在任一平行于图示投影面的平面内，上平面的提取（实际）线应限定在间距等于 0.1 的两平行直线之间 — 0.1

（续）

符号	公差带的定义	标注及解释
	1　直线度公差	
—	公差带为间距等于公差值 t 的两平行平面所限定的区域 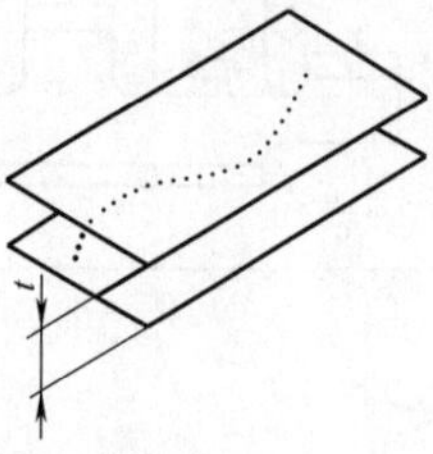	提取（实际）的棱边应限定在间距等于0.1的两平行平面之间 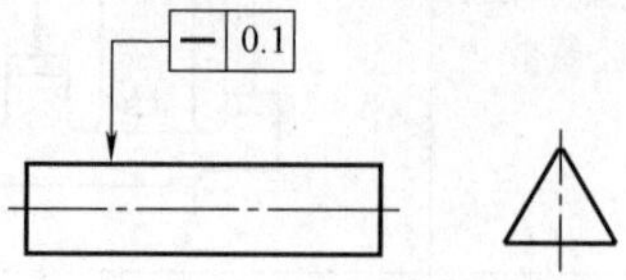 — 0.1
	由于公差值前加注了符号 ϕ，公差带为直径等于公差值 ϕt 的圆柱面所限定的区域 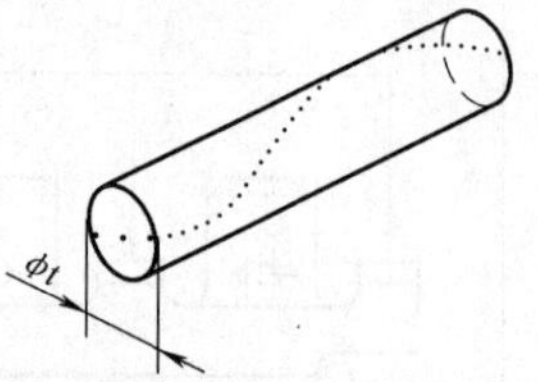 ϕt	外圆柱面的提取（实际）中心线应限定在直径等于 ϕ0.08的圆柱面内 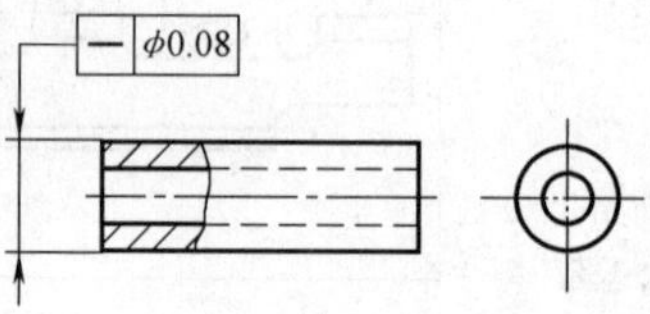 — ϕ0.08
	2　平面度公差	
▱	公差带为间距等于公差值 t 的两平行平面所限定的区域 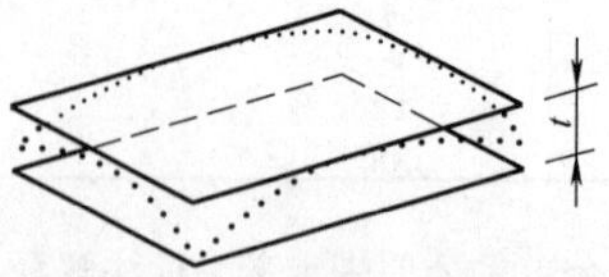 t	提取（实际）表面应限定在间距等于0.08的两平行平面之间 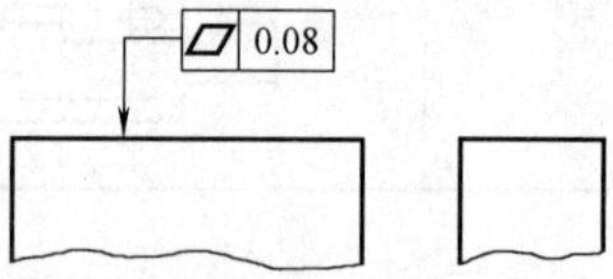 ▱ 0.08
	3　圆度公差	
○	公差带为在给定横截面内、半径差等于公差值 t 的两同心圆所限定的区域 t 任一横截面	在圆柱面和圆锥面的任意横截面内，提取（实际）圆周应限定在半径差等于0.03的两共面同心圆之间 ○ 0.03 在圆锥面的任意横截面内，提取（实际）圆周应限定在半径差等于0.1的两同心圆之间 ○ 0.1 注：提取圆周的定义尚未标准化。

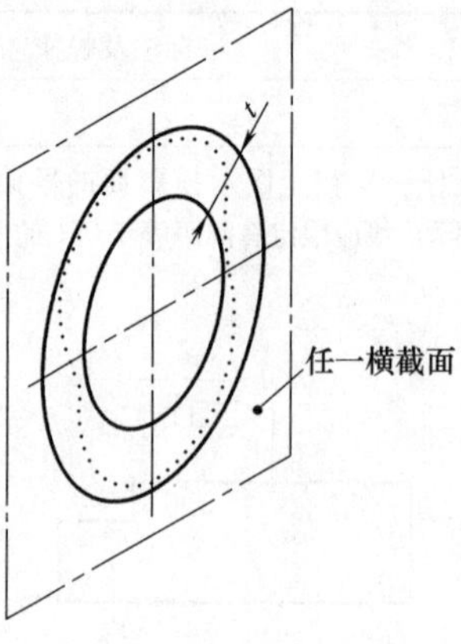

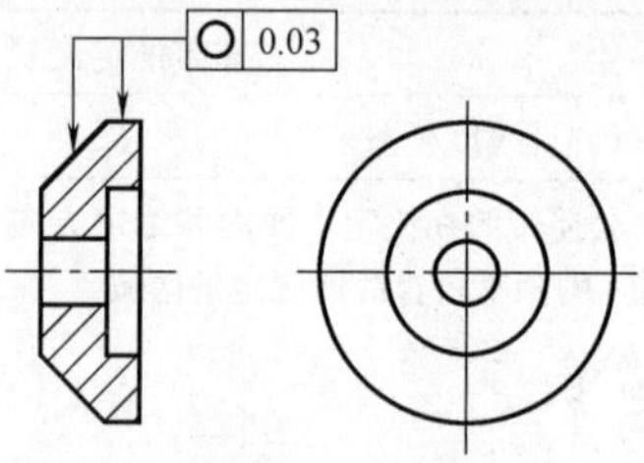

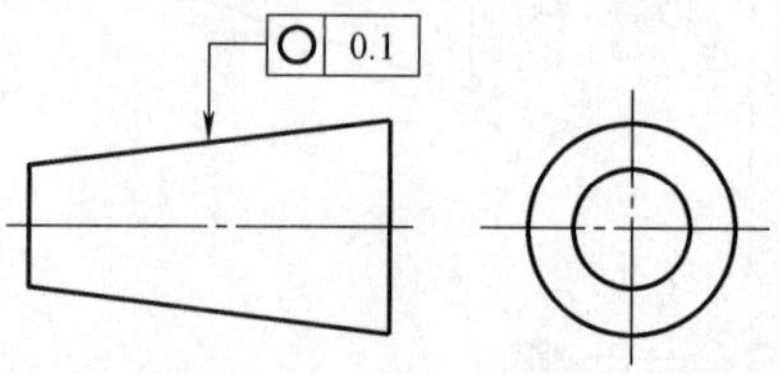

（续）

符号	公差带的定义	标注及解释
	4　圆柱度公差	
	公差带为半径差等于公差值 t 的两同轴圆柱面所限定的区域 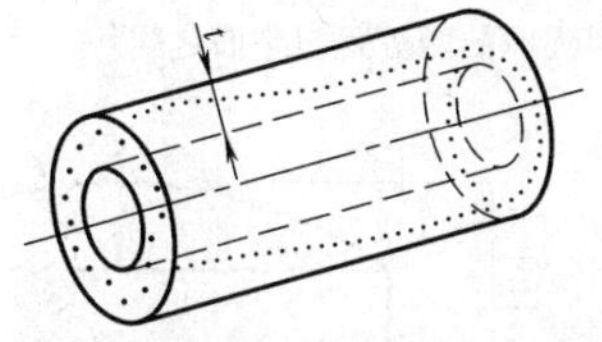	提取（实际）圆柱面应限定在半径差等于0.1的两同轴圆柱面之间 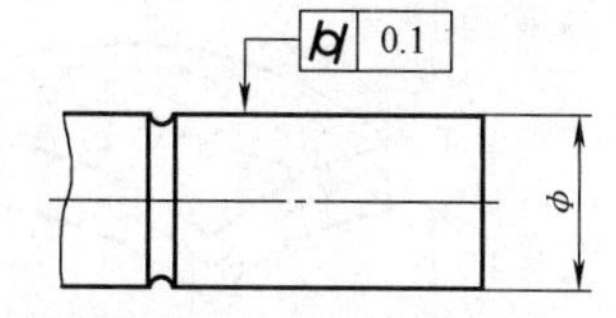
	5　无基准的线轮廓度公差（见GB/T 17852）	
⌒	公差带为直径等于公差值 t、圆心位于具有理论正确几何形状上的一系列圆的两包络线所限定的区域 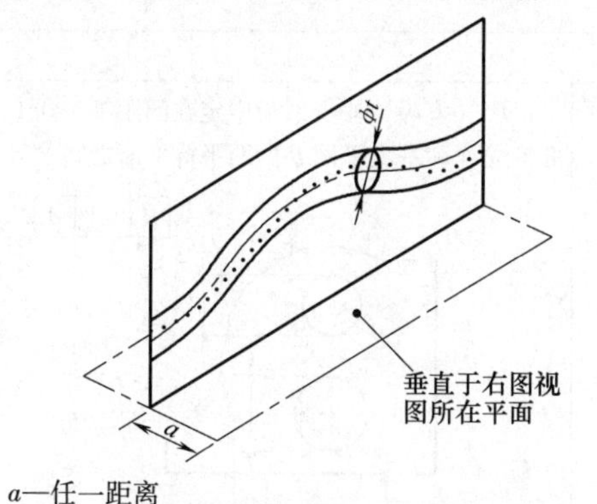 a—任一距离	在任一平行于图示投影面的截面内，提取（实际）轮廓线应限定在直径等于0.04、圆心位于被测要素理论正确几何形状上的一系列圆的两包络线之间 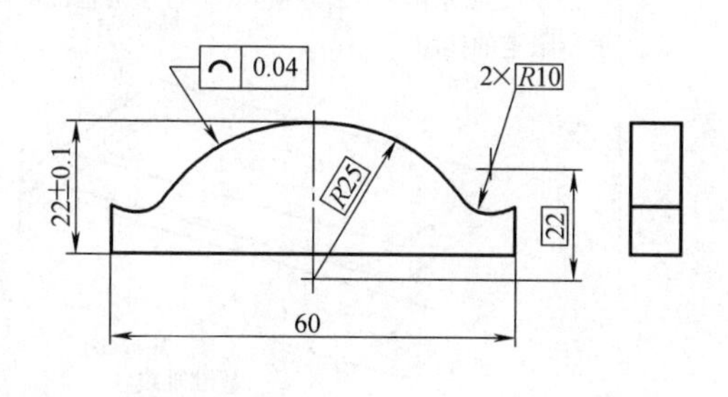
	6　相对于基准体系的线轮廓度公差（见GB/T 17852）	
	公差带为直径等于公差值 t、圆心位于由基准平面 A 和基准平面 B 确定的被测要素理论正确几何形状上的一系列圆的两包络线所限定的区域 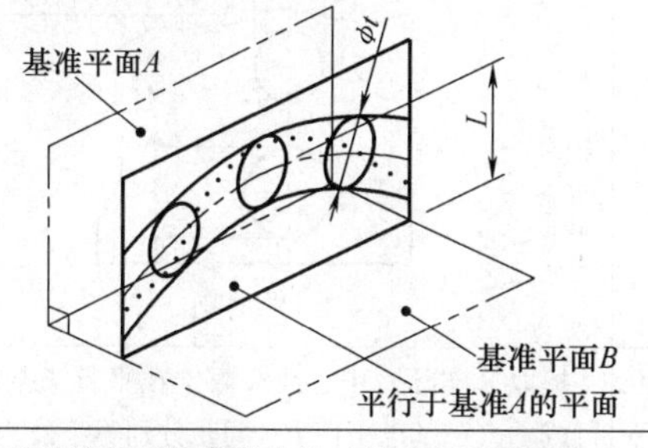	在任一平行于图示投影平面的截面内，提取（实际）轮廓线应限定在直径等于0.04、圆心位于由基准平面 A 和基准平面 B 确定的被测要素理论正确几何形状上的一系列圆的两等距包络线之间 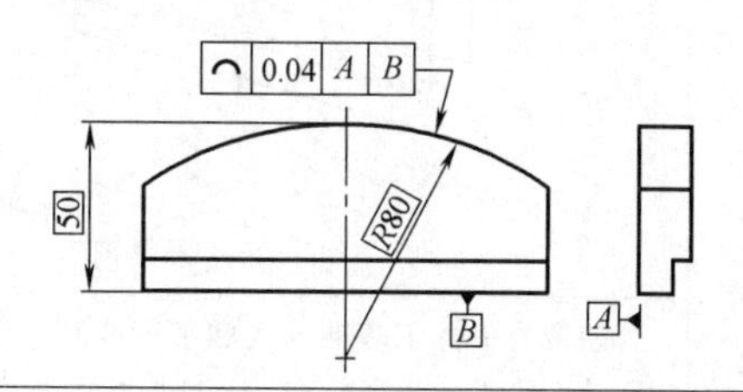
	7　无基准的面轮廓度公差（见GB/T 17852）	
⌓	公差带为直径等于公差值 t、球心位于被测要素理论正确形状上的一系列圆球的两包络面所限定的区域 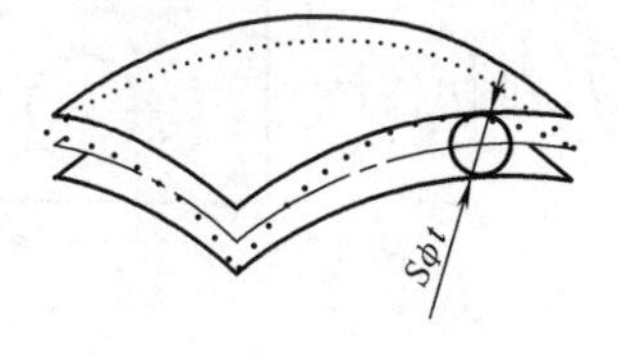	提取（实际）轮廓面应限定在直径等于0.02、球心位于被测要素理论正确几何形状上的一系列圆球的两等距包络面之间 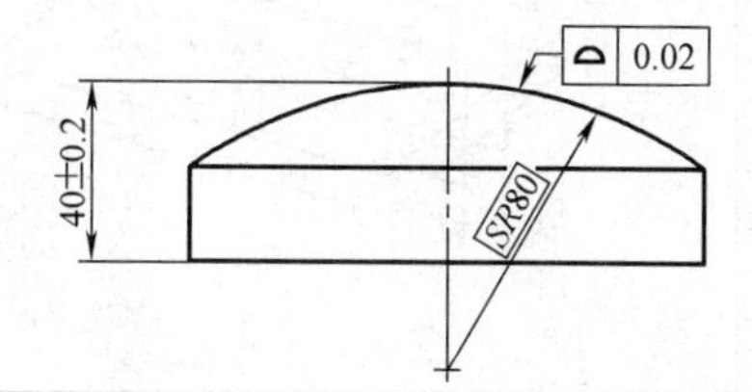

（续）

<table>
<tr><th>符号</th><th>公差带的定义</th><th>标注及解释</th></tr>
<tr><td rowspan="2">⌓</td><td colspan="2">8　相对于基准的面轮廓度公差（见 GB/T 17852）</td></tr>
<tr><td>公差带为直径等于公差值 t、球心位于由基准平面 A 确定的被测要素理论正确几何形状上的一系列圆球的两包络面所限定的区域
基准平面</td><td>提取（实际）轮廓面应限定在直径等于 0.1、球心位于由基准平面 A 确定的被测要素理论正确几何形状上的一系列圆球的两等距包络面之间
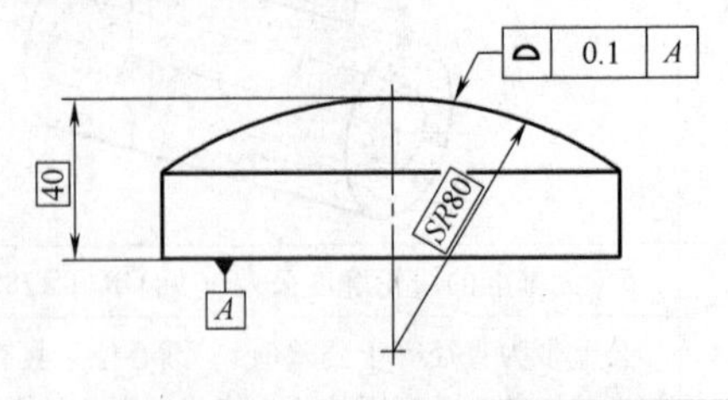
</td></tr>
<tr><td rowspan="5">//</td><td colspan="2">9　平行度公差</td></tr>
<tr><td colspan="2">9.1　线对基准体系的平行度公差</td></tr>
<tr><td>公差带为间距等于公差值 t、平行于两基准的两平行平面所限定的区域
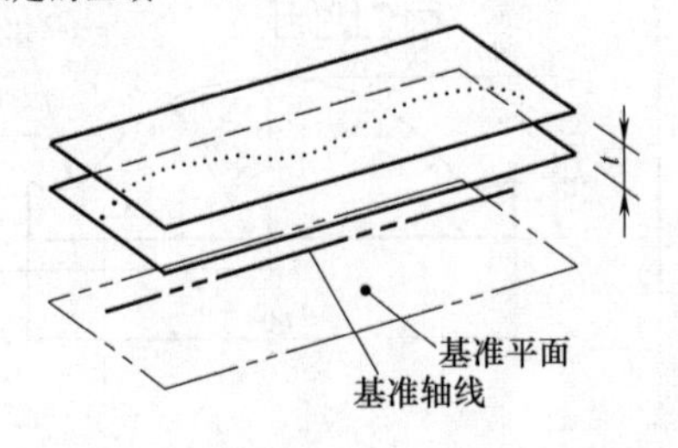
</td><td>提取（实际）中心线应限定在间距等于 0.1、平行于基准轴线 A 和基准平面 B 的两平行平面之间
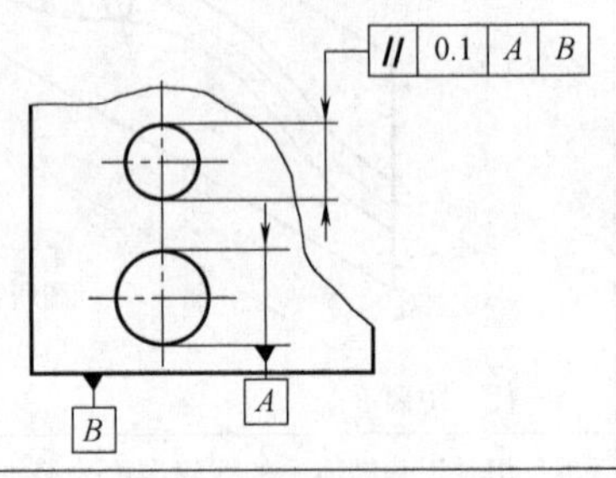
</td></tr>
<tr><td>公差带为间距等于公差值 t、平行于基准轴线 A 且垂直于基准平面 B 的两平行平面所限定的区域
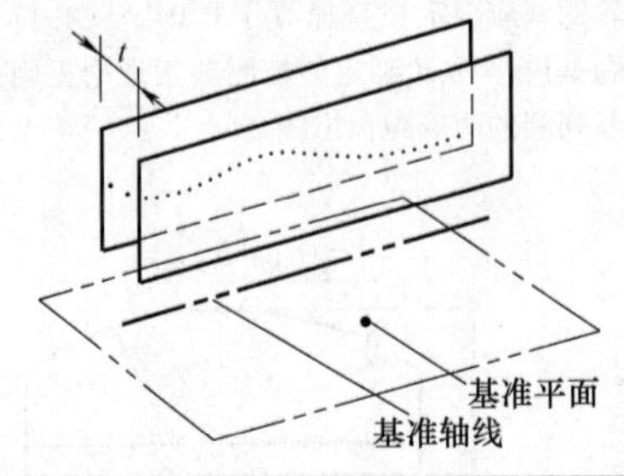
</td><td>提取（实际）中心线应限定在间距等于 0.1 的两平行平面之间。该两平行平面平行于基准轴线 A 且垂直于基准平面 B
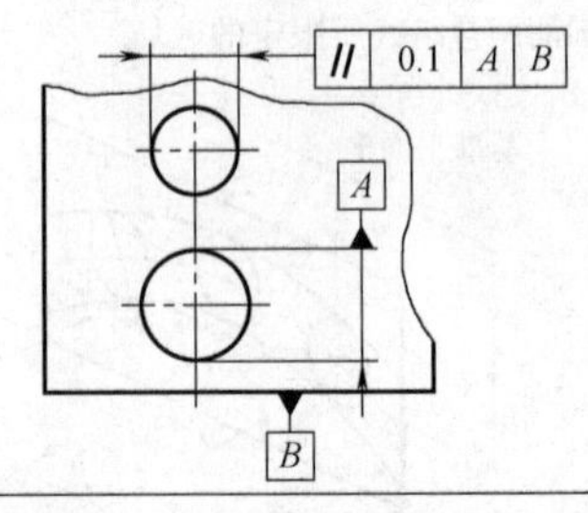
</td></tr>
<tr><td>公差带为平行于基准轴线和平行或垂直于基准平面、间距分别等于公差值 t_1 和 t_2，且相互垂直的两组平行平面所限定的区域
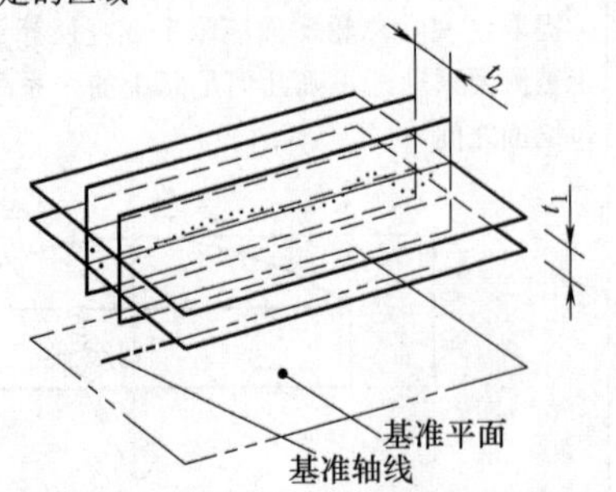
</td><td>提取（实际）中心线应限定在平行于基准轴线 A 和平行或垂直于基准平面 B、间距分别等于公差值 0.1 和 0.2，且相互垂直的两组平行平面之间
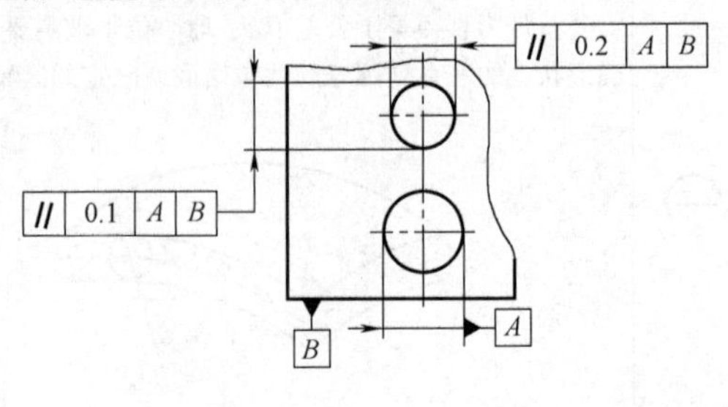
</td></tr>
</table>

（续）

<table>
<tr><th>符号</th><th>公差带的定义</th><th>标注及解释</th></tr>
<tr><td rowspan="10">//</td><td colspan="2">9.2 线对基准线的平行度公差</td></tr>
<tr><td>若公差值前加注了符号“ϕ”，公差带为平行于基准轴线、直径等于公差值 ϕt 的圆柱面所限定的区域
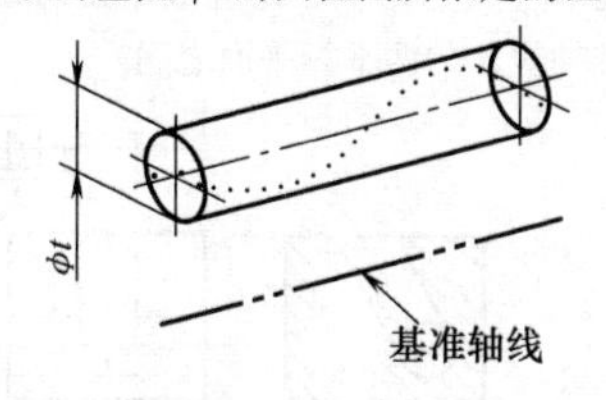</td><td>提取（实际）中心线应限定在平行于基准轴线 A、直径等于 ϕ0.03 的圆柱面内
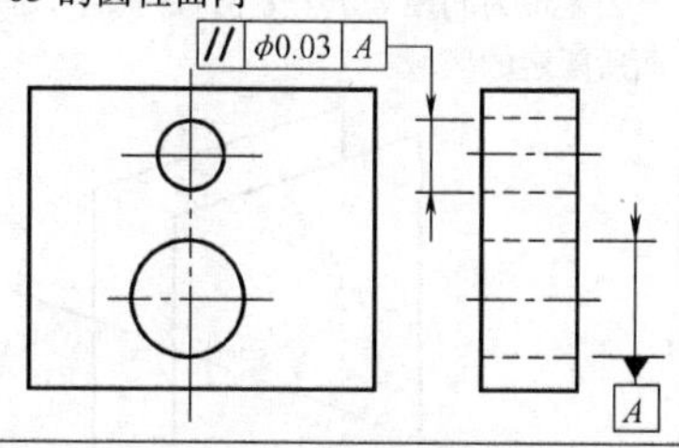</td></tr>
<tr><td colspan="2">9.3 线对基准面的平行度公差</td></tr>
<tr><td>公差带为平行于基准平面、间距等于公差值 t 的两平行平面所限定的区域
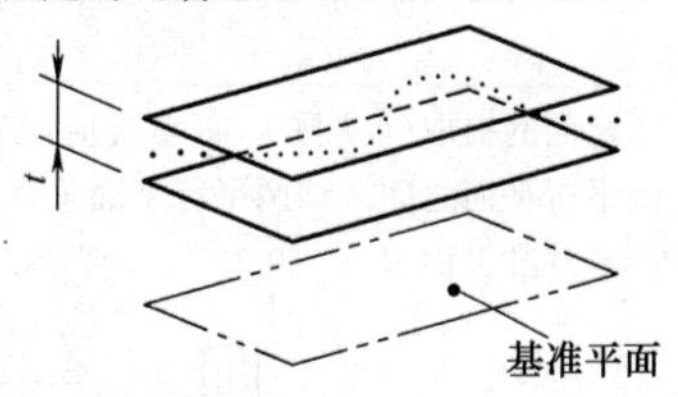</td><td>提取（实际）中心线应限定在平行于基准平面 B、间距等于 0.01 的两平行平面之间
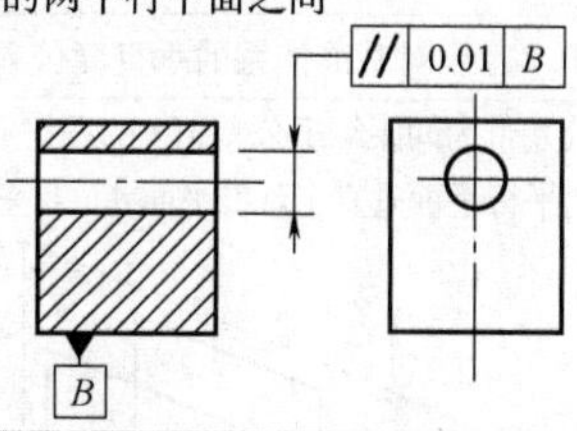</td></tr>
<tr><td colspan="2">9.4 线对基准体系的平行度公差</td></tr>
<tr><td>公差带为间距等于公差值 t 的两平行直线所限定的区域。该两平行直线平行于基准平面 A 且处于平行于基准平面 B 的平面内
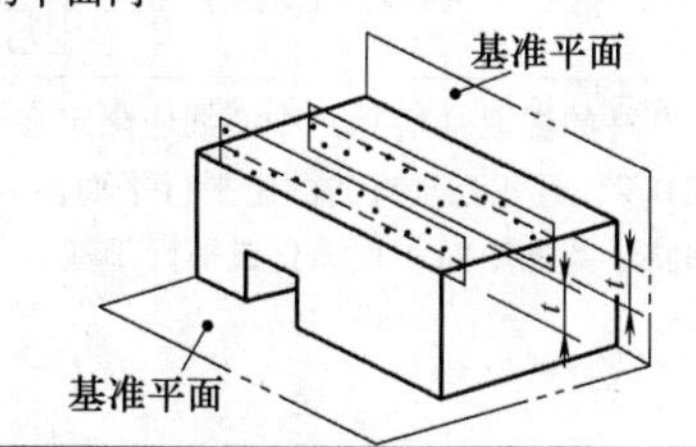</td><td>提取（实际）线应限定在间距等于 0.02 的两平行直线之间。该两平行直线平行于基准平面 A、且处于平行于基准平面 B 的平面内
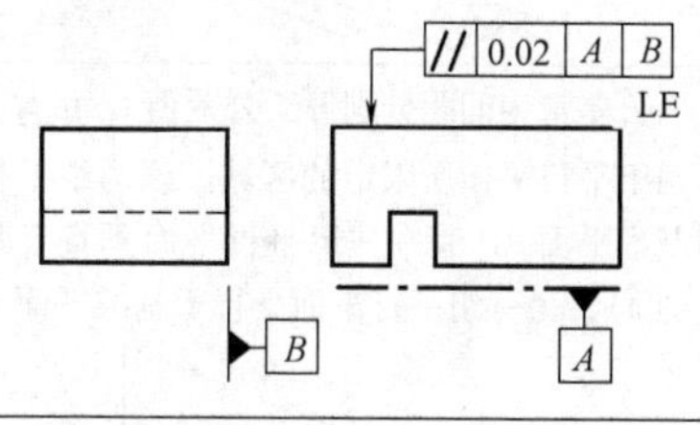</td></tr>
<tr><td colspan="2">9.5 面对基准线的平行度公差</td></tr>
<tr><td>公差带为间距等于公差值 t、平行于基准轴线的两平行平面所限定的区域
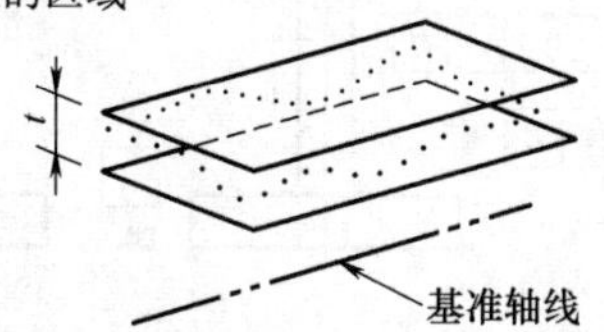</td><td>提取（实际）表面应限定在间距等于 0.1、平行于基准轴线 C 的两平行平面之间
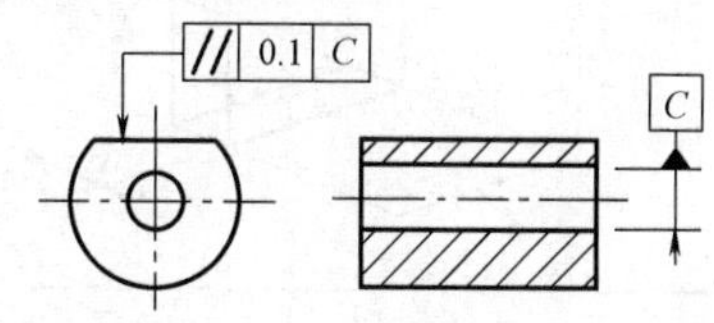</td></tr>
<tr><td colspan="2">9.6 面对基准面的平行度公差</td></tr>
<tr><td>公差带为间距等于公差值 t、平行于基准平面的两平行平面所限定的区域
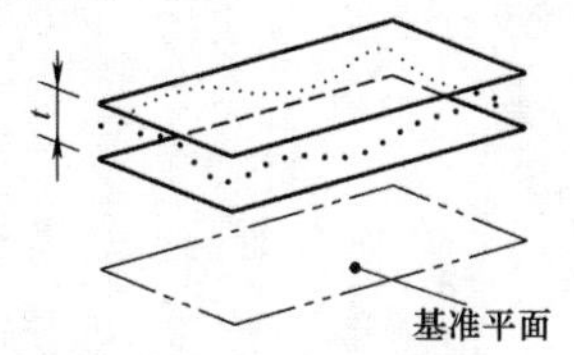</td><td>提取（实际）表面应限定在间距等于 0.01、平行于基准 D 的两平行平面之间
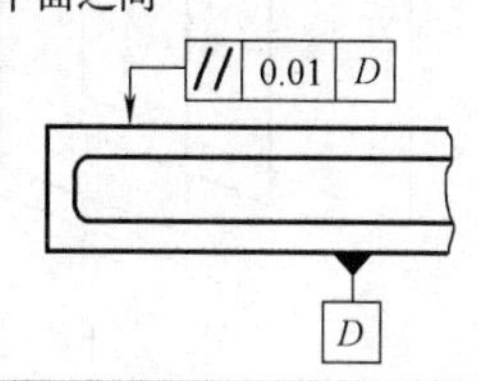</td></tr>
</table>

（续）

符号	公差带的定义	标注及解释
	10 垂直度公差	
	10.1 线对基准线的垂直度公差	
	公差带为间距等于公差值 t、垂直于基准线的两平行平面所限定的区域 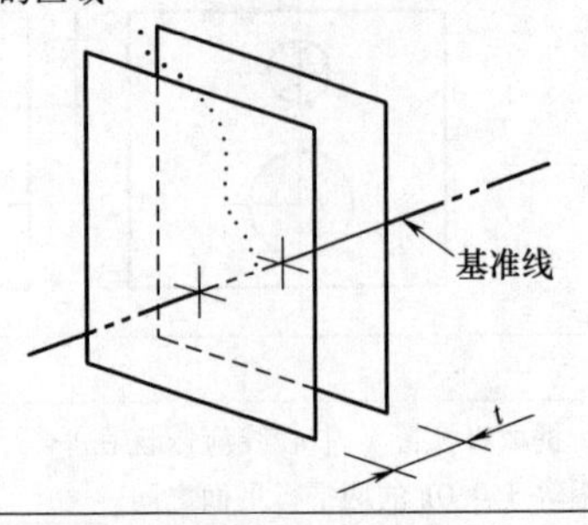	提取（实际）中心线应限定在间距等于0.06、垂直于基准轴线 A 的两平行平面之间 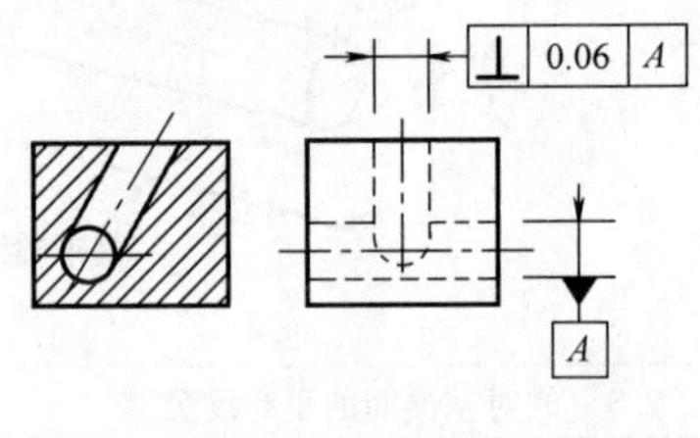
	10.2 线对基准体系的垂直度公差	
⊥	公差带为间距等于公差值 t 的两平行平面所限定的区域。该两平行平面垂直于基准平面 A，且平行于基准平面 B 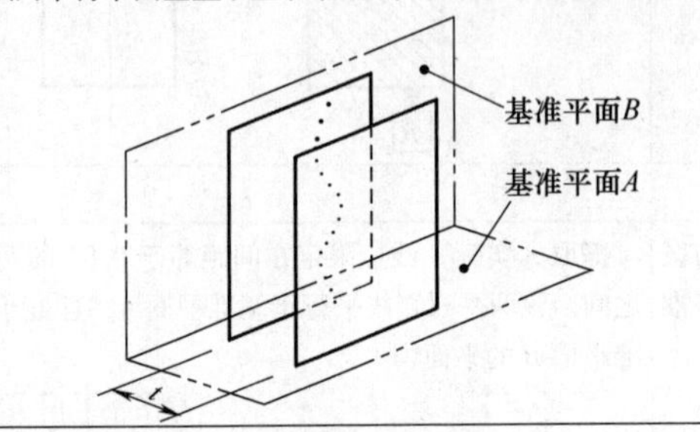	圆柱面的提取（实际）中心线应限定在间距等于0.1的两平行平面之间。该两平行平面垂直于基准平面 A，且平行于基准平面 B 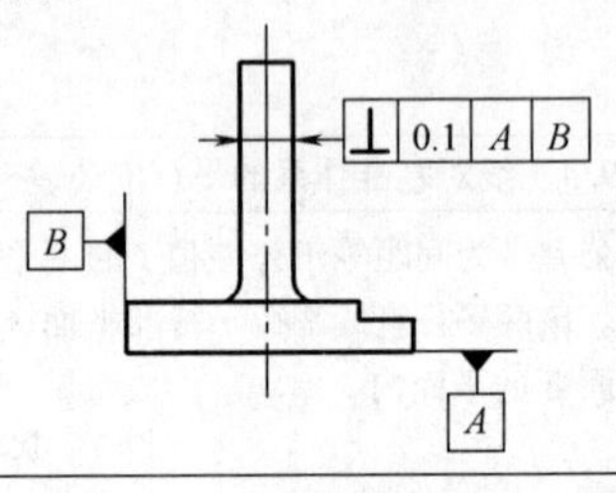
	公差带为间距分别等于公差值 t_1 和 t_2，且互相垂直的两组平行平面所限定的区域。该两组平行平面都垂直于基准平面 A。其中一组平行平面垂直于基准平面 B（见图a），另一组平行平面平行于基准平面 B（见图b） 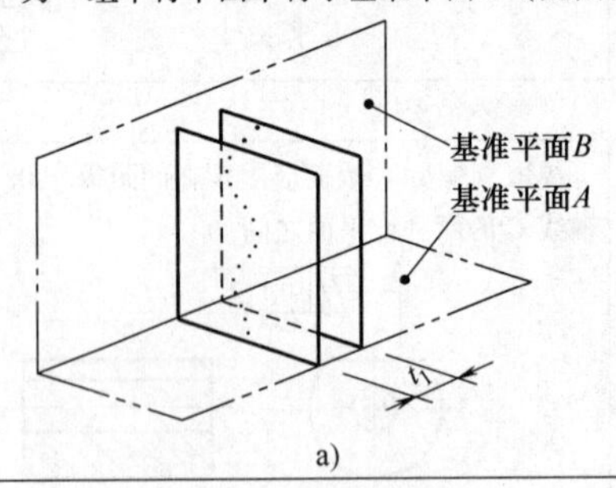 a) 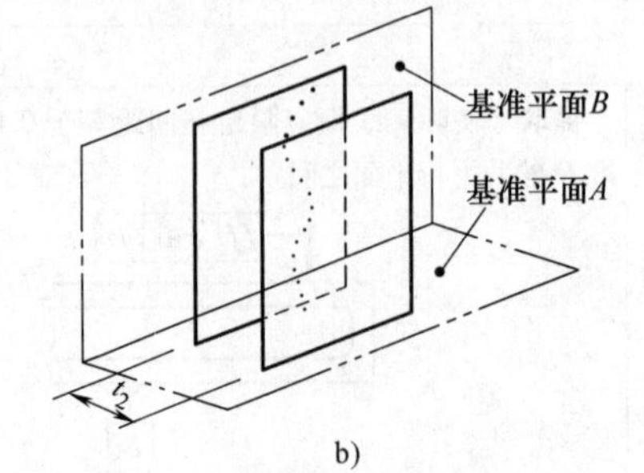 b)	圆柱的提取（实际）中心线应限定在间距分别等于0.1和0.2，且相互垂直的两组平行平面内。该两组平行平面垂直于基准平面 A 且垂直或平行于基准平面 B 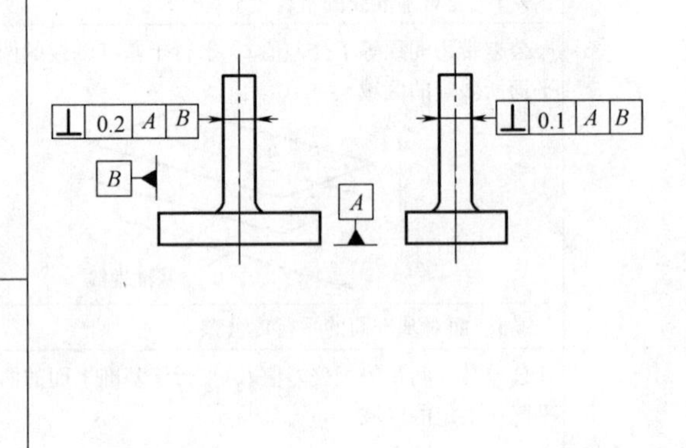

（续）

符号	公差带的定义	标注及解释
	10.3 线对基准面的垂直度公差	
	若公差值前加注符号 ϕ，公差带为直径等于公差值 ϕt、轴线垂直于基准平面的圆柱面所限定的区域 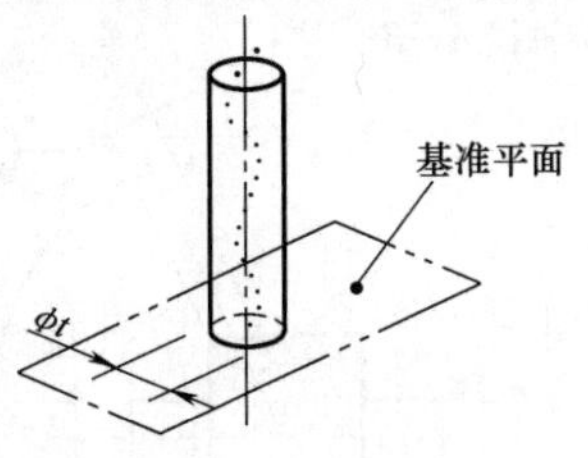	圆柱面的提取（实际）中心线应限定在直径等于 ϕ0.01、垂直于基准平面 A 的圆柱面内 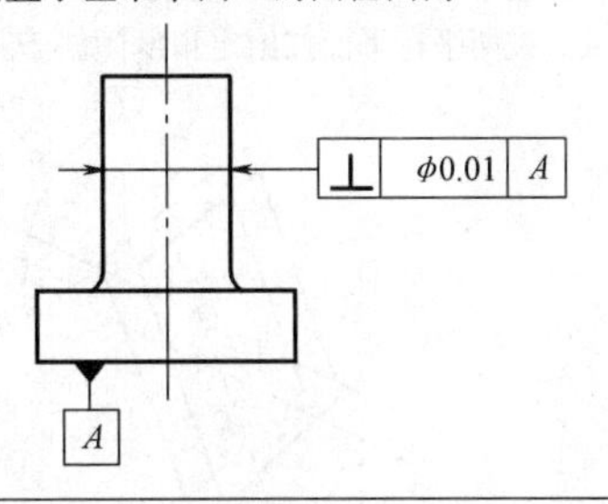
	10.4 面对基准线的垂直度公差	
⊥	公差带为间距等于公差值 t 且垂直于基准轴线的两平行平面所限定的区域 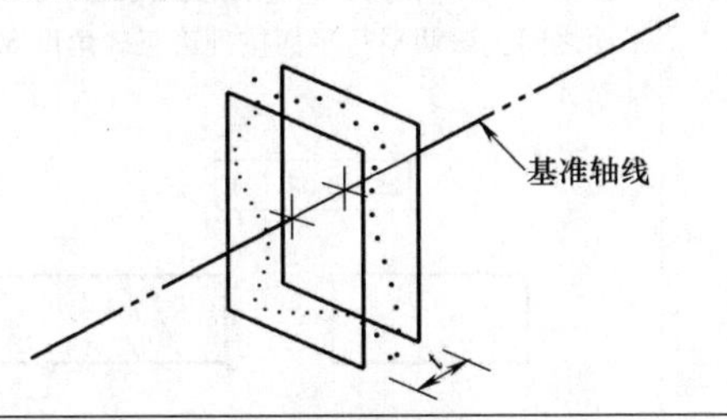	提取（实际）表面应限定在间距等于 0.08 的两平行平面之间。该两平行平面垂直于基准轴线 A 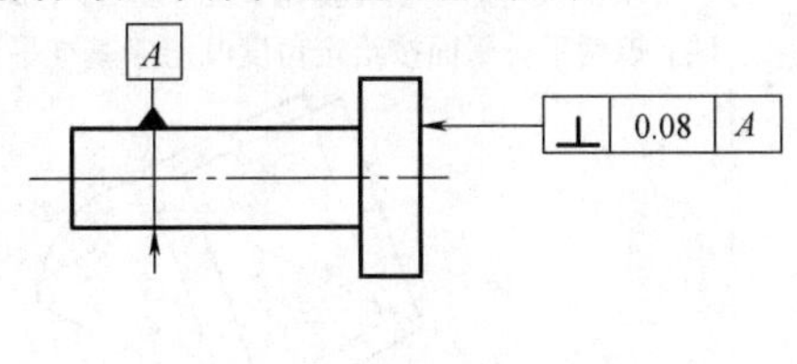
	10.5 面对基准平面的垂直度公差	
	公差带为间距等于公差值 t、垂直于基准平面的两平行平面所限定的区域 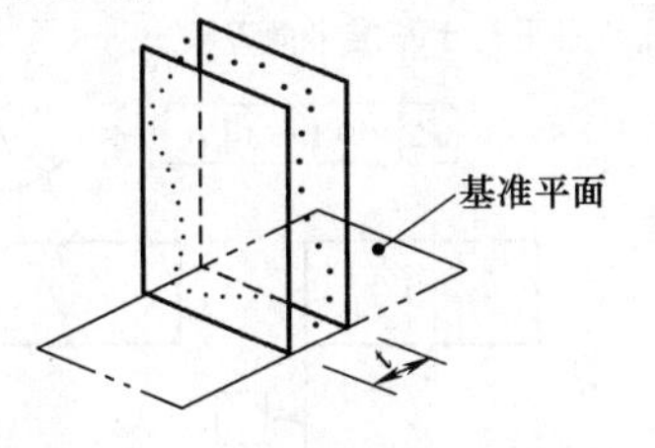	提取（实际）表面应限定在间距等于 0.08、垂直于基准平面 A 的两平行平面之间 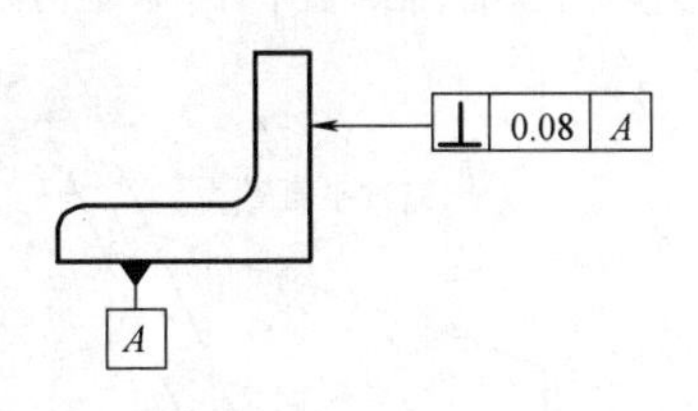
	11 倾斜度公差	
	11.1 线对基准线的倾斜度公差	
∠	a）被测线与基准线在同一平面上 公差带为间距等于公差值 t 的两平行平面所限定的区域。该两平行平面按给定角度倾斜于基准轴线 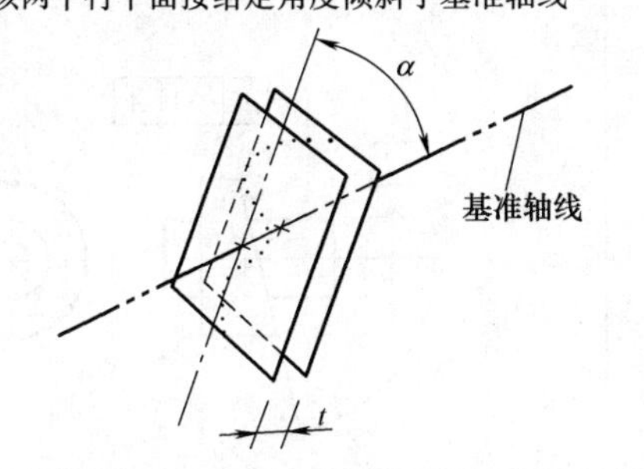	提取（实际）中心线应限定在间距等于 0.08 的两平行平面之间。该两平行平面按理论正确角度 60°倾斜于公共基准轴线 A—B 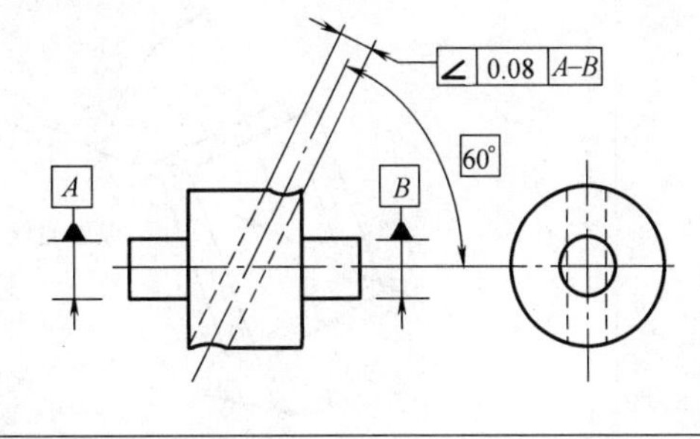

（续）

符号	公差带的定义	标注及解释
	11.1 线对基准线的倾斜度公差	
	b）被测线与基准线在不同平面内 公差带为间距等于公差值 t 的两平行平面所限定的区域。该两平行平面按给定角度倾斜于基准轴线 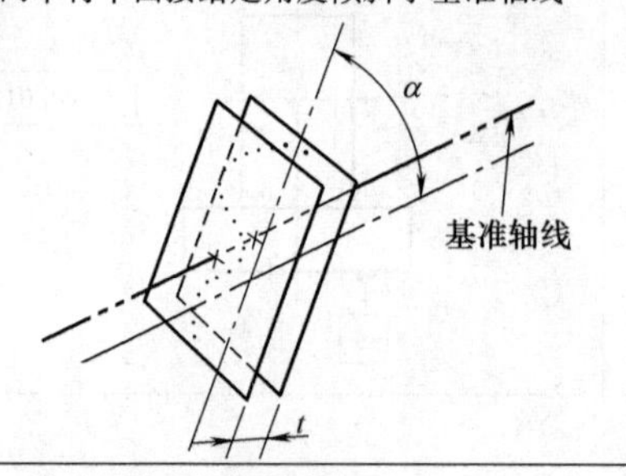	提取（实际）中心线应限定在间距等于0.08的两平行平面之间。该两平行平面按理论正确角度60°倾斜于公共基准轴线 $A—B$ 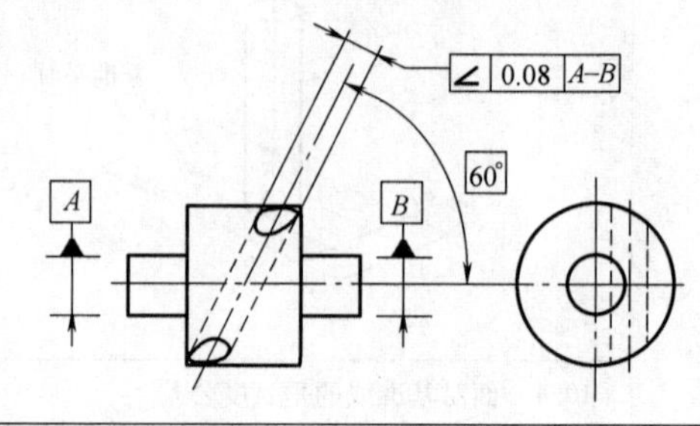
	11.2 线对基准面的倾斜度公差	
	公差带为间距等于公差值 t 的两平行平面所限定的区域。该两平行平面按给定角度倾斜于基准平面 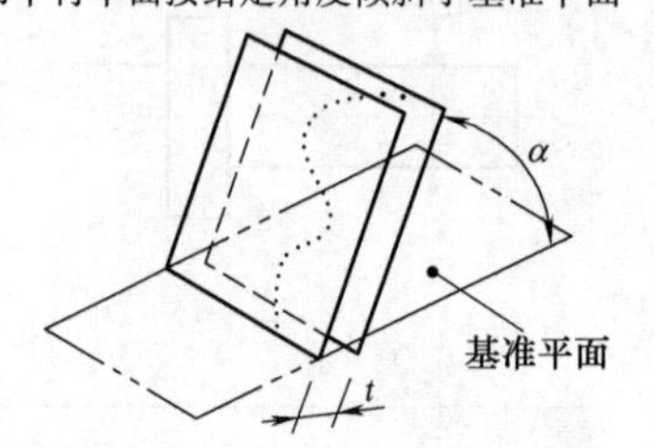	提取（实际）中心线应限定在间距等于0.08的两平行平面之间。该两平行平面按理论正确角度60°倾斜于基准平面 A 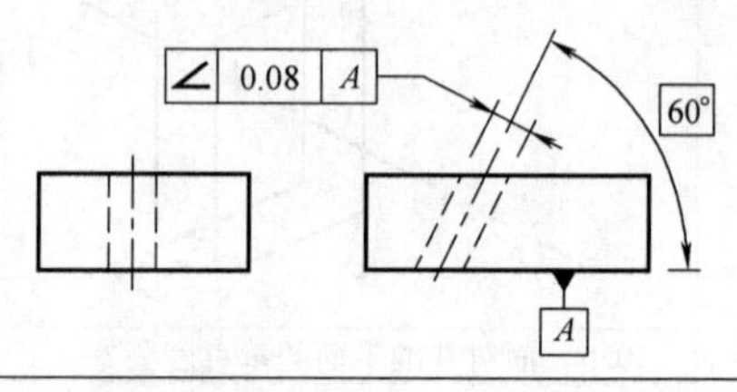
∠	公差值前加注符号 ϕ，公差带为直径等于公差值 ϕt 的圆柱面所限定的区域。该圆柱面公差带的轴线按给定角度倾斜于基准平面 A 且平行于基准平面 B 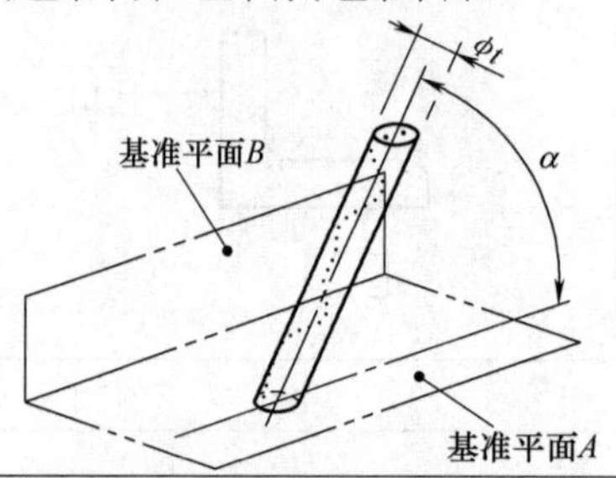	提取（实际）中心线应限定在直径等于 $\phi0.1$ 的圆柱面内。该圆柱面的中心线按理论正确角度60°倾斜于基准平面 A 且平行于基准平面 B 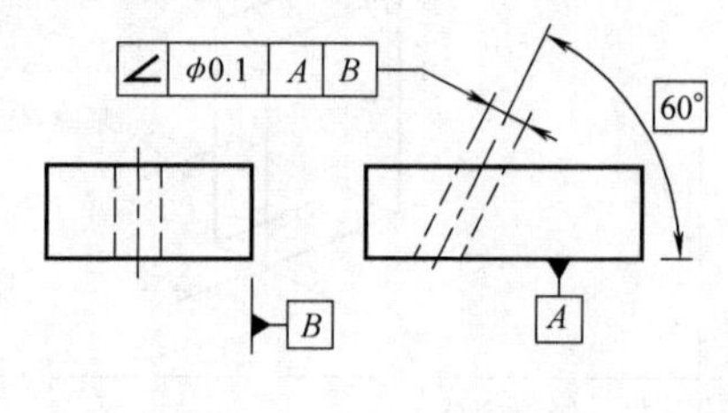
	11.3 面对基准线的倾斜度公差	
	公差带为间距等于公差值 t 的两平行平面所限定的区域。该两平行平面按给定角度倾斜于基准直线 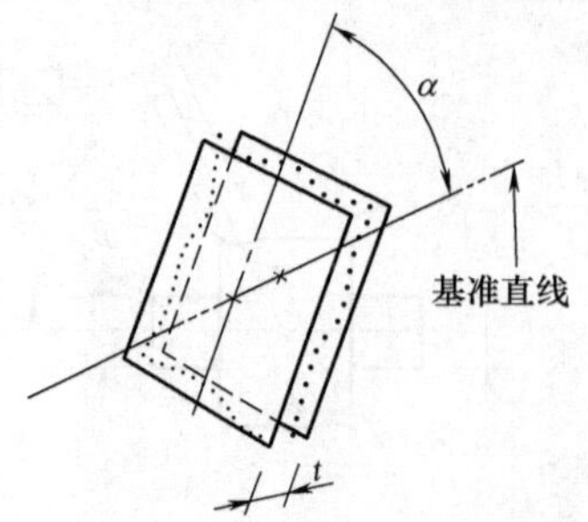	提取（实际）表面应限定在间距等于0.1的两平行平面之间。该两平行平面按理论正确角度75°倾斜于基准轴线 A 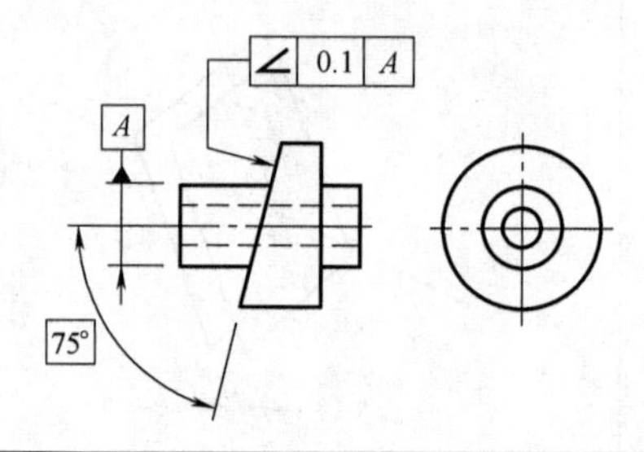

（续）

符号	公差带的定义	标注及解释
	11.4　面对基准面的倾斜度公差	
∠	公差带为间距等于公差值 t 的两平行平面所限定的区域。该两平行平面按给定角度倾斜于基准平面 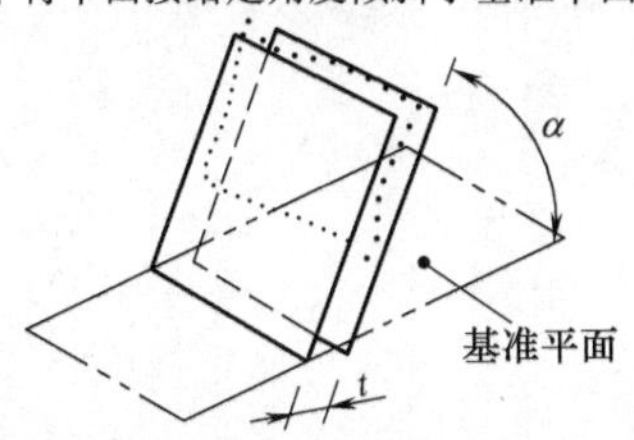 	提取（实际）表面应限定在间距等于 0.08 的两平行平面之间。该两平行平面按理论正确角度 40°倾斜于基准平面 A 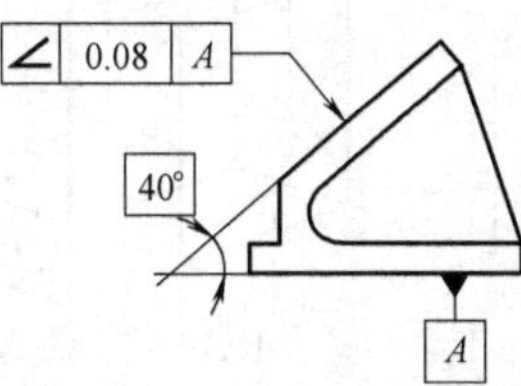
	12　位置度公差（见 GB/T 13319）	
	12.1　点的位置度公差	
	公差值前加注 $S\phi$，公差带为直径等于公差值 $S\phi t$ 的圆球面所限定的区域。该圆球面中心的理论正确位置由基准 A、B、C 和理论正确尺寸确定 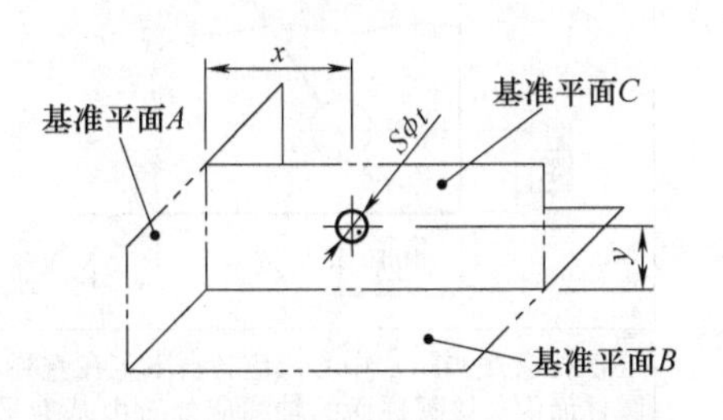 	提取（实际）球心应限定在直径等于 $S\phi0.3$ 的圆球面内。该圆球面的中心由基准平面 A、基准平面 B、基准中心平面 C 和理论正确尺寸 30、25 确定 注：提取（实际）球心的定义尚未标准化。 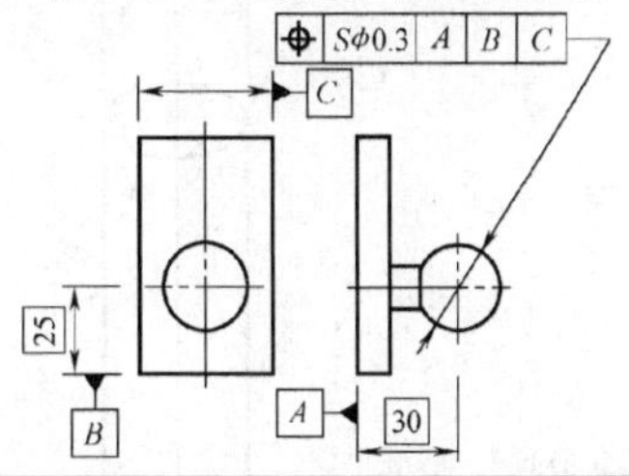
	12.2　线的位置度公差	
	给定一个方向的公差时，公差带为间距等于公差值 t、对称于线的理论正确位置的两平行平面所限定的区域。线的理论正确位置由基准平面 A、B 和理论正确尺寸确定。公差只在一个方向上给定 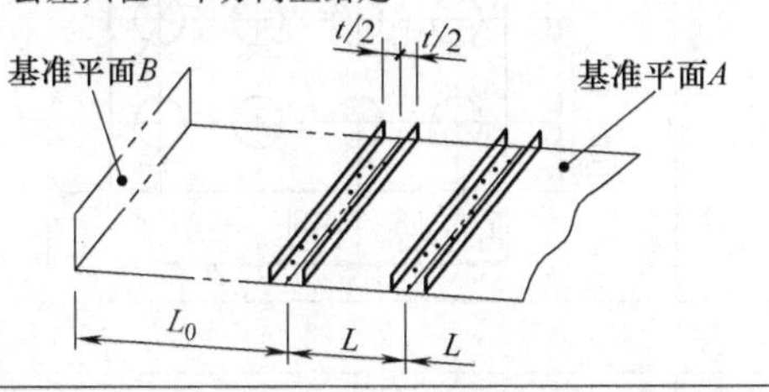 	各条刻线的提取（实际）中心线应限定在间距等于 0.1、对称于基准平面 A、B 和理论正确尺寸 25、10 确定的理论正确位置的两平行平面之间 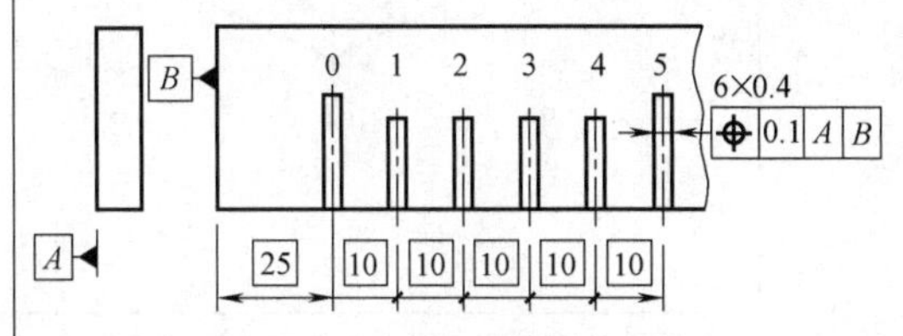
	给定两个方向的公差时，公差带为间距分别等于公差值 t_1 和 t_2、对称于线的理论正确（理想）位置的两对相互垂直的平行平面所限定的区域。线的理论正确位置由基准平面 C、A 和 B 及理论正确尺寸确定。该公差在基准体系的两个方向上给定（图 a、图 b） a)	各孔的测得（实际）中心线在给定方向上应各自限定在间距分别等于 0.05 和 0.2、且相互垂直的两对平行平面内。每对平行平面对称于由基准平面 C、A、B 和理论正确尺寸 20、15、30 确定的各孔轴线的理论正确位置 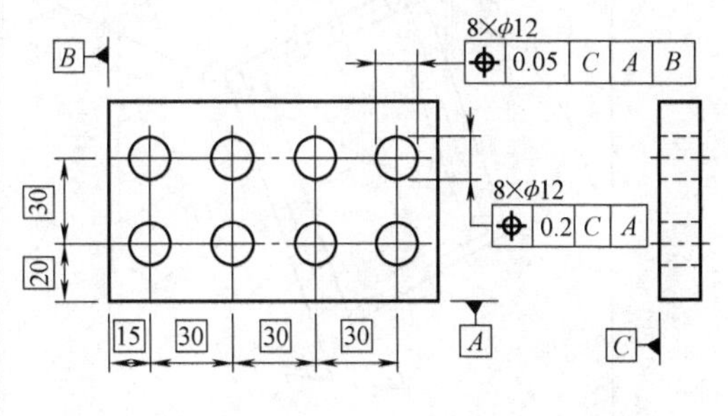

（续）

<table>
<tr><th>符号</th><th>公差带的定义</th><th>标注及解释</th></tr>
<tr><td rowspan="6">⌖</td><td colspan="2">12.2　线的位置度公差</td></tr>
<tr><td>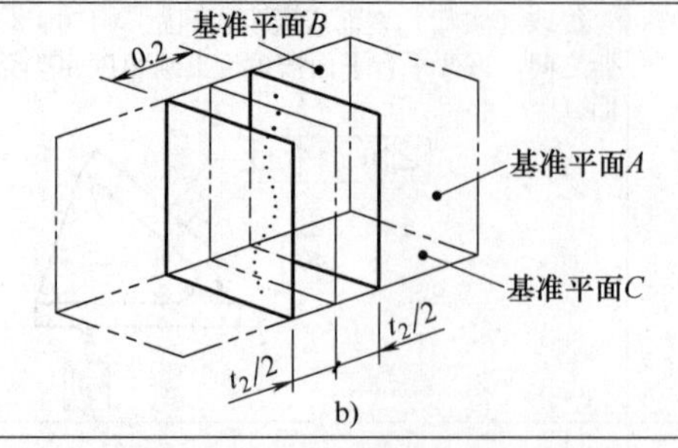
b)</td><td></td></tr>
<tr><td rowspan="2">公差值前加注符号 ϕ，公差带为直径等于公差值 ϕt 的圆柱面所限定的区域。该圆柱面的轴线的位置由基准平面 C、A、B 和理论正确尺寸确定
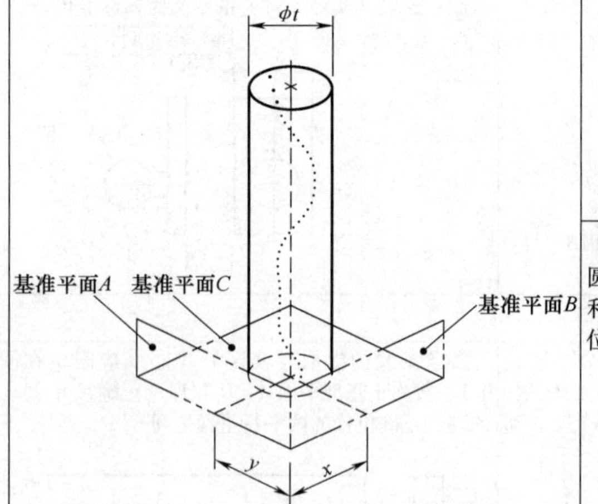</td><td>提取（实际）中心线应限定在直径等于 $\phi0.08$ 的圆柱面内。该圆柱面的轴线的位置应处于由基准平面 C、A、B 和理论正确尺寸100、68确定的理论正确位置上
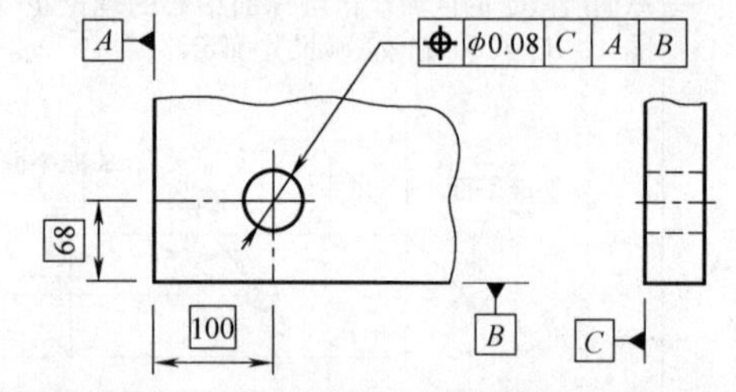</td></tr>
<tr><td>各提取（实际）中心线应各自限定在直径等于 $\phi0.1$ 的圆柱面内。该圆柱面的轴线应处于由基准平面 C、A、B 和理论正确尺寸20、15、30确定的各孔轴线的理论正确位置上
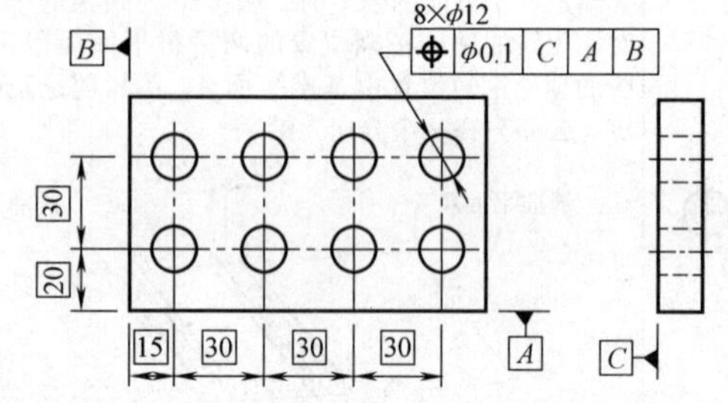</td></tr>
<tr><td colspan="2">12.3　轮廓平面或者中心平面的位置度公差</td></tr>
<tr><td>公差带为间距等于公差值 t，且对称于被测面理论正确位置的两平行平面所限定的区域。面的理论正确位置由基准平面、基准轴线和理论正确尺寸确定
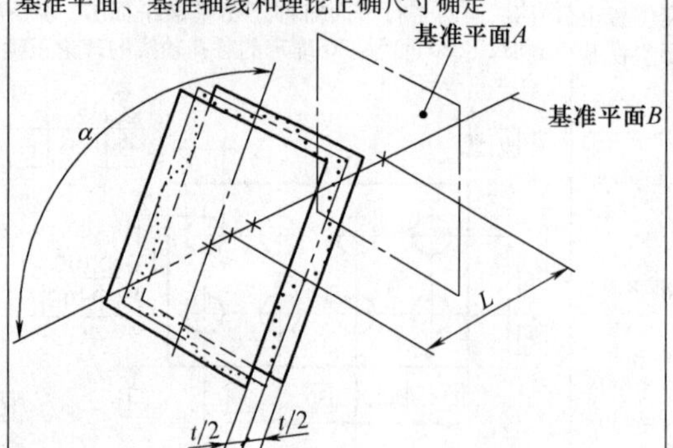</td><td>提取（实际）表面应限定在间距等于0.05、且对称于被测面的理论正确位置的两平行平面之间。该两平行平面对称于由基准平面 A、基准轴线 B 和理论正确尺寸15、105°确定的被测面的理论正确位置
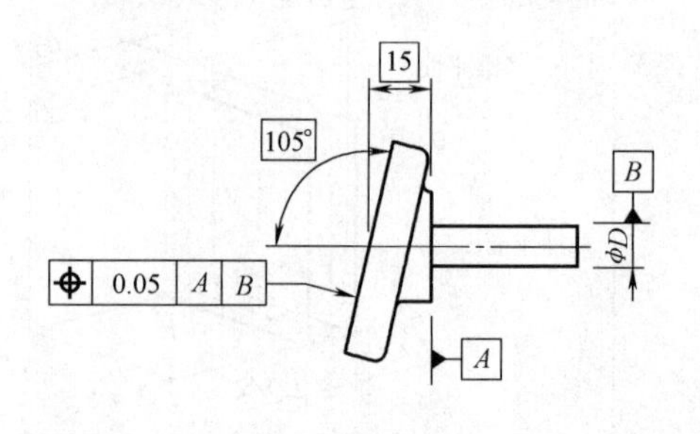</td></tr>
</table>

（续）

符号	公差带的定义	标注及解释
	12.3 轮廓平面或者中心平面的位置度公差	
⌖		提取（实际）中心面应限定在间距等于0.05的两平行平面之间。该两平行平面对称于由基准轴线A和理论正确角度45°确定的各被测面的理论正确位置 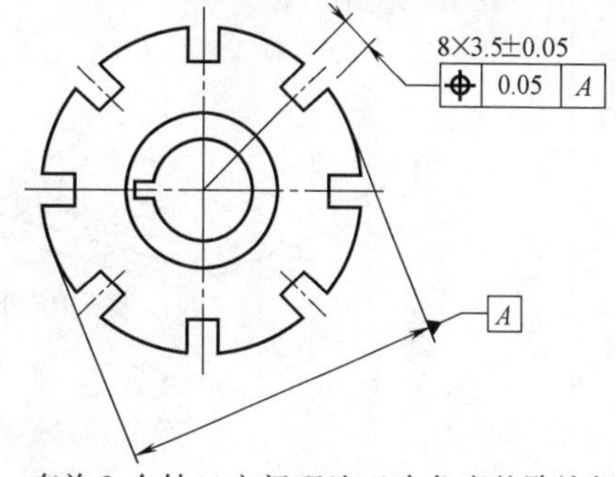 注：有关8个缺口之间理论正确角度的默认规定见GB/T 13319。
	13 同心度和同轴度公差	
	13.1 点的同心度公差	
◎	公差值前标注符号ϕ，公差带为直径等于公差值ϕt的圆周所限定的区域。该圆周的圆心与基准点重合 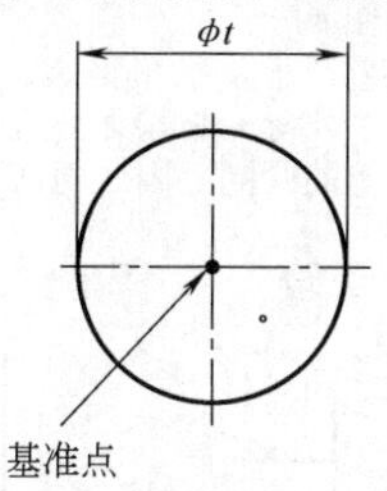	在任意横截面内，内圆的提取（实际）中心应限定在直径等于ϕ0.1，以基准点A为圆心的圆周内 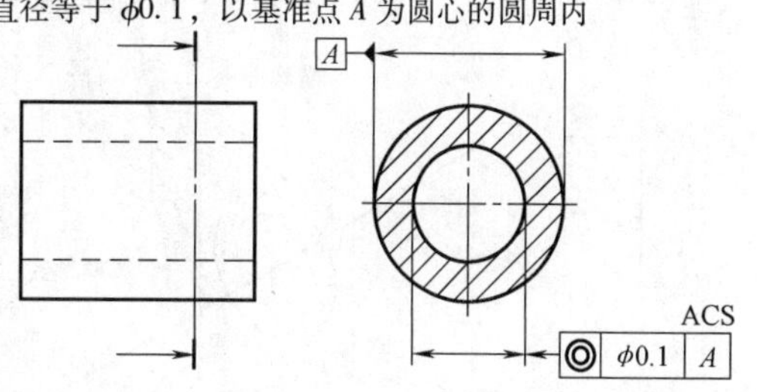
	13.2 轴线的同轴度公差	
	公差值前标注符号ϕ，公差带为直径等于公差值ϕt的圆柱面所限定的区域。该圆柱面的轴线与基准轴线重合 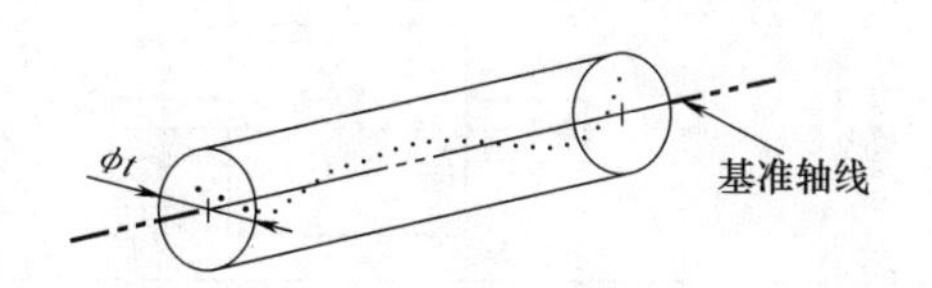	大圆柱面的提取（实际）中心线应限定在直径等于ϕ0.08、以公共基准轴线A—B为轴线的圆柱面内 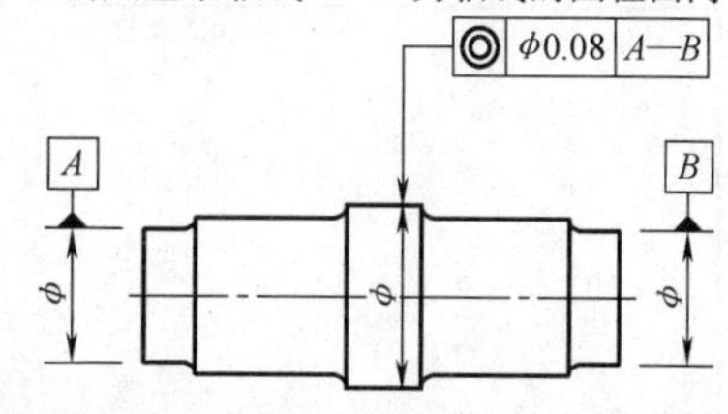 大圆柱面的提取（实际）中心线应限定在直径等于ϕ0.1、以基准轴线A为轴线的圆柱面内（见图a） 大圆柱面的提取（实际）中心线应限定在直径等于ϕ0.1、以垂直于基准平面A的基准轴线B为轴线的圆柱面内（见图b） 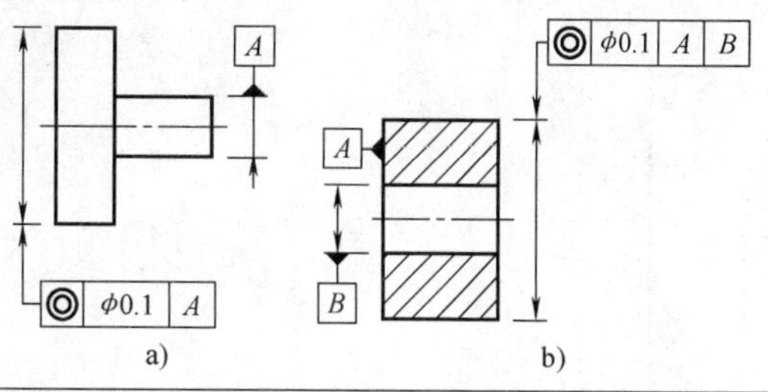 a) b)

（续）

符号	公差带的定义	标注及解释
	14　对称度公差	
	14.1　中心平面的对称度公差	
⌯	公差带为间距等于公差值 t，对称于基准中心平面的两平行平面所限定的区域 基准中心平面	提取（实际）中心面应限定在间距等于0.08、对称于基准中心平面 A 的两平行平面之间 提取（实际）中心面应限定在间距等于0.08、对称于公共基准中心平面 $A—B$ 的两平行平面之间
	15　圆跳动公差	
	15.1　径向圆跳动公差	
↗	公差带为在任一垂直于基准轴线的横截面内、半径差等于公差值 t、圆心在基准轴线上的两同心圆所限定的区域 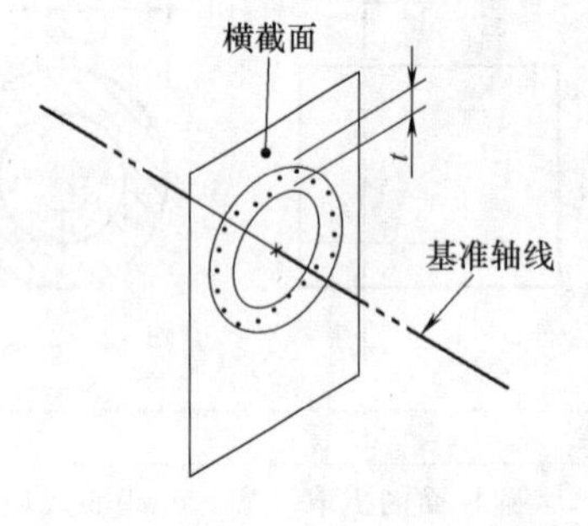 	在任一垂直于基准 A 的横截面内，提取（实际）圆应限定在半径差等于0.1，圆心在基准轴线 A 上的两同心圆之间（见图a） 在任一平行于基准平面 B、垂直于基准轴线 A 的截面上，提取（实际）圆应限定在半径差等于0.1，圆心在基准轴线 A 上的两同心圆之间（见图b） 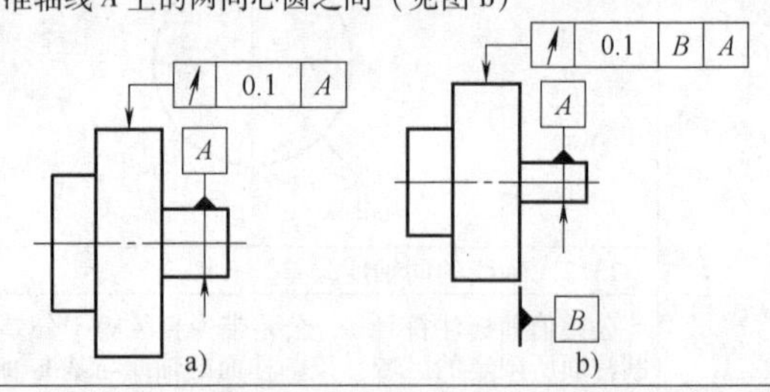 a)　b)
		在任一垂直于公共基准轴线 $A—B$ 的横截面内，提取（实际）圆应限定在半径差等于0.1、圆心在基准轴线 $A—B$ 上的两同心圆之间 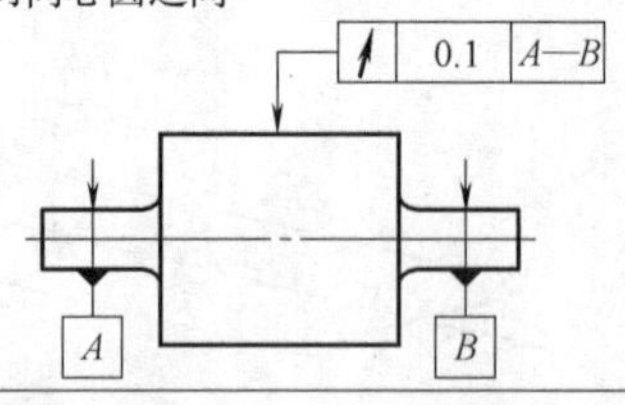
	圆跳动通常适用于整个要素，但亦可规定只适用于局部要素的某一指定部分	在任一垂直于基准轴线 A 的横截面内，提取（实际）圆弧应限定在半径差等于0.2、圆心在基准轴线 A 上的两同心圆弧之间 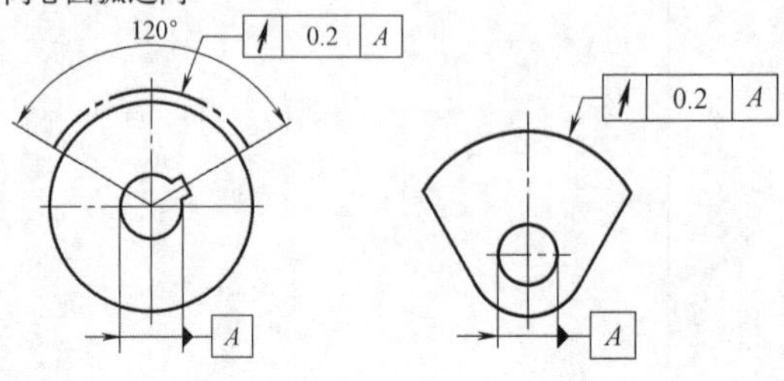

（续）

符号	公差带的定义	标注及解释
	15.2 轴向圆跳动公差	
	公差带为与基准轴线同轴的任一半径的圆柱截面上，间距等于公差值 t 的两圆所限定的圆柱面区域 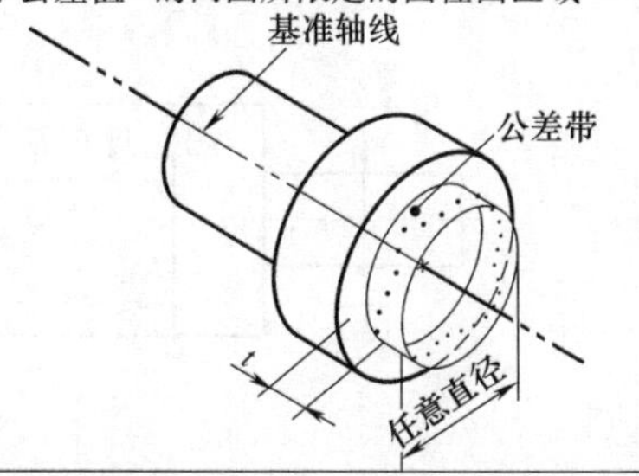	在与基准轴线 D 同轴的任一圆柱形截面上，提取（实际）圆应限定在轴向距离等于0.1的两个等圆之间 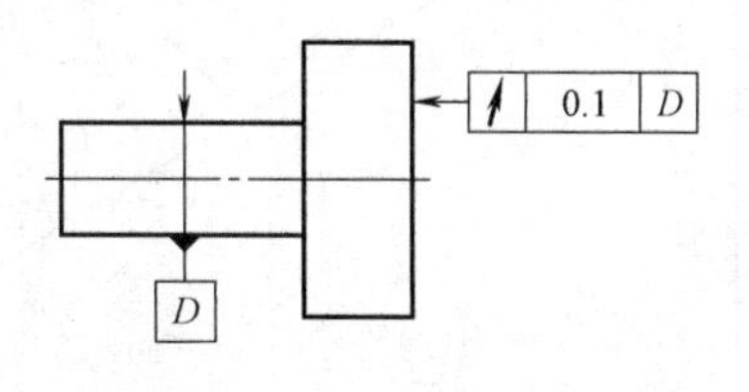
	15.3 斜向圆跳动公差	
↗	公差带为与基准轴线同轴的某一圆锥截面上，间距等于公差值 t 的两圆所限定的圆锥面区域 除非另有规定，测量方向应沿被测表面的法向 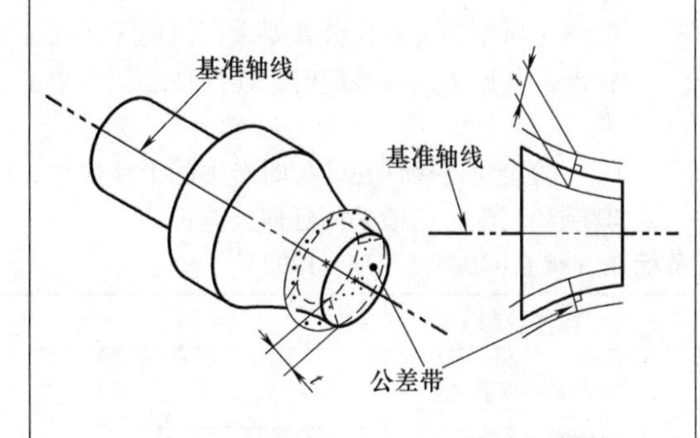	在与基准轴线 C 同轴的任一圆锥截面上，提取（实际）线应限定在素线方向间距等于0.1的两不等圆之间 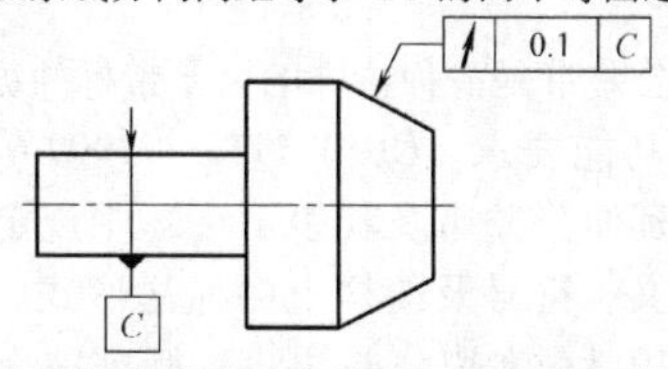 当标注公差的素线不是直线时，圆锥截面的锥角要随所测圆的实际位置而改变 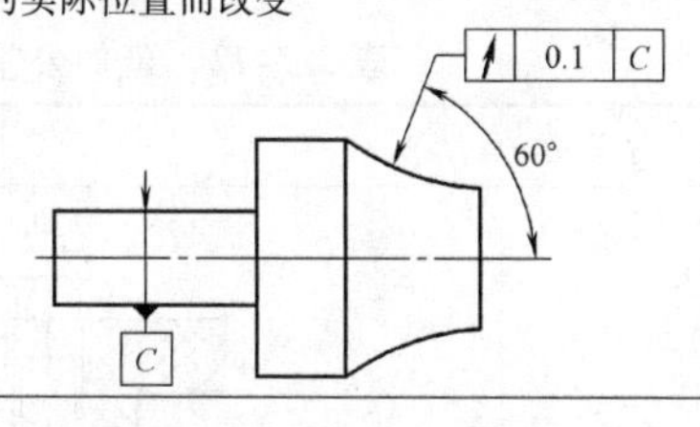
	15.4 给定方向的斜向圆跳动公差	
	公差带为在与基准轴线同轴的、具有给定锥角的任一圆锥截面上，间距等于公差值 t 的两不等圆所限定的区域 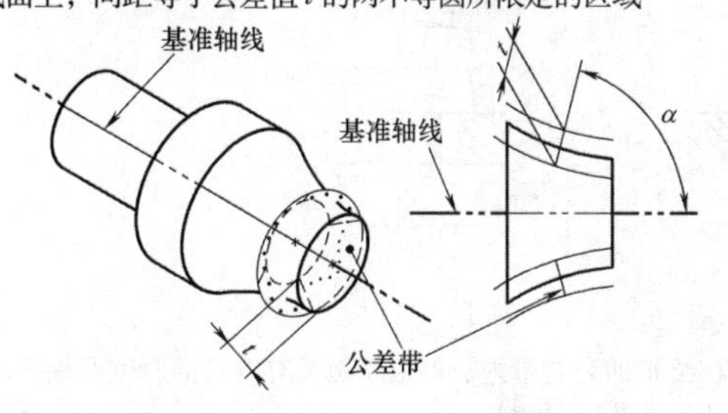	在与基准轴线 C 同轴且具有给定角度60°的任一圆锥截面上，提取（实际）圆应限定在素线方向间距等于0.1的两不等圆之间 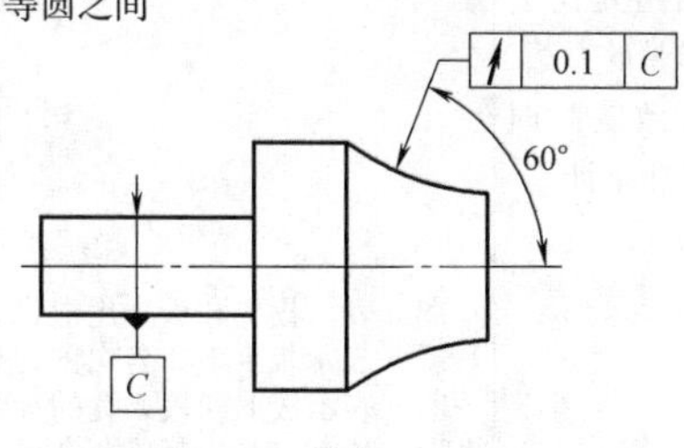
	16 全跳动公差	
	16.1 径向全跳动公差	
⌰	公差带为半径差等于公差值 t，与基准轴线同轴的两圆柱面所限定的区域 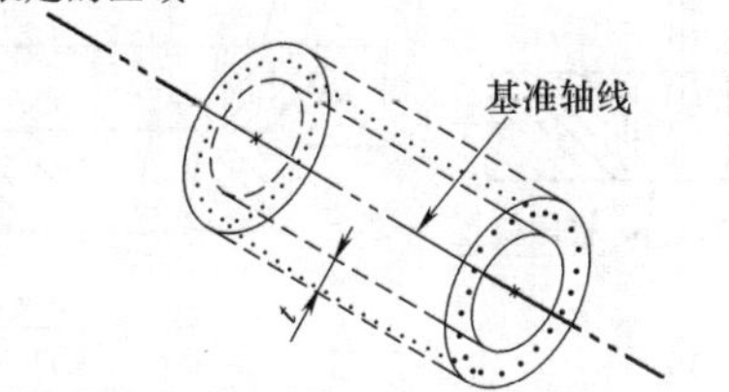	提取（实际）表面应限定在半径差等于0.1，与公共基准轴线 $A—B$ 同轴的两圆柱面之间 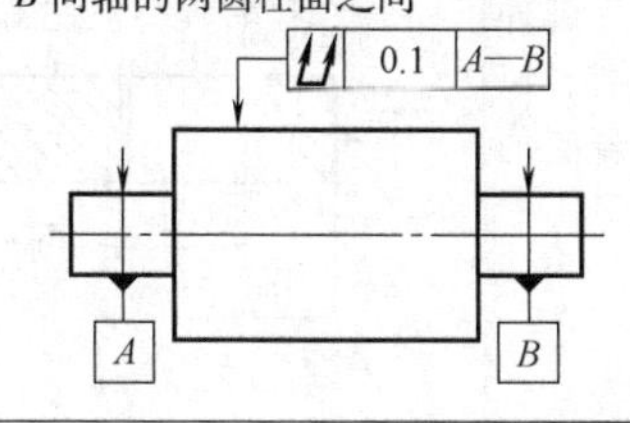

（续）

符号	公差带的定义	标注及解释
	16.2 轴向全跳动公差	
	公差带为间距等于公差值 t，垂直于基准轴线的两平行平面所限定的区域 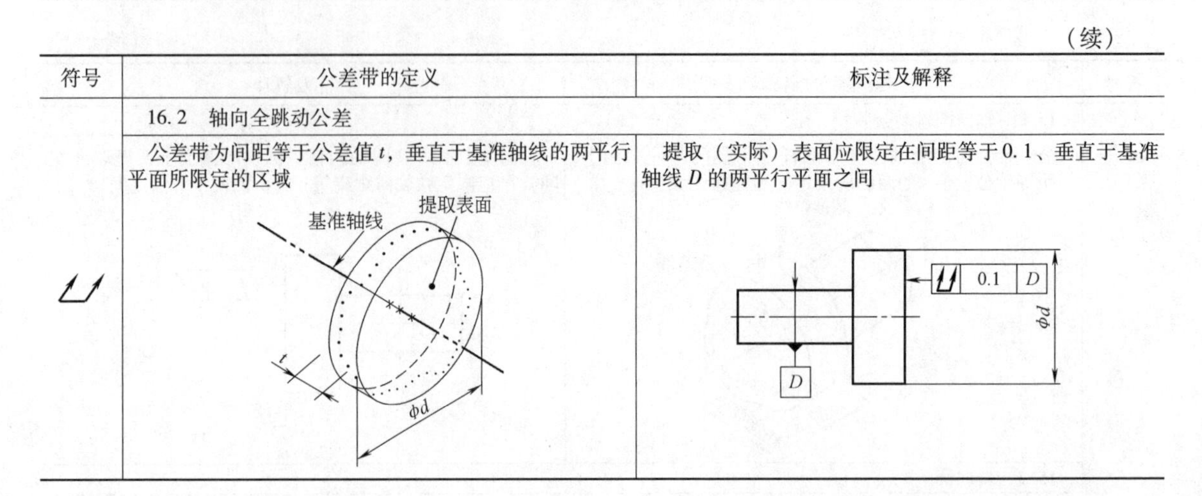	提取（实际）表面应限定在间距等于0.1、垂直于基准轴线 D 的两平行平面之间

5 延伸公差带的含义及标注

延伸公差带是一种特殊的公差带标注方法，以满足特殊的功能要求。GB/T 17773—1999《形状和位置公差 延伸公差带及其表示法》中规定了延伸公差带的含义、符号及图样上的标注形式。修订后的GB/T 13319《位置度公差注法》标准中也将其纳入附录。

（1）延伸公差带的含义（见表2.3-12）

对于螺纹件（螺钉、螺柱、螺栓等）、销、键等连接件，如各自给出几何公差要求，常会出现虽各自能满足所给出的几何公差要求，但仍无法保证装配的情况。其原因是在装配时，连接件之间产生了干涉现象。

为避免连接件在装配时产生的干涉现象，以保证其顺利装配，应该采用延伸公差带。

表2.3-12 延伸公差带含义及标注（摘自GB/T 17773—1999）

序号	含义	标注解释
1	采用各自给出几何公差带的方法，导致装配时产生干涉	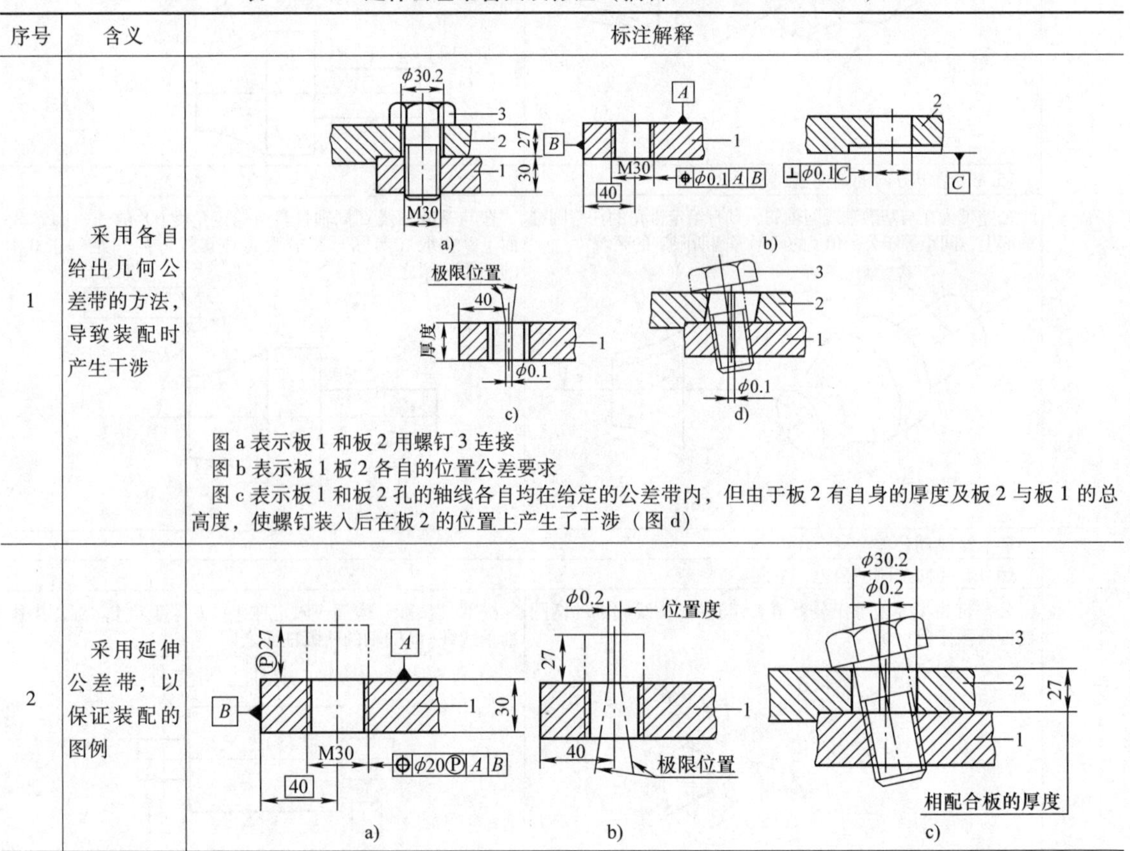 a) b) c) d) 图a表示板1和板2用螺钉3连接 图b表示板1板2各自的位置公差要求 图c表示板1和板2孔的轴线各自均在给定的公差带内，但由于板2有自身的厚度及板2与板1的总高度，使螺钉装入后在板2的位置上产生了干涉（图d）
2	采用延伸公差带，以保证装配的图例	a) b) c)

（续）

序号	含义	标注解释
2	采用延伸公差带，以保证装配的图例	a 表示板 1 螺孔轴线的位置度公差不在板 1 处控制，而是将其向板 2 延伸在板 2 的位置上控制。此时，应加注延伸公差带符号Ⓟ b 表示在板 2 高度处控制板 1 的实际轴线在给定的公差带内 c 表示由于在板 2 处的板 1 孔的轴线已被控制在公差带内，则必然不再产生干涉，可以顺利地用螺钉 3 进行装配
3	采用延伸公差带时应加注延伸公差带符号Ⓟ	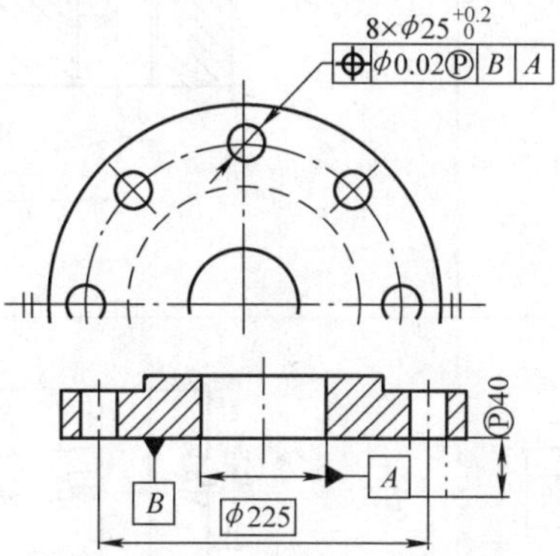 在图样上除应将符号Ⓟ加注在几何公差框格中公差值的右边外，还应在图样中延伸长度的尺寸数字前加注符号Ⓟ

（2）延伸公差带的符号及标注

采用延伸公差带时应加注延伸公差带符号，延伸公差带符号采用其英文名词 Project Tolerance Zone 中的第一个字的字首 P 并围以圆圈，即Ⓟ。

在图样上除应将符号Ⓟ加注在几何公差框格中公差值的右边外，还应在图样中延伸长度的尺寸数字前加注符号Ⓟ。

（3）延伸公差带示例（见表 2.3-13）

延伸公差带常用于螺纹连接、销连接和键连接等。延伸公差带的采用类型根据零件功能要求而定。

表 2.3-13　延伸公差带示例

序号	应用场合	标　注	公差带解释
1	用于控制螺孔轴线相对于板Ⅰ的正确位置	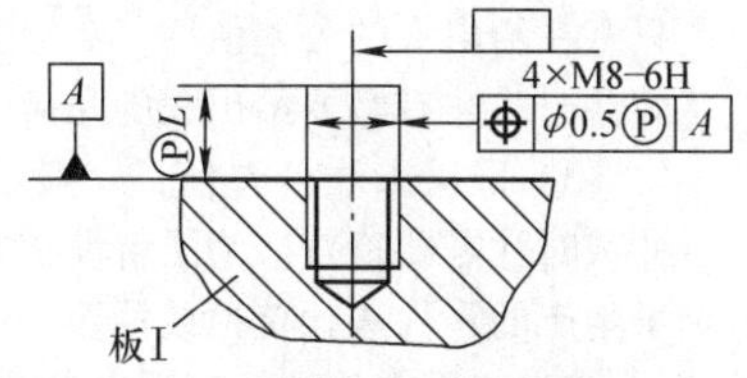	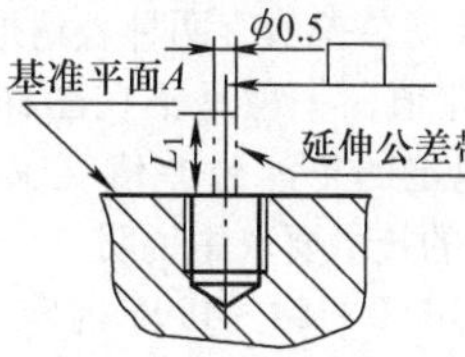
2	用于控制两轴线在任意方向的垂直相交	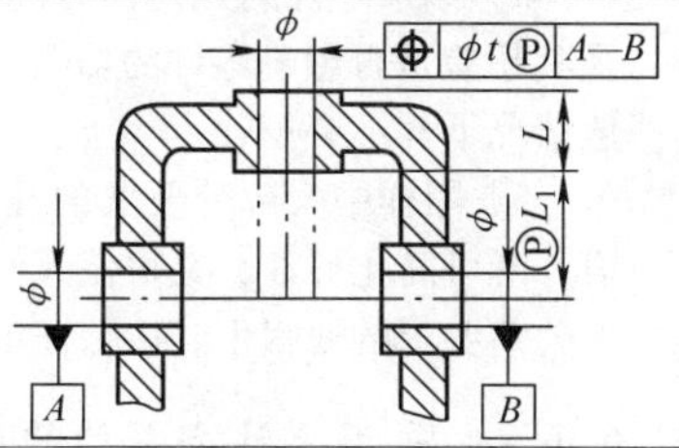	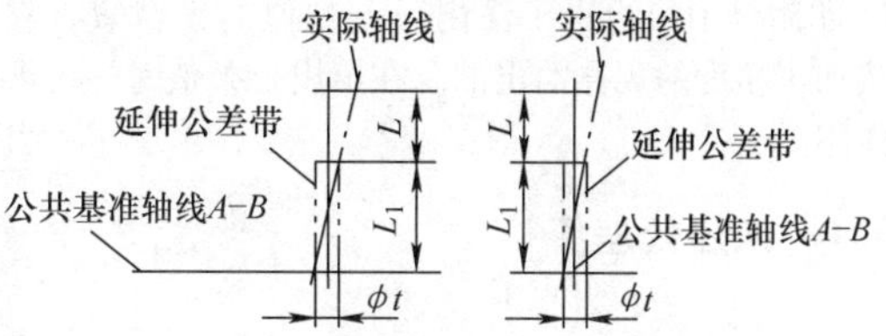
3	用于控制与基准有一段距离的轴线的正确位置	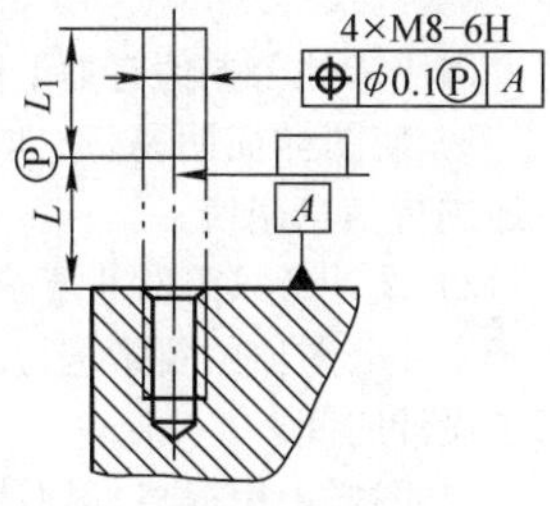	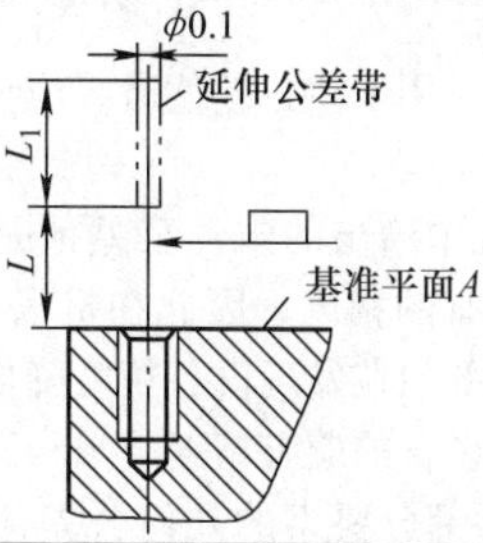

（续）

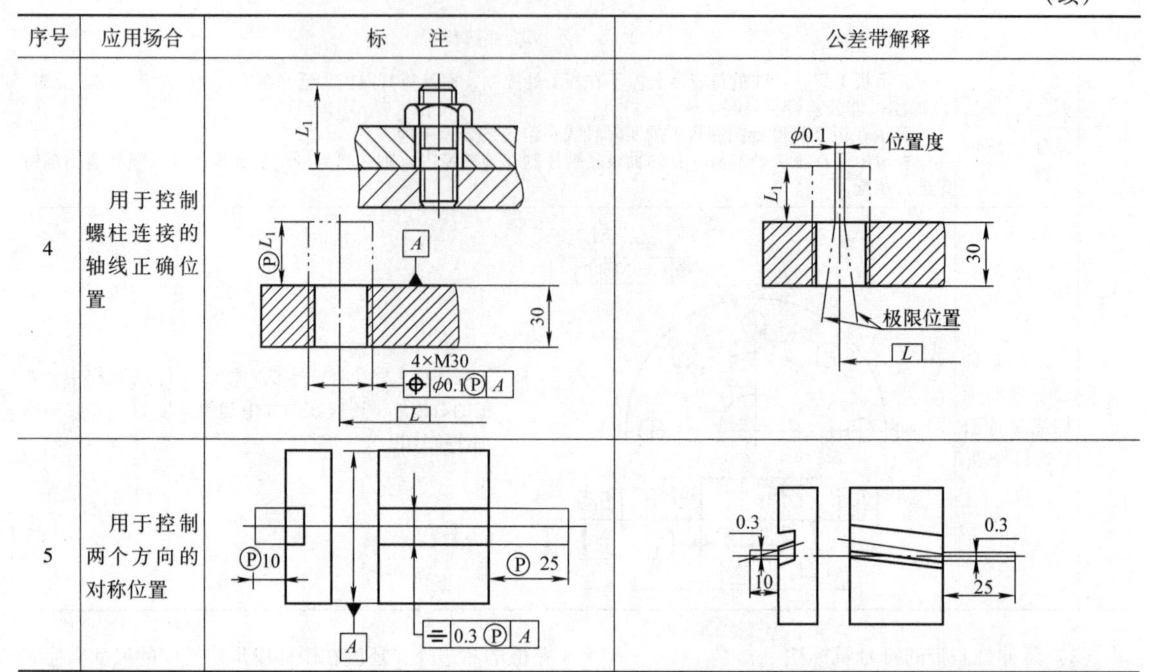

序号	应用场合	标　注	公差带解释
4	用于控制螺柱连接的轴线正确位置		
5	用于控制两个方向的对称位置		

6　几何公差的公差值

零件要素的几何公差值决定几何公差带的宽度或直径，是控制零件制造精度的重要指标。合理的给出几何公差值，对于保证产品的功能、提高产品质量、降低制造成本是至关重要的。

图样中的几何公差值有两种表达形式：一种是在框格内注出公差值；一种是不在图样中注出，采用GB/T 1184中规定的未注公差值（又称为一般公差值），并在图样的技术要求中说明。

国家标准GB/T 1184—1996规定了未注公差值。它与国际标准ISO2768—2∶1989是一致的。在GB/T 1184附录中，给出了注出公差的值的系数表，它是按加工精度的规律给出的。在给出公差值时，可参考使用。

6.1　未注公差值

6.1.1　未注公差值的基本概念

在图形中采用未注公差值时，应该建立以下几个基本概念。

1）在标准中给出的未注公差值是基于各类工厂的常用设备应有的精度，因此在贯彻GB/T 1184时，要求工厂有关部门在发现设备精度降低时，应立即加以修复，保持设备的应有精度。

2）由于大部分要素的几何公差值应是工厂中常用设备能保证的精度，因此不需在图样中标注其公差值。只有当要素的公差值小于未注公差值时，即零件要素的精度高于未注公差值的精度时，才需要在图样中用框格给出几何公差要求。

当要素的几何公差值大于未注公差值时，一般仍采用未注公差值，不需要用框格给出几何公差要求。只有在给出大的公差值后，会给工厂的加工带来经济效益时，才有必要给出大的几何公差值。

3）采用未注公差值，一般不需要检查，只有在仲裁时才需要检查。为了解设备的精度，可以对于批量生产的零件进行首检或抽检。

4）如果零件的几何误差超出了未注公差值，要视其超差是否影响零件的功能，才确定拒收与否。一般情况下，不必拒收。

5）图样中大部分要素的几何公差值是未注公差值，既可简化标注，又可使人们的注意力集中到有几何公差要求的要素上，以保证零件的质量。

6.1.2　采用未注公差值的优点

采用未注公差值有如下优点：

1）使图样简明易读，既节省绘图时间，又能高效地进行信息交换。

2）设计者只需对小于未注公差值的要素和部分大于未注公差值的要素进行公差值的计算和选择，节省了设计时间。

3）图样中用框格标注法对极少数关键要素给出

几何公差值，重点突出。在安排生产和质量控制、检查验收中会集中精力，保证这个重点。

4）由于工厂的设备能满足未注公差值的要求，一般不需要对零件要素进行检测，只需抽样检查工厂的设备和加工的精度，以保证不被破坏，必要时可对零件要素进行抽查或首检。

6.1.3 未注公差值的规定

（1）直线度和平面度

直线度和平面度的未注公差值见表2.3-14。表中的“基本长度”对于直线度是指其被测长度，对平面度，如被测要素是平面则指较长一边的长度，是圆平面则指其直径。H、K、L为未注公差的三个等级。

（2）圆度

圆度的未注公差值为其相应的直径公差值，但不能大于表2.3-17中的径向圆跳动值。因为圆度误差会直接反映到径向圆跳动值中去，而径向圆跳动值则是几何误差的综合反映。

表2.3-14 直线度和平面度未注公差值 （mm）

公差等级	直线度和平面度基本长度的范围					
	～10	＞10～30	＞30～100	＞100～300	＞300～1000	＞1000～3000
H	0.02	0.05	0.1	0.2	0.3	0.4
K	0.05	0.1	0.2	0.4	0.6	0.8
L	0.1	0.2	0.4	0.8	1.2	1.6

（3）圆柱度

圆柱度误差由圆度、轴线直线度、素线直线度和素线平行度等误差组成。其中每一项误差均由它们的注出公差或未注公差控制。

如因功能要求，圆柱度需小于圆度、轴线直线度、素线直线度、素线平行度的综合反映值，应在图样中用框格注出。

圆柱形零件遵守包容要求（加注符号Ⓔ）时，则圆柱度误差受其最大实体边界的控制。

（4）线、面轮廓度

在标准中对线、面轮廓度的未注公差值未作具体规定。线、面轮廓度误差直接与该线、面轮廓的线性尺寸公差或角度公差有关，受注出或未注的线性尺寸公差或角度公差控制。

（5）倾斜度

倾斜度未注公差值在标准中未作规定，由注出或未注出的角度公差控制。

（6）平行度

平行度的未注公差值等于其相应的尺寸公差（两要素间的距离公差）值，或等于其平面度或直线度的未注公差值，取两者中数值较大者。两个要素中取较长者作为基准要素，较短者作为被测要素。如两要素长度相等，则可取任一要素作为基准要素。

（7）垂直度

垂直度的未注公差值见表2.3-15。形成直角的两要素中的较长者作为基准要素，较短者为被测要素。如两者相等，则可取任一要素作为基准要素。

（8）对称度

对称度的未注公差值见表2.3-16两要素中较长者作为基准要素，如两要素长度相等，可取任一要素作为基准要素。

表2.3-15 垂直度未注公差值 （mm）

公差等级	垂直度公差短边基本长度的范围			
	≤100	＞100～300	＞300～1000	＞1000～3000
H	0.2	0.3	0.4	0.5
K	0.4	0.6	0.8	1
L	0.6	1	1.5	2

表2.3-16 对称度未注公差值 （mm）

公差等级	对称度公差基本长度的范围			
	≤100	＞100～300	＞300～1000	＞1000～3000
H	0.5	0.5	0.5	0.5
K	0.6	0.6	0.8	1
L	0.6	1	1.5	2

对称度的未注公差值用于至少两个要素中有一个是中心平面，或者是轴线互相垂直的两要素。

（9）同轴度

同轴度误差会直接反映到径向圆跳动误差值中。但径向圆跳动误差值除包括同轴度误差外，还包括圆度误差。因此，在极限情况下，同轴度误差值可取表2.3-17中圆跳动值。

（10）位置度

位置度的未注公差值在标准中未作规定。因为位置度误差是一项综合性误差，是各项误差的综合反映，不需要另行规定位置度的未注公差值。

（11）圆跳动

圆跳动包括径向、轴向和斜向圆跳动，其未注公差值见表2.3-17。

表 2.3-17　圆跳动未注公差值（mm）

公差等级	圆跳动公差值
H	0.1
K	0.2
L	0.5

对于圆跳动未注公差值，应选择设计给出的支承轴线作为基准要素。如无法选择支承轴线，则对于径向圆跳动应取两要素中较长者为基准要素。如两要素相等，则取任一要素为基准要素。对于轴向和斜向圆跳动，其基准必然是支承它的轴线。

6.1.4　未注公差值在图样上的表示方法

为明确图样中的各要素未注公差值，应按照标准中规定选择合适的等级，并在标题栏内或附近注出，如："未注形位公差采用 GB/T 1184—H"，也可简化为"GB/T 1184—H"。在一张图样中，未注公差值应采用同一个等级。未注公差值也可在企业标准中统一规定，以省去图样中的说明。

6.1.5　未注公差值的测量

根据 GB/T 4249 的规定，未注公差值应采用两点法测量，遵守独立原则。

提取实际要素处处都是最大实体尺寸时，仍然会产生几何误差。因此，图样中没有注出几何公差值时，应遵守未注公差值的规定，见图 2.3-2a。图 2.3-2b 表示当横截面内的圆呈奇数棱状，其直径处处都处于最大实体尺寸 ϕ150.5mm（未注尺寸公差为 ±0.5mm）时，还会产生圆度误差 0.1mm。图 2.3-2c 表示在纵剖面内的轴，当其直径处处都是 ϕ150.5mm 时，还会产生轴线直线度误差 0.2mm。

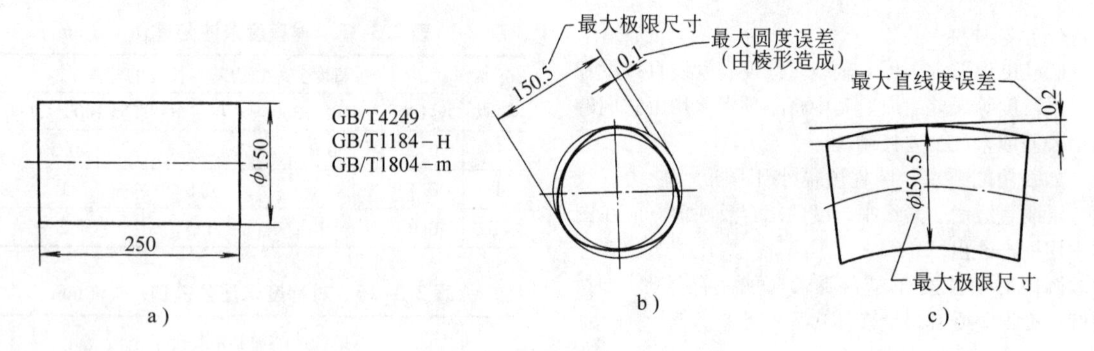

图 2.3-2　遵守未注公差值图例

6.1.6　未注公差值的应用要点

（1）圆度

注出直径公差值的圆要素。图 2.3-3a 为注出直径公差值 $\phi25^{\ 0}_{-0.1}$，其圆度未注公差值应等于尺寸公差值 0.1mm，见图 2.3-3b。

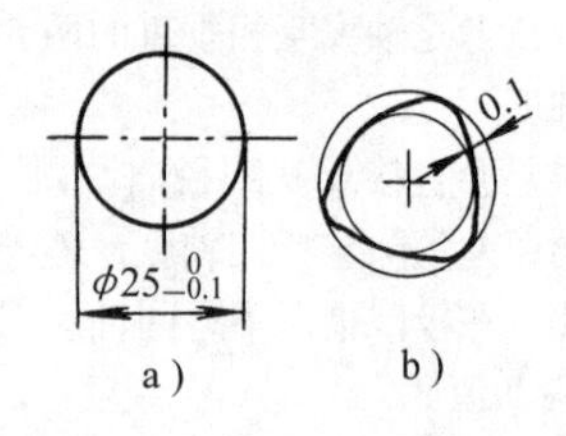

图 2.3-3　注出尺寸公差值控制圆度

采用未注公差的圆要素。图 2.3-4a 规定其未注尺寸公差按 GB/T 1804 中 m 级，其未注几何公差按 GB/T 1184 中 K 级（仅对直线度而言）。图 2.3-4b 表示其未注圆度公差值按其未注尺寸公差值取 0.2mm（见表 2.3-17），其素线直线度和轴线直线度未注公差值则按 GB/T 1184—K，即 0.1mm。

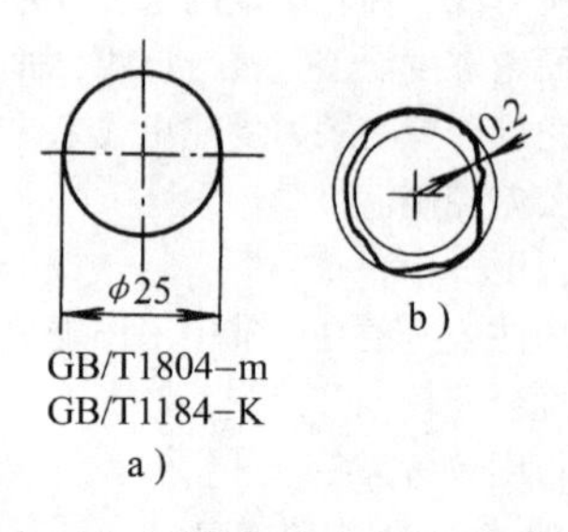

图 2.3-4　未注尺寸公差值控制圆度

（2）圆柱度

由于圆度、直线度和两相应素线的平行度同时反映到圆柱度误差中去，因此它们综合形成的圆柱度未注公差值应小于上述三种公差值的综合值。为简单起见，采用包容要求Ⓔ或注出圆柱度公差，较为适宜。

（3）平行度

由于几何公差采用公差带概念，平行度误差可由尺寸（距离）公差值控制（图 2.3-5）；如果提取实际要素处处均为最大实体尺寸，此时无法用尺寸公差控制，则由直线度、平面度未注公差值控制（图 2.3-6）。

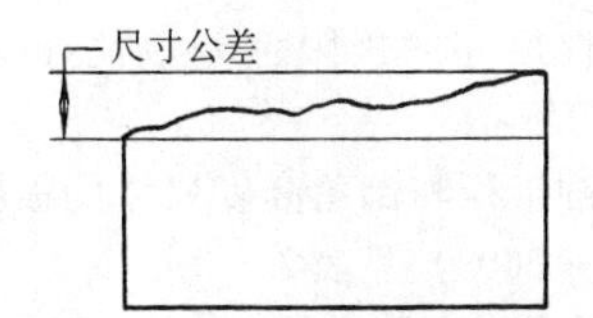

图2.3-5　尺寸公差值控制直线度

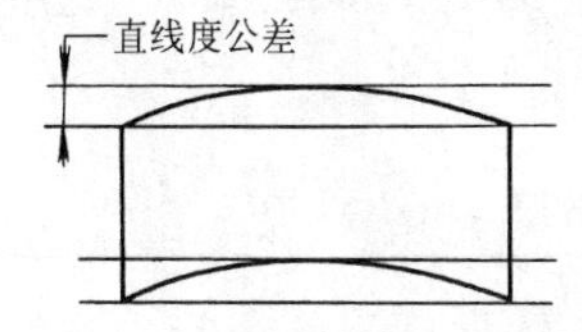

图2.3-6　直线度公差控制直线度

（4）对称度

对称度的未注公差应取较长要素为基准，如两要素长度相等则可任选一要素为基准（见图2.3-7）。

图2.3-7a，$l_2>l_1$，l_2 为基准要素，l_1 为被测要素；

图2.3-7b，$l_1>l_2$，l_2 为基准要素，l_1 为被测要素；

图2.3-7c，$l_2>l_1$，l_2 为基准要素，l_1 为被测要素；

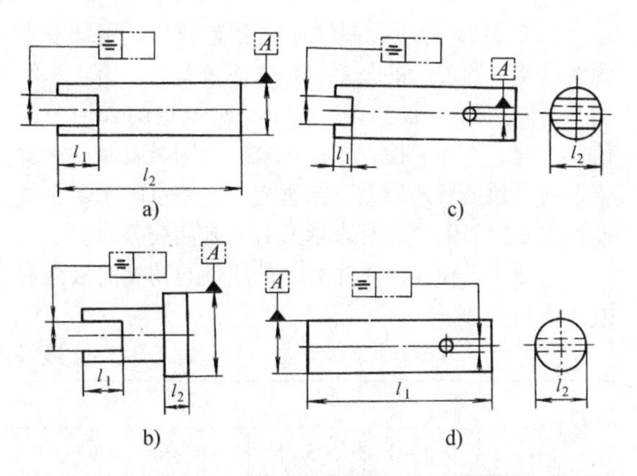

图2.3-7　对称度未注公差的基准选取

图2.3-7d，$l_1>l_2$，l_1 为基准要素，l_2 为被测要素。

6.1.7　综合示例

图2.3-8a为一销轴，除轴 $\phi15_{-0.15}^{\ 0}$ 的径向圆跳动和孔 $\phi3H12$（$^{+0.1}_{\ 0}$）的轴线位置度外，其余几何公差值都由未注公差控制。尺寸公差除注出外，也均由未注公差控制。

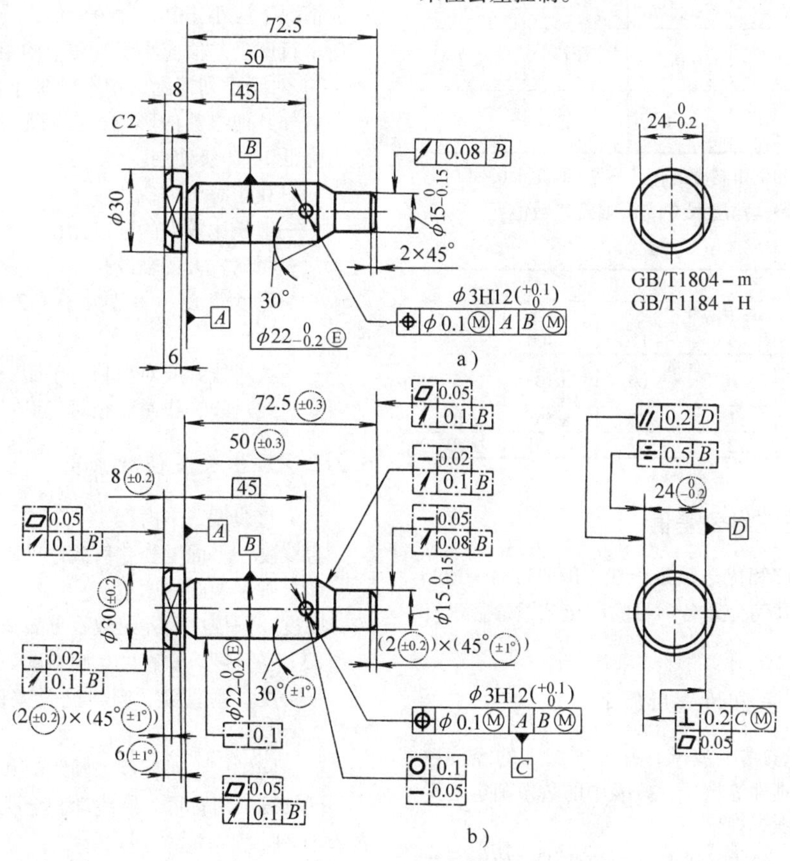

图2.3-8　综合示例

图2.3-8b为应控制的未注公差项目。用细双点画线框格或圆表示的公差值是未注公差值。由于车间加工时能达到或小于GB/T 1184所规定的未注公差值，因此，不要求检查。有些公差值同时限制了该要素上的其他项目的误差，如垂直度公差也限制了直线度误差，因而图中没有表示所有的未注公差值。

为便于查找，将未注公差的线性与角度的极限偏差数值列表如下：

——线性尺寸的极限偏差数值（GB/T 1804—2000）见表2.3-18。

——倒圆半径和倒角高度尺寸的极限偏差数值（GB/T 1804—2000）见表2.3-19。

——角度尺寸的极限偏差值按角度短边的长度确定，其数值按（GB/T 1804—2000）选用，见表2.3-20。

表2.3-18　线性尺寸的极限偏差数值　（mm）

公差等级	尺寸分段							
	0.5～3	>3～6	>6～30	>30～120	>120～400	>400～1000	>1000～2000	>2000～4000
精密f	±0.05	±0.05	±0.1	±0.15	±0.2	±0.3	±0.5	—
中等m	±0.1	±0.1	±0.2	±0.3	±0.5	±0.8	±1.2	±2
粗糙c	±0.2	±0.3	±0.5	±0.8	±1.2	±2	±3	±4
最粗v		±0.5	±1	±1.5	±2.5	±4	±6	±8

表2.3-19　倒圆半径和倒角高度尺寸的极限偏差数值　（mm）

公差等级	基本尺寸分段			
	0.5～3	>3～6	>6～30	>30
精密f 中等m	±0.2	±0.5	±1	±2
粗糙c 最粗v	±0.4	±1	±2	±4

注：倒圆半径和倒角高度的含义参见GB/T 6403.4。

表2.3-20　角度尺寸的极限偏差数值　（mm）

公差等级	长度分段				
	～10	>10～50	>50～120	>120～400	>400
精密f 中等m	±1°	±30′	±20′	±10′	±5′
粗糙c	±1°30′	±1°	±30′	±15′	±10′
最粗v	±3°	±2°	±1°	±30′	±20′

6.2　几何公差注出公差值

根据加工规律和优选数系，在GB/T 1184—1996的附录中提出了几何公差各项目的注出公差值，供设计者参照用。

6.2.1　注出公差值的选用原则

1）根据零件的功能要求，并考虑加工的经济性和零件的结构、刚性等情况，按表中的数系确定要素的公差值。并考虑下列情况：

在同一要素上给出的形状公差值应小于位置公差值。如要求平行的两个平面，其平面度公差值应小于平行度公差值；

圆柱形零件的形状公差值（轴线的直线度除外）一般情况下应小于其尺寸公差值；

平行度公差值应小于其相应的距离公差值。

2）对于下列情况，考虑到加工的难易程度和除主参数外其他参数的影响，在满足零件功能要求下，适当降低1～2级使用。

——孔相对于轴；

——细长比较大的轴或孔；

——距离较大的轴或孔；

——宽度较大（一般大于1/2长度）的零件表面；

——线对线和线对面相对于面对面的平行度；

——线对线和线对面相对于面对面的垂直度。

6.2.2　注出公差值数系表

（1）直线度、平面度

直线度、平面度公差值数系见表2.3-21。

（2）圆度、圆柱度

圆度、圆柱度公差值数系见表2.3-22。

（3）平行度、垂直度、倾斜度

平行度、垂直度、倾斜度公差值数系见表2.3-23。

（4）同轴度、对称度、圆跳动和全跳动

同轴度、对称度、圆跳动和全跳动公差值数系见表2.3-24。

表 2.3-21　直线度、平面度（摘自 GB/T 1184—1996）

主参数 *L* 图例

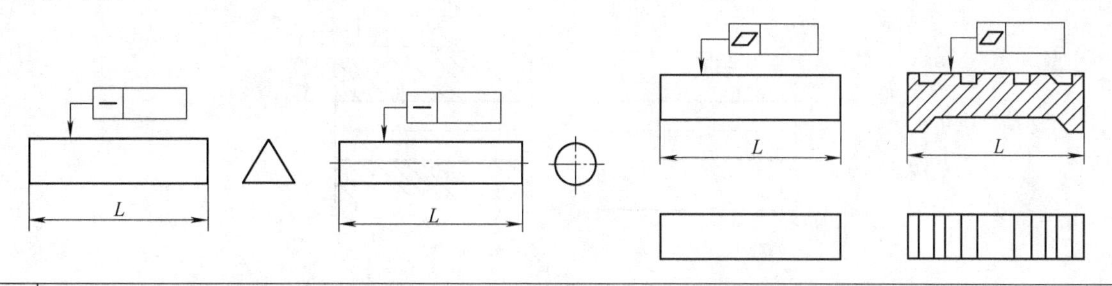

公差等级	主参数 L/mm															
	≤10	>10 ~16	>16 ~25	>25 ~40	>40 ~63	>63 ~100	>100 ~160	>160 ~250	>250 ~400	>400 ~630	>630 ~1000	>1000 ~1600	>1600 ~2500	>2500 ~4000	>4000 ~6300	>6300 ~10000
	公差值/μm															
1	0.2	0.25	0.3	0.4	0.5	0.6	0.8	1	1.2	1.5	2	2.5	3	4	5	6
2	0.4	0.5	0.6	0.8	1	1.2	1.5	2	2.5	3	4	5	6	8	10	12
3	0.8	1	1.2	1.5	2	2.5	3	4	5	6	8	10	12	15	20	25
4	1.2	1.5	2	2.5	3	4	5	6	8	10	12	15	20	25	30	40
5	2	2.5	3	4	5	6	8	10	12	15	20	25	30	40	50	60
6	3	4	5	6	8	10	12	15	20	25	30	40	50	60	80	100
7	5	6	8	10	12	15	20	25	30	40	50	60	80	100	120	150
8	8	10	12	15	20	25	30	40	50	60	80	100	120	150	200	250
9	12	15	20	25	30	40	50	60	80	100	120	150	200	250	300	400
10	20	25	30	40	50	60	80	100	120	150	200	250	300	400	500	600
11	30	40	50	60	80	100	120	150	200	250	300	400	500	600	800	1000
12	60	80	100	120	150	200	250	300	400	500	600	800	1000	1200	1500	2000

公差等级	应用举例
1、2	用于精密量具、测量仪器和精度要求极高的精密机械零件，如高精度量规、样板平尺、工具显微镜等精密测量仪器的导轨面，喷油嘴针阀体端面，油泵柱塞套端面等高精度零件
3	用于0级及1级宽平尺的工作面，1级样板平尺的工作面，测量仪器圆弧导轨，测量仪器测杆等
4	用于量具、测量仪器和高精度机床的导轨，如0级平板，测量仪器的V形导轨，高精度平面磨床的V形滚动导轨，轴承磨床床身导轨，液压阀芯等
5	用于1级平板，2级宽平尺，平面磨床的纵导轨、垂直导轨、立柱导轨及工作台，液压龙门刨床和转塔车床床身的导轨，柴油机进、排气门导杆
6	用于普通机床导轨面，如普通车床、龙门刨床、滚齿机、自动车床等的床身导轨、立柱导轨，滚齿机、卧式镗床、铣床的工作台及机床主轴箱导轨、柴油机体结合面等
7	用于2级平板，分度值0.02mm游标卡尺尺身，机床主轴箱体，摇臂钻床底座工作台，镗床工作台，液压泵泵盖等
8	用于机床传动箱体，挂轮箱体，车床溜板箱体，主轴箱体，柴油机气缸体，连杆分离面，缸盖结合面，汽车发动机缸盖，曲轴箱体等及减速器壳体的结合面
9	用于3级平板，机床溜板箱，立钻工作台，螺纹磨床的挂轮架，金相显微镜的载物台，柴油机气缸体，连杆的分离面，缸盖的结合面，阀片，空气压缩机的气缸体，液压管件和法兰的连接面等
10	用于3级平板，自动车床床身底面，车床挂轮架，柴油机气缸体，摩托车的曲轴箱体，汽车变速器的壳体，汽车发动机缸盖结合面，阀片，以及辅助机构及手动机械的支承面
11、12	用于易变形的薄片，薄壳零件，如离合器的摩擦片，汽车发动机缸盖的结合面，手动机械支架，机床法兰等

注：应用举例不属本标准内容，仅供参考。

表 2.3-22　圆度、圆柱度（摘自 GB/T 1184—1996）

主参数 $d(D)$ 图例

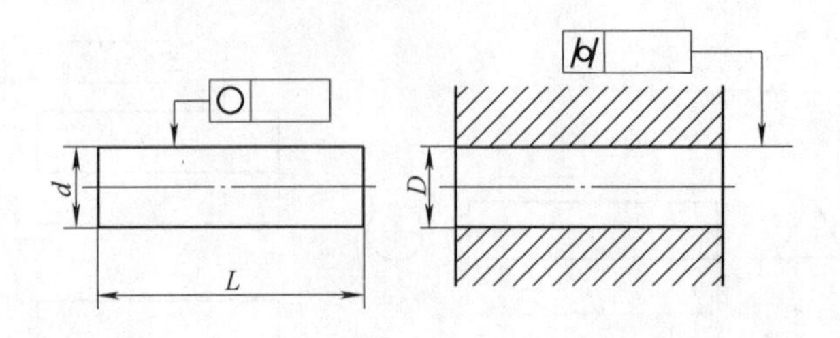

公差等级	主参数 $d(D)$ /mm												
	≤3	>3~6	>6~10	10~18	>18~30	>30~50	>50~80	>80~120	>120~180	>180~250	>250~315	>315~400	>400~500
	公差值/μm												
0	0.1	0.1	0.12	0.15	0.2	0.25	0.3	0.4	0.6	0.8	1.0	1.2	1.5
1	0.2	0.2	0.25	0.25	0.3	0.4	0.5	0.6	1	1.2	1.6	2	2.5
2	0.3	0.4	0.4	0.5	0.6	0.6	0.8	1	1.2	2	2.5	3	4
3	0.5	0.6	0.6	0.8	1	1	1.2	1.5	2	3	4	5	6
4	0.8	1	1	1.2	1.5	1.5	2	2.5	3.5	4.5	6	7	8
5	1.2	1.5	1.5	2	2.5	2.5	3	4	5	7	8	9	10
6	2	2.5	2.5	3	4	4	5	6	8	10	12	13	15
7	3	4	4	5	6	7	8	10	12	14	16	18	20
8	4	5	6	8	9	11	13	15	18	20	23	25	27
9	6	8	9	11	13	16	19	22	25	29	32	36	40
10	10	12	15	18	21	25	30	35	40	46	52	57	63
11	14	18	22	27	33	39	46	54	63	72	81	89	97
12	25	30	36	43	52	62	74	87	100	115	130	140	155

公差等级	应用举例
1	高精度量仪主轴，高精度机床主轴，滚动轴承滚珠和滚柱等
2	精密量仪主轴、外套、阀套，高压油泵柱塞及套，纺锭轴承，高速柴油机进、排气门，精密机床主轴轴径，针阀圆柱表面，喷油泵柱塞及柱塞套
3	小工具显微镜套管外圆，高精度外圆磨床轴承，磨床砂轮主轴套筒，喷油嘴针阀体，高精度微型轴承内外圈
4	较精密机床主轴，精密机床主轴箱孔，高压阀门活塞、活塞销、阀体孔，小工具显微镜顶针，高压油泵柱塞，较高精度滚动轴承配合的轴，铣床动力头箱体孔等
5	一般量仪主轴，测杆外圆，陀螺仪轴颈，一般机床主轴，较精密机床主轴箱孔，柴油机、汽油机活塞、活塞销孔，铣床动力头、轴承座孔，高压空气压缩机十字头销、活塞，较低精度滚动轴承配合的轴等
6	仪表端盖外圆，一般机床主轴及箱孔，中等压力液压装置工作面（包括泵、压缩机的活塞和气缸），汽车发动机凸轮轴，纺织机锭子，通用减速器轴颈，高速船用发动机曲轴，拖拉机曲轴主轴颈
7	大功率低速柴油机曲轴、活塞、活塞销、连杆、气缸，高速柴油机箱体孔，千斤顶或液压油缸活塞，液压传动系统的分配机构，机车传动轴，水泵及一般减速器轴颈
8	低速发动机、减速器、大功率曲柄轴轴颈，压缩机连杆盖、体，拖拉机气缸体、活塞，炼胶机冷铸轴辊，印刷机传墨辊，内燃机曲轴，柴油机机体孔，凸轮轴，拖拉机，小型船用柴油机气缸套
9	空气压缩机缸体，液压传动筒，通用机械杠杆、拉杆与套筒销子，拖拉机活塞环、套筒孔
10	印染机导布辊、绞车、起重机滑动轴承轴颈等

注：应用举例不属本标准内容，仅供参考。

表 2.3-23　平行度、垂直度、倾斜度（摘自 GB/T 1184—1996）

主参数 L、$d(D)$ 图例

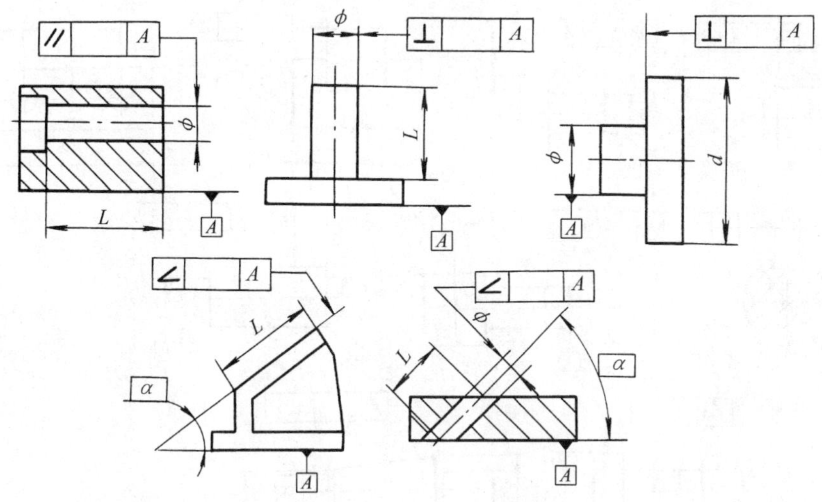

公差等级	主参数 L、$d(D)$/mm															
	≤10	>10~16	>16~25	>25~40	>40~63	>63~100	>100~160	>160~250	>250~400	>400~630	>630~1000	>1000~1600	>1600~2500	>2500~4000	>4000~6300	>6300~10000
	公差值/μm															
1	0.4	0.5	0.6	0.8	1	1.2	1.5	2	2.5	3	4	5	6	8	10	12
2	0.8	1	1.2	1.5	2	2.5	3	4	5	6	8	10	12	15	20	25
3	1.5	2	2.5	3	4	5	6	8	10	12	15	20	25	30	40	50
4	3	4	5	6	8	10	12	15	20	25	30	40	50	60	80	100
5	5	6	8	10	12	15	20	25	30	40	50	60	80	100	120	150
6	8	10	12	15	20	25	30	40	50	60	80	100	120	150	200	250
7	12	15	20	25	30	40	50	60	80	100	120	150	200	250	300	400
8	20	25	30	40	50	60	80	100	120	150	200	250	300	400	500	600
9	30	40	50	60	80	100	120	150	200	250	300	400	500	600	800	1000
10	50	60	80	100	120	150	200	250	300	400	500	600	800	1000	1200	1500
11	80	100	120	150	200	250	300	400	500	600	800	1000	1200	1500	2000	2500
12	120	150	200	250	300	400	500	600	800	1000	1200	1500	2000	2500	3000	4000

公差等级	应用举例	
	平行度	垂直度和倾斜度
1	高精度机床、测量仪器以及量具等主要基准面和工作面	
2、3	精密机床、测量仪器、量具以及模具的基准面和工作面，精密机床上重要箱体主轴孔对基准面，尾座孔对基准面	精密机床导轨，普通机床主要导轨，机床主轴轴向定位面，精密机床主轴肩端面，滚动轴承座圈端面，齿轮测量仪的心轴，光学分度头心轴，涡轮轴端面，精密刀具、量具的基准面和工作面
4、5	普通机床、测量仪器、量具及模具的基准面和工作面，高精度轴承座圈、端盖、挡圈的端面，机床主轴孔对基准面，重要轴承孔对基准面，主轴箱体重要孔间，一般减速器壳体孔，齿轮泵的轴孔端面等	普通机床导轨，精密机床重要零件，机床重要支承面，普通机床主轴偏摆，发动机轴和离合器的凸缘，气缸的支承端盖，装/P4、/P5 级轴承的箱体的凸肩，液压传动轴瓦端面，量具、量仪的重要端面
6~8	一般机床零件的工作面或基准，压力机和锻锤的工作面，中等精度钻模的工作面，一般刀具、量具、模具，机床一般轴承孔对基准面，主轴箱一般孔间，变速器箱孔，主轴花键对定心直径，重型机械轴承盖的端面，卷扬机、手动传动装置中的传动轴、气缸轴线	低精度机床主要基准面和工作面，回转工作台轴向跳动，一般导轨，主轴箱体孔，刀架，砂轮架及工作台回转中心，机床轴肩、气缸配合面对其轴线，活塞销孔对活塞中心线以及装/P6、/P0 级轴承壳体孔的轴线等
9、10	低精度零件、重型机械滚动轴承端盖，柴油机和煤气发动机的曲轴孔、轴颈等	花键轴轴肩端面、带式运输机法兰盘端面对轴心线，手动卷扬机及传动装置中轴承端面，减速器壳体平面等
11、12	零件的非工作面、卷扬机、运输机上用的减速器壳体平面	农业机械齿轮端面等

注：应用举例不属本标准内容，仅供参考。

表 2.3-24　同轴度、对称度、圆跳动和全跳动（摘自 GB/T 1184—1996）

主参数 $d(D)$、B，L 图例

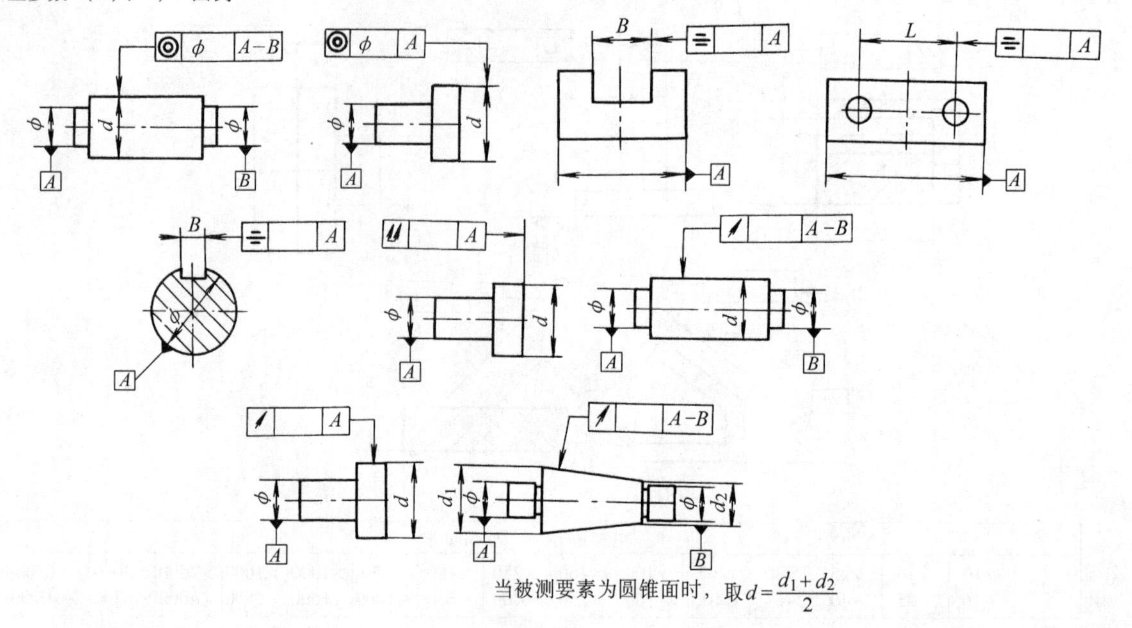

当被测要素为圆锥面时，取 $d=\frac{d_1+d_2}{2}$

公差等级	主参数 $d(D)$、B、L/mm																
	≤1	>1~3	>3~6	>6~10	>10~18	>18~30	>30~50	>50~120	>120~250	>250~500	>500~800	>800~1250	>1250~2000	>2000~3150	>3150~5000	>5000~8000	>8000~10000
	公差值/μm																
1	0.4	0.4	0.5	0.6	0.8	1	1.2	1.5	2	2.5	3	4	5	6	8	10	12
2	0.6	0.6	0.8	1	1.2	1.5	2	2.5	3	4	5	6	8	10	12	15	20
3	1	1	1.2	1.5	2	2.5	3	4	5	6	8	10	12	15	20	25	30
4	1.5	1.5	2	2.5	3	4	5	6	8	10	12	15	20	25	30	40	50
5	2.5	2.5	3	4	5	6	8	10	12	15	20	25	30	40	50	60	80
6	4	4	5	6	8	10	12	15	20	25	30	40	50	60	80	100	120
7	6	6	8	10	12	15	20	25	30	40	50	60	80	100	120	150	200
8	10	10	12	15	20	25	30	40	50	60	80	100	120	150	200	250	300
9	15	20	25	30	40	50	60	80	100	120	150	200	250	300	400	500	600
10	25	40	50	60	80	100	120	150	200	250	300	400	500	600	800	1000	1200
11	40	60	80	100	120	150	200	250	300	400	500	600	800	1000	1200	1500	2000
12	60	120	150	200	250	300	400	500	600	800	1000	1200	1500	2000	2500	3000	4000

公差等级	应用举例
1~4	用于同轴度或旋转精度要求很高的零件，一般需要按尺寸精度公差等级 IT5 级或高于 IT5 级制造的零件。1、2 级用于精密测量仪器的主轴和顶尖，柴油机喷油嘴针阀等；3、4 级用于机床主轴轴颈，砂轮轴轴颈，汽轮机主轴，测量仪器的小齿轮轴，高精度滚动轴承内、外圈等
5~7	应用范围较广的精度等级，用于精度要求比较高、一般按尺寸精度公差等级 IT6 或 IT7 级制造的零件。5 级精度常用在机床轴颈，测量仪器的测量杆，汽轮机主轴，柱塞液压泵转子，高精度滚动轴承外圈，一般精度轴承内圈；7 级精度用于内燃机曲轴，凸轮轴轴颈，水泵轴，齿轮轴，汽车后桥输出轴，电动机转子，/P0 级精度滚动轴承内圈，印刷机传墨辊等
8~10	用于一般精度要求，通常按尺寸精度公差等级 IT9～IT10 级制造的零件。8 级精度用于拖拉机发动机分配轴轴颈，9 级精度以下齿轮轴的配合面，水泵叶轮，离心泵泵体，棉花精梳机前后辊子；9 级精度用于内燃机气缸套配合面，自行车中轴；10 级精度用于摩托车活塞，印染机导布辊，内燃机活塞环槽底径对活塞中心，气缸套外圈对内孔等
11~12	用于无特殊要求，一般按尺寸精度公差等级 IT12 级制造的零件

注：应用举例不属本标准内容，仅供参考。

6.2.3　常用的加工方法可达到的几何公差等级（仅供参考）

1）常用加工方法可达到的直线度、平面度公差等级见表2.3-25。

表2.3-25　常用加工方法可达到的直线度、平面度公差等级

加工方法		直线度、平面度公差等级											
		1	2	3	4	5	6	7	8	9	10	11	12
车	粗											○	○
	细									○	○		
	精					○	○	○	○				
铣	粗											○	○
	细										○	○	
	精						○	○	○	○			
刨	粗											○	○
	细									○	○		
	精							○	○	○			
磨	粗									○	○	○	
	细							○	○	○			
	精		○	○	○	○	○	○					
研磨	粗				○	○							
	细			○									
	精	○	○										
刮研	粗						○	○					
	细				○	○							
	精	○	○	○									

2）常用加工方法可达到的圆度、圆柱度公差等级见表2.3-26。

表2.3-26　常用加工方法可达到的圆度、圆柱度公差等级

表面	加工方法		圆度、圆柱度公差等级											
			1	2	3	4	5	6	7	8	9	10	11	12
轴	精密车削				○	○	○							
	普通车削						○	○	○	○	○	○		
	普通立车	粗					○	○	○					
		细						○	○	○	○	○		
	自动、半自动车	粗								○	○			
		细							○	○				
		精						○	○					
	外圆磨	粗					○	○	○					
		细			○	○	○							
		精	○	○	○									
	无心磨	粗						○	○					
		细		○	○	○	○							
	研　磨			○	○	○	○							
	精　磨		○	○										
孔	钻								○	○	○	○	○	○
	镗 普通镗	粗							○	○	○	○		
		细					○	○	○	○				
		精				○	○							
	镗 金刚石镗	细			○	○								
		精	○	○	○									
	铰　孔						○	○	○					
	扩　孔						○	○	○					
	内圆磨	细				○	○							
		精			○	○								

（续）

表面	加工方法		圆度、圆柱度公差等级											
			1	2	3	4	5	6	7	8	9	10	11	12
孔	研　磨	细				○	○	○						
		精	○	○	○	○								
	珩　磨						○	○	○					

3）常用加工方法可达到的平行度、垂直度公差等级见表2.3-27。

4）常用加工方法可达到的同轴度、圆跳动公差等级见表2.3-28。

表2.3-27　常用加工方法可达到的平行度、垂直度公差等级

加工方法		平行度、垂直度公差等级											
		1	2	3	4	5	6	7	8	9	10	11	12
面对面													
研磨		○	○	○	○								
刮		○	○	○	○	○	○						
磨	粗					○	○	○	○				
	细				○	○	○						
	精		○	○	○								
铣							○	○	○	○	○	○	
刨								○	○	○	○	○	
拉								○	○	○			
插								○	○				
轴线对轴线（或平面）													
磨	粗							○	○				
	细				○	○	○	○					
镗	粗								○	○	○		
	细							○	○				
	精						○	○					
金刚石镗					○	○	○						
车	粗										○	○	
	细							○	○	○	○		
铣							○	○	○	○	○		
钻										○	○	○	○

表2.3-28　常用加工方法可达到的同轴度、圆跳动公差等级

加工方法		同轴度、圆跳动公差等级										
		1	2	3	4	5	6	7	8	9	10	11
车、镗	（加工孔）				○	○	○	○	○	○		
	（加工轴）			○	○	○	○	○	○			
铰						○	○	○				
磨	孔		○	○	○	○	○	○				
	轴	○	○	○	○	○	○					
珩　磨			○	○	○							
研　磨		○	○	○								

7　公差原则

一般情况下，图样中的各项要求都是基于功能的要求分别独立给出的，如尺寸公差、几何公差、表面粗糙度和表面波纹度等，它们均应各自满足设计要求。

我国于1996年发布了GB/T 4249和GB/T 16671两项标准，规定了在加工，装配和检验时应分别保证其尺寸公差和几何公差之间的设计要求，并将此规定称之为独立原则。独立原则是尺寸公差与几何公差之间应遵循的基本原则。对于产品功能的特定要求，除独立原则外，为满足产品功能的要求，尽可能地降低制造成本，标准还规定了最大实体要求，最小实体要求和可逆要求等尺寸公差与几何公差之间互相补偿的相关要求。

ISO TC213 成立后，从 GPS 角度统一提出了产品几何技术特征方面的术语、名词定义和解释，为与 ISO 标准取得一致，我国于 2009 年发布了修订后的 GB/T 4249 和 GB/T 16671 标准，与原标准相比，主要是在一些名词术语和文字编辑方面进行了改动，本质上没有变化。

7.1　独立原则

独立原则定义、应用范围及应用示例见表 2.3-29。

表 2.3-29　独立原则的定义、应用范围及应用示例

术语、定义及图示		
术语	定义	图示
独立原则	图样上给定的尺寸和几何（形状、方向或位置）要求均是独立的，应分别满足要求。如果对尺寸和几何（形状、方向或位置）要求之间的相互关系有特定要求，应在图样上规定	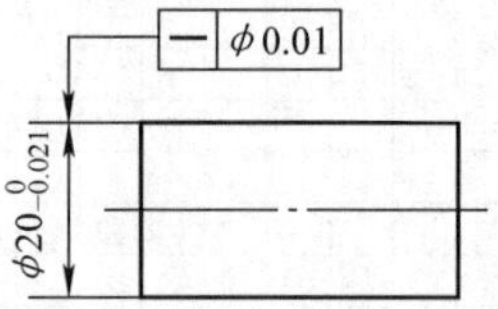

应用范围
主要满足功能要求，应用很广，如有密封性、运动平稳性、运动精度、磨损寿命、接触强度、外形轮廓大小要求等场合，有时甚至用于有配合性质要求的场合。常用的有： （1）没有配合要求的要素尺寸如零件外形尺寸、管道尺寸，以及工艺结构尺寸如退刀槽尺寸、肩距、螺纹收尾、倒圆、倒角尺寸等，还有未注尺寸公差的要素尺寸 （2）有单项特殊功能的要素。其单项功能由几何公差保证，不需要或不可能由尺寸公差控制，如印染机的滚筒，为保证印染时接触均匀，印染图案清晰，滚筒表面必须圆整，而滚筒尺寸大小，影响不大，可由调整机构补偿，因此采用独立原则，分别给定极限尺寸和较严的圆柱度公差即可，如用尺寸公差来控制圆柱度误差是不经济的 （3）非全长配合的要素尺寸。有些要素尽管有配合要求，但与其相配的要素仅在局部长度上配合，故可不必将全长控制在最大实体边界之内 （4）对配合性质要求不严的尺寸。有些零件装配时，对配合性质要求不严，尽管由于形状或位置误差的存在，配合性质将有所改变，但仍能满足使用功能要求

应用示例	
说明	示例
销轴，未注尺寸公差和几何公差	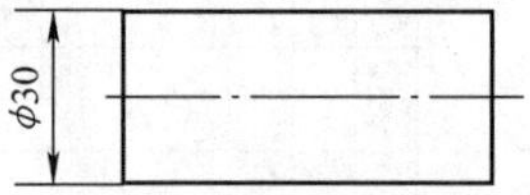
极限尺寸不控制轴线直线度误差 实际要素的局部尺寸由给定的极限尺寸控制，几何误差由未注几何公差控制，两者分别满足要求	
未注尺寸公差，注有圆度公差。上极限尺寸与下极限尺寸之间任何实际尺寸的圆度公差都是 0.005	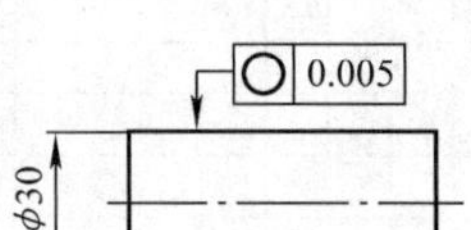

（续）

应用示例	
说明	示例
极限尺寸不控制轴线直线度误差 实际要素的局部尺寸由给定的极限尺寸控制，圆度误差由圆度公差控制，两者分别满足要求	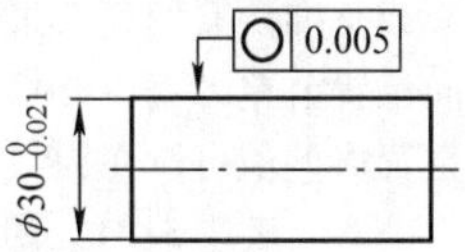 ○ 0.005 $\phi30^{\ 0}_{-0.021}$

7.2 包容要求

包容要求的定义、应用范围及应用示例见表2.3-30。

表2.3-30 包容要求的定义、应用范围及应用示例

术语、定义及说明		
术语	定义	说明
包容要求	尺寸要素的非理想要素不得违反其最大实体边界（MMB）的一种尺寸要素要求	适用于圆柱表面或两平行对应面 表示提取组成要素不得超越其最大实体边界（MMB），其局部尺寸不得超出最小实体尺寸（LMS）

应用范围
1. 单一要素。主要满足配合性能，如与滚动轴承相配的轴颈等，或必须遵守最大实体状态边界，如轴、孔的作用尺寸不允许超过最大实体尺寸，要素的任意局部实际尺寸不允许超过最小实体尺寸 2. 关联要素。主要用于满足装配互换性。零件处于最大实体状态时，几何公差为零。零值公差主要应用于： ① 保证可装配性，有一定配合间隙的关联要素的零件 ② 几何公差要求较严，尺寸公差相对地要求差些的关联要素的零件 ③ 轴线或对称中心面有几何公差要求的零件，即零件的配合要素必须是包容件和被包容件 ④ 扩大尺寸公差，即由几何公差补偿给尺寸公差，以解决实际上应该合格，而经检测被判定为不合格的零件的验收问题

应用示例	
说明	示例
由上极限尺寸（ϕ30mm）形成的最大实体边界控制了轴的尺寸大小和形状误差 形状误差受极限尺寸控制，最大可达尺寸公差（0.021mm），不必考虑未注形状公差的控制	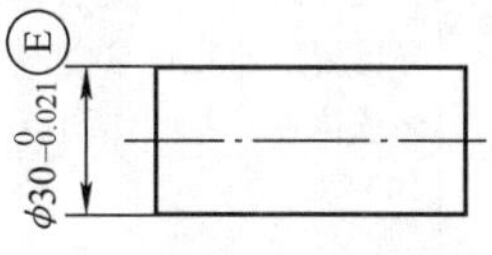 $\phi30^{\ 0}_{-0.021}$ Ⓔ
由上极限尺寸（ϕ30mm）形成的最大实体边界控制了轴的尺寸大小和形状误差，形状误差除受极限尺寸控制外，还必须满足圆度公差的进一步要求	○ 0.005 $\phi30^{\ 0}_{-0.021}$ Ⓔ
用于关联要素，采用零值公差	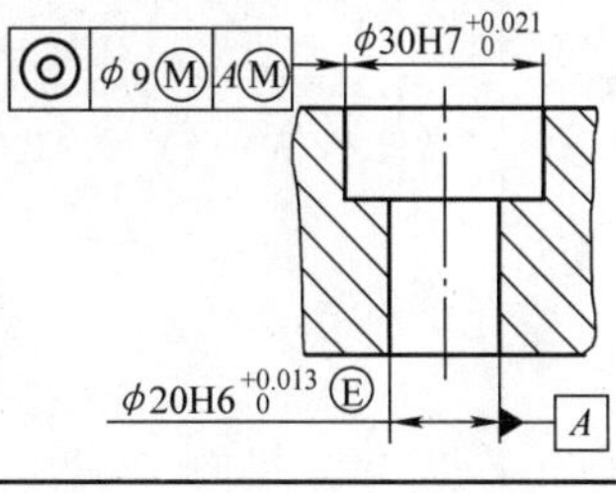 ◎ ϕ9Ⓜ AⓂ $\phi30H7^{+0.021}_{\ 0}$ $\phi20H6^{+0.013}_{\ 0}$ Ⓔ A

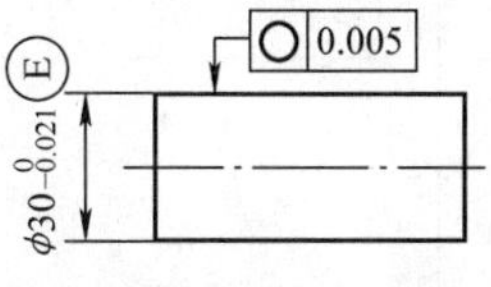

7.3　最大实体要求

最大实体要求是一种几何公差与尺寸公差间的相关要求。当被测要素或基准要素偏离其最大实体状态时，形状公差，方向位置公差可获得补偿值，即所允许的形状，方向或位置误差值可以在原设计的基础上增大。

最大实体要求适用于中心要素。采用最大实体要求应在几何公差框格中的公差值或（和）基准符号后加注符号“Ⓜ”。

最大实体要求的定义、应用范围及应用示例见表2.3-31。

表2.3-31　最大实体要求的定义、应用范围及应用示例

术语、定义及图示		
术语	定义	图示
最大实体要求（MMR）	尺寸要素的非理想要素不得违反其最大实体实效状态（MMVC）的一种尺寸要素要求，即尺寸要素的非理想要素不得超越其最大实体实效边界（MMVB）的一种尺寸要素要求	
最大实体状态（MMC）	提取组成要素的局部尺寸处位于极限尺寸，且使其具有实体最大时的状态	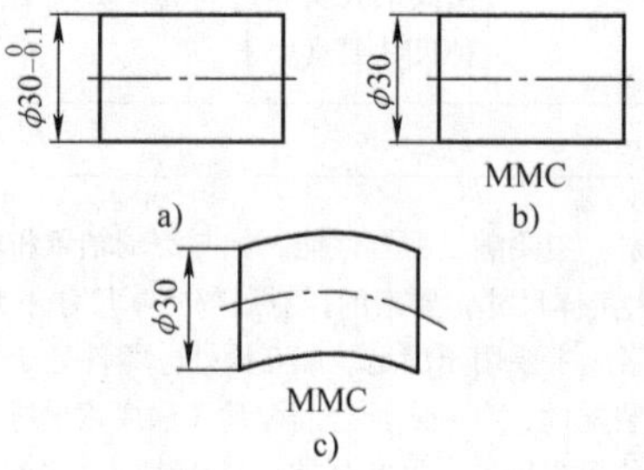 $\phi30_{-0.1}^{0}$　a)　$\phi30$　MMC　b)　$\phi30$　MMC　c) 图b、图c中的$\phi30$mm为最大实体尺寸
最大实体尺寸（MMS）	确定要素最大实体状态的尺寸，即外尺寸要素的上极限尺寸，内尺寸要素的下极限尺寸	
最大实体实效尺寸（MMVS）	尺寸要素的最大实体尺寸与其导出要素的几何公差（形状、方向或位置）共同作用产生的尺寸	对于外尺寸要素，MMVS＝MMS＋几何公差；对于内尺寸要素，MMVS＝MMS－几何公差 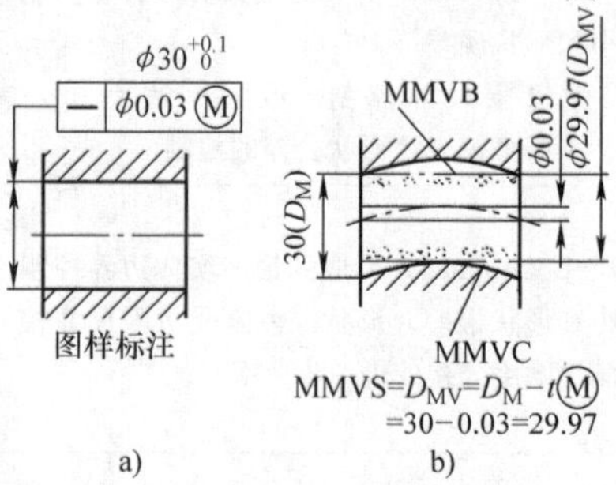 $\phi30_{0}^{+0.1}$　— $\phi0.03$Ⓜ　图样标注　a) MMVB　$\phi0.03$　$\phi29.97(D_{MV})$　$30(D_M)$　MMVC $MMVS=D_{MV}=D_M-t$Ⓜ $=30-0.03=29.97$　b) 图b中$\phi29.97$mm为孔$\phi30_{0}^{+0.1}$mm的最大实体实效尺寸
最大实体实效状态（MMVC）	拟合要素的尺寸为其最大实体实效尺寸（MMVS）时的状态	当几何公差是方向公差时，最大实体实效状态（MMVC）和最大实体实效边界（MMVB）受其方向所约束；当几何公差是位置公差时，最大实体实效状态（MMVC）和最大实体实效边界（MMVB）受其位置所约束

（续）

术语、定义及图示

术语	定义	图示
最大实体边界（MMB）	最大实体状态的理想形状的极限包容面	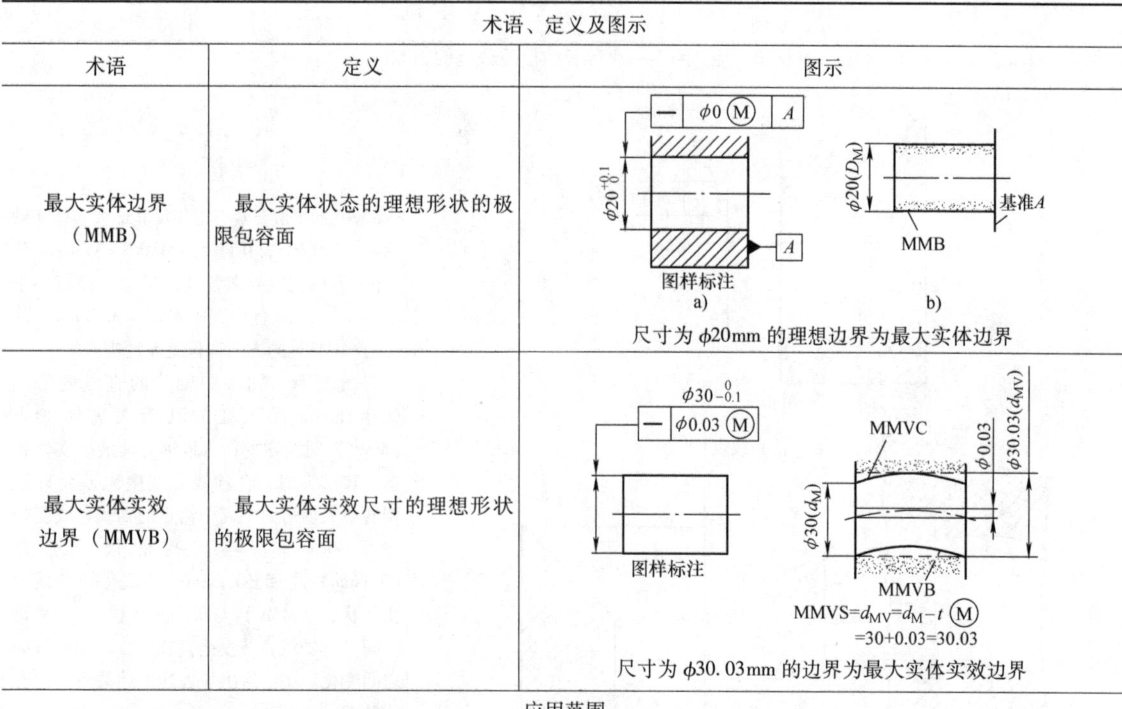 尺寸为 ϕ20mm 的理想边界为最大实体边界
最大实体实效边界（MMVB）	最大实体实效尺寸的理想形状的极限包容面	尺寸为 ϕ30.03mm 的边界为最大实体实效边界

应用范围

主要应用于保证装配互换性，如控制螺钉孔、螺栓孔等中心距的位置度公差等
（1）保证可装配性，包括大多数无严格要求的静止配合部位，使用后不致破坏配合性能
（2）用于配合要素有装配关系的类似包容件或被包容件，如孔、槽等面和轴、凸台等面
（3）公差带方向一致的公差项目
形状公差只有直线度公差
位置公差有：
1）定向公差（垂直度、平行度、倾斜度等）的线/线、线/面、面/线，即线Ⓜ/线Ⓜ、线Ⓜ/面、面/线Ⓜ
2）定位公差（同轴度、对称度、位置度等）的轴线或对称中心平面和中心线
3）跳动公差的基准轴线（测量不便）
4）尺寸公差不能控制几何公差的场合，如销轴轴线直线度

应用示例

示例	说明
例1：图1a为一标注公差的轴，其预期功能是可与一个等长的标注公差的孔形成间隙配合 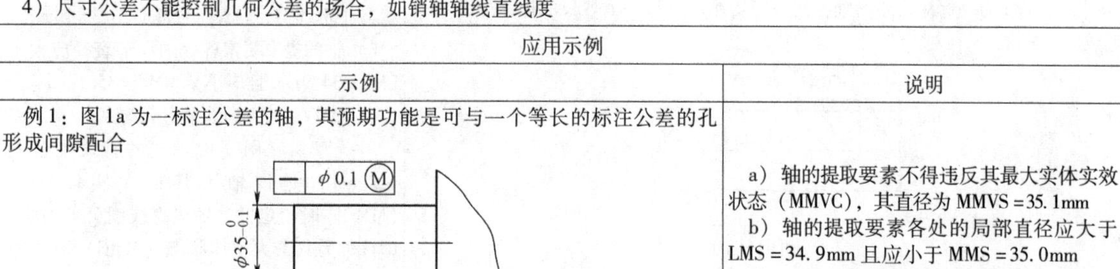 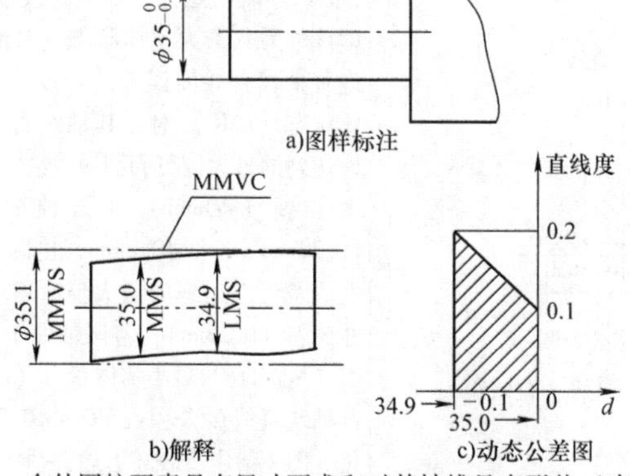 图1　一个外圆柱要素具有尺寸要求和对其轴线具有形状（直线度）要求的MMR示例	a）轴的提取要素不得违反其最大实体实效状态（MMVC），其直径为MMVS=35.1mm b）轴的提取要素各处的局部直径应大于LMS=34.9mm且应小于MMS=35.0mm c）MMVC的方向和位置无约束 补充解释：图a中轴线的直线度公差（ϕ0.1mm）是该轴为其最大实体状态（MMC）时给定的；若该轴为其最小实体状态（LMC）时，其轴线直线度误差允许达到的最大值可为图a中给定的轴线直线度公差（ϕ0.1mm）与该轴的尺寸公差（0.1mm）之和 ϕ0.2mm；若该轴处于最大实体状态（MMC）与最小实体状态（LMC）之间，其轴线直线度公差在 ϕ0.1～ϕ0.2mm 之间变化。图c给出了表述上述关系的动态公差图

（续）

示例	说明
例2：图2a为一标注公差的孔，其预期功能是可与一个等长的标注公差的轴形成间隙配合 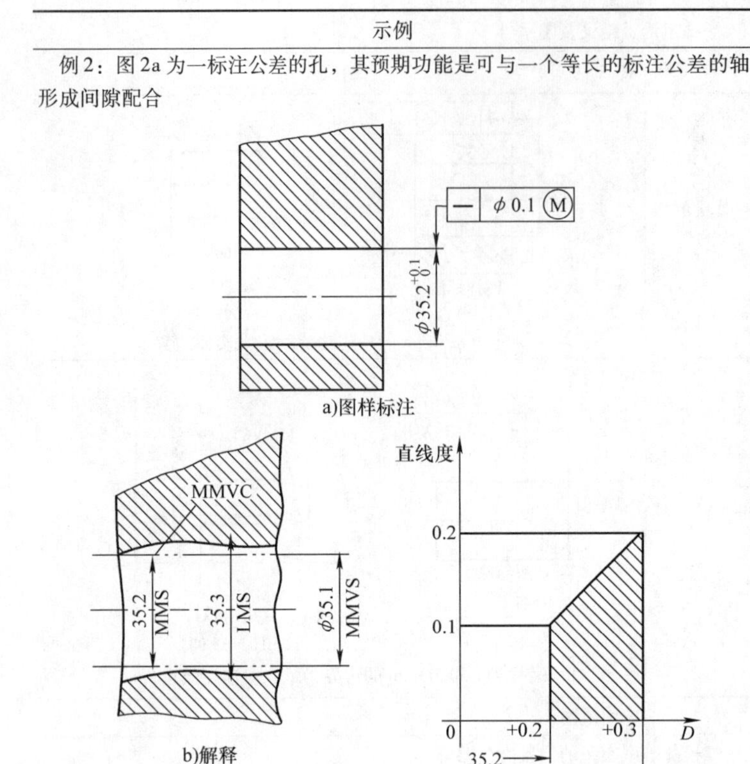 图2　一个内圆柱要素具有尺寸要求和对其轴线具有形状（直线度）要求的MMR示例	a）孔的提取要素不得违反其最大实体实效状态（MMVC），其直径为MMVS=35.1mm b）孔的提取要素各处的局部直径应小于LMS=35.3mm且应大于MMS=35.2mm c）MMVC的方向和位置无约束 补充解释：图a中轴线的直线度公差（ϕ0.1mm）是该孔为其最大实体状态（MMC）时给定的；若该轴为其最小实体状态（LMC）时，直轴线直线度误差允许达到的最大值可为图a中给定的轴线直线度公差（ϕ0.1mm）与该孔的尺寸公差（0.1mm）之和ϕ0.2mm；若该孔处于最大实体状态（MMC）与最小实体状态（LMC）之间，其轴线直线度公差在ϕ0.1～ϕ0.2mm之间变化。图c给出了表述上述关系的动态公差图
例3：图3a为一标注公差的轴，其预期功能是可与一个等长的标注公差的孔形成间隙配合 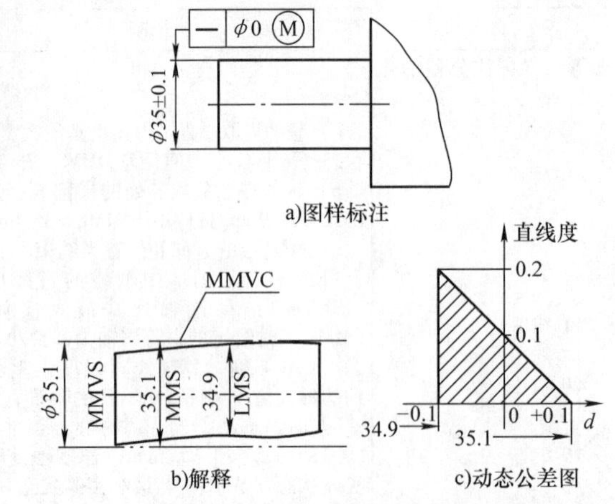 图3　一个外圆柱要素具有尺寸要求和对其轴线具有形状（直线度）要求的MMR示例（具有Ⓜ示例）	a）轴的提取要素不得违反其最大实体实效状态（MMVC），其直径为MMVS=35.1mm b）轴的提取要素各处的局部直径应大于LMS=34.9mm且应小于MMS=35.1mm c）MMVC的方向和位置无约束 补充解释：图a中轴线的直线度公差（ϕ0mm）是该轴为其最大实体状态（MMC）时给定的，轴线直线度公差为零，即该轴为其最大实体状态（MMC）时不允许有轴线直线度误差；若该轴为其最小实体状态（LMC）时，其轴线直线度误差允许达到的最大值可为图a中给定的轴线直线度公差（ϕ0mm）与该轴的尺寸公差（0.2mm）之和ϕ0.2mm，也即其轴线直线度误差允许达到的最大值只等于该轴的尺寸公差（0.2mm）；若该轴处于最大实体状态（MMC）与最小实体状态（LMC）之间，其轴线直线度公差在ϕ0～ϕ0.2mm之间变化。图c给出了表述上述关系的动态公差图

（续）

<table>
<tr><th>示例</th><th>说明</th></tr>
<tr><td>

例4：图4a为一标注公差的孔，其预期的功能是可与一个等长的标注公差的轴形成间隙配合

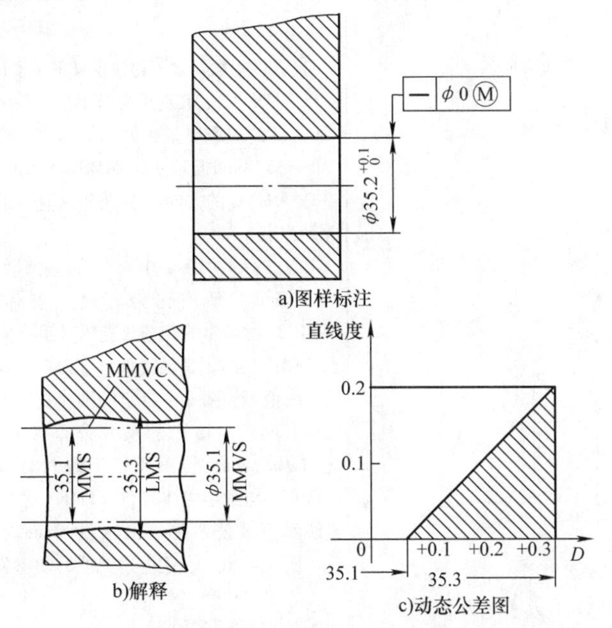

图4　一个内圆柱要素具有尺寸要求和对其轴线具有形状（直线度）要求的MMR示例（具有Ⓜ示例）

</td><td>

a）孔的提取要素不得违反其最大实体实效状态（MMVC），其直径为MMVS＝35.1mm

b）孔的提取要素各处的局部直径应小于LMS＝35.3mm且应大于MMS＝35.1mm

c）MMVC的方向和位置无约束

补充解释：图a中轴线的直线度公差（ϕ0mm）是该孔为其最大实体状态（MMC）时给定的，轴线直线度公差为其最大实体状态（MMC）时给定的，轴线直线度公差为零，即该孔为其最大实体状态（MMC）时不允许有轴线直线度误差；若该孔为其最小实体状态（LMC）时，其轴线直线度误差允许达到的最大值可为图a中给定的轴线直线度公差（ϕ0mm）与该孔的尺寸公差（0.2mm）之和ϕ0.2mm，也即其轴线直线度误差允许达到的最大值只等于该孔的尺寸公差（0.2mm）；若该孔处于最大实体状态（MMC）与最小实体状态（LMC）之间，其轴线直线度公差在ϕ0～ϕ0.2mm之间变化。图c给出了表述上述关系的动态公差图

</td></tr>
<tr><td>

例5：图5a所示零件的预期功能是与图6a所示零件相装配，而且要求轴装入孔内时两基准平面应同时相接触

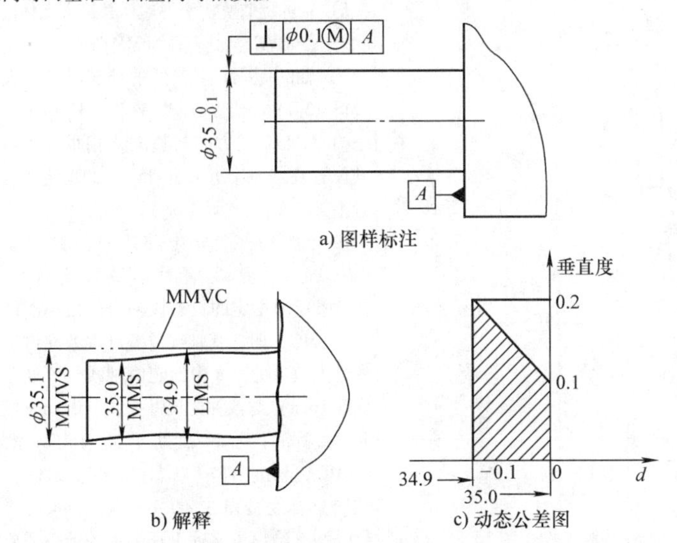

图5　一个外圆柱要素具有尺寸要求和对其轴线具有方向（垂直度）要求的MMR示例

</td><td>

a）轴的提取要素不得违反其最大实体实效状态（MMVC），其直径为MMVS＝35.1mm

b）轴的提取要素各处的局部直径应大于LMS＝34.9mm且应小于MMS＝35.0mm

c）MMVC的方向与基准垂直，但其位置无约束

补充解释：图a中轴线的垂直度公差（ϕ0.1mm）是该轴为其最大实体状态（MMC）时给定的；若该轴为其最小实体状态（LMC）时，其轴线垂直度误差允许达到的最大值可为图a中给定的轴线直线度公差（ϕ0.1mm）与该轴的尺寸公差（0.1mm）之和ϕ0.2mm；若该轴处于最大实体状态（MMC）与最小实体状态（LMC）之间，其轴线垂直度公差在ϕ0.1～ϕ0.2mm之间变化。图c给出了表述上述关系的动态公差图

</td></tr>
</table>

（续）

<table>
<tr><th>示例</th><th>说明</th></tr>
<tr><td>

例6：图6a所示零件的预期功能是与图5a所示零件相装配，而且要求轴装入孔内时两基准平面应同时相接触

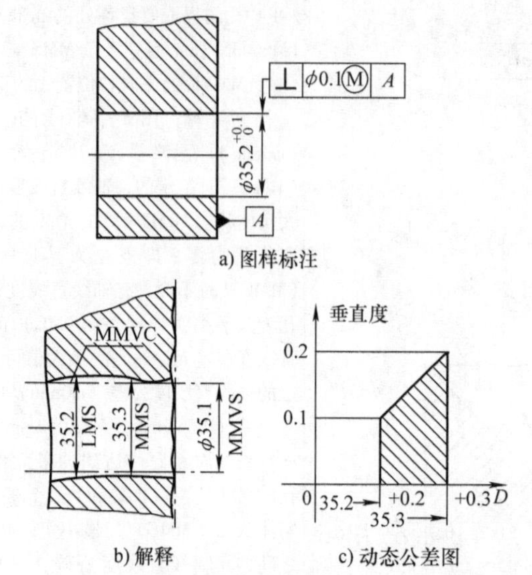

a) 图样标注　b) 解释　c) 动态公差图

图6　一个内圆柱要素具有尺寸要求和对其轴线具有方向（垂直度）要求的MMR示例

</td><td>

a）孔的提取要素不得违反其最大实体实效状态（MMVC），其直径为MMVS＝35.1mm

b）孔的提取要素各处的局部直径应小于LMS＝35.3mm且应大于MMS＝35.2mm

c）MMVC的方向与基准相垂直，但其位置无约束

补充解释：图a中轴线的垂直度公差（φ0.1mm）是该孔为其最大实体状态（MMC）时给定的；若该孔为其最小实体状态（LMC）时，其轴线垂直度误差允许达到的最大值可为图a中给定的轴线直线度公差（φ0.1mm）与该孔的尺寸公差（0.1mm）之和φ0.2mm；若该孔处于最大实体状态（MMC）与最小实体状态（LMC）之间，其轴线垂直度公差在φ0.1～φ0.2mm之间变化。图c给出了表述上述关系的动态公差图

</td></tr>
<tr><td>

例7：图7a所示零件的预期功能是与图8a所示零件相装配，而且要求两基准平面*A*相接触，两基准平面*B*双方同时与另一零件（图中未画出）的平面相接触

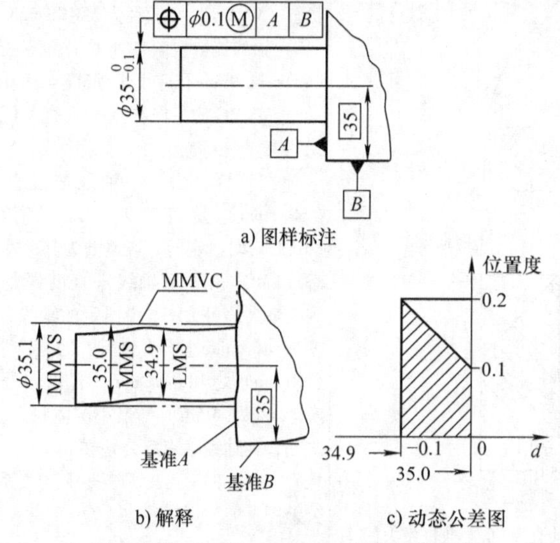

a) 图样标注　b) 解释　c) 动态公差图

图7　一个外圆柱要素具有尺寸要求和对其轴线具有位置（位置度）要求的MMR示例

</td><td>

a）轴的提取要素不得违反其最大实体实效状态（MMVC），其直径为MMVS＝35.1mm

b）轴的提取要素各处的局部直径应大于LMS＝34.9mm且应小于MMS＝35.0mm

c）MMVC的方向与基准*A*相垂直，并且其位置在与基准*B*相距35mm的理论正确位置上

补充解释：图a中轴线的位置度公差（φ0.1mm）是该轴为其最大实体状态（MMC）时给定的；若该轴为其最小实体状态（LMC）时，其轴线位置度误差允许达到的最大值可为图a中给定的轴线位置度公差（φ0.1mm）与该轴的尺寸公差（0.1mm）之和φ0.2mm；若该轴处于最大实体状态（MMC）与最小实体状态（LMC）之间，其轴线位置度公差在φ0.1～φ0.2mm之间变化。图c给出了表述上述关系的动态公差图

</td></tr>
</table>

（续）

示例	说明
例8：图8a所示零件的预期功能是与图7a所示零件相装配，而且要求两基准平面A相接触，两基准平面B双方向同时与另一零件（图中未画出）的平面相接触 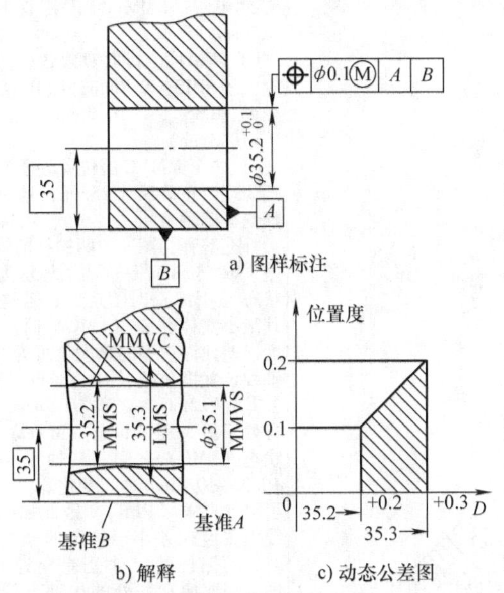 图8　一个内圆柱要素具有尺寸要求和对其轴线具有位置（位置度）要求的MMR示例	a）孔的提取要素不得违反其最大实体实效状态（MMVC），其直径为MMVS=35.1mm b）孔的提取要素各处的局部直径应小于LMS=35.3mm且应大于MMS=35.2mm c）MMVC的方向与基准A相垂直，并且其位置在与基准B相距35mm的理论正确位置上 补充解释：图a中轴线的位置度公差（ϕ0.1mm）是该孔为其最大实体状态（MMC）时给定的；若该孔为其最小实体状态（LMC）时，其轴线位置度误差允许达到的最大值可为图a中给定的轴线位置度公差（ϕ0.1mm）与该孔的尺寸公差（0.1mm）之和ϕ0.2mm；若该孔处于最大实体状态（MMC）与最小实体状态（LMC）之间，其轴线位置度公差在ϕ0.1～ϕ0.2mm之间变化。图c给出了表述上述关系的动态公差图
例9：图9所示零件的预期功能是两销柱要与一个具有两个公称尺寸为ϕ10mm的孔相距25mm的板类零件装配，且要与平面A相垂直 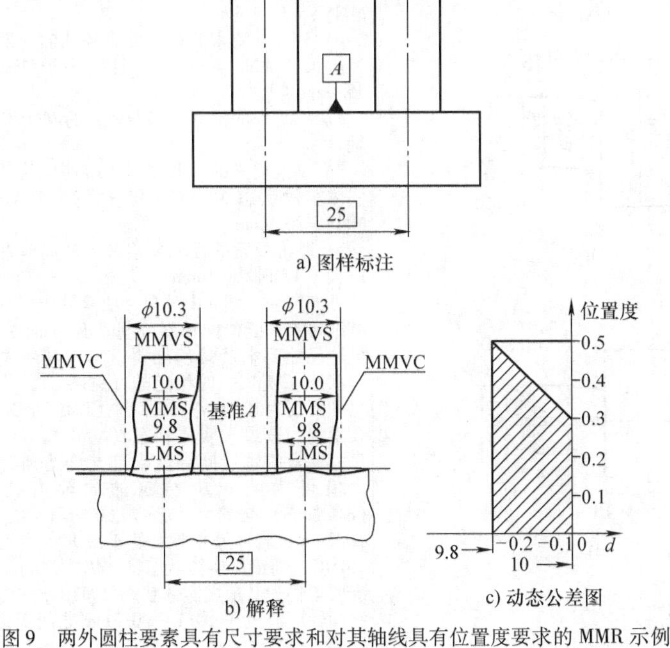 图9　两外圆柱要素具有尺寸要求和对其轴线具有位置度要求的MMR示例	a）两销柱的提取要素不得违反其最大实体实效状态（MMVC），其直径为MMVS=10.3mm b）两销柱的提取要素各处的局部直径均应大于LMS=9.8mm且均应小于MMS=10.0mm c）两个MMVC的位置处于其轴线彼此相距为理论正确尺寸25mm，且与基准A保持理论正确垂直 补充解释：图a中两销柱的轴线位置度公差（ϕ0.3mm）是这两销柱均为其最大实体状态（MMC）时给定的；若这两销柱均为其最小实体状态（LMC）时，其轴线位置度误差允许达到的最大值可为图a中给定的轴线位置度公差（ϕ0.3mm）与销柱的尺寸公差（0.2mm）之和ϕ0.5mm；当两销柱各自处于最大实体状态（MMC）与最小实体状态（LMC）之间，其轴线位置度公差在ϕ0.3～ϕ0.5mm之间变化。图c给出了表述上述关系的动态公差图

（续）

示例	说明
例10：图10所示零件的预期功能也是两销柱要与一个具有两个公称尺寸为ϕ10mm的孔相距25mm的板类零件装配，且要与平面A相垂直 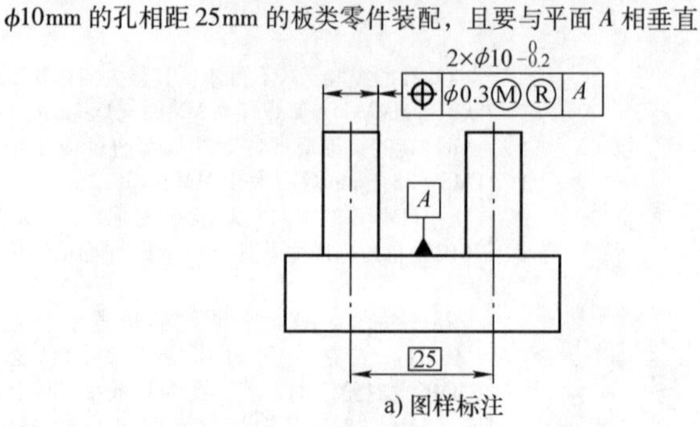 a) 图样标注 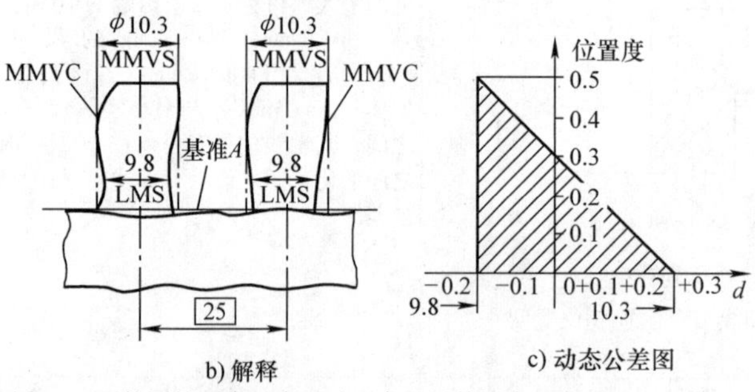 b) 解释　　c) 动态公差图 图10　两外圆柱要素具有尺寸要求和对其轴线具有位置度要求的MMR和附加RPR要求	a）两销柱的提取要素不得违反其最大实体实效状态（MMVC），其直径为MMVS＝10.3mm b）两销柱的提取要素各处的局部直径均应大于LMS＝9.8mm；RPR允许其局部直径从MMS（＝10.0mm）增加至MMVS（＝10.3mm） c）两个MMVC的位置处于其轴线彼此相距为理论正确尺寸25mm，且与基准A保持理论正确垂直 补充解释：图a中两销柱的轴线位置度公差（ϕ0.3mm）是这两销柱均为其最大实体状态（MMC）时给定的；若这两销柱均为其最小实体状态（LMC）时，其轴线位置度误差允许达到的最大值可为图a中给定的轴线位置度公差（ϕ0.3mm）与销柱的尺寸公差（0.2mm）之和ϕ0.5mm；当两销柱各自处于最大实体状态（MMC）与最小实体状态（LMC）之间，其轴线位置度公差在ϕ0.3～ϕ0.5mm之间变化。由于本例还附加了可逆要求（RPR），因此如果两销柱的轴线位置度误差小于给定的公差（ϕ0.3mm）时，两销柱的尺寸公差允许大于0.2mm，即其提取要素各处的局部直径均可大于它们的最大实体尺寸（MMS＝10mm）；如果两销柱的轴线位置度误差为零，则两销柱的尺寸公差允许增大至10.3mm。图c给出了表述上述关系的动态公差图
例11：图11a所示零件的预期功能是与图12a所示零件相装配 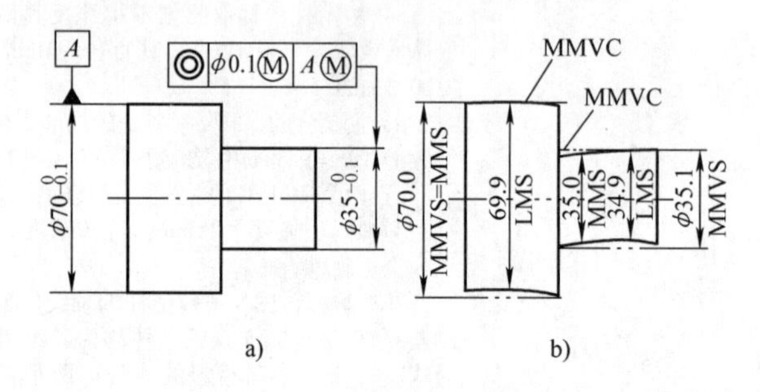 a)　　b) 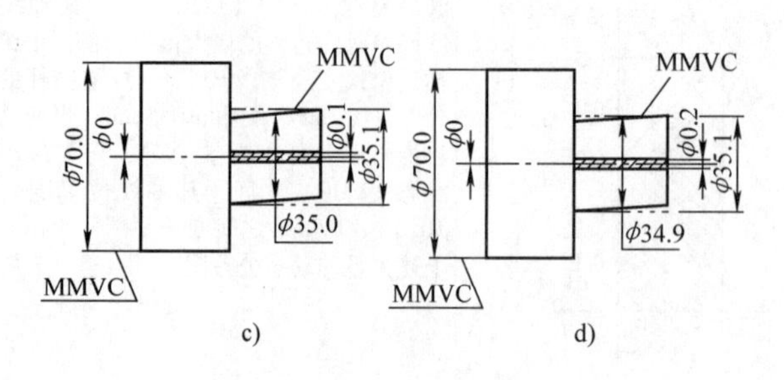 c)　　d)	a）外尺寸要素的提取要素不得违反其最大实体实效状态（MMVC），其直径MMVS＝35.1mm b）外尺寸要素的提取要素各处的局部直径应大于LMS＝34.9mm且应小于MMS＝35.0mm c）MMVC的位置与基准要素的MMVC同轴 d）基准要素的提取要素不得违反其最大实体实效状态MMVC，其直径为MMVS＝MMS＝70.0mm e）基准要素的提取要素各处的局部直径应大于LMS＝69.9mm 补充解释：图a中外尺寸要素轴线相对于基准要素轴线的同轴度公差（ϕ0.1mm）是该外尺寸要素及其基准要素均为其最大实体状态（MMC）时给定的（见图c）；若外尺寸要素为其最小实体状态（LMC），基准要素仍为其最大实体状态（MMC）时，外尺寸要素的轴线同轴度误差允许达到的最大值可为图a中给定的同轴度公差（ϕ0.1mm）与其尺寸公差（0.1mm）之和ϕ0.2mm；若外尺寸要素处于最大实体状态（MMC）与最小实体状态（LMC）之间，基准要素仍为其最大实体状态（MMC），其轴线同轴度公差在ϕ0.1～ϕ0.2mm之间变化

（续）

示例	说明
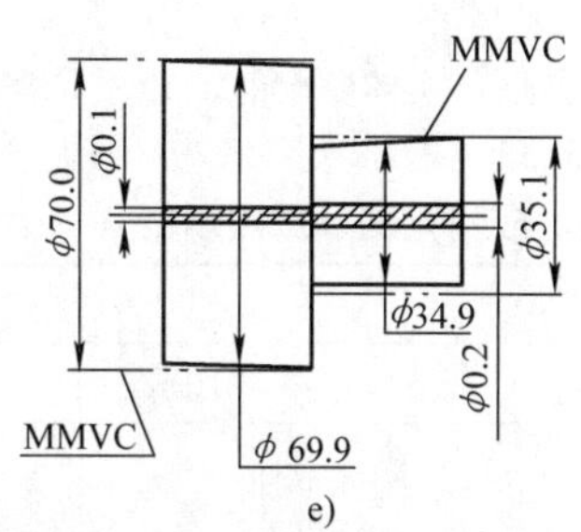 e) 图11 一个外尺寸要素具有尺寸要求和对其轴线具有位置（同轴度）要求的MMR和作为基准的外尺寸要素具有尺寸要求同时也用MMR的示例	若基准要素偏离其最大实体状态（MMC），由此可使其轴线相对于其理论正确位置有一些浮动（偏移、倾斜或弯曲）；若基准要素为其最小实体状态（LMC）时，其轴线相对于其理论正确位置的最大浮动量可以达到的最大值为ϕ0.1（70.0～69.9）mm，在此情况下，若外尺寸要素也为其最小实体状态（LMC），其轴线与基准要素轴线的同轴度误差可能会超过ϕ0.3mm［图a中给定的同轴度公差（ϕ0.1mm）、外尺寸要素的尺寸公差（0.1mm）与基准要素的尺寸公差（0.1mm）三者之和］，同轴度误差的最大值可以根据零件具体的结构尺寸近似估算
例12：图12a所示零件的预期功能是与图11a所示零件相装配 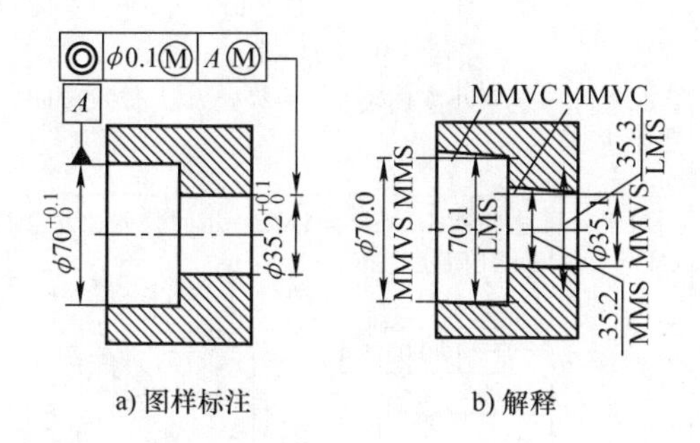 a) 图样标注　b) 解释 图12 一个内尺寸要素具有尺寸要求和对其轴线具有位置（同轴度）要求的MMR和作为基准的尺寸要素具有尺寸要求同时也用MMR的示例	a）内尺寸要素的提取要素不得违反其最大实体实效状态（MMVC），其直径为MMVS＝35.1mm b）内尺寸要素的提取要素各处的局部直径应大于MMS＝35.2mm，且应小于LMS＝35.3mm c）MMVC的位置与基准要素的MMVC同轴 d）基准要素的提取要素不得违反其最大实体实效状态MMVC，其直径为MMVS＝MMS＝70.0mm e）基准要素的提取要素各处的局部直径应小于LMS＝70.1mm 补充解释：图a中内尺寸要素轴线相对于基准要素轴线的同轴度公差（ϕ0.1mm）是该内尺寸要素及其基准要素均为其最大实体状态（MMC）时给定的［类同例17图c］；若内尺寸要素为其最小实体状态（LMC），基准要素仍为其最大实体状态（MMC）时，内尺寸要素的轴线同轴度误差允许达到的最大值可为图a中给定的同轴度公差（ϕ0.1mm）与其尺寸公差（0.1mm）之和ϕ0.2mm（类同例17图d）；若内尺寸要素处于最大实体状态（MMC）与最小实体状态（LMC）之间，基准要素仍为其最大实体状态（MMC），其轴线同轴度公差在ϕ0.1～ϕ0.2mm之间变化 若基准要素偏离其最大实体状态（MMC），由此可使其轴线相对于其理论正确位置有一些浮动（偏移、倾斜或弯曲）；若基准要素为其最小实体状态（LMC）时，其轴线相对于其理论正确位置的最大浮动量可以达到的最大值为ϕ0.1（70.0～69.9）mm（类同例17图e），在此情况下，若内尺寸要素也为其最小实体状态（LMC），其轴线与基准要素轴线的同轴度误差可能会超过ϕ0.3mm［图a中给定的同轴度公差（ϕ0.1mm）、内尺寸要素的尺寸公差（0.1mm）与基准要素的尺寸公差（0.1mm）三者之和］，同轴度误差的最大值可以根据零件具体的结构尺寸近似估算

7.4　最小实体要求

最小实体要求与最大实体要求一样，也是几何公差与尺寸公差间的一种相关要求，所不同的是最小实体要求规定当被测要素或基准要素偏离其最小实体状态而不是最大实体状态时，形状、方向或位置公差可获得补偿值。此时，允许几何公差值增大。

最小实体要求适用于中心要素。采用最小实体要求时在几何公差框格中的公差值或基准符号后加注符号Ⓛ。

最小实体要求的定义、应用范围及应用示例见表2.3-32。

表2.3-32　最小实体要求的定义、应用范围及应用示例

术语、定义及图示		
术语	定义	图示
最小实体要求（LMR）	尺寸要素的非理想要素不得违反其最小实体实效状态（LMVC）的一种尺寸要素要求，也即尺寸要素的非理想要素不得超越其最小实体实效边界（LMVB）的一种尺寸要素要求	
最小实体状态（LMC）	提取组成要素的局部尺寸处位于极限尺寸，且使其具有实体最小时的状态	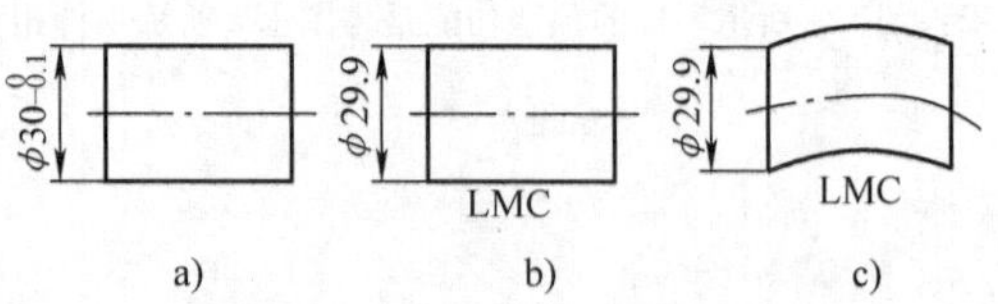 $\phi30_{-0.1}^{\ 0}$　$\phi29.9$ LMC　$\phi29.9$ LMC a)　b)　c) $\mathrm{LMS}=d_{\mathrm{L}}=d_{\min}=\phi29.9$ $\phi29.9$mm为最小实体尺寸，直径处为以$\phi29.9$mm的状态为最小实体状态
最小实体尺寸（LMS）	确定要素最小实体状态的尺寸，即外尺寸要素的下极限尺寸，内尺寸要素的上极限尺寸	
最小实体实效尺寸（LMVS）	尺寸要素的最小实体尺寸与其导出要素的几何公差（形状、方向或位置）共同作用产生的尺寸	对于外尺寸要素，LMVS＝LMS－几何公差；对于内尺寸要素，LMVS＝LMS＋几何公差 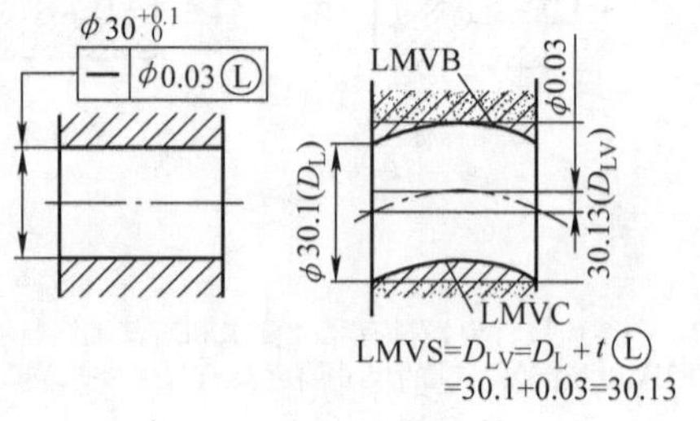 $\phi30_{\ 0}^{+0.1}$　— $\phi0.03$Ⓛ LMVB　$\phi0.03$　$\phi30.1(D_{\mathrm{L}})$　$30.13(D_{\mathrm{LV}})$　LMVC $\mathrm{LMVS}=D_{\mathrm{LV}}=D_{\mathrm{L}}+t$Ⓛ$=30.1+0.03=30.13$ a)　b) 直径处处均为$\phi30.1$mm，且轴线弯曲为$\phi0.03$mm时的零件状态为最小实体实效状态；最小实体实效尺寸为$\phi30.13$mm、最小实体边界为$\phi30.13$mm时的理想圆柱孔；最小实体实效边界为$\phi30.13$mm的理想圆柱孔
最小实体实效状态（LMVC）	拟合要素的尺寸为其最小实体实效尺寸（LMVS）时的状态	
最小实体边界（LMB）	最小实体状态的理想形状的极限包容面	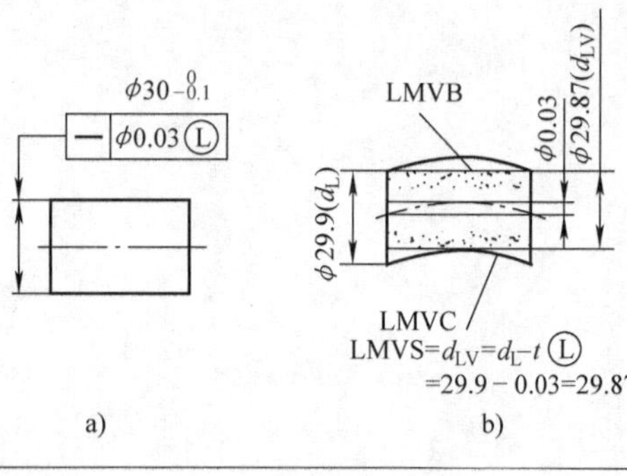 $\phi30_{-0.1}^{\ 0}$　— $\phi0.03$Ⓛ LMVB　$\phi0.03$　$\phi29.87(d_{\mathrm{LV}})$　$\phi29.9(d_{\mathrm{L}})$　LMVC $\mathrm{LMVS}=d_{\mathrm{LV}}=d_{\mathrm{L}}-t$Ⓛ$=29.9-0.03=29.87$ a)　b)

（续）

术语	定义	图示
最小实体实效边界（LMVB）	最小实体实效尺寸的理想形状的极限包容面	直径处处均为 ϕ29.9mm，且轴线弯曲为 ϕ0.03mm 时的零件状态为最小实体实效状态；最小实体实效尺寸为 ϕ29.87mm、最小实体边界为 ϕ29.87mm 时的理想圆柱；最小实体实效边界为 ϕ29.87mm 的理想圆柱 当几何公差是方向公差时，最小实体实效状态（LMVC）和最小实体实效边界（LMVB）受其方向所约束；当几何公差是位置公差时，最小实体实效状态（LMVC）和最小实体实效边界（LMVB）受其位置所约束

应用范围

主要应用于控制最小壁厚，以保证零件具有允许的刚度和强度。提高对中度必须用于中心要素。被测要素和基准要素均可采用最小实体要求。常见于位置度、同轴度等位置公差同Ⓔ，可扩大零件合格率

应用示例

示例

例 1：图 1a 仅说明最小实体要求的一些原则。本图样标注不全，不能控制最小壁厚。在其他要素中缺少最小实体要求，因此不能表示这一功能。本图例可以用位置度，同轴度或同心度标注，其意义均相同

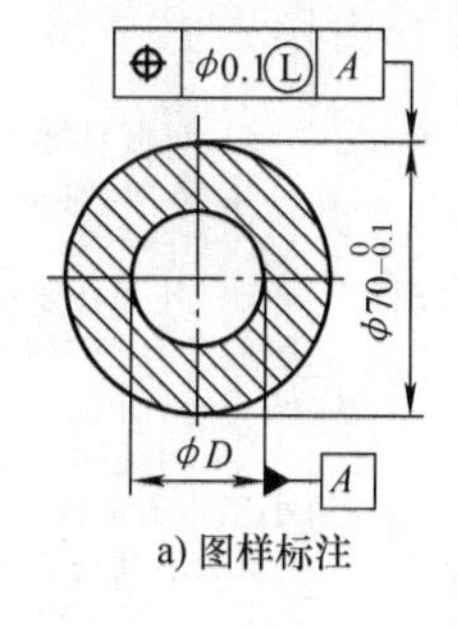

a) 图样标注

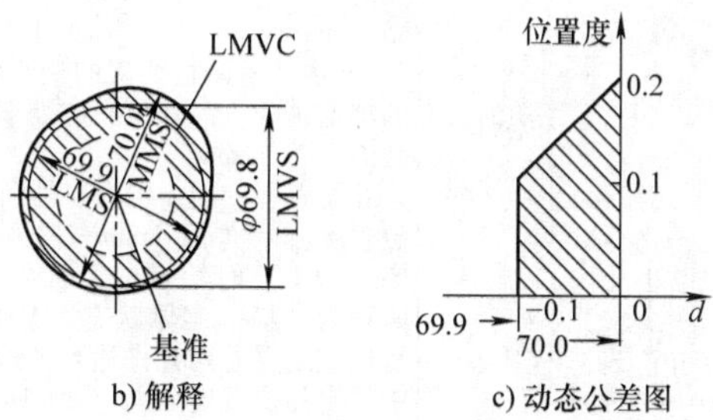

b) 解释 c) 动态公差图

图 1 一个外尺寸要素与一个作为基准的同心内尺寸要素具有位置度要求的 LMR 示例

说明

a）外尺寸要素的提取要素不得违反其最小实体实效状态（LMVC），其直径为 LMVS＝69.8mm

b）外尺寸要素的提取要素各处的局部直径应小于 MMS＝70.0mm 且应大于 LMS＝69.9mm

c）LMVC 的方向与基准 *A* 相平行，并且其位置在与基准 *A* 同轴的理论正确位置上

补充解释：图 a 中轴线的位置度公差（ϕ0.1mm）是该外尺寸要素为其最小实体状态（LMC）时给定的；若该外尺寸要素为其最大实体状态（MMC）时，其轴线位置度误差允许达到的最大值可为图 a 中给定的轴线位置度公差（ϕ0.1mm）与该轴的尺寸公差（0.1mm）之和 ϕ0.2mm；若该轴处于最小实体状态（LMC）与最大实体状态（MMC）之间，其轴线位置度公差在 ϕ0.1～ϕ0.2mm 之间变化。图 c 给出了表述上述关系的动态公差图

（续）

<table>
<tr><th>示例</th><th>说明</th></tr>
<tr><td>例2：图2a仅说明最小实体要求的一些原则。本图样标注不全，不能控制最小壁厚。在其他要素中缺少最小实体要求，因此不能表示这一功能。本图例可以用位置度，同轴度或同心度标注，其意义均相同
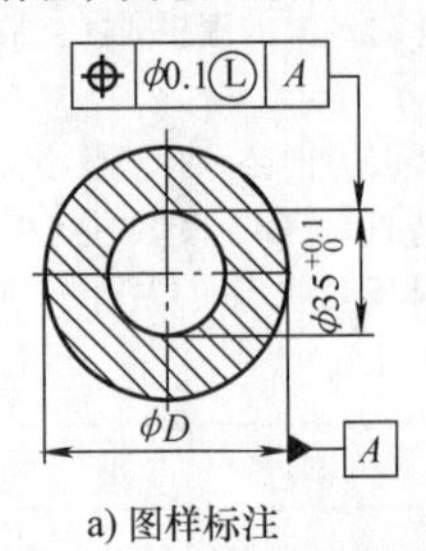

a) 图样标注
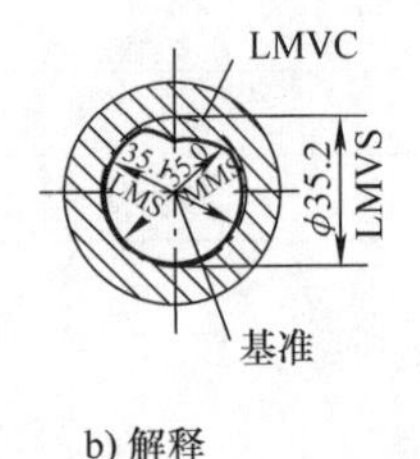

b) 解释
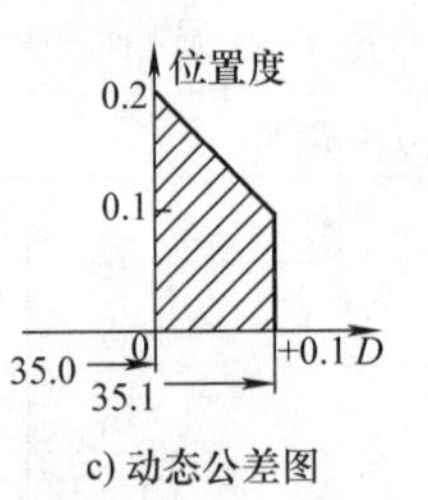

c) 动态公差图
图2　一个内尺寸要素与一个作为基准的同心外尺寸要素具有位置度要求的LMR示例</td><td>a）内尺寸要素的提取要素不得违反其最小实体实效状态（LMVC），其直径为LMVS=35.2mm
b）内尺寸要素的提取要素各处的局部直径应大于MMS=35.0mm且应小于LMS=35.1mm
c）LMVC的方向与基准A相平行，并且其位置在与基准A同轴的理论正确位置上
补充解释：图a中轴线的位置度公差（ϕ0.1mm）是该内尺寸要素为其最小实体状态（LMC）时给定的；若该内尺寸要素为其最大实体状态（MMC）时，其轴线位置度误差允许达到的最大值可为图a中给定的轴线位置度公差（ϕ0.1mm）与该内尺寸要素的尺寸公差（0.1mm）之和ϕ0.2mm；若该内尺寸要素处于最小实体状态（LMC）与最大实体状态（MMC）之间，其轴线位置度公差在ϕ0.1～ϕ0.2mm之间变化。图c给出了表述上述关系的动态公差图</td></tr>
<tr><td>例3：图3所示零件的预期功能是承受内压并防止崩裂
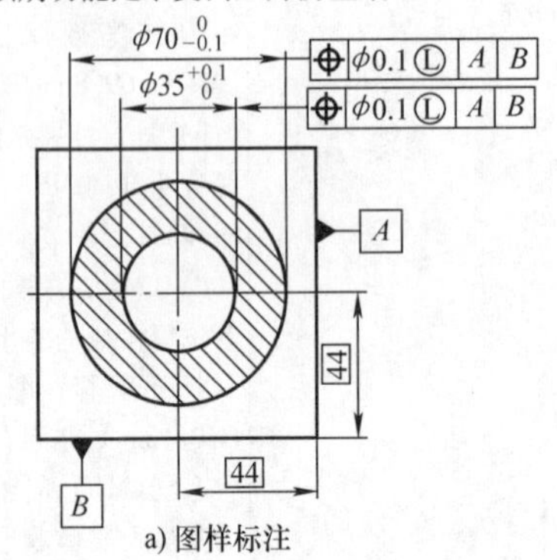

a) 图样标注
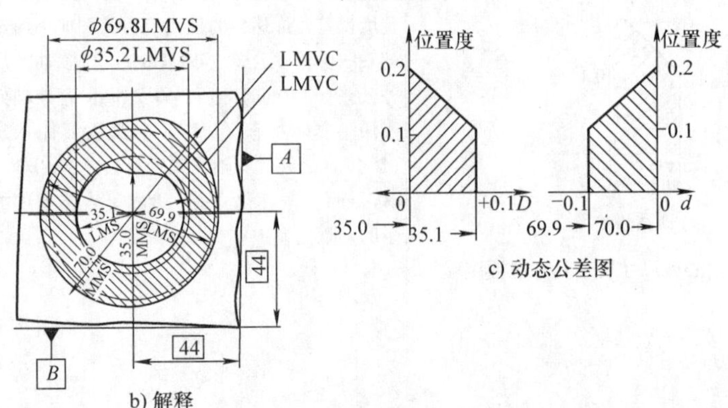

b) 解释　　c) 动态公差图
图3　两同心圆柱要素（内与外）由同一基准体系A和B控制其尺寸和位置的LMR示例</td><td>a）外圆柱要素的提取要素不得违反其最小实体实效状态（LMVC），其直径为LMVS=69.8mm
b）外圆柱要素的提取要素各处的局部直径应小于MMS=70.0mm且应大于LMS=69.9mm
c）内圆柱要素的提取要素不得违反其最小实体实效状态，其直径为LMVS=35.2mm
d）内圆柱要素的提取要素各处的局部直径应大于MMS=35.0mm且应小于LMS=35.1mm
e）内、外圆柱要素的最小实体实效状态的理论正确方向和位置应处于距基准体系A和B各为44mm
补充解释：图a中内、外圆柱要素轴线的位置度公差（ϕ0.1mm）均为其最小实体状态（LMC）时给定的；若此内、外圆柱要素均为其最大实体状态（MMC）时，其轴线位置度误差均允许达到的最大值可为图a中给定的位置度公差（ϕ0.1mm）与其尺寸公差（0.1mm）之和ϕ0.2mm；若此内、外圆柱要素处于各自的最小实体状态（LMC）与最大实体状态（MMC）之间，各自轴线的位置度公差都在ϕ0.1～ϕ0.2mm之间变化。图c给出了表述上述关系的动态公差图</td></tr>
</table>

（续）

示例	说明
例4：图4a所示零件的预期功能是承受内压并防止崩裂 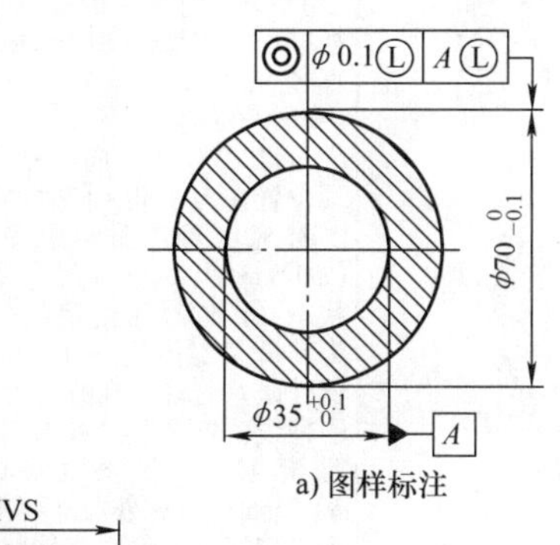 a) 图样标注 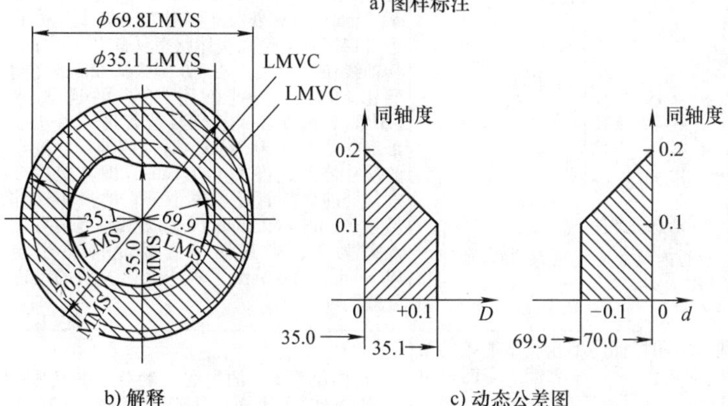 b) 解释　　c) 动态公差图 图4　一个外圆柱要素由尺寸和相对于由尺寸和LMR控制的内圆柱要素作为基准的位置（同轴度）控制的LMR示例	a）外圆柱要素的提取要素不得违反其最小实体实效状态（LMVC），其直径为LMVS＝69.8mm b）外圆柱要素的提取要素各处的局部直径应小于MMS＝70.0mm且应大于LMS＝69.9mm c）内圆柱要素（基准要素）的提取要素不得违反其最小实体实效状态（LMVC），其直径为LMVS＝LMS＝35.1mm d）内圆柱要素（基准要素）的提取要素各处的局部直径应大于MMS＝35.0mm且应小于LMS＝35.1mm e）外圆柱要素的最小实体实效状态（LMVC）位于内圆柱要素（基准要素）轴线的理论正确位置 补充解释：图a外圆柱要素轴线相对于内圆柱要素（基准要素）的同轴度公差（ϕ0.1mm）是它们均为其最小实体状态（LMC）时给定的；若外圆柱要素为最大实体状态（MMC），内圆柱要素（基准要素）仍为其最小实体状态（LMC），外圆柱要素的轴线同轴度误差允许达到的最大值可为图a中给定的同轴度公差（ϕ0.1mm）与其尺寸公差（0.1mm）之和ϕ0.2mm；若外圆柱要素处于最小实体状态（LMC）与最大实体状态（MMC）之间，内圆柱要素（基准要素）仍为其最小实体状态（LMC），其轴线的同轴度公差在ϕ0.1～ϕ0.2mm之间变化。若内圆柱要素（基准要素）偏离其最小实体状态（LMC），由此可使其轴线相对于理论正确位置有一些浮动；若内圆柱要素（基准要素）为其最大实体状态（MMC）时，其轴线相对于理论正确位置的最大浮动量可以达到的最大值为ϕ0.1mm（35.1～35.0）mm（见图c），在此情况下，若外圆柱要素也为其最大实体状态（MMC），其轴线与内圆柱要素（基准要素）轴线的同轴度误差可能会超过ϕ0.3mm［图a中的同轴度公差（ϕ0.1mm）与外圆柱要素的尺寸公差（0.1mm）、内圆柱要素（基准要素）的尺寸公差（0.1mm）三者之和］，同轴度误差的最大值可以根据零件的具体结构尺寸近似算出

7.5　可逆要求

可逆要求的定义、应用范围及应用示例见表2.3-33。

表2.3-33　可逆要求的定义、应用范围及应用示例

术语及定义	
术语	定义
可逆要求（RPR）	最大实体要求（MMR）或最小实体要求（LMR）的附加要求，表示尺寸公差可以在实际几何误差小于几何公差之间的差值范围内增大
应用范围	
1. 应用于最大实体要求，但允许其实际尺寸超出最大实体尺寸。必须用于中心要素。形状公差只有直线度公差。位置公差有平行度、垂直度、倾斜度、同轴度、对称度、位置度 2. 应用于最小实体要求，但允许实际尺寸超出最小实体尺寸。必须用于中心要素。只有同轴度和位置度等位置公差	

（续）

应用示例	
示例	说明
例1：图1a仅说明最小实体要求的一些原则。本图样标注不全，不能控制最小壁厚。在其他要素中缺少最小实体要求，因此不能表示这一功能。本图例可以用位置度，同轴度或同心度标注，其意义均相同 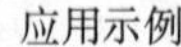 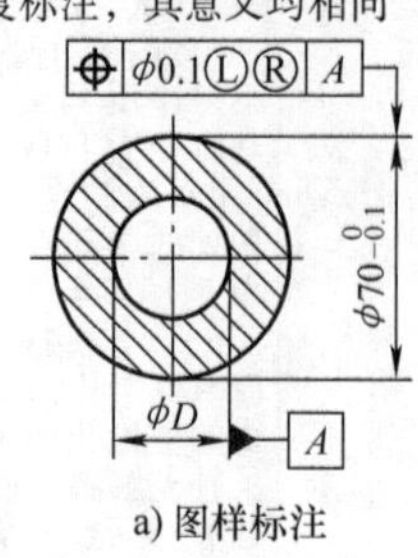 a) 图样标注 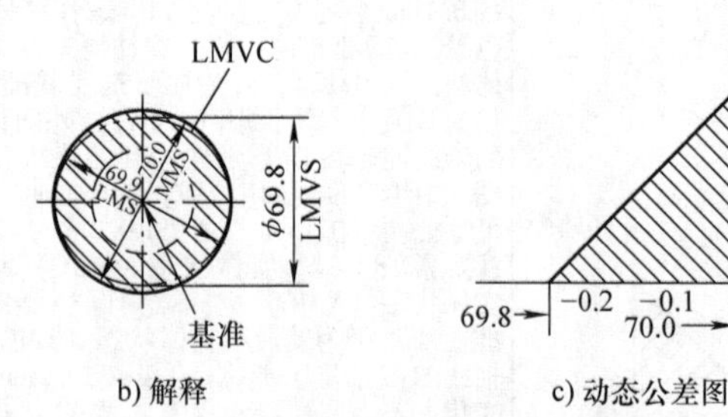 b) 解释　　c) 动态公差图 图1　一个外尺寸要素与一个作为基准的同心内尺寸要素具有位置度要求的LMR和附加RPR示例	a）外尺寸要素的提取要素不得违反其最小实体实效状态（LMVC），其直径为LMVS＝69.8mm b）外尺寸要素的提取要素各处的局部直径应小于MMS＝70.0mm，RPR允许其局部直径从LMS（＝69.9mm）减小至LMVS（＝69.8mm） c）LMVC的方向与基准*A*相平行，并且其位置在与基准*A*同轴的理论正确位置上 补充解释：图a中轴线的位置度公差（ϕ0.1mm）是该外尺寸要素为其最小实体状态（LMC）时给定的；若该外尺寸要素为其最大实体状态（MMC）时，其轴线位置度误差允许达到的最大值可为图a中给定的轴线位置度公差（ϕ0.1mm）与该外尺寸要素尺寸公差（0.1mm）之和，即ϕ0.2mm；若该外尺寸要素处于最小实体状态（LMC）与最大实体状态（MMC）之间，其轴线位置度公差在ϕ0.1～ϕ0.2mm之间变化。由于本例还附加了可逆要求（RPR），因此如果其轴线位置度误差小于给定的公差（ϕ0.1mm）时，该外尺寸要素的尺寸公差允许大于0.1mm，即其提取要素各处的局部直径均可小于它的最小实体尺寸（LMS＝69.9mm）；如果其轴线位置度误差为零，则其局部直径允许减小至69.8mm。图c给出了表述上述关系的动态公差图
例2：图2a仅说明最小实体要求的一些原则。本图样标注不全，不能控制最小壁厚。在其他要素中缺少最小实体要求，因此不能表示这一功能。本图例可以用位置度，同轴度或同心度标注，其意义均相同 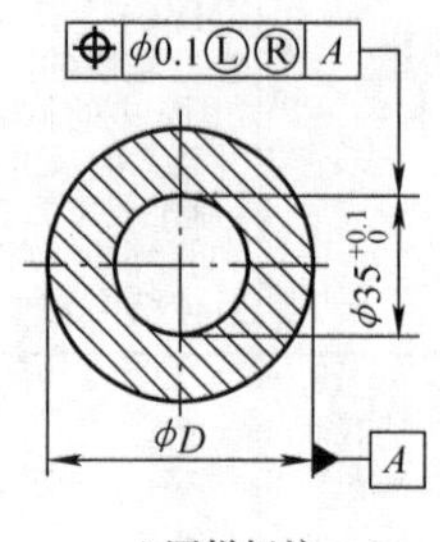 a) 图样标注 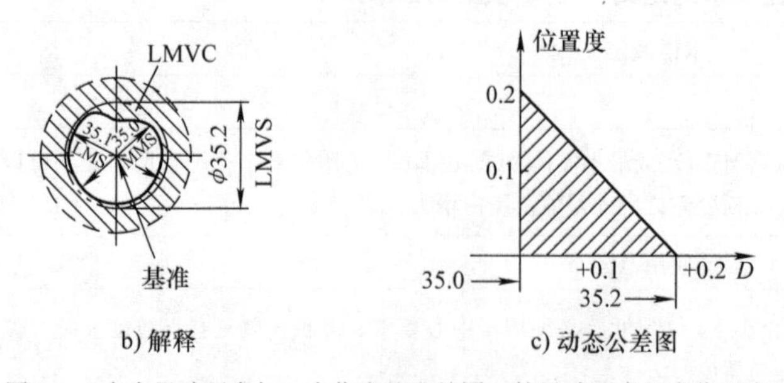 b) 解释　　c) 动态公差图 图2　一个内尺寸要素与一个作为基准的同心外尺寸要素具有位置度要求的LMR和附加RPR示例	a）内尺寸要素的提取要素不得违反其最小实体实效状态（LMVC），其直径为LMVS＝35.2mm b）内尺寸要素的提取要素各处的局部直径应小于MMS＝35.0mm，RPR允许其局部直径从LMS（＝35.1mm）增大至LMVS（＝35.2mm） c）LMVC的方向与基准*A*相平行，并且其位置在与基准*A*同轴的理论正确位置上 补充解释：图a中轴线的位置度公差（ϕ0.1mm）是该内尺寸要素为其最小实体状态（LMC）时给定的；若该内尺寸要素为其最大实体状态（MMC）时，其轴线位置度误差允许达到的最大值可为图a中给定的轴线位置度公差（ϕ0.1mm）与该内尺寸要素尺寸公差（0.1mm）之和，即ϕ0.2mm；若该外尺寸要素处于最小实体状态（LMC）与最大实体状态（MMC）之间，其轴线位置度公差在ϕ0.1～ϕ0.2mm之间变化。由于本例还附加了可逆要求（RPR），因此如果其轴线位置度误差小于给定的公差（ϕ0.1mm）时，该内尺寸要素的尺寸公差允许大于0.1mm，即其提取要素各处的局部直径均可大于它的最小实体尺寸（LMS＝35.1mm）；如果其轴线位置度误差为零，则其局部直径允许增大至35.2mm。图c给出了表述上述关系的动态公差图

7.6 公差原则的综合分析与选用

公差原则包括独立原则和相关要求。独立原则是尺寸公差和几何公差相互关系应遵循的基本原则，在生产中被广泛采用。相关要求可以满足尺寸公差和几何公差之间特定功能的要求。选用公差原则应当了解公差原则中各种功能的要求和适用条件，结合被测要素的设计功能要求，对比分析，综合选择与其相适应的具体公差原则种类，以其获得最佳效果。

关于各项公差原则的功能、应用要素、应用的几何公差项目，以及允许实际尺寸变化范围，有关实际应用说明等综合分析对比，见表2.3-34。

表2.3-34 独立原则与相关要求综合归纳

公差原则	符号	应用要素	应用项目	功能要求	控制边界	允许的形位误差变化范围	允许的实际尺寸变化范围	检测方法	
								形位误差	实际尺寸
独立原则	无	组成要素及导出要求	各种几何公差项目	各种功能要求但互相不能关联	无边界，形位误差和实际尺寸各自满足要求	按图样中注出或未注几何公差的要求	按图样中注出或未注出形位公差的要求	通用量仪	两点法测量
包容要求	Ⓔ	单一尺寸要素（圆、圆柱面、两平行平面）	形状公差（线、面轮廓度除外）	配合要求	最大实体边界	各种形状误差不能超出其控制边界	体外作用尺寸不能超出其控制边界，而局部实际尺寸不能超出其最小实体尺寸	通端极限量规及专用量仪	通端极限量规测量最大实体尺寸，两点法测量最小实体尺寸
最大实体要求	Ⓜ	导出要素（轴线及中心平面）	直线度、倾斜度、平行度、垂直度、同轴度、对称度、位置度	满足装配要求但无严格的配合要求时采用，如螺栓孔轴线的位置度、两轴线的平行度等	最大实体实效边界	当局部实际尺寸偏离其最大实体尺寸时，形位公差可获得补偿值（增大）	其局部实际尺寸不能超出尺寸公差的允许范围	综合量规（功能量规及专用量仪）	两点法测量
最小实体要求	Ⓛ	导出要素（轴线及中心平面）	直线度、垂直度、同轴度、位置度等	满足临界设计值的要求，以控制最小壁厚，提高对中度，满足最小强度的要求	最小实体实效边界	当局部实际尺寸偏离其最小实体实效尺寸时，几何公差可获得补偿值（增大）	其局部尺寸不能超出尺寸公差的允许范围	通用量仪	两点法测量
可逆要求	Ⓡ ⓂⓇ	导出要素（轴线及中心平面）	适用于Ⓜ的各项目	对最大实体尺寸没有严格要求的场合	最大实体实效边界	当与Ⓜ同时使用时，几何误差变化同Ⓜ	当几何误差小于给出的形位公差时，可补偿给尺寸公差，使尺寸公差增大，其局部实际尺寸可超出给定范围	综合量规或专用量仪控制其最大实体边界	仅用两点法测量最小实体尺寸
	ⓁⓇ		适用于Ⓛ的各项目	对最小实体尺寸没有严格要求的场合	最小实体实效边界	当与Ⓛ同时使用时，几何误差变化同Ⓛ		三坐标仪或专用量仪控制其最小实体边界	仅用两点法测量最大实体尺寸

8　综合示例

为了说明必须从零件在产品中的功能要求出发，正确地选用几何公差的项目、数值，选定适合的基准或基准体系，正确采用公差原则及相关要求，本节特选择了10个典型零件的图例，并从以上诸方面加以解释，供读者参考。

本节所选的图例主要为了说明上述问题及采用的概念，图样并不完整，各项要求也是不齐全的，不能作为生产图样使用。

示例1　圆柱齿轮

1）图例（图2.3-9）

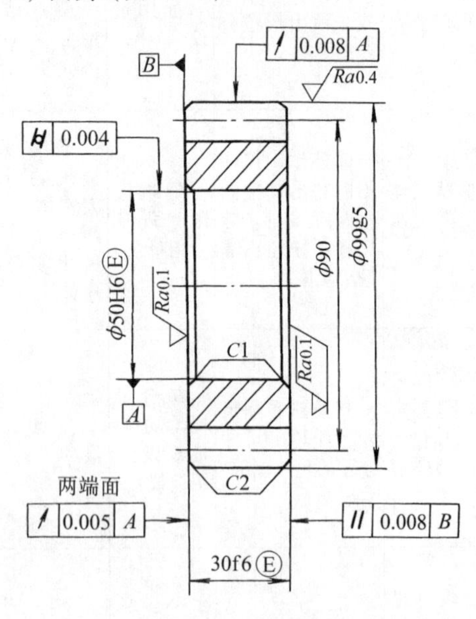

公差原则按GB/T 4249
未注线性尺寸公差按GB/T 1804-f
未注角度公差按GB/T1804-f
未注几何公差按GB/T 1184-H

图2.3-9　圆柱齿轮

2）说明

① 为保证与相配轴的配合要求，孔 ϕ50H6 采用包容要求，标注包容要求符号Ⓔ。但此孔圆柱度要求较高，用最大实体边界控制尚不能满足它的要求，特别注出⌭0.004。

② 以 ϕ50H6 Ⓔ孔的轴线为基准，两侧面对基准 A 的轴向圆跳动公差为0.005mm。

③ 圆柱齿轮两个端面形状相同不易分辨，可选取其中一个作为基准，其平行度公差为0.008mm。

④ 齿顶圆柱面对基准 A 的径向圆跳动公差为0.008mm。

⑤ 必须在图样右下角（或其他空白处）标明该图样是贯彻国标公差原则，即公差原则按 GB/T 4249，并注明所采用的线性尺寸和角度的未注公差级别，如未注线性尺寸公差按GB/T 1804—f、未注角度公差按GB/T 1804—f。也应注明未注几何公差值的级别，如未注几何公差按 GB/T 1184—H（以下图例同此，不再叙述）。

示例2　端盖

1）图例（图2.3-10）

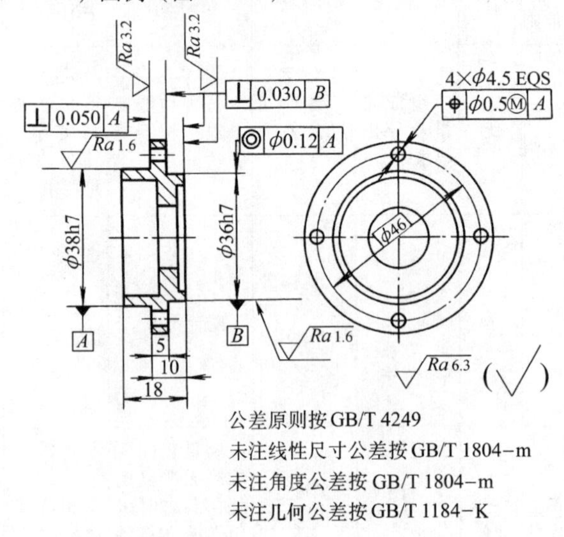

图2.3-10　端盖

2）说明

① ϕ38h7 与 ϕ36h7 均要求与相应的孔配合。

② ϕ38h7 与孔配合后需用螺栓固定，4个螺栓光孔 ϕ4.5mm 的轴线应相对于 ϕ38h7 的轴线均匀分布。给出位置度公差 ϕ0.5mm，相对于基准 A。

③ ϕ38h7 的轴线与 ϕ36h7 的轴线应保持同轴，以保证螺栓的装入及端面的贴合，给出同轴度公差 ϕ0.12mm。

④ 左右两端面分别要求与 ϕ38h7 和 ϕ36h7 轴线垂直，以保证装配，给出相对于基准 A 的垂直度为0.050mm 和相对于基准 B 的垂直度为0.030mm。

⑤ 允许尺寸补偿给位置度，采用最大实体要求 ϕ0.5 Ⓜ。

示例3　排气阀

1）图例（图2.3-11）

2）说明

① 在图样中示出的尺寸“90”要求的长度内，排气阀杆部要进行往复运动，除给出较高的尺寸公差及较小的表面粗糙度外，还应控制其形状误差，这里采用了包容要求Ⓔ，以最大实体边界 ϕ8.95mm 控制该部分的实际尺寸和形状误差。

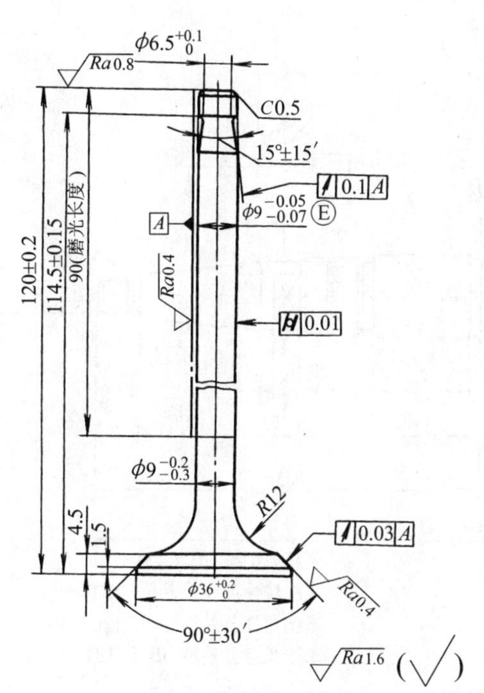

公差原则按GB/T 4249
未注线性尺寸公差按GB/T 1804-m
未注角度公差按GB/T 1804-m
未注几何公差按GB/T 1184-H

图2.3-11 排气阀

② 采用包容要求后，在极端的情况下，该部位的圆柱度误差可能达0.02（=0.07-0.05）mm，为保证其配合精度及运动的平稳，需对圆柱度进行控制，因而给出了圆柱度公差0.01mm，以保证零件的功能。

③ 为保证气密性，对锥面90°±30′给出了相对于基准轴线*A*的斜向圆跳动0.03mm，用于综合控制同轴度误差和锥面的形状误差。

示例4 传动轴

1）图例（图2.3-12）

2）说明

① 在轴颈ϕ18h7上需装齿轮，为保证齿轮的传动精度，应控制ϕ18h7、ϕ25js6轴颈相对于该传动轴轴线的几何误差，该轴的轴线应采用公共轴线，以两端顶尖孔的连线*A*—*B*为基准轴线，两轴颈分别对基准*A*—*B*给出径向圆跳动，以控制其圆表面的形状误差和相对于基准轴线的同轴度误差，保证其与基准轴线的同轴度及与锥面的配合精度。

② 锥度为1∶5的圆锥表面也是一配合表面，需控制其圆锥表面的形状和位置误差，按GB/T 15754的规定给出有位置要求的轮廓度公差，即相对于基准轴线*A*—*B*的面轮廓度0.01mm。

③ ϕ32轴两端面用于轴承的轴向定位，给出其对基准轴线*A*—*B*的轴向圆跳动公差0.02mm。

④ 6N9键槽应与其相应轴有正确的位置要求。给出其对称平面对基准轴线*C*的对称度公差0.2mm，并进一步给出平行度公差0.02mm，以限制键侧面与槽侧面的歪斜，用以保证两者之间的良好接触。

示例5 尾座

1）图例（图2.3-13）

2）说明

① 该尾座的平导轨和V形导轨需与床身导轨相配合并进行往复运动，尾座孔ϕ9H6必须与此两导轨保持正确的方向。

② 以平导轨面作第一基准*A*，以V形导轨面的对称中心平面作第二基准*B*，两基准互相垂直形成一个三基面体系。

③ 平导轨面与V形导轨面都应有较高的平面度公差要求，并只允许误差向中间减少，以便于与床身导轨贴合。

给出平导轨面的平面度公差总值为0.02mm（-），误差只允许向中间凹下，并同时限制在整个面上每40mm的平面度误差不得大于平面度公差值0.01mm。

给出V形导轨两个面的平面度公差总值为0.02mm（-），误差只允许向中间凹下，并同时限制在整个面上每40mm的平面度误差不得大于平面度公差值0.01mm。

④ 给出孔ϕ9H6相对于三基面体系的两个互相垂直方向的平行度公差，即分别为平行度公差0.01mm和0.02mm。

示例6 凸轮

1）图例（图2.3-14）

2）说明

① 为保证凸轮运行的精确度，除控制两凸轮曲面的轮廓形状外，还应控制其相对于内孔轴线和凸缘中心平面的对称位置。

② 凸轮以ϕ18H8Ⓔ孔的轴线作为第一基准*B*，凸缘12f9Ⓔ的中心平面为第二基准*C*。

③ 两凸轮曲面全周对第一基准*B*、第二基准*C*的面轮廓度公差均为0.1mm，且最大实体要求应用于基准要素*C*。基准要素*C*本身采用包容要求（12f9Ⓔ），因此应遵守其最大实体边界。

示例7 右曲柄

1）图例（图2.3-15）

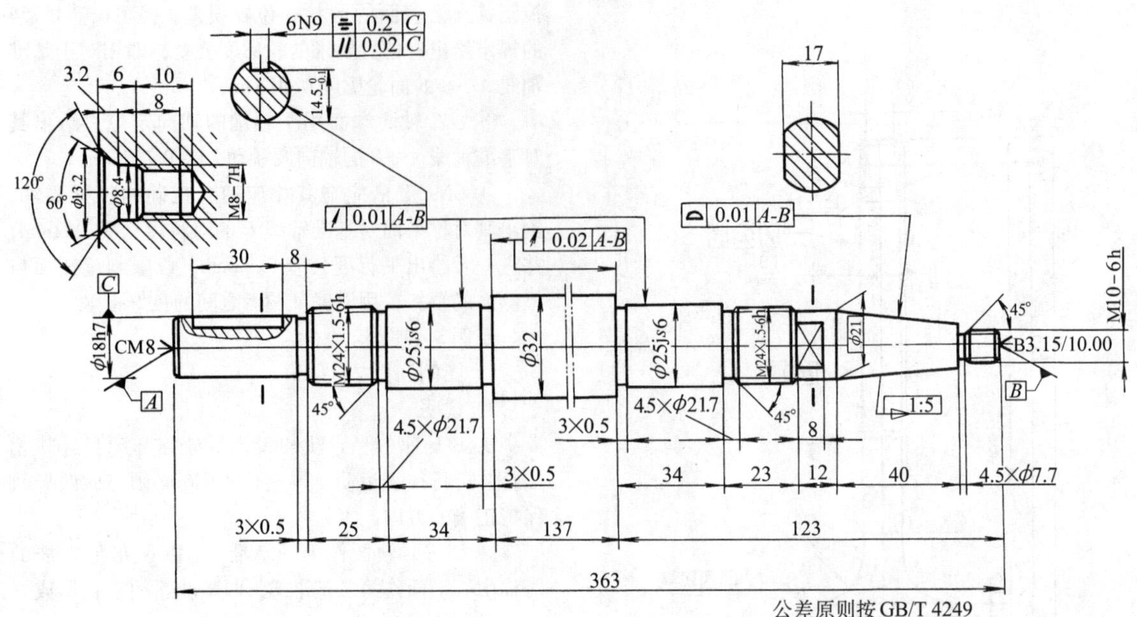

图2.3-12　传动轴

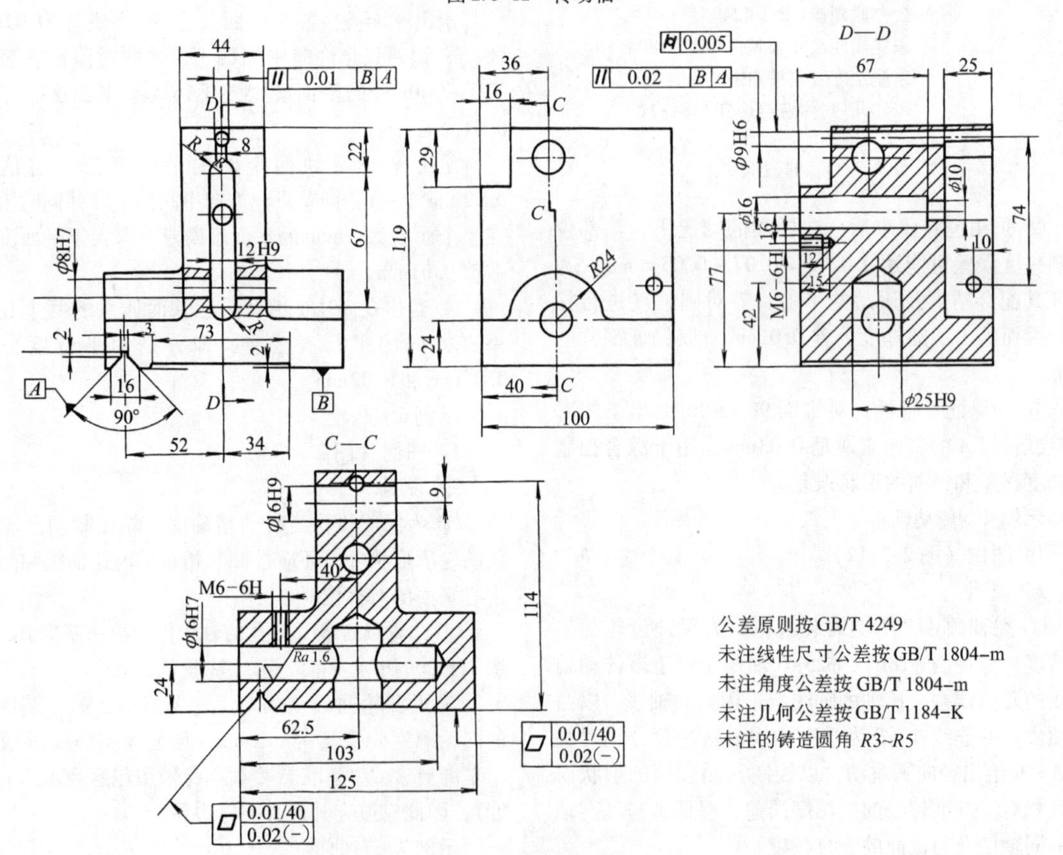

图2.3-13　尾座

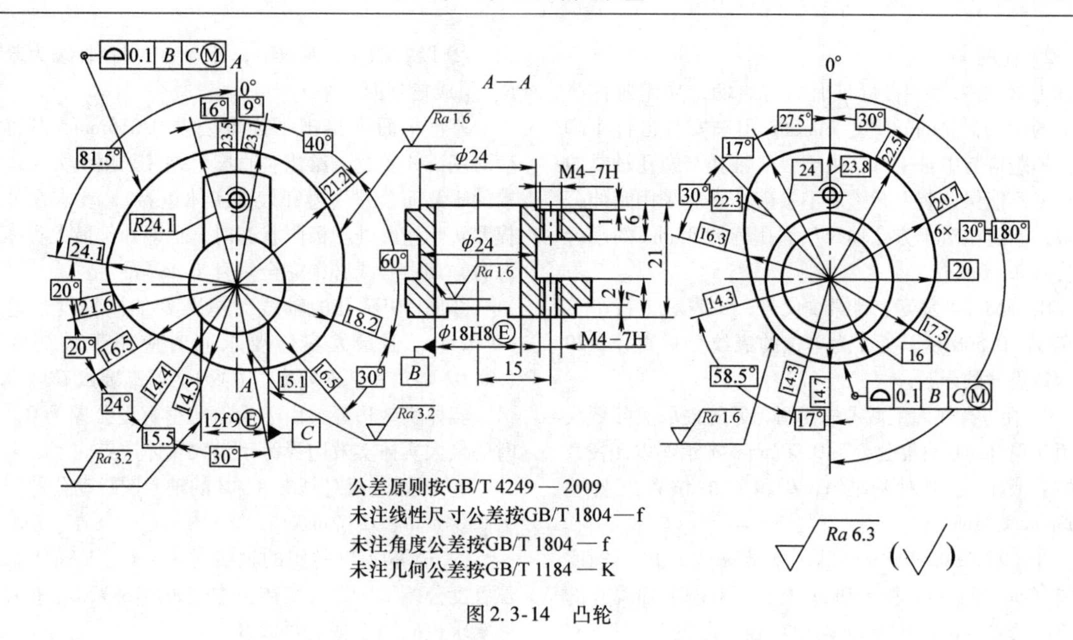

图 2.3-14 凸轮

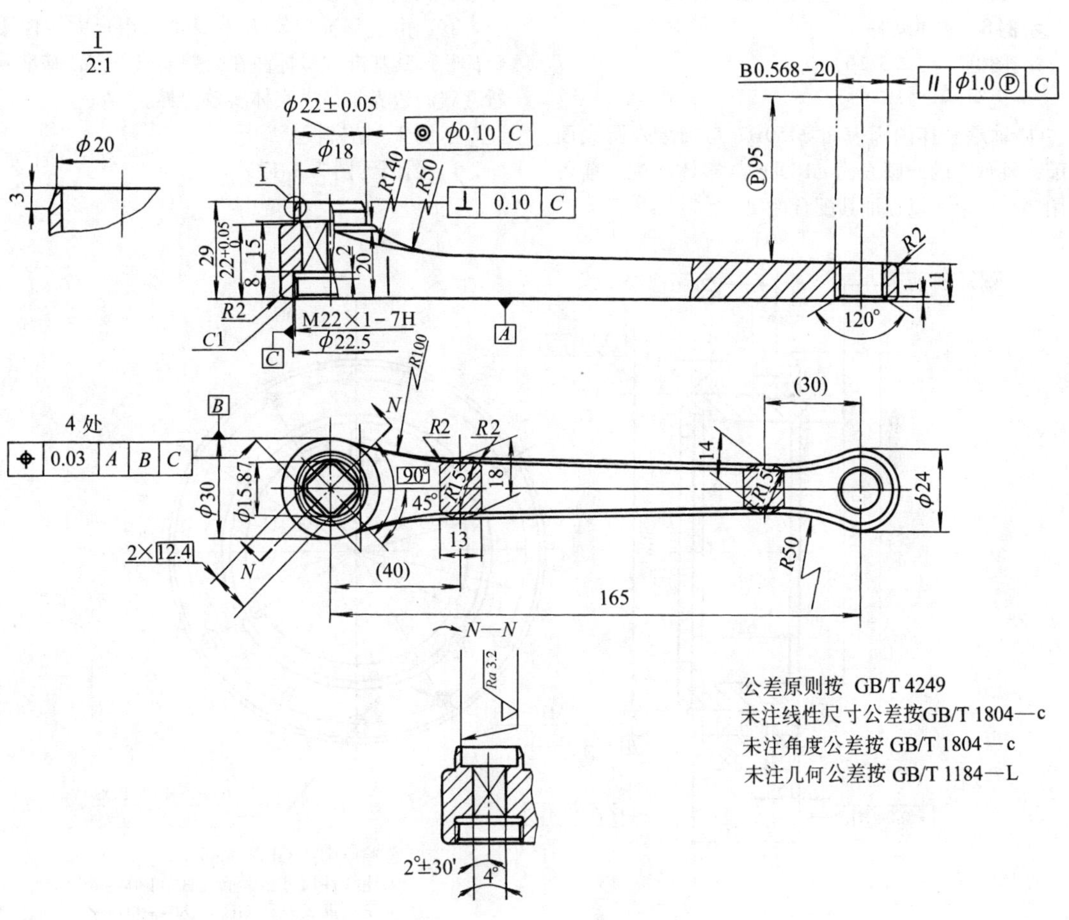

图 2.3-15 右曲柄

2）说明

① 本图例为一自行车上的右曲柄，采用延伸公差带的示例，曲柄的螺孔 B0.568 用来安装自行车脚蹬，脚蹬应与中轴平行，由于一般锥孔与螺孔轴线的平行度不能保证装上脚蹬后不被破坏，应采用延伸公差带，给出相对于方孔轴线从螺孔延伸 95mm 的平行度公差 ϕ1.0mm。

B0.568-20 为英寸制螺纹代号，B 表示自行车英制螺纹，0.568 是以英寸为单位的螺纹公称直径，20 表示每英寸的牙数。

② 在方孔侧面上截得的任两相邻的提取实际截线应相互垂直，垂直度公差为 0.06mm。本示例以四棱锥孔的各侧面分别对基准 *A*、*B* 和 *C* 的位置度公差 0.03mm 来保证。

③（ϕ22 ±0.05）mm 轴对基准轴线 *C* 的同轴度公差（ϕ0.10）mm 和 ϕ30mm 上端面对基准轴线 *C* 的垂直度公差（ϕ0.10）mm 均遵循独立原则。

示例8　轴承套杯

1）图例（图 2.3-16）

2）说明

① 轴承套杯内圆表面 ϕ150H7 与轴承外圆表面相配，轴承座的外圆表面 ϕ180h6 与箱体相配，前者采用包容要求，以保证其配合性质。

② 以右端面为基准 *A*，外圆 ϕ180h6 轴线为基准 *B*，组成三基面体系。

基准平面 *A* 给出平面度公差 0.015mm，基准 *B* 应对基准 *A* 垂直，给出垂直度公差并采用最大实体要求的零几何公差（遵守最大实体边界），要求在外圆提取实际轮廓处于极限状态时，也即处于最大实体状态时，其中心线必须完全垂直于 *A* 基准。

③ ϕ150H7 孔的轴线对基准 *B* 的同轴度公差为 ϕ0.02mm，且最大实体要求同时应用于被测要素（ϕ0.02 Ⓜ）和基准要素（*B* Ⓜ）。基准要素 *B* 应遵守最大实体实效边界，由于给出的垂直度公差为 0，此时的最大实体实效边界等于最大实体边界。

④ 两处端面对基准 *A*、*B* 的轴向圆跳动公差分别为 0.04mm 和 0.02mm。

⑤ 6 × ϕ12H9 孔组的轴线对 *A*、*B* 三基面体系的位置度公差采用最大实体要求（ϕ0.4Ⓜ），且最大实体要求也应用于基准要素 *B*。

⑥　由于基准要素 *B* 本身也采用最大实体要求（ϕ0Ⓜ），其基准代号标注在公差框格下方，基准要素所遵守的边界是最大实体实效边界。

示例9　钻模板

1）图例（图 2.3-17）

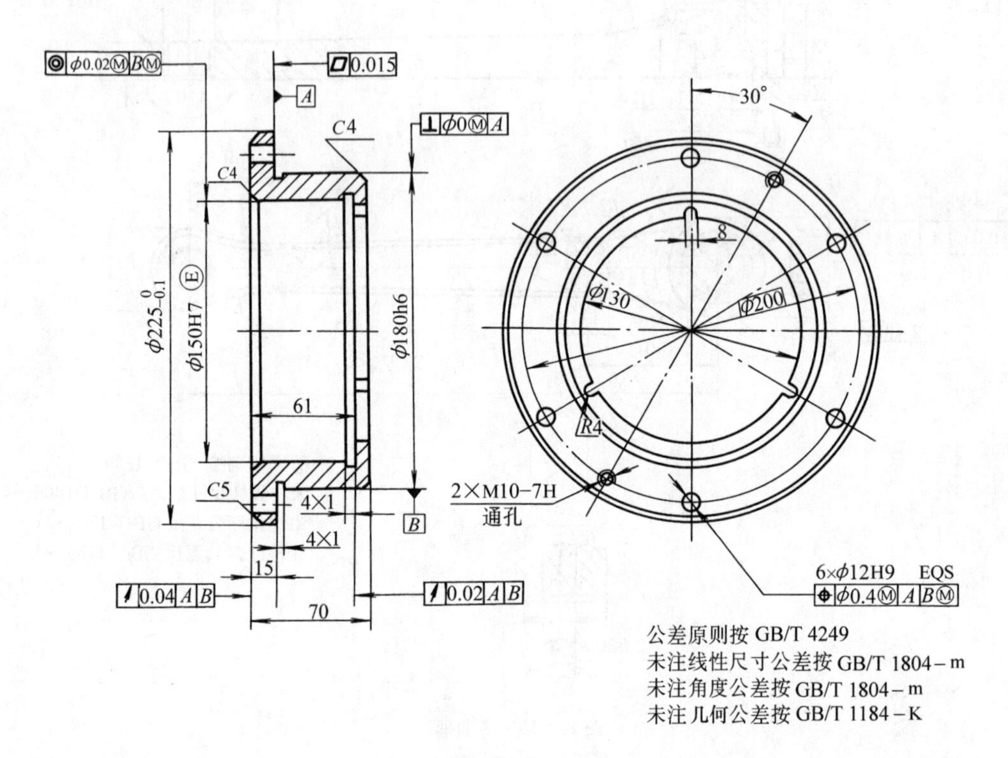

图 2.3-16　轴承套杯

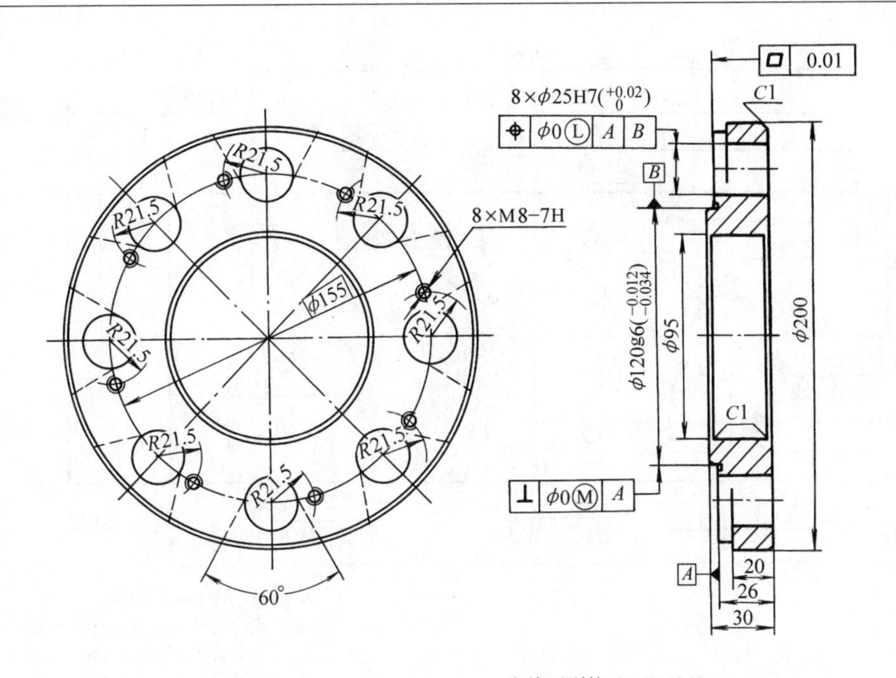

图 2.3-17 钻模板

2）说明

① 钻模板要求板上的钻模孔尺寸精确，轴线定位准确，由于受冲击力较大，孔与孔之间需保证一定的距离，以保证足够的强度。

② 为保证各孔轴线的正确位置及分布均匀性，应给出其位置度要求，并采用三基面体系。

③ 由平面 *A* 和轴线 B 构成基准体系。平面 A 为第一基准，其平面度公差为 0.01mm。轴线 B 为第二基准，它对基准 *A* 的垂直度公差采用最大实体要求的零几何公差（ϕ0Ⓜ），以保证定位精度。

④ 8×ϕ25H7 孔组轴线对基准体系的位置度公差采用最小实体要求的零几何公差（ϕ0Ⓛ），以保证定位精度。因为钻模孔与钻头之间的间隙会产生定位误差，应限制钻模孔孔壁至理想中心平面的最大距离，以保证其强度要求。

示例 10 仪表板

1）图例（图 2.3-18）

2）说明

① 仪表板上各孔是供装配用的。只需由最大实体实效边界控制，尺寸无严格要求。

② 3 孔组 3×ϕ8 $^{+0.09}_{0}$ 相对于大孔 ϕ60 $^{+0.19}_{0}$ 的轴线有较准确的位置要求，给出位置度公差 ϕ0.1mm；被测孔和基准孔均采用最大实体要求，并允许反补偿，因此同时采用可逆要求，即控制边界为 ϕ7.8mm，也就是在位置度误差为 0 的极限情况下，孔直径可做得更小些为 ϕ7.9mm。当实际尺寸为最小实体尺寸时，各孔轴线的位置度可增至 ϕ1.09mm。至于基准 *B* 对孔位置度的补偿，只能对孔组的几何图框进行补偿，不能补偿给各孔的直径尺寸。

③ 同理，6 孔组 ϕ12 $^{+0.11}_{0}$ 相对于基准 *A*（ϕ120 $^{+0.22}_{0}$ 的轴线）采用最大实体要求，同时采用可逆要求。基准 *A* 采用最大实体要求，在位置度为零的极限情况下，6 孔的直径允许减小到 ϕ11.9mm。当孔的实际尺寸做到最小实体尺寸这一极限情况时，各孔轴线位置度公差可增至 ϕ1.11mm。

④ 4 孔 ϕ10 $^{+0.09}_{0}$、4 孔 ϕ12 $^{+0.11}_{0}$、2 孔 ϕ15 $^{+0.11}_{0}$、2 孔 ϕ8 $^{+0.09}_{0}$ 和 2 孔 ϕ14 $^{+0.11}_{0}$ 均同时采用了最大实体要求和可逆要求。但它们没有对基准的要求，仅要求孔与孔之间的正确位置。在极限情况下，孔的提取面的直径可分别减小至 ϕ9.8mm、ϕ14.8mm、ϕ11.8mm、ϕ7.8mm 和 ϕ13.8mm。当孔提取面的实际尺寸为最小实体尺寸时，轴线的位置度公差可增至 ϕ0.209mm、ϕ0.211mm、ϕ0.211mm、ϕ0.209mm 和 ϕ0.211mm。

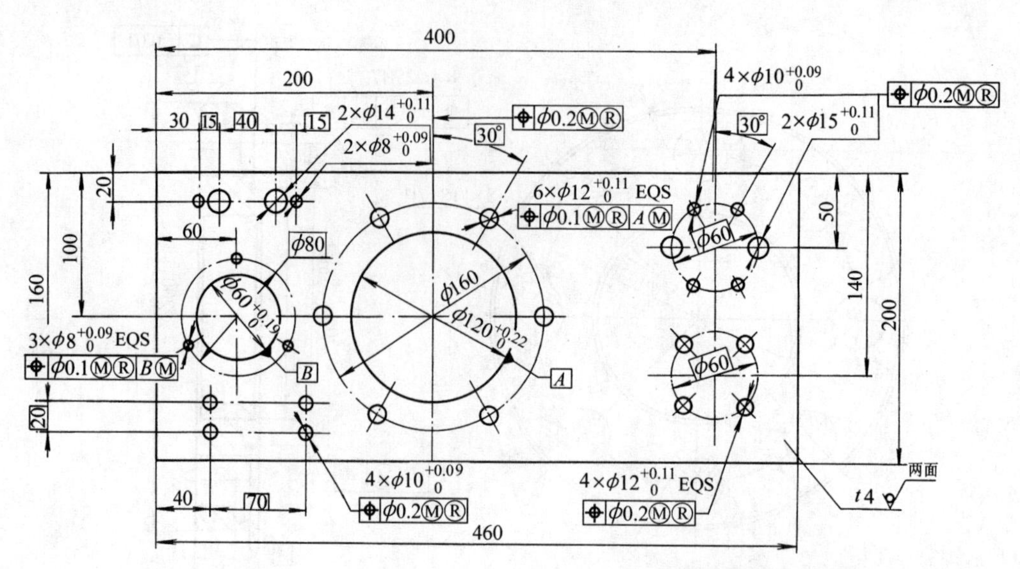

公差原则按 GB/T 4249

未注线性尺寸公差按 GB/T 1804—m

未注角度公差按 GB/T 1804—m

未注几何公差按 GB/T 1184—H

图 2.3-18 仪表板

第4章　表面结构

1　概述

1.1　基本概念

通过去除材料或成形加工制造的零件表面，必然具有各种不同类型的不规则状态，叠加在一起形成一个实际存在的复杂的表面轮廓。它主要由尺寸的偏离、实际形状相对于理想（几何）形状的偏离以及表面的微观值和中间值的几何形状误差等综合形成。各实际的表面轮廓都具有其特定的表面特征，这种表面特征称为零件的表面结构。

对于零件的表面轮廓，应给出有关表面结构的要求。除了需要控制其实际尺寸、形状、方向和位置外，还应控制其表面粗糙度、表面波纹度和表面缺陷。

表面粗糙度主要是由于加工过程中刀具和零件表面之间的摩擦、切屑分离时的塑性变形以及工艺系统中存在的高频振动等原因所形成的，属于微观几何误差。它影响着工件的摩擦因数、密封性、耐腐蚀性、疲劳强度、接触刚度及导电、导热性能等。

表面波纹度主要是由于在加工过程中机床—刀具—工件这一加工系统的振动、发热，以及在回转过程中的质量不均衡等原因形成的，它具有较强的周期性。改善和提高机床的安装、调整精度及工艺性，可降低表面波纹度的参数值。

表面缺陷是从零件加工一直到使用过程中都可能形成的一种表面状况。它不存在周期性及规律性，但发生缺陷时也有其内在的规律。因此，控制缺陷以及接受零件表面所产生的不影响零件功能的缺陷也是合理地控制产品质量的一个生产环节。

区分形状偏差、表面粗糙度与表面波纹度常见的方法有：在表面轮廓截面上，采用三种不同的频率范围的定义来划定；以波形峰与峰之间的间距作为区分界限。对于间距小于1mm的，称表面粗糙度；1~10mm范围的，称表面波纹度；大于10mm的则视作形状偏差，但这显然不够严密。零件大小不一及工艺条件变化均会影响这种区分原则。还有一种是用波形起伏的间距和幅度比来划分，比值小于50的为粗糙度；在50~1000范围内为波纹度；大于1000的视为形状偏差。这种比值的划分是在生产实际中综合统计得出的，也没有严格的理论支持。

图2.4-1a所示为零件在加工后表面粗糙度和表面波纹度的复合轮廓，图2.4-1b所示为排除波纹度后的粗糙度轮廓，图2.4-1c所示为排除粗糙度后的波纹度轮廓。

图2.4-2a所示为铰孔后的表面粗糙度和表面波纹度的复合轮廓，图2.4-2b所示为排除波纹度后的粗糙度轮廓，图2.4-2c所示为排除粗糙度后的波纹度轮廓。

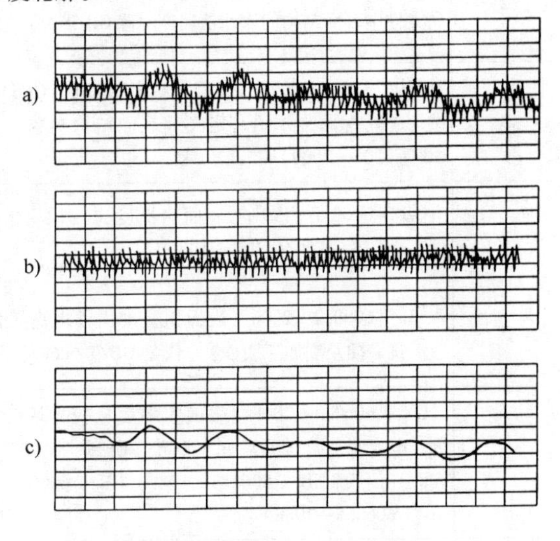

图2.4-1　加工后表面轮廓分析

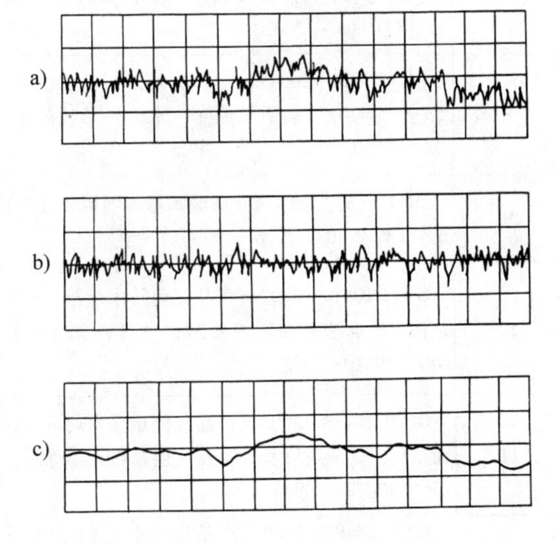

图2.4-2　铰孔后表面轮廓分析

1.2 国家标准与对应的 ISO 标准

对于表面粗糙度，原 ISO TC213 “尺寸规范和几何产品规范及检验” 技术委员会已提出一系列标准，包括术语、参数值、符号、代号和图样上的表示方法以及有关测试方法及测试仪器等。对于表面波纹度，除词汇已有标准规定外，其参数值以及与表面粗糙度的区分界限等目前尚提不出一个统一的定量区分标准。我国等效等同采用该领域的各项 ISO 标准，制定和发布了一系列有关标准，详见国家标准与对应的 ISO 标准（表 2.4-1）。

表 2.4-1 国家标准与对应的 ISO 标准

序号	标准	ISO 标准	采用程度
1	GB/T 1031—2009《产品几何技术规范（GPS） 表面结构 轮廓法 表面粗糙度参数及其数值》（代替 GB/T 1031—1995）	—	—
2	GB/T 131—2006《产品几何技术规范（GPS） 技术产品文件中表面结构的表示法》（代替 GB/T 131—1993）	ISO 1302：2002《产品几何技术规范（GPS）技术产品文件中表面结构表示法》	IDT（等同采用）
3	GB/T 3505—2009《产品几何技术规范（GPS） 表面结构 轮廓法 术语、定义及表面结构参数》（代替 GB/T 3505—2000）	ISO 4287：1997《产品几何技术规范（GPS）表面结构 轮廓法 术语、定义及表面结构参数》	IDT
4	GB/T 6060.1—1997《表面粗糙度比较样块 铸造表面》（代替 GB/T 6060.1—1985）	ISO 2632—3：1979《表面粗糙度对比试样 第3部分 铸造表面》	EQV（等效采用）
5	GB/T 6060.2—2006《表面粗糙度比较样块 磨、车、镗、铣、插及刨加工表面》（代替 GB/T 6060.2—1985）	ISO 2632-1：1985《表面粗糙度比较样块 第1部分 磨，车，镗，铣，插及刨加工表面》	MOD（修改采用）
6	GB/T 6060.3—2008《表面粗糙度比较样块 第3部分：电火花、抛（喷）丸、喷砂、研磨、锉、抛光加工表面》（代替 GB/T 6060.3—1986，GB/T 6060.4—1988，GB/T 6060.5—1988）	—	—
7	GB/T 6062—2009《产品几何技术规范（GPS） 表面结构 轮廓法 接触（触针）式仪器的标称特性》（代替 GB/T 6062—2002）	ISO 3274：1996《产品几何技术规范（GPS） 表面结构 轮廓法 接触（触针）式仪器的标称特性》	IDT
8	GB/T 7220—2004《产品几何技术规范（GPS） 表面结构 轮廓法 表面粗糙度 术语 参数测量》（代替 GB/T 7220—1987）	—	—
9	JB/T 7976—2010《轮廓法测量表面粗糙度的仪器 术语》（代替 JB/T 7976—1999）	—	—
10	GB/T 10610—2009《产品几何技术规范（GPS） 表面结构 轮廓法 评定表面结构的规则和方法》（代替 GB/T 10610—1998）	ISO 4288：1996《产品几何技术规范（GPS）表面结构 轮廓法 评定表面结构的规则和方法》	IDT
11	GB/T 12472—2003《产品几何量技术规范（GPS） 表面结构 轮廓法 木制件表面粗糙度及其数值》（代替 GB/T 12472—1992）	—	—
12	GB/T 14495—2009《产品几何技术规范（GPS） 表面结构 轮廓法 木制件表面粗糙度比较样块》（代替 GB/T 14495—1993）	—	—

（续）

序号	标准	ISO 标准	采用程度
13	GB/T 15757—2002《产品几何量技术规范（GPS）表面缺陷　术语、定义及参数》（代替 GB/T 15757—1995）	ISO 8785：1998《产品几何量技术规范（GPS）表面缺陷　术语、定义及参数》	EQV
14	GB/T 16747—2009《产品几何技术规范（GPS）　表面结构　轮廓法表面波纹度词汇》（代替 GB/T 16747—1997）	—	—
15	GB/T 18618—2009《产品几何技术规范（GPS）　表面结构　轮廓法　图形参数》（代替 GB/T 18618—2002）	ISO 12085：1996《产品几何技术规范（GPS）表面结构　轮廓法　图形参数》	IDT
16	GB/T 18777—2009《产品几何技术规范（GPS）　表面结构　轮廓法　相位修正滤波器的计量特性》（代替 GB/T 18777—2002）	ISO 11562：1996《产品几何技术规范（GPS）表面结构　轮廓法　相位修正滤波器的计量特性》	IDT
17	GB/T 18778.1—2002《产品几何量技术规范（GPS）表面结构　轮廓法　具有复合加工特征的表面　第1部分：滤波和一般测量条件》	ISO 13565—1：1996《产品几何量技术规范（GPS）表面结构　轮廓法　具有分层功能特性的表面　第1部分：滤波和一般测量条件》	EQV
18	GB/T 18778.2—2003《产品几何量技术规范（GPS）表面结构　轮廓法　具有复合加工特征的表面　第2部分：用线性化的支承率曲线表征高度特性》	ISO 13565.2—1996《产品几何技术规范（GPS）　表面结构　轮廓法　具有复合加工特征表面　第2部分：用线性化的支承率曲线表征高度特性》	IDT
19	GB/T 18778.3—2006《产品几何技术规范（GPS）　表面结构　轮廓法　具有复合加工特征的表面　第3部分：用概率支承率曲线表征高度特性》	ISO 13565—3:1998《产品几何技术规范　表面结构　轮廓法　具有复合加工特征表面　第3部分：用概率支承率曲线表征高度特性》	IDT

2　术语及定义

表面结构的术语及定义涉及设计、加工工艺、计量、测试和评定等各生产环节，关系到国内外技术交流及贸易往来。因此，它的统一和标准化是至关重要的。

GB/T 3505—2009 不仅规定了粗糙度轮廓及其参数的术语及其定义，并从定义出发涉及或包含了波纹度轮廓及原始轮廓。有关表面波纹度的术语及定义详见本章第4节表面波纹度。

2.1　一般术语及定义

一般术语包括表面轮廓、中线、取样长度及测试仪器的基本术语，见表2.4-2。

表2.4-2　一般术语及定义

序号	术　语	定　义　或　解　释	图　　示
1	坐标系	确定表示结构参数的坐标体系 注：通常采用一个直角坐标体系，其轴线形成一右旋笛卡儿坐标系，x 轴与中线方向一致，y 轴也处于实际表面上，而 z 轴则在从材料到周围介质的外延方向上。所有参数和术语均在此坐标系中定义	
2	实际表面	物体与周围介质分离的表面	

（续）

序号	术 语	定 义 或 解 释	图 示
3	表面轮廓	一个指定平面与实际表面相交所得的轮廓 注：实际上，通常采用一条名义上与实际表面平行和在一个适当方向的法线来选择一个平面	z y x 表面轮廓
4	原始轮廓	通过 λs 轮廓滤波器后的总的轮廓 注：原始轮廓是评定原始轮廓参数的基础	
5	粗糙度轮廓	粗糙度轮廓是对原始轮廓采用 λc 滤波器抑制长波成分以后形成的轮廓，这是人为修正的轮廓 注： 1. 粗糙度轮廓的传输频带是由 λs 和 λc 轮廓滤波器来限定的 2. 粗糙度轮廓是评定粗糙度轮廓参数的基础 3. λc 和 λs 之间的关系标准中不作规定	传输系数(%) 100 50 粗糙度轮廓 波纹度轮廓 λs λc λf 波长
6	波纹度轮廓	波纹度轮廓是对原始轮廓连续应用 λf 和 λc 两个滤波器以后形成的轮廓。采用 λf 滤波器抑制长波成分，而采用 λc 滤波器抑制短波成分。这是人为修正的轮廓 注： 1. 在运用 λf 滤波器分离波纹度轮廓前，应首先用最小二乘法的最佳拟合，从总轮廓中提取标称的形状。对于圆的标称形式，建议将半径也包含在最小二乘法的优化计算中，而不是保持固定的标称值。这个分离波纹度轮廓的过程限定了理想的波纹度运算操作 2. 波纹度轮廓的传输频带是由 λf 和 λc 轮廓滤波器来限定的 3. 波纹度轮廓是评定波纹度轮廓参数的基础	
7	中线	具有几何轮廓形状并划分轮廓的基准线	
8	粗糙度轮廓中线	用轮廓滤波器 λc 抑制了长波轮廓成分相对应的中线	
9	波纹度轮廓中线	用 λf 轮廓滤波器抑制了长波轮廓成分相对应的中线	
10	原始轮廓中线	用标称形式的线穿过在原始轮廓上，按标称形式用最小二乘法拟合所确定的中线	
11	取样长度	在 x 轴方向判别被评定轮廓的不规则特征的 x 轴方向上的长度 注：评定长度粗糙度和波纹度轮廓的取样长度 lr 和 lw，在数值上分别与轮廓滤波器 λc 和 λf 的轮廓滤波器的截止波长相等。原始轮廓的取样长度 lp 则与评定长度相等	

（续）

序号	术语	定义或解释	图示
12	评定长度	用于判别被评定轮廓的 x 轴方向上的长度 注：评定长度包含一个或和几个取样长度	
13	轮廓滤波器	把轮廓分成长波和短波成分的滤波器 注：在测量粗糙度、波纹度和原始轮廓的仪器中使用三种滤波器（λs、λc、λf 滤波器）。它们的传输特性相同但截止波长不同	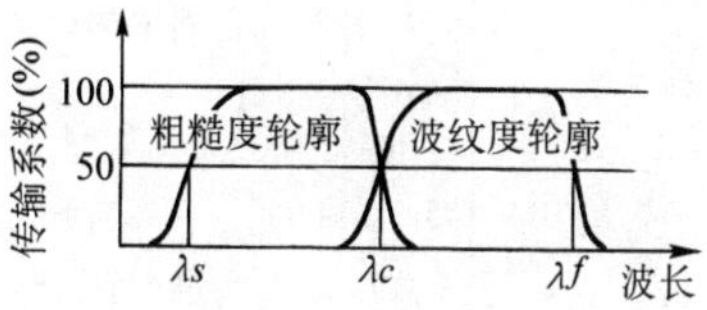
14	λs 滤波器	确定存在于表面上的粗糙度与比它更短的波的成分之间相交界限的滤波器（见图）	
15	λc 滤波器	确定粗糙度与波纹度成分之间相交界限的滤波器（见图）	
16	λf 滤波器	确定存在于表面上的波纹度与比它更长的波的成分之间相交界限的滤波器（见图）	

2.2 几何参数术语及定义

几何参数术语包括在原始轮廓、表面粗糙度轮廓及波纹度轮廓上的轮廓及参数，以及与其有关的术语及定义，见表2.4-3。

表2.4-3 几何参数术语及定义

序号	术语	定义或解释	图示
1	P 参数	从原始轮廓上计算所得的参数	
2	R 参数	从粗糙度轮廓上计算所得的参数	
3	W 参数	从波纹度轮廓上计算所得的参数	
4	轮廓峰	被评定轮廓上连接（轮廓和 x 轴）两相邻交点向外（从材料到周围介质）的轮廓部分	
5	轮廓谷	被评定轮廓上连接两相邻交点向内（从周围介质到材料）的轮廓部分	
6	高度和间距辨别力	应计入的被评定轮廓的轮廓峰和轮廓谷的最小高度和最小间距 注：轮廓峰和轮廓谷的最小高度通常用 Rz、Pz、Wz 或任一幅度参数的百分率来表示，最小间距则以取样长度的百分率表示	
7	轮廓单元	轮廓峰和相邻轮廓谷的组合（见图） 注：在取样长度始端或末端的评定轮廓的向外部分或向内部分应看成是一个轮廓峰或一个轮廓谷。当在若干个连续的取样长度上确定若干个轮廓单元时，在每一个取样长度的始端或末端评定的峰和谷仅在每个取样长度的始端计入一次	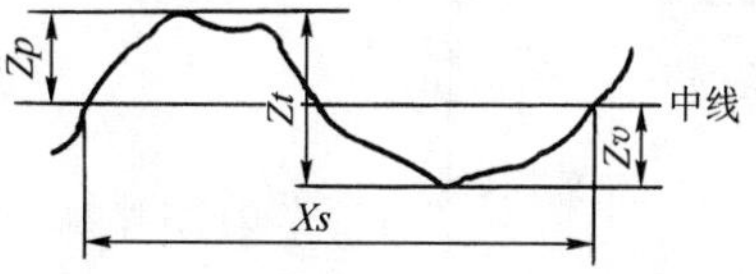

（续）

序号	术语	定义或解释	图示
8	纵坐标值 $Z(x)$	被评定轮廓在任一位置上距 x 轴的高度 注：若纵坐标于 x 轴下方，该高度被视为负值，反之则为正值	
9	局部斜率 $\frac{dZ}{dX}$	评定轮廓在某一位置 x_1 的斜率 注： 1. 局部斜率和这些参数 $P\Delta q$、$R\Delta q$、$W\Delta q$ 的数值主要视纵坐标间距 ΔX 而定 2. 计算局部斜率的公式之一 $\frac{dZ_i}{dX}=\frac{1}{60\Delta X}(Z_{i+3}-9Z_{i+2}+45Z_{i+1}-45Z_{i-1}+9Z_{i-2}-Z_{i-3})$ 式中，Z_i 为第 i 个轮廓点的高度，ΔX 为相邻两轮廓点的间距	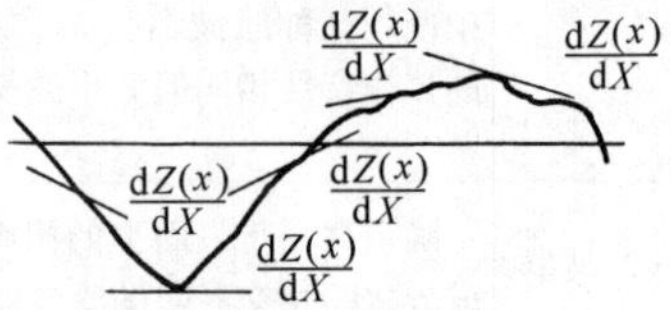 $\frac{dZ(x)}{dX}$
10	轮廓峰高 Zp	轮廓峰的最高点距 x 轴的距离	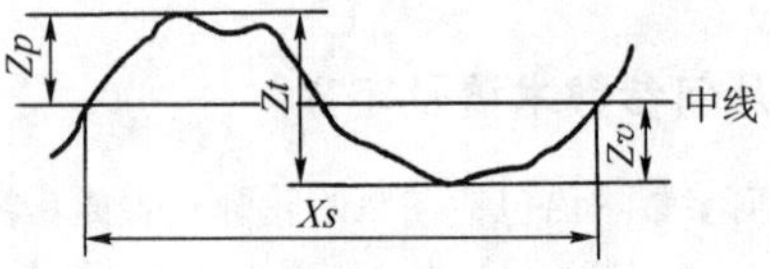 Zp Zt Zv Xs 中线
11	轮廓谷深 Zv	轮廓谷最低点距 x 轴的距离	
12	轮廓单元的高度 Zt	一个轮廓单元的轮廓峰高和轮廓谷深之和	
13	轮廓单元的宽度 Xs	一个 x 轴线与轮廓单元相交线段的长度	
14	在水平位置 c 上，轮廓的实体材料长度 $Ml(c)$	在一个给定水平截面高度 c 上，用一平行于 x 轴的线与轮廓单元相截所获得的各段截线长度之和（见图）	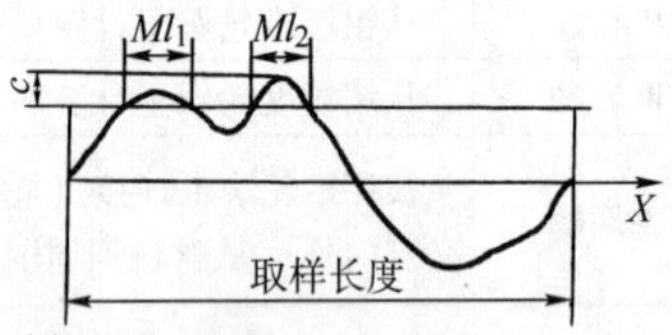 Ml_1 Ml_2 c X 取样长度 $Ml(c)=Ml_1+Ml_2$

2.3　表面轮廓参数术语及定义

表面轮廓参数术语及定义包括了表示峰、谷之间关系的幅度参数。以纵坐标平均值定义的幅度参数、间距参数以及混合参数的术语及定义，见表2.4-4。

表2.4-4　表面轮廓参数术语及定义

序号	术语	定义或解释	图示
1	幅度参数（峰和谷）	包括以峰和谷值定义的最大轮廓峰高、最大轮廓谷深、轮廓的最大高度、轮廓单元的平均线高度及轮廓的总高度等参数	
2	最大轮廓峰高 Pp、Rp、Wp	在一个取样长度内，最大的轮廓峰高 Zp	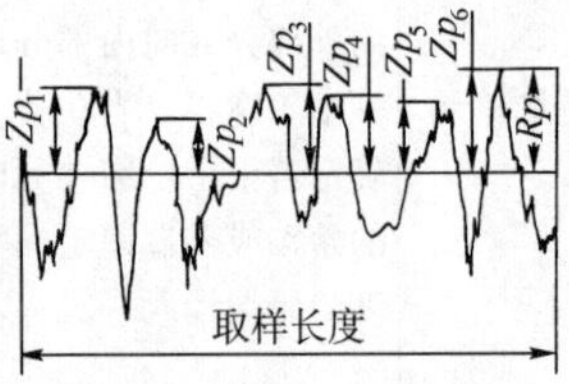 Zp_1 Zp_2 Zp_3 Zp_4 Zp_5 Zp_6 Rp 取样长度

（续）

序号	术语	定义或解释	图示
3	最大轮廓谷深 Pv、Rv、Wv	在一个取样长度内，最大的轮廓谷深 Zv	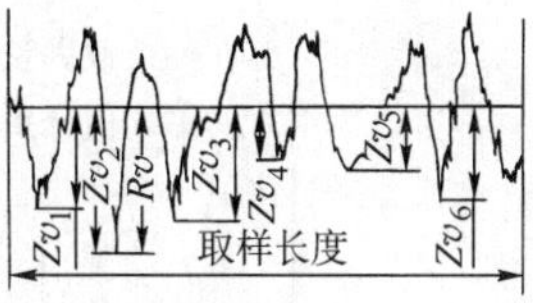
4	轮廓最大高度 Pz、Rz、Wz	在一个取样长度内，最大轮廓峰高和最大轮廓谷深之和	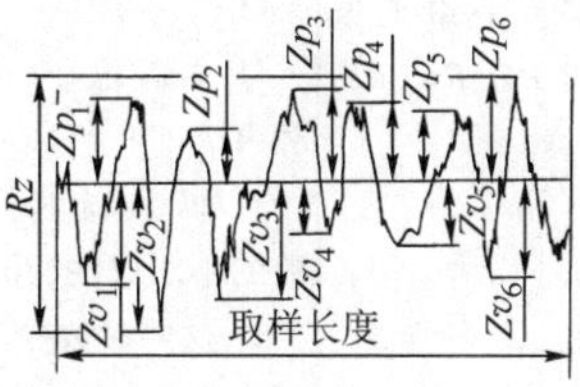
5	轮廓单元的平均高度 Pc、Rc、Wc	在一个取样长度内，轮廓单元高度 Zt 的平均值，见图 $Pc = Rc = Wc = \frac{1}{m}\sum_{i=1}^{m} Zt_i$ 注：对参数 Pc、Rc、Wc 需要辨别高度和间距。除非另有要求，省略标注的高度分辨力应分别按 Pz、Rz、Wz 的 10% 选取；省略标注的间距分辨率应按取样长度的 1% 选取。上述两个条件都应满足	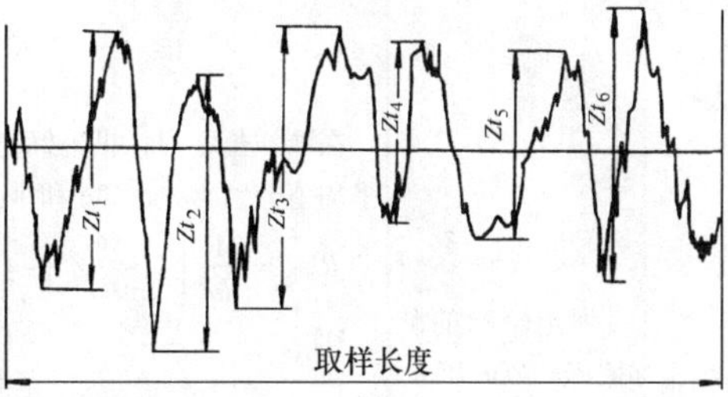
6	轮廓总高度 Pt、Rt、Wt	在评定长度内，最大轮廓峰高和最大轮廓谷深之和 注： 1. 由于 Pt、Rt、Wt 是根据评定长度而不是取样长度定义的，以下关系对任何轮廓来讲都成立：$Pt \geqslant Pz$；$Rt \geqslant Rz$；$Wt \geqslant Wz$ 2. 在未规定的情况下，Pz 和 Pt 是相等的，此时建议采用 Pt	
7	幅度参数（纵坐标平均值）	以纵坐标平均值定义的评定轮廓的算术平均偏差、评定轮廓的均方根偏差、评定轮廓的偏斜度及评定轮廓的陡度等参数	
8	评定轮廓的算术平均偏差 Pa、Ra、Wa	在一个取样长度内纵坐标值 $Z(x)$ 绝对值的算术平均值 $Pa = Ra = Wa = \frac{1}{l}\int_0^l \lvert Z(x) \rvert \mathrm{d}x$ 式中 $l = lp$，lr 或 lw	
9	评定轮廓的均方根偏差 Pq、Rq、Wq	在一个取样长度内纵坐标值 $Z(x)$ 的均方根值 $Pq = Rq = Wq = \sqrt{\frac{1}{l}\int_0^l Z^2(x)\mathrm{d}x}$ 式中 $l = lp$、lr 或 lw	

（续）

序号	术　语	定 义 或 解 释	图　　示
10	评定轮廓的偏斜度 Psk、Rsk、Wsk	在一个取样长度内，纵坐标值 $Z(x)$ 三次方的平均值分别与 Pq、Rq 和 Wq 的三次方的比值 $Rsk=\frac{1}{Rq^3}\left[\frac{1}{lr}\int_0^{lr}Z^3(x)\mathrm{d}x\right]$ 注： 1. 上式定义了 Rsk，用类似的方式定义 Psk 和 Wsk 2. Psk、Rsk 和 Wsk 是纵坐标值概率密度函数的不对称性的测定 3. 这些参数受离散的峰或离散的谷的影响很大	
11	评定轮廓的陡度 Rku、Rku、Wku	在取样长度内，纵坐标值 $Z(x)$ 四次方的平均值分别与 Pq，Rq 和 Wq 的四次方的比值 $Rku=\frac{1}{Rq^4}\left[\frac{1}{lr}\int_0^{lr}Z^4(x)\mathrm{d}x\right]$ 注： 1. 上式定义了 Rku，用类似方式定义 Pku 和 Wku 2. Pku、Rku 和 Wku 是纵坐标值概率密度函数锐度的测定	
12	间距参数	以轮廓单元宽度值定义的参数，如轮廓单元的平均宽度	
13	轮廓单元的平均宽度 Psm、Rsm、Wsm	在一个取样长度内，轮廓单元宽度 Xs 的平均值 $Psm=Rsm=Wsm=\frac{1}{m}\sum_{i=1}^{m}Xs_i$ 注：对参数 Psm、Rsm、Wsm 需要判断高度和间距。若未另外规定，省略标注的高度分辨力分别为 Pz、Rz、Wz 的10%，省略标注的水平间距分辨率为取样长度的1%。上述两个条件都应满足	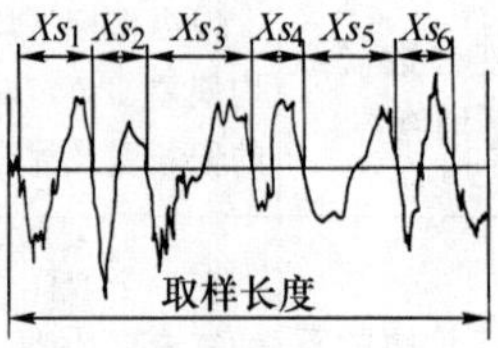 Xs_1 Xs_2 Xs_3 Xs_4 Xs_5 Xs_6 取样长度
14	评定轮廓的均方根斜率 $P\Delta q$、$R\Delta q$、$W\Delta q$	在取样长度内，纵坐标斜率 $\frac{\mathrm{d}Z}{\mathrm{d}X}$ 的均方根值	

（续）

序号	术　语	定 义 或 解 释	图　示
15	曲线和相关参数	依据评定长度而不是在取样长度上定义，提供稳定的曲线和相关参数，包括轮廓的支承长度率、轮廓的支承长度率曲线、轮廓截面高度差、相对支承比率及轮廓幅度分布曲线等	
16	轮廓支承长度率 $Pmr(c)$、$Rmr(c)$、$Wmr(c)$	在给定的水平截面高度 c 上，轮廓的实体材料长度 $Ml(c)$ 与评定长度的比率 $Pmr(c)=Rmr(c)=Wmr(c)=\dfrac{Ml(c)}{ln}$	
17	轮廓支承长度率曲线	表示轮廓支承率随水平截面高度 c 变化的关系曲线 注：该曲线为在一个评定长度内的各坐标值 $Z(x)$ 采样累积的分布概率函数	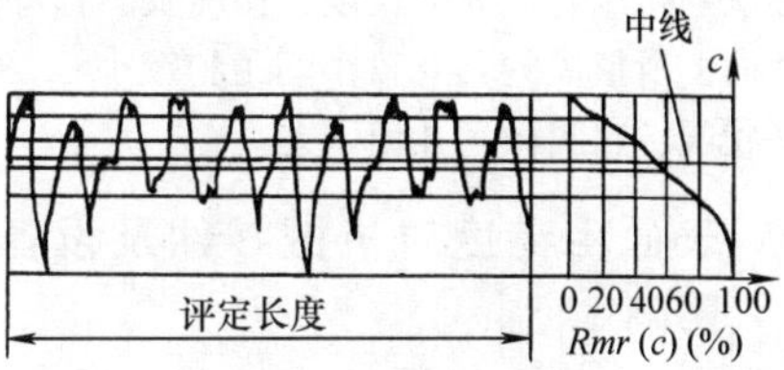
18	轮廓水平截面高度差 $P\delta c$、$R\delta c$、$W\delta c$	给定支承比率的两个水平截面之间的垂直距离 $R\delta c=c(Rmr1)-c(Rmr2)$ $Rmr1<Rmr2$ 注：以上公式定义了 $R\delta c$，用类似方法可定义 $P\delta c$ 和 $W\delta c$	
19	相对支承长度率 Pmr、Rmr、Wmr	在一个轮廓水平截面 $R\delta c$ 确定的，与起始零位 c_0 相关的支承长度率 Pmr、Rmr、$Wmr=Pmr$、Rmr、$Wmr\ (c_1)$ 式中： $c_1=c_0-R\delta c$（或 $P\delta c$ 或 $W\delta c$） $c_0=c\ (Pmr0,\ Rmr0,\ Wmr0)$	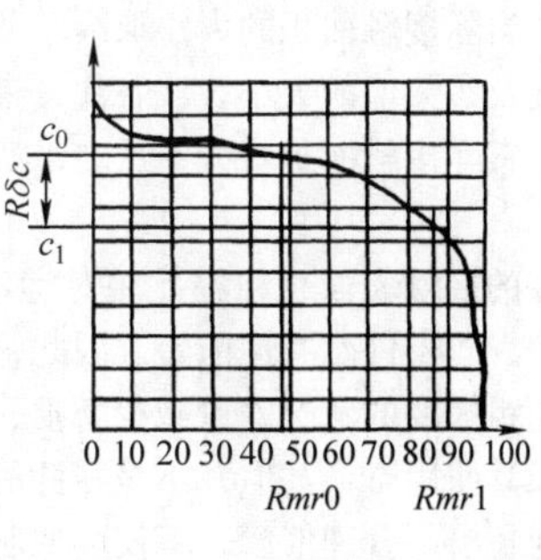
20	轮廓幅度分布曲线	在评定长度内，纵坐标值 $Z(x)$ 采样的概率密度函数 注：有关轮廓幅度分布曲线的各参数见本表中7～11	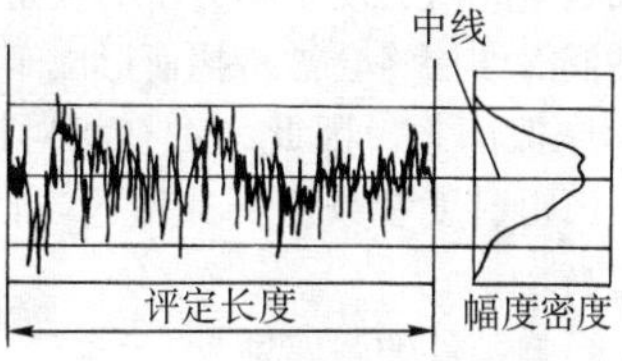

2.4　GB/T 3505 新、旧标准的区别

GB/T 3505—2009 与 GB/T 3505—2000 相比，没有根本性的变化，主要是编写方法与国际标准进一步统一，个别术语名称发生了变化。

（1）将2000年标准中几何参数术语“水平位置 *c*”改为“截面高度 *c*”；将“轮廓单元的平均线高度”改为“轮廓单元的平均高度”等。

（2）将局部斜率的计算公式$\frac{XP}{ZP}$改为$\frac{dZ}{dX}$。

（3）修改了附录D，说明了该标准在GPS体系中的位置。

3　表面粗糙度

表面粗糙度是指零件在加工过程中由于不同的加工方法、机床与工具的精度、振动及磨损等因素在加工表面上所形成的具有较小间距和较小峰、谷的微观不平状况，它属微观几何误差。

3.1　表面粗糙度对机械零件及设备功能的影响

3.1.1　对机械零件的影响

（1）对机械零件耐磨性的影响

由于零件表面粗糙度的存在，两个表面接触时，其接触面仅仅是在加工表面许多凸出小峰的顶端上，实际两零件表面的接触面积只是理论面积的一部分。当两个零件表面有相对运动时，由于两零件实际接触面积较理论面积要小，因而单位面积上承受的压力相应增大。实际接触面积的大小取决于两接触表面粗糙度的状况及参数值的大小，波谷浅，参数值小，表面较平坦，实际接触面积就大，反之，实际接触面积就小。

零件的接触表面越粗糙、相对运动速度越快时，磨损越快，即零件耐磨性能差。因此，合理地提高零件的表面粗糙度的状况，可减少磨损，提高零件耐磨性，延长其使用寿命。但并不是零件的表面越精细越好，因为超出了合理值后，不仅增加制造成本，而且由于表面过于光滑会使金属分子的吸附力加大，接触表面间的润滑油层将会被挤掉而形成干摩擦，使金属表面加剧摩擦磨损。因此，对有相对运动的接触表面，其表面粗糙度参数值要选用适当，既不能偏低，也不能过高。

（2）影响零件的耐腐蚀性

金属的腐蚀速度取决于它们各自加工表面的表面粗糙度。不同加工方法所获得的不同表面粗糙度的表面，具有不同的腐蚀速度。因此，提高零件表面粗糙度的等级，可提高耐腐蚀能力，从而延长机械设备的使用寿命。

（3）影响零件的抗疲劳强度

机械零件的抗疲劳强度除金属材料的理化性能、零件自身结构及内应力等外，与零件的表面粗糙度有很大关系。零件表面越粗糙，其凹痕、裂纹或尖锐的切口越明显。当零件受力，尤其受到交变载荷时，这些凹痕、裂纹或切口处会产生应力集中现象，金属疲劳裂纹往往从这些地方开始。因此适当提高零件的表面粗糙度等级，就可以增加零件的抗疲劳强度。表2.4-5说明圆柱滚子轴承零件表面粗糙度与轴承平均寿命的关系，供读者参考。

表2.4-5　圆柱滚子轴承零件表面粗糙度与轴承平均寿命

套圈滚道 *Ra*/μm	滚子外径 *Ra*/μm	轴承平均寿命和计算寿命之比
0.8	0.4	1.00
0.4	0.2	3.80
0.2	0.2	4.40
0.2	0.1~0.05	4.84
0.1	0.1~0.05	5.60

（4）影响零件的接触刚度

接触刚度是零件结合面在外力作用下，抵抗接触变形的能力。机器的刚度在很大程度上取决于各零件之间的接触刚度。

两表面接触时，其实际接触面积只是理论接触面积的一部分，所接触的峰顶由于其面积减小而压强增大，在外力作用下，这些峰顶很容易产生接触变形，从而降低了表面层的接触刚度。因此，欲提高结合面的接触刚度，必须提高对零件表面粗糙度的要求。

（5）影响零件的配合性能

零件之间的配合性能是根据零件在机械设备中的功能要求及工作条件来确定的。如果相配合两零件的表面比较粗糙，不仅会增加装配的困难，更重要的是在设备运转时易于磨损，造成间隙，从而改变配合的性质，这是不允许的。对于那些配合间隙或过盈较小、运动稳定性要求较高的高速重载的机械设备零件，选定适当的零件表面粗糙度参数值尤为重要。

（6）影响机械零件的密封性

机械零件的结合密封分为静力密封和动力密封两种。

对于静力密封的表面，当表面加工粗糙、波谷过深时，密封材料在装配后受到的预压力还不能塞满这些微观不平的波谷，因而会在密封面上留下许多渗漏的微小缝隙，影响结合密封性。对于动力密封面，由于存在相对运动，故需加适当的润滑油。虽然表面加

工粗糙会影响密封性能，但加工过于精细，会使附着在波峰上的油分子受压后被排开，从而破坏油膜，失去了润滑作用。因此，对于密封表面来说，其表面粗糙度参数值不能过低或过高。

（7）影响零件的测量精度

零件被测表面和测量工具测量面的表面粗糙度都会直接影响测量的精度，尤其是在精密测量时。

在测量过程中往往会出现读数不稳定现象，这是由于被测表面存在微观不平度，当参数值较大时，测头会因落在波峰或波谷上而使读数各不相同。所以，被测表面和测量工具测量面的表面越粗糙，测量误差就越大。

此外，表面粗糙度对零件的镀涂层、导热性和接触电阻、反射能力和辐射性能、液体和气体流动的阻力、导体表面电流的流通等都会有不同程度的影响。

3.1.2 对机械设备功能的影响

（1）影响机械设备的动力损耗

如果相互接触且有相对运动的零件表面粗糙，机械设备在运转时为了克服运动件之间相互摩擦而会损耗动力。

（2）使机械设备产生振动和噪声

在机械设备中，如果所有的运动副表面加工精细、平整光滑，设备运转时运动件的运动会平稳，不会产生振动与噪声。反之，如果运动副的表面加工粗糙，运动件就会产生振动和噪声。这种现象在高速运转的发动机的曲轴和凸轮、齿轮以及滚动轴承上尤为显著。因此，提高对运动件表面粗糙度的要求，是提高机械设备运动平稳性、降低振动和噪声的一项有效措施。

3.2 表面粗糙度数值及其选用原则

GB/T 1031—2009《产品几何技术规范（GPS）表面结构 轮廓法 表面粗糙度参数及其数值》中规定了表面粗糙度的参数首先从高度参数 *Ra*、*Rz*㊀两项中选取，根据产品表面功能的要求，在高度参数不能满足的前提下，可用附加参数 *Rsm*㊁或 *Rmr*（*c*）。对于有表面粗糙度要求的表面，应同时给出两项要求——参数值和取样长度。附加参数一般不单独使用，常作为补充参数使用，与高度参数一起共同控制零件表面的微观不平程度。

3.2.1 参数值、取样长度值及两者之间的关系

（1）高度参数值

高度参数值包括：轮廓的算术平均偏差 *Ra* 和轮廓的最大高度 *Rz* 的数值，分别见表 2.4-6 和表 2.4-7。

表 2.4-6 轮廓的算术平均偏差 *Ra* 的数值（μm）

Ra	0.012 0.025 0.05 0.1	0.2 0.4 0.8 1.6	3.2 6.3 12.5 25	50 100

表 2.4-7 轮廓的最大高度 *Rz* 的数值（μm）

Rz	0.025 0.05 0.1 0.2	0.4 0.8 1.6 3.2	6.3 12.5 25 50	100 200 400 800	1600

（2）附加参数值

附加参数值包括：轮廓单元的平均宽度 *Rsm* 和轮廓的支承长度率 *Rmr*（*c*）的数值，分别见表 2.4-8 和表 2.4-9。

Rmr（*c*）是衡量零件表面耐磨性的参数，是控制表面微观不平度的高度和间距的综合参数，选用此参数时必须同时给出轮廓截面高度 *c* 值，它可用微米（μm）或 *Rz* 的百分数表示，如 *Rmr*（*c*）为 70%，*c* 为 *Rz* 的 50%，则表示在轮廓最大高度 50% 的截面位置上，其轮廓的支承长度率的最小允许值为 70%。

表 2.4-8 轮廓单元的平均宽度 *Rsm* 的数值（mm）

Rsm	0.006 0.0125 0.025 0.05	0.1 0.2 0.4 0.8	1.6 3.2 6.3 12.5

表 2.4-9 轮廓的支承长度率 *Rmr*（*c*）的数值

Rmr（*c*）（%）	10	15	20	25	30	40	50	60	70	80	90

Rz 的百分数系列见表 2.4-10。

表 2.4-10 *Rz* 的百分数系列

Rz 的百分数系列（%）											
5	10	15	20	25	30	40	50	60	70	80	90

㊀ 原标准 GB/T 1031—1995 中高度参数为 *Ra*、*Rz*、*Ry* 三项，新标准中为了与 GB/T 3505—2009 标准取得一致，将三项高度参数改为 *Ra*、*Rz* 两项。要注意的是新标准中的 *Rz* 为原标准中的 *Ry*。原标准中的 *Rz*，其术语及定义已取消，即取消了“微观不平度十点高度”这一参数定义。

㊁ 原标准 GB/T 1031—1995 中间距参数为 *S*、*Sm* 两项。新标准中仅采用了轮廓单元宽度 *Xs* 的平均值（原 *Sm*），命名为 *Rsm*，取消了原单峰平均间距 *S*。

(3) 取样长度及评定长度

取样长度系列见表2.4-11。

表2.4-11　取样长度系列　(mm)

lr	0.08	0.25	0.8	2.5	8	25

一般情况下，在测量 *Ra*、*Rz* 时推荐按表2.4-12和表2.4-13选用对应的取样长度 *lr*，此时取样长度的标注在图样上或技术文件中可省略。当有特殊要求时应给出相应的取样长度，并在图样上或技术文件中注出。

表2.4-12　*Ra* 与取样长度的对应关系

Ra/μm	lr/mm	ln (ln=5lr) /mm
≥0.008～0.02	0.08	0.4
>0.02～0.1	0.25	1.25
>0.1～2.0	0.8	4.0
>2.0～10.0	2.5	12.5
>10.0～80.0	8.0	40.0

表2.4-13　*Rz* 与取样长度的对应关系

Rz/μm	lr/mm	ln (ln=5lr) /mm
≥0.025～0.10	0.08	0.4
>0.10～0.50	0.25	1.25
>0.50～10.0	0.8	4.0
>10.0～50.0	2.5	12.5
>50～320	8.0	40.0

对于微观不平度间距较大的端铣、滚铣及其他大进给量的加工表面，应按标准中规定的取样长度系列选取较大的取样长度值。

由于加工表面的不均匀性，在评定表面粗糙度时其评定长度应根据不同的加工方法和相应的取样长度并考虑加工表面的均匀状况来确定。如被测表面均匀性较好，测量时可选用小于5*lr* 的评定长度，均匀性较差的表面可选用大于5*lr* 的评定长度。

3.2.2　参数及参数值的选用原则

(1) 参数的选择原则

1) 在 *Ra*、*Rz* 两个高度参数中，由于 *Ra* 既能反映加工表面的微观几何形状特征又能反映凸峰高度，且在测量时便于进行数值处理，因此被推荐优先选用 *Ra* 来评定轮廓表面。

参数 *Rz* 只能反映表面轮廓的最大高度，不能反映轮廓的微观几何形状特征，但它可控制表面不平度的极限情况，因此常用于某些零件不允许出现较深的加工痕迹及小零件的表面，其测量、计算也较方便，常用于在 *Ra* 评定的同时控制 *Rz*，也可单独使用。

2) 在 *Rsm*、*Rmr* (*c*) 两个参数中，*Rsm* 是反映轮廓间距特性的评定参数，*Rmr*(*c*) 是反映轮廓微观不平度形状特性的综合评定参数。在大多数情况下，首先采用 *Ra*、*Rz* 反映高度特性的参数，只有在选用高度参数还不能满足零件表面功能要求时，即还需要控制其间距或综合情况时，才选用 *Rsm* 或 *Rmr*(*c*) 其中的一个参数。例如，必须控制零件表面加工痕迹的疏密度时，应增加选用 *Rsm*。当零件要求具有良好的耐磨性能时，则应增加选用 *Rmr*(*c*) 参数。需要指出的是参数 *Rmr*(*c*) 是一个在高度和间距方面全面反映零件微观几何形状的参数，一些先进工业国家常以 *Rmr*(*c*)这一综合性参数来观察零件的微观几何形状。

(2) 参数值的选择原则

参数值的选用应根据零件功能要求来确定，在满足零件的工作性能和使用寿命的前提下，应尽可能选择要求较低的表面粗糙度。由于零件的材料和功能要求不同，每个零件的表面都有一个合理的参数值范围。一般来讲，高于或低于合理值都会影响零件的性能和使用寿命。

在选用表面粗糙度参数值时，还应考虑下列各种因素：

1) 同一零件上工作面的表面粗糙度参数值应小于非工作面的参数值。

2) 工作过程中摩擦表面粗糙度参数值应小于非摩擦表面参数值；滚动摩擦表面的表面粗糙度参数值应小于滑动摩擦表面参数值。

3) 运动精度要求高的表面，应选取较小的表面粗糙度参数值。

4) 接触刚度要求较高的表面，应选取较小的表面粗糙度参数值。

5) 承受交变载荷的零件，在易引起应力集中的部位，表面粗糙度参数值要求较小。

6) 表面承受腐蚀的零件，应选取较小的表面粗糙度参数值。

7) 配合性质和公差相同的零件、基本尺寸较小的零件，应选取较小的表面粗糙度参数值。

8) 要求配合稳定可靠的零件表面，其表面粗糙度参数值应选取较小的值。

9) 在间隙配合中，间隙要求越小，表面粗糙度参数值也应相应地小；在条件相同时，间隙配合表面的粗糙度参数值应比过盈配合表面小；在过盈配合中，为了保证连接强度，应选取较小的表面粗糙度参数值。

10) 操作手柄、食品用具及卫生设备等特殊用途的零件表面，因与其尺寸大小和公差等级无关，一般应选取较小的表面粗糙度参数值，以保证外观光滑、亮洁。

3.2.3　实际应用中有关参数的经验图表

对零件表面粗糙度的要求，除考虑其功能要求外，还应进一步掌握加工中的内在规律及各参数的特征，以便准确合理地规定其参数及参数值。现提供一些在生产实际中的经验图表，供选择参数及参数值时参考。

（1）加工时间对参数值的影响

英国标准中提供了几种常用切削加工方法所得的 *Ra* 值和所需的生产工时之间的关系（见图 2.4-3）。从曲线可以看出，加工时间越长，其表面得到的 *Ra* 值越小，表面的状况也越好。

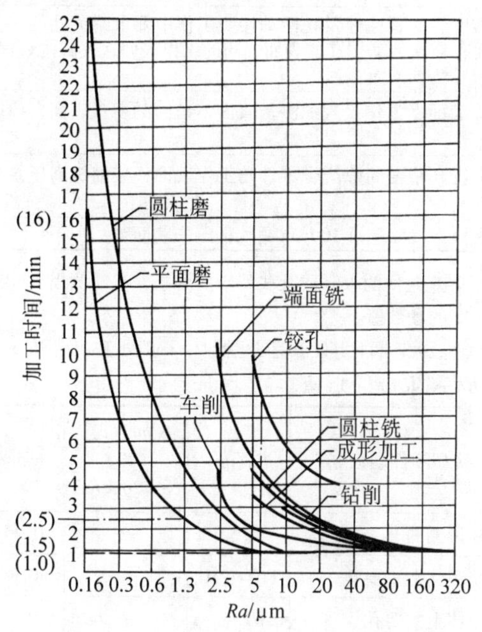

图 2.4-3 生产工时与 *Ra* 的关系

按图中平面磨曲线可以看出：表面参数值 *Ra* = 5μm 时，加工时间为 1min；*Ra* = 2.5μm 时，加工时间为 1.5min；*Ra* = 1.3μm 时，加工时间为 2.5min；当 *Ra* = 0.16μm 时，则加工时间需长达 16min。因此，当给出表面粗糙度参数值时，应同时考虑加工的经济性，即在不降低零件使用性能的前提下，尽量选用较大的表面粗糙度数值。

（2）*Ra* 值相同的表面微观几何形状差异很大

由于 *Ra* 值是由表面不平状况的所有各点参与计算并取绝对值的算术平均值，因此相同的 *Ra* 值，其实际表面的微观几何特性会有很大差异。图 2.4-4 说明三个表面的 *Ra* 值相同，但 *Rz* 值相差甚大，必要时应对图 2.4-4c 中给出的 *Rz* 值加以限制。

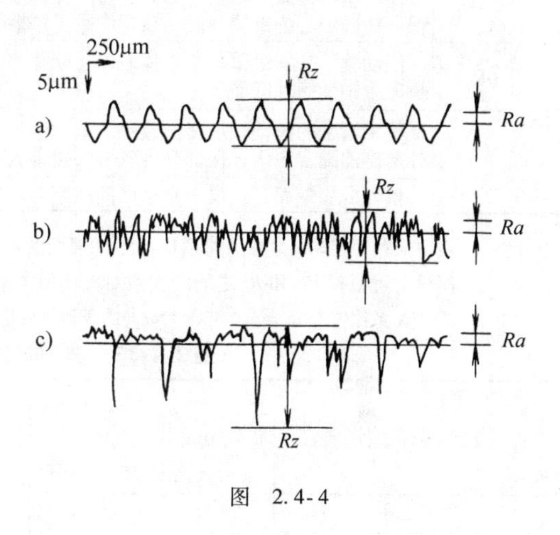

图 2.4-4

3.2.4 参数值应用举例

1）表面粗糙度参数值 *Ra* 的应用范围见表 2.4-14。

2）典型零件表面的 *Ra* 和 *Rmr*(*c*) 值见表 2.4-15。

3）常用零件表面的 *Ra* 值见表 2.4-16。

4）各种加工方法所能达到的 *Ra* 值见表 2.4-17。

表 2.4-14 *Ra* 的应用范围

Ra/μm	适应的零件表面
12.5	粗加工非配合表面，包括轴端面、倒角、钻孔、键槽非工作表面、垫圈接触面、不重要的安装支承面、螺钉、铆钉孔表面等
6.3	半精加工表面，用于不重要的零件的非配合表面，包括支柱、轴、支架、外壳、衬套、盖等的端面；螺钉、螺栓和螺母的自由表面；不要求定心和配合特性的表面。如：螺栓孔、螺钉通孔、铆钉孔等；飞轮、带轮、离合器、联轴器、凸轮、偏心轮的侧面；平键及键槽上、下面，花键非定心表面，齿顶圆表面；所有轴和孔的退刀槽；不重要的连接配合表面；犁铧、犁侧板、深耕铲等零件的摩擦工作面；插秧爪面等
3.2	半精加工表面，包括：外壳、箱体、盖、套筒、支架等和其他零件连接而不形成配合的表面；不重要的紧固螺纹表面；非传动用梯形螺纹、锯齿形螺纹表面；燕尾槽表面；键和键槽的工作面；需要发蓝的表面；需滚花的预加工表面；低速滑动轴承和轴的摩擦面；张紧链轮、导向滚轮与轴的配合表面；滑块及导向面（速度 20～50m/min）；收割机械切割器的摩擦器动刀片、压力片的摩擦面；脱粒机格板工作表面等
1.6	要求有定心及配合特性的固定支承、衬套、轴承和定位销的压入孔表面；不要求定心及配合特性的活动支承面，活动关节及花键结合面；8 级齿轮的齿面，齿条齿面；传动螺纹工作面；低速传动的轴颈；楔形键及键槽上、下面；轴承盖凸肩（对中心用），V 带轮槽表面，电镀前金属表面等

（续）

Ra/μm	适应的零件表面
0.8	要求保证定心及配合特性的表面，锥销和圆柱销表面；与P0和P6级滚动轴承相配合的孔和轴颈表面；中速转动的轴颈、过盈配合的孔（IT7）、间隙配合的孔（IT8）、花键轴定心表面及滑动导轨面 不要求保证定心及配合特性的活动支承面；高精度的活动球状接头表面、支承垫圈、榨油机螺旋榨辊表面等
0.2	要求能长期保持配合特性的孔（IT6、IT5），6级精度齿轮齿面，蜗杆齿面（6~7级），与P5级滚动轴承配合的孔和轴颈表面；要求保证定心及配合特性的表面；滑动轴承轴瓦工作表面；分度盘表面；工作时受交变应力的重要零件表面；受力螺栓的圆柱表面，曲轴和凸轮轴工作表面、发动机气门圆锥面，与橡胶油封相配合的轴表面等
0.1	工作时受较大交变应力的重要零件表面，保证疲劳强度、耐腐蚀性及在活动接头工作中要求耐久性的一些表面；精密机床主轴箱与套筒配合的孔；活塞销的表面；液压传动用孔的表面，阀的工作表面，气缸内表面，保证精确定心的锥体表面；仪器中承受摩擦的表面，如导轨、槽面等
0.05	滚动轴承套圈滚道、滚动体表面，摩擦离合器的摩擦表面，工作量规的测量表面，精密刻度盘表面，精密机床主轴套筒外圆面等
0.025	特别精密的滚动轴承套圈滚道、滚动体表面；量仪中较高精度间隙配合零件的工作表面；柴油机高压泵中柱塞副的配合表面；保证高度气密的接合表面等
0.012	仪器的测量面；量仪中高精度间隙配合零件的工作表面；尺寸超过100mm量块的工作表面等

注：1. 表中只列举了Ra参数值所适应的零件表面的示例，如由于客观条件的限制或某些特殊的要求，只能测出Rz参数值时，可根据Ra和Rz之间的大致对应比值关系，换算出Rz的参数值。

2. 对应关系比值为Rz=（4~15）Ra（由于较大轮廓出现的随机性较大，因此其发散范围也较大，一般处于中间部位）。

表2.4-15 典型零件表面的Ra和Rmr(c)值

典型零件表面	Ra/μm	Rmr（c）（%）（c=20%Rz）	lr/mm
和滑动轴承配合的支承轴颈	0.32	30	0.8
和青铜轴瓦配合的支承轴颈	0.40	15	0.8
和巴比特合金轴瓦配合的支承轴颈	0.25	20	0.25
和铸铁轴瓦配合的支承轴颈	0.32	40	0.8
和石墨片轴瓦АИС-1配合的支承轴颈	0.32	40	0.8
和滚动轴承配合的支承轴颈	0.80	—	0.8
钢球和滚柱轴承的工作面	0.80	15	0.25
保证选择器或排挡转移情况的表面	0.25	15	0.25
和齿轮孔配合的轴颈	1.6	—	0.8
按疲劳强度工作的轴	—	60	0.8
喷镀过的滑动摩擦面	0.08	10	0.25
准备喷镀的表面	—	—	0.8
电化学镀层前的表面	0.2~0.8	—	—
齿轮配合孔	0.5~2.0	—	0.8
齿轮齿面	0.63~1.25	—	0.8

典型零件表面		Ra/μm	Rmr（c）（%）（c=20%Rz）	lr/mm
蜗杆齿侧面		0.32	—	0.25
铸铁箱体上主要孔		1.0~2.0	—	0.8
钢箱体上主要孔		0.63~1.6	—	0.8
箱体和盖的结合面		—	—	2.5
机床滑动导轨	普通	0.63	—	0.8
	高精度	0.10	15	0.25
	重型	1.6	—	0.25
滚动导轨		0.16	—	0.25
缸体工作面		0.40	40	0.8
活塞环工作面		0.25	—	0.25
曲轴轴颈		0.32	30	0.8
曲轴连杆轴颈		0.25	20	0.25
活塞侧缘		0.80	—	0.8
活塞上活塞销孔		0.50	—	0.8
活塞销		0.25	15	0.25
分配轴轴颈和凸轮部分		0.32	30	0.8
油针偶件		0.08	15	0.25
摇杆小轴孔和轴颈		0.63	—	0.8
腐蚀性的表面		0.063	10	0.25

注：本表数据仅供参考。

表 2.4-16　常用零件表面的 *Ra* 参数值　（μm）

类别	公差等级	表面	公称尺寸 ≤50mm	公称尺寸 50 ~ 500mm
配合表面	IT5	轴	0.2	0.4
		孔	0.4	0.8
	IT6	轴	0.4	0.8
		孔	0.4 ~ 0.8	0.8 ~ 1.6
	IT7	轴	0.4 ~ 0.8	0.8 ~ 1.6
		孔	0.8	1.6
	IT8	轴	0.8	1.6
		孔	0.8 ~ 1.6	1.6 ~ 3.2

类别		公差等级	表面	公称尺寸 ≤50mm	公称尺寸 50 ~ 120mm	公称尺寸 120 ~ 500mm
过盈配合	压入装配	IT5	轴	0.1 ~ 0.2	0.4	0.4
			孔	0.2 ~ 0.4	0.8	0.8
		IT6、IT7	轴	0.4	0.8	1.6
			孔	0.8	1.6	1.6
		IT8	轴	0.8	0.8 ~ 1.6	1.6 ~ 3.2
			孔		1.6 ~ 3.2	1.6 ~ 3.2
	热装	—	轴	1.6		
			孔	1.6 ~ 3.2		

分组装配的零件表面	表面	分组公差 <2.5	2.5	5	10	20
	轴	0.05	0.1	0.2	0.4	0.8
	孔	0.1	0.2	0.4	0.8	1.6

定心精度高的配合表面	表面	径向圆跳动公差 2.5	4	6	10	16	20
	轴	0.05	0.1	0.1	0.2	0.4	0.8
	孔	0.1	0.2	0.2	0.4	0.8	1.6

滑动轴承表面	表面	公差等级 IT6 ~ IT9	公差等级 IT10 ~ IT12	液体润滑
	轴	0.4 ~ 0.8	0.8 ~ 3.2	0.1 ~ 0.4
	孔	0.8 ~ 1.6	1.6 ~ 3.2	0.2 ~ 0.8

导轨面 性质	速度 /m·s^{-1}	平面度公差（每100mm范围内）≤6	10	20	60	>60
滑动	≤0.5	0.2	0.4	0.8	1.6	3.2
	>0.5	0.1	0.2	0.4	0.8	1.6
滚动	≤0.5	0.1	0.2	0.4	0.8	1.6
	>0.5	0.05	0.1	0.2	0.4	0.8

圆锥结合工作表面	密封结合	对中结合	其他
	0.1 ~ 0.4	0.4 ~ 1.6	1.6 ~ 6.3

键结合 结构名称		键	轴上键槽	毂上键槽
不动结合	工作面	3.2	1.6 ~ 3.2	1.6 ~ 3.2
	非工作面	6.3 ~ 12.5	6.3 ~ 12.5	6.3 ~ 12.5
用导向键	工作面	1.6 ~ 3.2	1.6 ~ 3.2	1.6 ~ 3.2
	非工作面	6.3 ~ 12.5	6.3 ~ 12.5	6.3 ~ 12.5

渐开线花键结合 结构名称	孔槽	轴齿	定心面 孔	定心面 轴	非定心面 孔	非定心面 轴
不动结合	1.6 ~ 3.2	1.6 ~ 3.2	0.8 ~ 1.6	0.4 ~ 0.8	3.2 ~ 6.3	1.6 ~ 6.3
动结合	0.8 ~ 1.6	0.4 ~ 0.8	0.8 ~ 1.6	0.4 ~ 0.8	3.2	1.6 ~ 6.3

（续）

	精度等级	4、5级	6、7级	8、9级
螺纹结合	紧固螺纹	1.6	3.2	3.2~6.3
	在轴上、杆上和套上的螺纹	0.8~1.6	1.6	3.2
	丝杠和起重螺纹	—	0.4	0.8
	丝杠螺母和起重螺母	—	0.8	1.6

	精度等级	3	4	5	6	7	8	9	10	11
齿轮传动	直齿、斜齿、人字齿轮、蜗轮（圆柱）	0.1~0.2	0.2~0.4	0.2~0.4	0.4~0.8	0.4~0.8	1.6	3.2	6.3	6.3
	锥齿轮	—	—	0.2~0.4	0.4~0.8	0.4~0.8	0.8~1.6	1.6~3.2	3.2~6.3	6.3
	蜗杆牙型面	0.1	0.2	0.2	0.4	0.4~0.8	0.8~1.6	1.6~3.2		
	根圆	和工作面同或接近的更粗的优先数								
	顶圆	3.2~12.5								

	应用精度	普通	提高
链轮	工作表面	3.2~6.3	1.6~3.2
	根圆	6.3	3.2
	顶圆	3.2~12.5	3.2~12.5

	定位精度					
分度机构表面（如分度板、插销）	≤4	6	10	25	63	>63
	0.1	0.2	0.4	0.8	1.6	3

表面			Ra
齿轮、链轮和蜗轮的非工作端面			3.2~12.5
孔和轴的非工作表面			6.3~12.5
倒角、倒圆、退刀槽等			3.2~12.5
螺栓、螺钉等用的通孔			25
精制螺栓和螺母			3.2~12.5
半精制螺栓和螺母			25
螺钉头表面			3.2~12.5
压簧支承表面			12.5~25
准备焊接的倒棱			50~100
床身、箱体上的槽和凸起			12.5~25
在水泥、砖或木质基础上的表面			100或更大
对疲劳强度有影响的非结合表面			0.2~0.4抛光
影响蒸汽和气流的表面	特别精密		0.2抛光
	一般		0.8~1.6
影响零件平衡的表面	直径	≤180mm	1.6~3.2
		180~500mm	6.3
		>500mm	12.5~25

表2.4-17　各种加工方法能达到的 *Ra* 值

加工方法	表面粗糙度 $Ra/\mu m$													
	0.012	0.025	0.05	0.10	0.20	0.40	0.80	1.60	3.20	6.30	12.5	25	50	100
砂型铸造														
壳型铸造														
金属型铸造														

（续）

加工方法		0.012	0.025	0.05	0.10	0.20	0.40	0.80	1.60	3.20	6.30	12.5	25	50	100
		表面粗糙度 $Ra/\mu m$													
离心铸造									—	—	—	—	—		
精密铸造								—	—	—	—	—			
熔模铸造							—	—	—	—	—	—			
压力铸造							—	—	—	—	—				
热轧											—	—	—	—	—
模锻									—	—	—	—	—	—	—
冷轧						—	—	—	—	—	—	—			
挤压							—	—	—	—	—	—			
冷拉						—	—	—	—	—	—				
锉							—	—	—	—	—	—	—		
铲刮							—	—	—	—	—	—			
刨削	粗										—	—	—		
	半精								—	—	—				
	精						—	—	—						
插削									—	—	—	—	—		
钻孔								—	—	—	—	—	—		
扩孔	粗										—	—	—		
	精								—	—	—				
金刚镗孔				—	—	—	—								
镗孔	粗										—	—	—	—	
	半精							—	—	—	—				
	精						—	—	—						
铰孔	粗								—	—	—	—			
	半精						—	—	—	—					
	精				—	—	—	—	—						
端面铣	粗									—	—	—			
	半精						—	—	—	—	—				
	精					—	—	—	—						
车外圆	粗										—	—	—		
	半精								—	—	—	—			
	精					—	—	—	—						
金刚车			—	—	—	—									
车端面	粗										—	—	—		
	半精								—	—	—	—			
	精						—	—	—						
磨外圆	粗							—	—	—	—				
	半精					—	—	—	—						
	精		—	—	—	—	—								
磨平面	粗								—	—					
	半精						—	—	—						
	精		—	—	—	—	—								
珩磨	平面		—	—	—	—	—	—	—						
	圆柱	—	—	—	—	—	—								
研磨	粗					—	—	—	—						
	半精			—	—	—	—								
	精	—	—	—	—										
抛光	一般				—	—	—	—	—						
	精	—	—	—	—										

（续）

加工方法		表面粗糙度 Ra/μm													
		0.012	0.025	0.05	0.10	0.20	0.40	0.80	1.60	3.20	6.30	12.5	25	50	100
滚压抛光				——	——	——	——	——	——	——					
超精加工	平面	——	——	——	——	——	——								
	柱面	——	——	——	——	——	——								
化学蚀割								——	——	——	——	——	——		
电火花加工								——	——	——	——	——	——		
切割	气割										——	——	——	——	——
	锯								——	——	——	——	——	——	——
	车									——	——	——	——		
	铣											——	——	——	
	磨								——	——	——				
锯加工								——	——	——	——	——	——	——	
成形加工							——	——	——	——	——	——	——		
拉削	半精						——	——	——	——					
	精				——	——	——								
滚铣	粗									——	——	——	——		
	半精							——	——	——	——				
	精						——	——	——						
螺纹加工	丝锥板牙							——	——	——	——				
	梳洗							——	——	——	——				
	滚					——	——	——							
	车							——	——	——	——	——			
	搓螺纹							——	——	——	——				
	滚压						——	——	——	——					
	磨					——	——	——	——						
	研磨			——	——	——	——	——	——						
齿轮及花键加工	刨							——	——	——	——				
	滚							——	——	——	——				
	插							——	——	——	——				
	磨				——	——	——	——							
	剃					——	——	——	——						
电光束加工						——	——	——	——	——	——				
激光加工						——	——	——	——	——	——				
电化学加工				——	——	——	——	——	——	——	——	——			

3.3　木制件表面粗糙度及其参数值

由于木制件的表面功能、加工方法以及评定方法不同于金属和非金属表面，GB/T 12472—2003《产品几何量技术规范（GPS）表面结构　轮廓法　木制件表面粗糙度参数及其数值》中规定了对木制件表面粗糙度的评定方法、参数和数值。该标准适用于木制件未经涂饰处理表面的粗糙度评定，也适用于采用单板、复面板木质基材、胶合板、木质刨花板、木质层压板、中密度纤维板等制成的制件未经涂饰处理表面的粗糙度评定。

3.3.1　评定参数及其数值

木制件的有关表面粗糙度的术语及定义与国标GB/T 3505—2009《产品几何技术规范（GPS）表面结构　轮廓法　术语、定义及表面结构参数》完全一致。为适用于评定有较粗孔材木制件的表面粗糙度，在GB/T 12472—2003标准的附录B中介绍了参数 *Rpv*。

（1）高度参数及其数值

评定木制件表面粗糙度的高度参数可由轮廓算术平均偏差 *Ra* 和轮廓最大高度 *Rz* 两项中选取。其参数值见表2.4-18。

表 2.4-18　高度参数 *Ra*、*Rz* 数值

（μm）

Ra	0.8	1.6	3.2	6.3	12.5	25	50	100
Rz	3.2	6.3	12.5	25	50	100	200	400

（2）附加的评定参数

根据表面功能的需要，除高度参数（*Ra*、*Rz*）外，可用轮廓微观不平度的平均间距 *Rsm* 作为附加的评定参数。其数值见表 2.4-19。

表 2.4-19　附加评定参数 *Rsm*（mm）

Rsm	0.4	0.8	1.6	3.2	6.3	12.5

（3）取样长度的数值（见表 2.4-20）和选用

表 2.4-20　取样长度数值　（mm）

lr	0.8	25	8	25

在测量 *Ra* 和 *Rz* 时，可按表 2.4-21 选用对应的取样长度，此时，在图样上的表面粗糙度代号或技术文件中无须注出。如有特殊要求时，应给出相应的取样长度，并在图样上注出其数值。

表 2.4-21　*lr* 的选用

Ra/μm	*Rz*/μm	*lr*/mm
0.8、1.6、3.2	3.2、6.3、12.5	0.8
6.3、12.5	25、50	2.5
25、50	100、200	8
100	400	25

（4）单个微观不平度高度和在测量长度上的平均值（*Rpv*）

为了减小木材导管被剖切形成构造不平度对测量结果的影响，标准中增加了参数 *Rpv*，见图 2.4-5，即在给定测量长度（*L*）内各单个微观不平度的高度（h_1）之和除以该测量长度，以单位 μm/mm 表示，计算公式为

$$Rpv = \frac{\sum_{i=1}^{n} h_i}{L}$$

测量长度规定为 20～200mm，一般情况下选用 200mm。若被测表面幅面较小或微观不平度均匀性较好时，可选用 20mm。

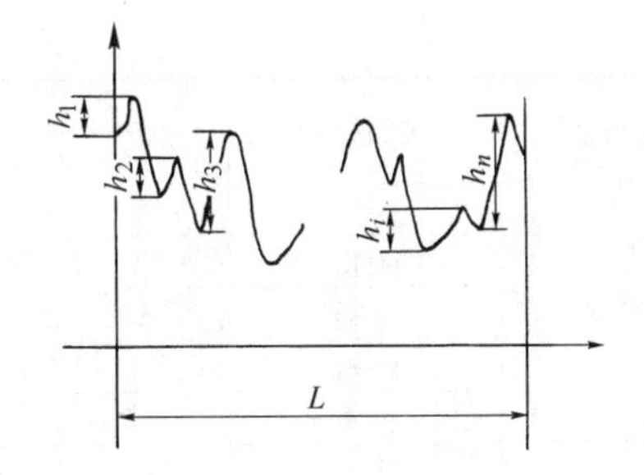

图 2.4-5　参数 *Rpv* 图解

单个微观不平度高度和在测量长度上的平均值 *Rpv* 的数值见表 2.4-22。

表 2.4-22　（μm/mm）

Rpv	6.3	12.5	25	50	100

3.3.2　选用木制件表面粗糙度的一般规则

在选用和标注木制件表面粗糙度时应遵循下列规则：

1）必须给出高度参数的数值和测定时的取样长度，必要时也可规定构造纹理、加工工艺等附加要求。

2）标注方法应符合 GB/T 131—2006《产品几何技术规范（GPS）技术产品文件中表面结构的表示法》的有关规定。

3）表面粗糙度各参数的数值是指在垂直于基准面的各截面上获得的。给定的表面如截面方向与加工产生的微观不平度高度参数（*Ra*，*Rz*）最大值的方向一致时，可不规定其测量截面的方向，否则应在图样上标出。

4）用 *Ra*、*Rz* 参数评定木制件表面粗糙度时，一般应避开剖切导管较集中的局部表面。若无法避开，则应在评定时除去剖切导管形成的轮廓凹坑。

5）对木制件表面粗糙度的要求不适用于表面缺陷。在评定时不应把表面缺陷（如裂纹、节子、纤维撕裂、表面碰伤、木刺等）包含在内，必要时可单独规定对表面缺陷的限制。

在标准附录 C 中给出了不同加工方法对不同材质所能达到的参数值范围，见表 2.4-23。

表 2.4-23　不同加工方法能达到的参数值范围

加工方法	表面树种	参数值范围		
		Ra/μm	*Rz*/μm	*Rpv*/μm·mm^{-1}
手光刨	水曲柳	12.5～25	50～200	12.5～25
	柞木	3.2～25	25～200	12.5～25
	樟子松	3.2～25	25～100	6.3～25
	落叶松	6.3～25	25～100	12.5～50

（续）

加工方法	表面树种	参数值范围		
		Ra/μm	Rz/μm	Rpv/μm·mm⁻¹
手光刨	柳桉	6.3~50	25~200	12.5~25
	美松	3.2~12.5	25~50	6.3~25
	红杉	3.2~25	25~100	12.5~25
	红松	3.2~12.5	25~50	12.5~25
	色木	3.2~12.5	25~50	6.3~25
砂光	柞木	6.3~25	25~200	25~100
	水曲柳	6.3~50	25~200	25~100
	刨花板	6.3~50	50~200	12.5~50
	人造柚木	3.2~25	12.5~200	25~100
	柳桉	6.3~50	50~200	25~100
	红松	3.2~12.5	25~100	12.5~50
机光刨	柞木	6.3~25	25~100	12.5~25
	红松	6.3~25	50~100	12.5~25
	樟子松	6.3~25	25~100	12.5~25
	落叶松	6.3~25	25~100	12.5~25
	红杉	6.3~25	25~100	12.5~50
	美松	6.3~25	25~100	12.5~50
车削	红松	3.2~25	25~100	—
	落叶松	3.2~12.5	25~100	—
	樟子松	3.2~25	25~100	—
	红杉	12.5~25	50~100	—
	美松	3.2~25	50~100	—
纵铣	樟子松	3.2~12.5	25~100	12.5~25
	美松	3.2~12.5	25~100	12.5~25
	红松	6.3~12.5	25~100	12.5~25
	落叶松	3.2~25	25~100	12.5~25
	红杉	3.2~12.5	25~100	12.5~50
平刨	水曲柳	6.3~50	50~200	12.5~25
	柞木	6.3~50	50~200	12.5~50
	麻栎	3.2~25	25~200	12.5~50
	桦木层压板	3.2~12.5	12.5~50	12.5~25
	柳桉	6.3~50	50~200	12.5~50
	樟子松	3.2~25	25~100	12.5~25
	红松	3.2~25	25~100	12.5~25
	美松	3.2~12.5	25~100	12.5~25
	枫杨	6.3~25	25~100	12.5~50
	落叶松	3.2~25	25~100	12.5~25
	红杉	6.3~50	50~100	12.5~25
	楞木	6.3~25	50~200	12.5~25
压刨	水曲柳	3.2~50	25~200	12.5~50
	柞木	6.3~25	25~200	12.5~50
	麻栎	3.2~50	25~100	12.5~50
	桦木层压板	3.2~25	25~100	12.5~25
	柳桉	3.2~50	50~200	12.5~50
	美松	6.3~50	25~100	12.5~25
	樟子松	6.3~25	25~100	12.5~25
	红杉	3.2~12.5	25~100	12.5~25
	美松	3.2~12.5	25~100	12.5~25

（续）

加工方法	表面树种	参数值范围		
		Ra/μm	Rz/μm	Rpv/μm·mm^{-1}
压刨	落叶松	3.2～25	25～100	12.5～25
	柞木	6.3～25	25～100	12.5～25

注：除砂光、机光刨光及手光刨的测量方向垂直于木材构造纹理外，其他加工方法的测量方向均平行于木材构造纹理方向。

4　表面波纹度

表面波纹度是间距大于表面粗糙度小于表面形状误差的随机或接近周期形式的成分构成的表面几何不平度，是零件表面在机械加工过程中，由于机床与工具系统的振动或一些意外因素所形成的表面纹理变化。

表面波纹度直接影响零件表面的机械性能，如零件的接触刚度、疲劳强度、结合强度、耐磨性、抗振性和密封性等，它与表面粗糙度一样也是影响产品质量的一项重要指标，与表面粗糙度、形状误差一起形成零件的表面特征。

GB/T 16747—2009《产品几何技术规范（GPS）表面结构　轮廓法　表面波纹度词汇》规定了表面波纹度的表面、轮廓和参数的术语及定义。

为使读者较全面了解和选用表面波纹度，本节除介绍GB/T 16747外，还介绍国家标准和国际标准尚未规定的参数值，以及不同加工方法可能达到的表面波纹度幅值范围，供读者参考。

4.1　表面波纹度术语及定义

4.1.1　表面、轮廓及基准的术语及定义（表2.4-24）

表2.4-24　表面、轮廓及基准的术语及定义

序号	术语	定义或解释	图　例
1	表面波纹度	由间距比表面粗糙度大得多的随机或接近周期形式的成分构成的表面不平度（见图） 通常包含了工件表面加工时由意外因素引起的不平度，例如由一个工件或某一刀具的失控运动所引起的工件表面的纹理变化。波纹度通频带的极限由高斯滤波器的长波段截止波长和短波段截止波长之比 $\lambda f:\lambda c$ 确定，此比值通常为10:1	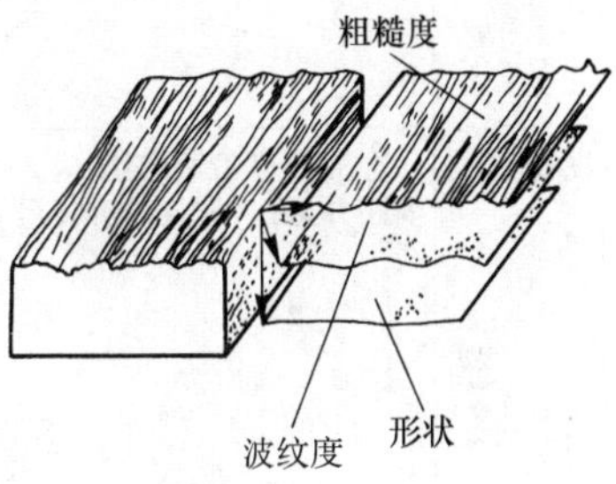
2	实际表面	物体与周围介质分离的表面，实际表面是由粗糙度、波纹度和形状叠加而成的	
3	表面轮廓（实际轮廓）	由一个指定平面与实际表面相交所得的轮廓。它由粗糙度轮廓、波纹度轮廓和形状轮廓构成	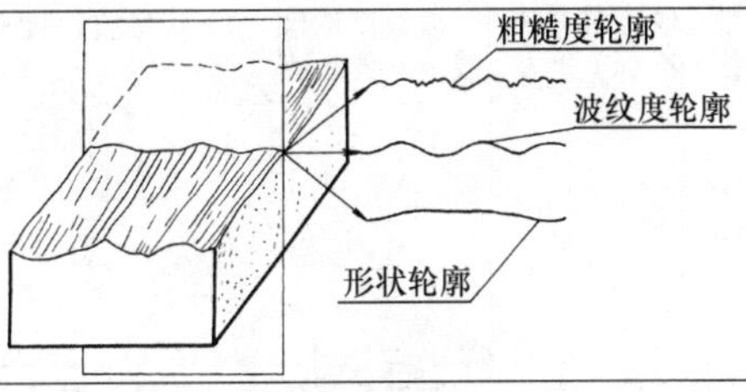
4	波纹度轮廓	是一个实际表面的轮廓的组成部分，是不平度的间距比粗糙度大得多的那部分。实际上，该轮廓部分是用波纹度求值系统（滤波器）从实际表面的轮廓中分离而得出的	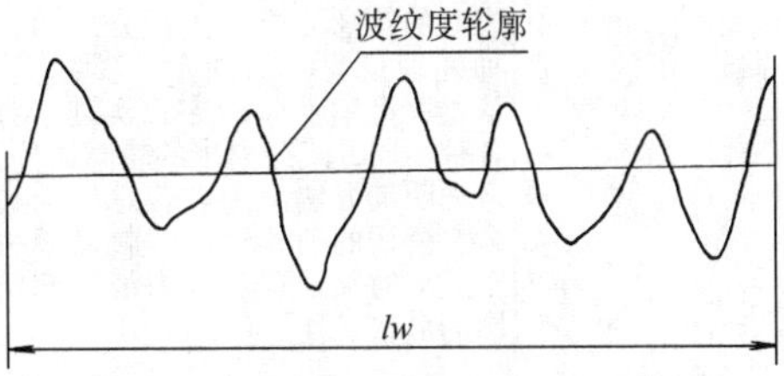

（续）

序号	术语	定义或解释	图例
5	波纹度轮廓峰	被评定波纹度轮廓上连接轮廓与 x 轴两相邻交点的向外（从工件材料到周围介质）的轮廓部分 注：在波纹度取样长度内，即使是始端或终端，若有向外的轮廓部分，也应视作波纹度轮廓峰。当计算波纹度的连续几个取样长度上的峰数时，对每个取样长度的始端或终端的波纹度轮廓峰，只应计入一次始端的波纹度轮廓峰	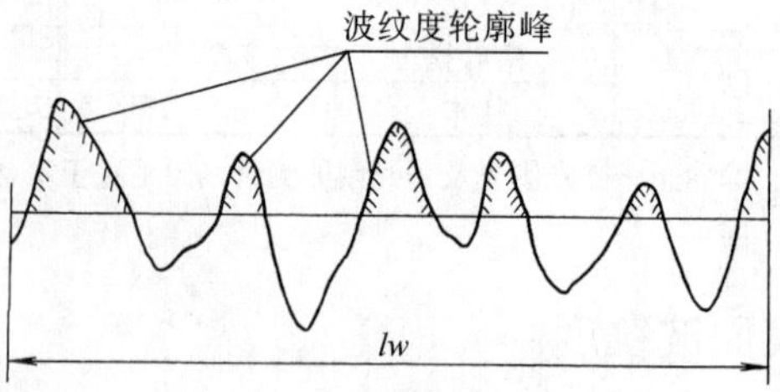
6	波纹度轮廓谷	表面波纹度轮廓与波纹度中线相交，相邻两交点之间的向内（从周围介质到材料）的轮廓部分 注：在波纹度取样长度的始端或终端，若有向内的轮廓部分，也应视作轮廓谷。当计算波纹度的连续几个取样长度上的谷数时，对每个取样长度的始端或终端的波纹度轮廓谷，只计入一次始端的波纹度轮廓谷	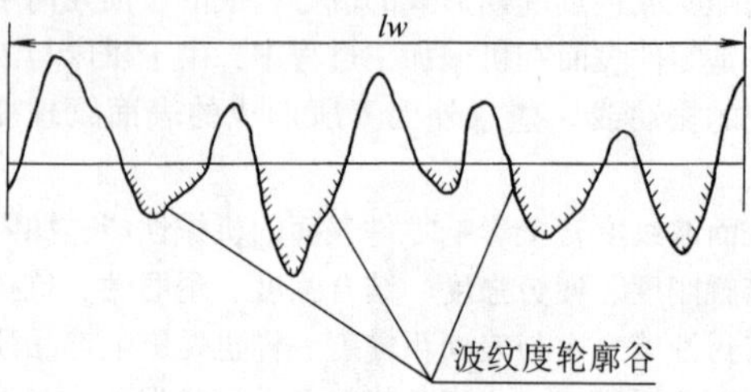
7	波纹度轮廓峰顶线	在波纹度取样长度内，与中线等距并通过波纹度轮廓最高点的线	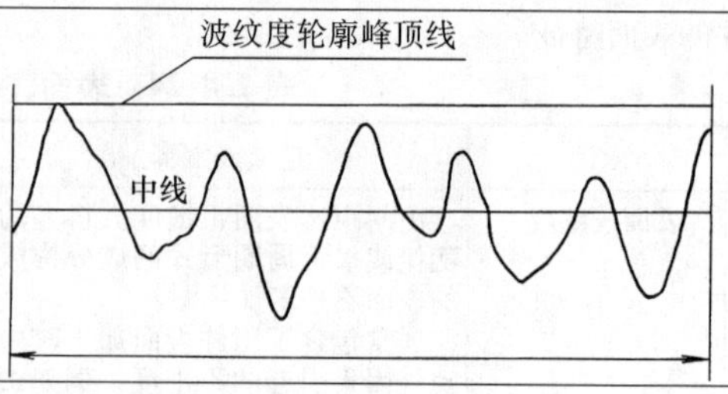
8	波纹度轮廓谷底线	在波纹度取样长度内，与中线等距并通过波纹度轮廓最低点的线	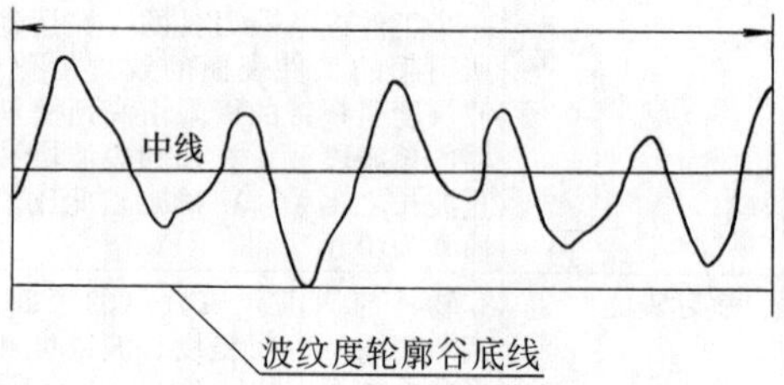
9	波纹度轮廓偏距［$Z(x)$］	波纹度轮廓上的点与波纹度中线之间的距离	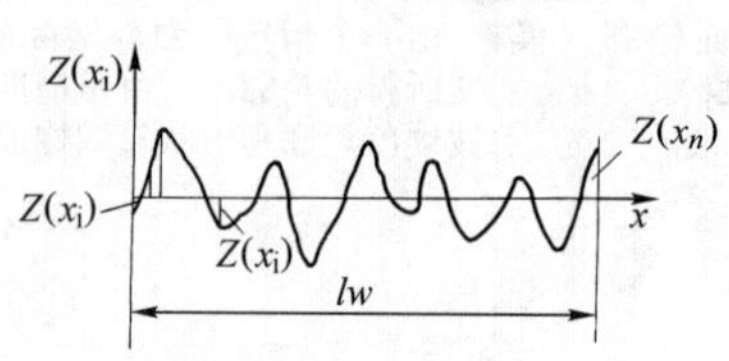
10	分离实际表面轮廓成分的求值系统（滤波器）	通过预定的信息转换，对实际表面的轮廓的成分进行分离的一种处理过程，如图示。实际上，该过程可用不同的方式实现。对各种不同方式分离出的轮廓成分，应说明其方法离差。若总体轮廓含有公认的公称形状，就需用一个附加的预处理过程来消除该轮廓的形状部分	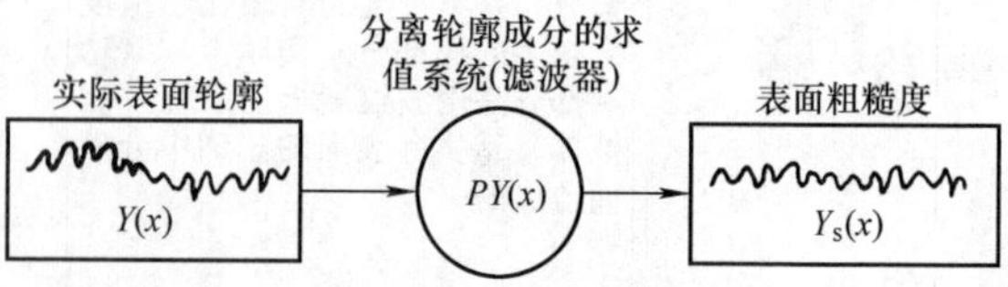

（续）

序号	术语	定义或解释	图例
11	标准的波纹度求值系统	具有符合标准规定特性的求值系统（滤波器）。该求值系统一般被认为是理想的	
12	波纹度截止波长	在高斯滤波器的传输系数为0.5的条件下，短波区界的波长 λc 和长波区界的波长 λf	
13	波纹度取样长度 lw	波纹度轮廓上的一段基准线长度，它等于长波区截止波长 λf，在这段长度上确定波纹度参数	
14	波纹度评定长度 ln	用于评定波纹度参数值的一段长度，它可包含一个或几个取样长度	
15	波纹度轮廓中线	用于评定波纹度轮廓的 x 轴方向上的长度，它包含一个或几个取样长度	

4.1.2 波纹度参数的术语及定义（表2.4-25）

表2.4-25 波纹度参数的术语及定义

序号	术语	定义或解释	图例
1	波纹度轮廓峰高（Zp）	波纹度中线至波纹度轮廓峰最高点之间的距离	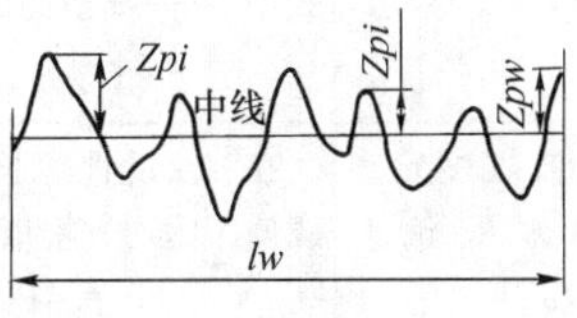 Zpi 中线 Zpi Zpw lw
2	波纹度轮廓谷深（Zv）	波纹度中线至波纹度轮廓谷最低点之间的距离	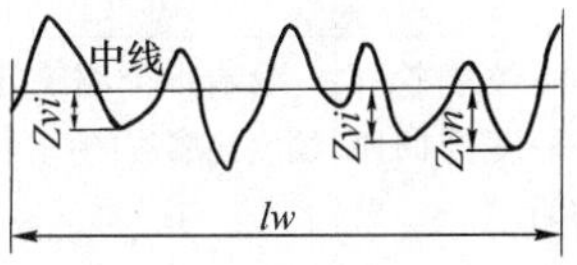 中线 Zvi Zvi Zvn lw
3	波纹度轮廓不平度高度（Zt）	波纹度轮廓峰高和相邻波纹度轮廓谷深之和	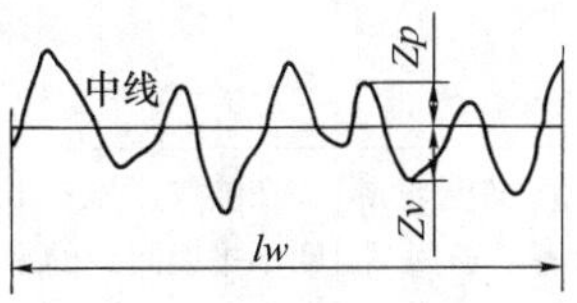 中线 Zp Zv lw
4	波纹度轮廓不平度的平均高度（Wc）	在波纹度评定长度内，波纹度轮廓峰高和波纹度轮廓谷深的平均值的绝对值之和。计算公式如下：$$Wc = \frac{1}{n}\sum_{i=1}^{n} Zti$$	

（续）

序号	术　语	定义或解释	图　例
5	波纹度轮廓的最大峰高（Wp）	在波纹度取样长度内，波纹度轮廓最高点和波纹度中线之间的距离	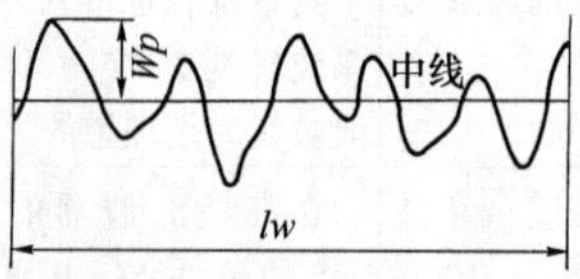 中线 Wp lw
6	波纹度轮廓的最大谷深（Wv）	在波纹度取样长度内，波纹度轮廓最低点和波纹度中线之间的距离	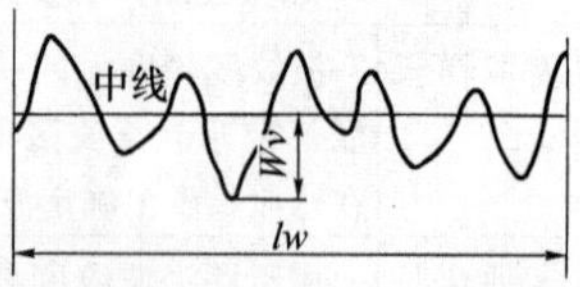 中线 Wv lw
7	波纹度轮廓的最大高度（Wz）	在波纹度评定长度内，波纹度轮廓峰顶线和波纹度轮廓谷底线之间的距离	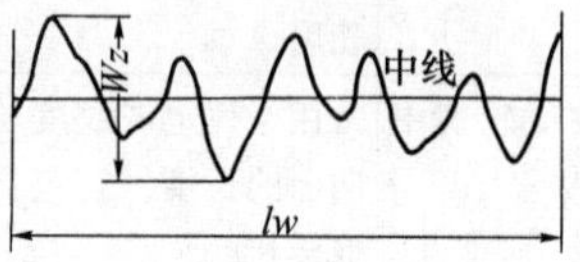 中线 Wz lw
8	波纹度轮廓算术平均偏差（Wa）	在波纹度评定长度内，波纹度轮廓偏距绝对值的算术平均值 $Wa=\frac{1}{lw}\int_0^{lw}\lvert Z(x)\rvert\,dx$ 或近似为 $Wa=\frac{1}{n}\sum_{i=1}^{n}\lvert Zi\rvert$ 式中　n—离散的波纹度轮廓偏距的个数	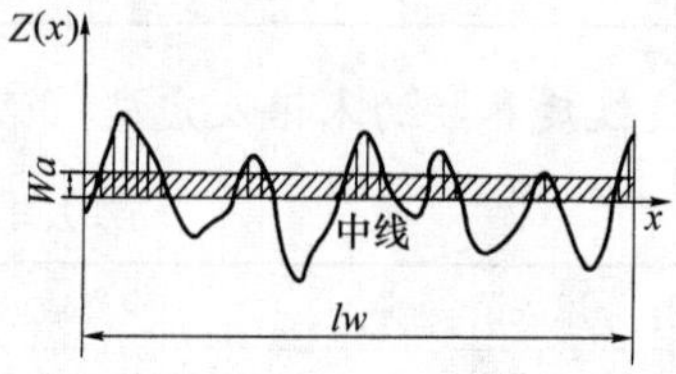 $Z(x)$ Wa 中线 x lw
9	波纹度轮廓均方根偏差（Wq）	在波纹度评定长度内，波纹度轮廓偏距的均方根值 $Wq=\sqrt{\frac{1}{lw}\int_0^{lw}Z^2(x)\,dx}$	
10	波纹度轮廓不平度的间距（Ws）	含有一个波纹度轮廓峰和相邻波纹度轮廓谷的一段波纹度中线长度	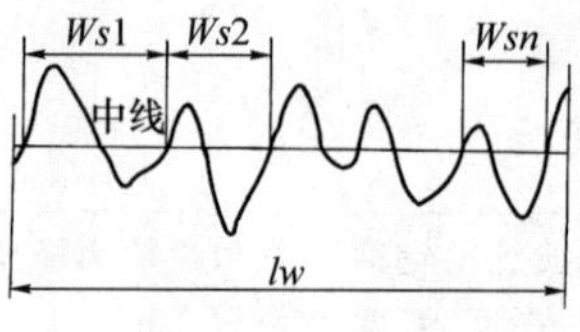 $Ws1$ $Ws2$ Wsn 中线 lw
11	波纹度轮廓的平均间距（Wsm）	在波纹度取样长度内，波纹度轮廓不平度间距的平均值 $Wsm=\frac{1}{n}\sum_{i=1}^{n}Wsi$ 式中　Wsi—波纹度轮廓不平度间距 n—在波纹度取样长度内，波纹度轮廓间距的个数	

4.1.3　新、旧标准在术语与参数代号方面的变化

GB/T 16747—2009 与原标准 GB/T 16747—1997 标准中基本术语代号的变化见表2.4-26，表面结构参数术语代号的变化见表2.4-27。

表 2.4-26　基本术语代号的变化

基本术语	1997 版本	2009 版本
波纹度取样长度	l_w	lw
波纹度评定长度	l_{mw}	ln
波纹度轮廓偏距	$h_w(x)$	$Z(x)$

表 2.4-27　表面结构参数代号的变化

参数术语	1997 版本	2009 版本	在测量范围内 评定长度 ln	在测量范围内 取样长度①
波纹度轮廓峰高	h_{wp}	Zp		✓
波纹度轮廓谷深	h_{ww}	Zv		✓
波纹度轮廓不平度高度	—	Zt		✓
波纹度轮廓不平度的平均高度	W_c	Wc		✓
波纹度轮廓的最大峰高	W_p	Wp		✓
波纹度轮廓的最大谷深	W_m	Wv		✓
波纹度轮廓的最大高度	W_t	Wz		✓
波纹度轮廓的算术平均偏差	W_a	Wa		✓
波纹度轮廓的均方根偏差	W_q	Wq		✓
波纹度轮廓不平度的间距	S_{wi}	—		✓
波纹度轮廓的平均间距	S_{wm}	Wsm		✓

①　✓符号表示在测量范围内，现采用的评定长度和取样长度。

4.2　表面波纹度参数值

在原 ISO/TC57 的工作文件《表面粗糙度参数参数值和给定要求的通则》中，提出了在图样和技术文件中规定表面波纹度要求的一般规则、表面波纹度评定参数、参数值和波纹度截止波长数值等内容。上述内容，至今尚无正式标准发布。

工作文件中规定，在需要给出评定表面波纹度参数时，一般采用波纹度轮廓最大高度 *Wz* 参数。如需要也可采用以下波纹度参数：

波纹度轮廓不平度平均高度 *Wc*；

波纹度轮廓最大峰高 *Wp*；

波纹度轮廓算术平均偏差 *Wa*；

波纹度轮廓最大谷深 *Wv*；

波纹度轮廓不平度的平均间距 *Ws*。

对于表面波纹度参数的数值，在工作文件中只规定了波纹度轮廓最大高度 *Wz* 的参数系列值，见表 2.4-28。

对 *Wc*、*Wp*、*Wa*、*Wv* 和 *Ws* 等 5 个波纹度参数的数值，可从 GB/T 321—2005（ISO 3：1973）优先数和优先数系中选取优先数系列值。

表 2.4-28　*Wz* 的参数系列值（μm）

	0.1	1.6	25
	0.2	3.2	50
	0.4	6.3	100
0.05	0.8	12.5	200

4.3　不同加工方法可能达到的表面波纹度幅值范围

不同加工方法可能达到的表面波纹度幅值范围见表 2.4-29 和表 2.4-30（仅供参考）。

表 2.4-29　圆柱表面加工波幅值

加工方法			表面粗糙度 Ra/μm	尺寸公差等级	波幅值/μm 直径公称尺寸/mm ≤6	6~18	18~50	50~120	120~260	260~500
外圆柱表面	车	粗	10~40	IT14	20	30	40	50	60	80
				IT12~IT13	12	20	25	30	40	50
		半精	2.5~20	IT11	8	12	16	20	25	30
				IT10	5	8	10	12	16	20
		精	1.25~10	IT8~IT9	3	5	6	8	10	12
		精细	0.4~1.25	IT6~IT7	2	3	4	5	6	8
	磨	粗	0.8~2.5	IT8~IT9	3	5	6	8	10	12
		精	0.4~1.25	IT6~IT7	2	3	4	5	6	8
		精细	0.08~0.63	IT5	1.2	2	2.5	3	4	5
	超精磨和研磨	粗	0.16~0.63	IT5~IT6	0.8	1.2	1.6	2	2.5	3
		精	0.04~0.32	IT4~IT5	0.5	0.8	1	1.2	1.6	2
		精细	0.01~0.16	IT3~IT4	0.3	0.5	0.6	0.8	1	1.2
	滚压		0.32~1.25	IT8~IT10	3	5	6	8	10	12
				IT6~IT7	2	3	4	5	6	8

（续）

加工方法			表面粗糙度 Ra/μm	尺寸公差等级	波幅值/μm					
					直径公称尺寸/mm					
					≤6	6~18	18~50	50~120	120~260	260~500
内圆柱表面	钻、扩钻		2.5~20	IT12~IT13	12	20	25	30	—	—
				IT11	8	12	16	—	—	—
	扩	粗	IT5~20	IT12~IT13	—	20	25	30	—	—
		毛坯上孔	2.5~10	IT11	—	12	16	20	—	—
		精	2.5~10	IT10	—	8	10	12	—	—
	铰	粗	2.5	IT11	5	8	10	12	16	20
				IT10	3	5	6	8	10	12
		精	1.25	IT8~IT9	2	3	4	5	6	8
		精细	0.63	IT6~IT7	1.2	2	2.5	3	4	5
	拉	粗	2.5	IT11	—	—	10	12	16	—
				IT10	—	5	6	8	10	—
		精	0.4~1.25	IT7~IT9	—	3	4	5	6	—
	镗	粗	5~20	IT12~IT13	8	12	16	20	25	30
				IT11	5	8	10	12	16	20
		精	1.25~5	IT9~IT10	3	5	6	8	10	12
				IT7~IT8	2	3	4	5	6	8
		精细	0.16~1.25	IT6	1.2	2	2.5	3	4	5
	磨	粗	2.5	IT9	3	5	6	8	10	12
		精	0.4~1.25	IT7~IT8	2	3	4	5	6	8
		精细	0.08~0.63	IT6	1.2	2	2.5	3	4	5
	珩	粗	0.8~2.5	IT9	—	—	6	8	10	12
		精	0.16~0.63	IT7~IT8	—	—	4	5	6	8
		精细	0.08~0.32	IT6	—	—	2.5	3	4	5
	研磨	精	0.04~0.32	IT6	0.8	1.2	1.6	2	2.5	3
				IT5	0.5	0.8	1.0	1.2	1.6	2
		精细	0.01~0.08	IT4	0.3	0.5	0.6	0.8	1.0	1.2

表2.4-30　平面加工波幅值

加工方法			表面粗糙度 Ra/μm	尺寸公差等级	波幅值/μm			
					加工平面尺寸/mm			
					≤60×60	(60×60)~(160×160)	(160×160)~(400×400)	(400×400)~(1000×1000)
平面加工	铣和刨	粗	5~20	IT12~IT13	40	60	100	160
				IT11	25	40	60	100
				IT9~IT10	16	25	40	60
		精	0.63~2.5	IT10~IT11	25	40	60	100
				IT9	16	25	40	60
				IT8	10	16	25	40
		精细	0.4~1.25	IT9	10	16	25	40
				IT8	6	10	16	25
				IT7	4	6	10	16
	端面车	粗	10~40	IT12~IT14	40	60	100	160
				IT11	25	40	60	100
		精	1.25~20	IT12~IT13	40	60	100	160
				IT11	25	40	60	100
				IT10	16	25	40	60
				IT9	10	16	25	40

（续）

加工方法			表面粗糙度 $Ra/\mu m$	尺寸公差等级	波幅值 /μm			
					加工平面尺寸/mm			
					≤60×60	(60×60)～(160×160)	(160×160)～(400×400)	(400×400)～(1000×1000)
平面加工	端面车	精细	0.32～2.5	IT10	10	16	25	40
				IT9	6	10	16	25
				IT8	4	6	10	16
	拉		0.63～2.5	IT10	10	16	25	40
				IT9	6	10	16	25
				IT8	4	6	10	16
	磨	粗	2.5	IT10	10	16	25	40
				IT9	6	10	16	25
				IT8	4	6	10	16
		精	0.4～1.25	IT9	6	10	16	25
				IT8	4	6	10	16
				IT7	2.5	4	6	10
		精细	0.08～0.63	IT8	2.5	4	6	10
				IT7	1.6	2.5	4	6
				IT6	1.0	1.6	2.5	4
	研磨和刮削		0.16～0.63	IT6	1.6	2.5	4	6
			0.08～0.32	IT6	1.0	1.6	2.5	4
			0.08～0.16	IT5	0.6	1.0	1.6	2.5

5　表面缺陷

表面缺陷是零件表面在加工、运输、储存或使用过程中生成的无一定规则的单元体。它与表面粗糙度、表面波纹度和有限表面上的形状误差一起综合形成了零件的表面特征。

GB/T 15757—2002《产品几何量技术规范（GPS）　表面缺陷　术语、定义及参数》等效采用国际标准草案 ISO/DIS8785—1998《表面缺陷　术语、定义及参数》。由于国际标准化组织尚未对表面缺陷在图样上的表示方法制定统一的标准，目前只能以文字叙述的方式在图样或技术文件中说明。

5.1　一般术语与定义

表面缺陷的一般术语及定义见表 2.4-31。

表 2.4-31　一般术语及定义

名　称	定义或解释	说　明
基准面	用以评定表面缺陷参数的一个几何表面	1. 基准面通过除缺陷之外的实际表面的最高点，且与由最小二乘法确定的表面等距 2. 基准面是在一定的表面区域或表面区域的某有限部分上确定的，这个区域和单个缺陷的尺寸大小有关。该区域的大小需足够用来评定缺陷，同时在评定时能控制表面形状误差的影响 3. 基准面具有几何表面形状，它的方位和实际表面在空间与总的走向相一致
表面缺陷评定区域（A）	工件实际表面的局部或全部，在该区域上，检验和确定表面缺陷	
表面结构	出自几何表面的重复或偶然的偏差，这些偏差形成该表面的三维形貌	表面结构包括在有限区域上的粗糙度、波纹度、纹理方向、表面缺陷和形状误差
表面缺陷（SIM）	在加工、储存或使用期间，非故意或偶然生成的实际表面的单元体、成组的单元体、不规则体	1. 这些单元体或不规则体的类型，明显区别于构成一个粗糙度表面的那些单元体或不规则体 2. 在实际表面上存在缺陷并不表示该表面不可用。缺陷的可接受性取决于表面的用途或功能，并由适当的项目来确定，即长度、宽度、深度、高度、单位面积上的缺陷数等

5.2　表面缺陷的特征和参数

表面上允许的表面缺陷参数和特征的最大值，是一个规定的极限值，零件的表面缺陷不允许超过这个极限值。例如：$SIM_n=60$

式中，SIM_n 是表面缺陷数。

$$SIM_n/A=60/1m^{-2}$$

$$SIM_n/A=10/50mm^{-2}$$

式中，A 是表面缺陷评定区域面积。

1）表面缺陷长度（SIM_e）　平行于基准面测得的表面缺陷最大尺寸。

2）表面缺陷宽度（SIM_w）　平行于基准面且垂直于表面缺陷长度测得的表面缺陷最大尺寸。

3）缺陷深度

① 单一表面缺陷深度（SIM_{sd}）　从基准面垂直测得的表面缺陷最大深度。

② 混合表面缺陷深度（SIM_{cd}）　从基准面垂直测得的该基准面和表面缺陷中的最低点之间的距离。

4）缺陷高度

① 单一表面缺陷高度（SIM_{sh}）　从基准面垂直测得的表面缺陷最大高度。

② 混合表面缺陷高度（SIM_{ch}）　从基准面垂直测得的该基准面和表面缺陷中的最高点之间的距离。

5）表面缺陷面积（SIM_a）　单个表面缺陷投影在基准面上的面积。

6）表面缺陷总面积（SIM_t）　在商定的判别极限内，各单个表面缺陷面积之和。

① 表面缺陷总面积的计算公式：

$$SIM_t=SIM_{a1}+SIM_{a2}+\cdots+SIM_{an}$$

② 使用判别极限时，采用的尺寸判别条件规定了表面缺陷特征的最小尺寸，在确定 SIM_n 和 SIM_t 值时，小于该差别条件的表面缺陷被忽略。

7）表面缺陷数（SIM_n）　在商定判别极限范围内，实际表面上的表面缺陷总数。

8）单位面积上表面缺陷数（SIM_n/A）　在给定的评定区域面积 A 内，表面缺陷的个数。

5.3　表面缺陷类型的术语及定义

5.3.1　凹缺陷的术语及定义（表2.4-32）

表2.4-32　凹缺陷术语及定义

序号	术　语	定义或解释	图　例	序号	术　语	定义或解释	图　例
1	沟槽	具有一定长度的、底部圆弧形的或平的凹缺陷		5	砂眼	由于杂粒失落、侵蚀或气体影响形成的以单个凹缺陷形式出现的表面缺陷	
2	擦痕	形状不规则和没有确定方向的凹缺陷		6	缩孔	铸件、焊缝等在凝固时，由于不均匀收缩所引起的凹缺陷	
3	破裂	由于表面和基体完整性的破损造成具有尖锐底部的条状缺陷		7	裂缝、缝隙、裂隙	条状凹缺陷，呈尖角形，有很浅的不规则开口	
4	毛孔	尺寸很小，斜壁很陡的孔穴，通常带锐边，孔穴的上边缘不高过基准面的切平面		8	缺损	在工件两个表面的相交处呈圆弧状的缺陷	

（续）

序号	术语	定义或解释	图例	序号	术语	定义或解释	图例
9	瓢曲（凹面）	板材表面由于局部弯曲形成的凹缺陷	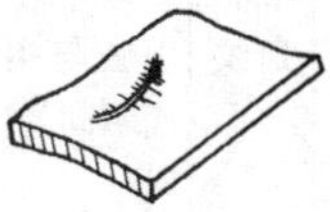	10	窝陷	无隆起的凹坑，通常由于压印或打击产生塑性变形而引起的凹缺陷	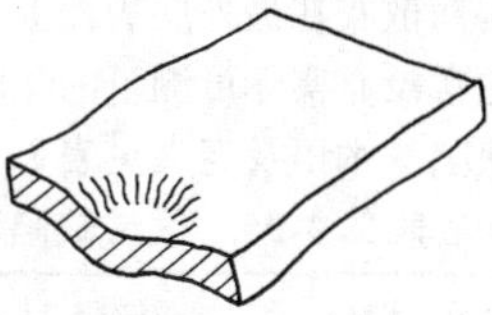

5.3.2　凸缺陷的术语及定义（表2.4-33）

表2.4-33　凸缺陷的术语及定义

序号	术语	定义或解释	图例	序号	术语	定义或解释	图例
1	树瘤	小尺寸和有限高度的脊状或丘状凸起	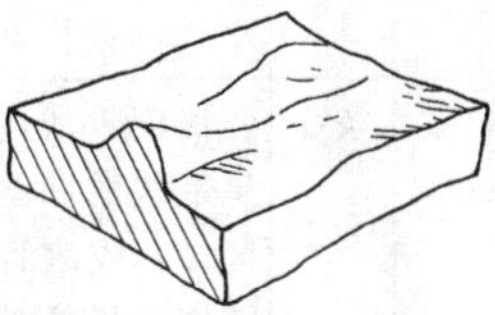	5	夹杂物	嵌进工件材料里的杂物	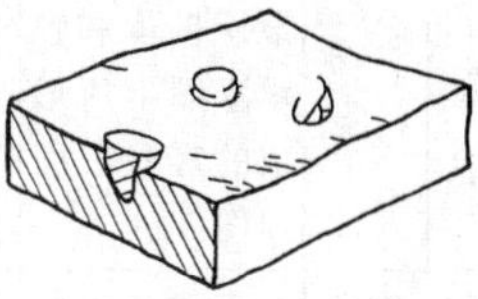
2	疱疤	由于表面下层含有气体或液体所形成的局部凸起	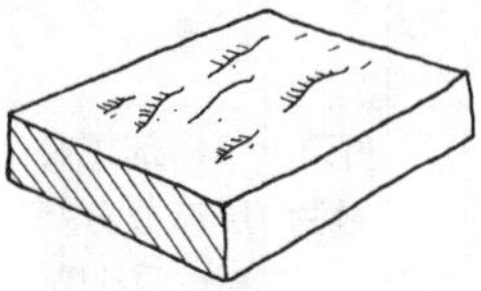	6	飞边	表面周边上尖锐状的凸起，通常在对应的一边出现缺损	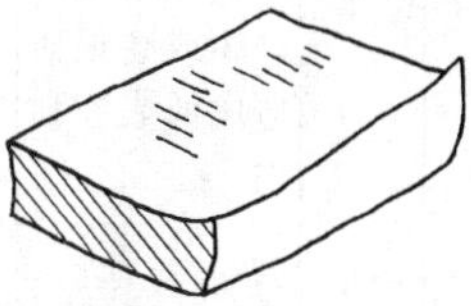
3	瓢曲（凸面）	板材表面由于局部弯曲所形成的拱起	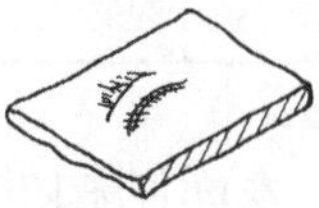	7	缝脊	工件材料的脊状凸起，是由于模铸或模锻等成形加工时材料从模子缝隙挤出，或在电阻焊接（电阻对焊、熔化对焊）两表面时，在受压面的垂直方向形成	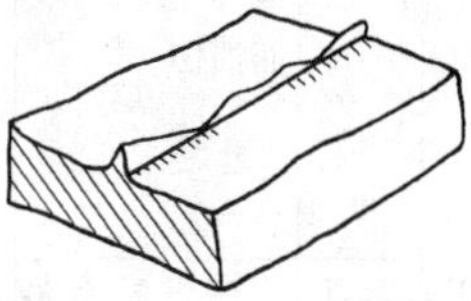
4	氧化皮	和基体材料成分不同的表皮层剥落形成局部脱离的小厚度鳞片状凸起	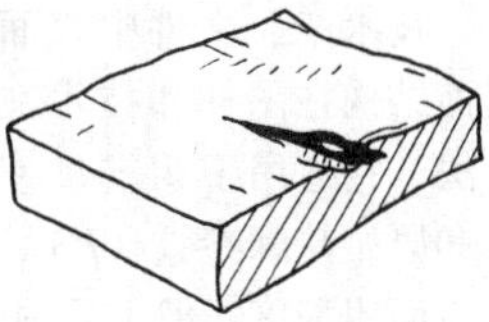	8	附着物	堆积在工件上的杂物或另一工件的材料	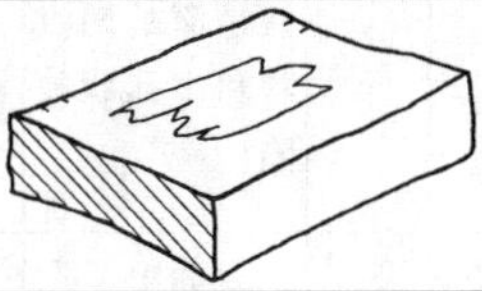

5.3.3　混合表面缺陷

混合表面缺陷是指部分向外和部分向内的缺陷，混合表面缺陷的术语及定义见表2.4-34。

表2.4-34　混合表面缺陷术语及定义

序号	术语	定义或解释	图例	序号	术语	定义或解释	图例
1	环形坑	环形周边隆起、类似火山口的坑，它的周边高出基准面	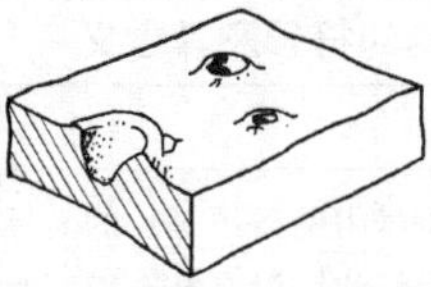	3	划痕	由于外来物移动，划掉或挤压工件表层材料而形成的连续凹凸状缺陷	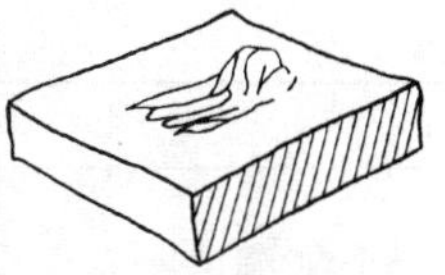
2	折叠	微小厚度的舌状隆起，一般呈皱纹状，是滚压或锻压时的材料被褶皱压向表层所形成	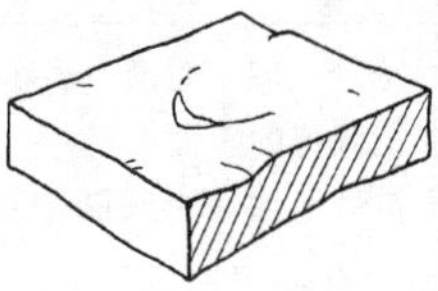	4	切屑残余	由于切屑去除不良引起的带状隆起	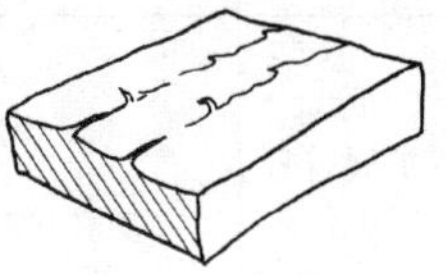

5.3.4　区域缺陷和外观缺陷

散布在最外层表面上，一般没有尖锐的轮廓，且通常没有实际可测量的深度或高度。区域缺陷和外观缺陷的术语及定义见表2.4-35。

表2.4-35　区域缺陷和外观缺陷术语及定义

序号	术语	定义或解释	图例
1	划痕	由于间断性过载在表面上不连续区域出现，如球轴承、滚子轴承和轴承座圈上所形成的雾状表面损伤	
2	磨蚀	由于物理性破坏或磨损而造成的表面损伤	
3	腐蚀	由于化学性破坏造成的表面损伤	
4	麻点	在表面上大面积分布，往往是深的凹点状和小孔状缺陷	
5	裂纹	表面上呈网状细小裂痕的缺陷	

（续）

序号	术语	定义或解释	图例
6	斑点、斑纹	外观用眼看上去与相邻表面不同的区域	
7	褪色	表面上脱色或颜色变淡的区域	
8	条纹	深度较浅的呈带状的凹陷区域，或表面结构呈异样的区域	
9	劈裂、鳞片	局部工件表层部分分离所形成的缺陷	

6　表面结构的表示法

在GB/T 131—2006《产品几何技术规范（GPS）技术产品文件中表面结构的表示法》中规定了表面结构在图样和技术文件中的符号、代号和表示方法，它适用于粗糙度参数（R）、波纹度参数（W）和原始轮廓参数（P）。GB/T 131同样适用木制件的表面粗糙度，但不适用于表面缺陷的图样表示。

6.1　表面结构的图形符号及代号（GB/T 131—2006）

表面结构的图形符号分为基本符号，扩展符号和完整（信息完整）符号三种，其形式及含义见表2.4-36。

表2.4-36　表面结构的符号及其含义

符号		意义及说明
基本符号	√	基本图形符号由两条不等长的与标注表面成60°夹角的直线构成，仅适用于简化代号标注，没有补充说明时不能单独使用
扩展符号	要求去除材料 不允许去除材料	在基本图形符号上加一短横，表示指定表面是用去除材料的方法获得，如通过机械加工获得的表面 在基本图形符号上加一个圆圈，表示指定表面是用不去除材料方法获得

（续）

符号		意义及说明
完整符号	允许任何工艺 去除材料 不去除材料	当要求标注表面结构特征的补充信息时，应在基本图形符号和扩展图形符号的长边上加一横线

6.1.1　表面结构的图形符号及其组成

在图样中，除了标注表面结构的参数和数值外，根据零件表面的要求，有时还需标注有关的附加要求，如表面纹理方向、加工余量、传输带（传输带是两个定义的滤波器或图形法的两个极限值之间的波长范围）、取样长度、加工工艺等（详见 GB/T 131—2006 附录 D）。它的标注位置见图 2.4-6，各字母代号的含义见表 2.4-37。

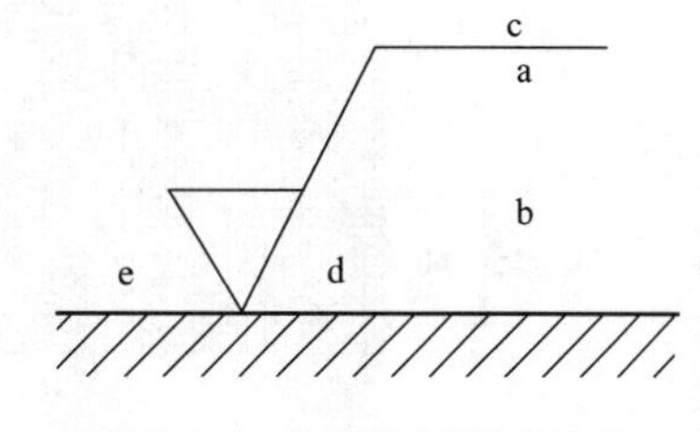

图 2.4-6　补充要求的注写位置

表 2.4-37　字母代号的含义

字母代号	含　　义	示　例
a	表面结构的参数代号和极限值，必要时标注传输带或取样长度	1）0.0025－0.8/*Rz* 6.3（传输带标注/表面结构的参数代号和极限值） 2）－0.8/*Rz* 6.3（取样长度标注/表面结构的参数代号和极限值）
b	两个或多个表面结构参数要求，在 a 位置的垂直延长部位	Fe/Ep·Ni10bCr0.3r −0.8/*Ra* 1.6 U −2.5/*Rz* 12.5 L−2.5/*Rz* 3.2
c	表面的加工方法，如表面处理，涂镀层、车、磨、铣等加工方法，右图为车削加工，表面粗糙度 *Rz*3.2	车 *Rz* 3.2
d	表面纹理和纹理方向	见表 2.4-39
e	加工余量。在必要时，可提出加工余量的要求，以 mm 为单位，右图表示在视图上所有表面的加工余量为 3mm	车 *Rz* 3.2 3

6.1.2　图形符号的比例和尺寸

1）表面结构的基本符号由两条长度不等且与被注表面的投影轮廓成60°的细实线组成。符号中的线宽、高度及宽度的规定分别见图 2.4-7 和图 2.4-8。完整的符号各项内容的位置及比例见图 2.4-9。

2）图形符号和附加标注的尺寸及宽度见表 2.4-38。

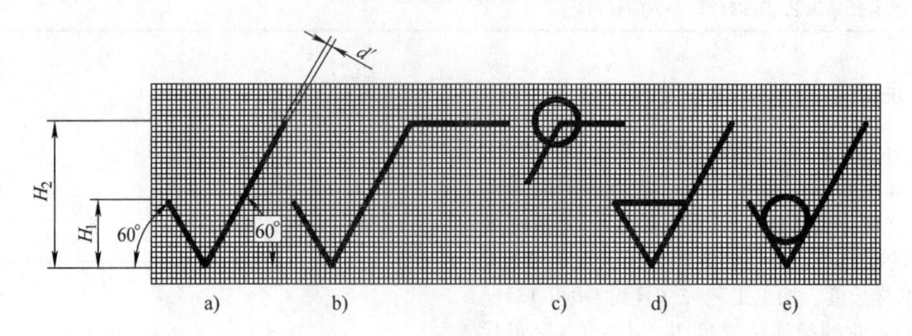

图 2.4-7　基本符号的规定

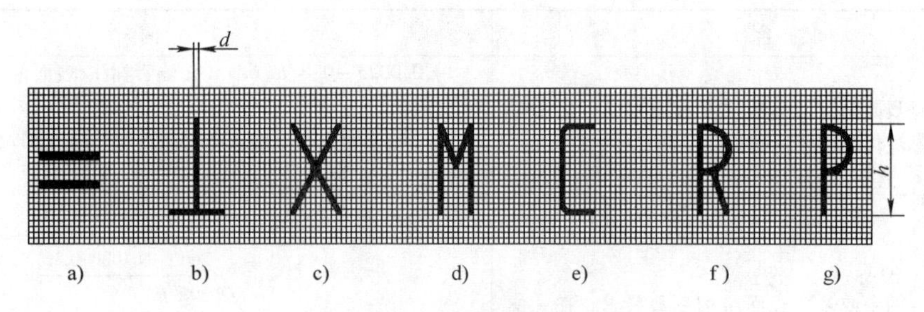

图 2.4-8　字体的规定

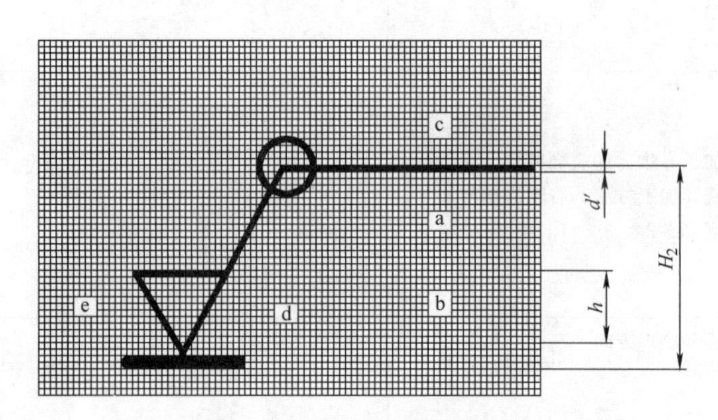

图 2.4-9　完整符号的位置及比例

表 2.4-38　图形符号和附加标注的尺寸及宽度　（mm）

数字和字母高度 h（见 GB/T 14691）	2.5	3.5	5	7	10	14	20
符号线宽 d' 字母线宽 d	0.25	0.35	0.5	0.7	1	1.4	2
高度 H_1	3.5	5	7	10	14	20	28
高度 H_2（最小值）①	7.5	10.5	15	21	30	42	60

① H_2 取决于标注内容。

6.1.3　表面纹理符号及标注解释

表面纹理符号及标注解释见表2.4-39。

表2.4-39　表面纹理符号及标注解释

符　号	标注解释	
=	纹理平行于视图所在的投影面	纹理方向
⊥	纹理垂直于视图所在的投影面	纹理方向
X	纹理呈两斜向交叉且与视图所在的投影面相交	纹理方向
M	纹理呈多方向	M
C	纹理呈近似同心圆且圆心与表面中心相关	C
R	纹理呈近似放射状且与表面圆心相关	R

（续）

符　号	标 注 解 释	
P	纹理呈微粒、凸起，无方向	

注：如果表面纹理不能清楚地用这些符号表示，必要时，可以在图样上加注说明。

6.2　标注参数及附加要求的规定

6.2.1　表面结构的四项内容

给出表面结构代号时，一般应包括以下四项内容，并按完整符号的规定注出。

1）三种轮廓参数（*R*、*W*、*P*）中的一种。

2）轮廓特征。

3）满足评定长度要求的取样长度个数，如按标准规定的对应关系选取，则不必标注，此时取样长度为“默认”值。

4）极限值或最大值。

6.2.2　取样长度和评定长度的标注

（1）取样长度 *lr* 的标注

参数 *Ra* 和 *Rz* 所对应的取样长度 *lr* 系列见表 2.4-12和表 2.4-13。

当图样上给定参数值的后面没有任何标注时，则默认为按表中选定的取样长度，即取样长度为“默认值”。

（2）评定长度 *ln* 的标注

评定长度包含一个或几个取样长度，按 GB/T 10610 的规定，当评定长度为 5 个取样长度即 $ln = 5lr$ 时，则不必标出取样长度的个数，否则需标出。如 *Ra*3、*Rz*1 分别表示 3 个和 1 个取样长度。三种轮廓参数的评定长度的选取方法有区别。

1）粗糙度 *R* 轮廓的评定长度。表面粗糙度的评定长度不是默认值时，应在相应的参数后面标注其个数，如 *Ra*3、*Rz*2、*Rc*3、*Rp*1、*Rv*6、*Rt*4 等。

2）波纹度 *W* 轮廓的评定长度。表面波纹度的评定长度没有默认值的规定，应在相应的波纹度参数代号后标注其个数，如 *W*25、*Wa*3 等。

3）原始 *P* 轮廓的评定长度。*P* 轮廓参数的评定长度等于取样长度，也与测量长度相等，因此不需要标注取样长度的个数。

6.2.3　传输带的标注

传输带的波长范围在两个指定的滤波器（GB/T 6062）之间或图形法（GB/T 18618）的两个极限值之间，也即被一个截止短波滤波器和一个截止长波滤波器所限制。

1）当参数代号中没有标注传输带时，表面结构要求采用默认的传输带。具体规定由 GB/T 131—2006 中的附录 G 给出如下：

① *R* 轮廓。*R* 轮廓传输带的截止波长值代号是 λs（短波滤波器）和 λc（长波滤波器），λc 表示取样长度。粗糙度参数默认传输带由 GB/T 10610—1998 第 7 章和 GB/T 6062—2002 的 4.4 共同定义。

GB/T 10610 定义默认长波滤波器 λc，而 GB/T 6062 定义与 λc 相关的默认短波滤波器 λs。

② *W* 轮廓：*W* 轮廓传输带的截止波长值代号是 λc（短波滤波器）和 λf（长波滤波器），λf 表示取样长度。*W* 轮廓传输带没有定义默认值，也没有定义 λc 和 λf 的比率。

③ *P* 轮廓：*P* 轮廓传输带的截止波长值代号是 λs（短波滤波器），长波滤波器无规定代号。*P* 轮廓短波滤波器的截止波长值 λs 没有定义默认值。

2）传输带应标注在参数代号的前面，并用斜线“/”隔开。传输带标注包括滤波器截止波长（mm），短波滤波器 λs 与长波滤波器 λc 中间用“-”隔开，如图 2.4-10a（用于文本中）和图 2.4-10b（用于图样上）所示。

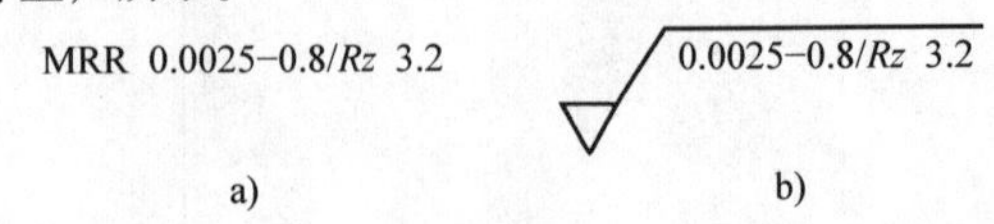

图 2.4-10　表面结构代号中传输带的注法
a）在文本中　b）在图样上

在某些情况下，在传输带中只标注两个滤波器中的一个。如果存在第二个滤波器，使用默认的截止波长值。如果只标注一个滤波器，应保留连字号“-”来区分是短波滤波器还是长波滤波器。举例如下：

① 0.008 - 短波滤波器标注。

② -0.25 长波滤波器标注。

各参数代号中传输带的标注示例见表2.4-40。

表2.4-40 传输带的标注

参数	传输带标注	解释
R（粗糙度）	0.008-0.8/Rz 3.2	λs为0.008 λc为0.8
	0.008-/Ra 1.6	λs为0.008 λc为默认值
	Ra 3.2	λs、λc均为默认值
W（波纹度）	0.8-2.5/Wz 125	λc为0.8 λf为2.5
P（原始轮廓）	0.008-/Pt max 25	λs=0.008 无长波滤波器用“-”表示

6.2.4 极限值判断规则的标注

在表面结构的代号中给出的极限值的判断规则应遵循下列两种规则中的一种，这两种规则均是对上限值的判断。

（1）16%规则

当表面结构代号中仅标注参数代号和参数值时，应遵循16%规则（见本章7.2），它是默认规则，见图2.4-11。

（2）最大规则

当表面结构代号中的参数代号右边加上“max”时，则应遵循最大规则（见本章7.2），见图2.4-12。

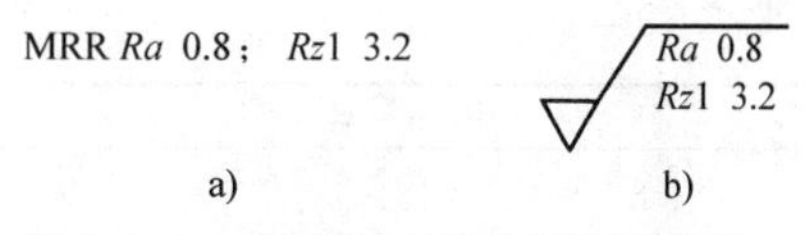

图2.4-11 应用16%规则（默认传输带）时参数的标注

a）在文本中 b）在图样上

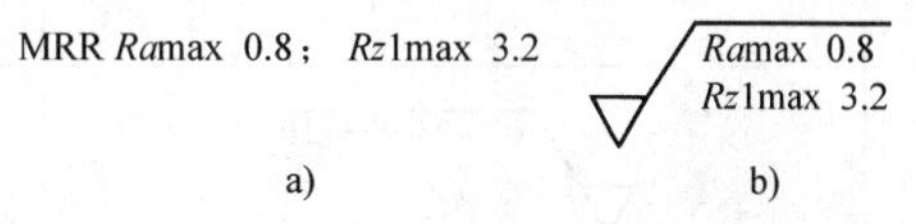

图2.4-12 应用最大规则时参数值的标注

a）在文本中 b）在图样上

轮廓参数可采用16%规则或最大规则；图形参数只能采用16%规则；支承率曲线参数与轮廓参数一样，可采用16%规则或最大规则。

6.2.5 表面参数的双向极限值的标注

由于产品功能的要求，有时工件表面结构的参数需给出双向的极限值。上极限值标在上方，在参数值前加注“U”，下极限值标在下方，在参数值前加注“L”。同一参数具有双向极限要求时，可以不加注“U”和“L”，见图2.4-13。

图2.4-13a *Rz*0.8为上极限值，*Ra*0.2为下极限值。图2.4-13b *Ra*要求双向极限值，上极限值为1.6，下极限值为0.8，不会引起误解，省略标注“U”和“L”。

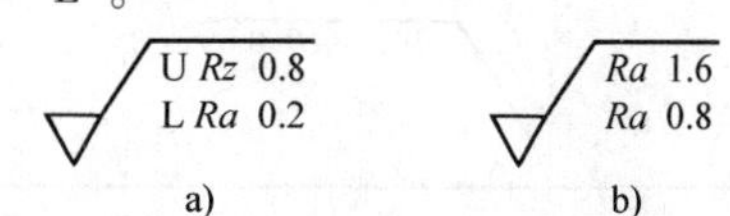

图2.4-13 双向极限值的标注

6.2.6 表面结构代号示例及含义

表面结构代号示例及含义见表2.4-41。

表2.4-41 表面结构代号示例及含义

序号	符号	含义或解释
1	Rz 0.4	表示不允许去除材料，单向上限值，默认传输带，*R*轮廓，粗糙度的最大高度0.4μm，评定长度为5个取样长度（默认），“16%规则”（默认）
2	Rz max 0.2	表示去除材料，单向上限值，默认传输带，*R*轮廓，粗糙度最大高度的最大值0.2μm，评定长度为5个取样长度（默认），“最大规则”
3	0.008-0.8/Ra 3.2	表示去除材料，单向上限值，传输带0.008-0.8mm，*R*轮廓，算术平均偏差3.2μm，评定长度为5个取样长度（默认），“16%规则”（默认）
4	-0.8/Ra3 3.2	表示去除材料，单向上限值，传输带：根据GB/T 6062，取样长度0.8μm（λs默认0.0025mm），*R*轮廓，算术平均偏差3.2μm，评定长度包含3个取样长度，“16%规则”（默认）

（续）

序号	符　号	含义或解释
5	U *Ra* max 3.2 L *Ra* 0.8	表示不允许去除材料，双向极限值，两极限值均使用默认传输带，*R* 轮廓，上限值：算术平均偏差 3.2μm，评定长度为 5 个取样长度（默认），“最大规则”，下限值：算术平均偏差 0.8μm，评定长度为 5 个取样长度（默认），“16% 规则”（默认）
6	0.8−25/*Wz*3 10	表示去除材料，单向上限值，传输带 0.8－25mm，*W* 轮廓，波纹度最大高度 10μm，评定长度包含 3 个取样长度，“16% 规则”（默认）
7	0.008−/*Pt* max 25	表示去除材料，单向上限值，传输带 λs＝0.008mm，无长波滤波器，*P* 轮廓，轮廓总高 25μm，评定长度等于工件长度（默认），“最大规则”
8	0.0025−0.1//*Rx* 0.2	表示任意加工方法，单向上限值，传输带 λs＝0.0025mm，*A*＝0.1mm，评定长度 3.2mm（默认），粗糙度图形参数，粗糙度图形最大深度 0.2μm，“16% 规则”（默认）
9	/10/*R* 10	表示不允许去除材料，单向上限值，传输带 λs＝0.008mm（默认），*A*＝0.5mm（默认），评定长度 10mm，粗糙度图形参数，粗糙度图形平均深度 10μm，“16% 规则”（默认）
10	*W* 1	表示去除材料，单向上限值，传输带 *A*＝0.5mm（默认），*B*＝2.5mm（默认），评定长度 16mm（默认），波纹度图形参数，波纹度图形平均深度 1mm，“16% 规则”（默认） *W*—图形参数
11	−0.3/6/*AR* 0.09	表示任意加工方法，单向上限值，传输带 λs＝0.008mm（默认），*A*＝0.3mm（默认），评定长度 6mm，粗糙度图形参数，粗糙度图形平均间距 0.09mm，“16% 规则”（默认）

6.2.7　其他标注的规定

在表面结构的完整符号中，有时需注明加工方法、表面纹理方向和加工余量等信息、这些补充注释的标注示例见表 2.4-42。

表 2.4-42　带补充注释的符号标注示例

项目	示例	意义及说明
表面纹理	铣 *Ra* 0.8 *Rz*1 3.2 ⊥	表面纹理的要求应按表 2.4-39 中的规定标注。示例中的纹理方向应垂直于视图所在的投影面
加工余量	*Ra* 1.6 3	在同一图样中，多个加工工序的表面可给出加工余量以保证其表面粗糙度的要求。有时为了限制其加工方法也需给出加工余量，示例中的加工余量为 3mm
加工方法	车 *Rz* 3.2	加工方法直接影响轮廓曲线的特征，必要时应标注特定的加工方法

（续）

项目	示例	意义及说明
表面处理、镀（涂）覆层	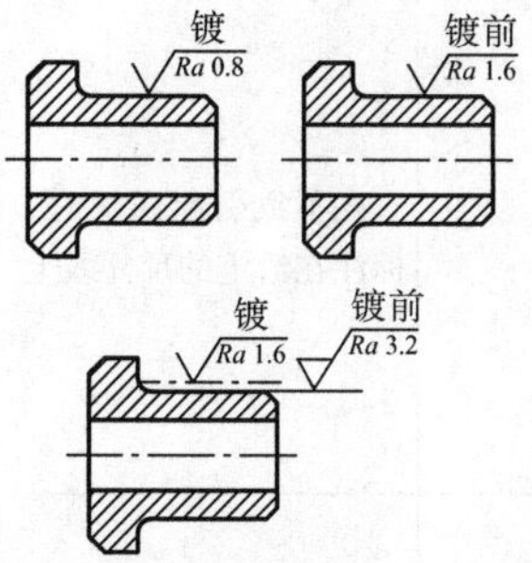 镀 Ra 0.8　镀前 Ra 1.6　镀 Ra 1.6　镀前 Ra 3.2	为提高零件的表面质量，需进行镀、涂或表面处理时，应将此要求标注在表面结构代号的横线上方。如不另加说明，表面结构的参数值为完工后的数值，否则应加注“前”字。
封闭轮廓表面注法	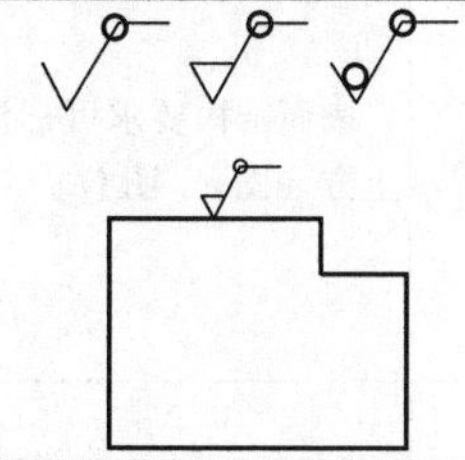	对投影视图上封闭的轮廓线所表示的各表面有相同的表面结构要求

6.3 表面结构代号在图样上的标注

表面结构要求对每一表面一般只标注一次，并尽可能注在相应的尺寸及其公差的同一视图上。除非另有说明，所标注的表面结构要求是对完工零件表面的要求。表面结构代号的标注位置与注写方向见表2.4-43。

表2.4-43 表面结构要求在图样中的标注（摘自GB/T 131—2006）

项目	图例	意义及说明
总的原则	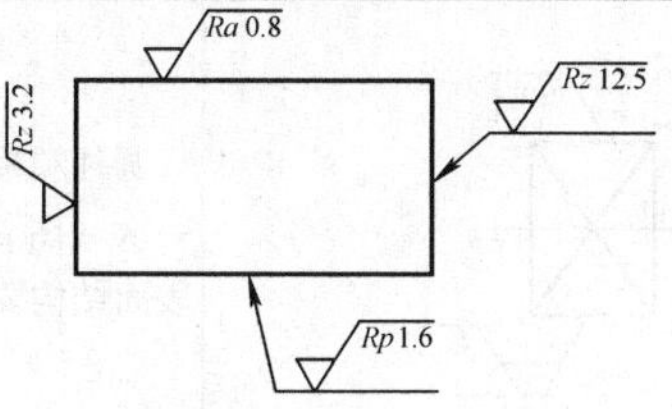 Ra 0.8　Rz 12.5　Rz 3.2　Rp 1.6 a)	总的原则是根据GB/T 4458.4—2003《机械制图　尺寸注法》的规定，使表面结构的注写和读取方向与尺寸的注写和读取方向一致（图a）
标注在轮廓线上	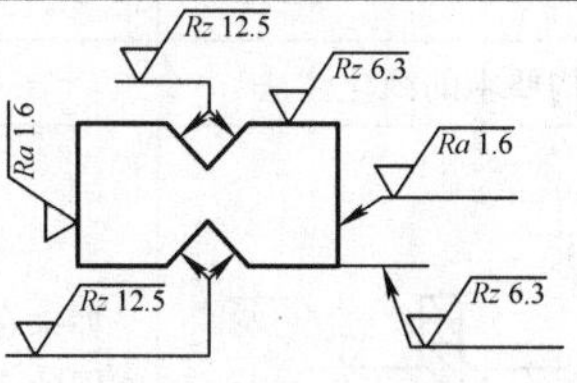 Rz 12.5　Rz 6.3　Ra 1.6　Ra 1.6　Rz 12.5　Rz 6.3 b)	表面结构要求可标注在轮廓线上，其符号应从材料外指向并接触表面。必要时，表面结构符号也可用带箭头或带黑点的指引线引出标注（图b、图c）
标注在指引线上	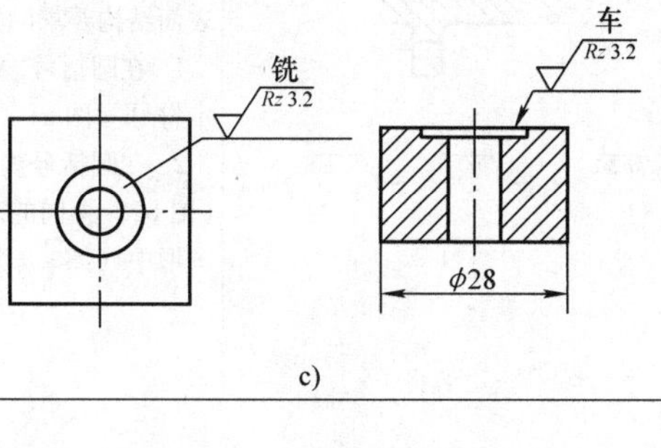 铣 Rz 3.2　车 Rz 3.2　$\phi 28$ c)	

（续）

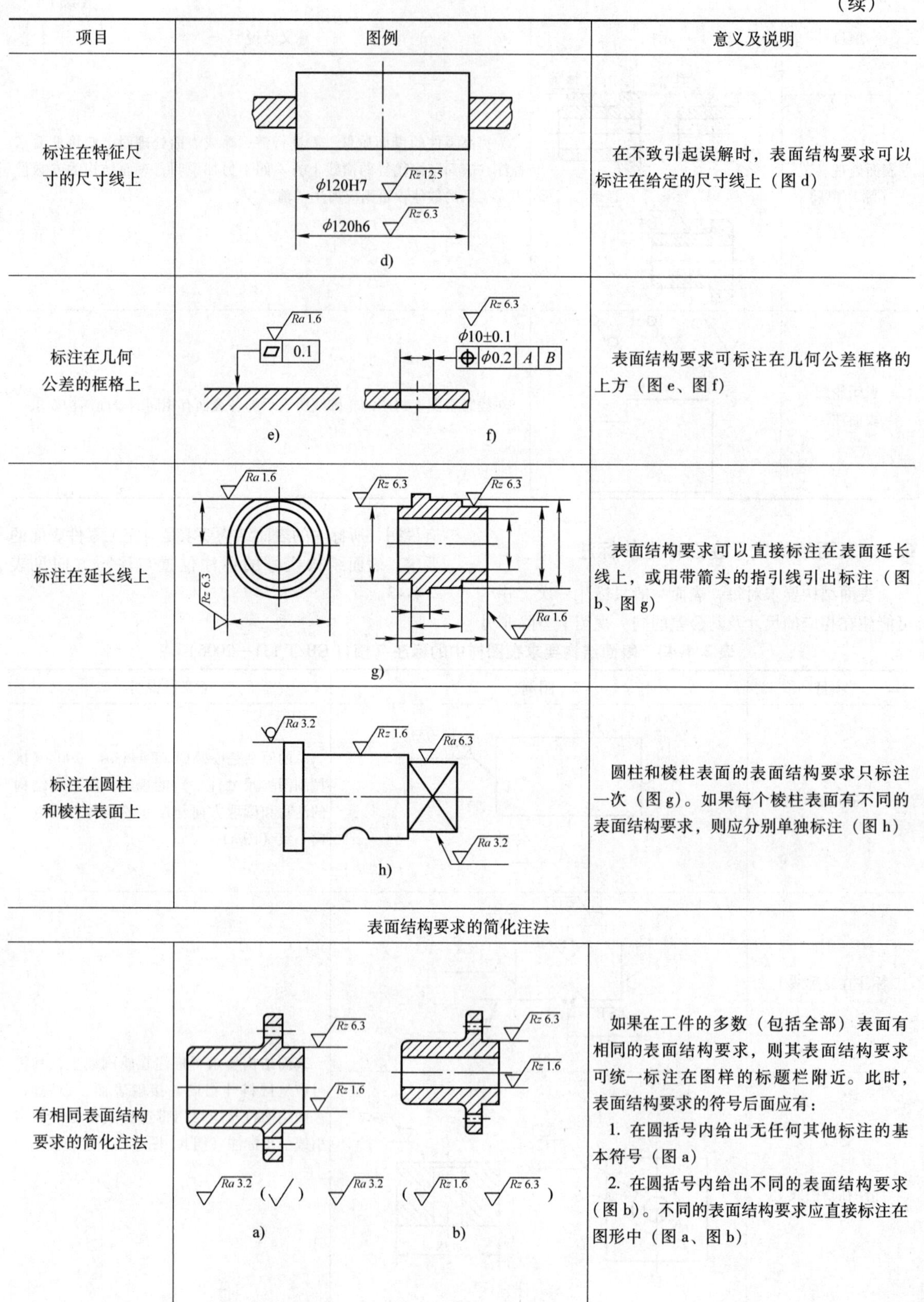

项目	图例	意义及说明
标注在特征尺寸的尺寸线上	d)	在不致引起误解时，表面结构要求可以标注在给定的尺寸线上（图d）
标注在几何公差的框格上	e)　f)	表面结构要求可标注在几何公差框格的上方（图e、图f）
标注在延长线上	g)	表面结构要求可以直接标注在表面延长线上，或用带箭头的指引线引出标注（图b、图g）
标注在圆柱和棱柱表面上	h)	圆柱和棱柱表面的表面结构要求只标注一次（图g）。如果每个棱柱表面有不同的表面结构要求，则应分别单独标注（图h）
表面结构要求的简化注法		
有相同表面结构要求的简化注法	a)　b)	如果在工件的多数（包括全部）表面有相同的表面结构要求，则其表面结构要求可统一标注在图样的标题栏附近。此时，表面结构要求的符号后面应有： 1. 在圆括号内给出无任何其他标注的基本符号（图a） 2. 在圆括号内给出不同的表面结构要求（图b）。不同的表面结构要求应直接标注在图形中（图a、图b）

（续）

项目		图例	意义及说明
多个表面有共同要求的注法	用带字母的完整符号的简化注法	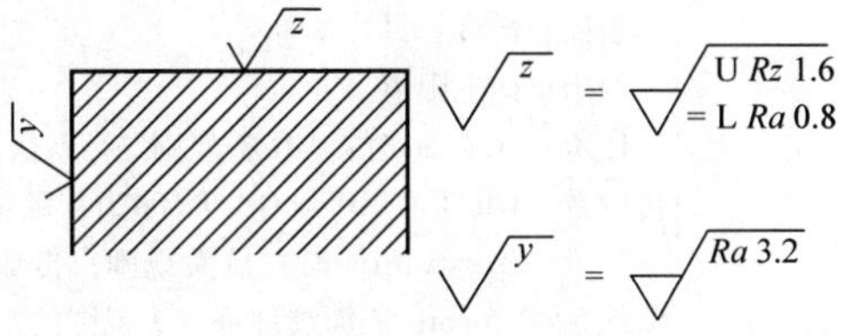 z = U Rz 1.6 L Ra 0.8；y = Ra 3.2 c)	在图纸空间有限时，可用带字母的完整符号，以等式的形式，在图形或标题栏附近，对有相同表面结构要求的表面进行简化标注（图c）
	只用表面结构符号的简化注法	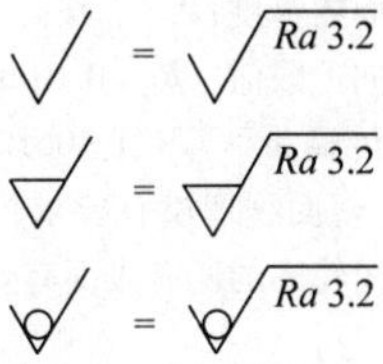 = Ra 3.2 = Ra 3.2 = Ra 3.2 d)	可用表2.4-36的基本图形符号和扩展图形符号，以等式的形式给出对多个表面共同的表面结构要求（图d）
两种或多种工艺获得的同一表面的注法			
同时给出镀覆前后表面结构要求的注法		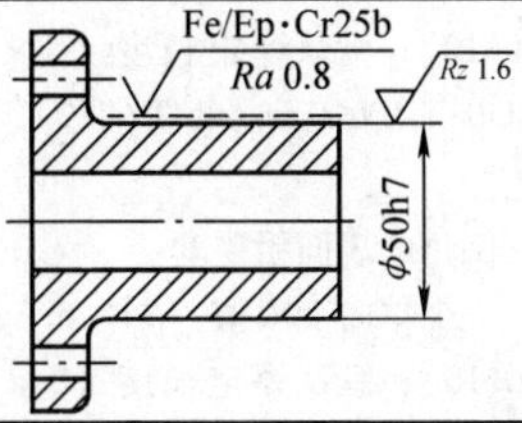 Fe/Ep·Cr25b Ra 0.8 Rz 1.6 ϕ50h7	由几种不同的工艺方法获得的同一表面，当需要明确每种工艺方法的表面结构要求时，可按左图进行标注

6.4 表面结构代号的综合示例

表面结构代号的综合示例见表2.4-44。

表2.4-44 表面结构代号的综合示例（摘自GB/T 131—2006）

示例	意义及说明
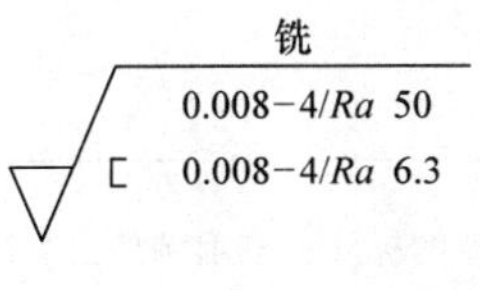 铣 0.008-4/Ra 50 [0.008-4/Ra 6.3	表面粗糙度： 双向极限值：上限值为 Ra=50μm，下限值为 Ra=6.3μm；均为“16%规则”（默认）；两个传输带均为0.008~4mm；默认的评定长度5×4mm=20mm；表面纹理呈近似同心圆且圆心与表面中心相关；加工方法为铣削；不会引起争议时，不必加U和L
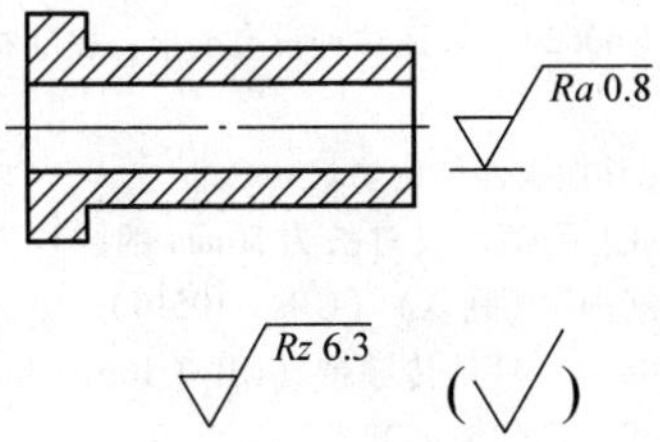 Ra 0.8 Rz 6.3 (√)	除一个表面以外，所有表面的粗糙度： 单向上限值：Rz=6.3μm；“16%规则”（默认）；默认传输带；默认评定长度（5×λc）；表面纹理没有要求；去除材料的工艺 不同要求的表面的表面粗糙度： 单向上限值：Ra=0.8μm；“16%规则”（默认）；默认传输带；默认评定长度（5×λc）；表面纹理没有要求；去除材料的工艺

（续）

示例	意义及说明
	表面粗糙度： 两个单向上限值 1. Ra＝1.6μm时：“16％规则”（默认）（GB/T 10610）；默认传输带（GB/T 10610和GB/T 6062）；默认评定长度（5×λc） 2. Rz max＝6.3μm时：最大规则；传输带－2.5mm；评定长度默认5×2.5mm；表面纹理垂直于视图的投影面；加工方法为磨削
	表面粗糙度： 单向上限值：Rz＝0.8μm；“16％规则”（默认）（GB/T 10610）；默认传输带（GB/T 10610和GB/T 6062）；默认评定长度（5×λc）；表面纹理没有要求；表面处理：铜件，镀镍/铬；表面要求对封闭轮廓的所有表面有效
	表面结构和尺寸可以标注在同一尺寸线上 键槽侧壁的表面粗糙度： 一个单向上限值；Ra＝3.2μm；“16％规则”（默认）（GB/T 10610）；默认评定长度（5×λc）（GB/T 6062）；默认传输带（GB/T 10610和GB/T 6062）；表面纹理没有要求；去除材料的工艺 倒角的表面粗糙度： 一个单向上限值；Ra＝6.3μm；“16％规则”（默认）（GB/T 10610）；默认评定长度（5×λc）（GB/T 6062）；默认传输带（GB/T 6062和GB/T 6062）；表面纹理没有要求；去除材料的工艺
	表面结构和尺寸可以一起标注在延长线上或分别标注在轮廓线和尺寸界线上 示例中的三个表面粗糙度要求： 单向上限值；分别是Ra＝1.6μm；Ra＝6.3μm；Rz＝12.5μm；“16％规则”（默认）（GB/T 10610）；默认评定长度（5×λc）（GB/T 6062）；默认传输带（GB/T 10610和GB/T 6062）；表面纹理没有要求；去除材料的工艺
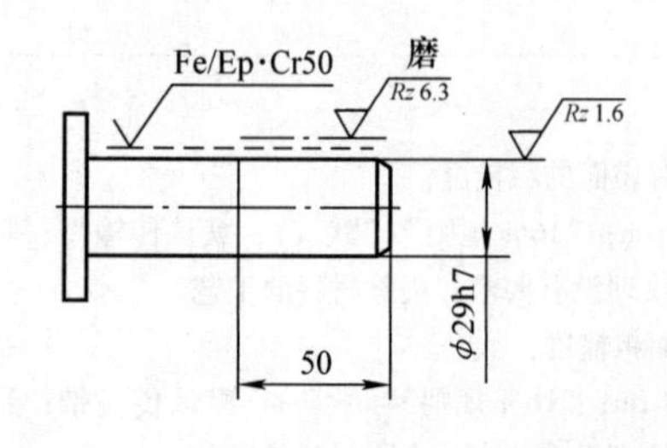	表面结构、尺寸和表面处理的标注：该示例是三个连续的加工工序 第一道工序：单向上限值；Rz＝1.6μm；“16％规则”（默认）（GB/T 10610）；默认评定长度（5×λc）（GB/T 6062）；默认传输带（GB/T 10610和GB/T 6062）；表面纹理没有要求；去除材料的工艺 第二道工序：镀铬，无其他表面结构要求 第三道工序：一个单向上限值，仅对长为50mm的圆柱表面有效；Rz＝6.3μm；“16％规则”（默认）（GB/T 10610）；默认评定长度（5×λc）（GB/T 6062）；默认传输带（GB/T 10610和GB/T 6062）；表面纹理没有要求；磨削加工工艺

（续）

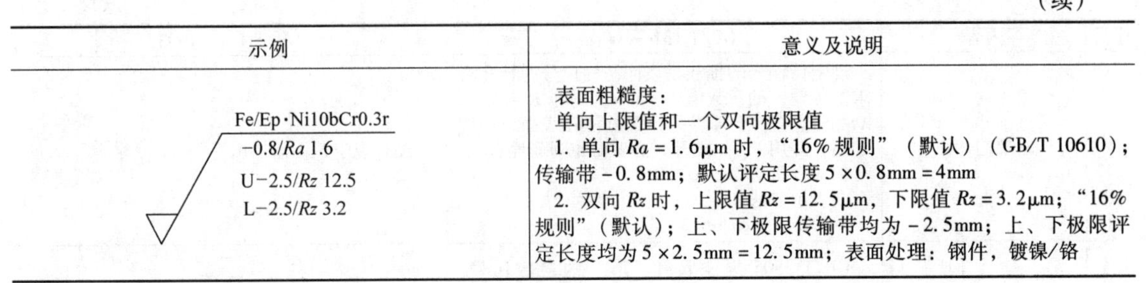

示例	意义及说明
Fe/Ep·Ni10bCr0.3r −0.8/*Ra* 1.6 U−2.5/*Rz* 12.5 L−2.5/*Rz* 3.2	表面粗糙度： 单向上限值和一个双向极限值 1. 单向 *Ra* = 1.6μm 时，“16% 规则”（默认）（GB/T 10610）；传输带 −0.8mm；默认评定长度 5×0.8mm = 4mm 2. 双向 *Rz* 时，上限值 *Rz* = 12.5μm，下限值 *Rz* = 3.2μm；“16% 规则”（默认）；上、下极限传输带均为 −2.5mm；上、下极限评定长度均为 5×2.5mm = 12.5mm；表面处理：钢件，镀镍/铬

6.5　新、旧国家标准 GB/T 131 的主要不同点

2006 年发布的 GB/T 131 与 1993 年标准的主要不同点见表 2.4-45。

表 2.4-45　新、旧国标 GB/T 131 的主要不同点

序号	内容	GB/T 131—2006	GB/T 131—1993
1	标准名称	《产品几何技术规范（GPS）　技术产品文件中表面结构的表示法》	《机械制图　表面粗糙度符号、代号及其标注》
2	适用范围	适用于表面结构包含表面粗糙度、表面波纹度、原始轮廓的参数及图形参数	仅适用于表面粗糙度
3	参数符号及参数值的标注位置	标注在符号长边的横线下面 *Ra* 3.2	标注在符号的上方 3.2
4	对于 *Ra* 参数	和其他参数符号一样要在符号上标出	由于 *Ra* 用得较广泛，*Ra* 符号可省略不标
5	关于上、下极限值	上极限值前要加注“U”，下极限值前要加注“L” 在不致引起误解时，可省略 U *Rz* 1.6 L *Ra* 0.8	只规定上、下极限值标注位置，不加注字母 *Rz*1.6 *Ra*0.8
6	在图样中零件表面部分相同或全部相同的表面结构参数要求的简化注法	1）部分相同 不同部分注在图样上，相同部分按规定（见下图）注在标题栏的上方或图样的右下方空白处 *Rz* 6.3 *Rz* 1.6 *Ra* 3.2（*Rz* 1.6　*Rz* 6.3） 2）全部相同 将代号和带有圆括号的基本符号注在图样中标题栏的上方或图样右下方空白处 *Ra* 3.2（√）	1）部分相同 不同部分注在图样上，相同部分的代号注在图样的右上角并加注“其余”两字，如下图，需放大 1.4 倍注出 3.2　φ　其余 25 2.5　2−φ　锪平φ 12.5 2）全部相同 将代号放大 1.4 倍，注在图样的右上方，如下图 3.2

（续）

序号	内容	GB/T 131—2006	GB/T 131—1993
7	传输带的标注	规定传输带的标注是表面结构代号的补充要求。传输带的参数值 λs 和 λc（对于 R 参数），λc 和 λf（对于 W 参数）需标注在表面结构代号前，并用“/”隔开，必要时也可省略标注 如 $\lambda s=0.0025$，$\lambda c=0.8$ 则表示方法如下： 0.0025-0.8/*Rz*6.3	没有规定，不需标出
8	*Rz* 参数及其含义	GB/T 3505 规定取消“*Ry*”的参数代号，以“*Rz*”取代“*Ry*”，其含义为“*Ry*”的含义。标注中不再出现“*Ry*”代号，同时也取消了原 *Rz* 的含义	*Rz* 与 *Ry* 同时存在并有不同含义，示例中有 *Ry* 的图样

7　轮廓法评定表面结构的规则和方法

GB/T 10610—2009《产品几何技术规范（GPS）表面结构　轮廓法　评定表面结构的规则和方法》规定了参数测定，测得值与公差极限值相比较的规则，参数评定和用触针式仪器检验的规则和方法。

7.1　参数测定

（1）在取样长度上定义的参数

1）仅由一个取样长度测得的数据计算参数值的一次测定称“参数测定”。

2）将所有按单个取样长度计算的参数值，取其算术平均值得到的参数值称“平均参数测定”。

（2）在评定长度上定义的参数

对于在评定长度上定义的参数 *Pt*，*Rt* 和 *Wt*，其参数值的测定是由在评定长度上所测得的数据计算而得的。

（3）曲线及相关参数测定

对于曲线及相关参数的测定，首先以评定长度为基础求解曲线，以此曲线测得的数据计算得出某一参数值。

（4）默认评定长度

如在图样上或技术文件中没有标出评定长度，则视为默认评定长度，应遵循以下规定：

——*R* 参数，按表 2.4-46 确定评定长度；

——*P* 参数，评定长度等于被测特征的长度；

——图形参数，评定长度的规定按 GB/T 18618 规定选取。

7.2　测得值与规定值的对比规则

表面结构均匀的情况下，采用整体表面上测得的参数值与图样（或技术文件）中规定值比较。

表面结构有明显差异时，应将每个区域上测定的参数值分别与规定值比较。

当参数的规定值为上限值时，应在若干个测量区域中选择可能出现最大参数值的区域测量。

（1）16%规则

当参数规定值为上限值时，在同一评定长度上全部测得值大于规定值的个数不超过实测值总数 16%，则该表面为合格表面。

当参数的规定值为下限值时，在同一评定长度上的全部实测值中，小于规定值的个数不超过实测值总数的 16%，则该表面为合格表面。

（2）最大规则

若参数规定的是最大值而不是上下极限值时，应在参数符号后面加注“max”，如 *Rz*max。

检验时，应在被检表面的全部区域内测得的参数值均不得超过其规定值。

7.3　参数评定的基本要求

1）表面结构参数不能用来描述表面缺陷，因此在检验表面结构时，不应把表面缺陷（如划痕、气孔等）考虑进去。

2）为了判定工件表面是否符合技术要求，必须采用表面结构参数的一组测量值，其中每个单元的数值是从一个评定长度上测得的。

3）判别被检表面是否符合技术要求的可靠性，以及由同一表面获得的表面结构参数平均值的精度取决于获得表面参数单元值的评定长度内取样长度的个数。

4）粗糙度轮廓参数。对于 GB/T 3505 有关的粗糙度系列参数，如果评定长度不等于 5 个取样长度，则上、下限值应重新计算，而且将其和等于 5 个取样长度的评定长度联系起来。图 2.4-14 所示每个 σ 等于 σ_5。

σ_n 和 σ_5 的关系由下式给出：$\sigma_5=\sigma_n\sqrt{n/5}$

式中，n 为所用取样长度的个数（小于 5）。

测量的次数越多、评定长度越长，则判别被测表面是否符合要求的可靠性越高，测量参数平均值的不确定度也越小。

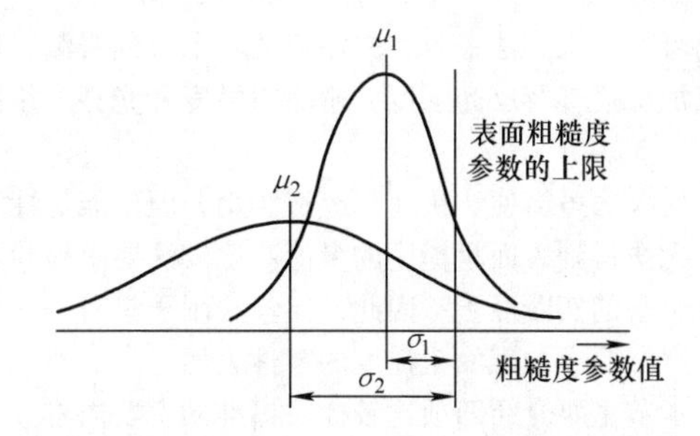

图2.4-14 σ_n 不等于 σ_5 的换算示例

然而，测量次数的增加将导致测量时间和成本的增加。因此，检验方法必须考虑一个兼顾可靠性和成本的折中方案。

7.4 粗糙度轮廓参数的测量

1）当没有指定测量方向时，工件的安放应使其测量截面方向与粗糙度高度参数（*Ra*、*Rz*）的最大值的测量方向相一致，该方向垂直于被测表面的加工纹理。对无方向性的表面，测量截面的方向可以是任意的。

2）应该在被测表面可能产生极值的部位进行测量，这可通过目测来估计。应在表面这一部位均匀分布的位置上分别测量，以获得各个独立的测量结果。

3）为了确定粗糙度轮廓参数的测得值，应首先观察表面并判断粗糙度轮廓是周期性的还是非周期性的。若没有其他规定，基于这一判断，则应分别遵照7.4.1和7.4.2中所述的程序执行。如果采用特殊的测量程序，必须在技术文件和测量记录中加以说明。

7.4.1 非周期性粗糙度轮廓的测量程序

对于具有非周期性粗糙度轮廓的表面应遵循下列步骤进行测量：

① 待求的粗糙度轮廓参数 *Ra*、*Rz*、*Rz*1max 或 *Rsm* 的数值，可先用目测、粗糙度比较样块、全轮廓轨迹的图解分析等方法来估计。

② 利用①中估计的 *Ra*、*Rz*、*Rz*1max 或 *Rsm* 的数值，按表2.4-46、表2.4-47或表2.4-48预选取样长度。

表2.4-46 测量 *Ra* 值的取样长度

Ra /μm	粗糙度取样长度 *lr*/mm	粗糙度评定长度 *ln*/mm
(0.006) < *Ra*≤0.02	0.08	0.4
0.02 < *Ra*≤0.1	0.25	1.25
0.1 < *Ra*≤2	0.8	4
2 < *Ra*≤10	2.5	12.5
10 < *Ra*≤80	8	40

③ 利用测量仪器按②中预选的取样长度，完成 *Ra*、*Rz*、*Rz*1max 或 *Rsm* 的一次预测量。

④ 将测得的 *Ra*、*Rz*、*Rz*1max 或 *Rsm* 的数值和表2.4-46、表2.4-47或表2.4-48中预先取样长度所对应的 *Ra*、*Rz*、*Rz*1max 或 *Rsm* 的数值范围相比较。

表2.4-47 测量 *Rz*、*Rz*1max 值的取样长度

*Rz*①*Rz*1②max /μm	粗糙度取样长度 *lr*/mm	粗糙度评定长度 *ln*/mm
(0.025) < *Rz*、*Rz*1max≤0.1	0.08	0.4
0.1 < *Rz*、*Rz*1max≤0.5	0.25	1.25
0.5 < *Rz*、*Rz*1max≤10	0.8	4
10 < *Rz*、*Rz*1max≤50	2.5	12.5
50 < *Rz*、*Rz*1max≤200	8	40

① *Rz* 是在测量 *Rz*，*Rv*，*Rp*，*Rc* 和 *Rt* 时使用。
② *Rz*1max 仅在测量 *Rz*1max、*Rv*1max、*Rp*1max 和 *Rc*1max 时使用。

表2.4-48 测量 *Rsm* 值时的取样长度

Rsm /μm	粗糙度取样长度 *lr*/mm	粗糙度评定长度 *ln*/mm
0.013 < *Rsm*≤0.04	0.08	0.4
0.04 < *Rsm*≤0.13	0.25	1.25
0.13 < *Rsm*≤0.4	0.8	4
0.4 < *Rsm*≤1.3	2.5	12.5
1.3 < *Rsm*≤4	8	40

如果测得值超出了预选取样长度对应的数值范围，则应按测得值对应的取样长度来设定，即把仪器调整至相应的较高或较低的取样长度。然后应用这一调定的取样长度测得一组典型数值，并再次与三个表中数值相比。此时，测得值应达到由表中建议的测得值和取样长度的组合。

⑤ 如果以前在④步骤评定时没有采用过更短的取样长度，则把取样长度调至更短些获得一组 *Ra*、*Rz*、*Rz*1max 或 *Rsm* 的数值，检查所得到的 *Ra*、*Rz*、*Rz*1max 或 *Rsm* 的数值和取样长度的组合是否亦满足表中的规定。

⑥ 只要④步骤中最后的设定与表相符合，则设定的取样长度和 *Ra*、*Rz*、*Rz*1max 或 *Rsm* 的数值二者是正确的。如果⑤步骤也产生一个满足表中规定的组合，则这个较短的取样长度设定值和相对应的 *Ra*、*Rz*、*Rz*1max 或 *Rsm* 的数值是最佳的。

⑦ 运用上述步骤中预选出的截止波长（取样长度）完成一次所需参数的测量。

7.4.2 周期性粗糙度轮廓的测量程序

对于具有周期性粗糙度轮廓的表面应采用下述步骤进行测量：

① 用图解法估计待求粗糙度的表面参数 *Rsm* 的数值。

② 按估计的 *Rsm* 的数值，由表 2.4-48 确定推荐的取样长度作为截止波长值。

③ 必要时，如在有争议的情况下，利用由②选定的截止波长值测量 *Rsm* 值。

④ 如果按照③步骤得到相应的 *Rsm* 值后查表 2.4-48 确定的取样长度比②步骤较小或较大，则应采用这较小或较大的取样长度值作为截止波长值。

⑤ 用上述步骤中预选的截止波长（取样长度）完成一次所需参数的测量。

8　表面粗糙度比较样块

对于完工的零件或在加工过程中（如镀前）有表面粗糙度要求的零件表面需进行表面粗糙度的检测和评定，以保证产品质量。

常用的检测方法有触针法，干涉法，光切法等，均需在精密的测量仪器上进行。在车间里则常用比较法进行检测。

比较法，即将零件的被测表面与一组表面粗糙度的比较样块进行比对，凭触觉或视觉进行评定。用触觉即凭手指抚摸其加工痕迹的深浅和疏密程度时，应将两者放在同一温度的外在环境下进行。用视觉（肉眼观察或借助放大镜或显微镜）进行比对时，要求两者的加工方法一致，并注意从各个方向观测，比对其加工痕迹及反光强度，避免粗糙度和光亮度相混淆。

比较法虽简便、快速、经济实用，但只能定性测量，无法得到表面粗糙度的量值。比较法要求检验者具有丰富的实践经验。因此，比较法用于具有一般而不是严格要求的表面粗糙度的零件表面。

本节主要介绍四项比较样块标准的主要内容。

8.1　铸造表面比较样块

GB/T 6060.1—1997《表面粗糙度比较样块　铸造表面》规定了铸造金属及合金表面粗糙度比较样块的制造方法、表面特征、样块分类和粗糙度参数值及其评定方法，适用于与相同表征的铸造金属及合金材质和铸造方法相同的并经过喷砂、喷丸、滚筒清理等方法清理的铸造表面进行比对，它还作为其他特定铸造工艺和铸造表面粗糙度选用的参考依据。

8.1.1　样块的分类及参数值

铸造表面比较样块按铸造工艺及材质的不同分成两大类 15 种，其详细分类及所表征的表面粗糙度参数值（*Ra*）见表 2.4-49。

表 2.4-49　铸造表面样块的分类及参数值

铸型类型		砂型类									金属型类					
合金种类		钢			铁		铜	铝	镁	锌	铜		铝		镁	锌
铸造方法		砂型铸造	壳型铸造	熔模铸造	砂型铸造	壳型铸造	砂型铸造	砂型铸造	砂型铸造	砂型铸造	金属型铸造	压力铸造	金属型铸造	压力铸造	压力铸造	压力铸造
粗糙度参数公称值 *Ra*/μm	0.2														×	×
	0.4													×	×	×
	0.8			×									×	×	※	※
	1.6		×	×		×						×	×	※	※	※
	3.2		×	※	×	×	×	×	×	×	×	×	※	※	※	※
	6.3		※	※	×	※	×	×	×	×	×	※	※	※	※	※
	12.5	×	※	※	※	※	※	※	※	※	※	※	※	※	※	※
	25	×	※		※	※	※	※	※	※	※	※	※	※	※	※
	50	※	※		※		※	※	※	※	※	※	※			
	100	※			※		※	※	※	※	※					
	200	※			※		※	※	※	※						
	400	※														

注：×为采取特殊措施方能达到的表面粗糙度；
　　※表示可以达到的表面粗糙度。

8.1.2　样块的表面特征

1）样块表面特征应呈现它所要表征的特定铸造金属及合金材质和铸造方法产生的铸造表面粗糙度特征，而不应含有表面粗糙度以外的其他表面特征（尽管这些特征可能是实际铸造表面所允许存在的），如波纹度、缺陷等。

2）样块表面的色泽，应是它所表征的特定铸造金属及合金材质铸件表面所能出现的色泽。

8.1.3　表面粗糙度的评定方法

（1）测量数据与取样长度

在均匀分布的表面位置上取足够的数据（对于大多数铸造表面，取25个读数），如数据过于分散可增加数目。测量时，对应样块的表面粗糙度参数公称值，选用表2.4-50的取样长度值。

表2.4-50　对应样块的表面粗糙度取样长度

表面粗糙度参数公称值/μm	0.2	0.4	0.8	1.6	3.2	6.3	12.5	25	50	100	200	400
取样长度/mm	0.25	0.8			2.5				8		25	

（2）平均值公差

测得读数值的平均值对公称值的偏离量不应超过给出的公称值百分率的范围，见表2.4-51。

表2.4-51　平均值公差及标准偏差

合金种类	铸造方法	平均值公差（公差值百分率）（%）	标准偏差（有效值百分率）（%） 评定长度所包括的取样长度的数目 2个	3个	4个	5个	6个
黑色金属	砂型铸造	+10 −20	32	26	22	20	18
	壳型铸造						
	熔模铸造		24	19	17	15	14
有色金属	各种方法						

测量结果的标准偏差，应不超过表2.4-51中给出的有效值（即算术平均值）百分率的范围。表中以5个取样长度的评定长度标准偏差为基础，对其他不同评定长度（即测量长度）的标准偏差的最大允许值，依据其评定长度所包括的取样长度的个数，按下式计：

$$\delta_n = \delta_5 \sqrt{\frac{5}{n}}$$

式中　δ_n——评定长度包括 n 个取样长度的标准偏差；

δ_5——评定长度包括5个取样长度的标准偏差；

n——实测所选用的评定长度包括的取样长度的个数。

8.1.4　样块的结构尺寸

样块表面每边的最小尺寸符合表2.4-52中的规定。

表2.4-52　铸造表面样块的每边最小尺寸

粗糙度参数值/μm		*Ra* 0.2	0.4	0.8	1.6	3.2	6.3	12.5	25	50	100	200	400
样块规格尺寸/mm	Ⅰ	20						30	50				
	Ⅱ	17										26	
	Ⅲ	100											

8.1.5　样块的标志

比较样块的标志包括以下各项：

1）国家标准号——GB/T 6060.1—1997；

2）表面粗糙度参数公称值 *Ra*（μm）；

3）表征的铸造金属及合金材质种类及铸造方法的类型；

4）制造厂名称或注册商标；

5）产品序号。

8.2　机械加工——磨、车、镗、铣、插及刨加工表面的比较样块

GB/T 6060.2—2006规定了表征磨、车、镗、铣、插及刨等机械加工的已知轮廓算术平均偏差 *Ra* 值的表面粗糙度比较样块，该样块用来与相同加工纹理和相同方法制造的加工表面进行比较，通过视觉和触觉评定表面粗糙度。

机械加工样块有电铸复制、塑料或其他材料复制和机加工三种，电铸复制经济耐用，复制精度不失真，机加工样块精度高，但成本也高。一般采用电铸法较多。

8.2.1　样块的定义及表面特征

（1）定义

磨、车、镗、铣、插及刨加工的表面粗糙度比较样块是表征一种特定机械加工或其他生产方法的已知表面轮廓算术平均偏差 *Ra* 值的样块。

“加工纹理”系指主要表面的加工痕迹方向，通常由加工方法决定。

（2）表面特征

样块表面只应呈现它所要表征的机械加工方法产生的表面粗糙度特征，而不应包含其他特征，如在不

正常条件下，磨削可能产生的不真实表面特征。

8.2.2　样块的分类及参数值

样块按加工方法分成四类，其分类及所表征的表面粗糙度参数值（*Ra*）见表2.4-53。

表2.4-53　分类及参数值　（μm）

样块加工方法	磨	车、镗	铣	插、刨
表面粗糙度参数 *Ra* 公称值	0.025			
	0.05			
	0.1			
	0.2			
	0.4	0.4	0.4	
	0.8	0.8	0.8	0.8
	1.6	1.6	1.6	1.6
	3.2	3.2	3.2	3.2
		6.3	6.3	6.3
		12.5	12.5	12.5
				25.0

注：1. 表中的表面粗糙度参数 *Ra* 公称值系选自 GB/T 1031—2009 表1；如需提供中间数值的样块，其中间数值则应从 GB/T 1031—2009 附录 A 的表 A1 中选择。

2. 表中表面粗糙度参数 *Ra* 值较小（如0.025μm、0.05μm 和 0.1μm）的样块主要适用于为设计人员提供较小表面粗糙度差异的概念。

8.2.3　表面粗糙度的评定

（1）评定方法

在样块标准表面垂直于加工纹理的方向上，均匀分布测取足够的数据，以便能求出平均值和标准偏差。对于大多数样块标准表面，测取25个数据已经足够；对于加工纹理呈周期变化的样块标准表面，则可以少于25个数据；而对于加工纹理呈随机变化的样块标准表面，则可以多于25个数据。数据必须是按 GB/T 6062—2009 的要求选择测量仪器，经正确操作所测得的。

（2）取样长度

取样长度应按照表2.4-54的规定选取。

表2.4-54　取样长度

表面粗糙度参数 *Ra* 公称值/μm	样块加工方法 磨	车、镗	铣	插、刨
	取样长度/mm			
0.025	0.25	—	—	—
0.05	0.25	—	—	—
0.1	0.25	—	—	—
0.2	0.25	—	—	—
0.4	0.8	0.8	0.8	—
0.8	0.8	0.8	0.8	0.8
1.6	0.8	0.8	2.5	0.8
3.2	2.5	2.5	2.5	2.5
6.3	—	2.5	8.0	2.5
12.5	—	2.5	8.0	8.0
25.0	—	—	—	8.0

注：1. 样块表面微观不平度主要间距应不大于给定的取样长度。

2. 对于加工纹理呈周期变化的样块标准表面，其取样长度应取距表中规定值最近的、较大的整周期数的长度。

（3）平均值公差

测量读数的平均值对公称值的偏离量应不超过表2.4-55给出的公称值百分率的范围。

表2.4-55　平均值公差与标准偏差

<table>
<tr><th rowspan="3">样块加工方法</th><th rowspan="3">平均值公差（公称值百分率,%）</th><th colspan="4">标准偏差（有效值百分率,%）</th></tr>
<tr><th colspan="4">评定长度所包括的取样长度的数目</th></tr>
<tr><th>3个</th><th>4个</th><th>5个</th><th>6个</th></tr>
<tr><td>磨</td><td rowspan="4">+12
-17</td><td rowspan="2">12</td><td rowspan="2">10</td><td rowspan="2">9</td><td rowspan="2">8</td></tr>
<tr><td>铣</td></tr>
<tr><td>车、镗</td><td>5</td><td colspan="3">4</td></tr>
<tr><td>插
刨</td><td>4</td><td colspan="3">3</td></tr>
</table>

注：表中取样长度数目为3个、4个、6个的标准偏差是按取样长度数目为5个的标准偏差计算的。

（4）标准偏差

偏离平均值的标准偏差应不超过表2.4-55中给出的有效值百分率的范围。

不同评定长度的标准偏差的最大允许值 σ_n，依据评定长度所包括的取样长度的数目，按照以下公式计算：

$$\sigma_n = \sigma_5 \sqrt{\frac{5}{n}}$$

式中　σ_5——评定长度包括5个取样长度的标准偏差；

n——实测所选用的评定长度所包括的取样长度的个数。

8.2.4　样块的加工纹理

加工纹理的总方向最好平行于样块的短边。对精圆周铣削时，虽然走刀痕迹可平行于长边，但主要加工纹理仍应平行于样块的短边，而由于切削刃的不完善所产生的表面微观不平度不视作加工纹理。样块的加工纹理特征应符合表2.4-56的规定。

表2.4-56　机加工表面样块的纹理特征

纹理形式	加工方法	样块表面形式	表面纹理特征图
直纹理	圆周磨削	平面圆柱凸面	
	车	圆柱凸面	
	镗	圆柱凹面	
	平铣	平面	
	插	平面	
	刨	平面	
弓形纹理	端铣	平面	
	端车	平面	
交叉式弓形纹理	端铣	平面	
	端磨	平面	

8.2.5　样块的结构尺寸及标志

1）样块的结构尺寸应便于样块与机械加工表面的对比，以及便于自身的检测，样块表面每边的最小长度应符合表2.4-57的要求。

表2.4-57　机加工表面样块每边最小长度

粗糙度参数公称值 *Ra*/μm	0.025～3.2	6.3～12.5	25
最小长度/mm	20	30	50

2）机加工样块必须有相应的标志，以表明其加工方法与参数值，其内容包括以下5个方面：

①制造厂厂名或注册商标；

②采用的标准代号；

③表面粗糙度参数 *Ra* 及其公称值（μm）；

④表征的机械加工方法；

⑤产品序号。

8.3　电火花、抛（喷）丸、喷砂、研磨、锉、抛光表面比较样块

GB/T 6060.3—2008《表面粗糙度比较样块　第3部分：电火花、抛（喷）丸、喷砂、研磨、锉、抛光加工表面》代替了原GB/T 6060.3—1986，GB/T 6060.4—1988和GB/T 6060.5—1988三个标准中的有关内容，并增加了研磨、锉加工表面的技术要求。

8.3.1　电火花、研磨、锉和抛光表面及抛（喷）丸、喷砂表面的表面粗糙度参数值（表2.4-58及表2.4-59）

表2.4-58　电火花、研磨、锉、抛光表面参数值

比较样块的分类	研磨	抛光	锉	电火花
	金属或非金属			
表面粗糙度参数 *Ra* 公称值/μm	0.012	0.012	—	—
	0.025	0.025	—	—
	0.05	0.05	—	—
	0.1	0.1	—	—
	—	0.2	—	—
	—	0.4	—	0.4
	—	—	0.8	0.8
	—	—	1.6	1.6
	—	—	3.2	3.2
	—	—	6.3	6.3
	—	—	—	12.5

表2.4-59　抛（喷）丸、喷砂表面参数值

<table>
<tr><th rowspan="2">表面粗糙度参数
Ra公称值/μm</th><th colspan="3">抛(喷)丸表面比较样块的分类</th><th colspan="3">喷砂表面比较样块的分类</th><th rowspan="2">覆盖率</th></tr>
<tr><th>钢、铁</th><th>铜</th><th>铝、镁、锌</th><th>钢、铁</th><th>铜</th><th>铝、镁、锌</th></tr>
<tr><td>0.2</td><td rowspan="2">☆</td><td rowspan="2">☆</td><td rowspan="2">☆</td><td rowspan="2">—</td><td rowspan="2">—</td><td rowspan="2">—</td><td rowspan="12">98%</td></tr>
<tr><td>0.4</td></tr>
<tr><td>0.8</td><td rowspan="10">※</td><td rowspan="10">※</td><td rowspan="10">※</td><td rowspan="9">※</td><td rowspan="9">※</td><td rowspan="9">※</td></tr>
<tr><td>1.6</td></tr>
<tr><td>3.2</td></tr>
<tr><td>6.3</td></tr>
<tr><td>12.5</td></tr>
<tr><td>25</td></tr>
<tr><td>50</td></tr>
<tr><td></td></tr>
<tr><td></td></tr>
<tr><td>100</td><td>—</td><td>—</td><td>—</td></tr>
</table>

注：1.“☆”表示采取特殊措施方能达到的表面粗糙度。

2.“※”表示采取一般工艺措施可以达到的表面粗糙度。

8.3.2　表面粗糙度的评定

（1）评定方法

在比较样块标准表面均匀分布的10个位置上（有纹理方向的应垂直于纹理方向），测取 *Ra* 值数据，以便能求出平均值和标准偏差。当有争议时，测取25个数据。根据数据的分散程度，可适当增加或减少测取 *Ra* 数据的个数。

测量仪器应符合GB/T 6062—2009的规定，测量方法应符合GB/T 10610—2009的规定。测量仪器如有已知或给定的误差，应予以考虑。

（2）取样长度

比较样块取样长度的选取见表2.4-60的规定。

表 2.4-60　取样长度

表面粗糙度参数 *Ra* 公称值 /μm	取样长度/mm				
	电火花表面	抛（喷）丸、喷砂表面	锉表面	研磨表面	抛光表面
0.012				0.08	0.08
0.025					
0.05	—	—	—	0.25	0.25
0.1					
0.2					
0.4					0.8
0.8	0.8	0.8	0.8		
1.6					
3.2	2.5	2.5	2.5	—	
6.3					
12.5	8.0		8.0		—
25		0.8			
50	—		—		
100		25			

（3）平均值公差及标准偏差

1）测量读数的平均值对公称值的偏差不应大于表2.4-61所给出的平均值公差（公称值百分率）的范围。

2）标准偏差。偏离平均值的标准偏差不应大于表4所给出的标准偏差（有效值百分率）的范围。不同评定长度的标准偏差的最大值，根据评定长度所包括的取样长度的个数，按下式计算。

$$\sigma_n = \sigma_5 \sqrt{\frac{5}{n}}$$

式中　σ_n——实测时，选用的评定长度所包括 n 个取样长度的标准偏差；

σ_5——评定长度所包括5个取样长度的标准偏差；

n——实测时，选用的评定长度所包括的取样长度的个数。

读数的平均值公差与标准偏差见表2.4-61。

表 2.4-61　平均值公差与标准偏差

比较样块	平均值公差（公称值百分率）	标准偏差（有效值百分率）			
		评定长度所包括的取样长度数目			
		3个	4个	5个	6个
电火花表面	（+12%）~（-17%）	15%	13%	12%	11%
抛(喷)丸、喷砂表面					
锉表面					
抛光表面					
研磨表面	（+20%）~（-25%）	12%	10%	9%	8%

（4）样块的加工纹理

加工纹理的总方向应平行于比较样块的短边，其纹理特征见表2.4-62。

表 2.4-62　样块的加工纹理特征

纹理式样	具有代表性的加工方法	比较样块形式
多方向性直纹理	机械抛光	平面、凸圆（圆柱形）
	手研	
	锉	
无方向性	机械研磨	
	电化学抛光	
	化学抛光	

（5）样块的结构尺寸与标志

1）比较样块的结构尺寸应满足使用以及测量本身表面粗糙度的要求。

比较样块的标准表面为矩形，长边尺寸不应小于20mm；对轮廓算术平均偏差 *Ra* 的公称值为6.3μm ~ 0.012μm的比较样块，短边尺寸不应小于11mm；对轮廓算术平均偏差 *Ra* 的公称值为50μm、100μm的比较样块，长边尺寸不应小于50mm，短边尺寸不应小于20mm。

2）样块必须有相应的标志，以表明其加工方法与参数值，其内容应包括以下5个方面：

① 制造厂厂名或注册商标；

② 表面粗糙度参数 *Ra* 及其公称值（μm）；

③ 所表征的加工方法；

注：如“抛光”字样。

④ 本部分的标准号；

⑤ 产品序号。

8.4　木制件表面比较样块

GB/T 14495—2009规定了木制件表面粗糙度比较样块的制造方法、表面特征、样块分类、表面粗糙度参数、评定方法结构尺寸及标志等内容。它适用于砂、铣、刨、车等方法加工的木制件。该样块用以与其结构纹理相近和加工方法相同的表面进行比较。通过视觉和触觉来评定木制件的表面粗糙度。还可作为木制件表面粗糙度选用的参考依据。

8.4.1　样块的定义及表面特征

（1）定义

木制件表面粗糙度比较样块是表征木材经机械加工或其他方法加工的具有与实际工件相近似表面特征的已知表面轮廓算术平均偏差 *Ra* 值的样块。

（2）表面特征

样块表面只应呈现它所要表征的特定材质和加工方法所产生的表面粗糙度特征，而不应含有表面粗糙度以外的如波纹度、翘曲度、木材缺陷及加工缺陷等其他表面特征。

8.4.2　样块的分类及参数值

样块按加工方法及材质分成四类8种。其详细分类与所表征的表面粗糙度参数值 Ra 见表2.4-63。

表2.4-63　样块表面粗糙度参数值

加工方法	砂光		光刨类		平、压刨类		车	
木材分类	粗孔材	细孔材	粗孔材	细孔材	粗孔材	细孔材	粗孔材	细孔材
表面粗糙度参数公称值 Ra/μm	3.2	3.2	3.2	3.2	3.2	3.2	3.2	3.2
	6.3	6.3	6.3	6.3	6.3	6.3	6.3	6.3
	12.5	12.5	12.5		12.5	12.5	12.5	12.5
	25		25		25	25	25	
					50	50		

注：1. 光刨类包括手光刨、机光刨、刮刨。

2. 平、压刨类包括铣削。

3. 粗孔材类指管孔直径大于200μm的木材；细孔材类指管孔直径小于或等于200μm的木材（包括无孔材）。

8.4.3　表面粗糙度的评定

（1）评定方法

按加工产生的最大粗糙度参数值的方向，在样块表面均匀分布的25个位置，分别测得表面粗糙度参数值，并计算这些参数值的平均值和标准偏差。根据测得参数的分散程度，可适当增加或减少测量位置的个数。测量时，一般应避开剖切导管较集中的局部表面。

测量仪器应符合GB/T 6062—2009的规定。测量仪器如果有已知或给定的误差，应予以考虑。

（2）取样长度

测量时，取样长度按表2.4-64选取。

表2.4-64　取样长度推荐数值

Ra/μm		3.2	6.3	2.5	25	50①
加工方法	平、压刨类	2.5	8.0		25	
	其他	2.5			8.0	

① 对于轮廓微观不平度的平均间距（Rsm）大于10mm的木制件表面，在评定表面粗糙度 Ra 参数值时，应采用在记录轮廓图形上计算的方法。

（3）平均值偏差与标准偏差

测量粗糙度参数值的平均值对公称值的相对偏差，应不超过表2.4-65中给出的百分率的范围。

表2.4-65　平均值偏差与标准偏差

加工方法	木材分类	平均值偏差（公称值百分率,%）	评定长度所包括的取样长度个数				
			2	3	4	5	6
			标准偏差（有效值百分率,%）				
砂光	细孔材	+20 -15	24	19	17	15	14
	粗孔材	+25 -20	32	26	22	20	18
其他	细孔材	+25 -20	32	26	22	20	18
	粗孔材	+30 -25	40	32	28	25	23

偏离平均值的标准偏差，应不超过表中所规定的有效值百分率范围。

不同评定长度的标准偏差的最大允许值，根据评定长度所包括的取样长度的个数按下列公式计算：

$$\sigma_n = \sigma_5 \sqrt{\frac{5}{n}}$$

式中　σ_n——实测时选用的评定长度所包括 n 个取样长度的标准偏差；

σ_5——评定长度包括5个取样长度的标准偏差；

n——实测时选用的评定长度所包括的取样长度的个数。

8.4.4　样块的结构尺寸与标志

（1）样块的结构尺寸

样块的结构尺寸应满足使用需要和对本身表面粗糙度测量的要求。

样块表面的最小尺寸应为50mm×100mm。

（2）样块的标志

样块的标志应包含以下5个方面：

① 采用的标准代号；

② 表面粗糙度参数 Ra 及其公称值（μm）；

③ 木材分类及加工方法的类型；

④ 制造厂厂名或注册商标；

⑤ 产品序号。

参考文献

[1] 机械工程手册电机手册编辑委员会. 机械工程手册：机械零部件设计卷 [M]. 2 版. 北京：机械工业出版社，1997.

[2] 闻邦椿. 机械设计手册：第 1 卷 [M]. 5 版. 北京：机械工业出版社，2010.

[3] 闻邦椿. 现代机械设计师手册：上册 [M]. 北京：机械工业出版社，2012.

[4] 闻邦椿. 现代机械设计实用手册 [M]. 北京：机械工业出版社，2015.

[5] 成大先. 机械设计手册：第 1 卷 [M]. 6 版. 北京：化学工业出版社，2016.

[6] 秦大同，谢里阳. 现代机械设计手册：第 1 卷 [M]. 北京：化学工业出版社，2011.

[7] 方昆凡. 公差与配合实用手册 [M]. 2 版. 北京：机械工业出版社，2012.

[8] 任嘉卉. 公差与配合手册 [M]. 3 版. 北京：机械工业出版社，2013.

[9] 吴宗泽. 机械设计实用手册 [M]. 3 版. 北京：化学工业出版社，2010.

[10] 毛昕，黄英，肖平阳. 画法几何及机械制图 [M]. 4 版. 北京：高等教育出版社，2010.

[11] 孙开元，许爱芬. 机械制图与公差测量速查手册 [M]. 北京：化学工业出版社，2008.

[12] 王启义. 中国机械设计大典 [M]. 南昌：江西科学技术出版社，2002.

[13] 汪恺. 机械工业基础标准应用手册 [M]. 北京：机械工业出版社，2001.

[14] 甘永立. 几何量公差与检测 [M]. 7 版. 上海：上海科学技术出版社，2005.

[15] 黄云清. 公差配合与测量技术 [M]. 2 版. 北京：机械工业出版社，2007.

[16] 毛平淮. 互换性与测量技术基础 [M]. 北京：机械工业出版社，2007.

[17] 何永熹，武充沛. 几何精度规范学 [M]. 2 版. 北京：北京理工大学出版社，2008.